中国鸟类图志

The Encyclopedia of Birds in China

凤头雀莺（中国特有种）\摄影：高正华

“十二五”国家重点图书出版规划项目

郑光美　主审　　谢建国　总策划

THE ENCYCLOPEDIA OF BIRDS IN CHINA

中国鸟类图志

下卷（雀形目）

段文科　张正旺　主编

中国林业出版社

图书在版编目(CIP)数据

中国鸟类图志．下卷，雀形目／段文科，张正旺主编．-- 北京：中国林业出版社，2015.12
“十二五”国家重点图书出版规划项目
ISBN 978-7-5038-8363-7

Ⅰ．①中… Ⅱ．①段… ②张… Ⅲ．①鸟类-中国-图集 Ⅳ．① Q959.7-64

中国版本图书馆 CIP 数据核字 (2015) 第 312729 号

审图号：GS（2016）1992 号

出 版 人：金 旻
责任编辑：刘开运 严 丽 李春艳 谷玉春
编　　务：李春艳 谷玉春 王 叶
分布制图：肖 宏

装帧设计：关 克

中国鸟类图志 下卷(雀形目)

出版发行：中国林业出版社
E-mail：lucky70021@sina.com
电　　话：（010）83143520 13901070021
地　　址：北京市西城区德胜门内大街刘海胡同 7 号
邮　　编：100009
印　　刷：北京雅昌艺术印刷有限公司
开　　本：880mm×1230mm 1/16
印　　张：44.5
字　　数：1280 千字
版　　次：2017 年 3 月第 1 版
印　　次：2017 年 3 月第 1 次
本卷定价：930.00 元
全套定价：1860.00 元

下卷目录

Contents of Volume B

雀形目
PASSERIFORMES

- 雀形目是鸟纲中种类最多的一目，也是鸟类中适应性最强的类群
- 栖息于森林、草原、农田、水域、半荒漠、公园、居民区等各类生境中
善跳跃亦善鸣叫，不少种类还有模仿其他鸟类鸣叫能力
- 全世界计有74科5300多种，分布于世界各地
- 中国有44科193属784种，分布于全国各地

阔嘴鸟科
Eurylaimidae
(Broadbills)

本科鸟类多为热带和亚热带种类。体型中等，羽色艳丽。头宽大，颈粗短，嘴形宽阔而粗厚，嘴峰稍拱曲，口裂深，无嘴须。鼻孔裸露，不被须。翅短圆，初级飞羽10枚。圆尾或凸尾，尾羽12枚。跗蹠前缘大多为单列大型卷状鳞，后部被网状鳞。脚具4趾，3趾向前、1趾向后，4趾均在同一平面上，其中向前3趾基部互相并连，中趾和外趾仅先端1个趾节分离，后趾较粗大。

栖息于热带森林，树栖性。性喜成群，常成群活动在林下阴暗而潮湿的茂密灌丛和矮小树木上。偶尔也单独活动。不活跃，少鸣叫，不善跳跃，反应较迟钝。一般营巢于溪流岸边小树或灌木上。巢呈梨形，由枯草和树叶构成，多悬挂在伸向水面的树枝上，下垂于水，侧面开口。每窝产卵2~8枚，卵白色或橙红色。雌雄两性轮流孵卵，雏鸟晚成性。

本科全世界共有8属14种，主要分布于亚洲和非洲热带地区。中国有2属2种，分布于广西西南部、云南西南部和南部、贵州西南部和海南岛。

长尾阔嘴鸟 \摄影：刘爱华

长尾阔嘴鸟 \摄影：蔡卫和

长尾阔嘴鸟 \摄影：邓嗣光

长尾阔嘴鸟 \摄影：王尧天

形态特征 喙扁平，黄绿色，上喙基蓝色，下喙基橙色。头顶黑色，中央有蓝色斑块，侧面有黄斑。颈侧和喉亮黄色，与胸部之间有一细白圈。上体草绿色，翼镜蓝色，下体淡绿色。楔型长尾，蓝色。

生态习性 栖息于热带和亚热带常绿阔叶林。于枝条上有攀爬，飞行慢。

地理分布 共5个亚种，分布于喜马拉雅山脉、中南半岛及马来半岛。国内有1个亚种，指名亚种 *dalhousiae* 见于云南东部与南部、贵州西南部、广西西南部、西藏东南部。

种群状况 多型种。留鸟。稀少。

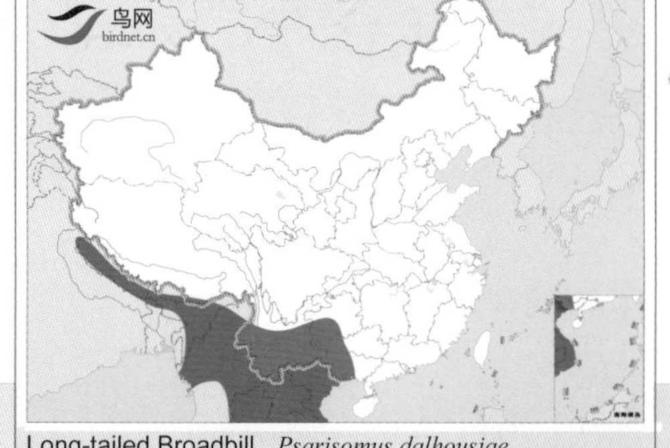

Long-tailed Broadbill *Psarisomus dalhousiae*
长尾阔嘴鸟 迷鸟 留鸟 旅鸟 冬候鸟 夏候鸟

长尾阔嘴鸟

Long-tailed Broadbill *Psarisomus dalhousiae* 体长：24~27 cm 国家Ⅱ级重点保护野生动物 LC（低度关注）

银胸丝冠鸟 \摄影：赖健豪

银胸丝冠鸟 \摄影：桑新华

银胸丝冠鸟 \摄影：桑新华

银胸丝冠鸟 \摄影：关克

形态特征 喙扁阔，天蓝色，基部橙色。具黄色眼圈。黑色眉纹宽，头顶、枕灰棕色，上背和肩烟灰褐色，下背、腰至尾上覆棕红色渐变到栗色。翅具蓝色翼斑。中央两对尾羽黑色，其余尾羽具白色端斑。雌鸟似雄鸟，但上胸有银白色环带。

生态习性 栖息于热带和亚热带常绿阔叶林。集小群活动。

地理分布 共10个亚种，分布于喜马拉雅山脉、中南半岛及马来半岛。国内3个亚种。西藏亚种 *rubropygius* 分布于见于西藏东南部。西南亚种 *elisabethae* 见于云南、广西西南部。海南亚种 *polionotus* 见于海南。

种群状况 多型种。留鸟。稀少。

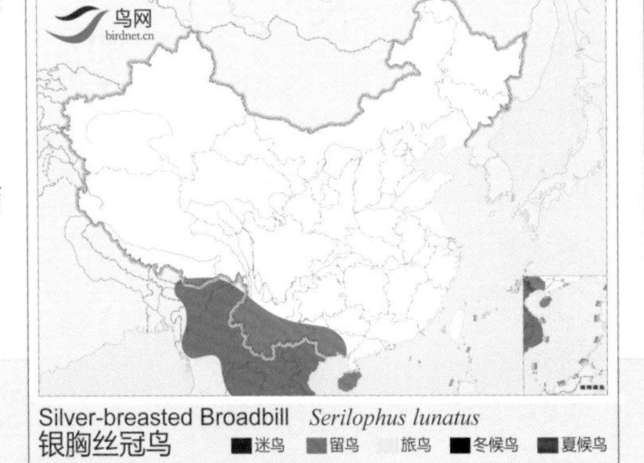

银胸丝冠鸟

Silver-breasted Broadbill　*Serilophus lunatus*　体长：17 cm　国家Ⅱ级重点保护野生动物　LC（低度关注）

八色鸫科

Pittidae
(Pittas)

本科鸟类为热带、亚热带森林鸟类。羽色一般较为艳丽。嘴粗壮，较长，侧扁，有的微拱曲。颈粗短，体肥胖，脚较长。具4趾，3趾在前，1趾向后，趾基不相并连。尾较短。翅短圆，初级飞羽10枚，尾羽12枚。

主要栖息于热带和亚热带森林中。常在林下灌丛中活动，以昆虫等动物性食物为食。多为留鸟，有的亦迁徙。营巢于地面或林下灌木低枝上，巢大而圆。每窝产卵通常4~6枚，卵白色或皮黄色。雌雄孵卵。雏鸟晚成性。

本科为单型科，全世界仅有1属29种(Howarmd Moore，1991)。主要分布于亚洲、大洋洲和非洲。中国有1属9种，主要分布于云南、贵州、广西、广东、台湾和海南等地。

双辫八色鸫 \ 摄影：杜英

形态特征 头、枕部两侧羽毛皮黄色，具黑色横斑，向后突出呈双辫状。颊、喉白色而具黑色鳞状斑。颊纹黑色，眼先经眼下到耳羽为一宽的黑纹。上体暗棕褐色，下体皮黄色，两胁具黑色斑点。雄鸟具黑色中央冠纹。雌鸟与雄鸟相似，但头顶中央冠纹为暗栗褐色，胸和两胁黑色斑点较多。

生态习性 栖息于热带雨林、竹林。多在地上活动，在落叶层中翻扒昆虫，常跳跃。

地理分布 分布于孟加拉国、中南半岛。国内见于云南南部西双版纳。

种群状况 单型种。留鸟。稀少。

双辫八色鸫 \ 摄影：林树成

鸟网 birdnet.cn

Eared Pitta *Pitta phayrei*
双辫八色鸫 迷鸟 留鸟 旅鸟 冬候鸟 夏候鸟

双辫八色鸫

Eared Pitta *Pitta phayrei* 体长：22~23 cm 国家Ⅱ级重点保护野生动物 LC(低度关注)

蓝枕八色鸫 \摄影：王进

蓝枕八色鸫 \摄影：王进

蓝枕八色鸫 \摄影：沈强

形态特征 雄鸟头部茶黄色，枕和后颈具亮蓝色斑；喉茶黄白色，眼后有一黑纹；背草绿色，腰和尾上覆羽绿色；下体茶黄色。雌鸟枕和后颈具绿色斑与背绿色相连；其余似雄鸟。

生态习性 栖息于热带森林。飞行速度快，时常跳跃。

地理分布 共2个亚种。分布于尼泊尔、不丹、缅甸、老挝、越南。国内有1个亚种，指名亚种 *nipalensis* 见于西藏东南部、云南南部、广西西南部。

种群状况 多型种。留鸟。稀少。

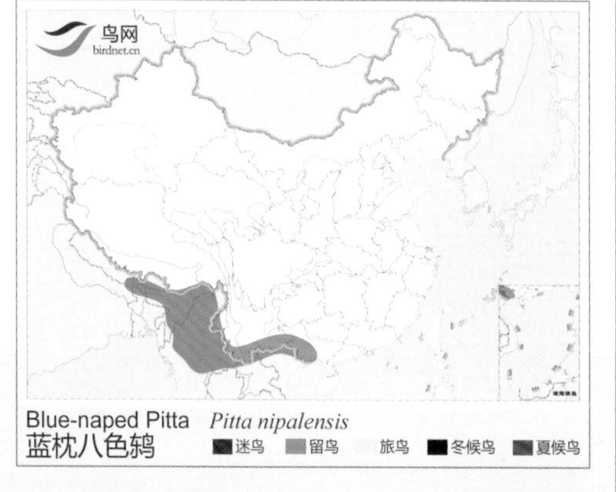

蓝枕八色鸫

Blue-naped Pitta　*Pitta nipalensis*　体长：22~26 cm　国家Ⅱ级重点保护野生动物　LC（低度关注）

蓝背八色鸫 \摄影：宋迎涛

蓝背八色鸫 \摄影：唐万玲

蓝背八色鸫 \摄影：宋迎涛

形态特征 雄鸟前额为红褐色，颏、喉白色，胸渲染粉红色。头顶至背为蓝绿色，腰蓝色。前胸具黑碎斑。下体茶黄色。雌鸟头顶至背为绿色。

生态习性 栖息于热带山地森林。受惊后贴地面飞行。

地理分布 共5个亚种，分布于越南、老挝、泰国。国内2个亚种，海南亚种 *douglasi* 见于海南，翅稍短。广西亚种 *tonkinensis* 分布于云南东南部、广西南部，翅长。

种群状况 多型种。留鸟。稀少。

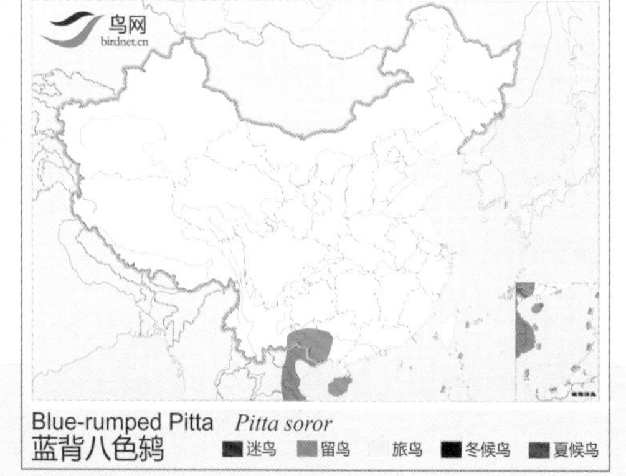

蓝背八色鸫

Blue-rumped Pitta　*Pitta soror*　体长：23 cm　国家Ⅱ级重点保护野生动物　LC（低度关注）

指名亚种 *oatesi* \ 摄影：宋迎涛

云南亚种 *castaneiceps* \ 摄影：田穗兴

指名亚种 *oatesi* \ 摄影：文翠华

指名亚种 *oatesi* \ 摄影：宋迎涛

形态特征 头、颈全为淡栗色，前额基部、颈侧和喉沾有粉红色。眼先黑褐色。眼后有黑纹。背部绿灰色。下体茶黄色。

生态习性 栖息于热带常绿阔叶林。

地理分布 共4个亚种，分布于中南半岛及马来半岛。国内2个亚种，云南亚种 *castaneiceps* 见于云南东南部，羽色较浓；下体赭红色较多。指名亚种 *oatesi* 见于云南西部和西南部，羽色较淡；下体赭红色较少。

种群状况 多型种。留鸟。稀少。

栗头八色鸫

Rusty-naped Pitta *Pitta oatesi* 体长：24~26 cm 国家Ⅱ级重点保护野生动物 LC（低度关注）

蓝八色鸫 \摄影：关克

蓝八色鸫 \摄影：宋迎涛

蓝八色鸫 \摄影：高洪英

蓝八色鸫 \摄影：宋迎涛

形态特征 额、头顶草绿色。枕和后颈金红色，中央冠纹黑色，过眼纹黑色直达颈侧。颚纹黑色。上体亮蓝色，下体淡蓝色，具黑色点斑和横斑。雌鸟下体具细而稀的斑纹。

生态习性 栖息于亚热带常绿阔叶林、次生林和竹林。善跳跃。

地理分布 共3个亚种，分布于中南半岛。国内有1个亚种，指名亚种 *cyanea* 见于云南南部。

种群状况 多型种。留鸟。稀少。

蓝八色鸫

Blue Pitta　*Pitta cyanea*

体长：22~23　cm

国家 II 级重点保护野生动物

LC（低度关注）

西南亚种 *cucullata* \摄影：高延钧

绿胸八色鸫 \摄影：刘马力

西南亚种 *cucullata* \摄影：高延钧

形态特征 头顶至枕栗褐色，颈、头侧、颏、喉为黑色。背草绿色，腰、尾上覆羽和翅上小覆羽蓝色，具光泽。飞羽黑色，初级飞羽中部白色。下体草绿色，上腹具黑色块斑，下腹和尾下覆羽猩红色。

生态习性 栖息于热带雨林。林下单独活动。

地理分布 共12个亚种，分布于喜马拉雅山脉及东南亚。国内有1个亚种，西南亚种 *cucullata* 见于西藏东南部、云南南部、四川北部。

种群状况 多型种。留鸟。稀少。

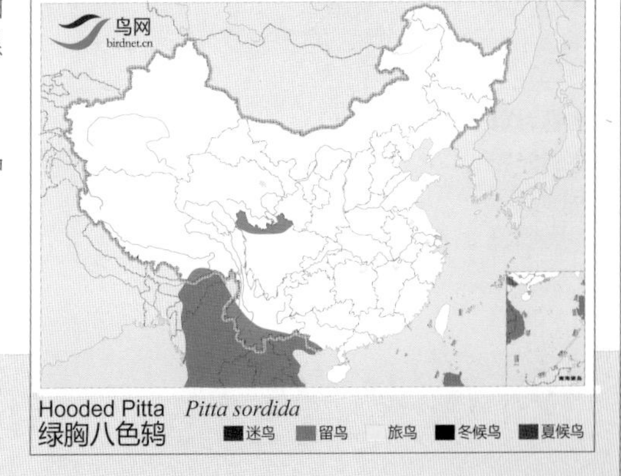

绿胸八色鸫

Hooded Pitta *Pitta sordida* 体长：16~19 cm 国家Ⅱ级重点保护野生动物 LC（低度关注）

印度八色鸫 \ 摄影：桑新华

印度八色鸫 \ 摄影：刘马力

印度八色鸫 \ 摄影：刘马力

形态特征 头顶中央冠纹黑色，两侧和前额黄褐色。眉纹白色，头侧黑色。喉白色。背、肩草绿色，腰、尾上覆羽和翅上小覆羽亮紫蓝色。腹中央和尾下覆羽血红色。尾黑色，端部蓝绿色。

生态习性 栖息于常绿林。

地理分布 分布于南亚。国内见于云南南部。

种群状况 单型种。留鸟。稀少。

印度八色鸫

Indian Pitta　*Pitta brachyura*　体长：18 cm　国家Ⅱ级重点保护野生动物　LC（低度关注）

仙八色鸫 \摄影：王军

仙八色鸫 \摄影：陈承光

仙八色鸫 \摄影：王军

形态特征 羽色鲜艳。头深栗褐色，中央冠纹黑色，眉纹乳黄色。头侧有一条宽阔的黑纹自眼先经颊、眼、耳羽直到后颈，与中央冠纹相连。背绿色，腰、尾上覆羽及翅上小覆羽蓝色。喉白色，胸、腹乳白色。腹中央和尾下覆羽血红色。

生态习性 栖息于热带和亚热带森林。地面上跳跃行走。

地理分布 分布于东亚及印度尼西亚。国内见于华北、甘肃以南及云贵川以东地区。

种群状况 单型种。夏候鸟，旅鸟。稀少。

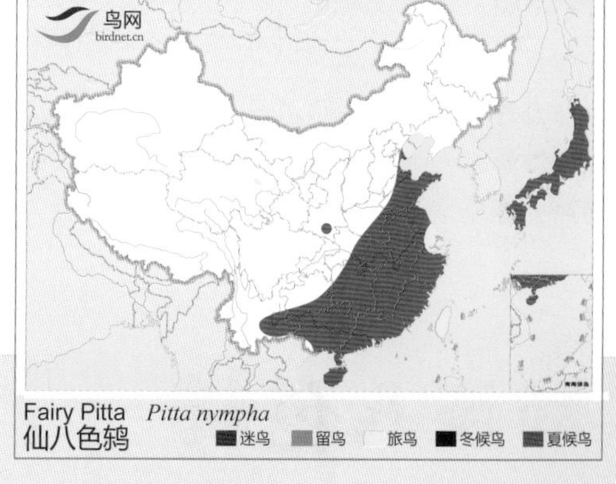

仙八色鸫

Fairy Pitta *Pitta nympha*

体长：19~20 cm

国家Ⅱ级重点保护野生动物

VU（易危）

蓝翅八色鸫 \摄影：王好诚

蓝翅八色鸫 \摄影：陈久桐

蓝翅八色鸫 \摄影：田穗兴

形态特征 中央冠纹黑色，两侧具红棕色条带，过眼纹黑色。喉白色，背绿色，翅上飞羽白斑大。腰、尾上覆羽及翅上覆羽蓝色。胸、腹栗色。腹中央和尾下覆羽血红色。尾黑色，前端蓝色。

生态习性 栖息各种林地生境。

地理分布 分布于东南亚。国内见于广东、广西、台湾。

种群状况 单型种。夏候鸟，旅鸟。常见。

蓝翅八色鸫

Blue-winged Pitta　*Pitta moluccensis*　体长：20 cm　国家Ⅱ级重点保护野生动物　LC（低度关注）

百灵科

Alaudidae
(Larks)

本科鸟类体型小，与麻雀大小相似。一般嘴细小而呈圆锥状。鼻孔上有悬羽，常将鼻孔掩盖。头多具羽冠，鸣叫时常竖立起来。翅较尖长，初级飞羽9~10枚，3级飞羽较长。尾羽12枚，较翅稍短。跗蹠后缘钝，被盾状鳞，后爪长，直而尖。

主要栖息于草原、旷野等平坦开阔地带，也出现于湖滨、沼泽、耕地、山坡草地和河流沿岸草地与沼泽湿地等生境。善鸣叫，常冲天而上，在空中边飞边鸣，鸣声动听、悦耳，是人们喜爱的观赏鸟类，也是诗人常爱吟咏和比喻的对象。营巢于地上草丛中。食物主要为草籽、植物嫩叶、幼芽等植物性食物，也吃昆虫。

本科鸟类主要分布于欧亚大陆、非洲、大洋洲和北美洲等地。有关种属分类，目前意见尚不一致，有的分为14属76种，也有分为21属85种。中国有6属14种，分布于全国各地。

歌百灵 \ 摄影：张德亮

形态特征 眉纹淡棕白色，羽冠褐色。颏、喉皮黄白色，耳羽棕色，具褐色端斑。上体暗褐色，具黑褐色纵纹；翅上棕色羽缘宽而显著，下体皮黄色或淡棕色，胸具黑色斑点。外侧尾羽白色。

生态习性 栖息于旷野、农田、草地。常不停奔跑跳跃，可扇翅悬停于空中，有突然急降直下动作。

地理分布 共16个亚种，分布于东南亚、澳大利亚。国内有1个亚种，华南亚种 *williamsoni* 见于广东、香港、广西。

种群状况 多型种。夏候鸟。稀少。

歌百灵 \ 摄影：邓嗣光

歌百灵

Australasian Bush Lark *Mirafra javanica* 体长：14~15 cm LC（低度关注）

草原百灵 \摄影：陈天祺

繁殖羽 \摄影：许传辉

草原百灵 \摄影：王尧天

草原百灵 \摄影：许传辉

形态特征 眼先、眉纹淡棕白色，耳羽和颊棕褐色。颏、喉和下体白色，喉两侧各具一黑色块斑。上体沙褐色，具黑褐色纵纹；翼下为黑色而具宽的白缘，飞翔时尤为明显。胸斑小，胸具黑色横带。外侧尾羽几全为白色。

生态习性 栖息于草原、空旷田野。多地面活动，边飞边鸣。

地理分布 共4个亚种，分布于中亚、西亚、南欧、北非。国内有1个亚种，新疆亚种 *psammochroa* 见于新疆。

种群状况 多型种。旅鸟，留鸟。稀少。

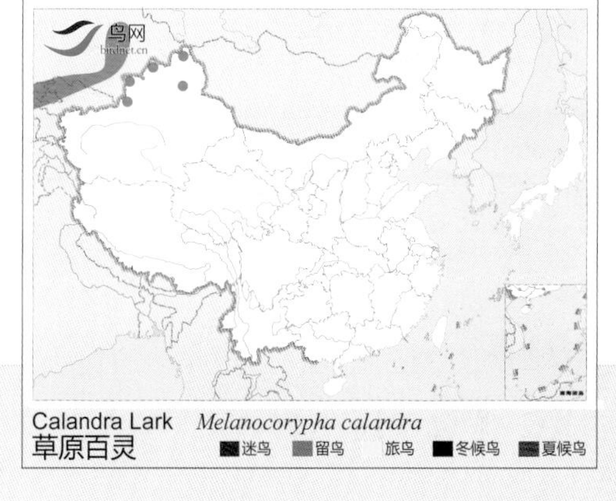

草原百灵

Calandra Lark　*Melanocorypha calandra*　体长：18~22 cm　**LC（低度关注）**

二斑百灵 \摄影：文志敏

二斑百灵 \摄影：许传辉

二斑百灵 \摄影：许传辉

形态特征 具一宽的白色眉纹和眼圈。眼先褐色。喉白色。上体褐色具黑色纵纹，羽缘皮黄褐色。胸具黑色横带。下体白色或皮黄白色。尾短，外侧尾羽仅具白色尖端。

生态习性 栖息于平原、河谷、半荒漠地带。飞行和在地面奔跑能力均较强。冬季集群。

地理分布 分布于中亚、西亚。国内见于新疆。

种群状况 单型种。旅鸟，冬候鸟。不常见。

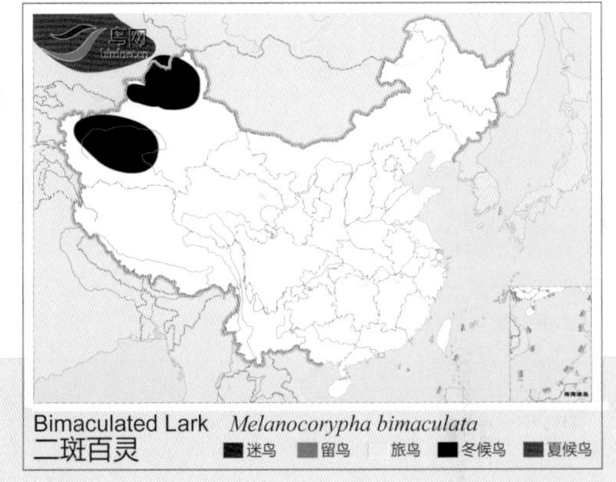

二斑百灵

Bimaculated Lark *Melanocorypha bimaculata* 体长：18~19 cm LC（低度关注）

长嘴百灵 \摄影：刘爱华

长嘴百灵 \摄影：许传辉

长嘴百灵 \摄影：刘哲青

形态特征 喙稍下弯，头顶棕色纹少。上体褐色或沙褐色，背部有深的褐色条纹，翅覆羽暗褐色，羽缘苍白色。下体白色，胸灰棕白色，具暗色斑点。尾羽端白，外侧尾羽白色。

生态习性 栖息于开阔的草原和牧场、水域草丛。单独或成对活动，受惊时常于草茎上鸣叫。

地理分布 分布于印度、蒙古。国内3个亚种。青海亚种 *holdereri* 见于西藏西部和北部、青海东南部、四川西北部，体色较淡。指名亚种 *maxima* 见于陕西、甘肃南部、西藏南部和东部、青海南部、四川西北部，体色较深。新疆亚种 *flavescens* 分布于青海西北部、新疆南部。

种群状况 多型种。留鸟。常见。

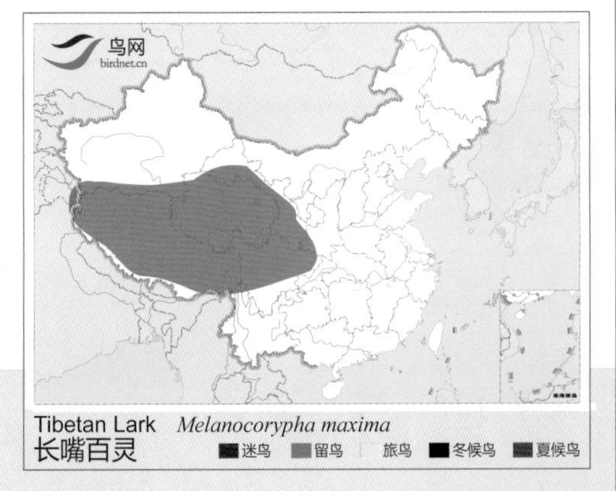

长嘴百灵

Tibetan Lark *Melanocorypha maxima* 体长：19~23 cm LC（低度关注）

蒙古百灵 \摄影：纪卫国

蒙古百灵 \摄影：高宏颖

蒙古百灵 \摄影：桑新华

形态特征 头顶栗褐色，中央棕黄色。眼先、眼周及眉纹白色。喉、胸白色，前胸有黑斑。上体栗红色，翅具白色斑。下体白色。

生态习性 栖息于草原、半荒漠等开阔地区。地面奔跑迅速。

地理分布 分布于蒙古及邻近的俄罗斯。国内见于黑龙江、吉林、辽宁、河北、北京、天津、陕西北部、内蒙古、宁夏、甘肃西部、青海东部。

种群状况 单型种。留鸟。常见。为内蒙古自治区的区鸟。

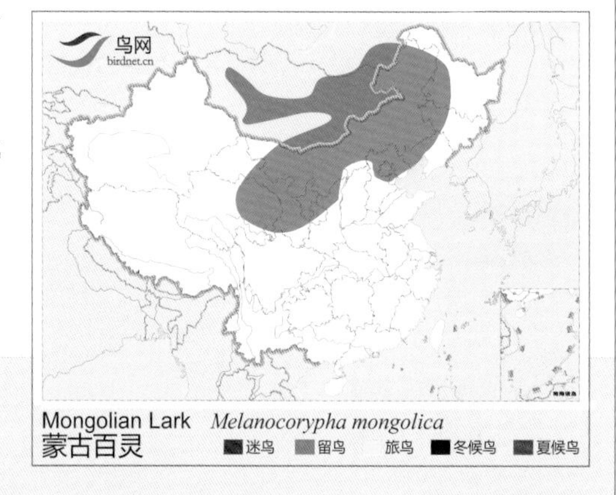

蒙古百灵

Mongolian Lark　*Melanocorypha mongolica*　　体长：17~22　cm　　LC（低度关注）

白翅百灵 \摄影：关学丽

白翅百灵 \摄影：周奇志

白翅百灵 \摄影：关学丽

形态特征 眉纹白色，头顶、耳覆羽和腰红褐色，翅上有大型白斑。下体白色，上胸两侧缀锈栗色。尾羽黑褐色，外侧尾羽白色。雌鸟头顶色淡。

生态习性 栖息于半干旱和半荒漠平原、盐碱地带。繁殖期有恋巢习性。

地理分布 分布于俄罗斯西南、伊朗。国内见于新疆天山、塔里木盆地。

种群状况 单型种。旅鸟，冬候鸟。罕见。

白翅百灵

White-winged Lark　*Melanocorypha leucoptera*　　体长：17~20　cm　　LC（低度关注）

黑百灵 \摄影：雷洪

黑百灵（雌）\摄影：邢睿

黑百灵 \摄影：王尧天

形态特征 喙肉色或淡灰色。夏季雄鸟全身黑色，脚黑色；冬季上体灰色，具黑色点斑，下体黑褐色。雌鸟上体沙色，头顶具黑色斑点；上体及翅覆羽具褐色斑点，下体白色，胸具点斑。

生态习性 栖息于半干旱和半荒漠平原、草原、湿地灌木区。鸣叫时下压两翅，尾部抬起。

地理分布 分布于俄罗斯西南、中亚。国内见于新疆准格尔盆地。

种群状况 单型种。夏候鸟。罕见。

鸟网 birdnet.cn

Black Lark *Melanocorypha yeltoniensis*
黑百灵 迷鸟 留鸟 旅鸟 冬候鸟 夏候鸟

黑百灵

Black Lark *Melanocorypha yeltoniensis* 体长：18~22 cm LC（低度关注）

普通亚种 *dukhunensis* \摄影：郑小明

新疆亚种 *Longipennis* \摄影：王尧天

普通亚种 *dukhunensis* \摄影：关克

形态特征 喙短，眉纹白色。体羽沙色，背具暗褐色条纹。下体黄白色，前胸两侧具黑斑。外侧尾羽白色。

生态习性 栖息于半干旱和半荒漠平原、草原、湿地灌木区。

地理分布 共8个亚种，分布于蒙古、俄罗斯、中亚、西亚、南欧及非洲。国内3个亚种。新疆亚种 *longipennis* 见于新疆，翅长(1♂9.5♀) 8.6~9厘米；上体棕色较淡，下体近白色，仅于胸部沾皮黄色。普通亚种 *dukhunensis* 见于华北、西北、河南、内蒙古、西藏、云南西北部、四川、江苏、上海、台湾，体型较大，翅长(13♂) 9.85(9.3~10.2)厘米，(8♀) 9.3~9.7厘米；上体棕褐，下体浅棕，胸部色特浓。东北亚种 *orientalis* 见于黑龙江西部、吉林西北部。

种群状况 多型种。夏候鸟，旅鸟，冬候鸟。常见。

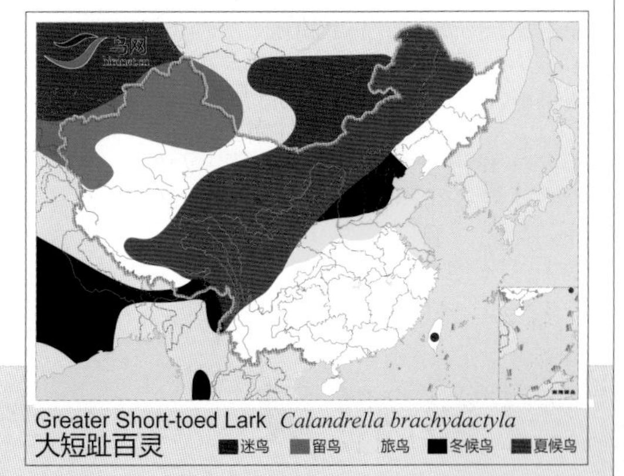

大短趾百灵

Greater Short-toed Lark *Calandrella brachydactyla* 体长：14~17 cm LC（低度关注）

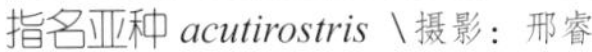

指名亚种 *acutirostris* \摄影：邢睿

西藏亚种 *tibetana* \摄影：刘爱华

形态特征 喙细，端部黑色。眉纹皮黄色。颈侧具黑色小斑。上体棕灰褐色，纵纹少，下体淡白色或近白色。

生态习性 栖息于干旱平原、高原等干旱环境。冬季集群。

地理分布 共2个亚种，分布于印度、中亚。国内有2个亚种，指名亚种 *acutirostris* 见于新疆，上体黑纹较浓著；最外侧羽毛的楔状白斑甚狭小，几乎仅限于外翈。西藏亚种 *tibetana* 见于内蒙古西部、宁夏、甘肃南部、新疆西部和南部、西藏、青海东北部、四川西北部，上体黑纹较淡，最外侧尾羽的楔状白斑较大，且沾满了外翈以及内翈的大部。

种群状况 多型种。旅鸟，夏候鸟。常见。

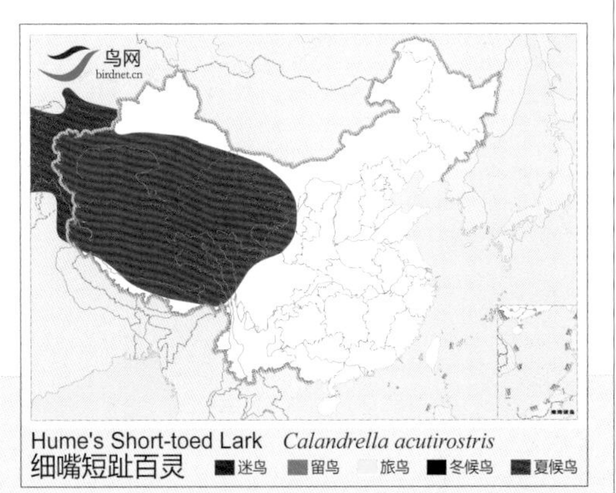

细嘴短趾百灵

Hume's Short-toed Lark　　*Calandrella acutirostris*　　体长：14~16　cm　　LC（低度关注）

新疆亚种 *seebohmi* \摄影：刘哲青

内蒙亚种 *beicki* \摄影：关克

西藏亚种 *tangutica* \摄影：邢睿

指名亚种 *cheleensis* \摄影：关克

形态特征 眼先、眉纹和眼周白色或皮黄白色，颊和耳羽棕褐色。上体沙棕色，具黑褐色纵纹。下体皮黄白色或白色，胸侧具暗褐色纵纹，外侧尾羽白色。

生态习性 栖息于干旱荒漠、平原、河滩。

地理分布 共17亚种，分布非洲、西亚、中亚、蒙古及俄罗斯。国内6个亚种。新疆亚种 *seebohmi* 见于新疆，上体棕色甚淡，黑纹较少而微；胸部黑纹甚微，几乎付缺。青海亚种 *kukunoorensis* 见于新疆南部、青海北部，上体棕色较浓，黑纹亦较 *seebohmi* 为多而显著；胸部黑纹亦显著。西藏亚种 *tangutica* 见于西藏东北部、青海南部，上体渲染棕红。甘肃亚种 *stegmanni* 见于甘肃西北部，上体较内蒙亚种稍灰些。内蒙亚种 *beicki* 见于内蒙古西部、宁夏、甘肃、青海北部，上体羽色介于指名亚种和西藏亚种之间。指名亚种 *cheleensis* 见于东北、华北、山东、陕西、内蒙古东北部和中部、宁夏北部、四川、江苏、台湾，上体较青海亚种为暗，呈褐色；胸部黑纹不显著。

种群状况 多型种。夏候鸟、冬候鸟、旅鸟、留鸟。常见。

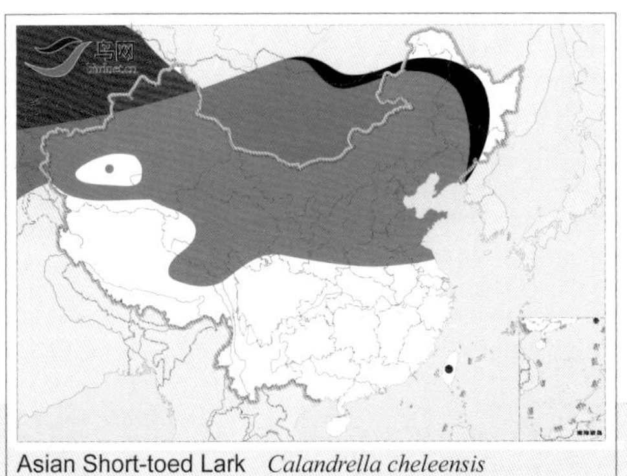

短趾百灵

Asian Short-toed Lark　　*Calandrella cheleensis*　　体长：14~16　cm　　LC（低度关注）

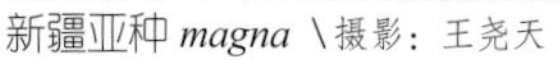
新疆亚种 *magna* \摄影：王尧天

新疆亚种 *magna* \摄影：关克

新疆亚种 *magna* \摄影：王尧天

东北亚种 *leautungensis* \摄影：孙晓明

东北亚种 *leautungensis* \摄影：关克

形态特征 眼先、颊、眉纹淡棕白色或浅沙棕色，贯眼纹黑褐色。头具带黑色纵纹的羽冠。上体沙棕褐色，具黑褐色羽干纹。下体皮黄白色，胸具黑褐色纵纹。

生态习性 栖息于干旱平原、旷野、半荒漠和荒漠边缘地带。活动方式有地面奔跑，疾跑急停及短距离波浪式飞行。

地理分布 共37个亚种，分布于东亚、中亚、西亚、南欧及非洲。国内2个亚种。新疆亚种 *magna* 见于内蒙古西部、宁夏北部、甘肃西北部、新疆、青海东北部，体型较大，翅长；嘴长；上体淡沙褐色，轴纹黑褐色较浅；下体较淡，胸部黑斑较细。东北亚种 *leautungensis* 见于辽宁、华北、河南、山东、陕西、内蒙古东部、甘肃、西藏南部、青海、四川北部、湖北、江苏；体型较小，翅稍短；嘴稍短；上体棕褐色，轴纹黑褐色较浓；下体沾棕色较多，胸部黑斑较粗。

种群状况 多型种。夏候鸟，旅鸟，留鸟。常见。

凤头百灵

Crested Lark *Galerida cristata*

体长：16~19 cm

LC（低度关注）

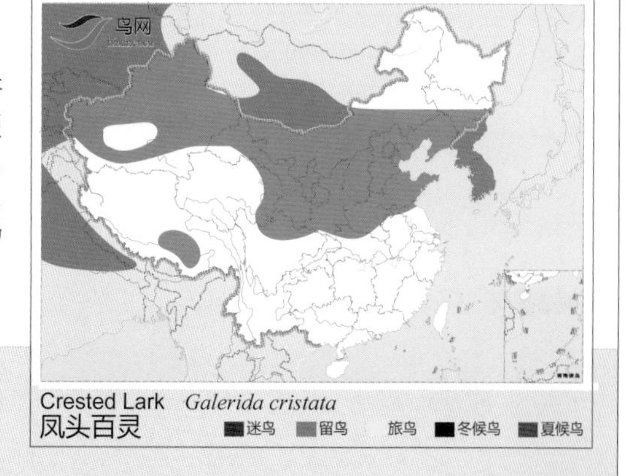

东北亚种 *leautungensis* \摄影：孙晓明

新疆亚种 *dulcivox* \摄影：王尧天

北京亚种 *pekinensis* \摄影：沈强

北方亚种 *kiborti* \摄影：关克

形态特征 头顶具羽冠。眉纹白色或棕白色。上体沙棕色，具黑色羽干纹，羽缘红棕色，胸具黑褐色纵纹。下体白色或棕白色，最外侧一对尾羽几纯白色。

生态习性 栖于平原、旷野、农田地带。常地面奔跑，垂直起降，冠羽受惊时竖起。

地理分布 共13个亚种，分布于欧亚大陆、非洲。国内有6个亚种，新疆亚种 *dulcivox* 见于新疆，上体黑纹较少而粗，羽缘淡棕，向外渐沾灰色。北方亚种 *kiborti* 见于东北地区、河北、北京、内蒙古东北部、福建，上体黑纹较多而细，羽缘较多淡棕色。东北亚种 *intermedia* 见于东北地区、内蒙古、甘肃、陕西、湖北、湖南及以东地区，上体黑纹较多而粗著，黑色亦较深，羽缘棕色较深。北京亚种 *pekinensis* 见于东北、华北地区，上体黑较东北亚种更明显，黑色最深，羽缘棕色亦最浓，在背部呈红棕色。萨哈林亚种 *lonnbergi* 见于江苏，翅长在北京亚种和 *japonica* 之间；上体黑较东北亚种更明显，黑色最深，羽缘棕色亦最浓，在背部呈红棕色。日本亚种 *japonica* 见于江苏，上体黑较东北亚种更明显，黑色最深，羽缘棕色亦最浓，在背部呈红棕色。

种群状况 多型种。夏候鸟，旅鸟，冬候鸟。常见。

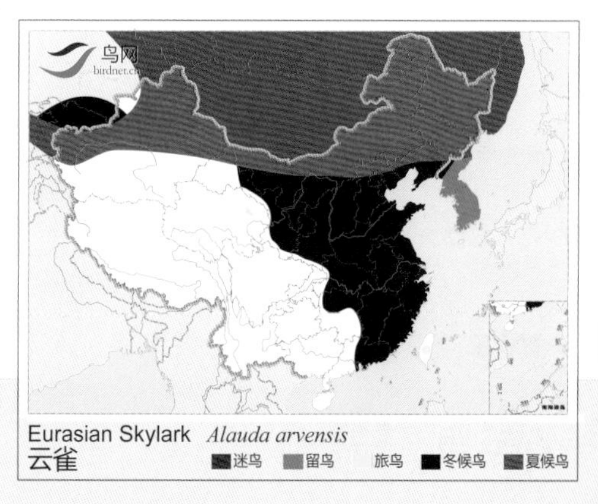

云雀

Eurasian Skylark　　*Alauda arvensis*

体长：16~19 cm　　LC（低度关注）

华南亚种 *coelivox* \摄影：毛建国

华南亚种 *coelivox* \摄影：毛建国

西藏亚种 *ihamarum* \摄影：顾云芳

华南亚种 *coelivox* \摄影：朱英

形态特征 冠羽短。上体沙棕色或棕褐色，具黑褐色纵纹。下体偏棕褐色。胸棕色具黑褐色羽干纹。尾较短。

生态习性 栖息于开阔平原等各类环境。

地理分布 共8个亚种，分布于南亚、中亚及中南半岛。国内有7个亚种，西藏亚种 *lhamarum* 见于西藏西南部。长江亚种 *weigoldi* 见于山东南部、陕西南部、甘肃东部、四川、湖北、安徽北部、上海，体色介于西北亚种和西南亚种之间，比较多棕而少灰。西北亚种 *inopinata* 见于中国西部，体色较苍灰。西南亚种 *vernayi* 见于云南、贵州西部、四川西南部，体色较西北亚种或长江亚种均更暗浓；下体棕色较深，背上黑纹粗著。华南亚种 *coelivox* 见于云南中南部、贵州、湖南南部、江西北部、浙江、福建、广东、香港、澳门、广西，体色与长江亚种相似，但上体纵纹较显著。台湾亚种 *wattersi* 见于台湾，上体羽色与华南亚种相似，但纵纹较粗，胸斑亦较粗著；嘴较华南亚种为厚，较海南亚种为短。海南亚种 *sala* 见于海南，上体羽色与华南亚种相似，但棕色较浅，嘴较长。

种群状况 多型种。夏候鸟，旅鸟，留鸟。常见。

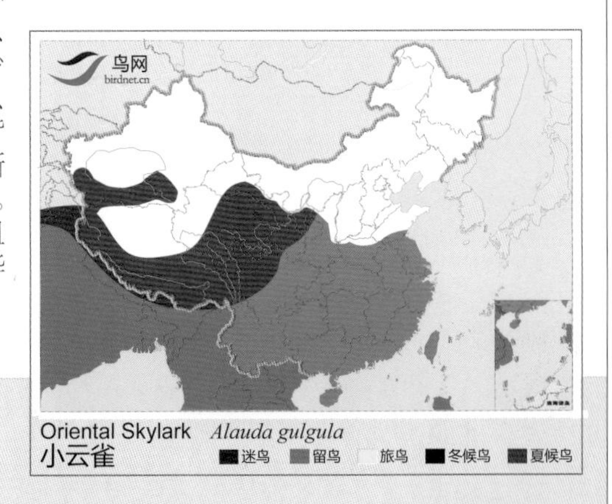

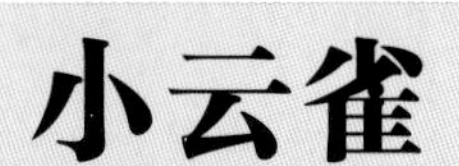

Oriental Skylark *Alauda gulgula* 体长：14~17 cm LC（低度关注）

东北亚种 *brandti* \摄影：孙晓明

新疆亚种 *albigula* \摄影：王尧天

四川亚种 *khamensis* \摄影：王尧天

北方亚种 *flava* \摄影：孙晓明

新疆亚种 *albigula* \摄影：王尧天

形态特征 眼先、颊、耳羽和嘴基黑色。眉纹白色或淡黄色与额白色相连。前额白色，其后具黑色长羽伸出头顶外，似角。下体白色，具黑色胸带。最外侧尾羽白色。雌鸟和雄鸟相似，但羽冠短或不明显，胸部横带较窄小。

生态习性 栖息于高原草地、荒漠、半荒漠、戈壁滩、高山草甸地区。不高飞，冬季集群。

地理分布 共42个亚种，分布于全北界。国内9个亚种。北方亚种 *flava* 见于黑龙江、辽宁、河北、北京、内蒙古、新疆，上体较浓褐而带粉红，额、脸和喉均沾黄色；头侧的黑色与胸部的黑色间，隔以白纹。东北亚种 *brandti* 见于华北、西北地区，上体较淡棕褐而带粉红；额、脸和喉均白；头侧的黑色与胸部的黑色间，隔以白纹。新疆亚种 *albigula* 见于新疆，头侧的黑色与胸部的黑色间隔以白纹，前额无黑色(除额基外)。昆仑亚种 *argalea* 见于新疆西部和南部、西藏西部，上体较青藏亚种还淡，更近沙色，但较南疆亚种稍暗；前额多少呈些黑色。青藏亚种 *elwesi* 见于西藏、青海、四川西北部，后颈与上背较淡，下背纵纹较狭，褐色较淡，前额多少呈些黑色。南疆亚种 *teleschowi* 见于新疆南部，上体最淡，前额无白色带斑，足与其他亚种相区别，前额多少呈些黑色。柴达木亚种 *przewalskii* 见于青海西北部，上体似东亚亚种，但较近沙色，嘴较细长；头侧的黑色与胸部的黑色间，隔以白纹。四川亚种 *khamensis* 见于甘肃、西藏、青海、四川，后颈与上背呈浓葡萄红色，下背黑褐色纵纹较显著，前额多少呈些黑色。青海亚种 *nigrifrons* 见于青海东北部。

种群状况 多型种。夏候鸟，旅鸟，冬候鸟，留鸟。常见。

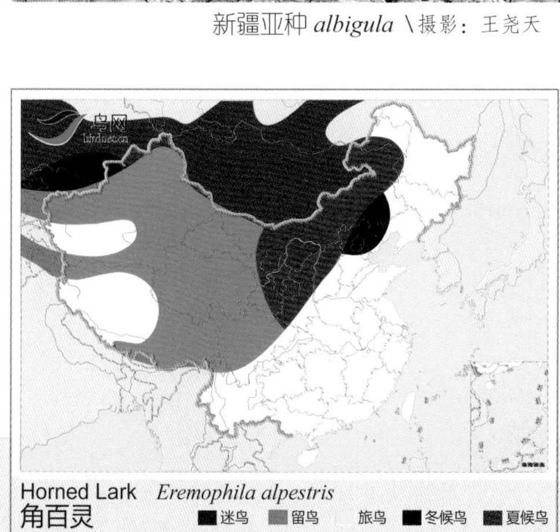

角百灵

Horned Lark　　*Eremophila alpestris*　　体长：15~19 cm　　LC（低度关注）

燕科
Hirundinidae
(Swallows, Martins)

本科鸟类体型小巧，行动敏捷，嘴形平扁而短阔、近似三角形，嘴裂亦甚宽阔，嘴缘光滑，仅上嘴先端处有一小缺刻。鼻孔裸出，嘴须短弱。翅狭长而尖，初级飞羽9枚，第一、二枚几乎等长，次级飞羽甚短，最长的也仅及翅的中部；尾羽12枚，多为叉状或短叉状。跗蹠细弱，前缘被盾状鳞，少数种类跗蹠被羽。雌雄相似。

燕科鸟类主要生活于居民点、农田以及山谷中较为空旷的岩壁周围和湖泊沙丘岸边。善飞行，常长时间地在空中飞翔，捕食空中昆虫。休息时多成群栖息于电线上、岩石或潮湿的沙地上。营巢于房舍墙壁、房梁、天花板等人类建筑物上，也有的种类营巢于悬崖石隙间或在水域附近沙丘峭壁上掘穴为巢。巢多由苔藓、羽毛、杂草和泥土构成，呈碗状或曲颈瓶状。每窝产卵3~7枚，卵白色，有的缀有赤色斑纹，雏鸟晚成性。

本科鸟类多为迁徙鸟，除南北两极外几遍布于全世界。共计19属83种。中国有4属14种，遍布于全国各地。

崖沙燕 \ 摄影：李全民

崖沙燕 \ 摄影：苏鹏

崖沙燕 \ 摄影：张岩

崖沙燕 \ 摄影：苏鹏

形态特征 颏、喉白色，上体灰褐或沙灰色，下体白色，胸有一宽的灰褐色环带，尾浅叉状。

生态习性 栖息于河流等各种水域岸边、沙滩、沙丘和砂质岩坡上。集群活动。

地理分布 共5个亚种，分布于除大洋洲外的世界各地。国内有1个亚种，东北亚种 *ijimae* 见于东北、华北、华东、华中、华南地区及内蒙古、青海、新疆。

种群状况 多型种。夏候鸟，旅鸟。常见。

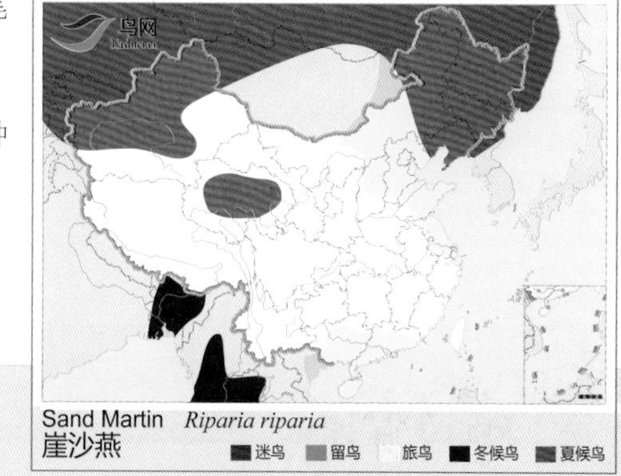

崖沙燕

Sand Martin　*Riparia riparia*　体长：12~14 cm　LC(低度关注)

新疆亚种 *diluta* \摄影：王尧天

新疆亚种 *diluta* \摄影：王尧天

福建亚种 *fohkienensis* \摄影：苏鹏

形态特征 与崖沙燕相似。胸带淡，喉灰色，尾分叉浅。

生态习性 栖息于各种水域岸边。

地理分布 共6个亚种，分布于俄罗斯贝加尔湖以南、中亚、巴基斯坦、印度北部和尼泊尔。国内有3个亚种，新疆亚种 *diluta* 见于新疆、青海西北部，上体淡褐色，下背及内侧翼羽的羽缘沙灰色；胸带不显著。青藏亚种 *tibetana* 见于西藏东南部、青海、四川北部，上体乌灰褐色；下背及内侧翼羽的羽缘稍淡但不明显，胸带灰褐。福建亚种 *fohkienensis* 见于河南北部、陕西南部、甘肃南部、四川东部、重庆、贵州北部、湖北、江苏、浙江、福建、广东，头顶近黑褐色，背部褐色较浓；胸带明显，近黑褐色；上体黑色更明显，黑色最深；羽缘棕色亦最浓，在背部呈红棕色。

种群状况 多型种。夏候鸟，冬候鸟，留鸟。常见。

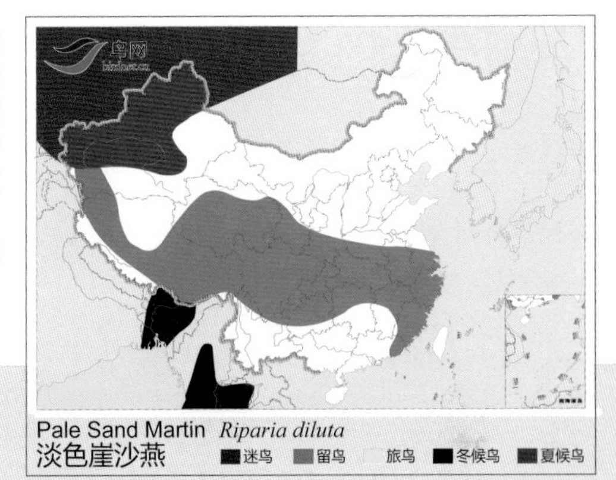

Pale Sand Martin *Riparia diluta*
淡色崖沙燕 迷鸟 留鸟 旅鸟 冬候鸟 夏候鸟

淡色崖沙燕

Pale Sand Martin *Riparia diluta* 体长：11~12.5 cm **NE（未评估）**

褐喉沙燕 \摄影：梁长久

褐喉沙燕 \摄影：田穗兴

褐喉沙燕 \摄影：魏东

形态特征 喉、胸沙棕色。上体灰褐色。腹部、尾下覆羽白色，腰部浅色。

生态习性 栖息于各种水域岸边。

地理分布 共9个亚种，分布于非洲、南亚及东南亚。国内有1个亚种，中华亚种 *chinensis* 见于云南南部、香港、台湾。

种群状况 多型种。留鸟。不常见。

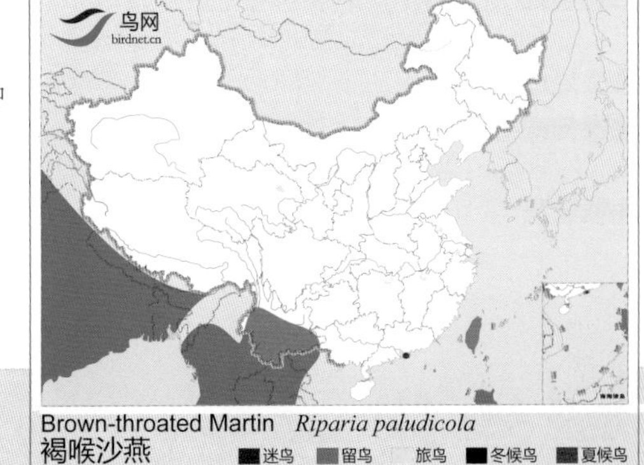

Brown-throated Martin *Riparia paludicola*
褐喉沙燕 迷鸟 留鸟 旅鸟 冬候鸟 夏候鸟

褐喉沙燕

Brown-throated Martin *Riparia paludicola* 体长：10~12 cm **NE（未评估）**

岩燕 \摄影：臧晓博

岩燕 \摄影：关克

岩燕 \摄影：王尧天

形态特征 颏、喉、胸污白色，颏、喉具暗褐色或灰色斑点。上体灰褐色。下胸和腹深棕沙色；尾羽短、微内凹，近方形；尾下覆羽较腹羽暗。

生态习性 栖息于高山峡谷，悬崖峭壁。多在水域上空飞翔。

地理分布 分布于非洲北部、南欧、西亚、中亚及南亚。国内见于整个西部地区及华北、东北南部地区。

种群状况 单型种。夏候鸟，留鸟。不常见。

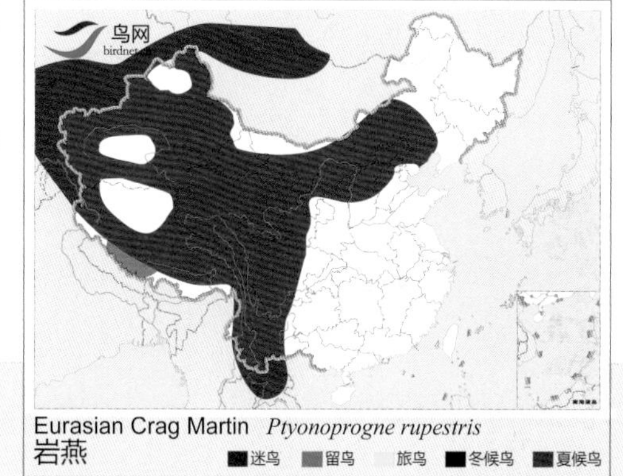

岩燕

Eurasian Crag Martin　*Ptyonoprogne rupestris*　体长：13~17 cm　**LC（低度关注）**

纯色岩燕 \摄影：田穗兴

纯色岩燕 \摄影：田穗兴

形态特征 颏、喉、胸淡棕褐色，具黑褐色纵纹。上体几乎黑色，下体暗棕色。除中央一对尾羽无白斑外，其余尾羽近端处均有一白斑。

生态习性 栖息于山地平原和丘陵地区。单独或成对活动。

地理分布 共2个亚种，分布于巴基斯坦、印度、缅甸、泰国和越南。国内有1个亚种，西南亚种 *sintaungensis* 见于四川、云南南部、广西西南部。

种群状况 多型种。留鸟。稀少。

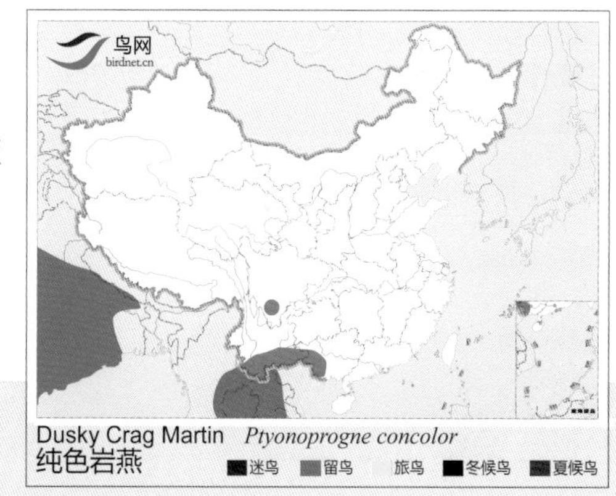

纯色岩燕

Dusky Crag Martin　*Ptyonoprogne concolor*　体长：12 cm　**LC（低度关注）**

普通亚种 *gutturalis* \摄影：贾少勇

普通亚种 *gutturalis* \摄影：关克

指名亚种 *rustica* \摄影：王尧天

北方亚种 *tytleri* \摄影：段文科

形态特征 颏、喉和上胸栗色，后接一黑色环带，上体蓝黑色，具光泽。翅下覆羽白色，下胸和腹白色。尾长，呈深叉状。

生态习性 栖息于人类居住环境周围。飞行方向不固定。

地理分布 共8个亚种，分布于世界各地。国内4个亚种。指名亚种 *rustica* 见于新疆、西藏西部，翅长均超过12厘米，胸带几乎完整，颏和喉的栗色不侵入胸带；腹部白至淡棕黄色。普通亚种 *gutturalis* 见于全国各地，腹部白色，有时沾棕色；翅长一般不及12厘米；胸带中断，颏和喉的栗色侵入胸带中部。北方亚种 *tytleri* 见于黑龙江南部、内蒙古、华北、云贵川、华东、福建、台湾，颏和喉等栗红；腹部稍淡；腹部非白色。东北亚种 *mandschurica* 见于黑龙江，颏和喉等较暗栗红；腹部淡赭石色，腹部非白色。

种群状况 多型种。夏候鸟，冬候鸟，留鸟。数量多，常见。

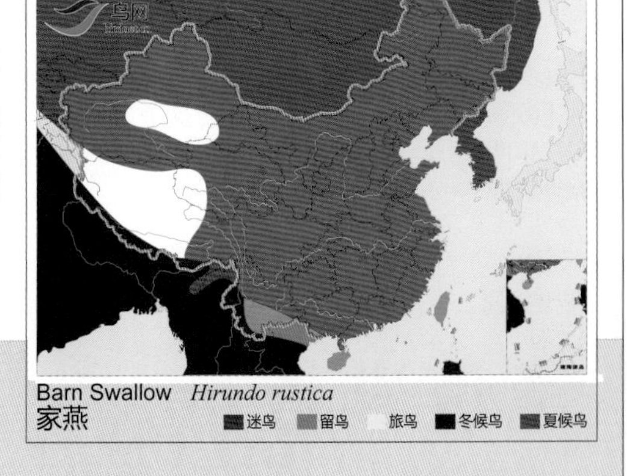

Barn Swallow *Hirundo rustica*
家燕
迷鸟 留鸟 旅鸟 冬候鸟 夏候鸟

家燕

Barn Swallow *Hirundo rustica* 体长：15~19 cm LC(低度关注)

台湾亚种 *namiyei* \摄影：蒋振立

台湾亚种 *namiyei* \摄影：刘马力

台湾亚种 *namiyei* \摄影：简廷谋

形态特征 前额、颏、喉暗栗红色，眼先黑色。上体蓝黑色而具金属光泽，翅深褐色，下体灰色，腰深蓝色。尾暗褐色，浅叉状。除中央一对尾羽外，其余尾羽内侧近尖端处具斜形椭圆形白斑，尾下覆羽具白鳞斑。

生态习性 栖息于沿海海岸、岛屿、低山丘陵。

地理分布 共8个亚种，分布于南亚、东南亚。国内有2个亚种，台湾亚种 *namiyei* 见于台湾，翅长在11厘米以上；上体淡绿色；喉暗栗色。兰屿亚种 *abbotti* 见于台湾兰屿，翅长在10.5厘米以下；上体蓝绿色；喉淡栗色。

种群状况 多型种。留鸟。常见。

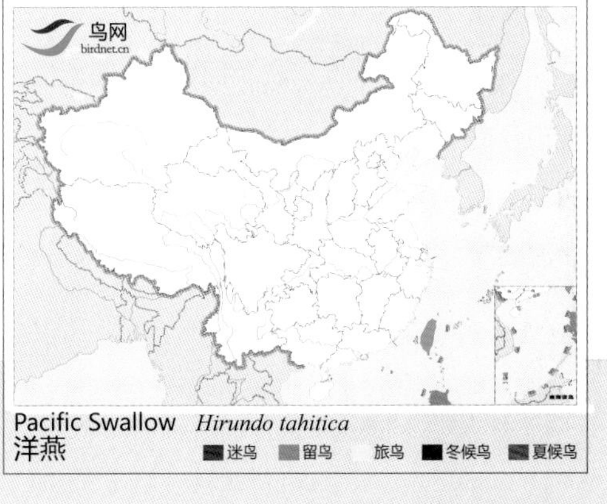

Pacific Swallow *Hirundo tahitica*
洋燕
迷鸟 留鸟 旅鸟 冬候鸟 夏候鸟

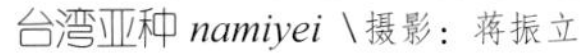

洋燕（洋斑燕）

Pacific Swallow *Hirundo tahitica*　体长：13 cm　LC（低度关注）

西南亚种 *nipalensis* \摄影：朱春虎

指名亚种 *daurica* \摄影：孙晓明

普通亚种 *japonica* \摄影：黎忠

青藏亚种 *gephrya* \摄影：王尧天

形态特征 后颈有栗黄色或棕栗色形成的领环。上体蓝黑色，具金属光泽，腰有棕栗色横带。下体棕白色，具黑色细纵纹。尾深叉状。

生态习性 栖息于低山丘陵和平原地区的村镇。

地理分布 共10个亚种，分布于欧亚大陆南部、非洲、大洋洲。国内有4个亚种，指名亚种 *daurica* 见于东北、内蒙古东北部、新疆，翅长达12厘米；下体带棕色，纵纹明显；腰羽几无纵纹。青藏亚种 *gephrya* 见于宁夏、甘肃西部和南部、西藏南部和东部、青海东部和南部、云南西部和西北部、四川、江苏东部、福建东部，翅长达12厘米或以上；下体底色较普通亚种为棕黄；纵纹较少，形亦较细；腰羽几乎无细纹。西南亚种 *nipalensis* 见于西藏东南部、云南西部、广西西北部，翅长一般不及12厘米；下体底色浅淡，纵纹较普通亚种为少；腰羽暗棕，向后渐淡。普通亚种 *japonica* 见于中国西部除西藏以外地区，翅长一般不及12厘米；下体底色较西南亚种为棕黄；纵纹较多，较粗；腰羽暗色，纵纹较明显。

种群状况 多型种。夏候鸟，旅鸟，留鸟。常见。

Red-rumped Swallow *Cecropis daurica*
金腰燕
迷鸟 留鸟 旅鸟 冬候鸟 夏候鸟

金腰燕

Red-rumped Swallow *Cecropis daurica*　体长：16~20 cm　LC（低度关注）

云南亚种 *stanfordi* \摄影：呼晓宏

指名亚种 *striolata* \摄影：田穗兴

云南亚种 *stanfordi* \摄影：肖克坚

形态特征 颏、喉和上胸微缀棕色，具细密的黑色纵纹。枕部无棕色。上体蓝黑色，具金属光泽，腰带棕栗色。下体棕白色，具黑色粗纵纹。

生态习性 栖息于低山丘陵和山脚平原地带。

地理分布 共4个亚种，分布于东南亚。国内2个亚种。云南亚种 *stanfordi* 见于云南，翅长大都在12.8厘米以上；腰带较宽。指名亚种 *striolata* 见于台湾，翅长大都在12.8厘米以下；腰带较狭。

种群状况 多型种。夏候鸟，留鸟。常见。

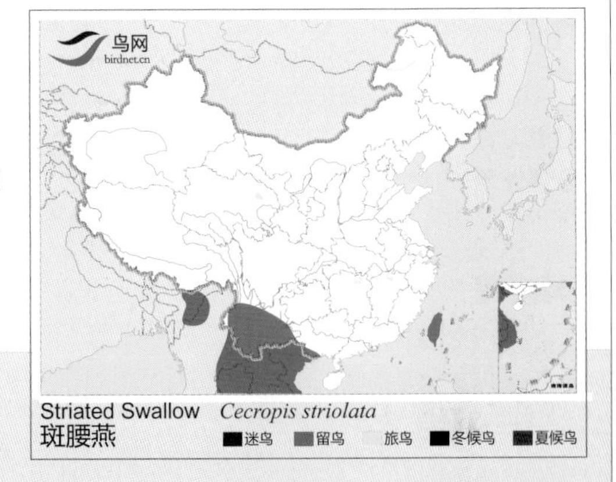

斑腰燕

Striated Swallow *Cecropis striolata* 体长：18~19 cm NE（未评估）

线尾燕 \摄影：梁长久

线尾燕 \摄影：唐万玲

线尾燕 \摄影：李书

形态特征 前额与头顶为红棕色。上体蓝色，具光泽。翅和尾黑蓝色，具光泽。下体白色。外侧尾羽超长。雌鸟外侧尾羽短。

生态习性 栖息于开阔林地、村镇。

地理分布 共2个亚种，分布于东南亚、南亚及非洲。国内有1个亚种，滇西亚种 *filifera* 见于云南西南部。

种群状况 多型种。留鸟。不常见。

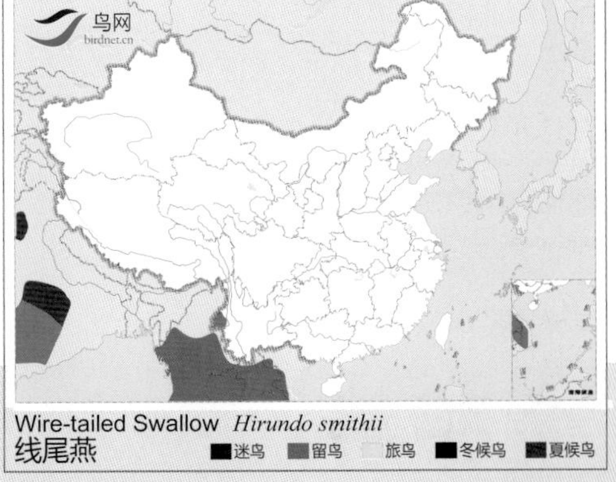

线尾燕

Wire-tailed Swallow *Hirundo smithii* 体长：14~21 cm LC（低度关注）

黄额燕 \摄影：Tarique Sani

黄额燕 \摄影：Tarique Sani

形态特征 体型稍小。尾较宽，略分叉。与褐喉沙燕、淡色崖沙燕及线尾燕的区别在于颏、喉和胸具有纵纹，而褐喉沙燕和淡色崖沙燕的上体亦具有非常显著的暗黑色。成鸟羽冠红棕色，具有浅色纵纹；上体浅蓝色，具白色纵纹；腰部灰棕色。幼鸟羽冠和上体较成鸟褐色更深且暗，飞羽边缘具浅色纹。

生态习性 栖息于开阔的区域、耕地、人居环境，常接近水源。

地理分布 国外分布于印度、孟加拉国、不丹、尼泊尔、巴基斯坦、斯里兰卡。国内见于西藏东南部(2014年5月在北京被发现，但该记录还有待于进一步确证)。

种群状况 单型种。迷鸟。罕见。

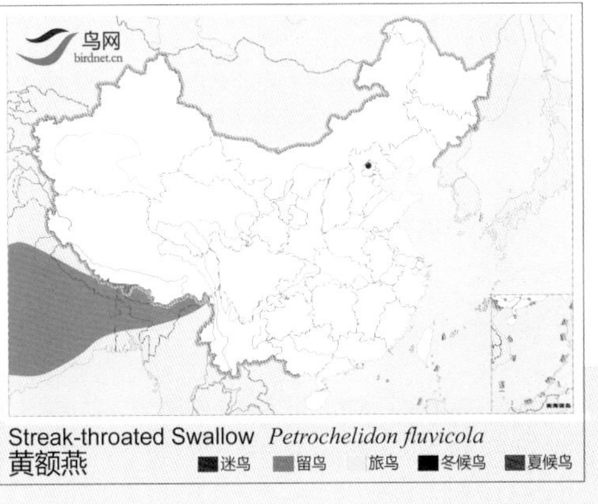

黄额燕

Streak-throated Swallow　*Petrochelidon fluvicola*　体长：14~21 cm　LC(低度关注)

指名亚种 *urbicum* \摄影：吕荣华

指名亚种 *urbicum* \摄影：孙晓明

形态特征 额、头顶、背、肩黑色，具蓝黑色金属光泽。下体和腰白色。尾叉状，黑褐色。

生态习性 栖息于山地、森林、河谷悬崖等处。集群活动。

地理分布 共3个亚种，分布于欧亚大陆及非洲。国内有2个亚种，指名亚种 *urbicum* 见于新疆、西藏西部，尾上覆羽短的白，长的黑。东北亚种 *lagopodum* 见于东北、华北、华东、华中地区、广东南部，尾上覆羽纯白。

种群状况 多型种。夏候鸟，冬候鸟。局部常见。

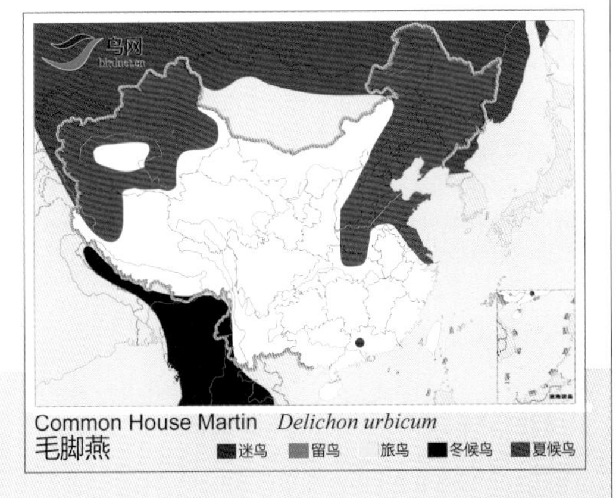

毛脚燕

Common House Martin　*Delichon urbicum*　体长：13~15 cm　LC(低度关注)

福建亚种 *nigrimentalis* \摄影：胡伟宁

指名亚种 *dasypus* \摄影：孙晓明

西南亚种 *cashmeriensis* \摄影：关克

形态特征 上体蓝黑色，具金属光泽，翅下覆羽深灰色。下体烟灰白色，腰白色。尾叉状。

生态习性 栖息于山地、森林、河谷悬崖等处。集群活动。

地理分布 共3个亚种，分布于东亚及东南亚。国内有3个亚种，指名亚种 *dasypus* 见于黑龙江、江苏东部、上海，福建中部，翅长。西南亚种 *cashmeriensis* 见于北京、山西南部、陕西南部、甘肃西北部、宁夏、西藏南部、青海、云南西北部、四川、贵州东北部、湖北西部，翅长居中；下体羽色较指名亚种和福建亚种淡；尾叉达0.5～0.7厘米。福建亚种 *nigrimentalis* 见于湖南、安徽、江西、浙江、福建、广东、香港、广西、台湾，翅稍短；尾叉仅0.2厘米。

种群状况 多型种。夏候鸟，冬候鸟，旅鸟，留鸟。局部常见。

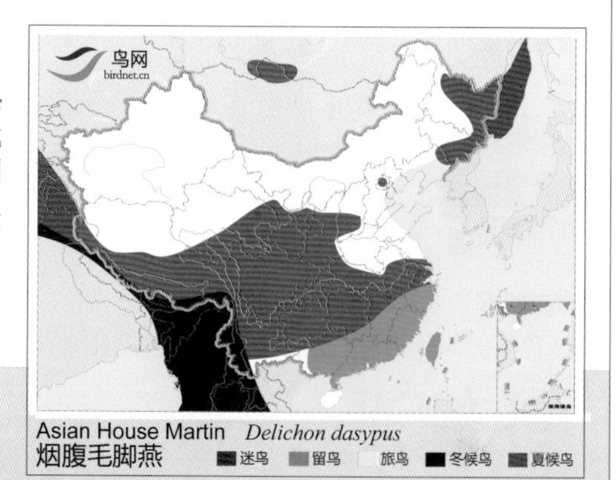

烟腹毛脚燕

Asian House Martin *Delichon dasypus*

体长：13~15 cm

LC（低度关注）

黑喉毛脚燕 \摄影：Chewang R. Bonpo

黑喉毛脚燕 \摄影：邢睿

形态特征 颏、喉灰黑色。上体蓝黑色，具金属光泽，腰白色。下体白色。尾叉短近方形。

生态习性 栖息于山地水域岸边。集群活动。

地理分布 共2个亚种，分布于尼泊尔、缅甸、老挝及越南。国内有2个亚种，指名亚种 *nipalense* 见于西藏，上体呈辉亮的蓝黑色，腰亮白色；后颈有一不完整的白领，喉纯黑；尾下覆羽亮黑，下体余部亮白色。贡山亚种 *cuttingi* 见于云南西部，上体为辉蓝黑色，后颈羽基白色；头顶两侧、颏、喉灰黑色，尾下覆羽黑色有蓝色反光；下体余部纯白。

种群状况 多型种。夏候鸟，留鸟。稀少。

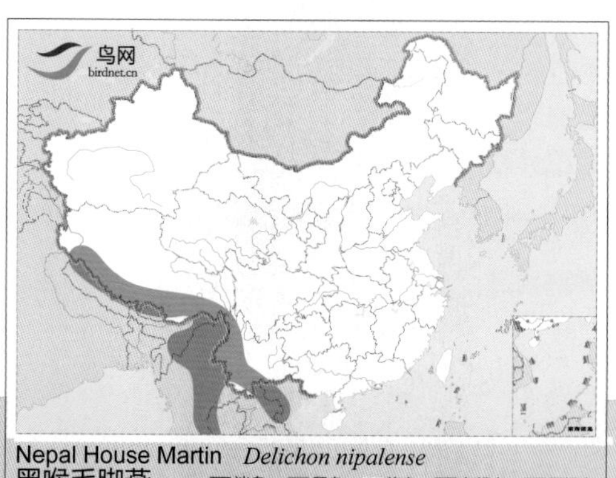

黑喉毛脚燕

Nepal House Martin *Delichon nipalense*

体长：12~13 cm

LC（低度关注）

鹡鸰科
Motacillidae
(Wagtails, Pipits)

本科鸟类体型细小。嘴较细长，上嘴先端微具缺刻，嘴须较发达。鼻孔不被羽。翅长而尖，初级飞羽9枚，第一和第二枚初级飞羽几等长，次级飞羽亦较长，最长的次级飞羽几达翼端。尾羽12枚，最外侧尾羽几乎纯白色。脚细长，跗蹠前缘微具盾状鳞，后缘侧扁呈棱状。后趾与爪均较长，爪形稍曲。雌雄多相似。

本科鸟类主要为地栖种类，除少数种类外，一般不栖于树上。而常栖息于溪边、草地、农田、沼泽、林间等各类生境中。善于在地上奔跑，栖止时尾常不停地上下或左右摆动。飞行呈波浪状，边飞边叫。食物主要为昆虫，多在路边或水边觅食。除少数营巢于树上外，多营巢于地上草丛、石隙或岩石缝隙间。雏鸟晚成性。

全世界有6属59种。遍布全球。中国有3属20种，遍布全国各地。

山鹡鸰 \摄影：朱英

山鹡鸰 \摄影：简廷谋

山鹡鸰 \摄影：冯启文

山鹡鸰 \摄影：桑新华

山鹡鸰 \摄影：关克

形态特征 眉纹白色。上体灰褐色，翅上有两道显著的白色横斑。下体白色，胸有两道黑色横带。外侧尾羽白色。

生态习性 栖息于低山丘陵地带的山地森林。在树枝上行走，尾不停地左右摆动。

地理分布 分布于印度、东亚和东南亚。国内除新疆外见于全国各地。

种群状况 单型种。夏候鸟，冬候鸟。常见。

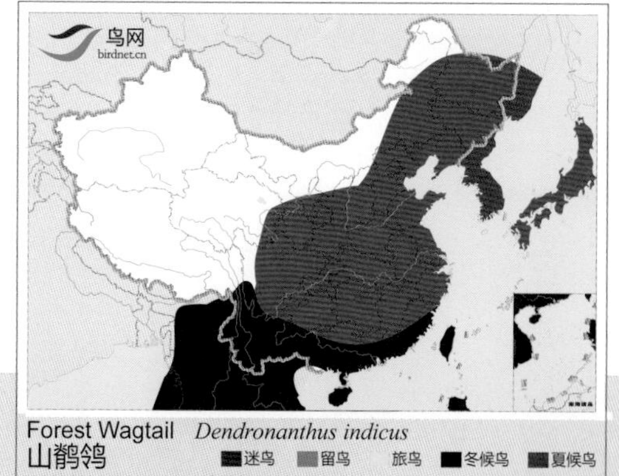

山鹡鸰

Forest Wagtail *Dendronanthus indicus*

体长：16~18 cm

LC（低度关注）

西南亚种 *alboides* \摄影：王哲青

普通亚种 *leucopsis* \摄影：关克

灰背眼纹亚种 *ocularis* \摄影：关克

新疆亚种 *personata* \摄影：王尧天

黑背眼纹亚种 *lugens* \摄影：孙晓明

西方亚种 *dukhunensis* \摄影：张新

东北亚种 *baicalensis* \摄影：孙晓明

形态特征 前额、颊白色。颏、喉白色或黑色。头顶和后颈黑色，胸黑色，背、肩黑色或灰色。两翅黑色，具白色翅斑。下体白色。

生态习性 栖息于各水域岸边。在地上走走停停。

地理分布 共12个亚种，分布于欧亚大陆及非洲。国内有7个亚种。西方亚种 *dukhunensis* 见于宁夏、青海东北部、新疆西北部、四川中部和西部，头侧白，喉黑。新疆亚种 *personata* 见于甘肃西北部、新疆、西藏西南部、湖北西部，头侧后部黑，喉黑。东北亚种 *baicalensis* 见于新疆以外地区，喉白，无穿眼黑纹。灰背眼纹亚种 *ocularis* 见于西藏以外地区，有穿眼纹，头顶至颈项羽，背部灰。西南亚种 *alboides* 见于华北、西部地区，额和头顶前部均白，眼后有白色眼纹，颏白，喉或白或黑。普通亚种 *leucopsis* 见于全国各地，头和颈的两侧白，无眉纹，颏白，喉或白或黑。黑背眼纹亚种 *lugens* 见于东北、华北、华东地区及福建、广东、台湾，有穿眼纹，头顶至腰均黑。

种群状况 多型种。夏候鸟，旅鸟，冬候鸟，留鸟。常见。

白鹡鸰

White Wagtail　*Motacilla alba*

体长：18~20 cm

LC（低度关注）

日本鹡鸰 \摄影：Ayuwat Jearwat tanakanok

日本鹡鸰 \摄影：Ayuwat Jearwat tanakanok

形态特征 前额、眉纹和颏白色。眼先、头侧、颈侧及胸黑色。头、颈、上体黑色。翅上具大型白斑。下体白色。

生态习性 栖息于低山丘陵和山脚平原水域边。喜在农田和溪流附近活动。

地理分布 分布于俄罗斯远东、朝鲜半岛和日本。国内见于河北、贵州、广西、台湾。

种群状况 单型种。迷鸟。稀少。

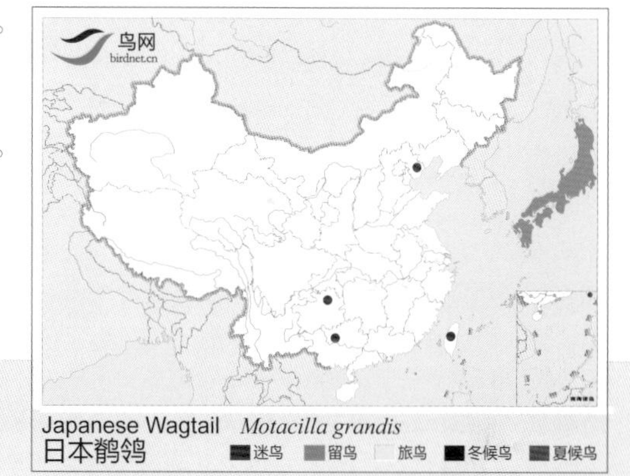

日本鹡鸰

Japanese Wagtail *Motacilla grandis* 体长：20 cm LC（低度关注）

大斑鹡鸰 \摄影：krishna Mohan

大斑鹡鸰 \摄影：krishna Mohan

大斑鹡鸰 \摄影：桑新华

形态特征 本属体型最大者。头至前胸黑色，最突出的特征是白色眉纹粗长，延伸至脸颊后部，两侧眉纹汇聚于前额，上体黑色，下体白色，两翼合拢时形成一道白色长肩带，甚似白鹡鸰西南亚种，但体更大，眼下白色部分甚少，眉纹更加粗而长。虹膜褐色，喙黑色，脚黑色。

生态习性 与白鹡鸰相似，多在水域边活动。适应人工环境，甚至筑巢于建筑物之上。

地理分布 国外分布于南亚次大陆的低地。我国云南有可疑的历史记录，西藏东南部有分布，但尚待确证 。

种群状况 单型种。留鸟。不常见。

大斑鹡鸰

White-browed Wagtail *Motacilla maderaspatensis* 体长：21 cm LC（低度关注）

指名亚种 *citreola* \摄影：李俊彦

西南亚种 *calcarata* \摄影：林泽超

新疆亚种 *werae*（雌）\摄影：王尧天

新疆亚种 *werae* \摄影：王尧天

形态特征 背黑色或灰色，翅暗褐色，具白斑。上体黑色或深灰色，下体黄色。尾黑褐色，外侧尾羽白色。雄鸟头鲜黄色。雌鸟额和头侧辉黄色，头顶黄色，眉纹黄色。

生态习性 栖息于各水域岸边。性喜集群活动。

地理分布 共3个亚种，分布于欧亚大陆。国内有3个亚种，新疆亚种 *werae* 见于甘肃西北部、新疆、西藏南部，背部灰色沾褐，头与下体蛋黄，翅长稍短。指名亚种 *citreola* 见于新疆以外地区，背深灰，上背与后颈间常有黑色带斑；头与下体辉黄，翅长。西南亚种 *calcarata* 见于甘肃南部、新疆西部、西藏、青海、云南东部和南部、四川、贵州，背黑色(在非繁殖期呈褐灰色，多少杂以黑色)，翅长居中。

种群状况 多型种。夏候鸟，冬候鸟，旅鸟。常见。

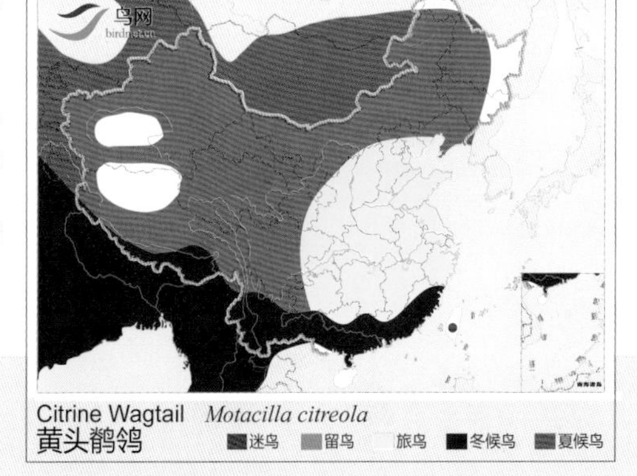

黄头鹡鸰

Citrine Wagtail　*Motacilla citreola*　　体长：16~20 cm　　LC（低度关注）

准格尔亚种 *Leucocephala* \摄影：王尧天

阿拉斯加亚种 *tschutschensis* \摄影：刘延江

极北亚种 *plexa* \摄影：李俊彦

台湾亚种 *taivana*（亚成）\摄影：Tpejim

天山亚种 *melanogrisea* \摄影：夏咏

北方西部亚种 *beema* \摄影：王尧天

东方亚种（斋桑亚种）*zaissanensis* \摄影：王尧天

北方东部亚种 *angarensis* \摄影：王尧天

堪察加亚种 *simillima*（亚成）\摄影：朱英

东北亚种 *macronyx* \ 摄影：关克

形态特征 眉纹黄色或黄白色。头顶蓝灰色或暗色。上体橄榄绿色或灰色。飞羽黑褐色，具两道白色或黄白色横斑。下体黄色。尾黑褐色，最外侧两对尾羽白色。

生态习性 栖息于低山丘陵、平原。常在水域岸边活动。

地理分布 共17个亚种，分布于欧亚大陆、非洲、大洋洲及北美洲西部。国内有10个亚种。准噶尔亚种 *leucocephala* 见于新疆北部，头至颈项白，仅耳羽和头顶后部沾些灰色。极北亚种 *plexa* 见于黑龙江、内蒙古东北部、四川、湖北，背灰，耳羽近黑头顶灰色；眉纹或有或无，不呈黄色。天山亚种 *melanogrisea* 见于新疆西部和西北部，头顶黑色。北方西部亚种 *beema* 见于甘肃南部、西藏东部和西南部、青海、四川，头顶蓝灰，眉纹较宽；耳羽暗蓝灰，有白色眉纹。东方亚种 *zaissanensis* 见于新疆北部，北方东部亚种 *angarensis* 见于华北、云贵川地区，头顶深灰，眉纹狭；耳羽近黑，有时杂以白色，有白色眉纹。东北亚种 *macronyx* 见于除新疆、青海以外地区，无眉纹，耳羽暗灰，背较绿或呈橄榄绿色。堪察加亚种 *simillima* 见于除西北以外地区，头顶灰褐，眉纹较宽；耳羽乌灰褐色，有白色眉纹。台湾亚种 *taivana* 见于我国东部地区，头顶与背均橄榄绿，眉纹鲜黄，有时近白；头顶非白色或黑色。阿拉斯加亚种 *tschutschensis* 见于北京、江苏，头顶灰褐，眉纹较宽；耳羽深灰褐色，有白色眉纹。

种群状况 多型种。夏候鸟，旅鸟，冬候鸟。常见。

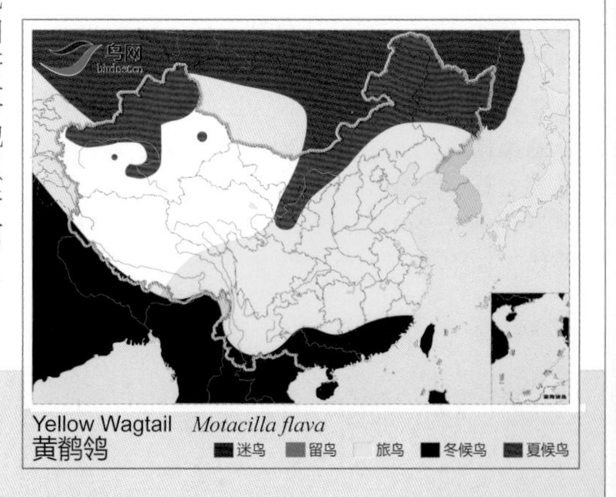

黄鹡鸰

Yellow Wagtail *Motacilla flava*

体长：17~20 cm

NE（未评估）

灰鹡鸰 \摄影：关克

灰鹡鸰 \摄影：王尧天

雄鸟夏羽 \摄影：关克

形态特征 眉纹白色。上体暗灰色或暗灰褐色，飞羽黑褐色，具白色斑。中央尾羽黑褐色，外侧一对尾羽白色。下体和腰黄色。颏、喉部，雄鸟夏季为黑色，冬季为白色，雌鸟均为白色。

生态习性 栖息于水域岸边。常停息于水中露出的石头上。

地理分布 共6个亚种，分布于欧亚大陆、非洲。国内有1个亚种，普通亚种 *robusta* 亚种分布于全国各地。

种群状况 多型种。夏候鸟，旅鸟，冬候鸟，留鸟。常见。

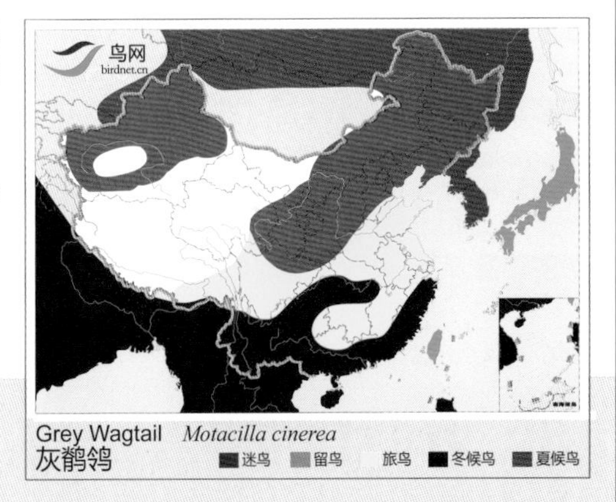

灰鹡鸰

Grey Wagtail　*Motacilla cinerea*

体长：17~19 cm

LC（低度关注）

东方田鹨 \摄影：李枚

东方田鹨 \摄影：刘贺军

东方田鹨 \摄影：刘马力

形态特征 眉纹皮黄白色。颏、喉白色沾棕。上体黄褐色或棕黄色，头顶和背部具暗褐色纵纹。下体白色或皮黄白色。喉两侧、胸具暗褐色纵纹。

生态习性 栖息于开阔原野、牧场、农田。站立时多呈垂直姿势，行走迅速，尾上下摆动。

地理分布 共6个亚种，分布于南亚、东南亚。国内有1个亚种，指名亚种 *rufulus* 见于云南、四川、广东北部、广西。

种群状况 多型种。留鸟。常见。

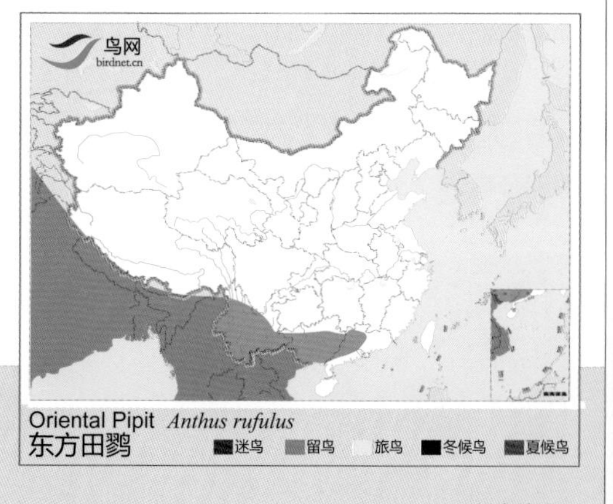

东方田鹨

Oriental Pipit *Anthus rufulus* 体长：16 cm LC（低度关注）

华南亚种 *sinensis* \摄影：李宗丰

东北亚种 *richardi* \摄影：段文科

新疆亚种 *centralasiae* \摄影：文志敏

形态特征 眉纹皮黄白色。上体黄褐色或棕黄色。头顶和背具暗褐色纵纹。下体白色或皮黄白色，喉两侧、胸具暗褐色纵纹较重。后爪长。

生态习性 栖息于开阔原野、牧场、农田。

地理分布 共5个亚种，分布于俄罗斯、南亚及东南亚。国内有3个亚种。东北亚种 *richardi* 分布于除西藏、台湾以外各地，上体底色较棕，下体近白，胸部赤棕，并具粗著黑纹；翅长居中，后爪一般在1.5厘米以上。新疆亚种 *centralasiae* 见于甘肃、内蒙古西部、新疆西部和北部、青海西北部，上体羽缘棕色较东北亚种为淡，下体与东北亚种相似，但胸部黑纹较细；体型亦稍大，翅长；后爪长达1.5厘米以下。华南亚种 *sinensis* 见于陕西、甘肃，云贵川、华东、华中、华南地区，上体较东北亚种为暗，下体棕色较淡，胸部黑纹较短细；体型较小，翅稍短。

种群状况 多型种。夏候鸟，旅鸟，冬候鸟。常见。

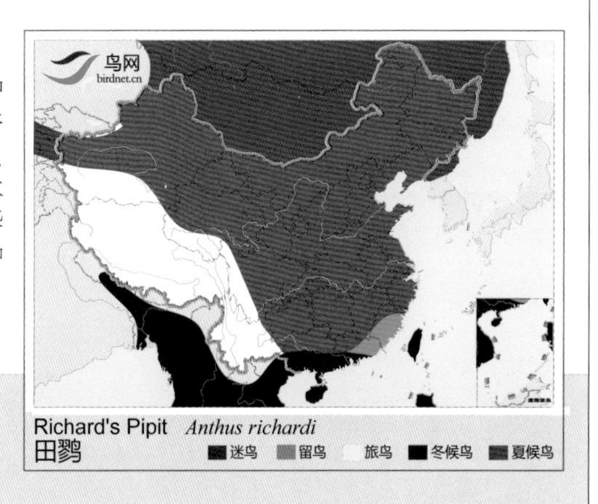

田鹨（理氏鹨）

Richard's Pipit　*Anthus richardi*　体长：18 cm　LC（低度关注）

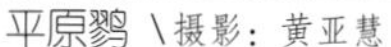
平原鹨 \摄影：黄亚慧

平原鹨 \摄影：王尧天

平原鹨 \摄影：王尧天

形态特征 眉纹皮黄白色。头顶具暗褐色纵纹，上体灰褐色，条纹不明显。翅和尾暗褐色，羽缘棕白色，最外侧两对尾羽白色。下体棕白色或乳白色，胸沙棕色。

生态习性 栖息于开阔原野、低山地区。

地理分布 共3个亚种，分布于中亚、南亚、西亚、南欧及非洲。国内有1个亚种，新疆亚种 *griseus* 分布于新疆。

种群状况 多型种。夏候鸟。不常见。

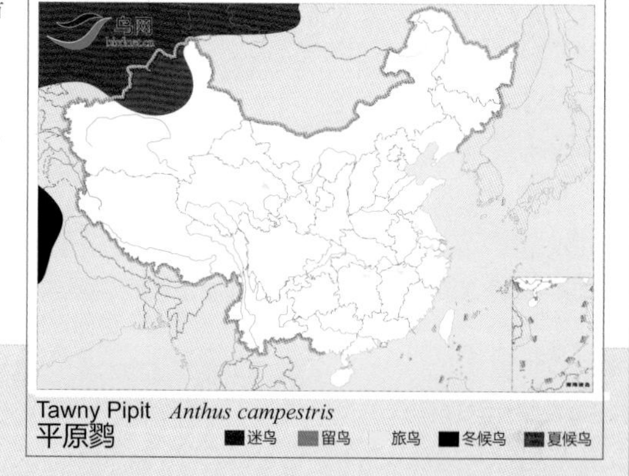

Tawny Pipit *Anthus campestris*
平原鹨 迷鸟 留鸟 旅鸟 冬候鸟 夏候鸟

平原鹨

Tawny Pipit *Anthus campestris* 体长：18 cm LC（低度关注）

布氏鹨 \摄影：白忠生

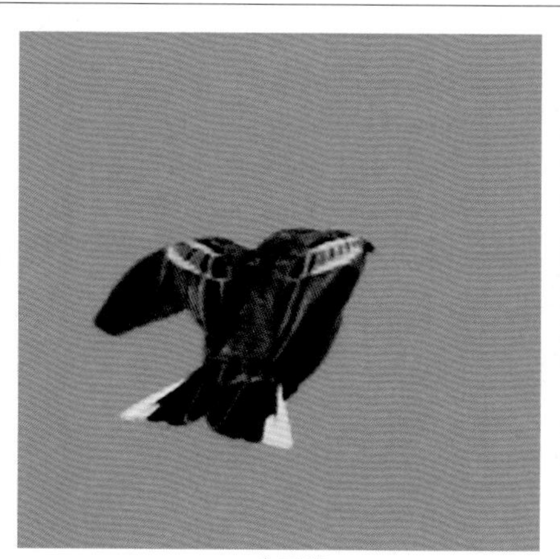
布氏鹨 \摄影：白忠生

布氏鹨 \摄影：白忠生

形态特征 上体棕黑色或棕灰褐色，具黑褐色纵纹。下体白色，胸沙棕色具黑色纵纹。

生态习性 栖息于多石的山区、草地。

地理分布 分布于俄罗斯、蒙古、印度、缅甸。国内见于辽宁南部、华北地区、内蒙古、甘肃、新疆、西藏、青海、云南、四川、贵州、台湾。

种群状况 单型种。夏候鸟，旅鸟，冬候鸟。不常见。

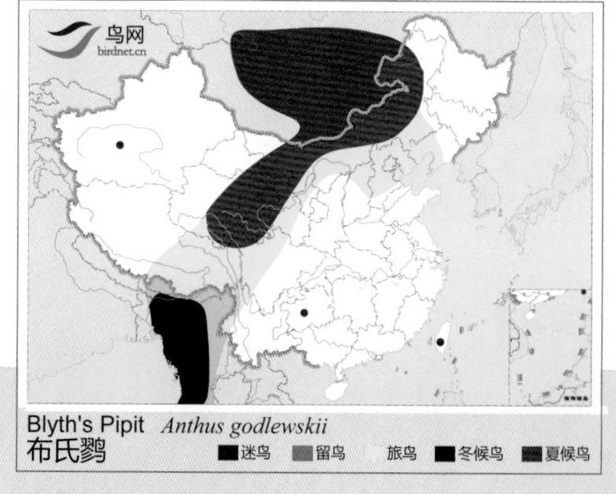

Blyth's Pipit *Anthus godlewskii*
布氏鹨 迷鸟 留鸟 旅鸟 冬候鸟 夏候鸟

布氏鹨

Blyth's Pipit *Anthus godlewskii* 体长：17 cm LC（低度关注）

林鹨 \摄影：许传辉

林鹨 \摄影：黄亚慧

林鹨 \摄影：王尧天

形态特征 喉两侧具黑褐色纵纹，头顶和背具暗褐色纵纹。上体沙褐色至橄榄灰褐色，下体白色或皮黄白色，胸具黑褐色纵纹。最外侧尾羽白色。

生态习性 栖息于山地森林和林缘地带。时常以直立姿势观望。

地理分布 共3个亚种，分布于俄罗斯、中亚、西亚、印度、欧洲。国内2个亚种。指名亚种 *trivialis* 见于宁夏、陕西南部、内蒙古中部、新疆北部和东部、西藏、广西，嘴型细短，嘴基较狭(嘴宽在鼻孔处不及0.5厘米)，下体纵纹不发达。新疆亚种 *schlueteri* 见于新疆西部和南部。

种群状况 多型种。夏候鸟，旅鸟。不常见。

鸟网 birdnet.cn

Tree Pipit *Anthus trivialis*
林鹨　迷鸟　留鸟　旅鸟　冬候鸟　夏候鸟

林鹨

Tree Pipit　*Anthus trivialis*　　体长：16 cm　　LC（低度关注）

树鹨 \摄影：孙晓明

树鹨 \摄影：梁长久

树鹨 \摄影：王尧天

形态特征 眉纹乳白色或棕黄色，耳后具白斑。上体橄榄绿色，具褐色纵纹。下体灰白色，胸具黑褐色纵纹。

生态习性 栖息于山地阔叶林、混交林、针叶林。

地理分布 共3个亚种，分布于俄罗斯、南亚、东南亚、东北亚及蒙古。国内2个亚种。东北亚种 *yunnanensis* 分布于除山西、西藏以外各地，上体较浓橄榄绿，纵纹不显。指名亚种 *hodgsoni* 见于山西、陕西南部、宁夏、甘肃、西藏东部和南部、青海、云贵川地区、江西、上海、浙江、广东北部、台湾，上体较暗灰褐，纵纹显著。

种群状况 多型种。夏候鸟，旅鸟，冬候鸟，留鸟。局部常见。

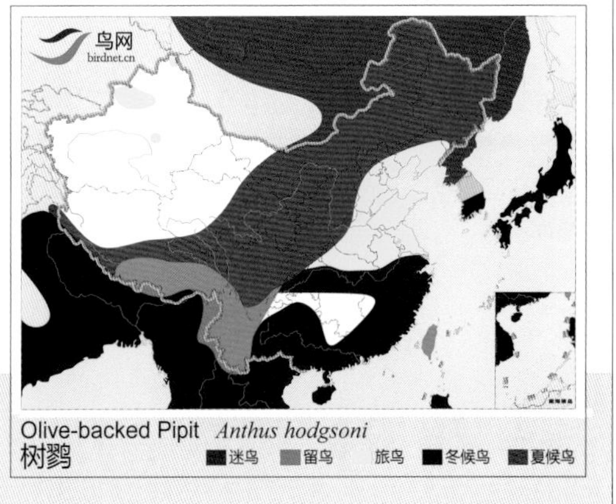

Olive-backed Pipit *Anthus hodgsoni*
树鹨　迷鸟　留鸟　旅鸟　冬候鸟　夏候鸟

树鹨

Olive-backed Pipit　*Anthus hodgsoni*　　体长：16 cm　　LC（低度关注）

东北亚种 *menzbieri* \摄影：孙晓明

东北亚种 *menzbieri* \摄影：桑新华

指名亚种 *gustavi* \摄影：肖显志

形态特征 上体棕褐色，具粗的黑褐色纵纹，羽缘白色，形成“V”形斑。翅上具两条棕白色翅斑。下体白色或灰白色，胸、颈侧和两肋具暗褐色纵纹。最外侧尾羽具大形楔状白斑。

生态习性 栖息于湖边、沙滩、田野。常躲藏在植物丛中。

地理分布 共3个亚种，分布于东北亚、东南亚。国内2个亚种 。东北亚种 *menzbieri* 见于黑龙江，上体较暗，纵纹较多；下体较黄，尾下覆羽近棕黄色。指名亚种 *gustavi* 见于东北、华北、华东及华南地区、甘肃、新疆，上体较淡，纵纹较少；下体乳白。

种群状况 多型种。夏候鸟，旅鸟，冬候鸟。稀少。

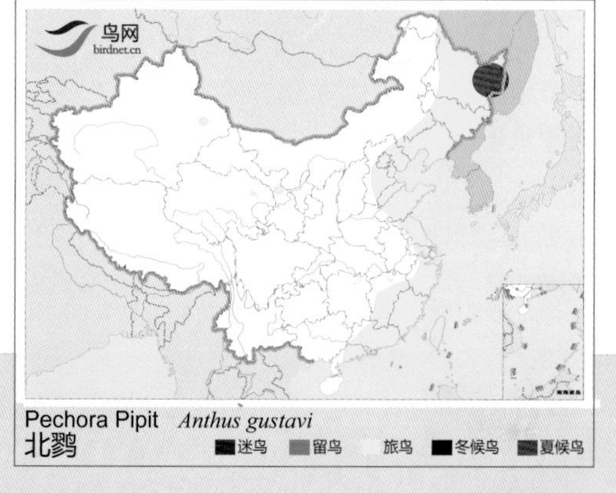

北鹨

Pechora Pipit *Anthus gustavi* 体长：15 cm LC（低度关注）

草地鹨 \摄影：王尧天

草地鹨 \摄影：邢新国

草地鹨 \摄影：雷洪

形态特征 眉纹短，喉侧、胸和两肋具暗色纵纹。上体橄榄褐色，具黑褐色纵纹。腰无斑。下体皮黄白色。尾黑褐色，外侧尾羽具大的楔状白斑。

生态习性 栖息于水域及其附近的草地、半荒漠地区。常地上活动，少飞翔。

地理分布 共2个亚种，分布于西亚、欧洲及北非。国内有1个亚种，北方亚种 *pratensis* 见于辽宁东部和西部、甘肃、新疆。

种群状况 多型种。旅鸟，迷鸟。稀少。

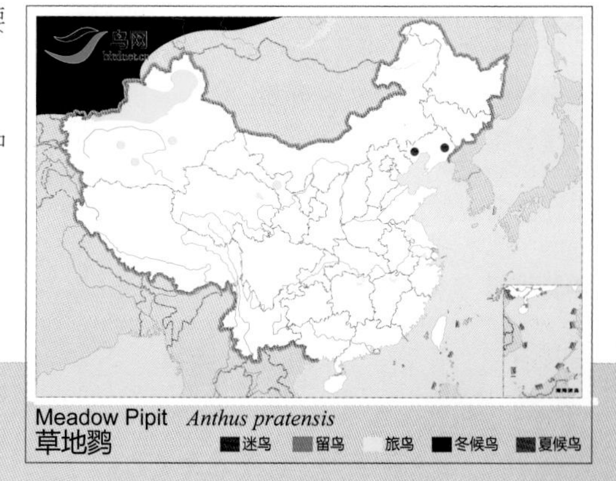

草地鹨

Meadow Pipit *Anthus pratensis* 体长：15 cm NT（近危）

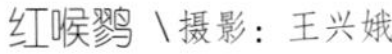

红喉鹨 \摄影：王兴娥

红喉鹨 \摄影：陈小强

红喉鹨 \摄影：张岩

红喉鹨繁殖羽 \摄影：陈小强

形态特征 颏、喉、胸棕红色。上体橄榄灰褐色，具暗褐色或黑褐色纵纹。下体黄褐色，下胸和两胁具黑褐色纵纹。冬季上体黄褐色或棕褐色，具黑色羽干纹；第一年冬羽喉部污白色至淡皮黄色，胸部具黑色纵纹。雌鸟喉为暗粉红色，下体皮黄白色，纵纹更粗。

生态习性 栖息于水域及其附近的草地、林地、农田。

地理分布 分布于欧亚大陆北部、南亚、东南亚、非洲。国内见于除宁夏、青海、西藏外全国各地。

种群状况 单型种。旅鸟，冬候鸟。常见。

红喉鹨

Red-throated Pipit　　*Anthus cervinus*　　体长：15 cm　　LC（低度关注）

繁殖羽 \摄影：关克

粉红胸鹨 \摄影：施文斌

粉红胸鹨 \摄影：童光琦

形态特征 眉纹白色，繁殖期眉纹粉红色。喉、胸淡灰葡萄红色。头顶、背具黑褐色纵纹. 上体橄榄灰色或灰褐色，腰和尾上覆羽纯色。下体皮黄白色或乳白色，两胁具黑褐色纵纹。尾羽暗褐色，最外侧尾羽具楔状白斑。

生态习性 栖息于山地灌丛、高原草地、河谷开阔环境。

地理分布 分布于蒙古、巴基斯坦、印度、尼泊尔、缅甸、老挝。国内见于华北、西部各地区、湖北、江西东北部、福建西北部、海南。

种群状况 单型种。夏候鸟，冬候鸟，旅鸟，留鸟，迷鸟。常见。

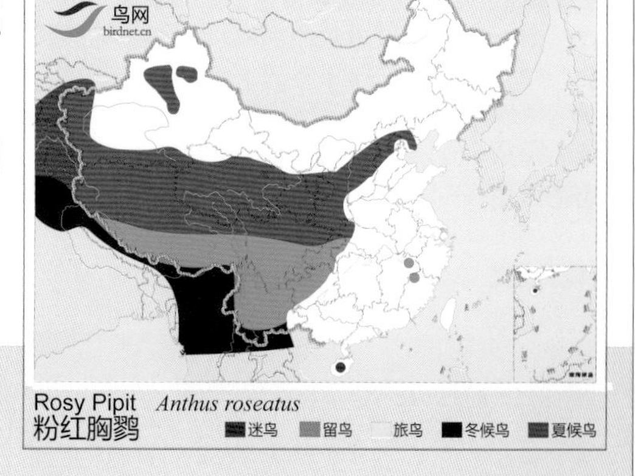

粉红胸鹨

Rosy Pipit *Anthus roseatus*

体长：15 cm

LC（低度关注）

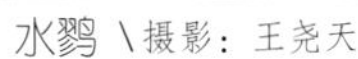

水鹨 \摄影：王尧天

水鹨 \摄影：刘哲青

水鹨 \摄影：关克

水鹨 \摄影：王尧天

形态特征 上体灰褐或橄榄褐色，具不显暗褐色纵纹。翅具两条白色横带。下体棕白色或浅棕色。外侧尾羽具大型白斑。繁殖期喉、胸部沾葡萄红色。

生态习性 栖息于山地、草原、河谷、平原。

地理分布 共3个亚种，分布于中亚、西亚、南欧及北非。国内有1个亚种，新疆亚种 *coutellii* 见于华北、西北、云贵川、华中、华南地区。

种群状况 多型种。夏候鸟，冬候鸟，旅鸟，留鸟，迷鸟。局部常见。

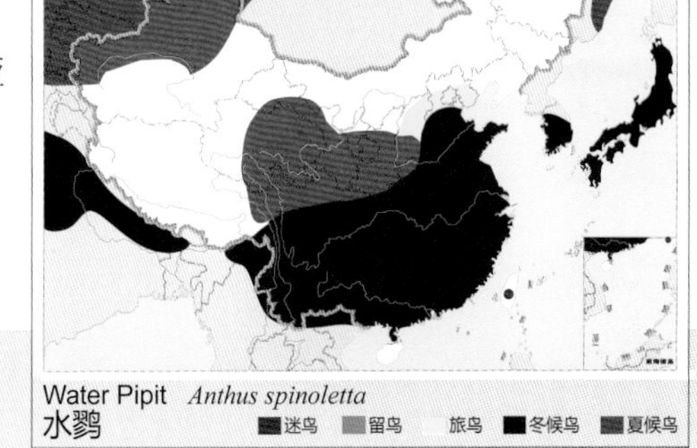

水鹨

Water Pipit　*Anthus spinoletta*　体长：17 cm　LC（低度关注）

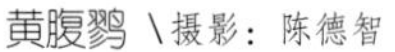

黄腹鹨 \摄影：陈德智

黄腹鹨 \摄影：孙晓明

黄腹鹨 \摄影：王兴娥

形态特征 喙黑色，眉纹短，颈侧具黑斑。上体灰色，具淡黑条纹。翅有2白斑，飞羽羽缘白色。下体白色，具纵纹。尾黑褐色。繁殖羽下体皮黄色。

生态习性 栖息于高山草地、湿地。

地理分布 共4个亚种，分布于俄罗斯东部、东亚、喜马拉雅山脉及北美洲。国内有1个亚种，东北亚种 *japonicus* 分布于除宁夏、青海、西藏以外全国各地。

种群状况 多型种。冬候鸟，旅鸟。不常见。

黄腹鹨

Buff-bellied Pipit *Anthus rubescens* 体长：15 cm LC（低度关注）

山鹨 \摄影：Devashish Deb

山鹨 \摄影：董江天

山鹨 \摄影：董江天

形态特征 颏、喉、眉纹白色。上体棕色或棕褐色，具粗黑褐色纵纹。下体棕白色或褐白色，具细窄的黑褐色纵纹。尾黑褐色，尾羽端尖狭。

生态习性 栖息于山地林缘、灌丛、草地、农田。冬季集群。

地理分布 分布于喜马拉雅山脉。国内见于陕西南部、云南、四川、重庆、贵州、华东、华中及华南地区。

种群状况 单型种。留鸟。不常见。

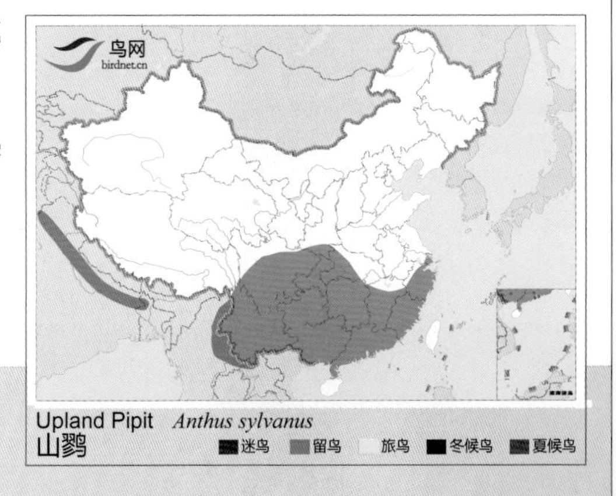

山鹨

Upland Pipit *Anthus sylvanus* 体长：17 cm LC（低度关注）

山椒鸟科

Campephagidae
(Cuckoo Shrikes)

本科鸟类嘴形短而粗壮，嘴基较宽阔，上嘴先端微向下弯曲成钩状，且微具缺刻，外形与伯劳嘴相似，但不及伯劳嘴强劲，口须少，鼻孔亦常有羽须掩盖。翅较尖长，初级飞羽10枚，尾羽12枚，长短适中或形长而甚凸或略呈叉形。腰羽羽干呈坚硬的芒刺状。脚细弱，跗蹠具盾状鳞。

主要栖息在山地森林中，多为树栖性。喜集群，多成群生活。主要以昆虫为食，也吃植物果实与种子。营巢于树上，巢呈杯状，以枯草等植物茎叶构成。每窝产卵2~5枚。雏鸟晚成性。

全世界计有9属78种，分布于非洲、东亚、南亚、东南亚以及大洋洲等温暖地带。我国有3属12种。除少数种类外，多分布于长江以南地区。

大鹃鵙 \ 摄影：胡斌

大鹃鵙 \ 摄影：唐承贵

大鹃鵙 \ 摄影：桑新华

大鹃鵙 \ 摄影：呼晓宏

大鹃鵙 \ 摄影：陈东明

形态特征 喙、额、颏和脸黑色。上体灰色，下体淡灰色，腹和尾下覆羽白色。尾浅凸，外侧尾羽黑色，端斑白色。雌鸟色浅，胁具横斑。

生态习性 栖息于山脚平原、低山次生常绿阔叶林和针阔叶混交林。在树冠层活动。

地理分布 共8个亚种，分布于印度、斯里兰卡、中南半岛。国内有3个亚种。云南亚种 *siamensis* 见于云南、贵州南部，上体暗蓝灰，翅长大都在17厘米以上，贯眼纹不明显，喉黑色（♂♀）。海南亚种 *larvivora* 见于海南，上体浅石板灰，翅长16.2～17厘米。华南亚种 *rexpineti* 见于江西南部、福建中部、广东、广西东部、台湾，上体暗蓝灰，翅长大都在17厘米以上，贯眼纹明显，喉黑色（♂），灰色（♀）。

种群状况 多型种。留鸟。不常见。

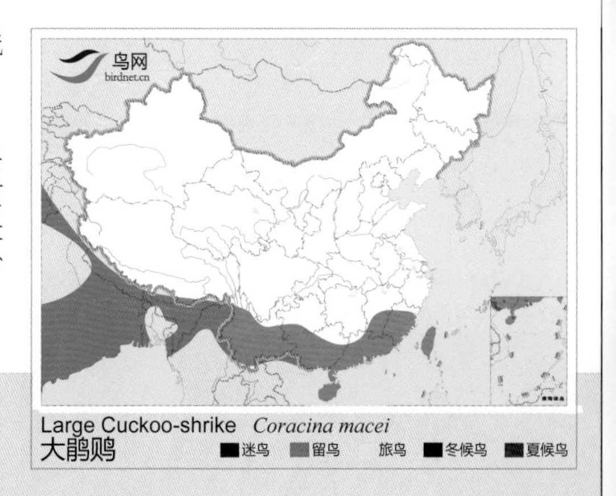

Large Cuckoo-shrike *Coracina macei*
大鹃鵙 迷鸟 留鸟 旅鸟 冬候鸟 夏候鸟

大鹃鵙

Large Cuckoo-shrike *Coracina macei* 体长：30 cm LC（低度关注）

暗灰鹃䴗 \ 摄影：关克

暗灰鹃䴗 \ 摄影：李全民

暗灰鹃䴗 \ 摄影：王军

暗灰鹃䴗 \ 摄影：关克

形态特征 雄鸟额、眼先、颊、耳羽和颏黑色；头部、背、肩等上体蓝灰或深灰色，腰和尾上覆羽稍浅淡；飞羽、初级覆羽多为黑色，具光泽；下体蓝灰色，外侧3枚尾羽端斑白色。雌鸟体羽浅灰色，腹部常有横斑。

生态习性 栖息于平原、低山地带的次生阔叶林和针阔叶混交林。树冠层活动。

地理分布 共4个亚种，分布于印度、缅甸、泰国、老挝及越南。国内4个亚种均有分布。指名亚种 *melaschistos* 见于西藏东南部、云南西北部，体羽稍淡无光泽；中央尾羽端部微具白色或灰色端斑，背部暗灰色；尾下覆羽亦暗灰。西南亚种 *avensis* 见于我国西南地区，体羽稍淡无光泽；中央尾羽端部微具白色或灰色端斑，背部的灰色稍浅；尾下覆羽暗灰，向后转白。普通亚种 *intermedia* 见于华北、陕西南部、甘肃东南部、云贵川、华东、华中及华南，体羽稍淡无光泽，中央尾羽端部微具白色或灰色端斑；背部的灰色最浅，尾下覆羽灰白色。海南亚种 *saturata* 见于云南南部、海南，体型较小，体羽暗浓而有光泽，中央尾羽无白色端斑。

种群状况 多型种。夏候鸟，冬候鸟，留鸟。常见。

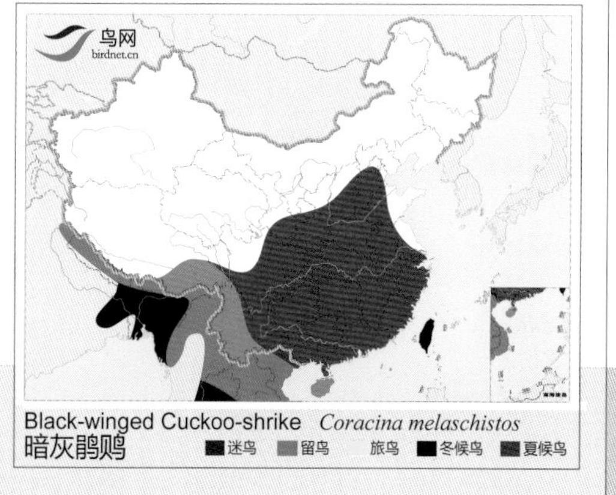

Black-winged Cuckoo-shrike *Coracina melaschistos*
暗灰鹃䴗　迷鸟　留鸟　旅鸟　冬候鸟　夏候鸟

暗灰鹃䴗

Black-winged Cuckoo-shrike　*Coracina melaschistos*　体长：22 cm　LC（低度关注）

褐背鹟鵙 \摄影：王尧天

褐背鹟鵙 \摄影：王尧天

褐背鹟鵙 \摄影：陈东明

形态特征 雄鸟头至上背蓝黑色，具金属光泽。腰白色，翅蓝灰色，具长条白斑；中央尾羽黑色，其他尾羽端斑白色；下体灰褐色。雌鸟偏灰色。

生态习性 栖息于低山丘陵地带、竹林。成小群活动。

地理分布 共4个亚种，分布于喜马拉雅山脉、东南亚。国内有1个亚种，西南亚种 *capitalis* 见于西藏南部、云南、贵州中部和南部、广西西南部。

种群状况 多型种。留鸟。不常见。

褐背鹟鵙

Bar-winged Flycatcher Shrike *Hemipus picatus* 体长：15 cm LC（低度关注）

黑鸣鹃鵙 \摄影：Zoltan Kovacs

黑鸣鹃鵙 \摄影：Pied Trille

黑鸣鹃鵙 \摄影：Yvonne Stevens

形态特征 体羽呈黑、白两色。雄鸟头至上背黑色，眉纹粗白色，贯眼纹黑色，后背至尾上覆羽灰色，翅上有大块白色翼斑；与灰山椒鸟相似但本种尾羽明显更长，前额白色且沿至眼后的白色眉纹，喙更显短壮，翼斑窄且不显。雌鸟头至上背呈灰棕色，下体有模糊的皮黄色鳞状斑。雌雄鸟虹膜深色，喙深角质色，脚深色。

生态习性 多单独或成对栖息于原生林或次生阔叶林的树冠层，也见于公园苗圃中，有时与其他鸟类同域活动，雄鸟鸣声高扬而具颤音。

地理分布 分布于马来西亚半岛、尼科巴群岛、安达曼群岛菲律宾、苏门答腊岛、婆罗洲和爪哇岛等。国内见于台湾及海南。

种群状况 单型种。迷鸟。不常见。

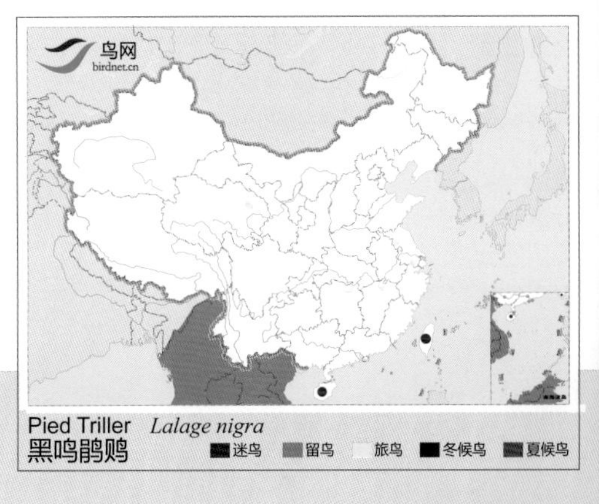

黑鸣鹃鵙

Pied Triller *Lalage nigra* 体长：18 cm LC（低度关注）

粉红山椒鸟 \摄影：顾云芳

粉红山椒鸟 \摄影：顾云芳

粉红山椒鸟 \摄影：李书

形态特征 额白色，颏、喉白色或淡粉白色；头顶至背灰色或灰褐色。雄鸟腰和尾上覆羽粉红色。两翅灰褐或黑褐色，具红色翼斑。胸、腹粉红色。中央尾羽黑色，外侧尾羽红色。雌鸟腰和尾上覆羽为浅黄色或黄白色，两翅灰褐或黑褐色，具黄色斑，胸、腹浅黄色，中央尾羽黑色，外侧尾羽黄色。

生态习性 栖息于山地阔叶林、混交林和针叶林。

地理分布 分布于喜马拉雅山脉、中南半岛。国内见于云南、四川西南部、贵州、浙江、广东西南部、广西南部。

种群状况 单型种。夏候鸟，留鸟。地区性常见。

粉红山椒鸟

Rosy Minivet　*Pericrocotus roseus*　体长：20 cm　LC(低度关注)

小灰山椒鸟 \摄影：李宗丰

小灰山椒鸟 \摄影：李宗丰

小灰山椒鸟 \摄影：朱英

小灰山椒鸟 \摄影：李宗丰

形态特征 眼下方、颊、耳下方和颈侧白色；颏、喉、腹为白色。雄鸟额和头顶前部白色，后连接短的眉纹。眼先黑；头顶后部、枕、背暗灰或灰黑色。腰和尾上覆羽沙褐色；两翼黑褐色，大覆羽羽缘白色。雌鸟前额、眉白色沾褐灰色。

生态习性 栖息于低山丘陵和山脚平原林地。波状飞翔，树冠层活动。

地理分布 分布于中南半岛。国内见于河南及以南地区、云贵川及其以东地区。

种群状况 单型种。夏候鸟，旅鸟。局部常见。

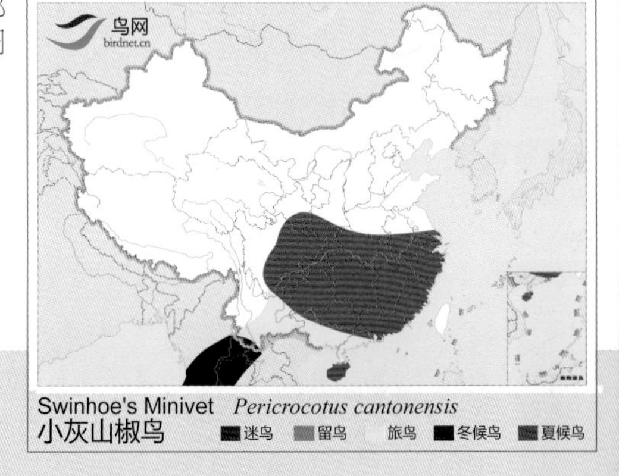

小灰山椒鸟

Swinhoe's Minivet *Pericrocotus cantonensis* 体长：18 cm NT（近危）

灰山椒鸟 \摄影：王兴娥

灰山椒鸟 \摄影：孙晓明

灰山椒鸟 \摄影：李宗丰

形态特征 前额、头顶前部、颈侧白色，过眼纹黑色；上体灰色。两翅黑色，翅上具白色翅斑。下体均白色，尾黑色，外侧尾羽先端白色。雄鸟头顶后部至后颈黑色；雌鸟头顶后部和上体均为灰色。

生态习性 栖息于阔叶林、针叶林。在树冠层活动。

地理分布 共2个亚种，分布于印度、东南亚、东北亚。国内有1个亚种，指名亚种 *divaricatus* 分布于除西北、西藏以外地区。

种群状况 多型种。夏候鸟，旅鸟，冬候鸟。局部常见。

灰山椒鸟

Ashy Minivet　*Pericrocotus divaricatus*　体长：19 cm　LC（低度关注）

长尾山椒鸟 \摄影：关克

长尾山椒鸟（雌）\摄影：关克

长尾山椒鸟 \摄影：关克

形态特征 雄鸟头、颏、喉和上背亮黑色，下背、尾上覆羽、胸、腹赤红色；两翅和尾黑色，翅上具红色翅斑，最外侧尾羽为红色。雌鸟前额黄色，头顶至后颈暗褐灰色，颊、耳羽灰色，颏黄白色；其他在雄鸟为赤红色的区域相应为黄色。

生态习性 栖息于山地森林。小群活动。

地理分布 共7个亚种，分布于印度、喜马拉雅山脉及东南亚。国内3个亚种。指名亚种 *ethologus* 见于华北、西北、云贵川地区、湖北中部、广西、台湾，雄鸟腹部的红色较浅，羽基杂以黄色；雌鸟的腰绿黄色，下体亦绿黄色，喉灰白沾黄色。西藏亚种 *laetus* 见于西藏南部，雌鸟的腰较金黄色，下体金黄，喉部黄色稍淡。云南亚种 *yvettae* 见于云南西部，雄鸟腹部的红色深浓；雌鸟的腰绿黄色，下体亦绿黄色，喉灰白沾黄色。

种群状况 多型种。夏候鸟，留鸟。常见。

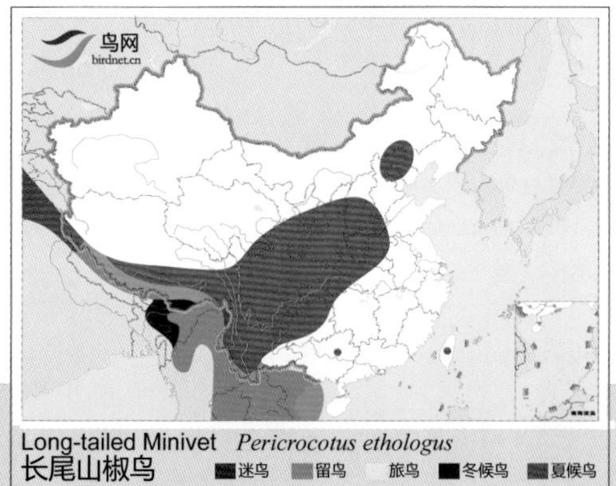

长尾山椒鸟

Long-tailed Minivet *Pericrocotus ethologus*

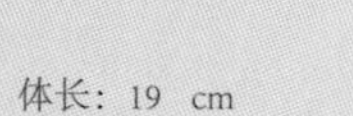

体长：19 cm

LC（低度关注）

短嘴山椒鸟 \摄影：庞琛荣

短嘴山椒鸟 \摄影：童光琦

短嘴山椒鸟（雌）\摄影：王尧天

短嘴山椒鸟（雌）\摄影：童光琦

形态特征 雄鸟颏、喉、头、背黑色，腰和尾上覆羽赤红色，两翅黑色具赤红色“L”型翅斑；下体赤红色；中央尾羽黑色，外侧尾羽基部黑色，端部红色。雌鸟额、头顶前部深黄色，头顶至背污灰色，颊和耳羽黄色，其他在雄鸟为赤红色的区域相应为黄色。

生态习性 栖息于常绿阔叶林、落叶阔叶林、针阔叶混交林和针叶林。集群在树冠活动。

地理分布 共4个亚种，分布于印度、喜马拉雅山脉、缅甸至越南。国内有3个亚种。指名亚种 *brevirostris* 见于西藏东南部、云南西北部，背部少绿色，雌鸟背部呈污褐灰色并沾绿色。西南亚种 *affinis* 见于云南西部和南部、四川，雌鸟背部暗污灰色，无绿色渲染。华南亚种 *anthoides* 见于云南、贵州、广西中部、广东北部、海南，背部绿色明显，雌鸟背部呈污褐灰色并沾绿色。

种群状况 多型种。夏候鸟。稀少。

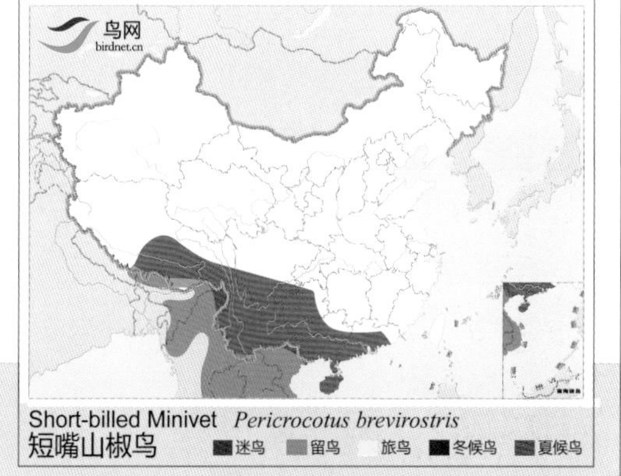

Short-billed Minivet *Pericrocotus brevirostris*
短嘴山椒鸟

短嘴山椒鸟

Short-billed Minivet　*Pericrocotus brevirostris*　体长：18 cm　LC（低度关注）

赤红山椒鸟 \摄影：刘马力

赤红山椒鸟 \摄影：关克

育雏 \摄影：陈东明

赤红山椒鸟（雌）\摄影：关克

形态特征 雄鸟头部和背亮黑色，腰、尾上覆羽和下体朱红色。翅黑色，具一大一小的两道朱红色翅斑；中央尾羽黑色，外侧尾羽基部黑色，端部红色。雌鸟额、头顶前部、颊、耳羽和下体为黄色，腰和尾上覆羽为黄色。其他在雄鸟为赤红色的区域相应为黄色。

生态习性 栖息于山地丘陵、山脚平原地区的次生阔叶林、热带雨林。在树冠集群活动。

地理分布 共19个亚种，分布于印度、喜马拉雅山脉及东南亚。国内有3个亚种。云南亚种 *elegans* 见于西藏东部、云南，体型较小。华南亚种 *fohkiensis* 见于贵州、湖南南部、广西、华南地区，体型较大，雌鸟下体铬黄色沾绿。海南亚种 *fraterculus* 见于海南，体型最小。

种群状况 多型种。留鸟。常见。

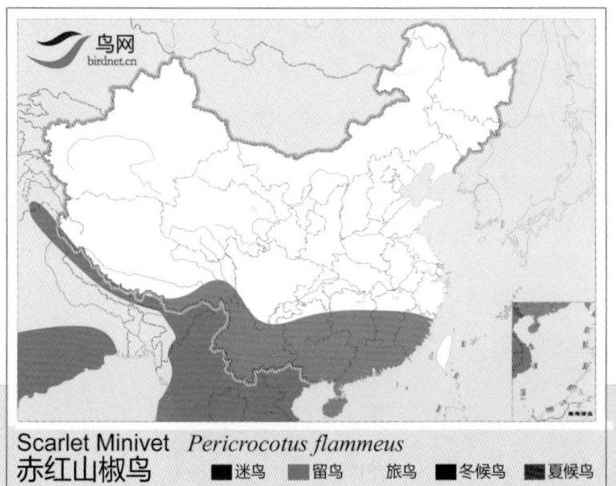

Scarlet Minivet *Pericrocotus flammeus*
赤红山椒鸟 迷鸟 留鸟 旅鸟 冬候鸟 夏候鸟

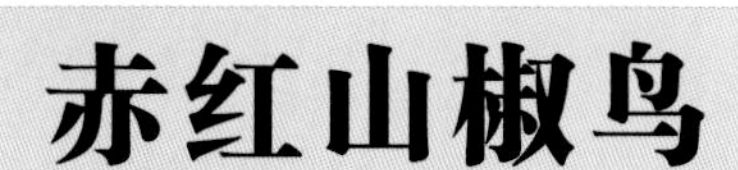

赤红山椒鸟

Scarlet Minivet *Pericrocotus flammeus* 体长：20 cm LC（低度关注）

灰喉山椒鸟 \摄影：翟金标

灰喉山椒鸟（雌）\摄影：陈东明

灰喉山椒鸟 \摄影：陈东明

形态特征 雄鸟喉灰色、灰白色和橙黄色；从头顶到上背石板黑色，下背至尾上覆羽赤红至深红色；翅黑色，具红色翅斑，下体为红色；尾黑色，外侧尾羽先端红色。雌鸟喉灰白色或沾有黄色，下背至尾上覆羽橄榄黄色，其余下体鲜黄色；翅和尾在雄鸟为赤红色的区域相应为黄色。

生态习性 栖息于低山丘陵地带、山地森林。成小群活动。

地理分布 共8个亚种，分布于喜马拉雅山脉、东南亚。国内有2个亚种。指名亚种 *solaris* 见于云南，喉淡橙色，与胸部红色分界不明。华南亚种 *griseigularis* 见于华中及华南地区，喉灰，与胸部红色分界清晰。

种群状况 多型种。留鸟。不常见。

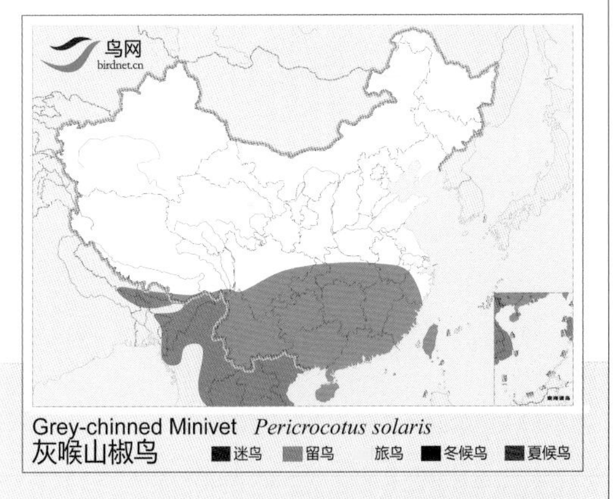

灰喉山椒鸟

Grey-chinned Minivet　*Pericrocotus solaris*　体长：18 cm　LC（低度关注）

琉球山椒鸟 \摄影：Rosy Minivet

琉球山椒鸟 \摄影：Rosy Minivet

琉球山椒鸟 \摄影：Rosy Minivet

形态特征 雄鸟上体烟黑色，头顶至枕后灰黑色，眉纹白色，粗短，尾上覆羽深黑色，下颊和喉白色，胸前有烟灰色条带，下胸至腹部白色染灰色；似灰山椒鸟但翅明显较短，尾也显得稍短小，黑色贯眼纹更深，腹部颜色相比显得暗淡，且有深色胸带。虹膜深色，喙黑色，脚深角质色。

生态习性 栖息于原生、次生以及人工的疏林、林缘及高大灌丛中，习性同其他山椒鸟。

地理分布 分布于日本南部琉球群岛北至九州岛南部，最北到本州岛西部和四国岛，韩国亦有记录。国内见于台湾

种群状况 单型种。迷鸟。不常见。

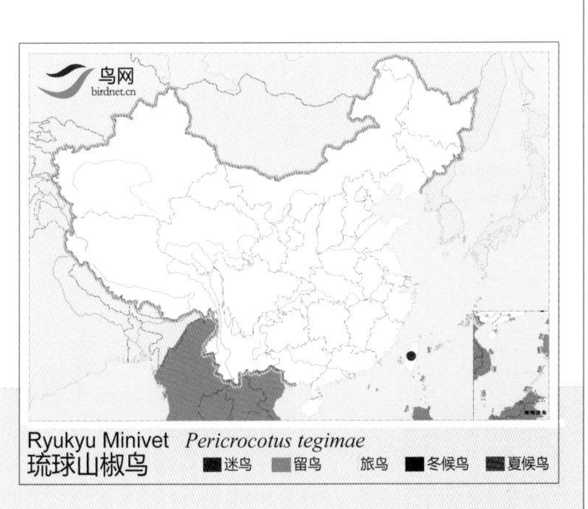

琉球山椒鸟

Ryukyu Minivet　*Pericrocotus tegimae*　体长：20 cm　LC（低度关注）

鹎科
Pycnonotidae
(Bulbuls)

本科鸟类体型中等。嘴形长短不一，或细长居中略向下曲或短而粗厚。鼻孔长形或椭圆形，裸出或被悬羽掩盖，但不完全隐蔽。翅尖长或短圆，初级飞羽10枚。尾较长，尾羽12 枚，呈方尾状或圆尾状。跗蹠短弱。雌雄羽色大多相似。

主要栖息于森林和灌丛中。性喜集群，常成群活动在林中上部，营巢于乔木枝杈间，也在小树和灌木上筑巢。每窝产卵2~4枚。食物主要为植物果实、种子、昆虫等。

本科全世界计有14属122种，主要分布于欧洲南部、非洲和亚洲南部等温带和热带地区。我国有7属22种，主要分布于长江以南地区。

凤头雀嘴鹎 \ 摄影：李明本

凤头雀嘴鹎 \ 摄影：赵钦

凤头雀嘴鹎 \ 摄影：赵钦

凤头雀嘴鹎 \ 摄影：王尧天

凤头雀嘴鹎 \ 摄影：田穗兴

形态特征 喙乳黄色，粗短。前额和脸灰色，眼先及眼周均呈黑色。耳羽灰色。头顶具朝前竖立的黑色羽冠。颈灰色。上体橄榄绿色，下体黄绿色，尾羽黄绿色，具黑褐色端斑。

生态习性 栖息于山地阔叶林、针阔叶混交林、次生林及竹林。

地理分布 共2个亚种，分布于印度、缅甸、泰国、老挝和越南。国内有1个亚种，西南亚种 *ingrnmi* 见于云南、四川西南部、广西。

种群状况 多型种。留鸟。地区性常见。

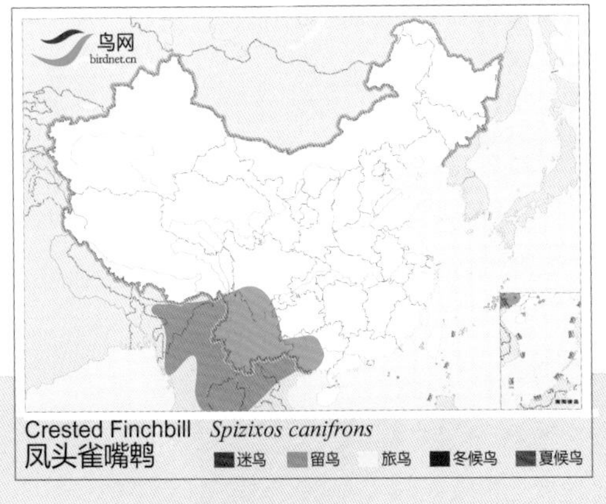

凤头雀嘴鹎

Crested Finchbill　*Spizixos canifrons*

体长：18~22 cm

LC（低度关注）

指名亚种 *semitorques* \摄影：孙立田

台湾亚种 *cinereicapillus* \摄影：简廷谋

指名亚种 *semitorques* \摄影：杜英

指名亚种 *semitorques* \摄影：王尧天

形态特征 额基具白斑，额和头顶前部黑色或青灰色。喉黑色，前颈有一白色颈环。上体暗橄榄绿色，下体橄榄黄色。尾黄绿色，具黑褐色端斑。

生态习性 栖息于低山丘陵和山脚平原林地。

地理分布 共2个亚种，分布于越南北部。国内有2个亚种。指名亚种 *semitorques* 见于华中、华东、华南地区、云贵川、陕西南部、甘肃南部，额与头顶前部均黑。台湾亚种 *cinereicapillus* 分布于台湾，额与头顶前部均青灰色。

种群状况 多型种。留鸟。常见。

领雀嘴鹎

Collared Finchbill *Spizixos semitorques*

体长：17~21 cm

LC（低度关注）

纵纹绿鹎 \ 摄影：沈强

纵纹绿鹎 \ 摄影：李明本

纵纹绿鹎 \ 摄影：王尧天

纵纹绿鹎 \ 摄影：李明本

形态特征 眼圈浅黄色，喉黄色。头上冠羽绿褐色，具白色细纵纹。上体橄榄绿色，具白色细纵纹。下体暗灰黑色，具黄白色纵纹。下腹、尾下覆羽黄色。

生态习性 栖息于山地森林。集群于树冠活动。

地理分布 共3个亚种，分布于印度、喜马拉雅山脉、缅甸、泰国及越南。国内有3个亚种。西南亚种 *striatus* 见于云南西部和南部、贵州、广西南部。西藏亚种 *arctus* 见于西藏东南部，滇西亚种 *paulus* 见于云南西南部。

种群状况 多型种。留鸟。稀少。

纵纹绿鹎

Striated Bulbul　*Pycnonotus striatus*

体长：20~24 cm

LC（低度关注）

黑头鹎 \ 摄影：邓嗣光

黑头鹎 \ 摄影：谢文治

黑头鹎 \ 摄影：关克

黑头鹎 \ 摄影：陈树森

形态特征 头黑色，上下体羽橄榄黄色，飞羽绿褐色，腰羽具黑色斑。尾上覆羽超过尾长之半，呈鲜橄榄黄色。尾羽橄榄黄色，具黄色端斑和黑色次端斑。

生态习性 栖息于低山常绿阔叶林。

地理分布 共4亚种，分布于印度、中南半岛、菲律宾。国内有1个亚种，滇南亚种 *atriceps* 见于云南南部。

种群状况 多型种。留鸟。罕见。

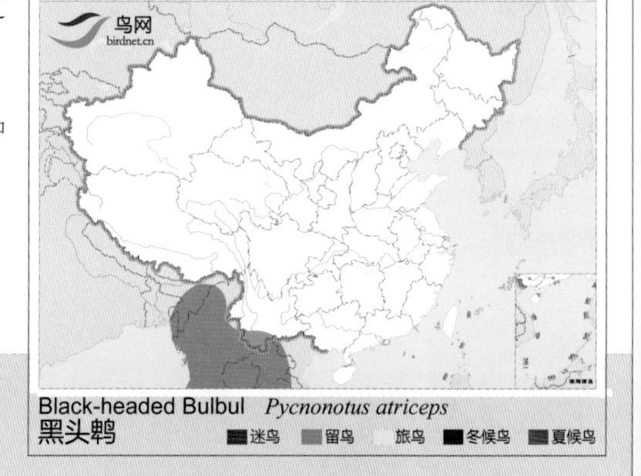

黑头鹎

Black-headed Bulbul *Pycnonotus atriceps* 体长：17~19 cm LC（低度关注）

西南亚种 *vantynei* \ 摄影：关克

西南亚种 *vantynei* \ 摄影：张守玉

滇西亚种 *flaviventris* \ 摄影：邓嗣光

滇西亚种 *flaviventris* \ 摄影：赖健豪

形态特征 虹膜金黄色。头、颈、颏、喉黑色，头顶黑色羽冠直立。上体橄榄黄绿色，下体橄榄黄色。

生态习性 栖息于山地常绿阔叶林。多活动于小树与灌木林。

地理分布 共8个亚种，分布于印度、喜马拉雅山脉及中南半岛。国内有2个亚种。滇西亚种 *flaviventris* 见于云南西部，上体较淡，呈橄榄黄色。西南亚种 *vantynei* 见于云南南部、广西西南部。上体较暗，沾橄榄绿色。

种群状况 多型种。留鸟。稀少。

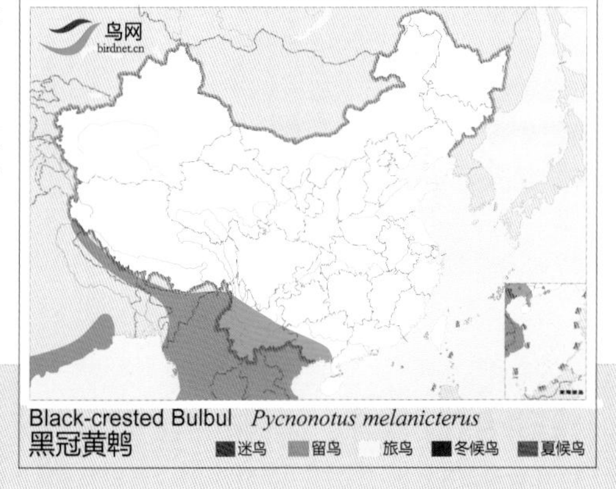

Black-crested Bulbul　*Pycnonotus melanicterus*
黑冠黄鹎
迷鸟　留鸟　旅鸟　冬候鸟　夏候鸟

黑冠黄鹎

Black-crested Bulbul　　*Pycnonotus melanicterus*　　体长：18~21 cm　　LC（低度关注）

台湾鹎 \ 摄影：陈承光

台湾鹎 \ 摄影：赖健豪

台湾鹎 \ 摄影：田穗兴

台湾鹎 \ 摄影：陈承光

形态特征 喙基具黄色或橙色痣，颧纹黑色。头顶黑色，耳羽、喉白色。背灰绿色，腹部、尾下覆羽白色。

生态习性 栖息于中低海拔的次生林，农田、公园。集群。

地理分布 中国鸟类特有种。仅分布于台湾南部和东部。

种群状况 单型种。留鸟。常见。

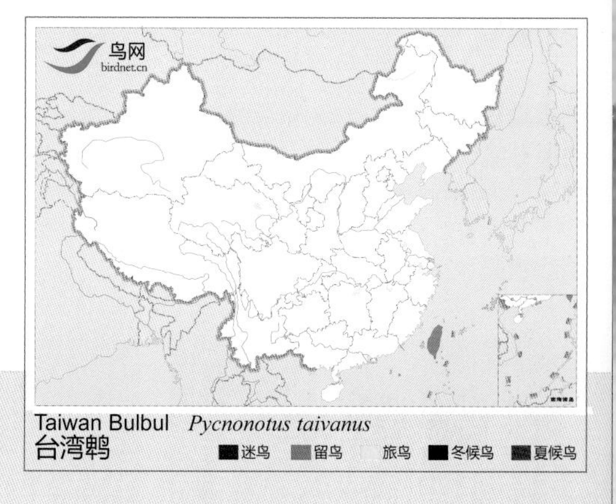

Taiwan Bulbul *Pycnonotus taivanus*
台湾鹎
迷鸟 留鸟 旅鸟 冬候鸟 夏候鸟

台湾鹎

Taiwan Bulbul *Pycnonotus taivanus*

体长：18 cm

VU（易危）

白颊鹎 \摄影：王进

白颊鹎 \摄影：王进

白颊鹎 \摄影：方剑雄

白颊鹎 \摄影：张永

形态特征 脸白色，头黑褐色，冠羽直立前弯。喉、上胸黑色。上体褐色，下体淡灰棕色。尾下覆羽黄色，尾羽端斑白色，次端斑黑褐色。

生态习性 栖息于山地林地。

地理分布 分布于阿富汗、尼泊尔、印度。国内见于西藏东南部。

种群状况 单型种。留鸟。罕见。

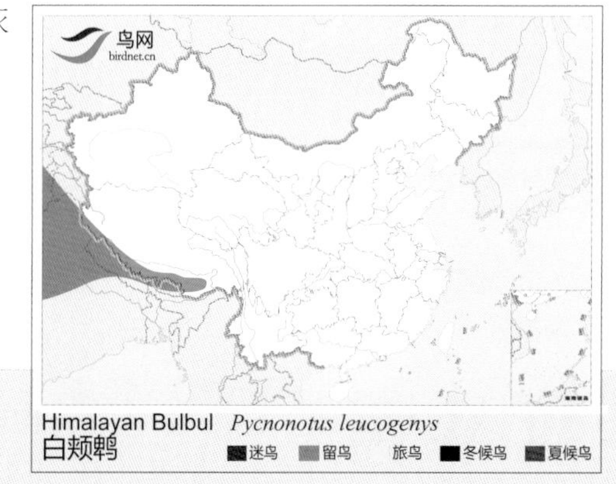

白颊鹎

Himalayan Bulbul　*Pycnonotus leucogenys*　体长：20 cm　LC（低度关注）

指名亚种 *jocosus* \摄影：吴建晖

云南亚种 *monticola* \摄影：吴建晖

指名亚种 *jocosus* \摄影：王尧天

云南亚种 *monticola* \摄影：朱英

形态特征 眼下后方具鲜红色斑，其下又有一白斑。颧纹黑色。额至头顶黑色，具耸立的黑色羽冠。上体褐色。胸侧有黑褐色横带。下体白色，尾下覆羽红色。尾黑褐色，外侧尾羽具白色端斑。

生态习性 栖息于低山、丘陵地带的雨林、季雨林及常绿阔叶林。常小群活动。

地理分布 共9个亚种，分布于尼泊尔、印度及中南半岛。国内有2个亚种。云南亚种 *monticola* 见于西藏东南部、云南，背面暗栗褐，腹白，两胁较少棕烟色。指名亚种 *jocosus* 分布于云南南部、贵州南部、湖南、江西、浙江、福建、广东北部和西部、香港、澳门、广西西南部、海南，背面棕栗褐，两胁较多棕烟色。

种群状况 多型种。留鸟。常见。

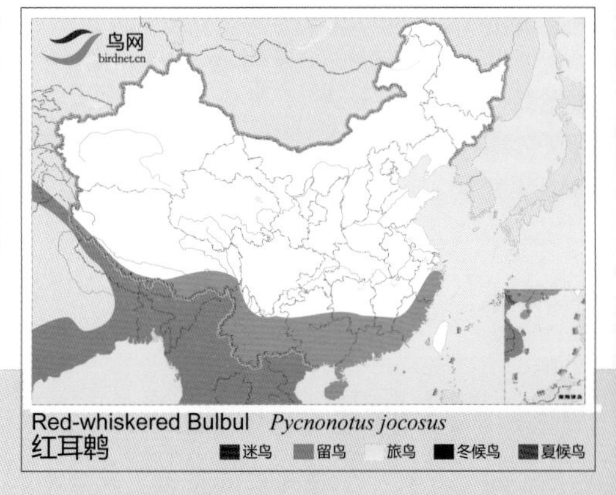

红耳鹎

Red-whiskered Bulbul *Pycnonotus jocosus* 体长：17~21 cm LC（低度关注）

指名亚种 *xanthorrhous* \摄影：关克

华南亚种 *andersoni* \摄影：许雷

指名亚种 *xanthorrhous* \摄影：新学徒

指名亚种 *xanthorrhous* \摄影：王尧天

形态特征 颏、喉白色。耳羽灰褐或棕褐色。额至头顶黑色，无羽冠或微具短而不明显的羽冠。上体土褐色。胸具灰褐色横带，下体白色。尾下覆羽黄色。

生态习性 栖息于低山、丘陵的次生阔叶林、栎林及混交林。集群活动。

地理分布 共2个亚种，分布于中南半岛。国内有2个亚种。指名亚种 *xanthorrhous* 见于西藏部东南、云南、四川西部，背部较暗，胸部灰褐色横带较浓著。华南亚种 *andersoni* 见于陕西南部、甘肃东南部、华东、华中、华南地区，背部较淡，胸部横带亦淡而不显著。

种群状况 多型种。留鸟。常见。

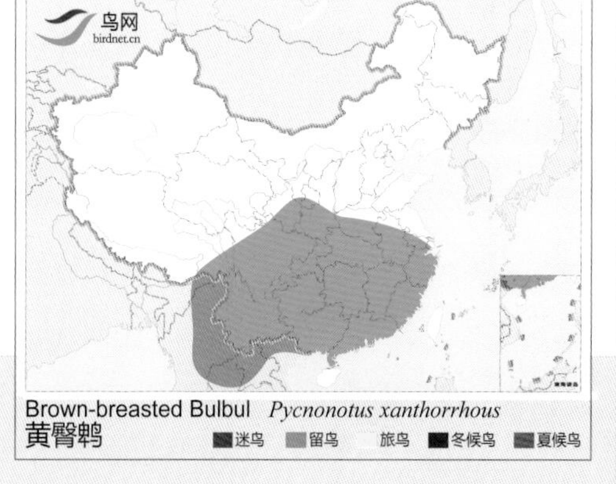

黄臀鹎

Brown-breasted Bulbul　　*Pycnonotus xanthorrhous*　　体长：17~21 cm　　LC（低度关注）

两广亚种 *hainanus* \ 摄影：段文科

指名亚种 *sinensis* \ 摄影：王尧天

两广亚种 *hainanus* \ 摄影：关克

台湾亚种 *formosae* \ 摄影：陈承光

形态特征 额至头顶黑色，两眼上方至后枕白色。耳羽后有一白斑。颏、喉白色。上体灰褐或橄榄灰色具黄绿色羽缘。宽阔胸带灰褐色。腹白色。

生态习性 栖息于低山丘陵和平原地区的灌丛、草地及农田。善鸣叫。

地理分布 共4个亚种，分布于韩国、越南、日本。国内有3个亚种。指名亚种 *sinensis* 分布于除黑龙江、吉林、新疆、西藏、台湾以外地区，枕有白羽，背羽绿色较多，下体黄色纹较显著。台湾亚种 *formosae* 见于台湾，枕有白羽，背羽绿色较少，下体黄色纹不显著。两广亚种 *hainanus* 见于广东南部、广西西南部、海南，枕无白羽。

种群状况 多型种。夏候鸟，留鸟。常见。

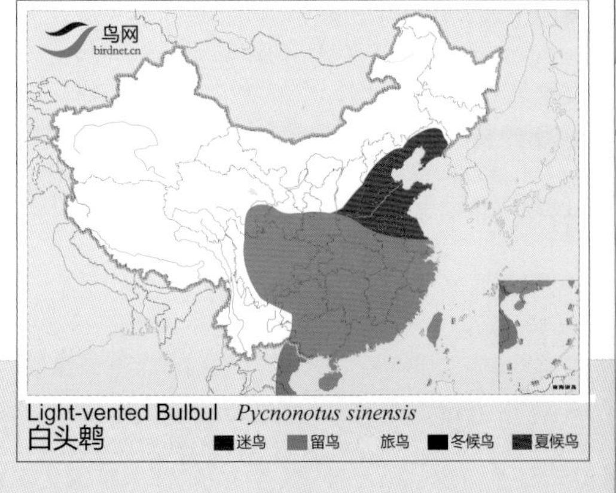

白头鹎

Light-vented Bulbul *Pycnonotus sinensis* 体长：17~21 cm LC（低度关注）

黑喉红臀鹎 \ 摄影：魏东

黑喉红臀鹎 \ 摄影：王尧天

黑喉红臀鹎 \ 摄影：朱英

黑喉红臀鹎 \ 摄影：关克

形态特征 黑色冠羽耸立。耳羽、枕部灰白色，颏、喉黑色。上体褐黑色。上胸具褐色斑点，腹灰白色。尾下覆羽呈红色。尾羽端白色。

生态习性 栖息于干旱落叶林、次生林、果园。

地理分布 共8个亚种，分布于南亚。国内有1个亚种，南方亚种 *stanfordi* 见于陕西南部、西藏东南部、云南西部、广西、澳门。

种群状况 多型种。留鸟。常见。

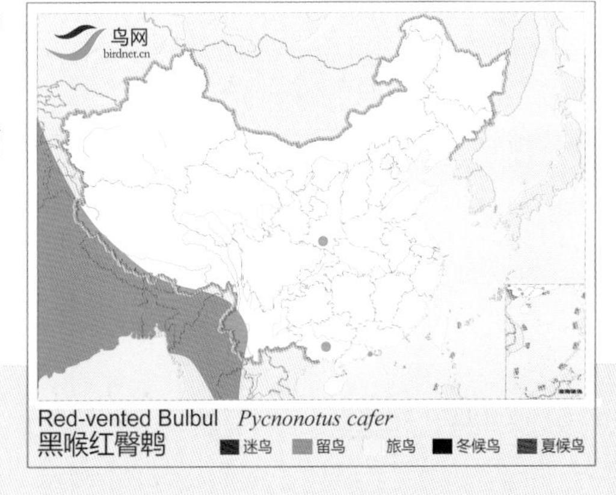

黑喉红臀鹎

Red-vented Bulbul　*Pycnonotus cafer*　　体长：19~23 cm　　LC（低度关注）

西南亚种 *latouchei* \摄影：朱英

东南亚种 *chrysorrhoides* \摄影：福建老庄

东南亚种 *chrysorrhoides* \摄影：冯启文

形态特征 额、头顶黑色具光泽，耳羽白色或灰白色。颏和上喉黑色，下喉及下体白色，上体灰褐色或褐色，羽缘灰色或灰白色。腰灰褐色，尾上覆羽近白色，尾下覆羽红色。

生态习性 栖息于低山丘陵和平原地带的次生阔叶林、竹林。

地理分布 共9个亚种，分布于中南半岛及印度尼西亚。国内有3个亚种。西南亚种 *latouchei* 见于云南、四川西南部、贵州、湖南南部、广西西部、海南，背面暗灰褐，羽缘沾灰，腹面带灰白。广东亚种 *resurrectus* 见于广东西部，背面暗褐，羽缘沾灰，腹面淡灰，而带烟黄色。东南亚种 *chrysorrhoides* 见于江西、福建、广东东部和北部、香港、澳门，背面暗棕褐羽缘沾棕色，腹面棕灰色。

种群状况 多型种。留鸟。常见。

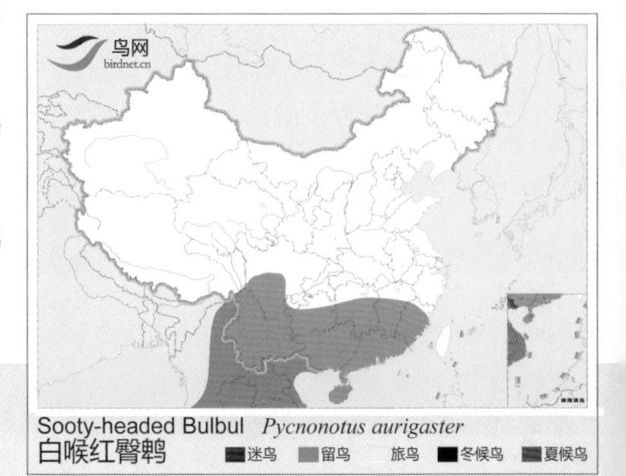

白喉红臀鹎

Sooty-headed Bulbul *Pycnonotus aurigaster* 体长：18~23 cm LC（低度关注）

纹喉鹎 \摄影：邓嗣光

纹喉鹎 \摄影：张守玉

纹喉鹎 \摄影：童光琦

形态特征 前额、喉、颊橄榄绿色，具鲜黄色纵纹。头顶至后颈深灰色。上体橄榄绿色。胸、腹暗灰色，尾下覆羽鲜黄色。

生态习性 栖息于低山丘陵、山脚平原的次生林、灌丛、竹林及农田。

地理分布 共3个亚种，分布于缅甸、泰国、马来西亚及印度尼西亚。国内有1个亚种，滇南亚种 *eous* 见于云南南部。

种群状况 多型种。留鸟。罕见。

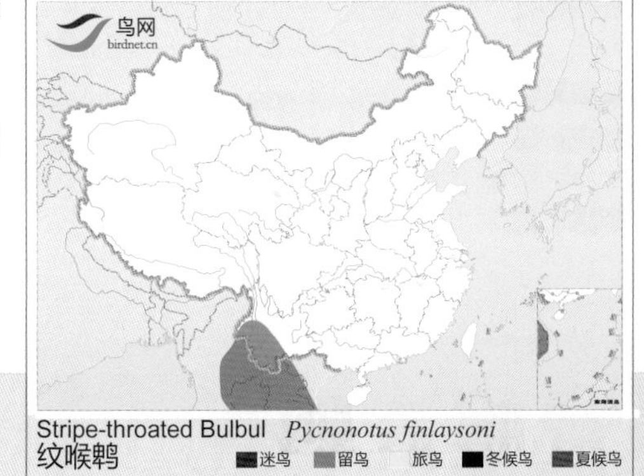

纹喉鹎

Stripe-throated Bulbul *Pycnonotus finlaysoni* 体长：19 cm LC（低度关注）

黄绿鹎 \摄影：朱英

黄绿鹎 \摄影：王尧天

黄绿鹎 \摄影：童光琦

形态特征 额至头顶暗褐色，具灰色羽缘。眼先黑色，其上具一粗白纹。颏、喉淡灰色或灰白色。上体橄榄绿褐色。胸部灰褐色，具橄榄黄色羽缘。下体橄榄黄色。尾下覆羽鲜黄色。

生态习性 栖息于低山丘陵、山脚平原的次生林、灌丛、竹林及农田。常集小群。

地理分布 共4个亚种，分布于印度、中南半岛及印度尼西亚。国内有1个亚种，云南亚种 *vividus* 见于云南。

种群状况 多型种。留鸟。稀少。

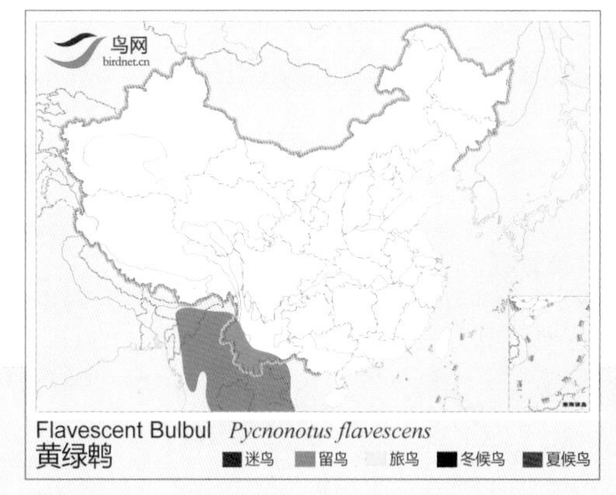

黄绿鹎

Flavescent Bulbul　*Pycnonotus flavescens*　体长：19~22 cm

LC（低度关注）

黄腹冠鹎 \摄影：刘涛声

黄腹冠鹎 \摄影：王尧天

黄腹冠鹎 \摄影：赵钦

形态特征 头侧灰白色。头顶橄榄褐色，具黑褐色冠羽。喉白色。上体橄榄黄色，两翅暗褐色，下体亮黄色。

生态习性 栖息于低山丘陵、次生阔叶林、常绿阔叶林及雨林。常集小群。

地理分布 共2个亚种，分布于印度、喜马拉雅山脉、孟加拉国、缅甸及泰国。国内有1个亚种，西南亚种 *flaveolus* 见于西藏东南部、云南西部和南部。

种群状况 多型种。留鸟。稀少。

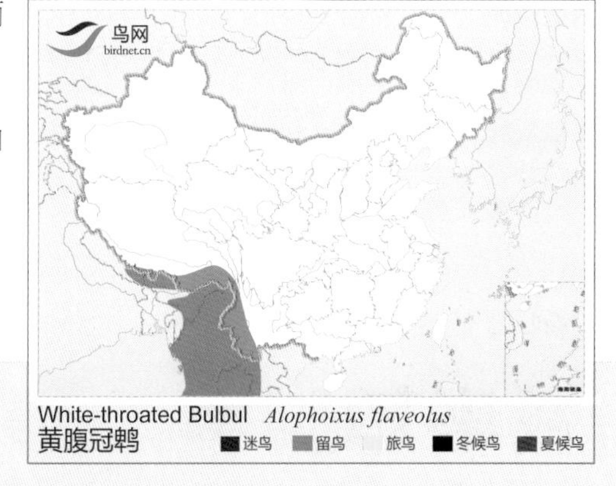

黄腹冠鹎

White-throated Bulbul　*Alophoixus flaveolus*　体长：19~24 cm

LC（低度关注）

指名亚种 *pallidus* \摄影：马林

西南亚种 *henrici* \摄影：关克

形态特征 头顶和冠羽红褐色，头侧灰色。下体橄榄黄色，尾下覆羽皮黄色。

生态习性 栖息于山丘陵阔叶林、次生林、常绿阔叶林、雨林。

地理分布 共7个亚种，分布于中南半岛。国内有2个亚种。西南亚种 *henrici* 见于云南、贵州南部、广西，翅长(14♂) 11.1 (10.5~11.5)厘米，背部橄榄绿褐，胸与上腹较多绿黄色。指名亚种 *pallidus* 见于海南，翅长(21♂) 10.7 (10.5~11)厘米，背部暗绿褐，胸与上腹较少绿黄而多褐色；尾下覆羽棕黄色亦较浅。

种群状况 多型种。留鸟。不常见。

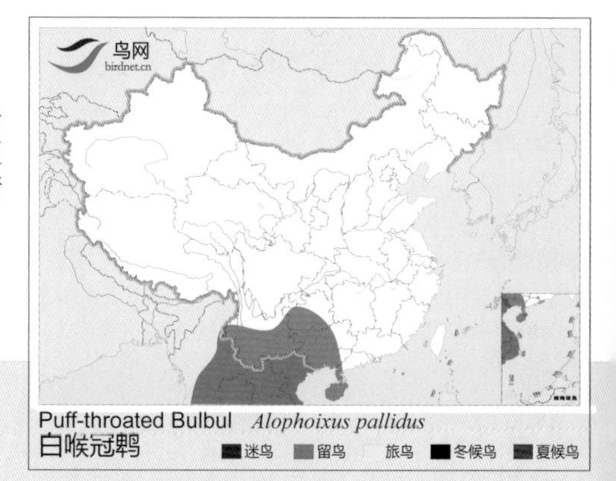

白喉冠鹎

Puff-throated Bulbul *Alophoixus pallidus* 体长：20~25 cm LC(低度关注)

指名亚种 *propinqua* \摄影：肖克坚

指名亚种 *propinqua* \摄影：田穗兴

指名亚种 *propinqua* \摄影：梁长久

形态特征 眼先、颊橄榄灰或淡橄榄黄色。眼周灰白色。喉灰白色。额、头顶、短羽冠为暗棕褐色。上体橄榄绿色，胸和两胁淡橄榄绿灰色，腹中央黄色；尾棕褐色，尾下覆羽橘黄色。

生态习性 栖息于山脚平原、低山丘陵的次生阔叶林、常绿阔叶林及灌丛。集群。

地理分布 共6个亚种，分布于中南半岛。国内有2个亚种。指名亚种 *propinqua* 见于云南西部和南部，羽色较少褐色。广西亚种 *aquilonis* 见于云南东南部、广西西南部，羽色较暗浓，上体较暗橄榄褐，下体中央的黄色与两胁的橄榄色亦较深，尾下覆羽也较深，为肉桂棕色。

种群状况 多型种。留鸟。稀少。

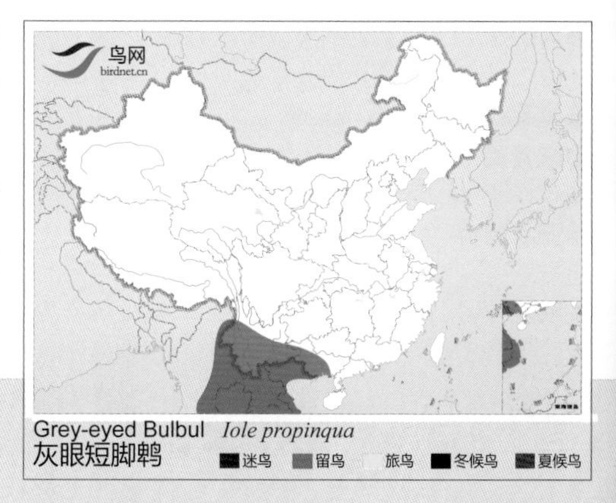

灰眼短脚鹎

Grey-eyed Bulbul *Iole propinqua* 体长：17~21 cm LC(低度关注)

指名亚种 *amaurotis* \ 摄影：孙晓明

指名亚种 *amaurotis* \ 摄影：陈冯晓

指名亚种 *amaurotis* \ 摄影：王兴娥

台湾亚种 *harterti* \ 摄影：牛蜀军

形态特征 头顶羽冠不显，头顶至后枕灰色，耳羽栗色，下延至颈侧。颏、喉灰色或灰白色。上体灰褐色。胸灰色或暗棕色，下胸白色，具灰褐色斑点。尾下覆羽暗灰色，羽缘白色。

生态习性 栖息于低山阔叶林、混交林。飞行呈波浪式。

地理分布 共11个亚种，分布于朝鲜半岛、日本、菲律宾。国内有2个亚种。指名亚种 *amaurotis* 见于东北地区、河北、北京、浙江、上海、台湾，体色较暗。台湾亚种 *harterti* 见于台湾，体色更暗，较指名亚种为褐。

种群状况 多型种。旅鸟，留鸟。局部地域常见。

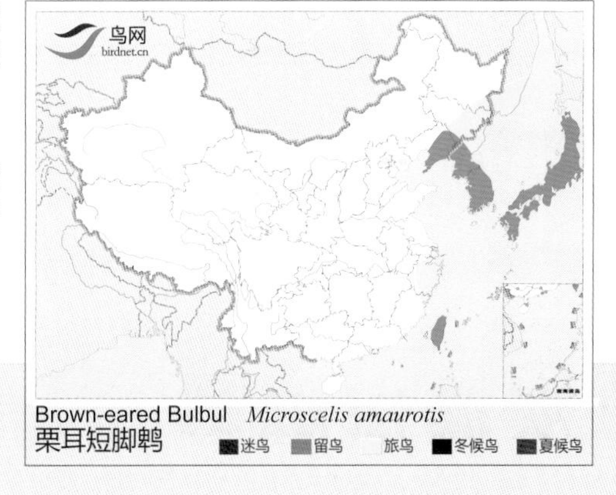

栗耳短脚鹎

Brown-eared Bulbul　　*Microscelis amaurotis*　　体长：27~28 cm　　LC（低度关注）

指名亚种 *flavala* \摄影：王进

云南亚种 *bourdellei* \摄影：王尧天

形态特征 头顶羽冠黑色．耳羽灰褐色，颏、喉白色。上体暗灰色。翅上大覆羽和内侧飞羽外缘橄榄黄色，形成翅斑。胸和两胁深灰色。暗褐色具橄榄绿色羽缘。腹部中央及尾下覆羽白色。

生态习性 栖息于低山丘陵、山脚平原的次生阔叶林、灌丛、竹林。集群。

地理分布 共5个亚种，分布于印度、孟加拉国、喜马拉雅山脉、中南半岛。国内有2个亚种。指名亚种 *favala* 见于西藏东南部、云南西部和西南部，头顶与背同色，胸与体侧浓灰，次级飞羽具宽阔的黄绿色斑。云南亚种 *bourdellei* 见于云南南部，头顶羽色较背为深，胸与体侧淡灰，次级飞羽具宽阔的黄绿色斑。

种群状况 多型种。留鸟。不常见。

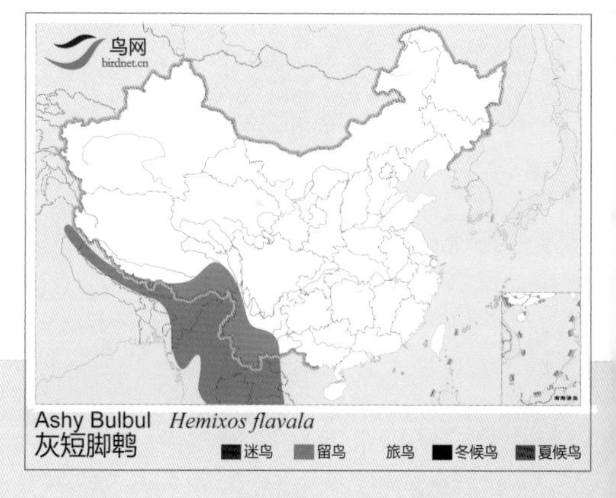

Ashy Bulbul *Hemixos flavala*
灰短脚鹎
迷鸟 留鸟 旅鸟 冬候鸟 夏候鸟

灰短脚鹎

Ashy Bulbul *Hemixos flavala* 体长：19~22 cm LC（低度关注）

华南亚种 *canipennis* \摄影：桑新华

指名亚种 *castanonotus* \摄影：王尧天

指名亚种 *castanonotus* \摄影：关克

形态特征 额、脸栗色，头顶、羽冠黑色。颏、喉白色。背栗色，翅和尾暗褐色，具灰白色羽缘。胸和两胁灰白色，腹中央和尾下覆羽白色。

生态习性 栖息于低山丘陵次生阔叶林、灌丛。

地理分布 共2个亚种，分布于越南北部。国内有2个亚种。指名亚种 *castanonotus* 见于海南。华南亚种 *canipennis* 见于河南南部、贵州、湖南南部、安徽、江西、浙江、福建、广东、香港、澳门、广西。

种群状况 多型种。留鸟。不常见。

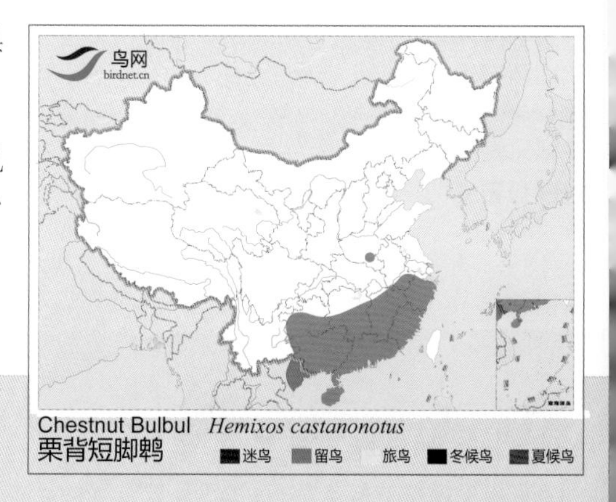

Chestnut Bulbul *Hemixos castanonotus*
栗背短脚鹎
迷鸟 留鸟 旅鸟 冬候鸟 夏候鸟

栗背短脚鹎

Chestnut Bulbul *Hemixos castanonotus* 体长：18~22 cm LC（低度关注）

华南亚种 *holtii* \摄影：陈添平

云南亚种 *similis* \摄影：唐文明

华南亚种 *holtii* \摄影：沈强

云南亚种 *similis* \摄影：冯江

形态特征 耳和颈侧红棕色，颏、喉灰色。头顶栗褐色，具白色羽轴纹。上体灰褐色，缀橄榄绿色，翅橄榄绿色。胸灰棕褐色，具白色纵纹。尾橄榄绿色，尾下覆羽浅黄色。

生态习性 栖息于次生阔叶林、常绿阔叶林、针阔叶混交林和针叶林。

地理分布 共9个亚种，分布于印度、喜马拉雅山脉、中南半岛及马来西亚。国内有3个亚种。指名亚种 *mcclellandii* 见于西藏，上体橄榄绿。云南亚种 *similis* 见于云南、海南，上体非橄榄绿，背面灰橄榄褐；头顶的栗褐色较浅淡，腹部较浅近白。华南亚种 *holtii* 见于华中、华南、西南地区，头顶栗褐色较暗浓，腹部较棕褐；上体非橄榄绿，背面灰橄榄褐色较深。

种群状况 多型种。留鸟。不常见。

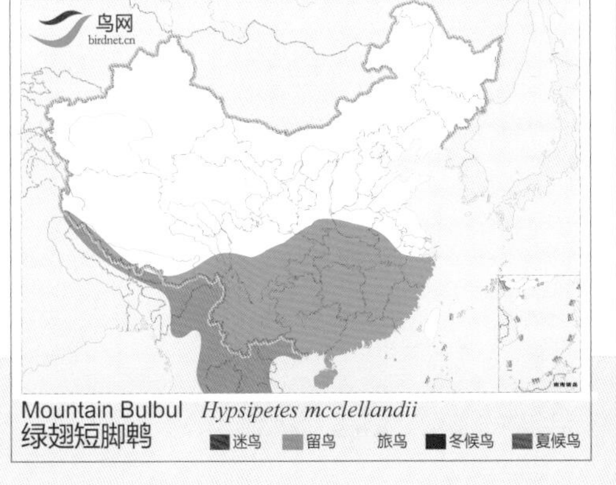

绿翅短脚鹎

Mountain Bulbul　*Hypsipetes mcclellandii*　体长：20~26 cm　**LC（低度关注）**

台湾亚种 *nigerrimu* \摄影：简廷谋

东南亚种 *leucocephalus* \摄影：曲大勇

四川亚种 *leucothorax* \摄影：刘书民

西藏亚种 *psaroides* \摄影：王尧天

滇西亚种 *sinensis* \摄影：郑树人

滇南亚种 *concolor* \摄影：关克

独龙亚种 *ambiens* \摄影：王尧天

海南亚种 *perniger* \摄影：宁于新

形态特征 嘴鲜红色。尾呈浅叉状。脚橙红色。有两色型，一种通体黑色。另一种头、颈白色，其余黑色。

生态习性 栖息于低山丘陵和山脚平原地带的树林。树冠层活动。

地理分布 共10个亚种，分布于印度、喜马拉雅山脉及中南半岛。国内有9个亚种。西藏亚种 *psaroides* 见于西藏东南部，上下体灰色均较淡，头顶黑色与背部灰色对比明显；尾下覆羽有灰缘，体羽除头顶(或连背部)为黑色外，纯灰色。独龙亚种 *ambiens* 见于云南西北部，头、喉及胸均白。滇南亚种 *concolor* 见于云南西部和西南部，头顶黑色，背部暗灰至黑色，下体暗灰；尾下覆羽有灰缘，体羽除头顶(或连背部)为黑色外，纯灰色。四川亚种 *leucothorax* 见于陕西南部、云南西部、四川西南部和中部、重庆、湖北，头、喉及胸均白，背黑；雌鸟杂以灰色；腹黑或灰黑(♂)，或灰(♀)；丽江亚种 *stresemanni* 见于云南北部，翅长♂12.5～13.3厘米，背灰黑；腹灰黑，通体纯黑。滇西亚种 *sinensis* 见于云南西南部，全身几乎纯黑，尾下覆羽均具灰色羽缘，腹羽暗灰或灰黑额底有时微具白羽。东南亚种 *leucocephalus* 见于云南南部和贵州及其以东、河南及其以南地区，头、喉及胸均白，体羽非纯黑或纯灰色，头与喉均白，胸与腹黑(♂)或灰(♀)。台湾亚种 *nigerrimus* 见于台湾，全身几乎纯黑，覆羽和尾上覆羽和尾上覆羽多少呈灰色；初级飞羽与尾羽的外翈淡灰色，体羽纯黑(灰黑)。海南亚种 *perniger* 分布于广西西南部、海南，通体纯黑。

种群状况 多型种。夏候鸟，冬候鸟，留鸟。常见。

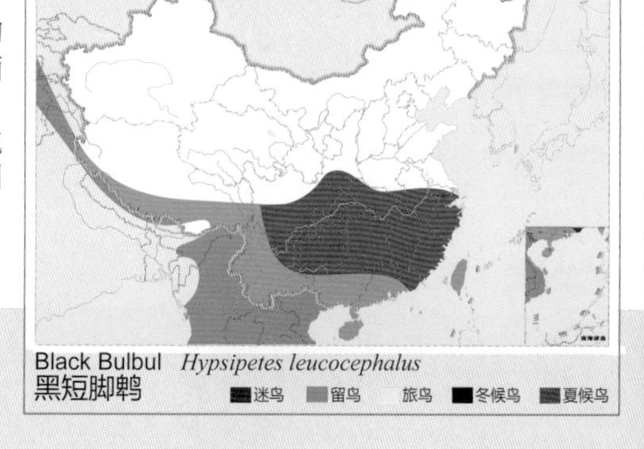

Black Bulbul *Hypsipetes leucocephalus*
黑短脚鹎
迷鸟 留鸟 旅鸟 冬候鸟 夏候鸟

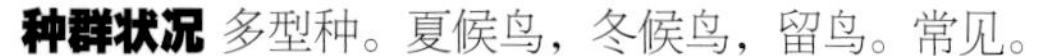

黑短脚鹎

Black Bulbul *Hypsipetes leucocephalus* 体长：22~26 cm LC(低度关注)

雀鹎科

Aegithinidae
(Ioras)

本科是一些树栖性绿色小型鸟类。嘴形较细长，略向下曲，上嘴先端常具缺刻。外形与叶鹎相似，下体黄色。喙直，翼长而尖，总体羽毛是绿色和黄色相结合，侧翼有白色的丝状超长羽毛。雄鸟上体色彩不同，从橄榄绿色至近黑，腰绿色。虹膜灰白色、灰色或棕色，上嘴黑色，下嘴银灰色，脚银灰色。雄雌多异色。体羽主要有黄、蓝、绿、黑等色，羽色较艳丽。

主要栖息于森林中，树栖性，不迁徙，多成群活动。食物以植物果实与种子为主，也食昆虫。营巢于树上，巢呈杯状。每窝产卵2~4枚。

本科全世界计有1属4种，分布于亚洲南部东洋界境内，为东洋界特有科。我国有1属2种，主要分布于我国南部。

黑翅雀鹎云南亚种 *philipi* \ 摄影：关克

云南亚种 *philipi* \摄影：关克

黑翅雀鹎 \摄影：赵亮

黑翅雀鹎 \摄影：高正华

形态特征 额、喉、头侧、胸黄色。上体黄绿色，两翅黑色，具两道白色翅斑。雄鸟尾上覆羽和尾黑色；雌鸟橄榄黄褐色。

生态习性 栖息于低山丘陵、平原的次生阔叶林。

地理分布 共11个亚种，分布于喜马拉雅山脉、中南半岛及印度尼西亚。国内有1个亚种，云南亚种 *philipi* 见于云南。

种群状况 多型种。留鸟。不常见。

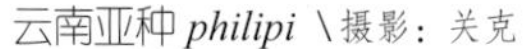

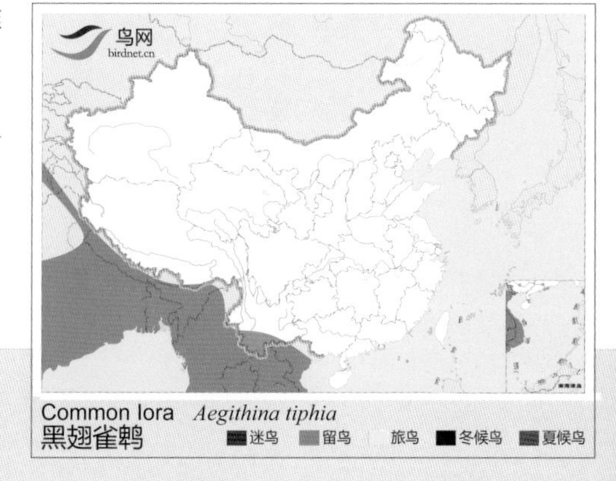

Common Iora *Aegithina tiphia*
黑翅雀鹎 迷鸟 留鸟 旅鸟 冬候鸟 夏候鸟

黑翅雀鹎

Common Iora *Aegithina tiphia* 体长：14 cm LC（低度关注）

大绿雀鹎 \摄影：高正华　　大绿雀鹎 \摄影：高正华

形态特征 额、头侧黄色。上体暗黄绿色。翅黑色，具淡绿黄色羽缘。下体酪黄色。

生态习性 栖息于低山丘陵和山脚平原地带的次生阔叶林。

地理分布 共3个亚种，分布于中南半岛及马来西亚。国内有1个亚种，云南亚种 *innotata* 见于云南南部。

种群状况 多型种。留鸟。稀少。

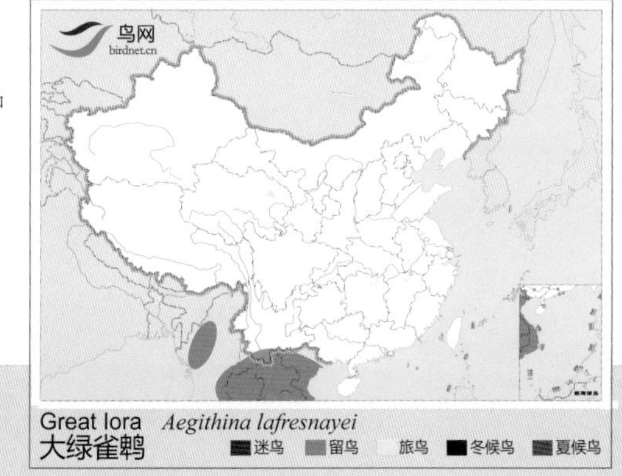

Great Iora *Aegithina lafresnayei*
大绿雀鹎 迷鸟 留鸟 旅鸟 冬候鸟 夏候鸟

大绿雀鹎

Great Iora *Aegithina lafresnayei* 体长：15~16 cm LC（低度关注）

叶鹎科
Chloropseidae
(Leafbirds)

本科是一些中型的树栖性雀形目鸟类。嘴裂小，喙小而直，略微向下弯曲。羽毛绿色，有些羽毛也有蓝色、黑色、黄色和橙色不等的色块。跗关节和脚趾比例短。雌雄多异色。体羽主要有黄、蓝、绿、黑等色，羽色较艳丽。

主要栖息于森林中，树栖性，不迁徙。多成群活动。食物以植物果实与种子为主，也食昆虫。营巢于树上，巢呈杯状。每窝产卵2~4枚。

本科全世界有1属11种，分布于亚洲南部东洋界境内，为东洋界特有科。我国有1属3种，主要分布于我国南部地区。

蓝翅叶鹎 \摄影：周建华

蓝翅叶鹎 \摄影：周建华

蓝翅叶鹎 \摄影：周建华

蓝翅叶鹎 \摄影：邓嗣光

形态特征 雄鸟颏、喉黑色，体羽草绿色，肩和翅亮蓝色，胸缀有黄色，尾蓝绿色。雌鸟颏、喉蓝绿色。

生态习性 栖息于绿阔叶林、次生林和农田。

地理分布 共7个亚种，分布于中南半岛、印度尼西亚。国内有1个亚种，滇南亚种 *kinneari* 见于云南南部。

种群状况 多型种。留鸟。不常见。

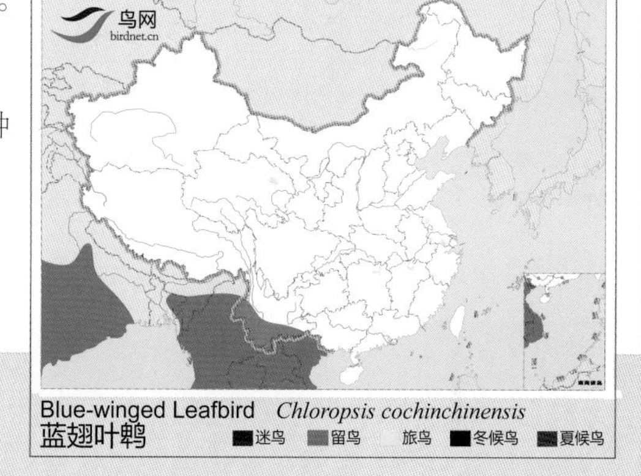

Blue-winged Leafbird *Chloropsis cochinchinensis*
蓝翅叶鹎 迷鸟 留鸟 旅鸟 冬候鸟 夏候鸟

蓝翅叶鹎

Blue-winged Leafbird *Chloropsis cochinchinensis* 体长：14~17 cm LC（低度关注）

云南亚种 *pridii* \摄影：魏东

云南亚种 *pridii* \摄影：魏东

云南亚种 *pridii* \摄影：关克

形态特征 额、头顶前部橘黄色。颏、喉蓝色，外围有一圈黑色。身体及两翅草绿色，翅缘蓝紫色；小覆羽蓝色，具光泽。下体浅绿色。

生态习性 栖息于常绿阔叶林、次生林和农田。树冠层活动。

地理分布 共6个亚种，分布于印度、斯里兰卡、孟加拉国、喜马拉雅山脉及中南半岛。国内有1个亚种，云南亚种 *pridii* 见于云南南部及西南部。

种群状况 多型种。留鸟。不常见。

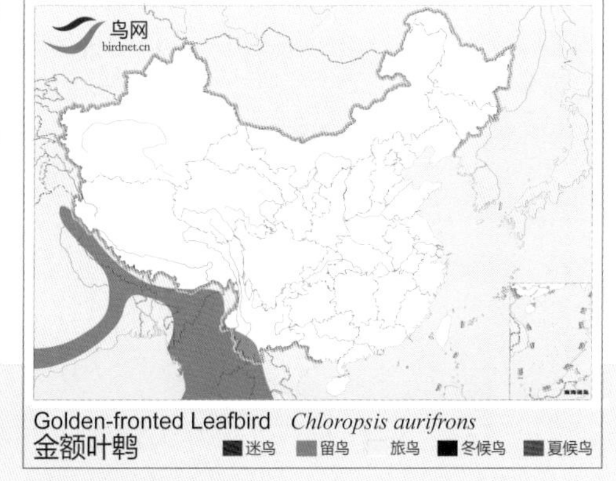

金额叶鹎

Golden-fronted Leafbird　*Chloropsis aurifrons*　体长：18~19 cm　LC（低度关注）

华南亚种 *melliana*（雌鸟）\摄影：赖健豪

海南亚种 *lazulina* \摄影：张继昌

华南亚种 *melliana* \摄影：冯启文

指名亚种 *hardwickii* \摄影：关克

形态特征 额至后颈黄绿色，颏、喉黑色，具蓝色髭纹。上体绿色，翅小覆羽亮蓝色。上胸黑色，下体橙色。雄鸟飞羽和尾羽黑色；雌鸟绿色。

生态习性 栖息于低山丘陵、山脚平原地带的森林。

地理分布 共4个亚种，分布于印度、喜马拉雅山脉及中南半岛。国内有3个亚种。指名亚种 *hardwickii* 见于西藏东南部、云南，雄鸟头顶黄绿色，喉与胸纯黑色，胸稍沾蓝色；雌鸟腹部橙黄色。华南亚种 *melliana* 见于贵州南部、湖北西部、江西、浙江、福建北部、广东、香港、澳门、广西中部、海南，雄鸟头顶蓝绿色，喉黑色，胸深蓝色；雌鸟腹部呈黄绿色。海南亚种 *lazulina* 见于海南，雄鸟头顶蓝绿色，喉黑色，胸深蓝色；雌鸟腹部为黄绿色。

种群状况 多型种。留鸟。不常见。

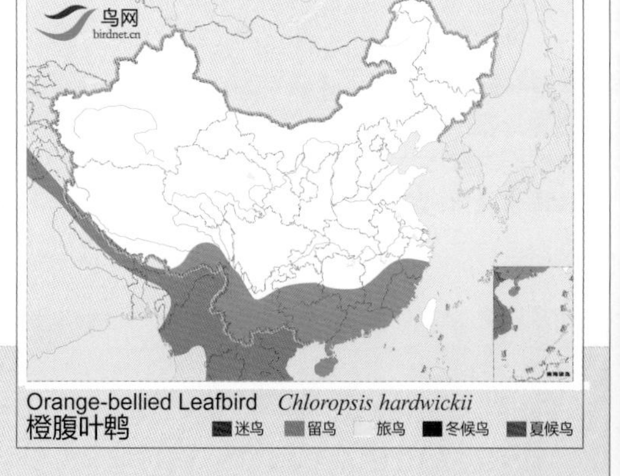

橙腹叶鹎

Orange-bellied Leafbird *Chloropsis hardwickii* 体长：18~20 cm LC（低度关注）

和平鸟科

Irenidae
(Fairy Bluebirds)

本科多是一些小型鸟类。嘴形较细长，略向下弯曲，上嘴先端常具缺刻。鼻孔卵圆形，大多裸露或多少被羽或须遮盖。嘴须弱，枕部有的具发丝状纤羽。翅为圆翼。初级飞羽10枚，第一枚甚短，仅为第二枚之半。尾羽12枚，多为方尾或圆尾，腰羽松软。跗蹠短，前缘被靴状鳞或不明显的盾状鳞。雌雄多异色。体羽主要有黄、蓝、绿、黑等色，羽色较艳丽。

主要栖息于森林中，树栖性，不迁徙，多成群活动。食物以植物果实和种子为主，也食昆虫。营巢于树上，巢呈杯状。每窝产卵2~4枚。

本科全世界计有3属14种，分布于亚洲南部东洋界境内，为东洋界特有科。我国有1属1种，主要分布于我国南部地区，包括西藏、云南。

和平鸟 \摄影：陈东明

和平鸟 \摄影：周家珍

和平鸟 \摄影：陈东明

和平鸟 \摄影：康小兵

和平鸟 \摄影：杜英

形态特征 虹膜鲜红色。雄鸟头、上体辉蓝色，具紫色光泽，其余体羽黑色。雌鸟通体蓝绿色，飞羽黑褐色。

生态习性 栖息于低山丘陵、山脚常绿阔叶林。性胆怯。

地理分布 共6个亚种，分布于印度、中南半岛、马来半岛及菲律宾。国内有1个亚种，指名亚种 *puella* 见于西藏东南部、云南南部。

种群状况 多型种。留鸟。稀少。

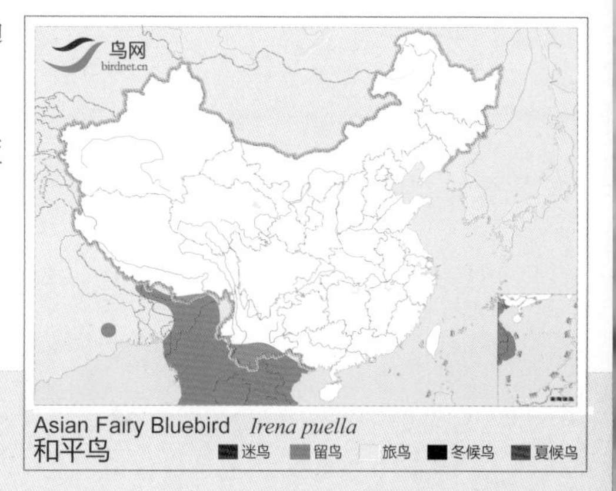

和平鸟

Asian Fairy Bluebird *Irena puella*

体长：24~28 cm

LC（低度关注）

太平鸟科

Bombycillidae
(Waxwings)

本科鸟类种类较少。体羽较松软，体色多呈葡萄灰色或淡褐色，头顶有一簇尖长而松软的羽冠。嘴短，嘴基宽阔，先端尖而微向下曲，微具缺刻。鼻孔被须覆盖。两翅尖长，飞羽10枚，第一枚退化为极小的短羽；次级飞羽羽轴多延长成红色结状小斑。尾短，圆尾或方尾，尾羽末端通常有红色或黄色端斑。跗蹠短细而弱，前缘被盾状鳞。雌雄羽色相似。

主要栖息于森林中。树栖性，性喜成群。在树上或地上取食，食物主要为昆虫、植物果实与种子。营巢于树上，每窝产卵3~7枚。晚成性。

全世界计有5属8种，分布于欧亚大陆北部和北美洲。我国有1属2种，主要分布于我国东北、华北地区和内蒙古等地。

太平鸟 \摄影：毛建国

太平鸟 \摄影：赵振杰

太平鸟 \摄影：许传辉

太平鸟 \摄影：刘哲青

形态特征 颏、喉黑色。头部色深，呈栗褐色，具羽冠；黑色贯眼纹从嘴基经眼到后枕。体羽葡萄灰褐色。具白色翅斑。次级飞羽羽干末端具红色斑。尾具黑色次端斑和黄色端斑。

生态习性 栖息于针叶林、针阔叶混交林和杨桦林。急速直飞，集群。

地理分布 共3个亚种，分布于全北界。国内有1个亚种，普通亚种 *centralasiae* 见于东北、华北、西北、华中及华东地区。

种群状况 多型种。旅鸟，冬候鸟。常见。

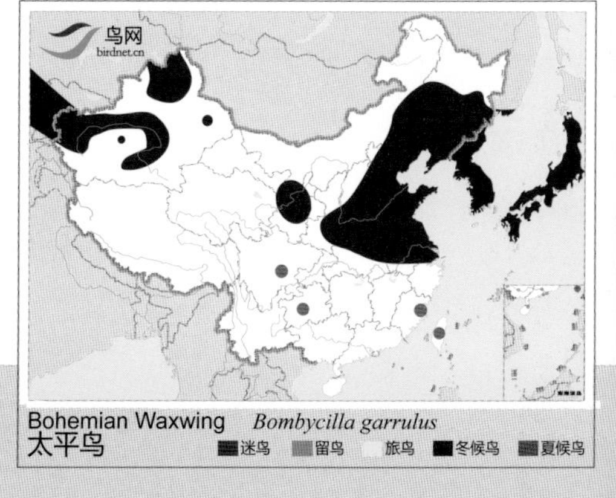

太平鸟

Bohemian Waxwing *Bombycilla garrulus* 体长：18~26 cm LC(低度关注)

小太平鸟 \摄影：孙晓明

小太平鸟 \摄影：李俊彦

小太平鸟 \摄影：王兴娥

形态特征 颏、喉黑色。头顶栗褐色，具羽冠。上体葡萄灰褐色，胸、腹栗灰色。尾具黑色次端斑和红色尖端，尾下覆羽红色。

生态习性 栖息于山地针叶林、针阔叶混交林。集群。

地理分布 分布于东北亚。我国分布于除西北、西藏之外的广大地区。

种群状况 单型种。夏候鸟，冬候鸟，迷鸟。常见。

小太平鸟

Japanese Waxwing　*Bombycilla japonica*　体长：16~17 cm　NT（近危）

伯劳科
Laniidae
(Shrikes)

本科鸟类为中小型鸟类，嘴较粗壮，上嘴先端向下弯曲成钩状并具有缺刻。外形略似鹰嘴，嘴须发达。鼻孔圆形，多少被垂羽所掩盖。翅大都短圆。初级飞羽10枚，第一枚短小，通常仅为第二枚之半。尾羽12枚，尾较长，多呈凸尾状。跗蹠强健，前缘具盾状鳞，爪锐利。体色多为棕色、黑色、灰色等，多具黑色贯眼纹。雌雄羽色相似或不同。雏鸟晚成性，幼鸟体羽多具横斑，主要栖息于低山丘陵和山脚平原等开阔地带的林缘疏林、灌丛中。性凶猛，主要以动物性食物为食。常栖于树木顶端或灌木枝上，也常栖于电线上等候猎物。繁殖期5~8月，营巢于树上或灌丛中。巢呈杯状，每窝产卵3~7枚，主要由雌鸟孵卵。

全世界计有13属81种，广泛分布于欧洲、亚洲、非洲、大洋洲和北美洲。我国有1属13种，几遍及全国各地。

虎纹伯劳 \ 摄影：冯江

虎纹伯劳 \摄影：朱英

虎纹伯劳 \摄影：王兴娥

虎纹伯劳 \摄影：关克

形态特征 头顶至后颈灰色。上体、翅栗棕色，具细的黑色波状横纹。下体白色。尾栗棕色。雄鸟额基黑色且与黑色贯眼纹相连，雌鸟两胁缀有黑褐色波状横纹。

生态习性 栖息于低山丘陵和山脚平原地区的森林。性凶猛，常栖于树木顶端。以小动物为食。食物以昆虫为主，包括金龟子、步行甲、蝗虫以及膜翅目、鳞翅目的昆虫。

地理分布 分布于东北亚、中南半岛及马来半岛。国内除青海、新疆、海南外分布于全国各地。

种群状况 单型种。夏候鸟，旅鸟，冬候鸟。常见。

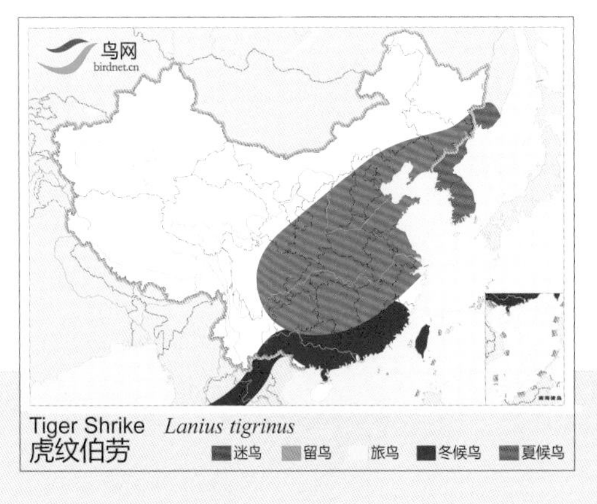

虎纹伯劳

Tiger Shrike　*Lanius tigrinus*　　体长：17~18 cm　　LC(低度关注)

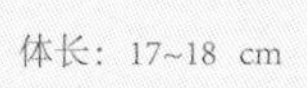

甘肃亚种 *sicarius* \摄影：朱英

甘肃亚种 *sicarius* \摄影：伍孝崇

甘肃亚种 *sicarius* \摄影：伍孝崇

指名亚种 *bucephalus* \摄影：桑新华

形态特征 眉纹白色。颏、喉棕白色。头顶至后颈栗色或栗红色；背、肩、腰和尾上覆羽灰褐色。下体浅棕色或棕色，具黑褐色波状横斑。尾羽灰褐色，具白色端斑，中央一对尾羽灰黑色。雄鸟翅黑褐色具白色翅斑，贯眼纹黑色；雌鸟翅斑不明显，过眼纹栗色。

生态习性 栖息于林缘、次生林、河谷灌丛及防护林。性活泼，常在林间跳来跳去或飞进飞出。

地理分布 共2个亚种，分布于东北亚。国内有2个亚种。指名亚种 *bucephalus* 见于东北、华北、华中、华东及华南地区，头顶较淡，下体具有虫蠹状细斑，下嘴基部淡色。甘肃亚种 *sicarius* 见于河北北部、北京、甘肃中部和南部、四川中部和北部，头顶呈赭土色；下体虫蠹状细斑较多，分布也较广；嘴纯黑色。

种群状况 多型种。夏候鸟，旅鸟，冬候鸟，留鸟。常见。

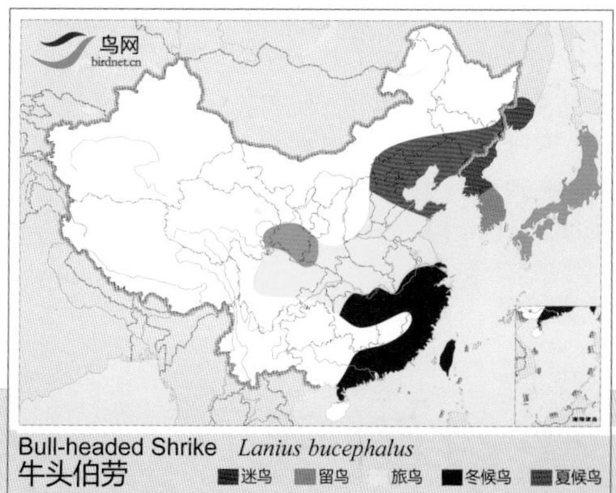

Bull-headed Shrike *Lanius bucephalus*
牛头伯劳 迷鸟 留鸟 旅鸟 冬候鸟 夏候鸟

牛头伯劳

Bull-headed Shrike *Lanius bucephalus*

体长：19~20 cm

LC（低度关注）

红背伯劳 \摄影：邢睿

红背伯劳 \摄影：文志敏

红背伯劳 \摄影：王尧天

红背伯劳 \摄影：王尧天

形态特征 雄鸟前额基部和贯眼纹黑色。头顶至后颈灰色，背红褐色或栗色，翅具白斑，飞羽褐色。胸和两胁粉葡萄红色。尾黑色，外侧尾羽基部和下体白色。雌鸟色淡，贯眼纹黑色褐色，胸、胁部具鳞纹。

生态习性 栖息于开阔的疏林、林缘、林间空地及农田。主要以昆虫等小型动物为食。

地理分布 共3个亚种，分布于中亚、西亚、欧洲南部及非洲南部。国内有1个亚种，新疆亚种 *pallidifrons* 见于新疆北部。

种群状况 多型种。夏候鸟，旅鸟。不常见。

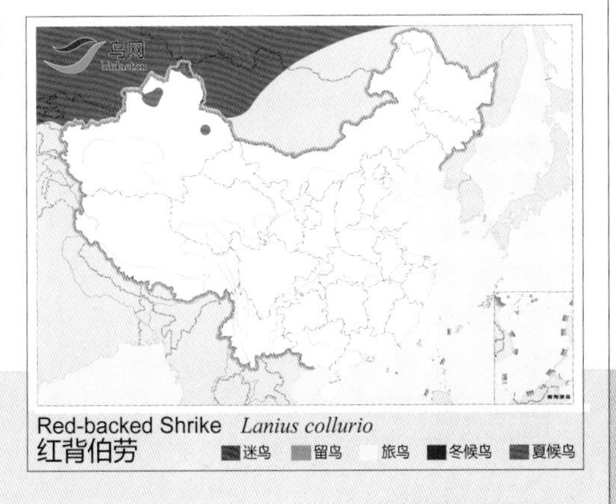

红背伯劳

Red-backed Shrike *Lanius collurio* 体长：18~19 cm LC（低度关注）

青海亚种 *tsaidamensis* \ 摄影：王尧天

天山亚种 *phoenicuroides* \ 摄影：王尧天

内蒙古亚种 *speculigerus* \ 摄影：关克

指名亚种 *isabellinus* \ 摄影：关克

形态特征 雄鸟头、背沙棕色，过眼纹黑色，眉纹细白色，翅黑褐色具白斑。颏、喉、下体白色。尾棕红色。雌鸟过眼纹褐色，翅斑不明显。

生态习性 栖息于开阔旷野、草场、荒漠灌丛地带。

地理分布 共4个亚种，分布于中亚、西亚、印度及非洲中部。国内有4个亚种。指名亚种 *isabellinus* 见于宁夏、甘肃、新疆南部。天山亚种 *phoenicuroides* 分布于新疆西部和北部、青海。内蒙古亚种 *speculigerus* 见于黑龙江、内蒙古、宁夏北部、甘肃中部、新疆北部和东部。青海亚种 *tsaidamensis* 见于青海、新疆东南部。

种群状况 多型种。夏候鸟。常见。

荒漠伯劳

Rufous-tailed Shrike *Lanius isabellinus* 体长：18 cm NE（未评估）

普通亚种 *lucionensis*（求偶）\摄影：关克

指名亚种 *cristatus* \摄影：李新维

东北亚种 *confusus* \摄影：刘琪

日本亚种 *superciliosus* \摄影：段文科

形态特征 颏、喉白色。眉纹白色，贯眼纹黑色。头顶灰色或红棕色。上体棕褐或灰褐色，两翅黑褐色；尾上覆羽红棕色，尾羽棕褐色，尾呈楔形。下体棕白色。

生态习性 栖息于低山丘陵和山脚平原地带的灌丛、疏林和林缘。

地理分布 共4个亚种，分布于俄罗斯东部、蒙古、东北亚、东南亚及南亚。国内有4个亚种。指名亚种 *cristatus* 见于陕西、云贵川及其以东地区，头顶栗褐，背棕褐色，几与头顶同色；眉纹和额带均狭，均呈白色，且白色额带显著。东北亚种 *confusus* 见于黑龙江、辽宁、河北北部、北京、内蒙古东北部、海南、台湾，头顶淡棕褐色，背灰褐色；眉纹狭，额带不明显，且呈白色。普通亚种 *lucionensis* 见于吉林及以南、甘肃、云贵川及其以东地区，头顶灰色，额带不显，眉纹狭而色白。日本亚种 *superciliosus* 分布于华北、华中、华东及华南地区，头顶和背均栗褐色，眉纹和额带均宽，均呈白色，白色额带显著。

种群状况 多型种。夏候鸟，旅鸟，冬候鸟，留鸟。常见。

鸟网
birdnet.cn

Brown Shrike *Lanius cristatus*
红尾伯劳
留鸟　旅鸟　冬候鸟　夏候鸟

红尾伯劳

Brown Shrike　*Lanius cristatus*

体长：19~20 cm

LC（低度关注）

栗背伯劳 \ 摄影：田穗兴

栗背伯劳 \ 摄影：李彬斌

栗背伯劳 \ 摄影：朱英

栗背伯劳 \ 摄影：徐燕冰

形态特征 头顶黑灰色，上背灰色。翅黑色，具白色翅斑，内侧飞羽具栗色羽缘。下背、肩至尾上覆羽栗色或栗棕色。尾黑色，外侧尾羽白色。下体白色。雌鸟额沾白色。

生态习性 栖息于低山丘陵、山脚平原的开阔次生疏林及林缘和灌丛。

地理分布 共2个亚种，分布于中南半岛。国内有1个亚种，指名亚种 *collurioides* 见于西藏南部、云南、贵州南部、广东、广西东南部。

种群状况 多型种。留鸟。不常见。

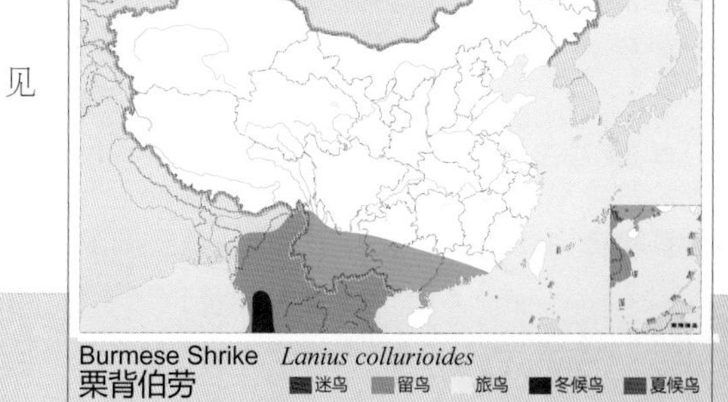

栗背伯劳

Burmese Shrike *Lanius collurioides*

体长：19~20 cm

LC（低度关注）

西南亚种 *tricolor* \摄影：关克

海南亚种 *hainanus* \摄影：王尧天

黑色型 \摄影：邓嗣光

西南亚种 *tricolor* \摄影：陈树森

指名亚种 *schach* \摄影：关克

形态特征 额、头顶至后颈黑色或灰色，具贯眼纹黑色。颏、喉白色，背棕红色。两翅黑色具白色翼斑。尾长，黑色，外侧尾羽皮黄褐色。下体棕白色。有黑色型，体羽深灰色，贯眼纹、翅、尾呈黑色。

生态习性 栖息于低山丘陵、山脚平原的次生阔叶林和混交林。领域性强，尾常向两边不停地摆动。

地理分布 共9个亚种，分布于中亚东部、南亚及东南亚。国内有5个亚种。中亚亚种 *erythronotus* 见于新疆西部。西南亚种 *tricolor* 见于西藏东南部、云南，头顶和上背黑色。指名亚种 *schach* 分布于天津、陕西南部、甘肃南部、新疆、云贵川、河南及其以南地区，头顶和上背灰色，下背棕；前额黑，下嘴基部淡色；下体棕色较显著。台湾亚种 *formosae* 见于台湾，体型较大，翅长；上背灰色向后伸展，前额黑色延及头顶前部；嘴纯黑，下体棕色较淡。海南亚种 *hainanus* 记录于海南，体型较小，翅稍短；上背灰色向后伸展，前额黑色延及头顶前部；嘴纯黑，下体棕色较淡。

种群状况 多型种。留鸟，夏候鸟，旅鸟。常见。

棕背伯劳

Long-tailed Shrike *Lanius schach* 体长：25 cm LC（低度关注）

灰背伯劳 \摄影：王尧天

灰背伯劳 \摄影：桑新华

灰背伯劳 \摄影：朱英

灰背伯劳 \摄影：王尧天

形态特征 前额基部、眼先、眼周、颊和耳羽黑色，具贯眼纹黑色。头顶、下背暗灰色，腰棕色。两翅黑褐色。下体白色，两胁和尾下覆羽棕色，尾上覆羽棕色。尾黑褐色，具浅棕色羽缘。

生态习性 栖息于低山次生阔叶林和混交林林缘、农田。常单独或成对活动，喜欢站在树干顶枝上和电线上。

地理分布 共2个亚种，分布于克什米尔、喜马拉雅山脉、南亚及中南半岛。国内有1个亚种，指名亚种 *tephronotus* 见于西南、西北及内蒙古西部。

种群状况 多型种。夏候鸟，冬候鸟，留鸟。不常见。

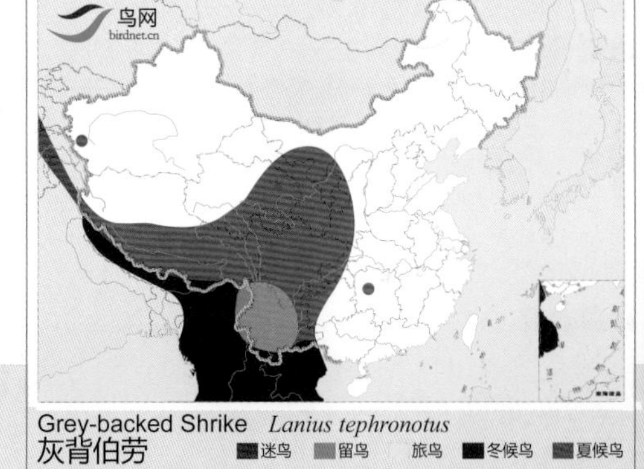

灰背伯劳

Grey–backed Shrike *Lanius tephronotus* 体长：23~24 cm LC（低度关注）

北方亚种 *sibiricus* \摄影：关克

东北亚种 *mollis* \摄影：桑新华

准噶尔亚种 *funereus* \摄影：王尧天

天山亚种 *leucopterus* \摄影：王尧天

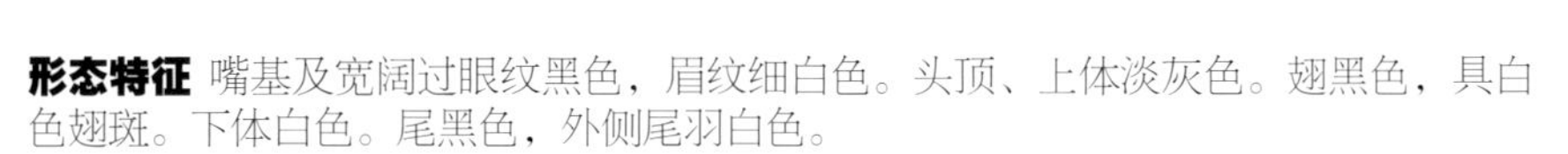

形态特征 嘴基及宽阔过眼纹黑色，眉纹细白色。头顶、上体淡灰色。翅黑色，具白色翅斑。下体白色。尾黑色，外侧尾羽白色。

生态习性 栖息于低山丘陵、山脚平原、沼泽、草地、森林苔原、旷野及农田。有将多余的食物挂在树枝上的习性。

地理分布 共8个亚种，分布于全北界北部。国内有5个亚种。东北亚种 *mollis* 见于辽宁东部、河北北部、甘肃西北部、内蒙古中部，上体较少灰色，而沾赭色；成鸟下体具虫蠹状细斑；上体较暗，下体较棕，细斑较多。北方亚种 *sibiricus* 见于东北、河北、内蒙古，上体较少灰色，而沾赭色；成鸟下体具虫蠹状细斑；次级飞羽的基部黑色；若为白色，则内外翈的白色部分彼此对称；幼鸟下体杂以虫蠹状细斑，有些亚种的成鸟亦然。准噶尔亚种 *funereus* 分布于新疆西部。天山亚种 *leucopterus* 分布于新疆天山。宁夏亚种 *pallidirostris* 分布于宁夏、甘肃。

种群状况 多型种。夏候鸟，冬候鸟，旅鸟。不常见。

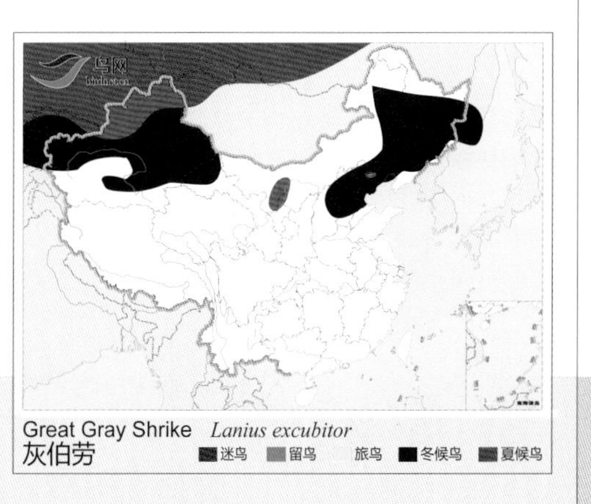

灰伯劳

Great Gray Shrike　　*Lanius excubitor*

体长：25 cm　　LC（低度关注）

西北亚种 *pallidirostris* \摄影：文翠华

西北亚种 *pallidirostris* \摄影：关克

南灰伯劳 \摄影：向文军

南灰伯劳 \摄影：向文军

形态特征 黑色过眼纹窄，眼前更窄。眉纹白色。前额灰色，头与上体灰色，腰白色；翅黑色，具白斑。下体白色。尾羽黑色。

生态习性 栖息于旷野、草地、灌木丛、农田。

地理分布 共11个亚种，分布于中亚、西亚、北非及西南欧。国内有1个亚种，西北亚种 *pallidirostris* 见于宁夏北部、甘肃西北部、新疆。

种群状况 多型种。夏候鸟，旅鸟。不常见。

Southern Grey Shrike *Lanius meridionalis*
南灰伯劳 迷鸟 留鸟 旅鸟 冬候鸟 夏候鸟

南灰伯劳

Southern Grey Shrike *Lanius meridionalis*

体长：25 cm

NE（未评估）

黑额伯劳 \摄影：王尧天

黑额伯劳 \摄影：王尧天

黑额伯劳 \摄影：张刚邡

黑额伯劳 \摄影：张刚邡

黑额伯劳 \摄影：杨廷松

形态特征 前额和过眼纹连成宽的黑色带。头顶和上体灰色。翅黑色，具白色翅斑。下体白色，胸和两胁淡蓝粉红色。尾黑色，外侧尾羽白色。

生态习性 栖息于稀疏树木或灌木生长的开阔平原和草地。

地理分布 共2个亚种，分布于中亚、西亚、非洲、西南欧。国内有1个亚种，新疆亚种 *turanicus* 见于新疆西北部。

种群状况 多型种。夏候鸟。稀少。

黑额伯劳

Lesser Grey Shrike　*Lanius minor*　　体长：21 cm　　LC（低度关注）

指名亚种 *sphenocercus* \摄影：段文科

指名亚种 *sphenocercus* \摄影：关克

指名亚种 *sphenocercus* \摄影：孙晓明

形态特征 过眼纹黑色，体灰色。两翅黑色，飞羽基部白色，形成宽阔的白色斑带，内侧飞羽具白色端斑。尾黑色，呈楔状；外侧3对尾羽白色。

生态习性 栖息于低山、丘陵、平原、草地、林缘、农田及旷野。

地理分布 共2个亚种，分布于俄罗斯远东、蒙古及朝鲜半岛。国内有2个亚种。指名亚种 *sphenocercus* 见于除新疆、西南地区外各地，翅稍短，上体色淡灰，眉纹和额基均白。西南亚种 *giganteus* 见于青海东部、西藏东北部、四川北部和西部，翅长，上体色较暗，眼上和前额均无白纹。

种群状况 多型种。夏候鸟，冬候鸟。常见。

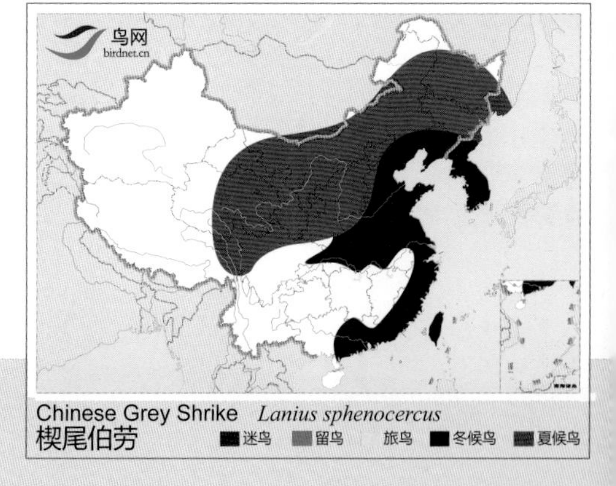

楔尾伯劳

Chinese Grey Shrike *Lanius sphenocercus* 体长：28 cm LC（低度关注）

褐背伯劳 \摄影：张波

褐背伯劳 \摄影：张波

褐背伯劳 \摄影：张波

形态特征 体型较小，有宽阔的黑色贯眼纹。背部褐色，臀部灰白色，尾羽较长，为黑底白边。腹部白色，但两侧浅黄。冠部和后颈为灰色，双翼缀有少量白色，喙及两腿为深灰色。雌雄差异较少，但幼鸟较成鸟色浅。

生态习性 栖息于灌木丛的树梢上，以捕捉蜥蜴、大型昆虫、小型鸟类和啮齿动物为食。

地理分布 共2个亚种，分布于阿富汗、巴基斯坦、印度及斯里兰卡。国内有1个亚种，指名亚种 *vittatus* 见于四川。我国于四川有一次记录。

种群状况 多型种。迷鸟。国内罕见。

褐背伯劳

Bay-backed Shrike　　*Lanius vittatus*　　体长：25 cm　　LC（低度关注）

盔鵙科

Prionopidae
(Helmetshrikes and Allies)

本科鸟类为中小型雀形目鸟类。多数种类额上有朝前方的冠羽。所有种类的羽毛以灰、白和黑色为主。有些种类衬托棕色或皮黄色。嘴细长而末端钩状。有些学者把它们放在伯劳科 Laniidae 内，但与典型伯劳不同。常十几只成群行动，栖息于山地、平原等森林生境。以昆虫为食。社群性繁殖，一个巢常由多只成鸟照料。

本科计有9种，分布于非洲和亚洲南部。国内仅1属1种，分布于西南和华南一带。

钩嘴林鵙 \ 摄影：赖健豪

钩嘴林䴗 \ 摄影：王进

钩嘴林䴗 \ 摄影：罗永川

钩嘴林䴗 \ 摄影：陈林

形态特征 嘴尖端带钩。过眼纹黑色。雄鸟上体灰褐色，头顶及颈背灰色。雌鸟上体褐色，腰及下体白色，胸沾灰色。

生态习性 栖息于平原和山地的次生阔叶林和针阔混交林。

地理分布 共11个亚种，分布于南亚及东南亚。国内有2个亚种。华南亚种 *latouchei* 见于云南西部和南部、贵州、福建、广东北部、广西，翅长，雄鸟胸部更淡棕色。海南亚种 *hainanus* 见于海南，翅稍短，雄鸟胸部稍多棕色。

种群状况 多型种。留鸟。不常见。

钩嘴林䴗

Large Woodshrike　*Tephrodornis gularis*　体长：26 cm　LC（低度关注）

黄鹂科

Oriolidae
(Old World Orioles, Forest Orioles)

本科鸟类体型中等。嘴粗厚，嘴峰稍向下曲，下嘴尖端微具缺刻，嘴须短细，鼻孔裸出，其上盖有薄膜。翅形尖长，初级飞羽10枚，第一枚长于或等于第二枚之半。尾较短，尾羽12枚。跗蹠较短，前缘被以盾状鳞，爪甚曲。雌雄羽色相似或稍有差别。

主要栖息于阔叶林中，树栖性。飞翔呈波浪式。主要以昆虫为食，亦吃植物果实与种子。营巢于树上，每窝产卵2~5枚，雏鸟晚成性。

全世界共有2属28种，分布于欧洲、亚洲南部、非洲和澳大利亚等热带和温带地区。中国有1属6种，几遍及全国。

金黄鹂新疆亚种 *kundoo* \ 摄影：丁进清

云南亚种 \摄影：杨廷松

新疆亚种 *kundoo* \摄影：夏志英

新疆亚种 *kundoo* \摄影：王尧天

指名亚种 *oriolus* \摄影：柳勇

新疆亚种 *kundoo* \摄影：王尧天

形态特征 喙红色，眼先黑色。雄鸟体羽金黄色，两翅黑色，具黄色翅斑；尾黑色，外侧尾羽具黄色端斑。雌鸟上体黄绿色，下体黄白色，具窄的褐色纵纹，翅和尾黑色。

生态习性 栖息于山地和山脚平原地带的阔叶林、混交林中。树冠层活动。

地理分布 分布于中亚、欧洲、非洲。国内有2个亚种。指名亚种 *oriolus* 见于新疆西北部和中部，翅长，第五枚初级飞羽较第二枚为短，眼先的黑色不达眼后。新疆亚种 *kundoo* 见于新疆西南部、西藏西南部，翅稍短，第五枚初级飞羽较第二枚为长，眼先的黑色伸达眼后。

种群状况 多型种。夏候鸟。不常见。

金黄鹂

Eurasian Golden Oriole　*Oriolus oriolus*　体长：25 cm　LC（低度关注）

普通亚种 *diffusus* \摄影：关克

普通亚种 *diffusus* \摄影：李宗丰

普通亚种 *diffusus* \摄影：原巍

普通亚种 *diffusus* \摄影：胡晓坤

形态特征 虹膜红色。黑色过眼纹后延至枕部。体羽金黄色，翅、飞羽和尾黑色。雌鸟下背黄绿色。

生态习性 栖息于低山丘陵和山脚平原地带的次生阔叶林、混交林。喜栎树林和杨树林。树冠层活动。

地理分布 共20个亚种，分布于东亚、南亚、东南亚。国内有1个亚种，普通亚种 *diffusus* 见于除新疆、西藏、青海外全国各地。

种群状况 多型种。夏候鸟，留鸟。常见。

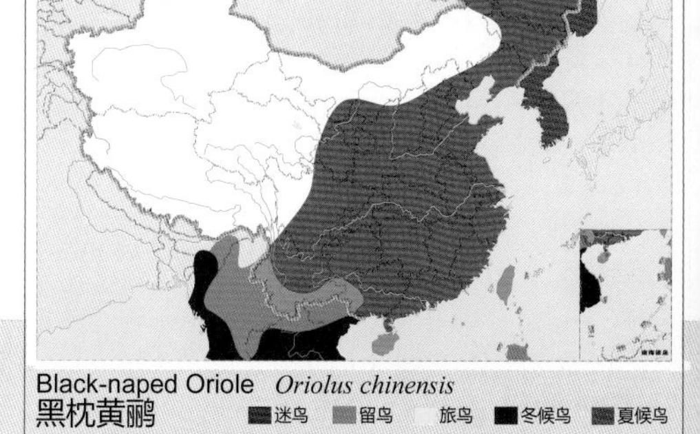

黑枕黄鹂

Black-naped Oriole *Oriolus chinensis*

体长：25 cm

LC（低度关注）

细嘴黄鹂 \摄影：顾云芳

指名亚种 *tenuirostris* \摄影：关克

细嘴黄鹂 \摄影：陈树森

指名亚种 *tenuirostris* \摄影：关克

形态特征 特征与黑枕黄鹂相似，但本种喙细长，过眼纹窄，背橄榄黄色。

生态习性 栖息于低山区阔叶林、针叶林和混交林。

地理分布 共2个亚种，分布于喜马拉雅山脉、中南半岛。国内有1个亚种，指名亚种 *tenuirostris* 见于云南西部和南部。

种群状况 多型种。留鸟。不常见。

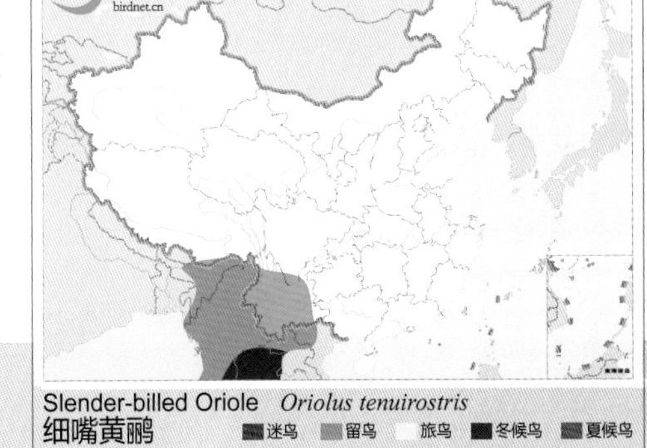

细嘴黄鹂

Slender-billed Oriole　*Oriolus tenuirostris*　体长：25 cm　LC（低度关注）

黑头黄鹂 \摄影：邓嗣光

黑头黄鹂 \摄影：刘璐

黑头黄鹂 \摄影：王进

形态特征 体羽金黄色。喙红色，头、颈和上胸黑色。两翅黑色，具黄色翅斑。中央尾羽黑色，具窄的黄绿色尖端；外侧尾羽黄色。

生态习性 栖息于低山丘陵和山脚平原的阔叶林、竹林。

地理分布 共5个亚种，分布于南亚、中南半岛。国内有1个亚种，指名亚种 *xanthornus* 见于云南西部。

种群状况 多型种。留鸟。不常见。

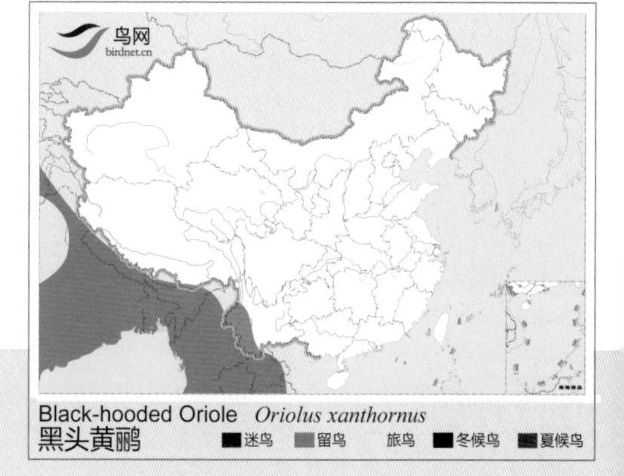

Black-hooded Oriole *Oriolus xanthornus*
黑头黄鹂 迷鸟 留鸟 旅鸟 冬候鸟 夏候鸟

黑头黄鹂

Black-hooded Oriole *Oriolus xanthornus* 体长：23 cm LC（低度关注）

鹊鹂（雌）\摄影：罗永川

鹊鹂 \摄影：田穗兴

鹊鹂 \摄影：田穗兴

形态特征 身体黑、白两色为主。喙淡蓝灰色。雄鸟头、颈黑色，具金属光泽，两翅黑色；尾栗色或玫瑰红色。雌鸟头、颈和翅黑色，背灰色，下体白色，具黑色纵纹；尾上覆羽和尾栗红色。

生态习性 栖息于山地森林次生阔叶林和疏林。

地理分布 越冬于泰国、柬埔寨。国内见于云南、四川南部、贵州、湖南、广东北部、广西中部。

种群状况 单型种。夏候鸟。稀少。

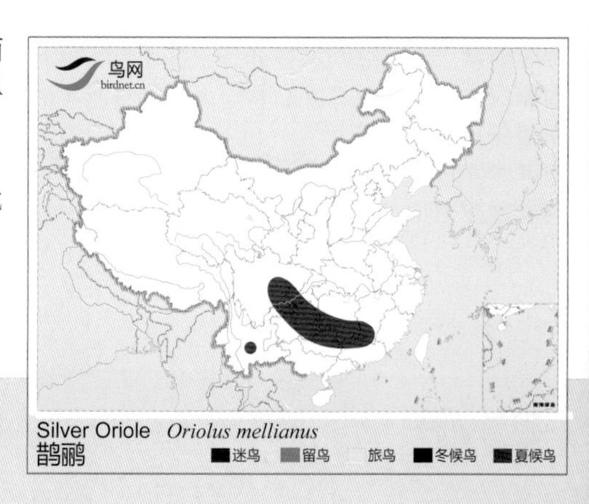

Silver Oriole *Oriolus mellianus*
鹊鹂 迷鸟 留鸟 旅鸟 冬候鸟 夏候鸟

鹊鹂（鹊色鹂）

Silver Oriole *Oriolus mellianus* 体长：25 cm EN（濒危）

台湾亚种 *ardens* \摄影：陈承光

指名亚种 *traillii*（雌鸟）\摄影：王尧天

指名亚种 *traillii*（雄鸟）\摄影：唐承贵

海南亚种 *nigellicauda* \摄影：唐承贵

形态特征 喙蓝灰色，头、颈和前胸辉黑色，两翅黑褐色，其余体羽栗红色或玫瑰红色。雌鸟腹部白色，具黑色纵纹。

生态习性 栖息于热带、亚热带常绿阔叶林、落叶阔叶林和针阔叶混交林。常在冠层活动。

地理分布 共4个亚种，分布于南亚、中南半岛。国内有3个亚种。指名亚种 *traillii* 见于西藏南部、云南、贵州东南部，头顶辉黑色；雄鸟背部及腹部褐红色。台湾亚种 *ardens* 见于台湾，雄鸟背部及腹部鲜红色；尾羽较体羽稍淡。海南亚种 *nigellicauda* 见于云南东南部、广西南部、海南，头顶深黑色；雄鸟背部及腹部暗红色。

种群状况 多型种。留鸟。不常见。

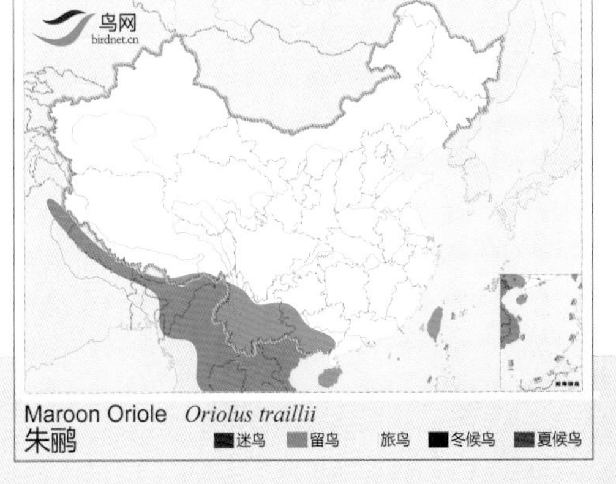

朱鹂

Maroon Oriole　　*Oriolus traillii*　　体长：25 cm　　LC（低度关注）

卷尾科

Dicruridae
(Drongos)

本科鸟类体型中等，体羽大多黑色或灰色，富有金属光泽。嘴强健粗壮，嘴峰稍曲，先端具钩，嘴须发达。鼻孔全部或部分为垂羽所盖。翅形尖长，初级飞羽10枚，第一枚为第二枚长度之半。尾长，呈叉状，尾羽10枚。有些种类外侧尾羽向上卷曲，也有的最外侧一对尾羽羽轴延长而裸露，末端呈球拍状或半盘状。跗蹠短健，前缘具盾状鳞。雌雄羽色相似。

主要栖息于山地森林中。树栖性，主要以昆虫为食。营巢于树上，领域性甚强。巢为浅杯状或盘状，每窝产卵2~4枚。雏鸟晚成性。

全世界共有2属22种，分布于亚洲南部、非洲和大洋洲。中国有1属7种，分布于华北、华中和长江流域及其以南地区。

黑卷尾普通亚种 *cathoecus* \ 摄影：翁发祥

普通亚种 *cathoecus* \摄影：桑新华

台湾亚种 *harterti* \摄影：简廷谋

普通亚种 *cathoecus* \摄影：徐永春

普通亚种 *cathoecus* \摄影：曹德

形态特征 体羽黑色，具蓝绿色金属光泽。尾叉状，最外侧尾羽最长，末端外侧微曲上卷。翅黑褐色并有铜绿色金属光泽。嘴、脚暗黑色，虹膜棕红色。

生态习性 栖息于低山丘陵和山脚平原的溪谷、沼泽、田野、村镇林地。

地理分布 共7个亚种，分布于南亚、东南亚。国内3个亚种。藏南亚种 *albirictus* 见于西藏东南部，体型较大，尾较翅为长。台湾亚种 *harterti* 见于台湾，体型较小；尾与翅(平均长度)几等长或尾较短。普通亚种 *cathoecus* 见于除新疆、青海、台湾外全国各地。体型较小；尾与翅(平均长度)几等长或尾较短。

种群状况 多型种。夏候鸟，留鸟。常见。

黑卷尾

Black Drongo　*Dicrurus macrocercus*　　体长：28~30 cm　　LC(低度关注)

普通亚种 *leucogenis* \摄影：张波

西南亚种 *hopwoodi* \摄影：李明本

普通亚种 *leucogenis* \摄影：史仲乾

海南亚种 *innexus* \摄影：关克

西南亚种 *hopwoodi* \摄影：关克

形态特征 体羽灰色。虹膜暗红色，脸灰白色。尾长、叉状。

生态习性 栖息于低山丘陵和山脚平原地带的疏林和次生阔叶林。

地理分布 共14个亚种，分布于南亚、东南亚。国内有4个亚种。普通亚种 *leucogenis* 见于华北及以南、甘肃、云贵川及以东地区，上体灰色较淡，头侧有白色块斑且形大而显著。西南亚种 *hopwoodi* 见于西南、广东西部、广西、海南，头侧无白色块斑，上体灰黑色，有蓝色反光。华南亚种 *salangensis* 分布于云南东部、贵州、湖北、湖南、广东西北部、广西东部、香港、澳门、海南，全身暗灰色，鼻羽和前额黑色，眼先和头之两侧纯白色。海南亚种 *innexus* 见于海南，上体灰色更深，但较西南亚种为浅；眼先和耳羽污白，形成分界不明的块斑；头侧有白色块斑。

种群状况 多型种。夏候鸟，留鸟。常见。

Ashy Drongo *Dicrurus leucophaeus*
灰卷尾
迷鸟 留鸟 旅鸟 冬候鸟 夏候鸟

灰卷尾

Ashy Drongo *Dicrurus leucophaeus* 体长：28~31 cm LC（低度关注）

鸦嘴卷尾 \摄影：胡晓坤

鸦嘴卷尾 \摄影：胡晓坤

鸦嘴卷尾 \摄影：陈树森

繁殖羽 \摄影：胡晓坤

鸦嘴卷尾 \摄影：胡晓坤

形态特征 喙粗厚似鸦。体羽黑色，具蓝色金属光泽。尾浅叉状，最外侧尾羽末端向上卷曲。

生态习性 栖息于低山丘陵和山脚平原地带的树林。

地理分布 分布于印度、喜马拉雅山脉、中南半岛。国内分布于云南西部和南部、广西、广东、澳门、海南。

种群状况 单型种。夏候鸟。不常见。

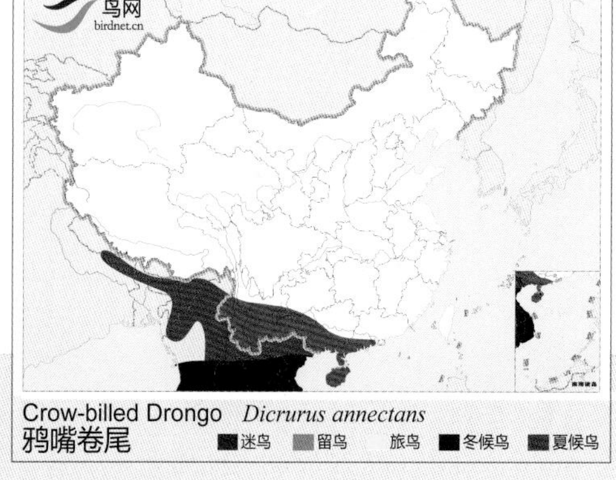

鸦嘴卷尾

Crow-billed Drongo　*Dicrurus annectans*　　体长：27~28 cm　　LC（低度关注）

指名亚种 *aeneus* \摄影：隐形金翰

台湾亚种 *braunianus* \摄影：简廷谋

指名亚种 *aeneus* \摄影：朱英

指名亚种 *aeneus* \摄影：隐形金翰

指名亚种 *aeneus* \摄影：王尧天

形态特征 体羽黑色，具紫蓝色金属光泽。尾叉状，外侧尾羽末端向上卷曲。

生态习性 栖息于常绿阔叶林、次生林、竹林等山地林区。

地理分布 共3个亚种，分布于印度、喜马拉雅山脉、东南亚。国内有2个亚种。指名亚种 *aeneus* 见于西藏东南部、云南、贵州、广西西南部、广东、澳门、海南，体型较小，翅稍短。台湾亚种 *braunianus* 见于台湾，体型较大，翅长。

种群状况 多型种。留鸟。不常见。

古铜色卷尾

Bronzed Drongo *Dicrurus aeneus*

体长：23 cm

LC（低度关注）

指名亚种 *hottentottus* \摄影：王尧天

普通亚种 *brevirostris* \摄影：陈添平

普通亚种 *brevirostris* \摄影：陈峰

指名亚种 *hottentottus* \摄影：桑新华

普通亚种 *brevirostris* \摄影：陈东明

形态特征 额部具发丝状羽冠，体羽黑色，具蓝绿色金属光泽，外侧尾羽末端向上卷曲。

生态习性 栖息于低山丘陵和山脚沟谷地带，多在常绿阔叶林及次生林活动。飞行快而有力。营集于树上，区域性强。

地理分布 共14个亚种，分布于印度、喜马拉雅山脉、东南亚。国内有2个亚种。指名亚种 *hottentottus* 见于云南西部，翅长，尾叉深度在2厘米以上。普通亚种 *brevirostris* 见于黑龙江、华北、甘肃、陕西、华东、华中、华南及西南地区，翅稍短。

种群状况 多型种。夏候鸟。常见。

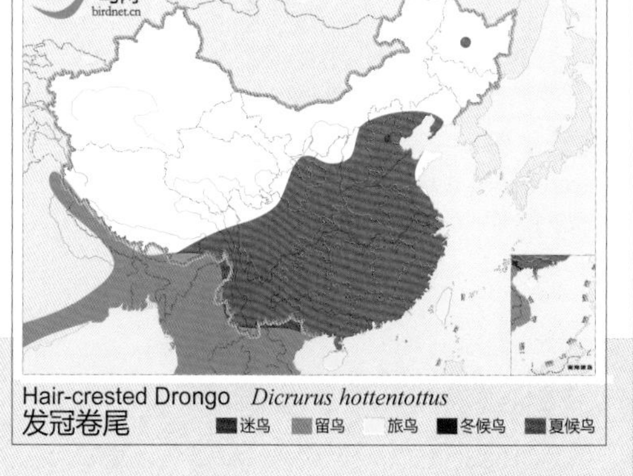

Hair-crested Drongo　*Dicrurus hottentottus*
发冠卷尾

发冠卷尾

Hair-crested Drongo　*Dicrurus hottentottus*　体长：28~31 cm　LC（低度关注）

西南亚种 *tectirostris* \摄影：关克

小盘尾 \摄影：双水马

小盘尾 \摄影：邓嗣光

小盘尾 \摄影：桑新华

小盘尾 \摄影：邓嗣光

形态特征 前额具绒状短簇羽。体羽黑色，具蓝绿色金属光泽，最外侧一对尾羽羽轴特别延长，末端有羽片成匙状。

生态习性 栖息于低山丘陵和山脚地带的次生阔叶林、常绿阔叶林和竹林。波浪式缓慢飞行。

地理分布 共4个亚种，分布于喜马拉雅山脉、中南半岛。国内有1个亚种，西南亚种 *tectirostris* 见于云南、广西西南部。

种群状况 多型种。留鸟。稀少。

鸟网 birdnet.cn

Lesser Racket-tailed Drongo *Dicrurus remifer*
小盘尾 迷鸟 留鸟 旅鸟 冬候鸟 夏候鸟

小盘尾

Lesser Racket-tailed Drongo *Dicrurus remifer* 体长：26 cm LC（低度关注）

海南亚种 *johni* \摄影：王进

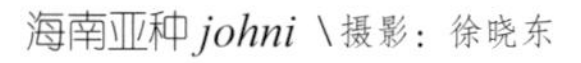

海南亚种 *johni* \摄影：徐晓东

海南亚种 *johni* \摄影：徐晓东

云南亚种 *grandis* \摄影：王尧天

海南亚种 *johni* \摄影：桑新华

形态特征 额部羽簇长而卷曲，直立向上形成羽冠。体羽黑色，具蓝绿光泽。尾叉状，外侧一对尾羽羽轴极度延长，末端羽片扭曲呈匙状。

生态习性 栖息于低山丘陵和山脚平原地带的常绿阔叶林和次生林。

地理分布 共13个亚种，分布于印度、喜马拉雅山脉及东南亚。国内有2个亚种。云南亚种 *grandis* 见于云南西部和南部，冠羽较狭，羽端较尖，额羽较长。海南亚种 *johni* 见于海南，冠羽较宽，羽端较钝，额羽不发达。

种群状况 多型种。留鸟。稀少。

鸟网 birdnet.cn

Greater Racket-tailed Drongo *Dicrurus paradiseus*
大盘尾　迷鸟　留鸟　旅鸟　冬候鸟　夏候鸟

大盘尾

Greater Racket-tailed Drongo　*Dicrurus paradiseus*　体长：33 cm　**LC（低度关注）**

椋鸟科

Sturnidae (Starlings)

本科鸟类嘴直而尖，嘴缘平滑，或上嘴先端具缺刻。鼻孔裸露或为基羽所覆盖。翅长度适中，尖翼或方翼；初级飞羽10枚，第一枚特别短小。尾短，呈平尾或圆尾状，尾羽12枚。跗蹠粗长而强健，前缘具盾状鳞。雌雄羽色相似，体羽大多具金属光泽。雏鸟晚成性，幼鸟多具纵纹。

栖息于开阔地带，树栖或地栖，常成群活动。叫声嘈杂，有的善于模仿其他鸟类的鸣声，经训练可模仿人类简单的语言。主要以植物果实与种子为食，亦吃昆虫等动物性食物。营巢于树洞或其他洞穴中。

全世界共有24属108种，主要分布于欧洲、亚洲、非洲和南洋群岛等温暖地区。中国有10属22种，几遍及全国各地。

亚洲辉椋鸟 \ 摄影：岗岗的

形态特征 体羽黑绿色，具金属光泽。尾方形。虹膜红色。幼鸟腹部淡米色，具黑纵斑。

生态习性 栖息于居民区建筑和乔木上。集群，树栖活动。

地理分布 共14个亚种，分布于印度、孟加拉国、缅甸、马来西亚、印度尼西亚、菲律宾。国内有1个亚种，指名亚种 *panayensis* 见于台湾。

种群状况 多型种。留鸟。地区性常见。

亚洲辉椋鸟 \ 摄影：何平

鸟网 birdnet.cn

Asian Glossy Starling *Aplonis panayensis*
亚洲辉椋鸟 迷鸟 留鸟 旅鸟 冬候鸟 夏候鸟

亚洲辉椋鸟

Asian Glossy Starling *Aplonis panayensis* 体长：20 cm LC（低度关注）

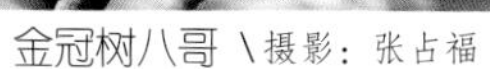

金冠树八哥 \摄影：张占福

金冠树八哥 \摄影：梁长久

金冠树八哥 \摄影：张占福

形态特征 眼周裸皮肉色，嘴橙色，基部蓝色。头顶至眼、喉金黄色，体羽黑色，具蓝色金属光泽。初级飞羽基部鲜黄色，形成翅斑。脚黄色。雌鸟眼先和眉纹黑色。

生态习性 栖息于阔叶林和混交森林中。树栖活动。

地理分布 分布于印度、中南半岛。国内见于云南南部、广东东部。

种群状况 单型种。留鸟，迷鸟。稀少。

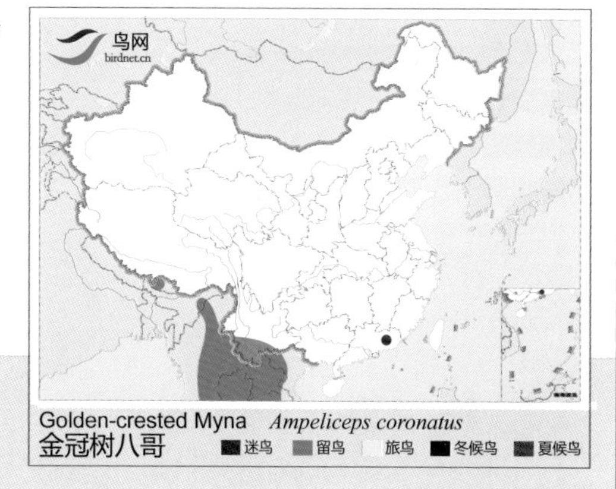

Golden-crested Myna　*Ampeliceps coronatus*
金冠树八哥

金冠树八哥

Golden-crested Myna　*Ampeliceps coronatus*　体长：21　cm　LC（低度关注）

鹩哥 \摄影：梁长久

鹩哥 \摄影：山河花鸟

鹩哥 \摄影：王尧天

形态特征 嘴橙黄色。头后两侧有一鲜黄色肉垂。体羽黑色，具紫蓝色和铜绿色金属光泽。初级飞羽基部白色，形成翅斑。脚黄色。

生态习性 栖息于低山丘陵和山脚平原地区的次生林、常绿阔叶林、竹林、混交林及农田。集群活动。善鸣叫。

地理分布 共7个亚种，分布于印度、孟加拉国、缅甸、马来西亚、印度尼西亚、菲律宾。国内有1个亚种，华南亚种 *intermedia* 见于云南西部和南部、广东、澳门、广西西南部、海南。

种群状况 多型种。留鸟。不常见。

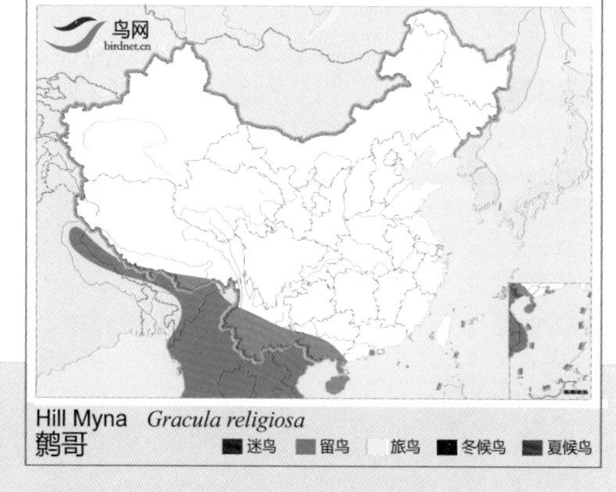

Hill Myna　*Gracula religiosa*
鹩哥

鹩哥

Hill Myna　*Gracula religiosa*　体长：29　cm　LC（低度关注）

林八哥 \ 摄影：朱英

林八哥 \ 摄影：杨玉和

林八哥 \ 摄影：王尧天

形态特征 额部具竖直的羽簇，喙和脚橙黄色。体羽黑色，翅上有显著的白色翅斑。尾羽端斑白色，尾下覆羽白色。

生态习性 栖息于林缘、农田、牧场、草地、旷野等开阔地带。集群。

地理分布 分布于印度、中南半岛。国内见于云南西部和南部、广西西部。

种群状况 单型种。留鸟。稀少。

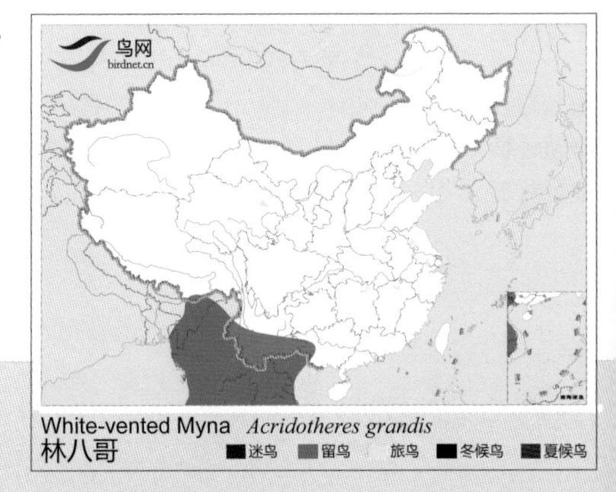

White-vented Myna *Acridotheres grandis*
林八哥
迷鸟 留鸟 旅鸟 冬候鸟 夏候鸟

林八哥

White-vented Myna *Acridotheres grandis* 体长：25 cm LC（低度关注）

八哥 \ 摄影：李俊彦

八哥 \ 摄影：李宗丰

八哥 \ 摄影：王尧天

形态特征 喙乳黄色。前额具竖直的羽簇，体羽黑色，翅具白色翅斑。尾羽和尾下覆羽具白色端斑。

生态习性 栖息于低山丘陵和山脚平原地带的次生阔叶林、竹林、农田。集群。

地理分布 共3个亚种，分布于东南亚。国内有3个亚种。指名亚种 *cristatellus* 见于陕西、甘肃南部、华东、华中、华南及西南地区，翅长大于13厘米，全身黑色，头部绿色金属光泽显著。海南亚种 *brevipennis* 见于海南，体型较小；翅长小于13厘米。台湾亚种 *formosanus* 见于台湾，全身黑色，头部绿色、金属光泽不显著。北京已有野化的放生种群。

种群状况 多型种。留鸟。常见。

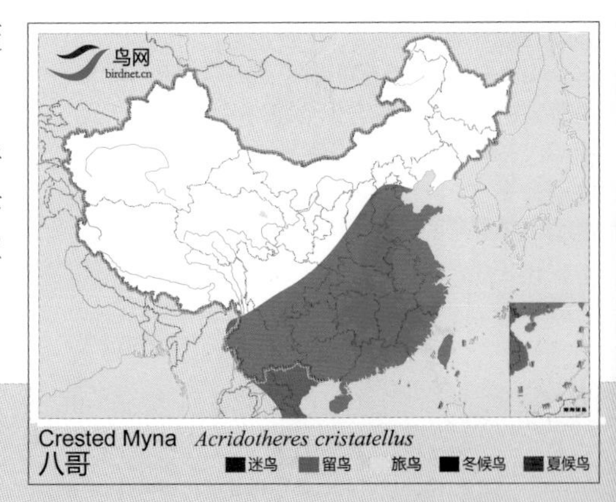

Crested Myna *Acridotheres cristatellus*
八哥
迷鸟 留鸟 旅鸟 冬候鸟 夏候鸟

八哥

Crested Myna *Acridotheres cristatellus* 体长：26 cm LC（低度关注）

爪哇八哥 \摄影：刘马力

爪哇八哥 \摄影：aoh 家宅

爪哇八哥 \摄影：杜英

形态特征 喙橙黄色。眼黄色。额具冠羽丛，头顶黑色。体羽黑灰色，翅具白斑。尾羽端斑白色，尾下覆羽白色。

生态习性 栖息于丘陵、平原开阔草地、农田及市郊绿地。集群活动。

地理分布 分布于泰国、马来西亚、印度尼西亚。国内见于台湾。

种群状况 单型种。留鸟。常见。

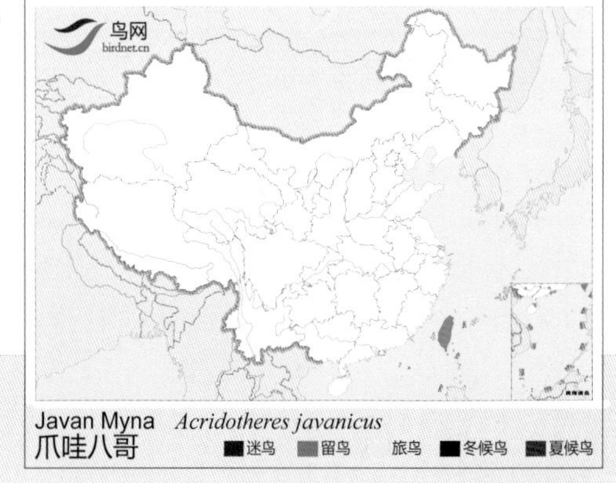

爪哇八哥

Javan Myna　　*Acridotheres javanicus*　　体长：22 cm　　LC(低度关注)

白领八哥 \摄影：朱英

白领八哥 \摄影：李书

白领八哥 \摄影：李书

形态特征 喙黄色。额具冠羽丛。头黑色，具蓝色金属光泽，颈侧具有浅棕白色斑。上体黑褐色，初级飞羽基部白色，形成白色翅斑。尾端斑白色。下体黑灰色，下腹中央和尾下覆羽具白色端斑。

生态习性 栖息于低山丘陵和山脚平原地带的稀树草地、林缘、旷野及农田。集群活动。

地理分布 分布于印度东北、缅甸。国内见于云南西北部。

种群状况 单型种。留鸟。稀少。

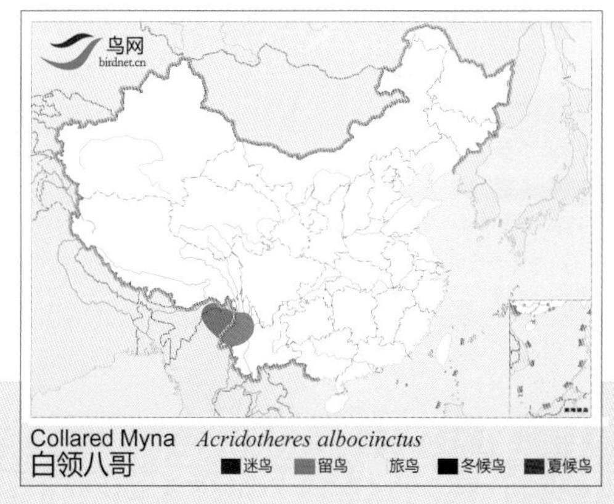

白领八哥

Collared Myna　　*Acridotheres albocinctus*　　体长：24 cm　　LC(低度关注)

家八哥 \摄影：王尧天

家八哥 \摄影：王尧天

家八哥 \摄影：王尧天

家八哥 \摄影：刘哲青

形态特征 眼周为裸皮，嘴均橙黄色。头、颈黑色，微具蓝色光泽。背葡萄灰褐色，飞羽黑褐色，基部白色，形成白色翅斑。尾黑色，端斑白色。尾下覆羽白色。

生态习性 栖息于低山丘陵和山脚平原等开阔地、农田、村寨。集群，有时到牲畜身体上吃寄生虫。

地理分布 共2个亚种，分布于土库曼斯坦至喜马拉雅山脉、南亚、中南半岛。国内有1个亚种，指名亚种 *tristis* 见于新疆西北部、云南、四川西南部、重庆、福建、广东、澳门、海南、台湾。

种群状况 多型种。留鸟。常见。

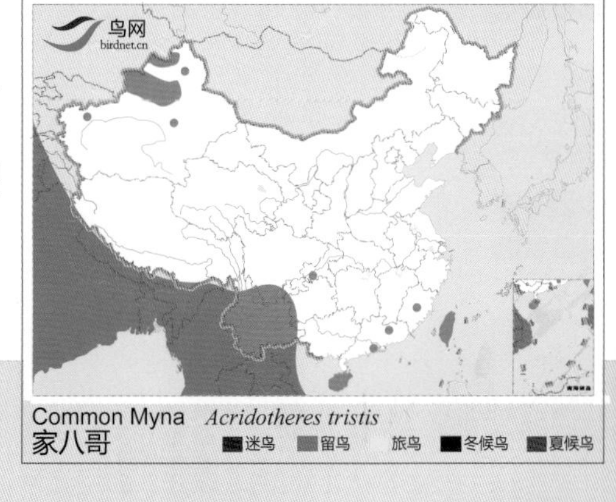

家八哥

Common Myna *Acridotheres tristis*

体长：25 cm

LC（低度关注）

红嘴椋鸟 \摄影：熊林春

红嘴椋鸟 \摄影：董孝

红嘴椋鸟 \摄影：唐承贵

形态特征 喙红色。眼周裸皮，眼先黑色。头、颈白色。上体暗褐色，翅具白斑。下体粉棕色。尾黑褐色，具白色端斑。

生态习性 栖息于阔叶林、竹林、河谷和农田。集群生活。

地理分布 共2个亚种，分布于中南半岛。国内有1个亚种，指名亚种 *burmannicus* 见于云南西部盈江。

种群状况 多型种。留鸟。稀少。

红嘴椋鸟

Vinous-breasted Starling　*Acridotheres burmannicus*　体长：25 cm　LC（低度关注）

斑翅椋鸟 \摄影：王进

斑翅椋鸟 \摄影：杜雄

斑翅椋鸟 \摄影：梁长久

形态特征 雄鸟体羽黑色，喉棕褐色；上体色深，具灰褐色片斑，胸、胁、腰棕红色。雌鸟上体灰色，下体灰白色。喉具纵纹。

生态习性 栖息于山地开阔林地边缘。

地理分布 分布于印度、孟加拉国、缅甸、泰国。国内见于云南西南部、西藏东南部。

种群状况 单型种。冬候鸟。稀少。

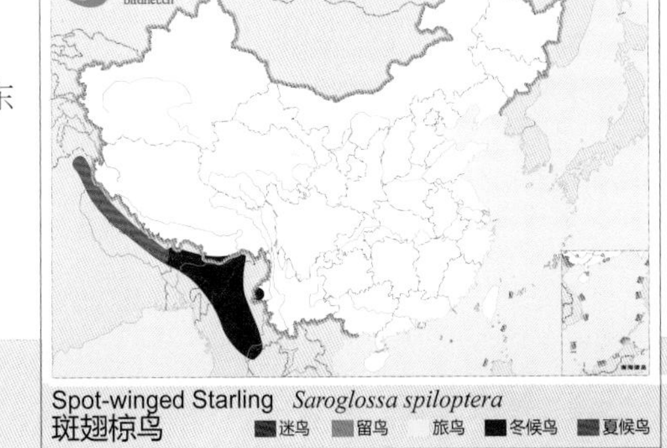

斑翅椋鸟

Spot-winged Starling　*Saroglossa spiloptera*　体长：19 cm　LC（低度关注）

黑领椋鸟 \摄影：赖健豪

黑领椋鸟 \摄影：王尧天

黑领椋鸟 \摄影：冯启文

黑领椋鸟 \摄影：王尧天

黑领椋鸟 \摄影：陈建国

形态特征 眼周裸皮黄色。嘴黑色，头白色。胸部黑色，延伸至后颈成领环。上体、两翅黑色，腰白色。下体白色，黑尾，具白色端斑。脚黄色。

生态习性 栖息于平原、草地、农田、灌丛、荒地等开阔地。

地理分布 分布于中南半岛。国内见于云南西部和南部、四川、江西、江苏、上海、浙江、福建、广东、香港、澳门、广西南部、海南、台湾。

种群状况 单型种。留鸟。区域性常见。

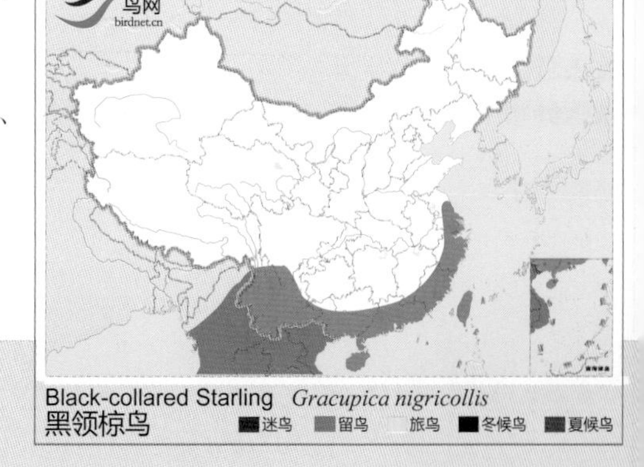

黑领椋鸟

Black-collared Starling *Gracupica nigricollis*

体长：28 cm

LC（低度关注）

滇西亚种 *superciliaris* \摄影：李书

滇西亚种 *superciliaris* \摄影：梁长久

滇南亚种 *floweri* \摄影：宋迎涛

滇南亚种 *floweri* \摄影：朱军

形态特征 喙黄色，基部橙色。眼周裸皮橙黄色。头、颈、颏、喉和上胸黑色，前额和头侧白色。背、肩、两翅黑褐色，具白色翅斑。腰、下体白色。尾黑褐色。

生态习性 栖息于低山丘陵和山脚平原地区，农田及牧场。

地理分布 共5个亚种，分布于南亚及中南半岛。国内有2个亚种。滇西亚种 *superciliaris* 见于云南西部，翅稍短，背暗灰褐色。滇南亚种 *floweri* 见于云南南部，翅长，背黑，几乎与头顶同色。

种群状况 多型种。留鸟。稀少。

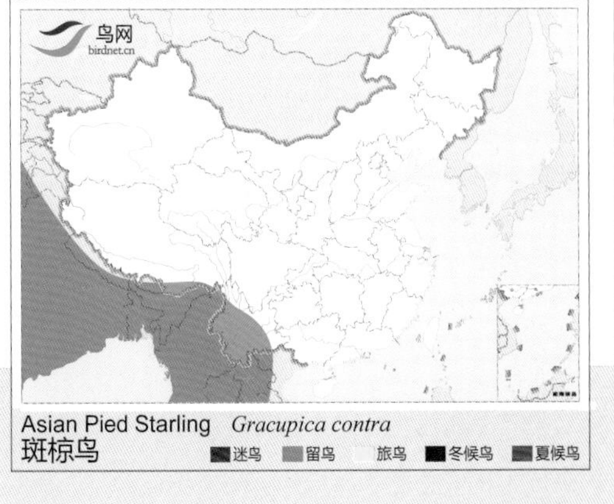

斑椋鸟

Asian Pied Starling　*Gracupica contra*　体长：23 cm　LC（低度关注）

北椋鸟 \摄影：段文科

北椋鸟 \摄影：胡晓坤

北椋鸟 \摄影：李全民

亚成鸟 \摄影：段文科

形态特征 雄鸟头侧灰白色，头顶至上背淡灰色至暗灰色，枕部具辉紫黑色块斑。上体黑色，具紫色光泽。翅黑色，翅和肩部有白色带斑。下体灰白色；尾黑色，尾上覆羽棕白色。雌鸟枕部无黑色块斑，上体无紫色光泽。

生态习性 栖息于低山丘陵、平原地区的次生阔叶林、灌丛、农田及草地。

地理分布 分布于俄罗斯、蒙古、朝鲜、东南亚。国内除新疆、西藏、青海外见于全国各地。

种群状况 单型种。夏候鸟，旅鸟。常见。

北椋鸟

Daurian Starling *Sturnia sturnina*

体长：17 cm

LC（低度关注）

紫背椋鸟 \摄影：翁发祥

紫背椋鸟 \摄影：车安祥

紫背椋鸟 \摄影：翁发祥

紫背椋鸟 \摄影：车安祥

形态特征 雄鸟颊、耳羽和颈侧栗色，头顶、颏、喉乳白色；背黑色，具紫色光泽；两翅黑色，具白色翅斑；尾上覆羽褐色或橙黄色。雌鸟头、背灰褐色，腰和尾上覆羽褐色。

生态习性 栖息于开阔平原、农田等开阔地带的阔叶林。常围绕树顶盘旋飞翔。

地理分布 分布于俄罗斯库页岛、日本、菲律宾、印度尼西亚。国内见于湖北、江苏、上海、浙江、福建、广东、香港、台湾。

种群状况 单型种。冬候鸟，旅鸟。稀少。

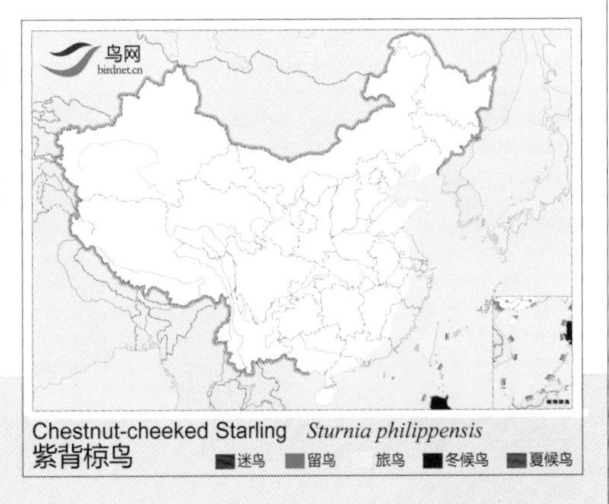

Chestnut-cheeked Starling *Sturnia philippensis*
紫背椋鸟

紫背椋鸟

Chestnut-cheeked Starling　　*Sturnia philippensis*　　体长：19 cm　　LC（低度关注）

灰背椋鸟 \摄影：朱春虎

灰背椋鸟 \摄影：宋迎涛

灰背椋鸟 \摄影：李伟

形态特征 喙蓝色。雄鸟头顶、翅覆羽和肩白色，头侧、颈侧和背灰色，腰和尾上覆羽紫灰色；尾暗绿色，端灰白色；下体近白色。雌鸟头和背均为灰色。

生态习性 栖息于低山、丘陵、平原等开阔地区。

地理分布 分布于中南半岛。国内见于云南东南部、四川西南部、贵州南部、湖北、湖南南部、江西、浙江、福建、广东、香港、澳门、广西、海南、台湾。

种群状况 单型种。夏候鸟，冬候鸟，留鸟。不常见。

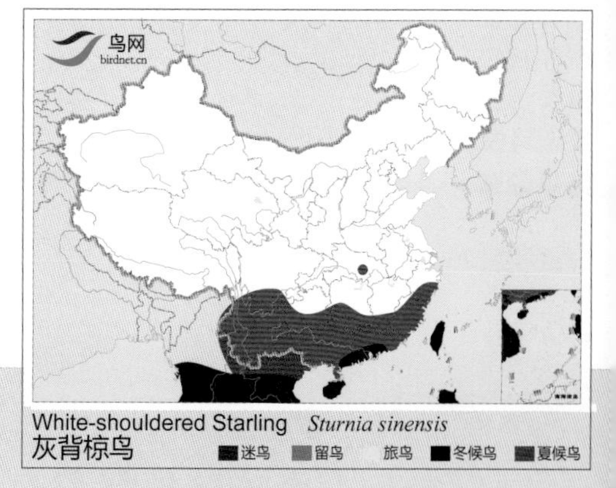

灰背椋鸟

White-shouldered Starling *Sturnia sinensis*

体长：19 cm

LC（低度关注）

指名亚种 *malabarica* \摄影：简廷谋

西南亚种 *nemoricolus* \摄影：肖克坚

指名亚种 *malabarica* \摄影：陈承光

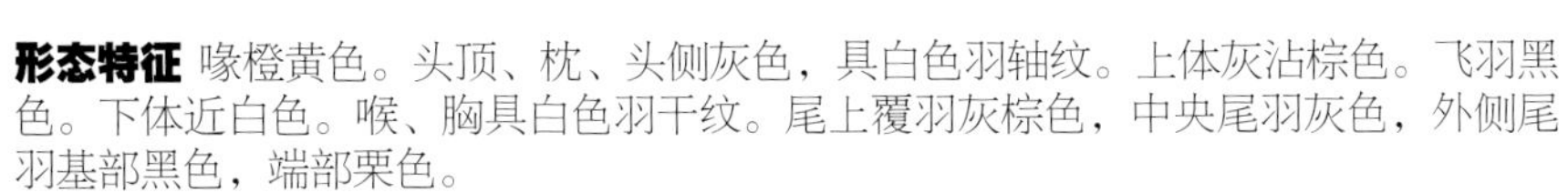

形态特征 喙橙黄色。头顶、枕、头侧灰色，具白色羽轴纹。上体灰沾棕色。飞羽黑色。下体近白色。喉、胸具白色羽干纹。尾上覆羽灰棕色，中央尾羽灰色，外侧尾羽基部黑色，端部栗色。

生态习性 栖息于低山、山脚平原地带的开阔森林、阔叶林和次生杂木林、农田。集群，常停息于大树顶端。

地理分布 共3个亚种，分布于印度、喜马拉雅山脉及中南半岛。国内有2个亚种。指名亚种 *malabarica* 见于西藏西南部，头部淡灰，腹部浅锈色。西南亚种 *nemoricolus* 见于云南、四川西南部、贵州西南部、澳门、广西西南部，头部灰色，腹苍白色。

种群状况 多型种。留鸟。不常见。

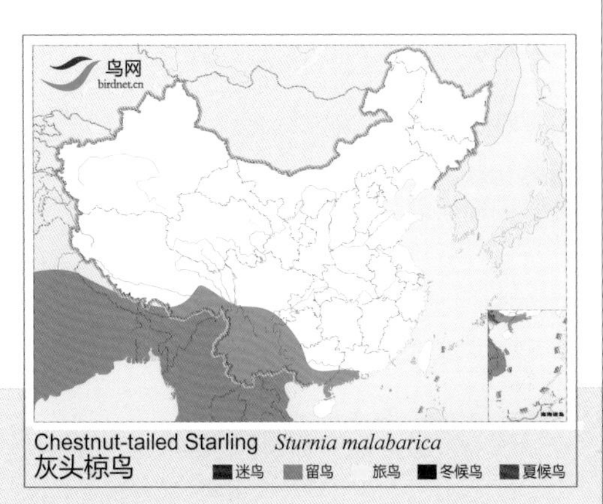

灰头椋鸟

Chestnut-tailed Starling　　*Sturnia malabarica*

体长：20 cm　　LC（低度关注）

黑冠椋鸟 \摄影：邓嗣光

黑冠椋鸟 \摄影：申望平

黑冠椋鸟 \摄影：刘马力

黑冠椋鸟 \摄影：桑新华

形态特征 喙黄色。头顶黑色，冠羽长，可竖起。头侧、颈部皮黄色或栗黄色。上体、两翅覆羽和内侧飞羽灰色，外侧飞羽和尾黑色。下体皮黄色或栗黄色。

生态习性 栖息于平原和低山山脚地带。树栖性，两翅扇动慢。

地理分布 分布于南亚。国内见于西藏东南部、云南西部。

种群状况 单型种。留鸟。稀少。

黑冠椋鸟

Brahminy Starling *Temenuchus pagodarum*

体长：19~21 cm

LC（低度关注）

粉红椋鸟 \ 摄影：许传辉

集群 \ 摄影：黄亚慧

粉红椋鸟 \ 摄影：许传辉

形态特征 头部、颈、颏、喉黑色，具紫蓝色金属光泽；头顶形成羽冠，黑色。背和腹部粉红色。两翅、尾黑褐色。

生态习性 栖息于干旱平原、荒漠或半荒漠地区、高原。集群活动。

地理分布 分布于西亚、中亚、南亚。国内见于甘肃西北部、新疆西部和北部、西藏西部、澳门、台湾。

种群状况 单型种。夏候鸟，迷鸟。稀少。

Rosy Starling *Pastor roseus*
粉红椋鸟
迷鸟 留鸟 旅鸟 冬候鸟 夏候鸟

粉红椋鸟

Rosy Starling　*Pastor roseus*　　体长：21~23 cm　　LC（低度关注）

丝光椋鸟 \摄影：毛建国

丝光椋鸟 \摄影：魏东

丝光椋鸟 \摄影：王尧天

形态特征 喙朱红色，尖端黑色。脚橙黄色。雄鸟头、颈白色或棕白色，背深灰色，胸灰色，两翅和尾黑色。雌鸟头顶前部棕白色，后部暗灰色，上体灰褐色，下体浅灰褐色。

生态习性 栖息于低山丘陵、山脚平原的次生林、开阔地带及农田。成小群活动。

地理分布 国外分布于东南亚。国内分布于北京、天津、东北南部、陕西南部、云南南部、四川中部和东部、华东、华中、华南地区。

种群状况 单型种。留鸟。常见。

鸟网 birdnet.cn

Silky stanling *Sturnus sericeus*
丝光椋鸟
迷鸟 留鸟 旅鸟 冬候鸟 夏候鸟

丝光椋鸟

Silky Starling *Sturnus sericeus* 体长：23 cm LC（低度关注）

灰椋鸟 \摄影：张建军（落日熔金）

灰椋鸟 \摄影：段文科

灰椋鸟 \摄影：吴宗凯

灰椋鸟 \摄影：桑新华

形态特征 喙橙红色，尖端黑色；脚橙黄色。头顶至后颈黑色，额和头顶杂有白色。颊和耳覆羽白色，具黑色纵纹。上体灰褐色，尾上覆羽白色。下体、颏白色，喉、胸、上腹暗灰褐色，中部和尾下覆羽白色。

生态习性 栖息于低山丘陵和开阔平原地带的疏林、河谷阔叶林、农田、公园及草地。集群活动。

地理分布 分布于俄罗斯中部、蒙古、朝鲜半岛、日本。国内除西藏外见于全国各地。

种群状况 单型种。夏候鸟，冬候鸟，留鸟。常见。

灰椋鸟

White-cheeked Starling　*Sturnus cineraceus*　体长：22~24 cm　LC（低度关注）

疆西亚种 *porphyronotus* \摄影：王尧天

疆西亚种 *porphyronotus* \摄影：王尧天

北疆亚种 *poltaratskyi* \摄影：李维新

形态特征 喙黄色。体羽黑色，具紫色和绿色金属光泽。背部羽端黄白色，形成点斑。翅、尾黑色。胁及尾下覆羽具白斑。冬羽除两翅和尾外，上体各羽端具褐白色斑点，下体具白色斑点。

生态习性 栖息于平原和山地等开阔地区，疏林、农田、果园、水域岸边和居民点附近。集群活动。

地理分布 共13个亚种，分布于印度、中亚、西亚、欧洲及北非。国内有2个亚种。北疆亚种 *poltaratskyi* 见于东北、华北、西北、华东、华南地区，头顶呈金属紫绿色，背呈金属绿色。疆西亚种 *porphyronotus* 见于新疆西部，头顶呈金属绿色，背呈金属紫色。

种群状况 多型种。夏候鸟，旅鸟。常见。

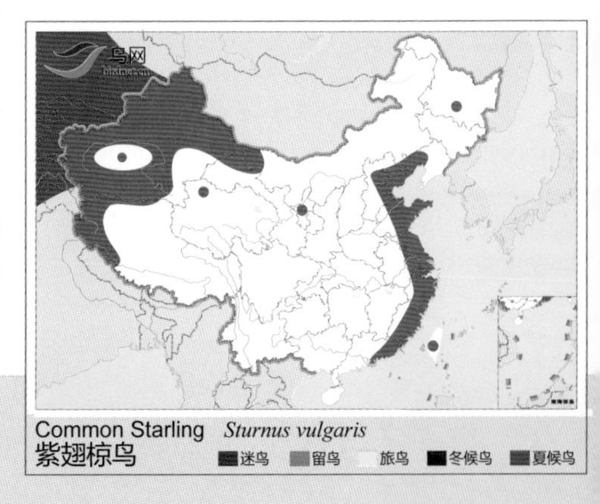

紫翅椋鸟

Common Starling *Sturnus vulgaris* 体长：21 cm LC（低度关注）

灰背岸八哥 \ 摄影：邓嗣光

形态特征 中等体型的八哥。眼周皮肤裸露，红色，头黑色，嘴黄色。体羽比家八哥灰色重。虹膜黄色；嘴黄色；脚黄色。

生态习性 栖息于城镇。常与其他鸟类混群活动。

地理分布 国外分布于印度。国内见于西藏东南部。

种群状况 单型种，国内华南地区有出逃鸟记录，尤其是在香港、广东。

灰背岸八哥

Bank Myna　　*Acridotheres ginginianus*

LC（低度关注）

燕鵙科

Artamidae
(Wood Swallows)

本科为中小型鸟类，体形粗胖，嘴短而宽，末端尖而微向下曲。嘴须短，口裂大，鼻孔多裸露，翼长而尖，翅折合时翅端超过尾端。尾短圆，为方尾或凹尾。脚粗短而强健。雌雄羽色相似。

栖息于空旷的开阔地带，性喜成群。树栖性，常成群栖息于树枝上或电线上。在飞行中捕食昆虫，也食少量花粉和种子。飞行力强，能长时间地在空中飞行或滑翔。营巢于树上枝叶间或树洞中，也在树桩、树皮裂缝或岩石上营巢，每窝产卵2~4枚。两性共同筑巢、孵卵和育雏。

全世界共有7属10种，主要分布于亚洲热带地区，大洋洲。中国仅有1属1种，分布于云南、广东、广西和海南等南部地区。

灰燕鵙 \ 摄影：杜英

灰燕鵙 \ 摄影：姜效敏

灰燕鵙 \ 摄影：陈东明

灰燕鵙 \ 摄影：江边鸟

形态特征 喙粗壮，蓝灰色。额、眼先黑色，头顶暗灰色。背灰褐色，两翅灰黑色，次级飞羽具白色端斑。下体灰白色。尾灰黑色，具白色尖端。

生态习性 栖息于低山丘陵、山脚平原的常绿阔叶林、次生阔叶林。常在树枝或电线上拥挤在一起。

地理分布 分布于印度次大陆和中南半岛。国内见于云南西部和南部、广东、广西、海南。

种群状况 单型种。留鸟。不常见。

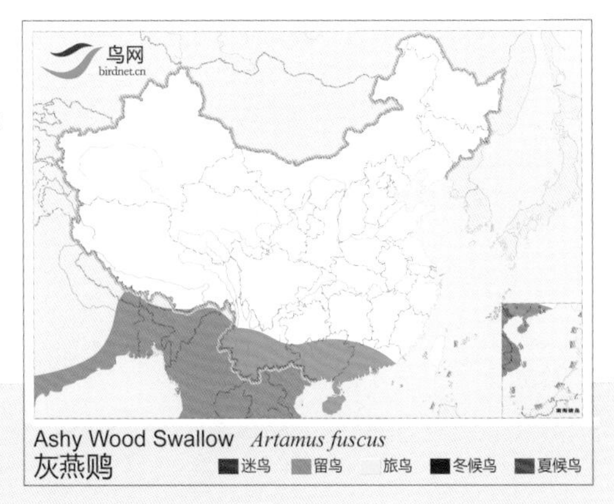

灰燕鵙

Ashy Wood Swallow *Artamus fuscus*

体长：17 cm

LC（低度关注）

鸦科

Corvidae
(Crows, Jays)

本科系雀形目鸟类中体型较大的种类。嘴、脚均较粗壮，嘴呈圆锥形，嘴缘光滑，无缺刻，或缺刻不明显。嘴长几与头等长。鼻孔圆形，通常为羽须所掩盖。翼圆，初级飞羽10枚，第一枚初级飞羽长于第二枚之半。尾羽12枚，长短不一，平尾、圆尾或为凸尾。脚粗壮而强健，前缘被盾状鳞。4趾，前3后1，中趾和侧趾在基部并合。雌雄羽色相似。

主要栖息于山地、森林和平原等各类生境中，大多树栖，喜集群。营巢于树上、树洞或岩石洞穴中。杂食性，以昆虫、小型动物为食，也吃植物性食物。

全世界共有25属113种，遍及世界各地。中国有14属31种，遍布于全国各省区。

北噪鸦 \ 摄影：高正华

东北亚种 *maritimus* \摄影：白文胜

东北亚种 *maritimus* \摄影：马林

东北亚种 *maritimus* \摄影：桑新华

东北亚种 *maritimus* \摄影：唐万玲

东北亚种 *maritimus* \摄影：白文胜

形态特征 喙黑色。颏、喉淡灰色，头顶至后颈暗褐色，背灰褐沾棕色。翅具棕色翅斑。腹灰而沾棕色。尾羽棕色，中央尾羽灰褐色。

生态习性 栖息于针叶林和以针叶树为主的针阔叶混交林。飞行缓慢且无声响，尾常散开呈扇形。

地理分布 共9个亚种，分布于欧亚大陆北部。国内有2个亚种。东北亚种 *maritimus* 见于黑龙江东北部、内蒙古东北部，上体褐色，腰和尾上覆羽沾棕色；翅灰褐色，具棕栗色块斑；尾栗色，颏、喉烟灰色；下体余部橄榄褐沾棕色。新疆亚种 *opicus* 见于新疆北部，头顶至枕部、耳羽棕褐色，后颈至背部为橄榄灰色，翅及尾褐灰色，喉淡灰色；胸部灰色，下体余部赤褐色。

种群状况 多型种。留鸟。不常见。

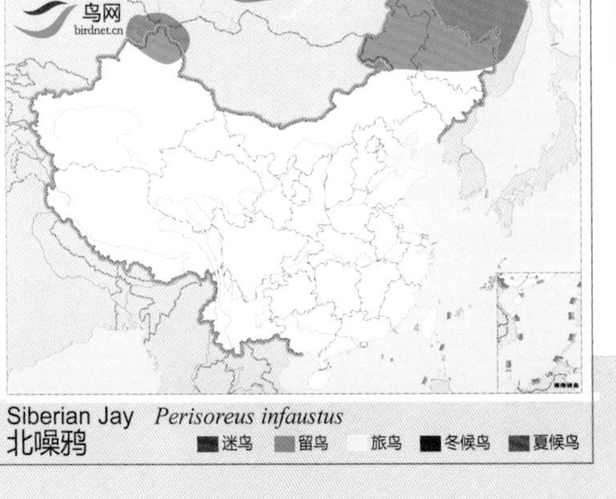

北噪鸦

Siberian Jay　*Perisoreus infaustus*　　体长：25~31 cm　　LC（低度关注）

黑头噪鸦 \摄影：张立群

黑头噪鸦 \摄影：陈久桐

黑头噪鸦 \摄影：陈久桐

黑头噪鸦 \摄影：张立群

形态特征 喙黄色。头黑色，上下体羽灰色沾褐色，两翅和尾黑褐色。

生态习性 栖息于高山针叶林中，海拔3050~4300米。多单独或成对活动，直线飞行。杂食性，主要以蝗虫、金龟甲、金针虫、蝼蛄、蛴螬等昆虫为食，也吃鸟卵、鼠类、动物尸体及植物果实、种子等。繁殖期5~7月，营巢于树上，距地面5~20米，每窝产卵2~4枚。

地理分布 中国鸟类特有种。分布于甘肃南部、西藏东部、青海东南部、四川西部。

种群状况 单型种。留鸟。数量稀少。

黑头噪鸦

Sichuan Jay *Perisoreus internigrans* 体长：30 cm VU（易危）

北疆亚种 *brandtii* \摄影：冯立国

普通亚种 *sinensis* \摄影：关克

北京亚种 *pekingensis* \摄影：孙晓明

云南亚种 *leucotis* \摄影：沈强

台湾亚种 *taivanus* \摄影：王安青

形态特征 额和头顶红褐色，颊纹黑色。头顶有羽冠，遇刺激时能够竖直起来。上体葡萄棕色，尾上覆羽白色。翅黑色，翅上有辉亮的黑、白、蓝三色相间的横斑。尾黑色。

生态习性 栖息于针叶林、针叶阔叶混交林、阔叶林。叫声沙哑、粗历。

地理分布 共34个亚种，分布于东北亚、中南半岛、南亚、欧洲、北非。国内有7个亚种。北疆亚种 *brandtii* 见于东北地区、内蒙古东北部、新疆北部，头顶有黑色纵纹且黑纹粗著，额和头顶红褐色；翅上白斑较大(外侧次级飞羽的外翈基部纯白)，次级飞羽基部有白色。北京亚种 *pekingensis* 见于华北地区、西北东部、内蒙古，头顶有黑色纵纹且黑纹更细，额和头顶红褐色；翅上白色仅限于次级飞羽的基部外缘，次级飞羽基部有白色。甘肃亚种 *kansuensis* 见于甘肃西北部和西南部、青海，头顶有黑色纵纹且黑纹较细，额和头顶红褐色；翅上白斑较小，次级飞羽基部有白色。西藏亚种 *interstinctus* 见于西藏南部，头顶无黑色纵纹，额和头顶红褐色；次级飞羽基部无白色；上体较红，无葡萄色；鼻孔上须羽无黑端。云南亚种 *leucotis* 见于云南南部，额白，头顶黑。普通亚种 *sinensis* 见于西北东部、华中、华南、云贵川地区，上体葡萄棕色，鼻孔上须羽具黑端；额和头顶红褐色，头顶无黑色纵纹；次级飞羽基部无白色。台湾亚种 *taivanus* 仅分布于台湾，头顶无黑色纵纹，额和头顶红褐色；次级飞羽基部无白色；体羽与普通亚种相似，但黑色前额较粗著。

种群状况 多型种。留鸟。常见。

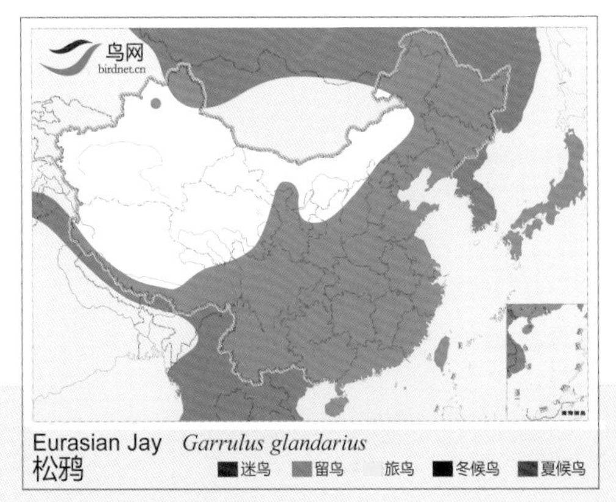

松鸦

Eurasian Jay　　*Garrulus glandarius*

体长：32 cm

LC(低度关注)

长江亚种 *swinhoei* \摄影：沈强

华北亚种 *interposita* \摄影：关克

长江亚种 *swinhoei* \摄影：王尧天

指名亚种 *cyanus* \摄影：宗宪顺

东北亚种 *stegmanni* \摄影：张德江

兴安亚种 *pallescens* \摄影：宗宪顺

形态特征 喙黑色。额至后颈黑色，具蓝色金属光泽，背灰色，两翅灰蓝色，初级飞羽外缘端部白色。下体灰白色。尾长，灰蓝色，呈凸状，具白色端斑。

生态习性 栖息于低山丘陵、山脚平原地区的次生林和人工林内、路边、村镇附近的小块林内、城市公园。集群。杂食性。

地理分布 共7个亚种，分布于俄罗斯东部、蒙古、东北亚。国内有5个亚种。指名亚种 *cyanus* 见于黑龙江、内蒙古东北部，上体带灰，下体白而沾灰色。兴安亚种 *pallescens* 见于黑龙江北部，上体灰色更淡，稍沾褐色。东北亚种 *stegmanni* 见于东北、内蒙古东北部，上体灰色较淡，下体葡萄棕色甚浅近白。华北亚种 *interposita* 见于华北地区、河南、山西、陕西、内蒙古中部和东南部、宁夏、甘肃南部和东部，上体较 *stemanni* 稍暗，较多灰色；下体浅葡萄棕色。青海亚种 *kansuensis* 分布于甘肃西北部、青海东北部，上体与华北亚种相似，但灰色较乌；嘴较华北亚种，东北亚种及长江亚种等为短(平均约短0.2厘米)。长江亚种 *swinhoei* 分布于甘肃西部、四川北部、华东、华中、华南地区，上体较华北亚种多葡萄棕色，下体与华北亚种相似，但葡萄棕色更淡些。

种群状况 多型种。留鸟。常见。

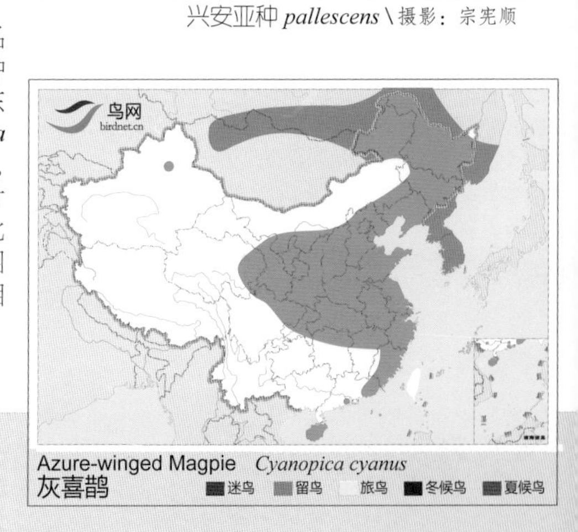

灰喜鹊

Azure-winged Magpie *Cyanopica cyanus* 体长：38 cm LC（低度关注）

台湾蓝鹊 \摄影：陈承光

台湾蓝鹊 \摄影：赖健豪

台湾蓝鹊（白化）\摄影：许益源

台湾蓝鹊 \摄影：简廷谋

形态特征 喙红色。头、颈和上胸黑色，其余体羽深蓝色，翅上飞羽具白色端斑。下腹稍淡，尾下覆羽白蓝色。尾甚长，凸状；中央尾羽最长，具白色端斑，其余尾羽具黑色亚端斑和白色端斑。

生态习性 栖息于低山阔叶林和次生林、河谷、公园。喜集群。杂食性。

地理分布 中国鸟类特有种。仅分布于台湾。

种群状况 单型种。留鸟。常见。

台湾蓝鹊

Taiwan Blue Magpie　　*Urocissa caerulea*　　体长：64 cm　　LC（低度关注）

黄嘴蓝鹊 \摄影：顾莹

黄嘴蓝鹊 \摄影：陈久桐

黄嘴蓝鹊 \摄影：王尧天

形态特征 喙黄色。头和上胸黑色，枕部具白斑。上背灰色，翅及尾上覆羽浅蓝色。下体白色。尾长，中央尾羽最长且端白色，其他尾羽具白色端斑和黑色次端斑。

生态习性 栖息于高海拔阔叶林地区。集群生活。杂食性。

地理分布 共4个亚种，分布于巴基斯坦、印度、尼泊尔、缅甸及越南。国内有1个亚种，指名亚种 *flavirostris* 见于西藏南部、云南西部。

种群状况 多型种。留鸟。常见。

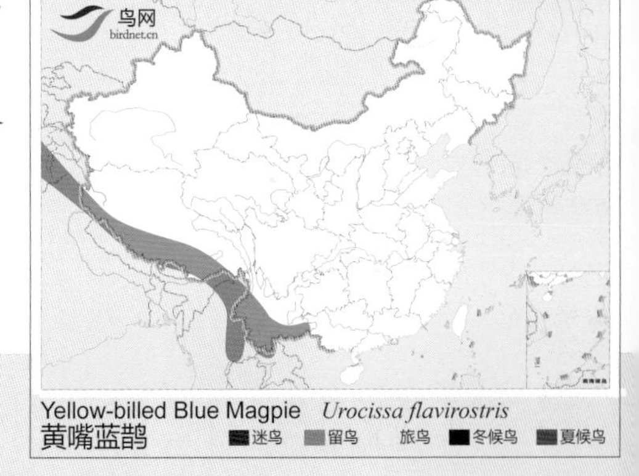

Yellow-billed Blue Magpie *Urocissa flavirostris*
黄嘴蓝鹊 迷鸟 留鸟 旅鸟 冬候鸟 夏候鸟

黄嘴蓝鹊

Yellow-billed Blue Magpie *Urocissa flavirostris* 体长：61 cm LC（低度关注）

华北亚种 *brevivexilla* \摄影：段文科

华北亚种 *brevivexilla* \摄影：孙晓明

指名亚种 *erythrorhyncha* \摄影：文超凡

指名亚种 *erythrorhyncha* \摄影：孙华金

形态特征 喙红色。头、颈、喉和胸黑色。头顶至后颈有一块白色至淡蓝白色块斑，上体紫蓝灰色或淡蓝灰褐色。下体白色。尾长，呈凸状；中央尾羽最长且端白色，其余尾羽具黑色次端斑和白色端斑。

生态习性 栖息于山区常绿阔叶林、针叶林、针叶阔叶混交林和次生林。常集群。杂食性。

地理分布 共5个亚种，分布于印度、尼泊尔、中南半岛。国内有2个亚种。华北亚种 *brevivexilla* 见于辽宁、华北地区、内蒙古东南部、甘肃、宁夏南部，上体羽色较浅，灰色较显著；枕部淡紫色块斑较大，伸达头顶。指名亚种 *erythrorhyncha* 见于陕西、宁夏、华东、华中、华南、云贵川地区，体型较小，枕部淡蓝色块斑伸达头顶。

种群状况 多型种。留鸟。常见。

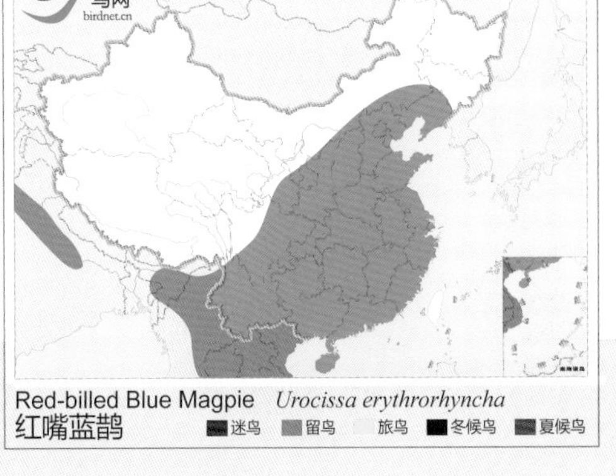

红嘴蓝鹊

Red-billed Blue Magpie　*Urocissa erythrorhyncha*　　体长：64 cm　　LC（低度关注）

指名亚种 *whiteheadi* \摄影：关克

西南亚种 *xanthomelana* \摄影：关克

指名亚种 *whiteheadi* \摄影：关克

西南亚种 *xanthomelana* \摄影：刘璐

形态特征 喙橙黄色。喉灰褐色。上体主要为黑褐色。翅黑色，翅上具3块白色横斑。上胸灰褐色或暗褐色。尾上覆羽白色。下体灰白色。尾长，呈凸状；尾羽灰色，具黑色次端斑和白色端斑。脚黑色。

生态习性 栖息于山地森林、河谷雨林地带及村镇附近。成对或以家族群活动。

地理分布 共2个亚种，分布于老挝、越南。国内有2个亚种。西南亚种 *xanthomelana* 见于云南南部、四川、广西西南部，上体主为灰和黑色，初级飞羽具有灰色外缘；中央尾羽黑色，余1/3为黄白色；外侧尾羽的黑色仅限于羽基1/4至1/5处，其余纯黄白色。指名亚种 *whiteheadi* 见于海南，上体栗褐，初级飞羽无灰色外缘；中央尾羽大都灰色，次端为黑色，末端斑白色，并且此白斑在外侧尾羽逐渐扩大。

种群状况 多型种。留鸟。稀少。

White-winged Magpie *Urocissa whiteheadi*
白翅蓝鹊 迷鸟 留鸟 旅鸟 冬候鸟 夏候鸟

白翅蓝鹊

White-winged Magpie *Urocissa whiteheadi* 体长：46 cm LC（低度关注）

海南亚种 *katsumatae* \摄影：关克

大陆亚种 *jini* \摄影：高延钧

海南亚种 *katsumatae* \摄影：关克

形态特征 喙红色。眼圈红色。眼先、过眼纹为黑色。翅栗红色，其余为绿色。尾羽端淡黄色。

生态习性 栖息于热带、亚热带常绿阔叶林及竹林。成对或集小群活动，常发出响亮的叫声。性杂食，繁殖季多以昆虫为食，其他季节主要以植物果实和种子为食。

地理分布 共5个亚种，分布于泰国、老挝及越南。国内有2个亚种。大陆亚种 *jini* 尾较长，见于四川东南部、广西东北部。海南亚种 *katsumatae* 中央尾羽黄色较重，尾端灰色，见于海南。

种群状况 多型种。留鸟。稀少。

黄胸绿鹊（印支绿鹊）

Yellow-breasted Magpie　*Cissa hypoleuca*　体长：35 cm　LC（低度关注）

蓝绿鹊 \摄影：邓嗣光

蓝绿鹊 \摄影：赖健豪

蓝绿鹊 \摄影：高延钧

形态特征 喙红色。体羽草绿色，宽阔的黑色过眼纹向后延伸到后颈。两翅栗红色，内侧飞羽具黑色次端斑和白色尖端。尾长，绿色，具黑色次端带斑和白色端斑。

生态习性 栖息于低山丘陵亚热带常绿阔叶林、落叶阔叶林、次生林、竹林及橡树林。单独或成对活动，以昆虫为主要食物。

地理分布 共5个亚种，分布于喜马拉雅山脉、东南亚。国内有1个亚种，指名亚种 *chinensis* 见于西藏南部、云南西部和南部、广西。

种群状况 多型种。留鸟。不常见。

蓝绿鹊

Green Magpie *Cissa chinensis* 体长：38 cm LC（低度关注）

棕腹树鹊 \摄影：姜效敏

棕腹树鹊 \摄影：宋迎涛

棕腹树鹊 \摄影：邓嗣光

形态特征 头、颈、颏、喉至上胸灰褐色，上、下体羽棕褐色。翅上具大型白斑。尾长，灰色，凸状，具黑色端斑；中央尾羽最长。

生态习性 栖息于低山、丘陵和山脚平原地带的常绿阔叶林、季雨林、次生林以及橡胶园、果园和农田。常成家族活动。多捕食昆虫为生。

地理分布 共9个亚种，分布于南亚、中南半岛。国内有1个亚种，云南亚种 *kinneari* 见于云南西部。

种群状况 多型种。留鸟。稀少。

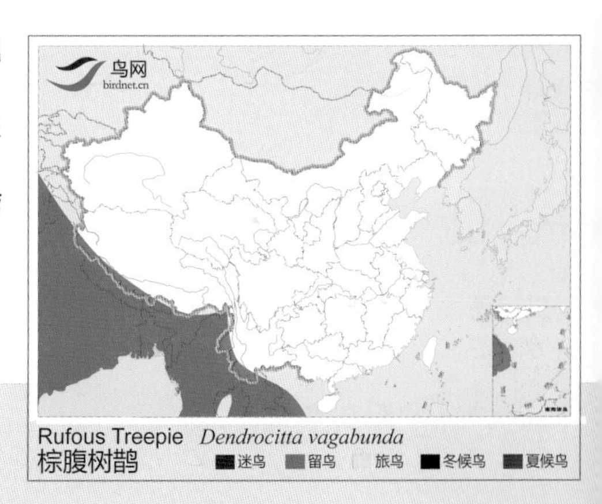

棕腹树鹊

Rufous Treepie *Dendrocitta vagabunda* 体长：46 cm LC（低度关注）

云南亚种 *himalayensis* \摄影：王尧天

华南亚种 *sinica* \摄影：魏东

四川亚种 *sapiens* \摄影：李剑云

指名亚种 *formosae* \摄影：简廷谋

形态特征 颏、喉、头部黑色。头顶至后枕灰色。背、肩棕褐色，腰和尾上覆羽灰白色。翅黑色，具白色翅斑。尾黑色。胸、腹灰色，尾下覆羽栗色。

生态习性 栖息于山地阔叶林、针叶阔叶混交林和次生林、灌丛。成对或小群树栖活动。主要以浆果、坚果等植物果实和种子为食，也取食昆虫等动物性食物。

地理分布 共8个亚种，分布于喜马拉雅山脉、中南半岛。国内有5个亚种。云南亚种 *himalayensis* 见于云南，腹部淡灰，尾长超过20厘米；中央尾羽大部灰色。四川亚种 *sapiens* 分布于四川，下背较暗褐，中央尾羽基部1/2深灰，余为黑色；中央尾羽大部或全部黑色。华南亚种 *sinica* 见于云贵川、华东、华南，体型较大，翅长；下背黄褐色，中央尾羽全为黑色。指名亚种 *formosae* 仅分布于台湾，腹部淡褐，尾羽不超过20厘米。海南亚种 *insulae* 见于海南，体型较小，翅稍短；下背黄褐色，中央尾羽全为黑色。

种群状况 多型种。留鸟。常见。

灰树鹊

Gray Treepie　　*Dendrocitta formosae*　　体长：36 cm　　LC（低度关注）

黑额树鹊 \摄影：罗永川

黑额树鹊 \摄影：李书

黑额树鹊 \摄影：罗永川

形态特征 头前部、脸、颏、喉黑色。头顶后部至后颈、颈侧、胸淡灰色，成一领圈。背、肩、腹栗色或红褐色。翅覆羽灰色，飞羽黑色。尾长，黑色。

生态习性 栖息于绿阔叶林、针叶林、针阔叶混交林和次生林。常成对或结小群活动。树栖性，多栖于高大乔木顶枝上，在树枝间不停跳跃。主要以植物果实和种子为食。

地理分布 分布于喜马拉雅山脉、缅甸、越南。国内见于西藏、云南西部。

种群状况 单型种。留鸟。不常见。

鸟网 birdnet.cn

Collared Treepie *Dendrocitta frontalis*
黑额树鹊 迷鸟 留鸟 旅鸟 冬候鸟 夏候鸟

黑额树鹊

Collared Treepie *Dendrocitta frontalis* 体长：37 cm LC（低度关注）

塔尾树鹊 \摄影：田穗兴

塔尾树鹊 \摄影：王尧天

塔尾树鹊 \摄影：关克

形态特征 体黑色。尾长，尾羽末端分叉，侧缘分枝，呈棘状。

生态习性 栖息于山地原始森林和茂密的次生林、林缘、竹林。树栖生活。成对或结小群活动，以昆虫和植物果实为食。

地理分布 分布于缅甸、泰国、老挝、越南。国内见于云南南部、海南。

种群状况 单型种。留鸟。稀少。

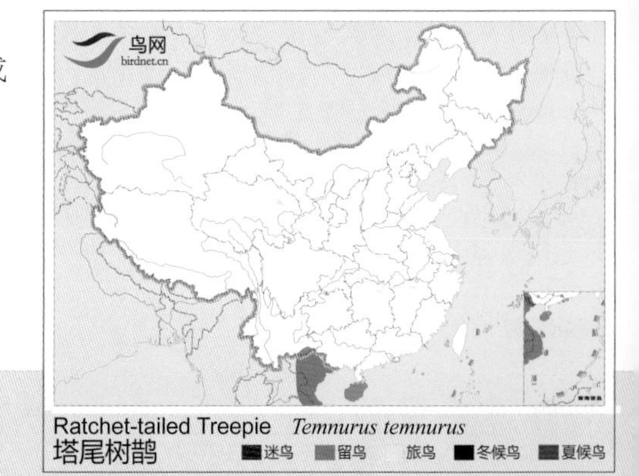

塔尾树鹊

Ratchet-tailed Treepie *Temnurus temnurus* 体长：33 cm LC（低度关注）

盘尾树鹊 \ 摄影：关克

盘尾树鹊 \ 摄影：陈树森

盘尾树鹊 \ 摄影：关克

形态特征 喙黑色，粗壮，下弯。额和眼周黑色，眼蓝色。体羽深灰褐色，具铜绿色光泽。尾长，最外侧尾羽最长，端部膨大展开。

生态习性 栖息于低山林地、村镇、种植园及红树林。单独或成对活动，在林下层觅食，主食蝗虫、螳螂等昆虫。

地理分布 分布于中南半岛。国内仅见于云南。

种群状况 单型种。留鸟。罕见。

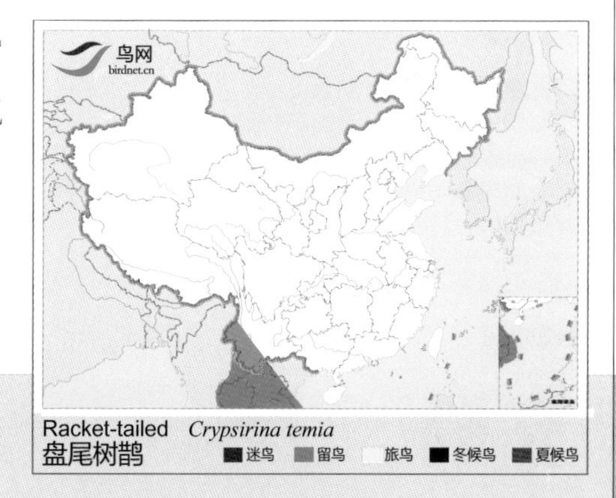

盘尾树鹊

Racket-tailed *Crypsirina temia* 体长：31~35 cm LC（低度关注）

普通亚种 *sericea* \摄影：段文科

新疆亚种 *bactriana* \摄影：王尧天

青藏亚种 *bottanensis* \摄影：王尧天

普通亚种 *sericea* \摄影：关克

形态特征 全身黑白两色。头、颈、胸、上体黑色。翅上具大型白斑。腹白色。

生态习性 栖息于平原、丘陵、低山地区、农田及村镇。杂食性。

地理分布 共10个亚种，分布于欧亚大陆、北非。国内有4个亚种。新疆亚种 *bactriana* 见于新疆、西藏西部，翅呈绿色闪亮，体型略小，翅长18.2～22.7厘米；初级飞羽内翈的白斑较小。东北亚种 *leucoptera* 见于内蒙古东北部，体型稍较大，翅长20.8～23厘米；初级飞羽内翈的白斑较大，几乎达至羽端。青藏亚种 *bottanensis* 见于甘肃、西藏南部、青海、云南西北部、四川，翅长超过23厘米，腰部纯黑。普通亚种 *sericea* 除新疆、西藏外见于全国各地，翅长不及23厘米，腰部黑而杂有灰白色，为纯白色；翅呈蓝色闪亮。

种群状况 多型种。留鸟。常见。

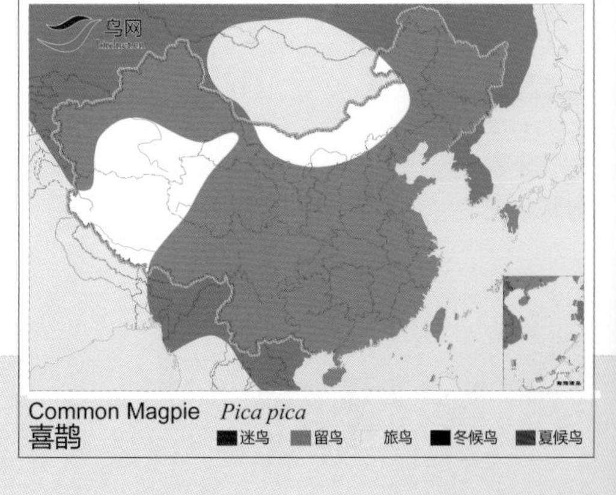

Common Magpie *Pica pica*
喜鹊

喜鹊

Common Magpie *Pica pica*

体长：45 cm

LC（低度关注）

黑尾地鸦 \摄影：王尧天

黑尾地鸦 \摄影：王尧天

黑尾地鸦 \摄影：李全民

黑尾地鸦 \摄影：刘哲青

形态特征 喙黑色，端部下弯。体羽淡沙褐色，头顶至后颈辉蓝黑色。两翅黑色，具白色翅斑。尾黑色。

生态习性 栖息于干旱的山脚平原、荒漠和半荒漠地区。

地理分布 分布于俄罗斯、蒙古。国内见于宁夏、甘肃西北部、内蒙古、新疆、青海北部。

种群状况 单型种。留鸟。局部常见。

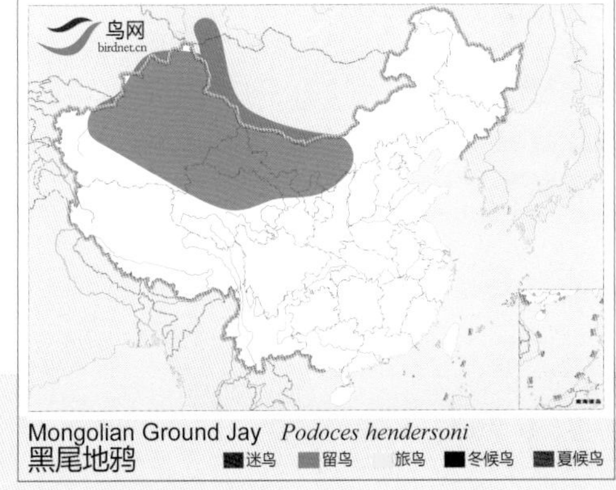

黑尾地鸦

Mongolian Ground Jay　　*Podoces hendersoni*　　体长：28 cm　　LC（低度关注）

白尾地鸦 \摄影：王尧天

白尾地鸦 \摄影：刘哲青

白尾地鸦 \摄影：王尧天

白尾地鸦 \摄影：王尧天

形态特征 喙黑色，前端下弯。颊、喉黑色，具沙黄色羽缘。头顶至枕紫黑色，枕部羽毛延长成枕冠。体羽沙褐色。两翅黑色，具白色翅斑。尾羽白色，羽轴黑色。

生态习性 栖息于山脚干旱平原、荒漠与半荒漠地区。地栖，善奔跑。

地理分布 中国鸟类特有种。仅分布于新疆、甘肃西部。

种群状况 单型种。留鸟。稀少。

白尾地鸦

Xinjiang Ground Jay *Podoces biddulphi* 体长：29 cm NT（近危）

西南亚种 *macella* \摄影：关克

新疆亚种 *rothschildi* \摄影：王尧天

台湾亚种 *owstoni* \摄影：简廷谋

西藏亚种 *hemispila* \摄影：王尧天

东北亚种 *macrorhynchos* \摄影：孙晓明

华北亚种 *interdicta* \摄影：李明本

形态特征 喉棕褐色，具白色纵纹。头顶、翅、尾黑褐色，体羽暗棕褐色或烟褐色，具白色斑点。尾下覆羽白色，尾具白色端斑。

生态习性 栖息于山地针叶林和针阔叶混交林。常停歇于树冠上。主要以植物种子为食，具有储藏种子的习性。

地理分布 共8个亚种，分布于欧亚大陆。国内有6个亚种。东北亚种 *macrorhynchos* 见于东北、华北北部、内蒙古东北部、新疆北部，体呈赭土褐色，外侧尾羽具有宽阔白端，中央尾羽仅具白色狭端；上体白斑延伸至腰部，下体至下腹。华北亚种 *interdicta* 见于辽宁、华北地区、河南东北部，体色较淡，胸部白斑与西南亚种相似，较多；外侧尾羽的后半部均白，中央尾羽罕具白色狭端。新疆亚种 *rothschildi* 见于新疆西部，体色较暗褐近黑色，外侧尾羽具有宽阔白端，中央尾羽仅具白色狭端；上体白斑延伸至腰部，下体至下腹。西藏亚种 *hemispila* 见于西藏南部，体色较淡，下体白斑较大而数多；胸部和上喉有时亦有白斑，但小或者无；外侧尾羽的后半部均白，中央尾羽罕具白色狭端。西南亚种 *macella* 分布于山西南部、陕西、宁夏南部、甘肃西部和南部、西藏东南部、云南、四川、湖北，体色较暗棕褐色；胸部白斑较小，而数亦少；外侧尾羽的后半部均白色，中央尾羽罕具白色狭端。台湾亚种 *owstoni* 仅见于台湾，体色较淡，下体白斑较小；外侧尾羽的后半部均白色，中央尾羽罕具白色狭端。

种群状况 多型种。留鸟。常见。

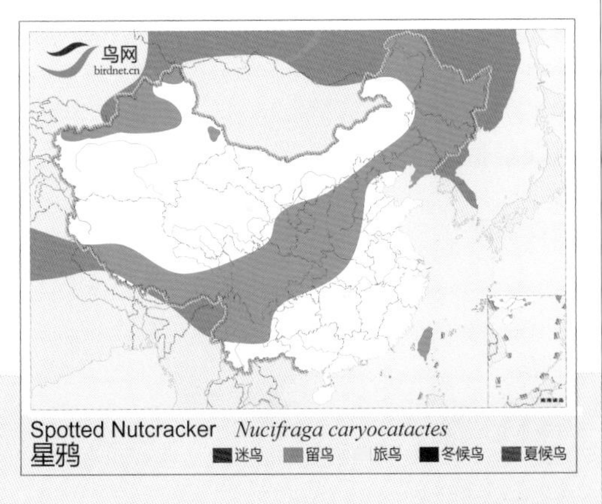

星鸦

Spotted Nutcracker　*Nucifraga caryocatactes*　体长：34 cm　LC（低度关注）

青藏亚种 *himalayanus* \摄影：关克

北方亚种 *brachypus* \摄影：闫志敏

疆西亚种 *centralis* \摄影：王尧天

形态特征 喙、脚红色，体羽黑色，具蓝色金属光泽。

生态习性 栖息于低山丘陵和山地。地栖生活。多在山崖洞穴内营巢。

地理分布 共8个亚种，分布于中亚、西亚、欧洲、北非。国内有3个亚种。青藏亚种 *himalayanus* 见于西部，翅长；上体显蓝色或紫铜色光泽；雄鸟嘴的厚度在1.2厘米以上。疆西亚种 *centralis* 见于新疆西部，上体显深绿色光泽，雄鸟嘴的厚度在1.2厘米以下。北方亚种 *brachypus* 见于辽宁、华北、河南、内蒙古、西北地区，翅稍短；上体显蓝色或紫铜色光泽；雄鸟嘴的厚度在1.2厘米以上。

种群状况 多型种。留鸟。常见。

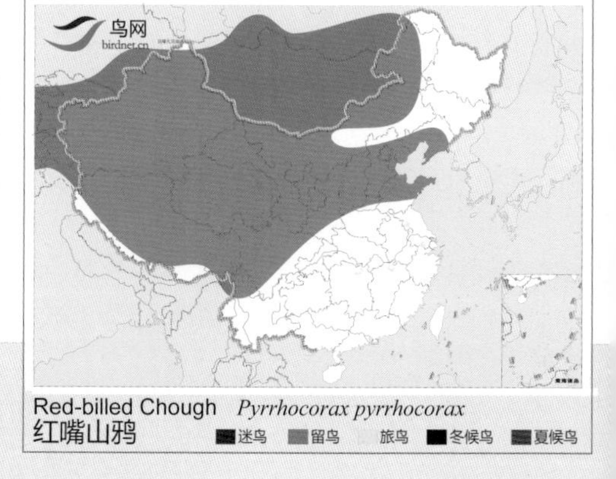

Red-billed Chough *Pyrrhocorax pyrrhocorax*
红嘴山鸦 迷鸟 留鸟 旅鸟 冬候鸟 夏候鸟

红嘴山鸦

Red-billed Chough *Pyrrhocorax pyrrhocorax* 体长：41 cm LC（低度关注）

黄嘴山鸦 \摄影：关克

黄嘴山鸦 \摄影：王尧天

黄嘴山鸦 \摄影：王尧天

形态特征 喙黄色。体羽黑色，具绿金属光泽。脚黄色。

生态习性 栖息于海拔2500~5000米的高山灌丛、草地、荒漠等开阔地带。集群生活。筑巢于山崖的洞穴和缝隙中。

地理分布 共3个亚种，分布于喜马拉雅山脉、中亚、西亚及欧洲南部。国内有1个亚种，普通亚种 *digitatus* 见于中国西部地区及内蒙古。

种群状况 多型种。留鸟。不常见。

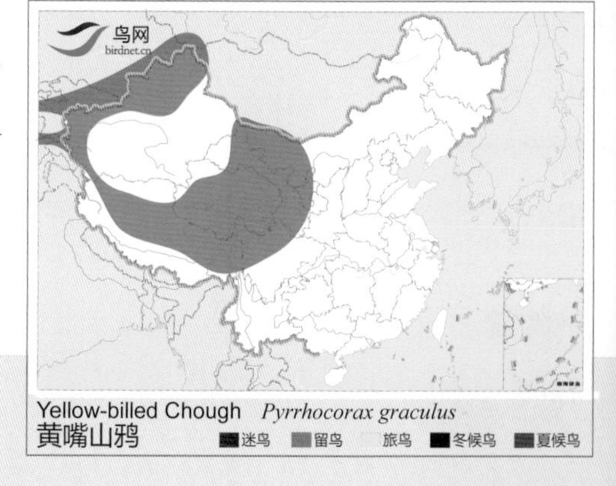

Yellow-billed Chough *Pyrrhocorax graculus*
黄嘴山鸦 迷鸟 留鸟 旅鸟 冬候鸟 夏候鸟

黄嘴山鸦

Yellow-billed Chough *Pyrrhocorax graculus* 体长：38~40 cm LC（低度关注）

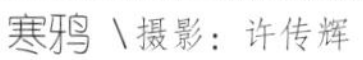

寒鸦 \摄影：许传辉

寒鸦 \摄影：王尧天

寒鸦 \摄影：王尧天

寒鸦 \摄影：王尧天

形态特征 体羽黑色，虹膜蓝白色，喙黑色且短，枕至后颈灰白色，后颈两侧淡灰白色，成淡色半颈圈。

生态习性 栖息于低山、丘陵和平原地带。集群。常与其他鸦类混群。杂食性。

地理分布 共4个亚种，分布于中亚、西亚及欧洲。国内有1个亚种，西部亚种 *soemmerringii* 见于新疆、西藏西部和西南部。

种群状况 多型种。留鸟，冬候鸟。区域常见。

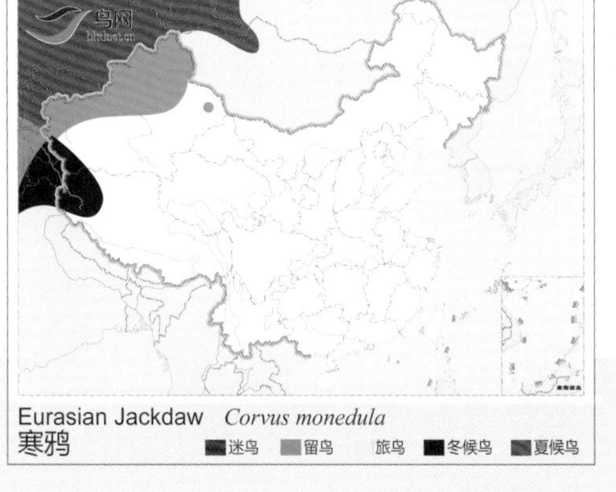

Eurasian Jackdaw　　*Corvus monedula*　　体长：33 cm　　LC（低度关注）

达乌里寒鸦 \摄影：段文科

达乌里寒鸦 \摄影：关克

达乌里寒鸦 \摄影：纪卫国

达乌里寒鸦（亚成体） \摄影：孙晓明

形态特征 小型鸦类，全身羽毛主要为黑色。颈圈白色，延伸至胸和腹部，其余体羽黑色。

生态习性 栖息于山地、丘陵、平原、农田及旷野。常集大群。夜晚成群栖于树林或悬崖岩石上。主要以昆虫为食，也吃一些种子、嫩芽等。

地理分布 分布于西伯利亚、蒙古、朝鲜半岛、日本。国内除海南外见于全国各地。

种群状况 单型种。旅鸟，夏候鸟，冬候鸟，留鸟。常见。

Daurian Jackdaw *Corvus dauuricus*
达乌里寒鸦 迷鸟 留鸟 旅鸟 冬候鸟 夏候鸟

达乌里寒鸦

Daurian Jackdaw *Corvus dauuricus* 体长：32 cm LC（低度关注）

家鸦 \摄影：张岩

家鸦 \摄影：梁伟

家鸦 \摄影：姜效敏

形态特征 枕至后颈、颈侧、胸暗石板灰色，有沾粉色项圈。体羽黑色具紫蓝色金属光泽。

生态习性 栖息于平原和低山丘陵地区的城镇、农田。集群。杂食性。

地理分布 共4个亚种，分布于南亚、伊朗。国内有1个亚种，南方亚种 *insolens* 见于西藏南部、云南、澳门、台湾。

种群状况 多型种。留鸟。常见。

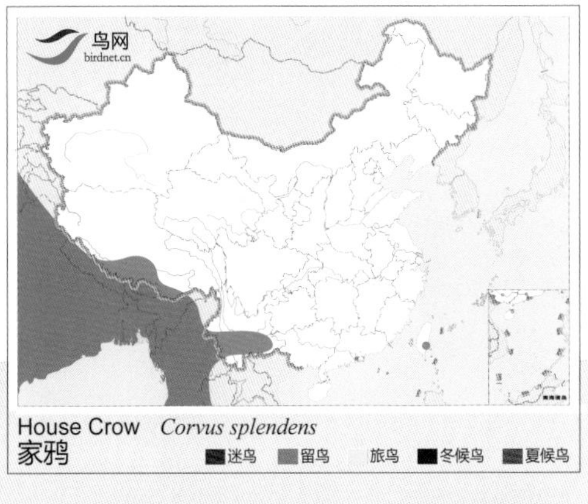

家鸦

House Crow　*Corvus splendens*　体长：41 cm　LC（低度关注）

指名亚种 *frugilegus* \摄影：邢睿

指名亚种 *frugilegus* \摄影：杨廷松

普通亚种 *pastinator* \摄影：孙晓明

形态特征 鼻孔裸露，喙黑色，基部裸露为灰白色。体羽黑色，具光泽。

生态习性 栖息于低山、丘陵、平原、农田、河流和村庄。杂食性。成群活动。

地理分布 共2个亚种，分布于欧亚大陆。国内有2个亚种。指名亚种 *frugilegus* 见于新疆，成鸟眼先与颏均裸出，头顶带蓝辉。普通亚种 *pastinator* 见于除新疆、西藏、云南以外地区，成鸟眼先与颏均被羽，头顶与背同色，无蓝辉色。

种群状况 多型种。夏候鸟，冬候鸟，留鸟，迷鸟。常见。

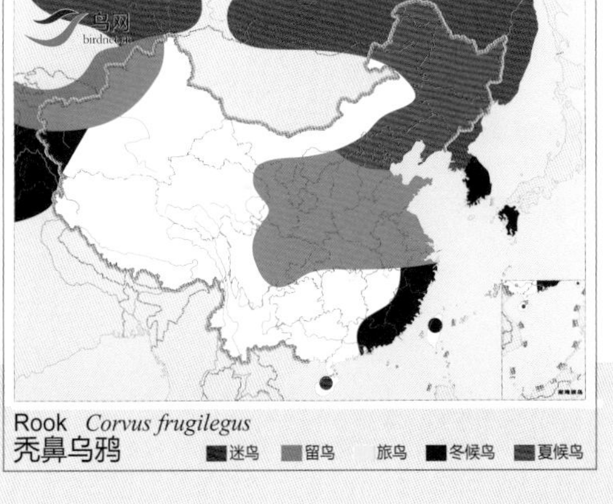

秃鼻乌鸦

Rook　*Corvus frugilegus*　体长：46 cm　LC（低度关注）

小嘴乌鸦 \摄影：王尧天

小嘴乌鸦 \摄影：王尧天

小嘴乌鸦 \摄影：关克

小嘴乌鸦 \摄影：王尧天

形态特征 嘴粗大弯曲，嘴基生有长羽，伸达鼻孔。体羽黑色，具紫绿色金属光泽。

生态习性 栖息于低山、平原和山地阔叶林、针阔叶混交林、针叶林、次生杂木林及人工林。常集大群在城乡道路树上越冬。

地理分布 共2个亚种，分布于西南欧、中亚、蒙古、西伯利亚及东北亚。国内有1个亚种，普通亚种 *orientalis* 分布于除西南以外地区。

种群状况 多型种。冬候鸟，旅鸟，留鸟。常见。

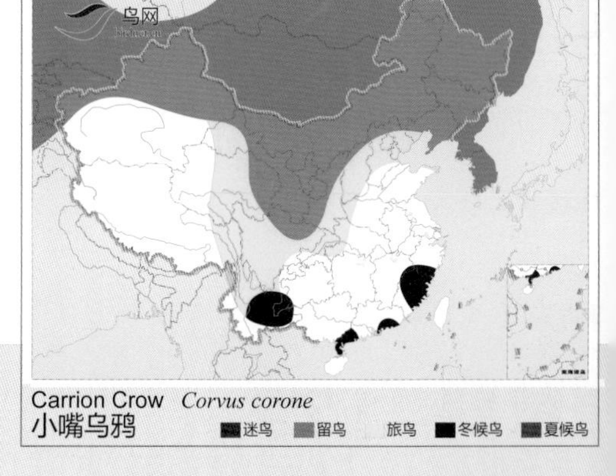

小嘴乌鸦

Carrion Crow *Corvus corone*

体长：48 cm

LC（低度关注）

普通亚种 *colonorum* \摄影：吴荣平

西藏亚种 *intermedius* \摄影：王尧天

青藏亚种 *tibetosinensis* \摄影：程建军

东北亚种 *mandschuricus* \摄影：孙晓明

青藏亚种 *tibetosinensis* \摄影：张前

普通亚种 *colonorum*（白化）\摄影：张前

普通亚种 *colonorum*（白化）\摄影：关克

形态特征 嘴粗大，弯曲，峰嵴明显，嘴基羽达鼻孔处。额隆起明显。体羽黑色，具紫绿色金属光泽。

生态习性 栖息于低山、平原和山地阔叶林、针阔叶混交林、针叶林、次生杂木林、人工林等各种森林。杂食性，叫声洪亮。

地理分布 共11个亚种，分布于东北亚、南亚及东南亚。国内有5个亚种。西藏亚种 *intermedius* 见于西藏南部和西部地区，体型较青藏亚种稍小，嘴较细长；颈羽基部纯白；下体反光近蓝。青藏亚种 *tibetosinensis* 分布于西藏西南部、青海东部、云南西北部和西部、四川北部和西部，体型较大，颈羽基部淡灰；下体有显著的绿色反光。东北亚种 *mandschuricus* 分布于东北、河北北部，体型较大，颈羽基部暗灰；下体暗绿，反光不显著。普通亚种 *colonorum* 分布于东北、宁夏、甘肃以南、云贵川以东地区，体形较小，颈羽基部暗灰；下体暗绿，稍具反光。藏南亚种 *levaillantii* 见于西藏南部。

种群状况 多型种。留鸟。常见。

大嘴乌鸦

Large-billed Crow *Corvus macrorhynchos* 体长：52 cm LC（低度关注）

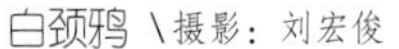
白颈鸦 \摄影：刘宏俊

白颈鸦 \摄影：黎忠

白颈鸦 \摄影：黎忠

形态特征 后颈、颈侧和胸部为白色，形成白色领环。体羽其余部分为黑色，具光泽。

生态习性 栖息于低山、丘陵和平原地带。善行走。杂食性。以植物种子、昆虫、动物尸体及人类垃圾等为食。

地理分布 国外分布于越南。国内见于内蒙古、陕西、甘肃以南、云贵川三省以东地区。

种群状况 单型种。留鸟。不常见。

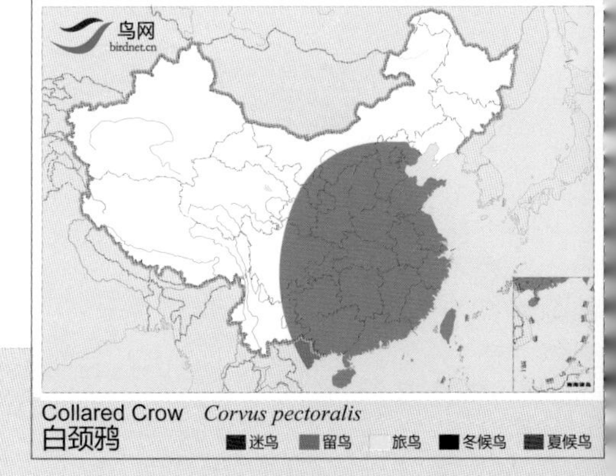

白颈鸦

Collared Crow *Corvus pectoralis* 体长：48 cm NT（近危）

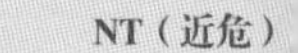

冠小嘴乌鸦 \摄影：夏咏

冠小嘴乌鸦 \摄影：夏咏

冠小嘴乌鸦 \摄影：向文军

形态特征 头、脸侧、颏、喉、胸前、翅和尾黑色，具蓝色金属光泽。其余体羽灰白色。

生态习性 栖息于旷野疏林、农田。喜集群活动。杂食性。

地理分布 共4个亚种，分布于欧洲、中亚及西亚。国内有1个亚种，新疆亚种 *sharpii* 分布于新疆西部。

种群状况 多型种。冬候鸟。不常见。

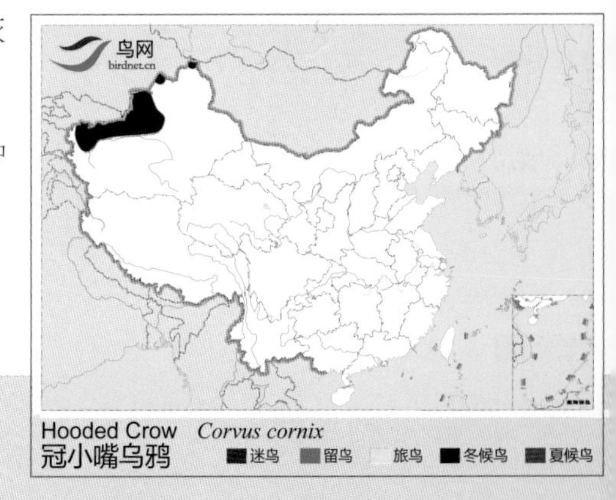

冠小嘴乌鸦

Hooded Crow *Corvus cornix* 体长：54 cm NE（未评估）

东北亚种 *kamtschaticus* \摄影：高守东

青藏亚种 *tibetanus* \摄影：王尧天

形态特征 大型鸦类。喙基鼻须长达喙的一半。喉、胸羽毛长，呈针状。体羽黑色，具紫蓝色金属光泽。

生态习性 栖息于林缘草地、河畔、农田、村落、荒漠、半荒漠、草甸。杂食性，以植物种子、嫩芽以及昆虫等小型动物为食。

地理分布 共11个亚种，分布于全北界、北非。国内有2个亚种，东北亚种 *kamtschaticus* 见于黑龙江、河北北部、内蒙古、宁夏、甘肃、新疆、青海，体型较小，翅稍短；腹面呈绿蓝辉亮。青藏亚种 *tibetanus* 见于内蒙古西部、甘肃、新疆西部、西藏、青海、云南西北部、四川，体型较大，翅长；腹面金属蓝辉较显著。

种群状况 多型种。留鸟。常见。

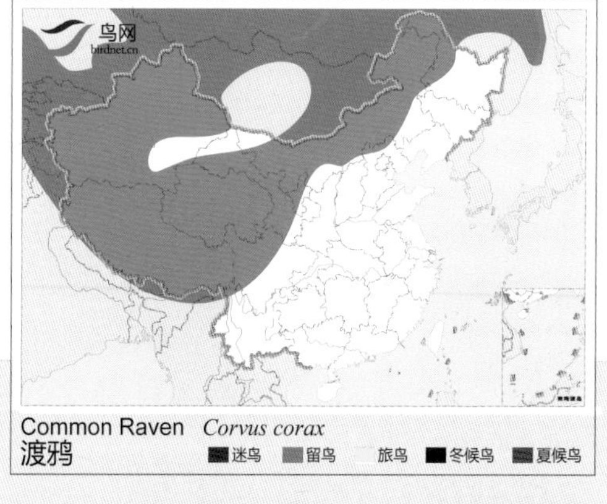

Common Raven *Corvus corax*
渡鸦
迷鸟 留鸟 旅鸟 冬候鸟 夏候鸟

渡鸦

Common Raven *Corvus corax*　体长：63 cm　LC（低度关注）

丛林鸦 \摄影：雍严格

丛林鸦 \摄影：王尧天

丛林鸦 \摄影：王尧天

形态特征 体羽黑色，具光泽。嘴粗厚。尾端较平。嘴黑色，脚黑色，

生态习性 栖息于有林地带。成对或集小群活动，叫声粗哑而深沉。杂食性。

地理分布 分布于尼泊尔、印度、缅甸、泰国。国内分布于西藏东南部、云南西南。

种群状况 单型种。留鸟。常见。

Jungle Crow *Corvus levaillantii*
丛林鸦
迷鸟 留鸟 旅鸟 冬候鸟 夏候鸟

丛林鸦

Jungle Crow *Corvus levaillantii*　体长：54 cm　LC（低度关注）

河乌科

Cinclidae
(Dippers)

本科鸟类为水栖小型鸟类。体羽致密而最紧实，嘴细窄而直，尖端微向下曲。鼻孔有膜掩盖，无嘴须，但口角具绒绢状短羽。翼短圆，尾甚短。尾羽12枚，跗蹠长而强健，具靴状鳞。雌雄羽色相似，体羽主要为褐色、棕褐色、灰色和黑色，幼鸟体羽具横斑。

主要栖息于山溪水域岸边或河中露出水面的石头上。能潜入水中，也能在水面浮游和在水底潜走捕食。食物主要为水生昆虫、甲壳类、软体动物、虾、蛙、蝌蚪和小鱼。繁殖期3~6月。营巢于水边岩石洞或大树根下，巢主要由苔藓构成。每窝产卵3~7枚，卵白色。孵卵期16~18天，育雏期25~28天。

全世界有1属5种，主要分布于欧亚大陆和南北美洲。中国有1属2种，遍及全国。

新疆亚种 *Leucogaster* \ 摄影：张岩

新疆亚种 *leucogaster* \摄影：刘哲青

西藏亚种 *cashmeriensis* \摄影：陈玉平

青藏亚种 *przewalskii* \摄影：肖克坚

新疆亚种 *leucogaster* \摄影：王尧天

青藏亚种 *przewalskii* \摄影：赵顺

形态特征 颏、喉、胸为白色。其余体羽均为灰褐色或棕褐色。

生态习性 栖息于山区溪流或流速较快、水质清澈的砂石河谷地。常站在河边或河中露出水面的石头上，尾常上翘或上下摆动。贴水面飞行，可潜水。

地理分布 共12个亚种，分布于中亚、西亚、喜马拉雅山脉、欧洲及北非。国内有3个亚种。均有白色型和褐色型之分。新疆亚种 *leucogaster* 见于新疆，下体纯白（白色型）或下体自胸以下棕色较淡，较有辉亮（褐色型）；下体余部非白色，喉和胸白。青藏亚种 *przewalskii* 见于甘肃、西藏东部、青海、四川，下体自胸以下暗棕褐色，下体余部非白色，喉和胸白色（白色型）；或者下体羽色较暗，而无白色（褐色型）。西藏亚种 *cashmeriensis* 分布于西藏南部和东南部、云南西北部。下体自胸以下的羽色介于上述两亚种之间；下体余部非白色，喉和胸白（白色型）；或者下体羽色较淡，下体无白色（褐色型）。

种群状况 多型种。留鸟。常见。

河乌

White-throated Dipper　　*Cinclus cinclus*　　体长：17~20 cm　　LC（低度关注）

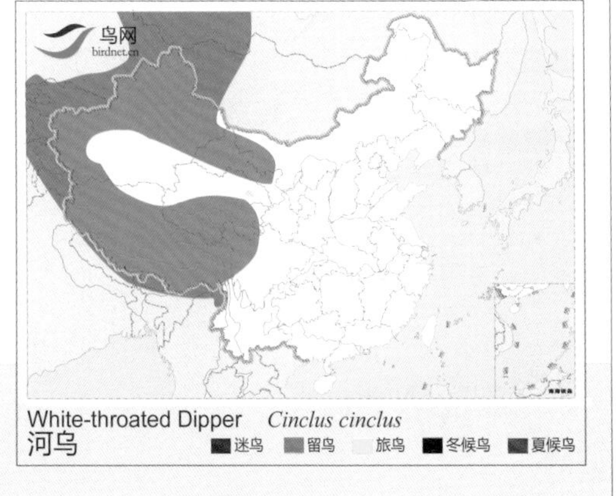

指名亚种 *pallasii* \摄影：关克

指名亚种 *pallasii* \摄影：孙晓明

指名亚种 *pallasii* \摄影：王兴娥

形态特征 嘴、脚为黑色。体羽咖啡黑色。

生态习性 栖息于山地森林河谷与溪流地带。常站在溪边或河中石头上，有时紧贴水面沿溪飞行，边飞边叫。以捕食水生昆虫、小鱼等动物性食物为主。

地理分布 共3个亚种，分布于中亚、喜马拉雅山、中南半岛及东北亚。国内有3个亚种。中亚亚种 *tenuirostris* 见于新疆西北部、西藏南部，体色较淡褐，嘴形较细，长度不超过2厘米。滇西亚种 *dorjei* 见于云南西北部，指名亚种 *pallasii* 除西藏、海南外见于全国各地，体色较浓褐，嘴形较粗，长度超过2厘米。

种群状况 多型种。留鸟。常见。

褐河乌

Brown Dipper *Cinclus pallasii* 体长：21 cm LC（低度关注）

鹪鹩科

Troglodytidae
(Wrens)

本科鸟类嘴长而直细，无嘴须，鼻孔无羽毛掩盖。翼短圆，初级飞羽10枚，第一枚约为第二枚长度之半。尾短小而柔软，常向上翘起。脚强壮，跗蹠前缘被盾状鳞。雌雄羽色相似，体羽多为棕褐、灰褐或黑褐色，并被有细的横斑或斑点。幼鸟多具纵纹或点斑。

主要栖息于山地森林的阴暗潮湿处。性活泼，胆怯，常单独活动，多在灌丛下跳跃觅食，食物主要为昆虫。营巢于桥梁、建筑物、树洞或岩石缝隙中，也在树上、灌丛中营巢。巢呈球状、囊状或碗状，主要由苔藓、枯草构成。每窝产卵2~10枚。

全世界计有17属69种，广泛分布于除北极地区外的欧亚大陆、北美洲和南美洲。中国仅有1属1种，分布于中国大部分地区。

鹪鹩天山亚种 *tianschanicus* \ 摄影：雷洪

天山亚种 *tianschanicus* \ 摄影：王尧天

四川亚种 *szetschuanus* \ 摄影：关克

台湾亚种 *taivanus* \ 摄影：陈承光

东北亚种 *dauricus* \ 摄影：孙晓明

云南亚种 *talifuensis* \ 摄影：庞琛荣

普通亚种 *idius* \ 摄影：冯江

形态特征 嘴长而直、细。眉纹灰白色。体羽棕褐色，并被有细的黑褐色横纹。翼短圆，常向上翘起。尾短小而柔软。

生态习性 栖息于山地森林阴暗潮湿处。性活泼而胆怯，常单独活动。善于鸣叫。

地理分布 共44个亚种，分布于全北界及北非。国内有7个亚种。天山亚种 *tianschanicus* 见于新疆西北部，上体棕色最淡，下背几乎无横斑。西藏亚种 *nipalensis* 见于云南西北部、西藏东南部，上体呈暗棕红色，体色为各亚种中最暗的；下背与腹部横斑形粗而密集。四川亚种 *szetschuanus* 分布于陕西南部、甘肃南部、西藏东部、青海东南部、云南东北部、四川、湖北，上体棕色较淡，呈暗浓棕黄色，横斑较狭而少。云南亚种 *talifuensis* 见于云南中部和西北部、贵州，上体暗棕色，下背及下体黑褐色，横斑形粗而疏，尾羽黑褐色，横斑约8~9条，稍粗且排列不整齐，先端2~3条横斑之间宽度约0.4厘米。东北亚种 *dauricus* 记录于东北地区，上体底色介于四川亚种与普通亚种之间。普通亚种 *idius* 分布于除东北、新疆、西南、海南以外全国各地，上体棕色更淡，为浅棕黄色，横斑亦更少。台湾亚种 *taivanus* 见于台湾，上体棕褐色，两翅、下背、腰及尾上覆羽、尾羽均具黑褐色横斑，下体黄褐色，喉、胸部无横斑。

种群状况 多型种。留鸟，冬候鸟。常见。

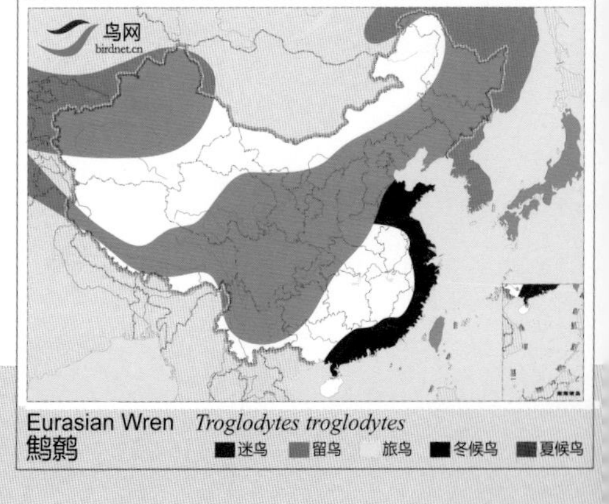

Eurasian Wren *Troglodytes troglodytes*
鹪鹩
迷鸟 留鸟 旅鸟 冬候鸟 夏候鸟

鹪鹩

Eurasian Wren *Troglodytes troglodytes* 体长：10~13 cm LC（低度关注）

岩鹨科

Prunellidae
(Accentors)

本科鸟类嘴微具缺刻，末端稍尖，基部两侧膨大而中部微较细狭，嘴须不发达。鼻孔大而斜行，有盖膜，不被须。翼稍圆，初级飞羽10枚，第一枚飞羽退化，相当短小，第三和第四枚飞羽最长，彼此多等长。尾较翅短，平尾或末端稍凹。跗蹠前缘具盾状鳞，雌雄羽色相似。

主要栖息于高山灌丛、裸岩和砾石草地与荒漠地带。单独或成群活动，多为地栖性，主要在地上步行或跳跃。食物为各种昆虫、小型无脊椎动物、植物果实和种子等。营巢于岩石间或灌草丛中，每窝产卵3~7枚。

全世界1属12种，主要分布于欧亚大陆和北非。中国有1属9种，主要分布于东北、西北和西南地区。

领岩鹨西南亚种 *nipalensis* \摄影：关克

藏西亚种 *whymperi* \摄影：桑新华

新疆亚种 *rufilata* \摄影：王尧天

台湾亚种 *fennelli* \摄影：简廷谋

东北亚种 *erythropygia* \摄影：顾晓勤

形态特征 喉具黑白相间横斑。头、颈、上背、胸灰褐色，其余体羽黄褐色，具黑褐色中央纹。翅黑褐色，具白色翅斑。两肋栗色，具白色端斑。腰和尾上覆羽棕栗色。尾黑色具白色端斑。

生态习性 栖息于中、高山山顶苔原、草地、裸岩等荒漠寒冷地区，冬季迁至低山和山脚平原地带。经常长时间站在砾石上鸣唱。

地理分布 共9个亚种，分布于中亚、西亚、喜马拉雅山脉、欧洲及北非。国内有6个亚种，新疆亚种 *rufilata* 见于新疆，体羽较淡而多灰色，背上黑纹狭细；两胁无白纹，或仅具少数狭纹。藏西亚种 *whymperi* 见于西藏西部，头、颈和胸较西南亚种更淡，且无棕色；两肋具宽阔白纹。西南亚种 *nipalensis* 见于陕西南部、甘肃、西藏、云南西北部、四川，体羽较暗而多褐色，背上黑纹粗著；两肋无白纹，或仅具少数狭纹。青海亚种 *tibetana* 见于甘肃西北部、青海东部和南部，头、后颈及胸的灰褐色较淡；背、腰和尾上覆羽的赤褐色较少；两肋淡褐色而具较狭的白色羽缘和宽阔白纹。东北亚种 *erythropygia* 见于东北、华北、陕西南部、内蒙古东北部、四川、重庆，头、后颈及胸的灰褐色较暗；背、腰和尾上覆羽的赤褐色较多；两肋深赤褐，具宽阔白纹，白色羽缘较宽。台湾亚种 *fennelli* 见于台湾，头、颈和胸部较暗；胁部赤褐色，具宽阔白纹。

种群状况 多型种。留鸟，夏候鸟。常见。

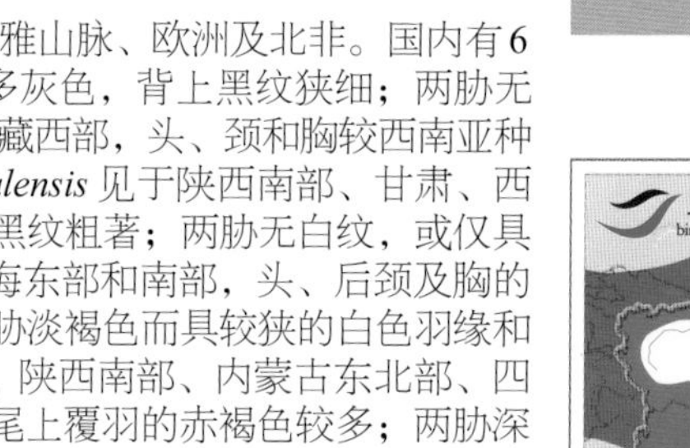

Alpine Accentor *Prunella collaris*
领岩鹨
■迷鸟 ■留鸟 旅鸟 ■冬候鸟 ■夏候鸟

领岩鹨

Alpine Accentor *Prunella collaris* 体长：18 cm LC（低度关注）

高原岩鹨 \ 摄影：王尧天

高原岩鹨 \ 摄影：王尧天

高原岩鹨 \ 摄影：程建军

形态特征 颏、喉白色，其下缘和两侧黑色成环带。上体灰褐色，具暗色中央纹。翅黑褐色，覆羽具白色端斑，成白色翅斑。胸和两胁锈栗色；其余下体白色，具棕褐色纵纹。尾黑褐色，具白色端斑。

生态习性 栖息于高山裸岩、悬崖和多岩石的高原草地、灌丛。集群，地栖性，常快速奔跑。

地理分布 分布于俄罗斯的贝加尔湖、蒙古、喜马拉雅山脉。国内见于新疆西部和北部。

种群状况 单型种。夏候鸟。稀少。

高原岩鹨

Altai Accentor　*Prunella himalayana*　　体长：16 cm　　LC（低度关注）

鸲岩鹨 \ 摄影：段文科

鸲岩鹨 \ 摄影：徐燕冰

鸲岩鹨 \ 摄影：王进

鸲岩鹨 \ 摄影：陈久桐

形态特征 颏、喉沙褐或灰色。头灰棕色。背、肩、腰棕褐色，具黑色纵纹。两翅褐色，具白色翅斑。胸锈棕色，其余下体白色。

生态习性 栖息于高山灌丛、草甸、草坡、河滩、牧场等高寒山地生境。常集群。

地理分布 分布于喜马拉雅山脉。国内见于甘肃、西藏、青海、云南西北部及四川。

种群状况 单型种。留鸟。常见。

鸟网 birdnet.cn

Robin Accentor *Prunella rubeculoides*
鸲岩鹨
迷鸟 留鸟 旅鸟 冬候鸟 夏候鸟

鸲岩鹨

Robin Accentor *Prunella rubeculoides* 体长：16 cm LC（低度关注）

棕胸岩鹨 \ 摄影：鸟朦胧

棕胸岩鹨 \ 摄影：关克

棕胸岩鹨 \ 摄影：王尧天

棕胸岩鹨 \ 摄影：鸟朦胧

形态特征 眉纹前窄，白色，后宽，棕红色。颈侧灰色，具黑色纵纹。颏、喉白色具黑褐色圆形斑点。上体棕褐色，具宽阔的黑色纵纹。胸棕红色。腹白色，具黑色纵纹。

生态习性 栖息于高山灌丛、草地、沟谷、牧场、高原和林线，冬季下降至中山附近。

地理分布 共2个亚种，分布于阿富汗、喜马拉雅山脉北部。国内有1个亚种，指名亚种 *strophiata* 见于陕西南部、甘肃、西藏、青海、云南西北部、四川、贵州北部、湖北西部。

种群状况 多型种。留鸟。常见。

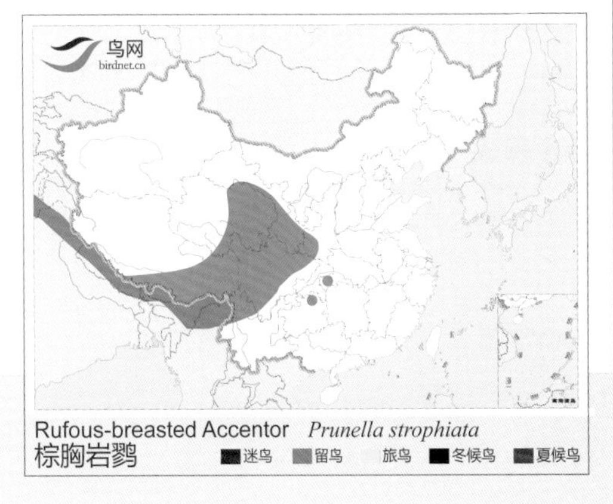

棕胸岩鹨

Rufous-breasted Accentor　*Prunella strophiata*　体长：15 cm　LC（低度关注）

棕眉山岩鹨 \ 摄影：关克

棕眉山岩鹨 \ 摄影：肖显志

棕眉山岩鹨 \ 摄影：邢睿

棕眉山岩鹨 \ 摄影：陈永江

形态特征 眉纹皮黄色，从额基一直向后延伸至后头侧。头和头侧黑色。背、肩栗褐色，具黑褐色纵纹。两翅黑褐色，具黄白色翅斑。下体黄褐色，胸侧和两胁杂有细的栗褐色纵纹。

生态习性 栖息于低山丘陵、山脚平原地带的林缘、河谷、灌丛、小块丛林、农田、路边等各类生境。多单独活动。

地理分布 共2个亚种，分布于欧洲东北部、俄罗斯北部和西伯利亚、朝鲜半岛。国内有1个亚种，指名亚种 *montanella* 分布于东北、华北、华东、四川、青海、甘肃、宁夏、新疆、陕西。

种群状况 多型种。冬候鸟，迷鸟。常见。

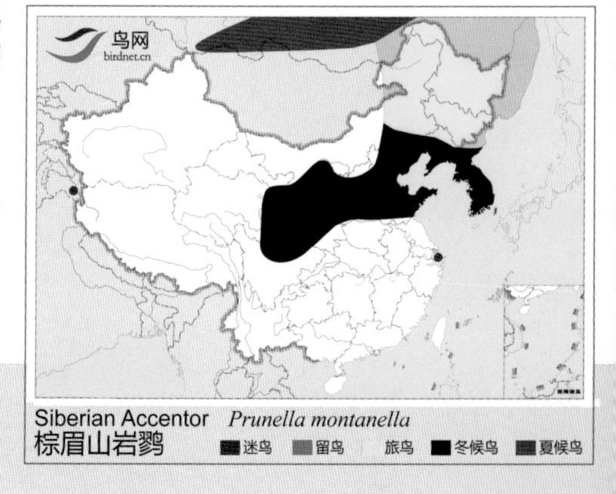

棕眉山岩鹨

Siberian Accentor *Prunella montanella* 体长：15 cm LC（低度关注）

指名亚种 *fulvescens* \摄影：王尧天

指名亚种 *fulvescens* \摄影：刘哲青

青藏亚种 *nanschanica* \摄影：王尧天

形态特征 颏、喉白色。眉纹从嘴基到后枕白色。头褐色或暗褐色。背、肩灰褐或棕褐色，具暗褐色纵纹。下体淡棕黄色或皮黄白色。

生态习性 栖息于高原草地、荒野、农田、牧场、荒漠、半荒漠和高山裸岩草地。

地理分布 共6个亚种，分布于俄罗斯中南部、哈萨克斯坦及喜马拉雅山脉。国内有4个亚种，指名亚种 *fulvescens* 见于新疆西部和中部、西藏西部，体色较暗，背面褐纹较细而淡，羽缘沾灰色。南疆亚种 *dresseri* 见于新疆东部、西藏北部，体色最淡。东北亚种 *dahurica* 分布于北京、内蒙古、甘肃西北部、新疆北部，体色最暗，尤其在头顶。青藏亚种 *nanschanica* 分布于宁夏、甘肃、西藏、青海、四川西部，体色较暗，背面褐纹较粗而浓著，羽缘较多棕色。

种群状况 多型种。迷鸟，留鸟。不常见。

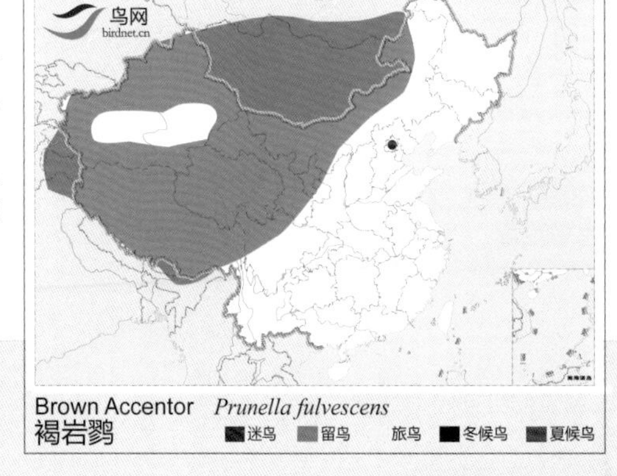

褐岩鹨

Brown Accentor　*Prunella fulvescens*　　体长：16　cm　　LC（低度关注）

黑喉岩鹨 \摄影：王尧天

黑喉岩鹨 \摄影：邢睿

黑喉岩鹨 \摄影：周奇志

形态特征 眉纹皮黄色。头顶、脸颊、颏、喉黑色。上体、两翅、尾均为灰褐色，背具褐色纵纹。下体皮黄色，腹白色。

生态习性 栖息于山地针叶林和针阔叶混交林。成小群活动。

地理分布 共2个亚种，分布于俄罗斯乌拉尔山脉、亚洲西南部及阿尔泰山。国内有1个亚种，新疆亚种 *huttoni* 见于新疆、西藏。

种群状况 多型种。夏候鸟。稀少。

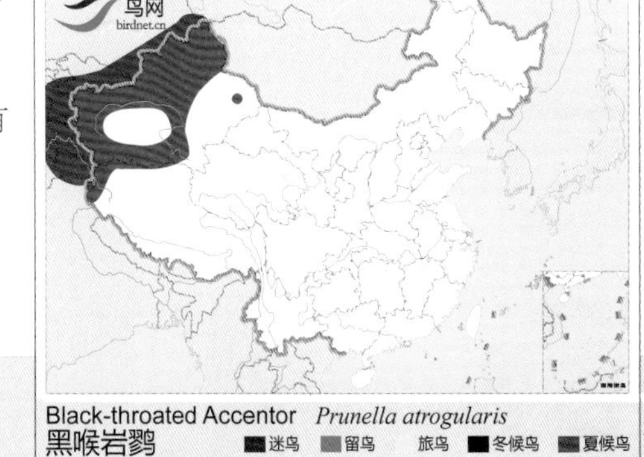

黑喉岩鹨

Black-throated Accentor　*Prunella atrogularis*　　体长：15 cm　　LC（低度关注）

贺兰山岩鹨 \摄影：关克

贺兰山岩鹨 \摄影：关克

贺兰山岩鹨 \摄影：王志芳

形态特征 颏、喉褐色，头棕褐色。背淡皮黄褐色，具暗色纵纹。两翅暗褐色，具白色翅带斑。胸烟灰色，具白色羽缘，成鳞状斑。下体乳白色或棕白色，微具褐色纵纹。嘴近黑色，脚偏粉色。虹膜褐色。

生态习性 栖息于高原沙漠、戈壁滩和半荒漠地带。多贴地面飞行，遇惊则垂直起飞。单只或成小群活动，以植物种子、嫩芽为食。

地理分布 中国鸟类特有种。分布于内蒙古西部、宁夏西部、甘肃中部、四川北部。

种群状况 单型种。留鸟。稀少。

鸟网 birdnet.cn

Mongolian Accentor *Prunella koslowi*
贺兰山岩鹨 迷鸟 留鸟 旅鸟 冬候鸟 夏候鸟

贺兰山岩鹨

Mongolian Accentor *Prunella koslowi* 体长：14 cm LC（低度关注）

栗背岩鹨 \摄影：桑新华

栗背岩鹨 \摄影：苏鹏

栗背岩鹨 \摄影：胡敬林

形态特征 头顶深灰色，头侧、颈侧、颏和胸灰色。背、肩、下背暗栗色或栗红色，两翅暗褐色，具灰白色羽缘。腰和尾上覆羽橄榄灰色。尾暗灰褐色。腹至尾下覆羽栗红色或红棕色。

生态习性 栖息于高山针叶林、林缘灌丛、草甸及多岩石草地。繁殖期主要在阴坡面比较潮湿的灌草丛地面活动。在地面跳跃行走觅食。在高大乔木的树枝基部筑巢，巢呈碗状。窝卵数4枚。

地理分布 分布于喜马拉雅山脉。国内见于陕西南部、甘肃南部、西藏、云南西北部、青海南部、四川。

种群状况 单型种。留鸟。冬候鸟，不常见。

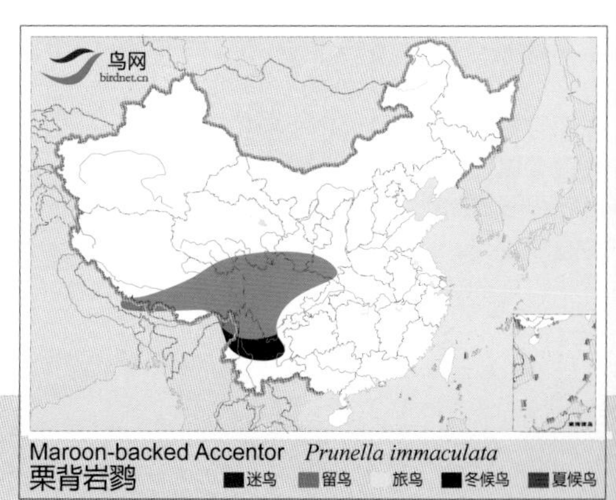

栗背岩鹨

Maroon-backed Accentor *Prunella immaculata* 体长：16 cm LC（低度关注）

鸫科

Turdidae
(Thrushes, Chats)

本科主要是一些中小型鸣禽。嘴多短健，嘴缘平滑，上嘴近端处常微具缺刻。鼻孔明显，有嘴须。翅长而尖，初级飞羽10枚，第一枚甚短小。尾羽通常12枚，偶尔10枚或14枚；尾形不一，较短，呈平截状，或较长而呈凸尾状。跗蹠较长而强健，前缘多数被靴状鳞。幼鸟体羽通常具斑点。

主要栖息于森林、荒漠、农田等各类生境中，树栖或地栖性。善飞行，亦善地面奔跑，飞行力强弱不一。鸣声多样，一些种类鸣叫悦耳动听。主要以昆虫为食，也吃植物果实与种子。营巢于树上、地上、岩石洞穴或灌丛中。巢呈杯状，主要由杂草、苔藓、地衣等材料构成，每窝产卵多在4~6枚。

全世界计有53属317种，广泛分布于除极地和新西兰以外的世界各地。中国有20属95种，几遍及全国各地。

栗背短翅鸫 \ 摄影：罗永川

栗背短翅鸫 \摄影：许明

栗背短翅鸫 \摄影：胡敬林

栗背短翅鸫 \摄影：陈孝齐

形态特征 具灰色的狭窄眉纹。上体从头至尾纯栗色。腰棕褐色具白色端斑，下体具灰及黑色的蠕虫状斑纹，下胸及腹部白色点斑呈三角形。

生态习性 主要栖息于海拔2000~4200米的山地森林、竹林、林缘灌丛和山上部无林岩石草甸，尤其喜欢在潮湿的河谷与溪边活动。

地理分布 共2个亚种，分布于尼泊尔、不丹、印度、缅甸东北部和越南北部。国内有1个亚种，指名亚种 *stellata* 分布于云南盐津，西藏米及墩、洛山口及昌都地区西南部。

种群状况 多型种。留鸟，夏候鸟。稀有。

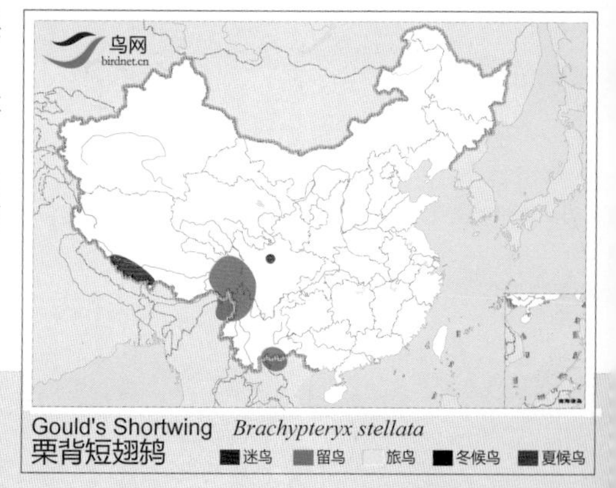

栗背短翅鸫

Gould's Shortwing *Brachypteryx stellata* 体长：13 cm LC（低度关注）

锈腹短翅鸫 \摄影：Ddeborshee Gogoi

锈腹短翅鸫 \摄影：Ddeborshee Gogoi

形态特征 眼先及眼圈绒黑色，眉纹小，白色；上体蓝灰色，下体深铁锈色。雌鸟上体橄榄褐色，下体浅铁锈色，腹中心白色。

生态习性 主要栖息于海拔3000米以下常绿阔叶林。喜在密林下、灌木丛或竹丛间的地面活动。以昆虫为食，也食少量野果和植物种子。

地理分布 分布于印度。国内仅见于云南西北部及西藏东南部等地。

种群状况 单型种。留鸟。稀有。

锈腹短翅鸫

Rusty-bellied Shortwing　*Brachypteryx hyperythra*　体长：13 cm　NT（近危）

华南亚种 *carolinae* \摄影：关克

白喉短翅鸫 \摄影：Con Foley

西南亚种 *nipalensis* \摄影：胡敬林

形态特征 白色眉纹细短。雄鸟上体青石蓝色，胸带及两胁蓝灰色，喉及腹中心白色。雌鸟上体棕褐或橄榄褐色，喉及腹中心白色，胸及两胁沾皮黄色，上胸具白色杂斑。

生态习性 栖息于常绿阔叶林，溪流附近地面，好单独活动，以昆虫为食。

地理分布 分布于喜马拉雅山脉、东南亚及巽他群岛。国内有2个亚种，西南亚种 *nipalensis*、西藏东南部、云南西部及四川峨眉山为留鸟，上体橄榄褐色。华南亚种 *carolinae* 在东南及华南地区为留鸟，上体锈褐色。

种群状况 多型种。留鸟。稀有。

白喉短翅鸫

Lesser Shortwing　*Brachypteryx leucophrys*　体长：13 cm　LC（低度关注）

西南亚种 *cruralis* \摄影：桑新华

华南亚种 *sinensis* \摄影：朱春虎

台湾亚种 *goodfellowi*（雌）\摄影：陈承光

西南亚种 *cruralis*（雌）\摄影：牛蜀军

形态特征 雄鸟体色多为暗蓝色，具白色细眉纹，体背、翅、尾靛蓝色；下体颏、喉、胸淡灰蓝色，胸以下近灰色。雌鸟羽色多为褐色，因亚种不同而变化很大，从暗褐色至灰红色。雌雄鸟都具有腿长、翅和尾均较短的特点。其虹膜暗棕色，腿、脚和嘴都是暗黑色。

生态习性 栖息于海拔1400~3000米植被覆盖茂密近溪流的地面。有时也见于开阔林间空地，甚至于山顶多岩的裸露斜坡。

地理分布 共14个亚种，分布于菲律宾、大巽他群岛及弗洛勒斯岛、喜马拉雅山等地。国内有3个亚种。西南亚种 *cruralis* 分布于西藏东南部、云南西北部及四川南部峨眉山，越冬于云南南部，额基、眼先及眉上方均绒黑，白色眉纹细长而明显；上体余部以及两翅和尾概呈靛蓝色，下体蓝色较淡。华南亚种 *sinensis* 分布于贵州、广西、湖南、陕西、福建等地，翅较西南亚种为短，跗蹠也较短细；羽色较淡，眼沾灰，下体灰蓝。台湾亚种 *goodfellowi* 是中国台湾的特有物种，羽色与西南亚种的雌鸟相比较多橄榄褐色，上体橄榄褐色，尾较背稍红，下体羽色较淡。

种群状况 多型种。留鸟，夏候鸟。不常见。

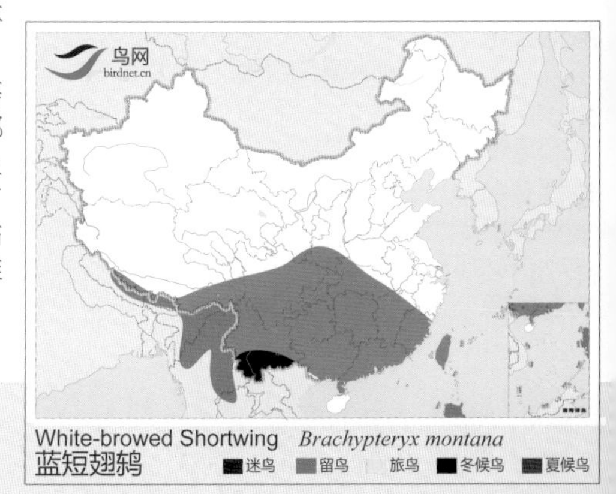

蓝短翅鸫

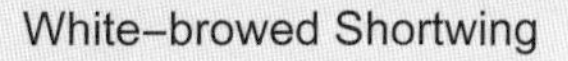

White-browed Shortwing *Brachypteryx montana* 体长：15 cm LC（低度关注）

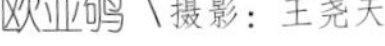

欧亚鸲 \摄影：王尧天

欧亚鸲 \摄影：雷洪

欧亚鸲 \摄影：刘哲青

欧亚鸲 \摄影：王尧天

形态特征 上体暗灰褐色，尾上覆羽微缀有红色。两翅表面和翅内侧灰色，飞羽和尾羽暗褐色。前额、眼先、脸颊、颏、喉和胸橙锈色，其余下体白色。

生态习性 栖息于林地、灌丛、森林、公园、花园及多荫处。在地面做双脚齐跳，一般不惧生。主要捕食蠕虫、昆虫和蜘蛛。

地理分布 主要分布于温带欧洲，冬季在北非沿海及中东地区越冬。全球有8个亚种，国内有1个亚种，指名亚种 *rubecula* 偶见于新疆北部、内蒙古、北京。

种群状况 多型种。冬候鸟。不常见。

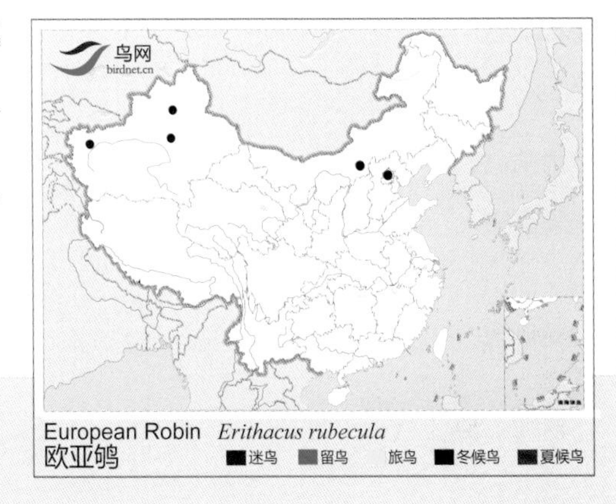

欧亚鸲

European Robin　*Erithacus rubecula*　体长：14 cm　LC（低度关注）

日本歌鸲 \摄影：简廷谋

日本歌鸲 \摄影：陈承光

日本歌鸲 \摄影：毛建国

日本歌鸲 \摄影：朱英

形态特征 额、头和颈的两侧、颏、喉及上胸等部位均为深橙棕色；上体包括两翅表面均草黄褐色；上胸和下胸之间有道狭窄黑带，下胸及两胁灰色；尾栗红色。雌鸟喉部为淡橙黄色，胸无黑带，两胁均褐。

生态习性 栖息于稀疏林下、灌木密集的山地混交林和阔叶林中，多在地上和接近地面的灌木上活动。主要以昆虫为食。

地理分布 分布于日本、韩国、朝鲜、俄罗斯、泰国、越南，繁殖在日本北部。冬时南迁中国，经河北、江苏沙卫山，在广东、广西、福建西北部越冬，偶见于台湾和香港。

种群状况 多型种。旅鸟，冬候鸟。不常见。

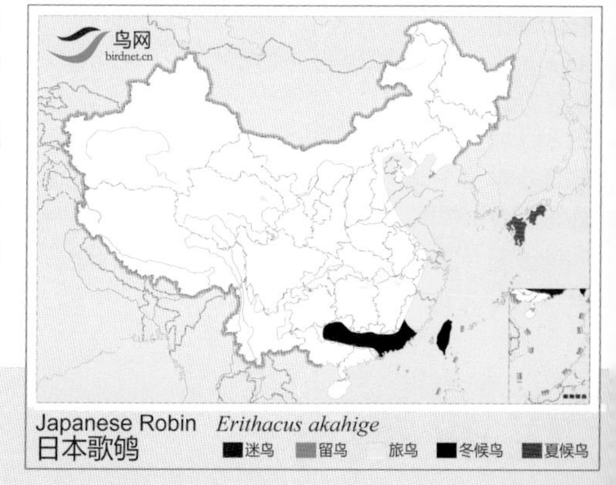

日本歌鸲

Japanese Robin *Erithacus akahige* 体长：15 cm LC（低度关注）

琉球歌鸲 \摄影：pasha ho

琉球歌鸲（雌）\摄影：邝英洲

琉球歌鸲（雌）\摄影：邝英洲

形态特征 上体红褐色，脸及胸黑色，下体白色，两胁具近黑色的块斑；下胸的少许黑色被白色区域中的项圈所隔开。雌鸟似雄鸟但较暗，且颏及喉为白色。

生态习性 栖息于灌木丛，常留于近水的覆盖茂密处。行走似跳，不时地停下抬头及尾，站势直，飞行快速，径直躲入林下。常在地面取食昆虫、蜘蛛等。

地理分布 分布于琉球群岛。国内有1个亚种，指名亚种 *komadori* 见于台湾。

种群状况 多型种。留鸟，迷鸟。不常见。

鸟网 birdnet.cn
Ryukyu Robin *Ericthacus komadori*
琉球歌鸲　迷鸟　留鸟　旅鸟　冬候鸟　夏候鸟

琉球歌鸲

Ryukyu Robin　*Erithacus komadori*　体长：15 cm　NT（近危）

棕头歌鸲（雌）\摄影：James Eaton

棕头歌鸲 \摄影：唐军

形态特征 头顶、后颈和头侧橙棕色，颏及喉白而边缘黑色；上体棕灰色，尾栗色而尾端近黑色，中央尾羽似蓝喉歌鸲；下体近白色，胸至两胁具灰色带。雌鸟似雌性蓝歌鸲但头侧及颈深褐色，喉具鳞状斑纹。

生态习性 栖息于海拔2000~3000米亚高山，活动于稠密的杉、桦、杨及柳灌杂林地面。食昆虫、蚯蚓等蠕虫及植物。

地理分布 冬候鸟或迷鸟在马来半岛有记录。国内分布于秦岭、岷山北部，也见于四川北部九寨沟自然保护区的部分地区。

种群状况 单型种。夏候鸟。稀少。

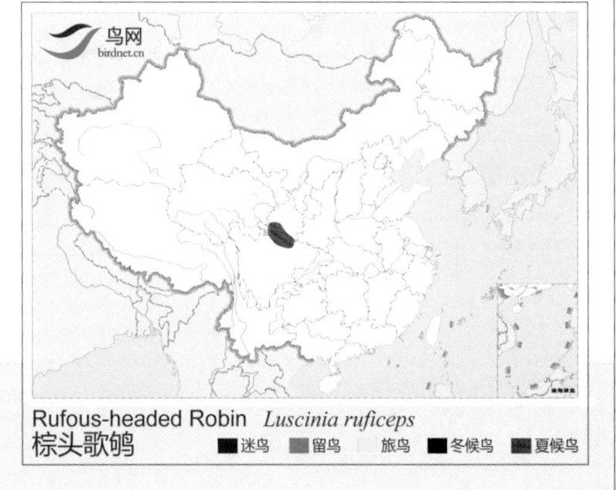

棕头歌鸲

Rufous-headed Robin　*Luscinia ruficeps*　体长：14 cm　EN（濒危）

红尾歌鸲 \ 摄影：简廷谋

红尾歌鸲 \ 摄影：沈强

红尾歌鸲 \ 摄影：毛建国

红尾歌鸲 \ 摄影：冯启文

形态特征 上体橄榄褐色，尾羽棕栗色，下体近白色。颏、喉污灰白色，微沾皮黄色，胸部皮黄白色，具橄榄色扇贝形纹；两胁橄榄灰白色，腹部和尾下覆羽污灰白色。雌鸟尾也为棕色。

生态习性 栖息于疏林下灌木密集的地方，在地上和接近地面的灌木或树桩上活动。

地理分布 分布于西伯利亚、日本、朝鲜、老挝。国内见于内蒙古、东北、辽宁、河北、山东、江苏、福建、西藏、云南、广西、广东、海南等地。

种群状况 单型种。冬候鸟，旅鸟。罕见。

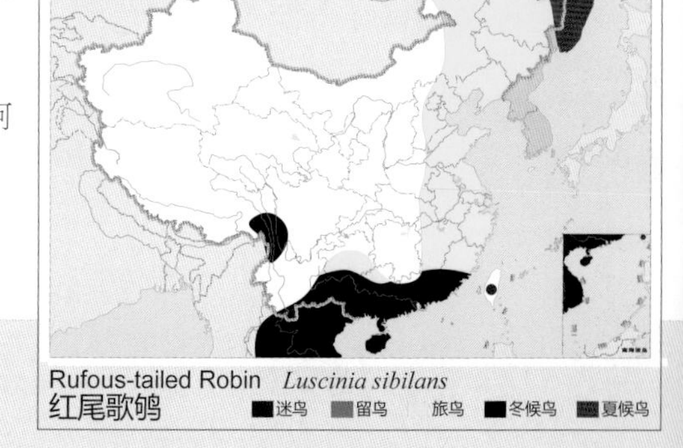

红尾歌鸲

Rufous-tailed Robin *Luscinia sibilans*

体长：13 cm

LC（低度关注）

新疆歌鸲 \摄影：王尧天

新疆歌鸲 \摄影：王尧天

新疆歌鸲 \摄影：顾云芳

形态特征 上体淡棕褐色，尾浅棕色。下体多偏白，胸及两胁灰皮黄色，臀棕黄色。

生态习性 性隐蔽，栖于茂密的低矮树丛，通常在地面跳动，离地面不超过2米。属于迁徙性食虫鸟类。

地理分布 分布于欧洲中部和南部、地中海沿岸，中东至阿富汗，冬天迁徙到非洲南部。国内有1个亚种，新疆亚种 *hafizi* 见于新疆天山西部、吐鲁番中部及福海县等地。

种群状况 夏候鸟。稀有。

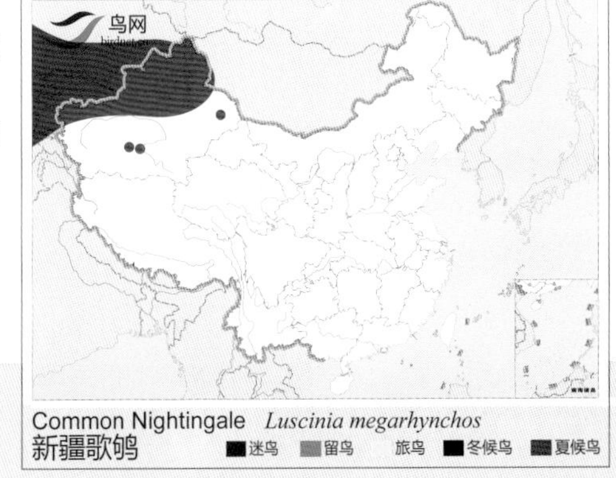

新疆歌鸲

Common Nightingale　*Luscinia megarhynchos*　体长：17 cm　LC（低度关注）

红喉歌鸲 \ 摄影：冯启文

红喉歌鸲 \ 摄影：朱英

红喉歌鸲（雌） \ 摄影：李奋清

红喉歌鸲 \ 摄影：李奋清

形态特征 体羽大部分为纯橄榄褐色，各羽中央略显深暗，具醒目的白色眉纹和颊纹。雄鸟喉部红色；雌鸟喉部白色，至老年变为粉红色。眼上条纹为淡黄色。

生态习性 常在繁茂树丛、芦苇丛、沼泽地跳跃。性隐蔽，常在林下穿行。主要以昆虫为食，也吃少量植物性食物。

地理分布 繁殖于东北亚，在印度、东南亚越冬。国内繁殖于东北地区、青海东北部至甘肃南部及四川，越冬于中国南方，如海南及台湾。

种群状况 单型种。夏候鸟，冬候鸟，留鸟。迁徙时遍及长江以南各地。常见。

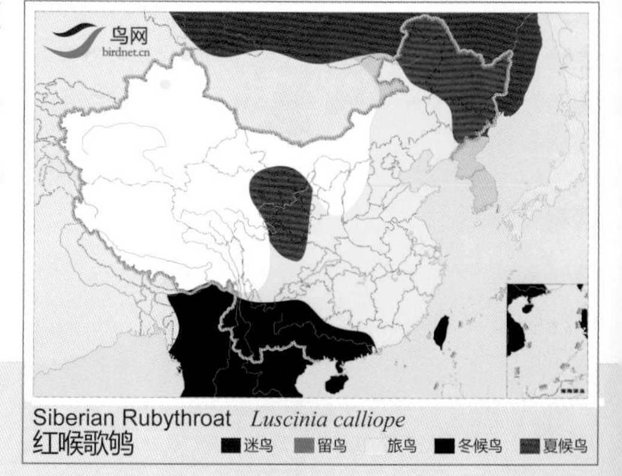

Siberian Rubythroat *Luscinia calliope*
红喉歌鸲 迷鸟 留鸟 旅鸟 冬候鸟 夏候鸟

红喉歌鸲（红点颏）

Siberian Rubythroat *Luscinia calliope* 体长：16 cm LC（低度关注）

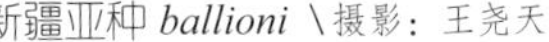

新疆亚种 *ballioni* \摄影：王尧天

青藏亚种 *tschebaiewi* \摄影：胡敬林

青藏亚种 *tschebaiewi*（雌）\摄影：田穗兴

新疆亚种 *ballioni* \摄影：王尧天

青藏亚种 *tschebaiewi* \摄影：唐军

形态特征 眉纹白色，颏、喉部鲜亮赤红色，宽阔的胸带黑色；上体橄榄褐色，背部灰色，中央尾羽黑色，基部及羽端白；下体近白色，臀沾灰色。雌鸟褐色较浓，喉白，胸带灰色。

生态习性 栖息于3000米以上的山林灌丛。以昆虫为主食。

地理分布 共4个亚种，分布于喜马拉雅山脉、土耳其、印度东北部、孟加拉国、缅甸西北部及中国西部、西南及中部。国内有2个亚种。青藏亚种 *tschebaiewi* 见于西藏南部和东部、青海东部、甘肃、四川西部和西北部及云南西北部，体色较淡，比喜马拉雅山脉西部的指名亚种还淡，无白色颧纹。藏南亚种 *confusa* 见于西藏南部及西南部，体色较暗，雄鸟上体石板灰色，雌鸟较暗褐，无白色颧纹。新疆亚种 *ballioni* 见于新疆西部喀什及天山地区，具白色颧纹。

种群状况 多型种。夏候鸟。区域性常见。

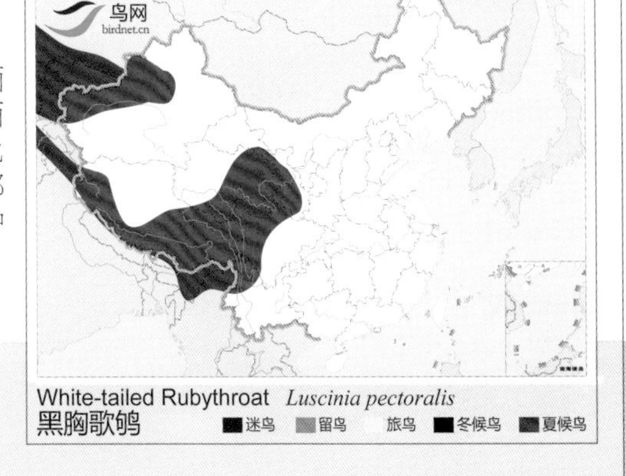

黑胸歌鸲

White-tailed Rubythroat　*Luscinia pectoralis*　体长：15 cm　LC（低度关注）

北疆亚种 *saturatior* \摄影：王尧天

新疆亚种 *kobdensis* \摄影：文志敏

青海亚种 *przevalskii* \摄影：王秋蕊

指名亚种 *svecica* \摄影：冯立国

形态特征 上体土褐色，有白色眉纹；喉部亮蓝色，中央有栗色块斑；胸部有黑色和淡栗色两道宽带，腹部白色，两胁和尾下覆羽棕白色。雌鸟喉部无栗色块斑，喉白而无栗色及蓝色。

生态习性 栖息于近水的灌丛或芦苇丛中。常在地下做短距离奔跑，不时地扭动尾羽或将尾羽展开。多取食于地面，主要以昆虫等为食。

地理分布 共10个亚种，分布于欧洲、非洲北部、俄罗斯、阿拉斯加、亚洲中部、伊朗、印度、中国等地。国内有5个亚种。繁殖于东北地区，越冬于西南及东南地区。指名亚种 *svecica* 除新疆、海南外见于全国各地，上体土褐色，胸棕色横带较浓而显著，棕红色喉斑较大。北疆亚种 *saturatior* 见于新疆，上体较指名亚种稍带沙褐色，胸的棕色横带淡而不显著，喉斑较小。新疆亚种 *kobdensis* 见于新疆西部，上体暗褐，喉部的蓝色，喉斑和胸带的棕色均甚浅淡。青海亚种 *przevalskii* 见于陕西、宁夏北部、甘肃西部、青海东北部、云南西南部，上体褐色较指名亚种更暗，胸带不显著，喉斑较指名亚种还大，而棕色却较淡。藏西亚种 *abbotti* 见于西藏西部，上体暗褐，下体近白，几不沾棕色，喉斑较其他亚种还小，喉与胸间有稀疏的点状斑。

种群状况 多型种。冬候鸟，夏候鸟，旅鸟。常见。

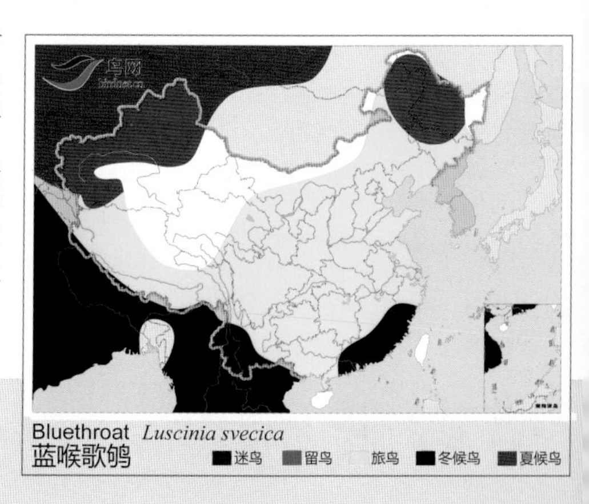

Bluethroat *Luscinia svecica*
蓝喉歌鸲
迷鸟 留鸟 旅鸟 冬候鸟 夏候鸟

蓝喉歌鸲（蓝点颏）

Bluethroat *Luscinia svecica*

体长：14 cm

LC（低度关注）

黑喉歌鸲 \摄影：张永文

黑喉歌鸲（亚成体）\摄影：徐逸新

黑喉歌鸲（雌）\摄影：牛蜀军

黑喉歌鸲 \摄影：关克

形态特征 上体暗蓝灰色，尾上覆羽亮黑色；眼先、头和颈的两侧、喉和胸深黑色，体两侧灰色，腹部中央为沾黄的乳白色；翼和中央尾羽黑色，其余尾羽基部2/3 白色。雌鸟深橄榄褐，下体浅皮黄，尾下覆羽皮黄，尾沾赤褐。

生态习性 栖息于海拔3000~3400米亚高山阔叶林灌丛中或针叶林、竹丛间，以食昆虫为主。

地理分布 分布于印度支那。国内见于中北部，繁殖于甘肃东南部及陕西秦岭，迁徙时见于云南、四川。

种群状况 单型种。夏候鸟。稀有。

黑喉歌鸲

Blackthroat　*Luscinia obscura*　　体长：14 cm　　VU（易危）

金胸歌鸲 \摄影：牛蜀军

金胸歌鸲 \摄影：杨志军

金胸歌鸲 \摄影：胡敬林

金胸歌鸲 \摄影：陈孝齐

形态特征 上体蓝灰色，胸及喉鲜艳橙红色；颈侧具苍白色块斑，腹部污白；两翼及尾黑褐，头侧及颈黑色，尾基部具白色闪斑。雌鸟褐色，尾无白色闪斑，下体赭黄，腹中心白色。

生态习性 一般生活于山林中或沟谷底处稠密的灌丛间，藏匿于茂密灌丛及竹林。于森林地面取食昆虫。

地理分布 越冬于印度东北部及缅甸东北部。国内分布于中部及西南部，见于陕西、四川、重庆、云南、西藏等地。

种群状况 单型种。夏候鸟。稀少。

金胸歌鸲

Firethroat *Luscinia pectardens* 体长：14 cm NT（近危）

栗腹歌鸲 \ 摄影：许明

栗腹歌鸲 \ 摄影：许明

栗腹歌鸲 \ 摄影：胡敬林

栗腹歌鸲 \ 摄影：赵顺

形态特征 具显著的白色眉纹；上体头顶至尾灰蓝色，喉、胸及腹侧纯栗色，腹中心及尾下覆羽白色。雌鸟上体橄榄褐色，下体偏白，胸及两胁沾赭黄色。

生态习性 栖息于茂密的竹林及杜鹃灌丛。在地面疾走时尾向上翘起或左右展开。主要以昆虫为食，也吃些草籽。

地理分布 共2个亚种，分布于喜马拉雅山脉及缅甸中部，冬季迁至印度西南部、斯里兰卡及孟加拉国。国内有1个亚种，指名亚种 *brunnea* 见于甘肃东南部、四川北部及西部、陕西秦岭、云南西北部和西藏东南部海拔1600~3200米的山区栎树林。冬季游荡至低海拔地区活动。

种群状况 多型种。夏候鸟。稀有。

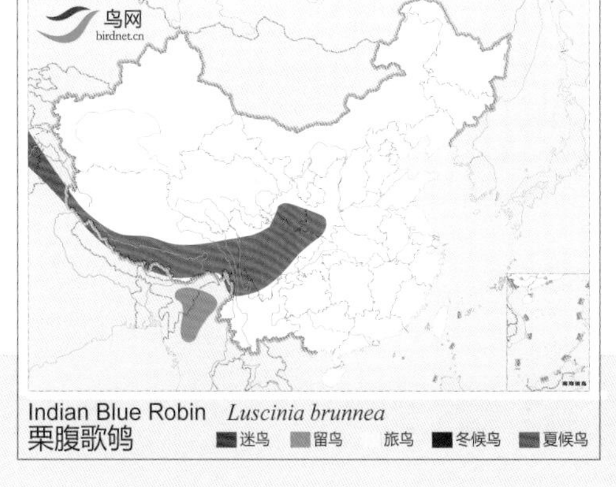

Indian Blue Robin *Luscinia brunnea*
栗腹歌鸲

栗腹歌鸲

Indian Blue Robin *Luscinia brunnea* 体长：15 cm LC(低度关注)

指名亚种 *cyane* \摄影：朱英

指名亚种 *cyane* \摄影：胡敬林

指名亚种 *cyane* \摄影：朱英

东南亚种 *bochaiensis* \摄影：陈承光

形态特征 上体青石蓝色，黑色过眼纹延至颈侧和胸侧，下体白色。雌鸟上体橄榄褐，喉及胸褐色并具皮黄色鳞状斑纹，腰及尾上覆羽沾蓝。

生态习性 栖息于密林的地面或近地面处，很少栖止在枝头上，在地面驰走时尾常上下扭动。食物几乎全为昆虫。

地理分布 共2个亚种，分布于西伯利亚、朝鲜、日本、中南半岛、马来西亚、印度尼西亚、印度、缅甸。国内有2个亚种。指名亚种 *cyane* 除新疆、青海外，见于全国各地。东南亚种 *bochaiensis* 见于浙江、福建。

种群状况 多型种。旅鸟，夏候鸟，冬候鸟。常见。

蓝歌鸲

Siberian Blue Robin *Luscinia cyane* 体长：14 cm LC（低度关注）

西南亚种 *rufilatus*（蓝眉林鸲）\摄影：关克

指名亚种 *cyanurus* \摄影：刘哲青

指名亚种 *cyanurus* \摄影：陈承光

指名亚种 *cyanurus*（雌）\摄影：陈承光

形态特征 具白色眉纹；上体钴蓝色，下体白色；头顶两侧、翅上小覆羽和尾上覆羽为鲜亮辉蓝色；尾黑褐色，中央一对尾羽具蓝色羽缘；下体颏、喉、胸棕白色，腹至尾下覆羽白色，胸侧灰蓝色，两胁橙红色或橙棕色。雌鸟褐色，尾蓝色。

生态习性 常在树杈和地面跳跃觅食。主要以昆虫为食，偶尔吃植物种子和果实。

地理分布 见于东北亚、喜马拉雅山脉和东南亚地区。国内有2个亚种。在黑龙江、青海东部、甘肃南部、陕西南部、四川、西藏东部为夏候鸟，在云南西北部和西藏东南部地区为留鸟，在东北南部、华北、华中地区为旅鸟，南方地区为冬候鸟。指名亚种 *cyanurus* 见于西藏外的全国各地，眉纹不明显，蓝辉色较差，眉纹白色沾棕，嘴基有一小白斑，嘴和腹呈乳白色或棕白色，腰羽蓝而沾绿褐色。西南亚种 *rufilatus* 见于陕西南部、宁夏、甘肃西北和西南部、西藏南部和东部、青海东部和南部、云南、四川、贵州，蓝色眉纹明显，蓝色较有辉亮，喉和腹呈乳白或棕白色（近期有学者将该亚种独立为种，称蓝眉林鸲）。

种群状况 多型种。夏候鸟，冬候鸟，旅鸟，留鸟。数量普遍。

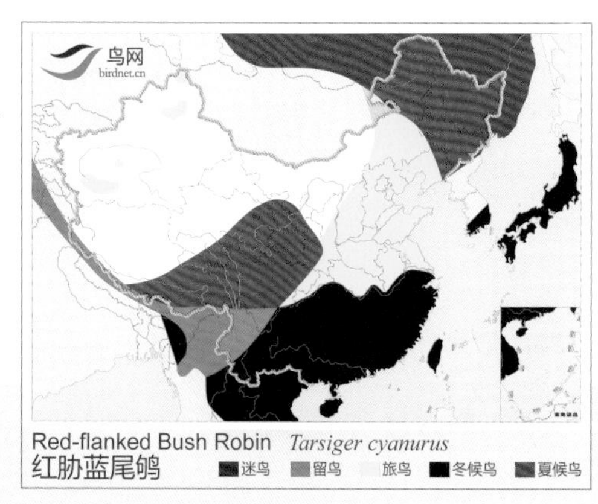

红胁蓝尾鸲

Red-flanked Bush Robin　　*Tarsiger cyanurus*　　体长：14 cm　　LC（低度关注）

金色林鸲 \摄影：关克

金色林鸲 \摄影：孙超

金色林鸲 \摄影：李定平

金色林鸲 \摄影：王尧天

形态特征 上体橄榄绿色。眼先至耳羽黑色，眉纹、肩部、腰部和尾上覆羽橙黄色。翼黑色，羽缘黄色。中央尾羽黑色，外侧尾羽橙黄色，端部黑色。下体均橙黄色。雌鸟上体及两翼橄榄黄色，羽缘及羽端褐色，下体赭黄色。雌鸟上体及两翼橄榄黄色，羽缘及羽端褐色，下体赭黄色。

生态习性 栖息于竹林或常绿林下的灌丛中。取食昆虫。

地理分布 共2个亚种，分布于巴基斯坦、印度、尼泊尔、缅甸、泰国及越南北部。国内有1个亚种，指名亚种 *chrysaeus* 分布于甘肃东南部、青海东南部、陕西秦岭、四川北部和中部、云南西北和西藏南部等地。

种群状况 多型种。留鸟，夏候鸟，冬候鸟。稀有。

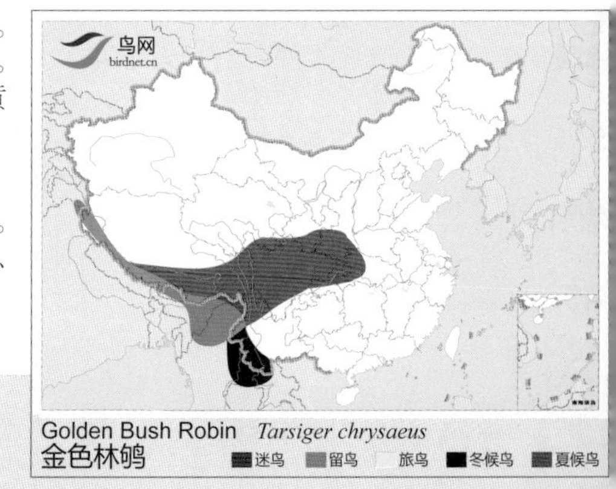

金色林鸲

Golden Bush Robin *Tarsiger chrysaeus*

体长：14 cm

LC（低度关注）

台湾亚种 *formosanus*（雄）\摄影：王安青

台湾亚种 *formosanus*（雌）\摄影：陈承光

西南亚种 *yunnanensis* \摄影：罗永川

形态特征 额至枕有一宽阔的白色眉纹；上体灰蓝色，头和颈侧黑色；下体橙褐，在胸部特显著，腹中心及尾下覆羽近白色。雌鸟上体橄榄褐，眉纹白，脸颊褐色，眼圈色浅；下体暗赭褐，腹部色较浅，尾下覆羽皮黄。

生态习性 栖息于高山峡谷间针叶林或落叶林间的地面或近地面的林下植被茂密处。

地理分布 共3个亚种，分布于印度东北部、尼泊尔、缅甸东北部、越南西北部等。国内3个亚种均有分布。指名亚种 *indicus* 亚种在西藏东南部为留鸟，额与头顶均淡蓝色，下体橙棕色，在胸部棕色尤其显著，尾下覆羽近白。西南亚种 *yunnanensis* 见于四川西北部及西部和云南西北部、甘肃南部，额与头顶均淡蓝色，下体较多黄色，尾下覆羽近绿。台湾亚种 *formosanus* 见于台湾，额与头顶均石板黑色，下体绿褐色。

种群状况 多种型，留鸟。不常见。

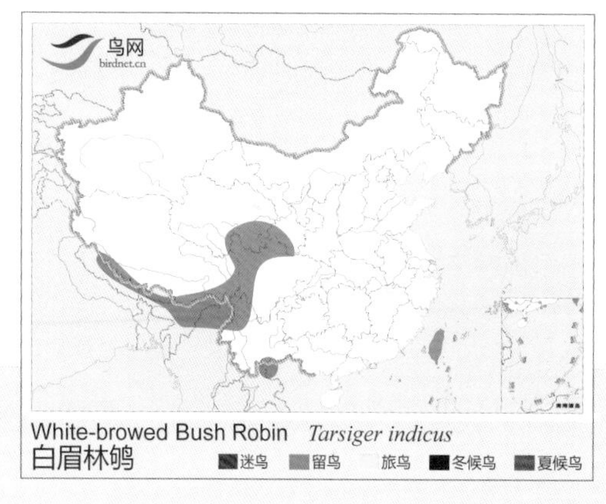

白眉林鸲

White-browed Bush Robin　*Tarsiger indicus*　体长：14 cm　LC（低度关注）

棕腹林鸲 \摄影：陈云江

棕腹林鸲 \摄影：Ashok Mashru

棕腹林鸲 \摄影：Jainy Kuriakose

形态特征 上体暗蓝，额、眉纹、肩及尾上覆羽辉钴蓝色，头侧黑；下体橙褐，腹中心及尾下覆羽白。雌鸟上体橄榄褐色，腰及尾上覆羽灰蓝色，尾缘黑蓝；下体橄榄褐，两胁及臀沾棕，胸中央褐色，腹、尾下覆羽白色。

生态习性 栖息于高山沟谷森林底层或立于开阔处，常急速地从灌丛顶枝跳到另一枝上觅食昆虫。

地理分布 分布于喜马拉雅山脉东段至印度东北部及缅甸北部。国内罕见于西藏东南部及云南西北部。

种群状况 单型种。留鸟，夏候鸟，冬候鸟。稀有。

棕腹林鸲

Rufous-breasted Bush Robin　*Tarsiger hyperythrus*　体长：15 cm　LC（低度关注）

台湾林鸲 \摄影：赖健豪

台湾林鸲 \摄影：赖健豪

台湾林鸲（雌）\摄影：陈承光

台湾林鸲 \摄影：简廷谋

形态特征 头部烟黑色，具长形白色眉纹，橙红色的项纹分开，具橙红色后领环及肩纹；背、两翼及尾烟黑；腹部浅灰，臀白。雌鸟色暗，上体橄榄灰，颏灰，下体皮黄，眉纹较雄鸟色浅。

生态习性 一般生活于山区海拔2200~3500米间的林下灌草丛中，常出现于林边小径或灌木的顶枝上。多单独活动，鸣叫单调，为连续的单音。主要以昆虫为食。筑巢于石壁缝隙，巢呈碗状。每窝产卵2~4枚。卵子卵期14天左右。

地理分布 中国鸟类特有种。仅分布于台湾。

种群状况 单型种。留鸟，数量稀少。

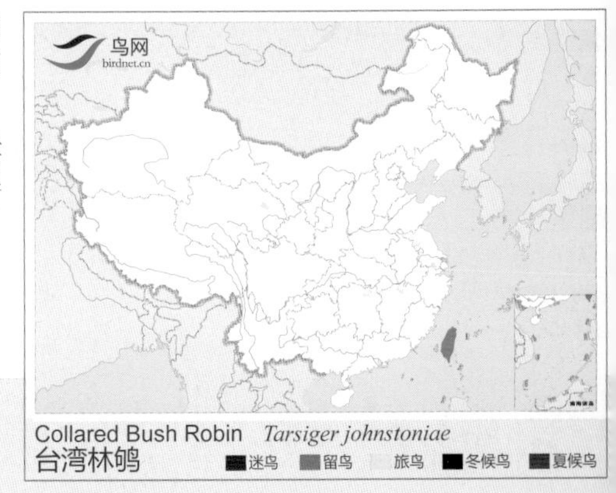

Collared Bush Robin *Tarsiger johnstoniae*
台湾林鸲 迷鸟 留鸟 旅鸟 冬候鸟 夏候鸟

台湾林鸲

Collared Bush Robin *Tarsiger johnstoniae* 体长：12 cm LC（低度关注）

华南亚种 *prosthopellus* \摄影：王尧天

华南亚种 *prosthopellus* \摄影：冯启文

华南亚种 *prosthopellus*（雌）\摄影：邓嗣光

华南亚种 *prosthopellus*（雌）\摄影：关克

形态特征 尾呈凸尾状，与翅几乎等长或较翅稍长。雄鸟上体大都黑色，略带蓝色金属光泽；翅黑褐色，具白斑，下体前黑后白。雌鸟以灰色或褐色替代雄鸟的黑色部分，飞羽和尾羽的黑色较雄鸟浅淡；下体及尾下覆羽的白色略沾棕色。

生态习性 常栖息于村落、苗圃、树木灌丛，也常见于城市庭园中。以昆虫为食，兼吃少量草籽和野果实。

地理分布 共8个亚种，分布于印度、巴基斯坦、尼泊尔、不丹、孟加拉国、缅甸、越南、泰国、老挝、柬埔寨、斯里兰卡、马来西亚、菲律宾和印度尼西亚等南亚和东南亚地区。国内有2个亚种。广泛分布于长江流域及其以南地区。云南亚种 *erimelas* 见于西藏东南部、云南、江西。华南亚种 *prosthopellus* 见于河南、陕西、甘肃、云南、四川、重庆、贵州、湖北、湖南、安徽、江苏、江西、上海、浙江、福建、广东、香港、澳门、广西、海南。云南亚种外形与华南亚种十分相似，但上体金属光泽更浓。云南亚种与华南亚种的唯一区别特征为，前者外侧第4对尾羽内、外翈均具黑缘，后者仅内翈具黑缘。

种群状况 多型种 。留鸟。常见。

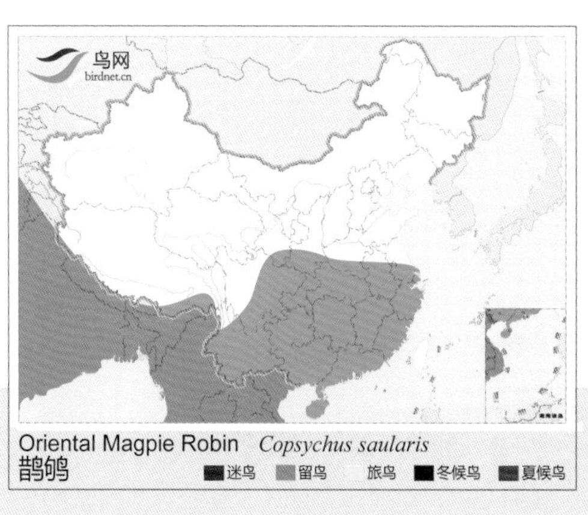

鹊鸲

Oriental Magpie Robin　*Copsychus saularis*　体长：21 cm　LC（低度关注）

白腰鹊鸲 \摄影：刘马力

白腰鹊鸲 \摄影：卓伟明

海南亚种 minor \摄影：徐勇（凤凰动力）

云南亚种 interpositus \摄影：陈承光

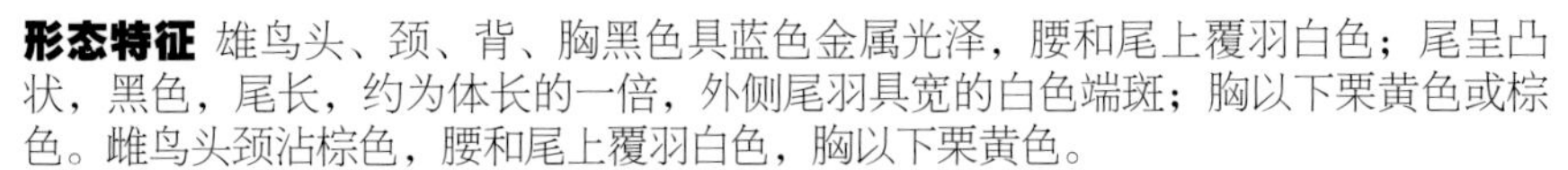

形态特征 雄鸟头、颈、背、胸黑色具蓝色金属光泽，腰和尾上覆羽白色；尾呈凸状，黑色，尾长，约为体长的一倍，外侧尾羽具宽的白色端斑；胸以下栗黄色或棕色。雌鸟头颈沾棕色，腰和尾上覆羽白色，胸以下栗黄色。

生态习性 栖息于海拔1500米以下的低山、丘陵和山脚平原地带的茂密森林中，尤以林缘、路旁次生林、竹林和疏林灌丛地区较常见。

地理分布 共12个亚种，分布于印度、尼泊尔、不丹、孟加拉国、斯里兰卡、缅甸、越南、老挝、泰国、马来西亚和印度尼西亚等东南亚地区。国内有3个亚种。云南亚种 *interpositus* 见于云南南部和东南部，个体略大，腰部白斑较宽，第4对尾羽的白色端斑较长。印度亚种 *indicus* 见于西藏东南部。海南亚种 *minor* 见于海南，个体略小，腰部白斑较狭窄，第4对尾羽的白色端斑较短。

种群状况 多型种。留鸟。不常见。

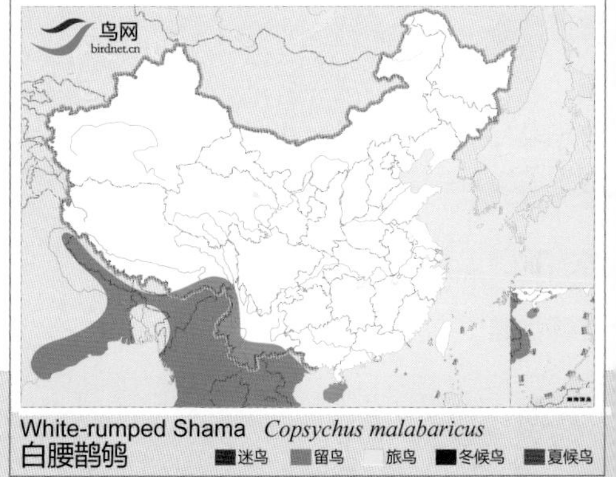

White-rumped Shama *Copsychus malabaricus*
白腰鹊鸲

白腰鹊鸲

White-rumped Shama *Copsychus malabaricus*

体长：25~28 cm

LC（低度关注）

棕薮鸲 \ 摄影：王尧天

棕薮鸲 \ 摄影：邢新国

棕薮鸲 \ 摄影：王尧天

棕薮鸲 \ 摄影：邢新国

形态特征 雄鸟具长而宽的白色眉纹自嘴基延伸至耳羽，眼下亦具白色宽纹，显著的贯眼线和髭纹黑色，头顶、头侧、颈、背及肩浅赭褐色；腰至尾上覆羽渐转至棕黄色；颏、喉白色，胸及两胁浅灰褐色，腹中央及尾下覆羽污白色。

生态习性 喜欢栖息于沙漠里和红柳灌丛。主要以昆虫为食。

地理分布 共5个亚种，分布于欧亚大陆及非洲北部，包括整个欧洲、北回归线以北的非洲地区、阿拉伯半岛。国内有1个亚种，新疆亚种 *familiaris* 见于新疆阜康县。

种群状况 多型种。夏候鸟。罕见。

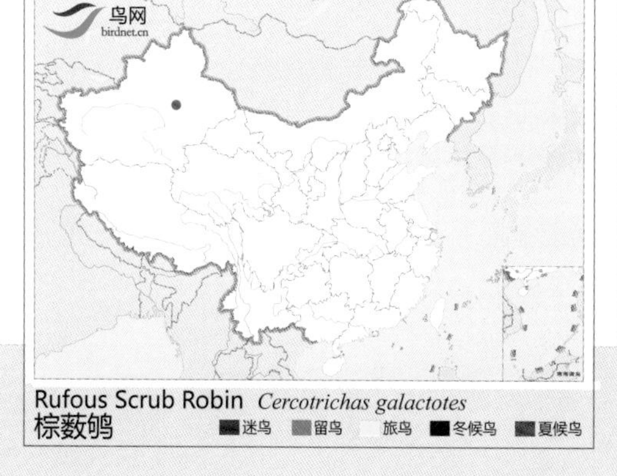

棕薮鸲

Rufous Scrub Robin　*Cercotrichas galactotes*　体长：18 cm　LC（低度关注）

贺兰山红尾鸲 \摄影：张前

贺兰山红尾鸲（雌） \摄影：文翠华

贺兰山红尾鸲（雌） \摄影：关克

贺兰山红尾鸲 \摄影：关克

形态特征 雄鸟头顶、颈背、头侧至上背蓝灰色；背、腰、尾上覆羽均为橙棕色，中央尾羽暗褐色；喉、胸橙棕色，腹部中央为白色，其余下体为淡橙棕色。雌鸟上体烟灰褐色，腰和尾上覆羽棕色，喉和胸淡烟灰色，腹和尾下覆羽白色。

生态习性 栖息于山区稠密灌丛及多松散岩石的山坡疏林中。以昆虫为食。

地理分布 中国鸟类特有种。仅分布于宁夏贺兰山、甘肃、青海东部与东北部及柴达木盆地、陕西南部、山西、河北、北京。

种群状况 单型种。留鸟，冬候鸟，稀少。罕见。

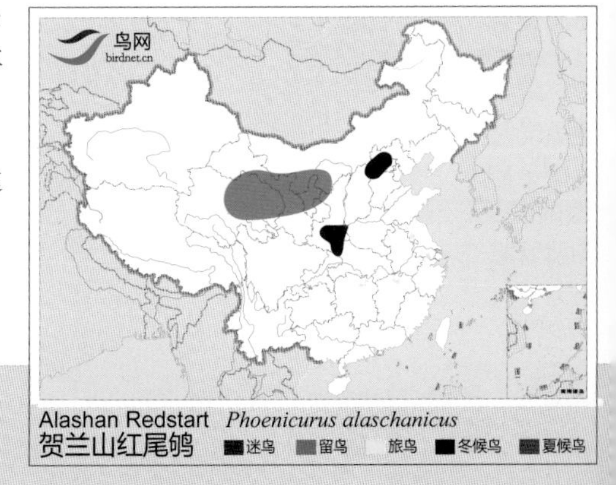

贺兰山红尾鸲

Alashan Redstart *Phoenicurus alaschanicus* 体长：16 cm NT（近危）

红背红尾鸲 \ 摄影：王尧天

红背红尾鸲 \ 摄影：刘哲青

红背红尾鸲 \ 摄影：雷洪

红背红尾鸲 \ 摄影：雷洪

形态特征 喉、胸、背及尾上覆羽棕色；头顶、颈背的灰色及浅色的眉纹与黑色的眼先、过眼纹、脸颊及肩部成对比；两翼近黑，上有白色长条纹；尾棕色，两枚中央尾羽褐色。腹部及尾下覆羽白。雌鸟浓褐，尾似雄鸟，眼圈、喉、翼上纹及三级飞羽羽缘皮黄，尾下白。

生态习性 栖息于高山针叶林多岩石的灌丛，偶见于平原地带的树林中。越冬于平原地带。栖息时尾上下抖动。繁殖期鸣声响亮。

地理分布 分布于中亚及西伯利亚南部；越冬在土耳其至伊拉克南部及喜马拉雅山脉西部。国内繁殖于新疆西部的喀什、阿克苏、天山、于阗、乌鲁木齐及阿尔泰山等地。

种群状况 单型种。夏候鸟，冬候鸟。数量稀少。

Eversmann's Redstart *Phoenicurus erythronotus*
红背红尾鸲

红背红尾鸲

Eversmann's Redstart　*Phoenicurus erythronotus*　体长：15 cm　LC（低度关注）

蓝头红尾鸲 \ 摄影：邢睿

蓝头红尾鸲 \ 摄影：刘哲青

蓝头红尾鸲（雌） \ 摄影：刘哲青

蓝头红尾鸲 \ 摄影：王尧天

形态特征 头顶及颈背蓝灰色，翼纹、三级飞羽羽缘、下胸、腹部及尾下覆羽均为白色。雌鸟体羽褐色，眼圈皮黄，腹部及尾下覆羽白色，尾上覆羽棕色，尾褐色而具狭窄的棕色羽缘。

生态习性 栖于山区针叶林多岩石的山坡灌丛。越冬于松林、灌丛及橄榄树丛。在树丛及地面取食昆虫。

地理分布 分布于从阿富汗至阿尔泰山及喜马拉雅山脉。国内见于新疆西部（喀什、天山、西阿尔泰山及乌鲁木齐），繁殖地海拔2400~4300米。越冬在海拔1200~3000米间。

种群状况 单型种 。留鸟。稀有。

蓝头红尾鸲

Blue-capped Redstart *Phoenicurus caeruleocephala* 体长：15 cm LC（低度关注）

北疆亚种 *phoenicuroides* \摄影：王尧天

普通亚种 *rufiventris* \摄影：关克

南疆亚种 *xerophilus* \摄影：夏咏

北疆亚种 *phoenicuroides* (雌)\摄影：王尧天

欧洲亚种 *gibraltariensis* \摄影：王尧天

形态特征 雄鸟头顶和背暗灰色，额、脸侧、颈侧、颏至胸黑色，腰和尾上覆羽栗棕色；中央尾羽褐色，外侧尾羽栗棕色；翅暗褐色，腹至尾下覆羽栗棕色。雌鸟上体灰褐色，两翅褐色，腰、尾上覆羽和外侧尾羽淡栗棕色，中央尾羽淡褐色；颏至胸灰褐色，腹浅棕色，尾下覆羽浅棕褐色。

生态习性 栖息于高原灌丛、草地、河谷以及有稀疏灌木生长的岩石草坡、荒漠和农田及村庄附近的小块林内。主要以昆虫为食，也吃蜘蛛及其他小型无脊椎动物，偶尔吃植物果实和种子。

地理分布 共5个亚种，分布于欧洲、北非和西亚。国内有4个亚种，北疆亚种 *phoenicuroides* 见于新疆、西藏西部，雄鸟上体黑色或灰色，头顶及上背灰色；雌鸟上体浅棕褐色略沾灰，下体羽色较淡略沾灰。普通亚种 *rufiventris* 见于华北、西北、西南、华中、华南地区，雄鸟上体棕褐色，头顶及上背黑色；雌鸟上体浅棕褐色，下体羽色较暗沾棕。南疆亚种 *xerophilus* 见于青海、新疆南部，雄鸟、雌鸟体色介于以上两亚种之间。欧洲亚种 *gibraltariensis* 见于新疆南部，下体羽色不沾棕，翅上有白色翼斑。

种群状况 多型种 。夏候鸟，冬候鸟，旅鸟。在河北、海南、台湾为迷鸟。

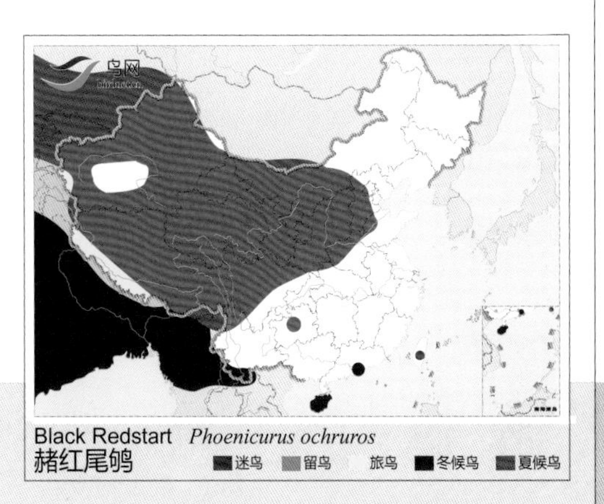

赭红尾鸲

Black Redstart　*Phoenicurus ochruros*　体长：16 cm　LC(低度关注)

欧亚红尾鸲 \摄影：东游天下

欧亚红尾鸲（雌） \摄影：东游天下

育雏 \摄影：东游天下

欧亚红尾鸲 \摄影：邢睿

形态特征 雄鸟额、眉纹白色，头顶、颈背及上背灰色，眼先、脸及喉黑色；翼褐色而无白斑；胸、腰及外侧尾羽棕色，中央尾羽深褐；腹部及尾下覆羽皮黄色。雌鸟体羽褐色，腰及外侧尾羽棕色，眼先、眼圈、腹部及尾下覆羽皮黄色。

生态习性 夏季栖于亚高山森林、灌木丛及林间空地，冬季生活于低地落叶矮树丛及耕地。

地理分布 共2个亚种，繁殖于北欧、东至贝加尔湖、外里海地区及阿尔泰山；越冬至阿拉伯半岛、非洲、中东及俾路支。国内有1个亚种，指名亚种 *phoenicurns* 主要分布在新疆的极西部地区。

种群状况 多型种。夏候鸟。稀有。

欧亚红尾鸲

Common Redstart *Phoenicurus phoenicurus* 体长：15 cm LC（低度关注）

黑喉红尾鸲 \摄影：关克

黑喉红尾鸲 \摄影：张前

黑喉红尾鸲（雌） \摄影：胡敬林

黑喉红尾鸲 \摄影：王尧天

形态特征 雄鸟前额白色，头顶至背灰色；腰、尾上覆羽和尾羽棕色或栗棕色，中央一对尾羽褐色，翅暗褐色，具白色翅斑；下体颏、喉、胸均黑色，其余下体棕色。雌鸟上体和两翅灰褐色，腰至尾和雄鸟相似，亦为棕色；眼周一圈白色；下体灰褐色，尾下覆羽浅棕色。

生态习性 栖息于海拔2000~4000米的高山和高原草地、灌丛、林缘、疏林、河谷，甚至居民点及农田附近。以昆虫为食。

地理分布 冬季少量见于尼泊尔、不丹、印度和缅甸北部等喜马拉雅山脚地区。国内主要分布于西南地区。

种群状况 单型种。夏候鸟，冬候鸟。不常见。

黑喉红尾鸲

Hodgson's Redstart　*Phoenicurus hodgsoni*　体长：15 cm　LC（低度关注）

白喉红尾鸲 \摄影：陈久桐

红腹红尾鸲 \摄影：曲意兴

红腹红尾鸲（雌） \摄影：王尧天

红腹红尾鸲 \摄影：张永

形态特征 雄鸟额至枕钴蓝色，头侧、背、两翅和尾黑色，翅上有一大形白斑，腰和尾上覆羽栗棕色。颏、喉黑色，下喉中央有一白斑，其余下体栗棕色，腹部中央灰白色。雌鸟上体橄榄褐沾棕色，腰和尾上覆羽栗棕色，翅暗褐色，具白斑，尾棕褐色；下体褐灰色沾棕，喉亦具白斑。

生态习性 繁殖期间主要栖息于海拔2000~4000米的高山针叶林、林缘与沟谷溪流沿岸灌丛。冬季常下到中低山和山脚地带。主要以昆虫为食，也吃植物果实和种子。

地理分布 分布于尼泊尔、印度阿萨姆、孟加拉国、缅甸北部。国内见于青海、甘肃、陕西、四川、云南、西藏等地。

种群状况 单型种。留鸟。区域性常见。

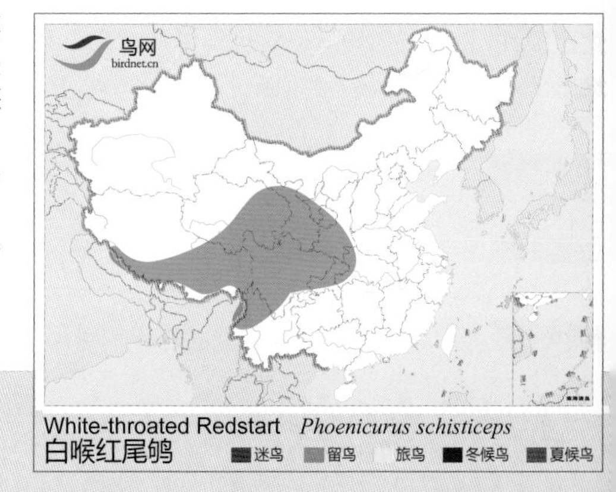

白喉红尾鸲

White-throated Redstart *Phoenicurus schisticeps* 体长：15 cm LC（低度关注）

指名亚种 *auroreus* \ 摄影：李奋清

指名亚种 *auroreus* \ 摄影：陈承光

青藏亚种 *leucopterus*（雌）\ 摄影：关克

青藏亚种 *leucopterus* \ 摄影：关克

形态特征 雄鸟头顶、枕、后颈部灰白色，脸、喉部黑色，背、翅黑色，腰、腹橙红色。雌鸟体羽橄榄褐色，下体略浅。雌雄鸟翅上均具三角形白色翼斑，尾黑，外侧尾羽橙红色。

生态习性 栖息于山地、森林、河谷、林缘及城镇。主要以昆虫为食。

地理分布 共2个亚种，繁殖于俄罗斯东西伯利亚南部、蒙古和朝鲜；越冬在印度阿萨姆、缅甸、泰国北部、老挝、越南、日本。国内2个亚种均有分布，繁殖于东北地区与中西部地区，越冬于长江以南。指名亚种 *auroreus* 分布于除新疆、西藏、青海外的各省。雄鸟上体黑色，体色较淡，头顶浅灰色，背部黑色略淡，雌鸟上体褐色较淡，尾部棕色较淡。青藏亚种 *leucopterus* 见于陕西南部、宁夏、甘肃、西藏东南部、青海东南部、云南西北部，四川西北部，雄鸟上体褐色，体色较暗，头顶灰沾黑色，背黑色较暗；雌鸟上体褐色较暗，尾部棕色较浓。

种群状况 多型种。多为夏候鸟，长江以南为冬候鸟，旅鸟。常见。

北红尾鸲

Daurian Redstart　*Phoenicurus auroreus*　体长：15 cm　LC（低度关注）

红腹红尾鸲 \摄影：刘哲青

红腹红尾鸲 \摄影：王尧天

红腹红尾鸲（雌） \摄影：张蕾

红腹红尾鸲 \摄影：王尧天

形态特征 雄鸟似北红尾鸲但体型较大，头顶及颈背灰白色，颏、喉部和胸部黑色，下胸至尾下覆羽锈棕色，尾羽栗色；翼上白斑甚大，黑色部位于冬季有烟灰色的缘饰。雌鸟似雌欧亚红尾鸲但体型较大，褐色的中央尾羽与棕色尾羽对比不强烈，翼上无白斑。

生态习性 栖息于海拔3000~5500米的开阔而多岩的高山旷野。性惧生而孤僻。炫耀时，雄鸟从栖处做高空翱翔，两翼颤抖以显示其醒目的白色翼斑。

地理分布 分布于高加索山脉、中亚、土耳其及喜马拉雅山脉。国内见于青藏高原、西部及西北部山脉、西藏、青海、甘肃南部、陕西秦岭；越冬至河北、山西、四川南部、云南北部。

种群状况 单型种。夏候鸟，冬候鸟。常见。

White-winged Redstart *Phoenicurus erythrogastrus*
红腹红尾鸲 迷鸟 留鸟 旅鸟 冬候鸟 夏候鸟

红腹红尾鸲

White-winged Redstart *Phoenicurus erythrogastrus* 体长：18 cm LC（低度关注）

蓝额红尾鸲 \摄影：李俊彦

蓝额红尾鸲 \摄影：李俊彦

蓝额红尾鸲（雌）\摄影：伍孝崇

蓝额红尾鸲 \摄影：关克

形态特征 雄鸟前额和短眉纹辉蓝色，头顶、头侧、后颈、颈侧、背、肩、两翅小覆羽和中覆羽以及颏、喉和上胸概为黑色，具蓝色金属光泽；腰、尾上覆羽及下体余部均栗棕色。雌鸟上体暗褐色沾棕，有明显的白色眼圈，下体为较淡的暗褐沾棕色。

生态习性 栖息于溪谷、林缘、灌丛，也出入于路边、农田、茶园和居民点附近的树丛与灌丛中。主要以昆虫为食，也吃少量植物果实与种子。

地理分布 分布于阿富汗西北部、巴基斯坦、克什米尔地区、尼泊尔、不丹、印度阿萨姆和锡金，冬季也见于缅甸北部。国内分布于青海、宁夏、甘肃、陕西、湖北、四川、贵州、云南和西藏等地区。

种群状况 单型种。留鸟，冬候鸟，夏候鸟。不常见。

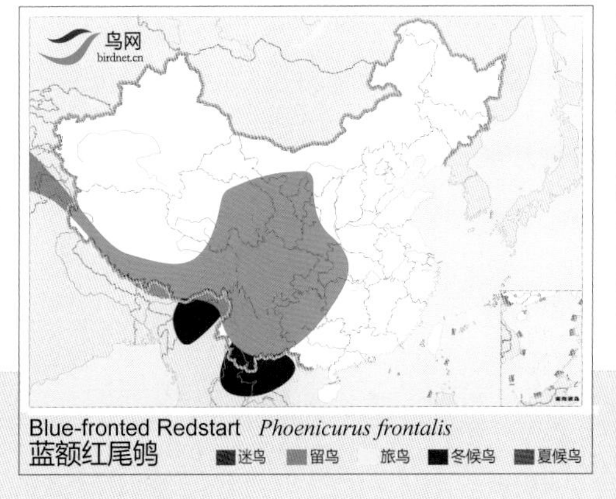

蓝额红尾鸲

Blue-fronted Redstart　*Phoenicurus frontalis*　体长：16 cm　LC（低度关注）

指名亚种 *fuliginosus*（雄）\摄影：李俊彦

台湾亚种 *affinis*（雄）\摄影：陈承光

台湾亚种 *affinis*（雌）\摄影：简廷谋

指名亚种 *fuliginosus*（雌）\摄影：关克

形态特征 雄鸟通体大都暗灰蓝色，翅黑褐色，尾羽和尾上、下覆羽均栗红色。雌鸟上体灰褐色，翅褐色，具两道白色点状斑；尾上、下覆羽及尾羽白色，端部及羽缘褐色，下体灰色，杂以不规则的白色细斑。

生态习性 主要栖息于山地溪流与河谷，尤以多石的林间、林缘溪流沿岸较常见。主要以昆虫为食，也吃少量植物果实和种子。

地理分布 共2个亚种，分布于欧亚大陆及非洲北部、阿拉伯半岛。国内有2个亚种。指名亚种 *fuliginosa* 见于西藏南部、华南大部、青海、甘肃、陕西、山西、山东、河南国等地，体羽为暗灰蓝色，额基及眼先黑色。台湾亚种 *affinis* 见于台湾，体羽深铅青色，背面略淡；眼先黑色较指名亚种淡而少。

种群状况 多型种。留鸟。在华北及黄河以南地区较为常见。

鸟网 birdnet.cn

Plumbeous Water Redstart *Rhyacornis fuliginosa*
红尾水鸲
迷鸟 留鸟 旅鸟 冬候鸟 夏候鸟

红尾水鸲

Plumbeous Water Redstart *Rhyacornis fuliginosa* 体长：14 cm LC（低度关注）

求偶 \摄影：关克

白顶溪鸲 \摄影：王军

白顶溪鸲 \摄影：李新维

白顶溪鸲 \摄影：关克

形态特征 头顶及颈背白色，前额、眼先、眼上、头侧至背部深黑色而具辉亮；腰、尾基部及腹部栗红色。雄雌同色，但雌鸟羽毛色泽较雄体稍暗淡且少辉亮。

生态习性 栖息于多岩石的山间河谷溪流，有时见于干涸的河床。主食水生昆虫，也吃少量蜘蛛、软体动物、植物果实和种子。

地理分布 分布于亚洲中部、巴基斯坦、印度北部、尼泊尔、不丹、孟加拉国、缅甸、泰国等。国内分布于华南、西南、宁夏、甘肃、青海、山西，陕西、河南、安徽，浙江、湖南等地。

种群状况 单型种。留鸟，夏候鸟，冬候鸟。

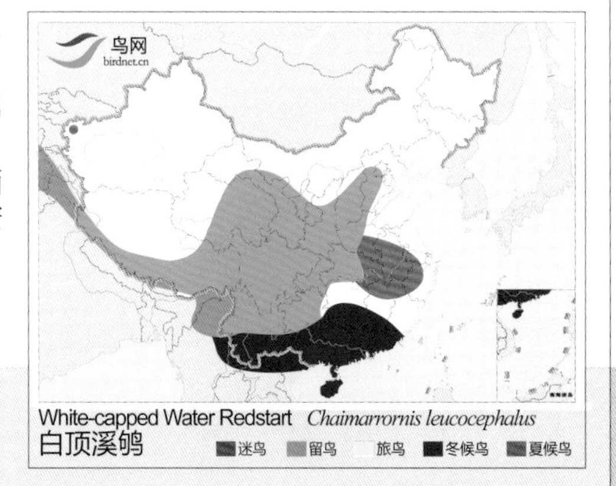

白顶溪鸲

White-capped Water Redstart　*Chaimarrornis leucocephalus*　体长：19 cm　LC（低度关注）

白腹短翅鸲 \摄影：关克

白腹短翅鸲 \摄影：胡敬林

白腹短翅鸲 \摄影：唐军

白腹短翅鸲（雌）\摄影：罗永川

形态特征 头、胸及上体青石蓝色；翼短，几不及尾基部；腹部白色，尾下覆羽黑色而端白；尾长，楔形，外侧尾羽基部棕色；两翼灰黑色，初级飞羽的覆羽具两个明显白色小点斑。雌鸟橄榄褐色，眼圈皮黄色，下体较淡。

生态习性 夏季栖于海拔2200~4300米林线以上或近林线处，但冬季下至1300米。在浓密灌丛或在近地面活动。

地理分布 共2个亚种，分布于喜马拉雅山、缅甸、印度支那北部；越冬于缅甸东部及泰国西北部。国内有1个亚种，普通亚种 *ichangensis* 见于西藏南部、云南、四川、湖北、陕西、宁夏、青海、甘肃、重庆、贵州以及山西、河北和北京。

种群状况 多型种。留鸟。不常见。

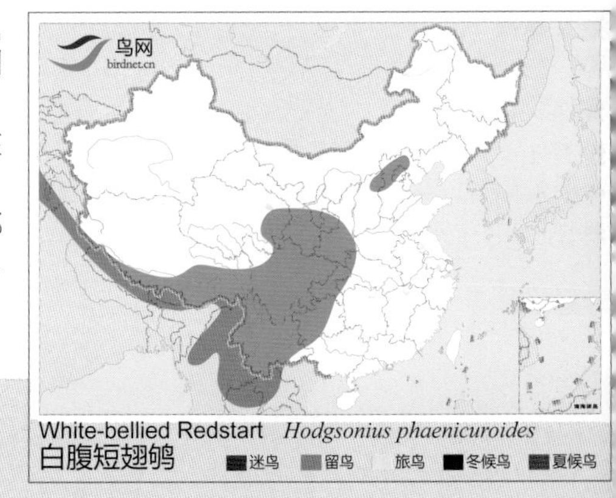

白腹短翅鸲

White-bellied Redstart *Hodgsonius phaenicuroides* 体长：18 cm LC（低度关注）

指名亚种 *leucurum* \摄影：杨曙光

台湾亚种 *montium* \摄影：简廷谋

台湾亚种 *montium* \摄影：陈承光

形态特征 雄鸟通体蓝黑色，前额、眉纹和两肩辉钴蓝色，下颈两侧隐约可见白斑，除中央和外侧各一对尾羽外，其余尾羽基部白色，在黑色的尾部形成左右各一块醒目白斑。雌鸟通体橄榄黄褐色，上体较暗，两翅黑褐色，具淡棕色羽缘，眼周皮黄色，腹中部浅灰白色，尾具白斑。

生态习性 主要栖息于海拔3000米以下的常绿阔叶林、混交林和灌丛的地上。以昆虫为食，秋冬季节也吃少量植物果实和种子。

地理分布 共3个亚种，分布于尼泊尔、不丹、孟加拉国、印度、缅甸、泰国、越南、老挝、柬埔寨、马来西亚等地。国内有2个亚种，指名亚种 *leucurum* 见于西南至东南沿海地区，前额、眉纹及两肩呈辉钴蓝色，下颈两侧隐约可见白斑；余部均黑色，有些部分沾深蓝色；尾基具白色斑块。台湾亚种 *montium* 见于台湾，前额天青蓝色，眼先、耳羽、颊、腮、喉黑色外大致为蓝黑色，除中央 尾羽外其他各羽外瓣白色。

种群状况 多型种。留鸟。不常见。

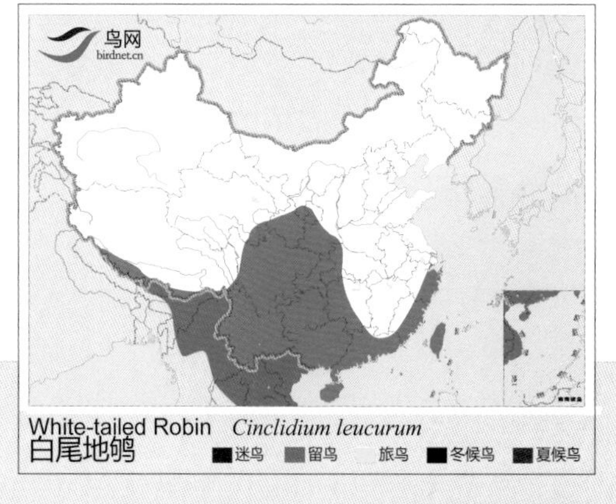

白尾地鸲

White-tailed Robin　　*Cinclidium leucurum*　　体长：18 cm　　LC（低度关注）

蓝额地鸲（雌）\摄影：John Willsher

蓝额地鸲（雄）\摄影：Ramesh Anantharaman

形态特征 尾长而呈楔形，无白色。雄雌两性均似白尾地鸲，但颈及尾少白色斑块。额、眉纹及肩部为闪辉蓝色，较白尾地鸲色暗。

生态习性 栖于亚热带常绿阔叶林和竹林。性隐蔽。

地理分布 共2个亚种，喜马拉雅山脉西段至印度支那北部。国内有西南亚种 *orientale* 见于四川石棉的大渡河、云南南部。指名亚种 *frontale* 可能见于西藏东南部。

种群状况 多型种。留鸟。稀有种。

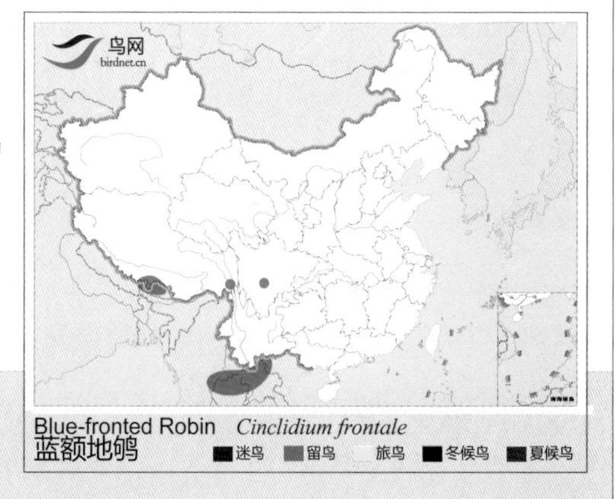

蓝额地鸲

Blue-fronted Robin　　*Cinclidium frontale*　　体长：19 cm　　LC（低度关注）

蓝大翅鸲 \摄影：罗永川

蓝大翅鸲 \摄影：唐军

蓝大翅鸲（雌） \摄影：肖克坚

蓝大翅鸲 \摄影：肖克坚

形态特征 雄鸟全身亮紫蓝色而具丝光，仅眼先、翼及尾黑色；尾略分叉。雌鸟上体灰褐色，头至上背具皮黄色纵纹；下体灰褐色，喉及胸具皮黄色纵纹；飞行时两翼基部内侧区域的白色明显，覆羽羽端白色，腰及尾上覆羽沾蓝色。

生态习性 栖息于灌丛以上的高山草甸及裸岩山顶地带，喜活动于山脊及高处。有时同性别的鸟结成小群至大群。

地理分布 国外分布于喜马拉雅山脉。国内分布于西藏南部及东南部、云南西北部、青海东部、甘肃西部、四川西部等地区。

种群状况 单型种。留鸟。不常见。

蓝大翅鸲

Grandala *Grandala coelicolor*

体长：21 cm

LC（低度关注）

小燕尾 \ 摄影：简廷谋

小燕尾 \ 摄影：赖健豪

小燕尾 \ 摄影：王尧天

小燕尾 \ 摄影：田穗兴

形态特征 额、头顶前部、腰和尾上覆羽为白色，腰部白色间横贯一道黑斑，上体余部黑色；两翅黑褐色，大覆羽先端及次级飞羽基部白色，形成一道明显的白色翼斑；尾短，具浅叉；中央尾黑褐色，基部白色，外侧尾羽几乎全为白色。颏、喉和上胸黑色，下体余部白色。

生态习性 栖息于海拔800~2000米间的山涧溪流与河谷沿岸，多成对活动。主要以水生昆虫为食。

地理分布 分布于阿富汗、孟加拉国、不丹、印度、哈萨克斯坦、吉尔吉斯斯坦、缅甸、尼泊尔、巴基斯坦、塔吉克斯坦、越南。国内分布于甘肃、陕西、长江以南地区、四川、云南、西藏及台湾。

种群状况 单型种。留鸟。不常见。

Little Forktail *Enicurus scouleri*
小燕尾

小燕尾

Little Forktail　*Enicurus scouleri*　体长：13 cm　LC（低度关注）

黑背燕尾 \摄影：王尧天

黑背燕尾 \摄影：张波

黑背燕尾 \摄影：张波

形态特征 额和头顶前部白色，头顶后至背部辉黑色；腰、尾上覆羽白色，胸白色。雌鸟头顶后部沾浓褐色，其他似雄鸟。

生态习性 一般单独或成对栖息于溪流水边的岩石上，或在山涧急流附近以及沿溪的树丛间或村寨中的水沟边。主要以昆虫为食。

地理分布 分布于喜马拉雅山脉至缅甸北部及泰国北部。国内主要分布于云南西部、西藏东南部等地。

种群状况 单型种。留鸟。罕见。

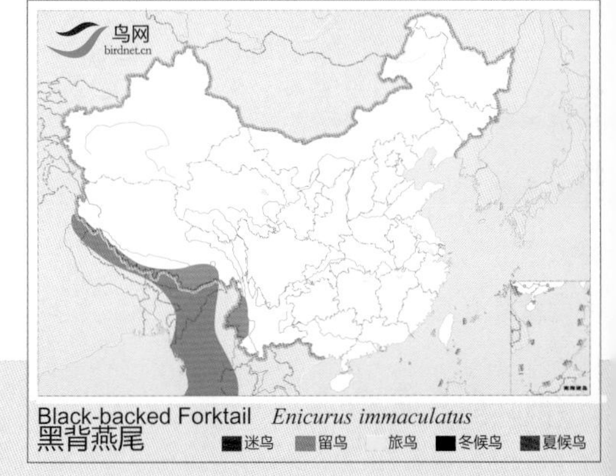

黑背燕尾

Black-backed Forktail *Enicurus immaculatus* 体长：22 cm **LC（低度关注）**

灰背燕尾 \ 摄影：张代富

灰背燕尾 \ 摄影：张波

灰背燕尾 \ 摄影：陈峰

形态特征 雌雄同色。前额和腰白色，头顶至背蓝灰色；翅黑色具白色翼斑。黑色的尾羽较长，呈深叉状。下体喉黑色，余部纯白。

生态习性 栖息于海拔400~1800米的山林，常见于多岩石的山间溪流。主要以水生昆虫为食。

地理分布 分布于印度、尼泊尔、缅甸、泰国北部、老挝、越南。国内分布于湖南南部、福建东部和西北部、广东北部和南部、广西瑶山、四川、云南及贵州。

种群状况 单型种。留鸟。不常见。

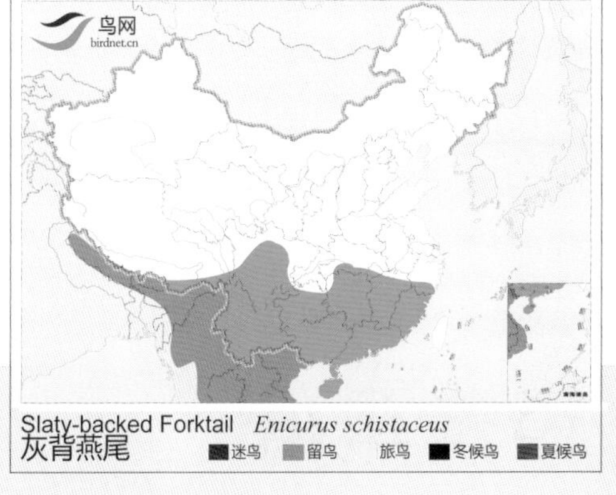

灰背燕尾

Slaty-backed Forktail　*Enicurus schistaceus*　体长：23 cm　LC（低度关注）

中国亚种 *sinensis* \ 摄影：沈强

中国亚种 *sinensis* \ 摄影：王尧天

中国亚种 *sinensis* \ 摄影：关克

形态特征 雌雄羽色相似，通体黑白相杂。额和头顶前部白色，其余头、颈、背黑色，腰白色，两翅黑褐色，具白色翅斑。下体颏、喉至胸黑色，余部白色。尾长，呈深叉状。尾羽黑白相间，具白色端斑。

生态习性 栖息于山涧溪流与河谷沿岸，多停息在水边或水中石头上。在浅水中觅食，主要以水生昆虫为食。

地理分布 共6个亚种，分布于印度东北部、孟加拉国、缅甸、泰国、老挝、越南、马来西亚、印度尼西亚。国内有2个亚种。分布于长江流域及其以南的广大地区，北至河南、陕西、甘肃的南部，西至四川、贵州、西藏和云南，南至广东、香港、海南。印度亚种 *indicus* 见于西藏东南部、云南南部。印度亚种与中国亚种 *sinensis* 十分相似，但外侧尾羽较长，因此最外侧一对尾羽与外侧第二对尾羽之差较小。

种群状况 多型种。留鸟。常见。

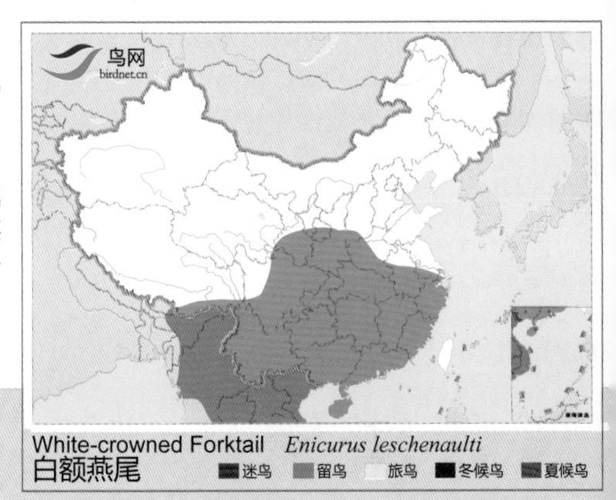

白额燕尾

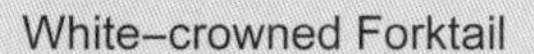

White–crowned Forktail *Enicurus leschenaulti* 体长：27 cm LC（低度关注）

云南亚种 *guttatus* \摄影：王尧天

华南亚种 *maculatus* \摄影：许传辉

指名亚种 *bacatus* \摄影：顾云芳

形态特征 尾羽较长，呈深叉状。额至前头顶白色，头顶黑褐色，其羽端黑色。眼先、颈、背和两肩黑色。后颈下部贯以一道白色缀黑的横带。两肩及背部杂以白色小圆斑。颏至胸部黑色。腹和尾下覆羽白色。雌雄相似，雄鸟黑色或黑褐色部分在雌鸟多为褐色。

生态习性 栖息于海拔800~2000米山区多岩石的小溪流，有时出现在沿溪的树丛间或村寨中的水沟边。主要以水生昆虫为食，仅食少量的植物性食物。

地理分布 共4个亚种，分布于印度、缅甸、尼泊尔、越南等国家。国内有3个亚种。云南亚种 *guttatus* 见于西藏西部、云南、四川中部、湖南，背部的白斑较小，胸纯黑色。华南亚种 *maculatus* 见于西藏南部，背部的白斑较大，呈新月形，胸黑色羽具白端。指名亚种 *bacatus* 见于江西、福建、广东，背部的白斑较大，呈圆形，胸纯黑色。

种群状况 多型种。留鸟。常见。

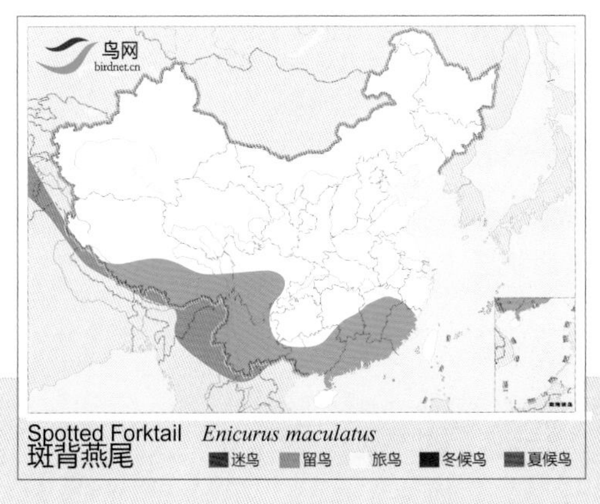

斑背燕尾

Spotted Forktail　　*Enicurus maculatus*　　体长：27 cm　　LC（低度关注）

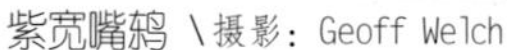
紫宽嘴鸫 \摄影：Geoff Welch

紫宽嘴鸫 \摄影：Geoff Welch

形态特征 雄鸟通体淡紫色，头顶和尾羽紫蓝色沾灰，脸侧和颈部黑色，飞羽淡紫色，其羽缘及端部黑色；下体均为淡紫色。雌鸟除头顶、腹和尾与雄鸟相似，其余为红棕色。

生态习性 栖于常绿阔叶林内。通常在最高的果树上觅食，有时也于地面觅食。以食昆虫为主，也吃甲壳类等无脊椎动物和植物果实与种子。

地理分布 分布于印度次大陆、中南半岛。国内西藏东南部、云南西部、贵州西部及四川中部。

种群状况 单型种。留鸟。稀少。

鸟网 birdnet.cn
Purple Cochoa *Cochoa purpurea*
紫宽嘴鸫 迷鸟 留鸟 旅鸟 冬候鸟 夏候鸟

紫宽嘴鸫

Purple Cochoa *Cochoa purpurea* 体长：28 cm LC（低度关注）

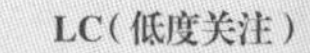

绿宽嘴鸫 \摄影：李敏

绿宽嘴鸫 \摄影：董江天

形态特征 头顶与尾羽蓝色，脸侧黑色，两肩至尾上覆羽暗绿色。两翅具灰蓝、黑、褐等色相镶的翼斑，尾羽具黑色端斑，下体淡绿色。雌鸟与雄鸟相似，但雄鸟蓝色部分在雌鸟却为褐色替代。

生态习性 栖息于常绿阔叶林内或出没于小溪边及险峻的地方。食物以昆虫、浆果为主，兼食一些软体动物。

地理分布 分布于印度次大陆。国内见于西藏东南部、云南南部、福建等地。

种群状况 单型种。留鸟。稀少。

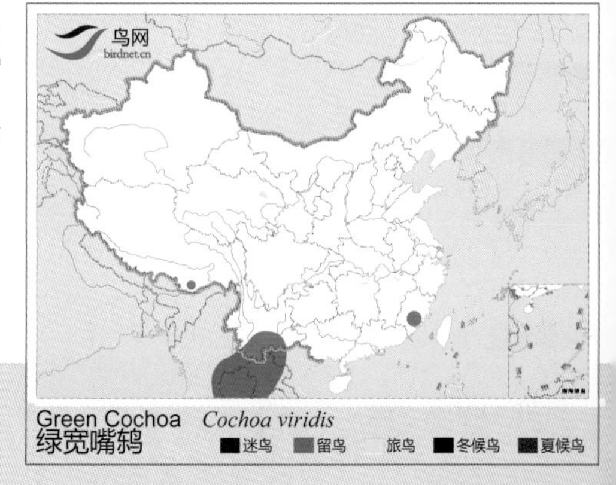

Green Cochoa *Cochoa viridis*
绿宽嘴鸫

绿宽嘴鸫

Green Cochoa *Cochoa viridis* 体长：28 cm LC（低度关注）

东北亚种 *stejnegeri* \ 摄影：段文科

青藏亚种 *presvalskii* \ 摄影：关克

青藏亚种 *presvalskii*（雌）\ 摄影：关克

新疆亚种 *maura* \ 摄影：许传辉

形态特征 雄鸟头部及飞羽黑色，背深褐色，颈及翼上具粗大的白斑，腰白，下体白而带淡红色，胸棕色。雌鸟淡褐色而无黑色，下体皮黄色，仅翼上具白斑。

生态习性 栖息于开阔的低山、丘陵、平原、草地、沼泽、田间灌丛及旷野。在地面捕食昆虫、蚯蚓、蜘蛛及其他无脊椎动物，也食少量植物果实和种子。

地理分布 共24个亚种，分布于欧洲西部、南部，亚洲大部，非洲及附近岛屿。国内有3个亚种。东北亚种 *stejnegeri* 繁殖于东北，嘴较粗宽，肩部白斑较小，体色较暗，下体棕色较浅淡，下腹近白色，两胁微沾棕色。青藏亚种 *presvalskii* 繁殖于新疆南部、青海、甘肃、陕西、四川至西藏南部及西南地区，嘴较粗宽，肩部白斑较小，体色较暗，下体及两胁棕色较浓，下腹非纯白色中央稍淡。新疆亚种 *maura* 繁殖于新疆北部及西部，嘴较细长，肩部白斑较大，体色浅淡，下覆纯白色。冬季北方繁殖期的黑喉石䳭南迁越冬于长江以南。

种群状况 多型种。夏候鸟，冬候鸟，旅鸟，留鸟。常见。

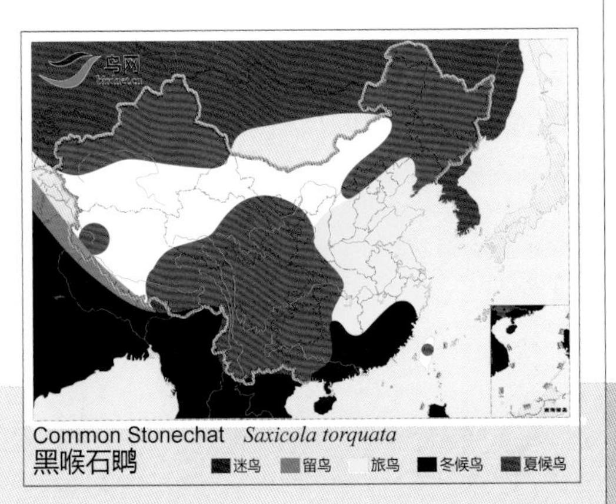

黑喉石䳭

Common Stonechat　*Saxicola torquata*

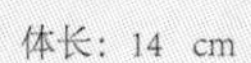

体长：14 cm

NE（未评估）

白喉石䳭 \ 摄影：张铭

白喉石䳭 \ 摄影：张铭

白喉石䳭 \ 摄影：张铭

形态特征 颏、喉白色，与颈侧形成不完整的颈圈，头、背黑色，尾上覆羽白色；胸、腹锈红色，尾下覆羽棕白色，翅具大型白色块斑。雌鸟上体褐色，翅具两道棕褐色宽阔横斑；下体淡锈棕色，喉、胸部较暗。

生态习性 栖息于多岩石的高山上或山下的平原、草地的灌丛中。多在地面觅食昆虫。

地理分布 分布于俄罗斯、蒙古、印度、尼泊尔、不丹。国内分布于内蒙古、陕西、宁夏、新疆、青海。

种群状况 单型种。旅鸟。稀少。

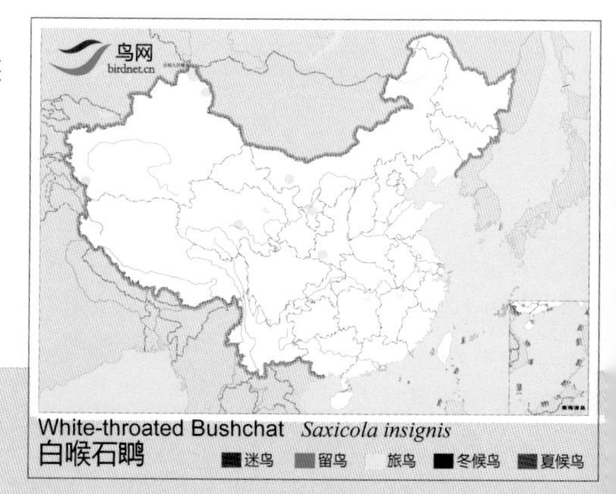

白喉石䳭

White-throated Bushchat *Saxicola insignis* 体长：14 cm VU（易危）

黑白林䳭 \ 摄影：Ayuwat Jearwattanakanok

黑白林䳭 \ 摄影：Wattana Choaree

形态特征 雄鸟上体全辉黑色，下体纯白色。雌鸟上体褐色，腰棕褐色，喉白色，下体余部浅棕色，胸及两胁色较深。

生态习性 惧生，单独或成对活动，常栖于草茎并跳下捕捉昆虫等猎物。

地理分布 分布于孟加拉国、缅甸北部及东部、泰国北部、老挝北部、越南西北部。国内仅分布于云南西部和西南部。

种群状况 单型种。留鸟。罕见。

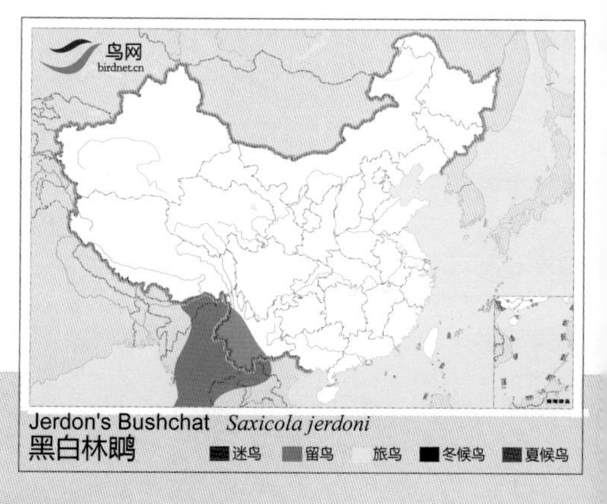

黑白林䳭

Jerdon's Bushchat *Saxicola jerdoni* 体长：15 cm LC（低度关注）

白斑黑石䳭 \ 摄影：关克

白斑黑石䳭 \ 摄影：朱英

白斑黑石䳭 \ 摄影：唐承贵

白斑黑石䳭（雌）\ 摄影：关克

形态特征 雄鸟通体黑色。两翼近背部上条纹、腰及尾上下覆羽均为白色。雌鸟除尾上覆羽红棕色外，上体暗褐色，下体浅褐色沾棕。

生态习性 喜干燥开阔的多草原野。栖于突出位置如矮树丛顶、岩石、柱子或电线，追捕昆虫等猎物。

地理分布 共16个亚种，分布于伊朗、东南亚、菲律宾、苏拉威西岛、马来诸岛及新几内亚。国内有1个亚种，西南亚种*burmanica*分布于西藏东南部、四川南部和云南。

种群状况 多型种。留鸟。稀少。

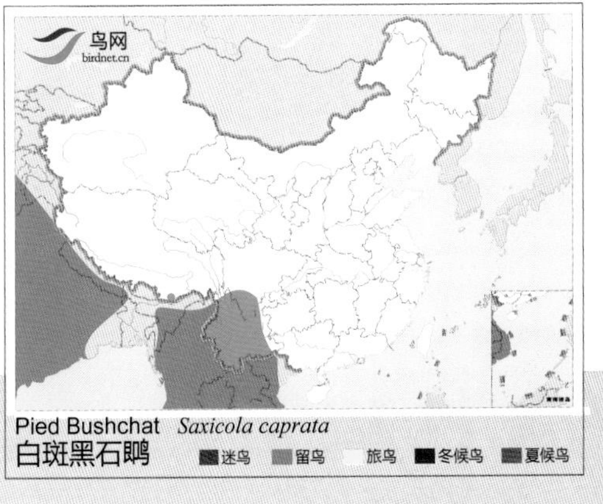

白斑黑石䳭

Pied Bushchat　*Saxicola caprata*

体长：14 cm

LC（低度关注）

普通亚种 *haringtoni* \ 摄影：陈东明

普通亚种 *haringtoni*（雌）\ 摄影：冯启文

指名亚种 *ferreus*（雌）\ 摄影：张前

指名亚种 *ferreus* \ 摄影：关克

形态特征 雄鸟上体暗灰色，具黑褐色纵纹，白色眉纹长而显著；两翅黑褐色，具白色斑纹；下体白色，胸和两胁烟灰色。雌鸟上体红褐色，微具黑色纵纹；下体颏、喉白色，其余下体棕白色。

生态习性 栖息于海拔3000米以下的林缘疏林、灌丛、草坡以及沟谷、农田和路边灌丛、草地。主要以昆虫为食。

地理分布 共2个亚种，分布于阿富汗、巴基斯坦，向东至中国新疆及各邻国。国内有2个亚种。指名亚种 *ferreus* 分布于西藏南部、云南，雄鸟上体多黑纹，较暗；下体白色沾灰；雌鸟上体灰褐色；颏、喉及上胸近白，腹部沾棕。普通亚种 *haringtoni* 分布于甘肃、陕西、长江流域，一直往南到东南沿海，东至华中，偶见于台湾。雄鸟上体黑纹较少，且不明显，并较多棕褐色，下体灰白沾棕；雌鸟上体多棕色，下体棕褐色。

种群状况 多型种。留鸟。常见。

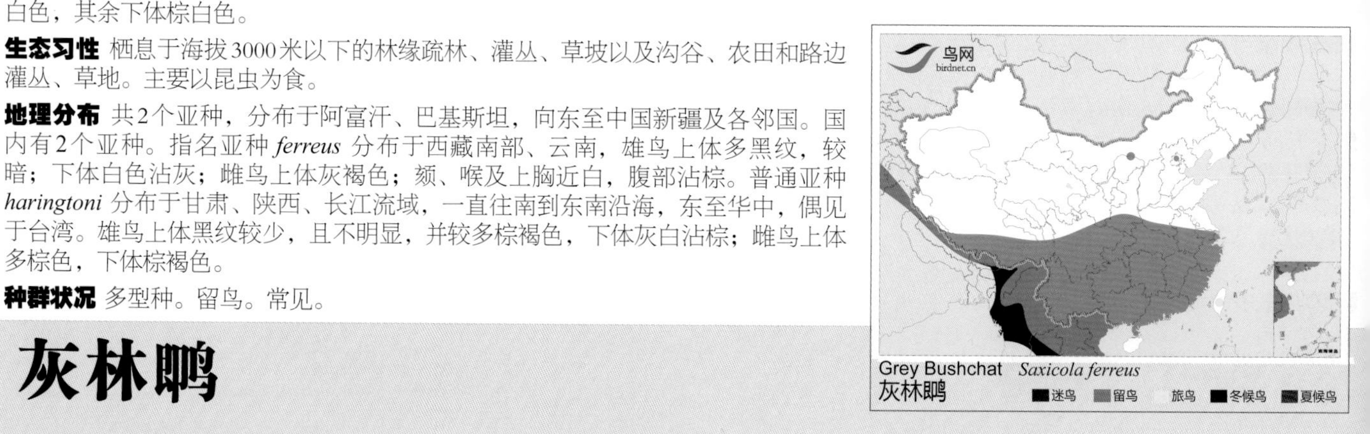

灰林䳭

Grey Bushchat *Saxicola ferreus*

体长：14 cm

LC（低度关注）

穗䳭 \ 摄影：王尧天

穗䳭 \ 摄影：王尧天

穗䳭 \ 摄影：简廷谋

穗䳭 \ 摄影：王尧天

形态特征 雄鸟额及眉纹白色，眼先及脸黑色；头顶、颈侧、背及腰灰色，近腰处沾褐色，尾上覆羽白色；两翼色深而腰白，下体白色。雌鸟上体灰褐色，脸部无黑色。

生态习性 栖息于海拔2400米以上山地草原及多岩石草地。主要以昆虫为食，兼食少量植物果实。

地理分布 共4个亚种，分布于欧洲、亚洲、非洲和北美洲。国内有1个亚种，指名亚种 *oenanthe* 在新疆、内蒙古、宁夏及山西有繁殖，江苏南部及河北北戴河有迷鸟记录。

种群状况 多型种。夏候鸟。常见。

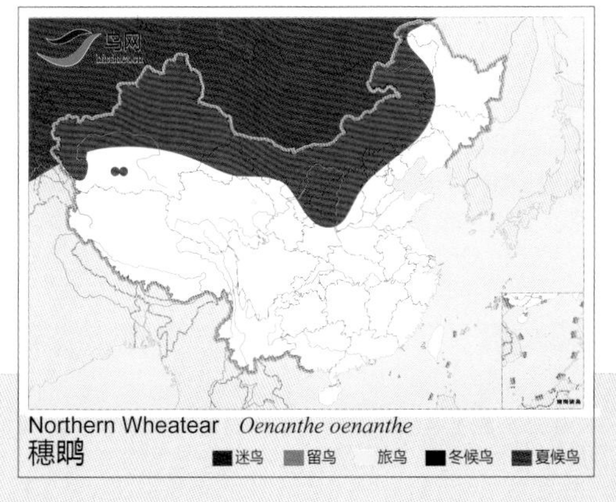

穗䳭

Northern Wheatear　　*Oenanthe oenanthe*　　体长：15 cm　　LC（低度关注）

东方斑鵖 \摄影：姜效敏

东方斑鵖 \摄影：姜效敏

东方斑鵖 \摄影：邓嗣光

形态特征 雄鸟上体黑色，仅腰及外侧尾羽基部白色，下体全白或全黑色，仅颏、喉、上胸黑色。雌鸟多变，一般似雄鸟，黑色被烟黑或灰黑色替代。

生态习性 善鸣啭，鸣啭时两翼振动，尾羽展开呈扇状下垂。觅食昆虫时常双脚跳猛捕猎物，有时空中飞捕昆虫。

地理分布 分布于伊朗至土耳其、喜马拉雅山脉至克什米尔地区，越冬于伊朗南部至印度西北部。国内偶见于新疆西南的喀什地区。

种群状况 单型种。冬候鸟。偶见。

东方斑鵖

Variable Wheatear *Oenanthe picata* 体长：16 cm LC（低度关注）

新疆亚种 *vittata* \摄影：郭宏

白顶鵖（雌） \摄影：王尧天

白顶鵖 \摄影：王尧天

形态特征 雄鸟上体黑色，仅腰、头顶及颈背白色；外侧尾羽基部灰白；下体白色，仅颏及喉黑色；与东方斑鵖雄鸟的区别在本种头顶灰色较重且胸沾皮黄色。雌鸟上体偏褐色，眉纹皮黄色，外侧尾羽基部白色；颏、喉色深，白色羽尖成鳞状纹，胸偏红色，两胁皮黄色，臀白色。

生态习性 栖息于多石块而有矮树的荒地、农田、城镇。以昆虫为食。

地理分布 分布于罗马尼亚至俄罗斯南部及外贝加尔地区；冬季南移至伊朗、阿拉伯及东非。国内分布于新疆西部、青海、甘肃、宁夏、内蒙古、陕西、山西、河南、河北及辽宁等地。新疆亚种 *vittata* 迷鸟见于新疆喀什，非常少见，主要特征为白喉。中国鸟类新纪录。

种群状况 单型种。夏候鸟。区域性常见。

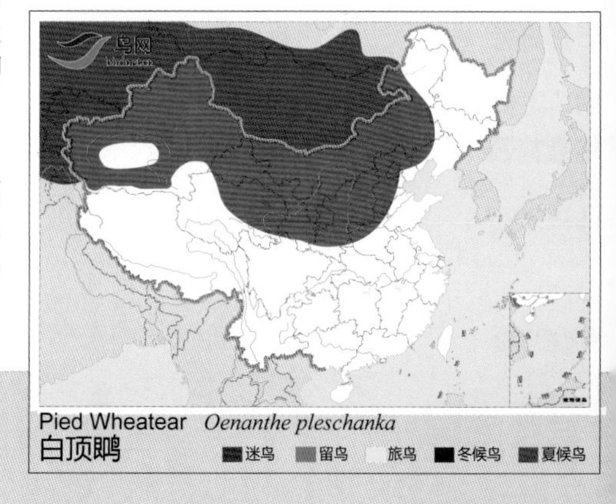

白顶鵖

Pied Wheatear *Oenanthe pleschanka* 体长：15 cm LC（低度关注）

蒙新亚种 *atrogularis* \摄影：王尧天

蒙新亚种 *atrogularis* \摄影：关克

蒙新亚种 *atrogularis* \摄影：王尧天

青藏亚种 *oreophila* \摄影：陈承光

形态特征 雄鸟体背面沙棕色，腰、尾上覆羽白色；尾黑色，基部白色；脸侧、颈侧及喉黑色。雌鸟体背面土褐色，颏、喉白色。

生态习性 喜多石的荒漠及荒地。常栖于低矮植被上。甚惧生。常飞至岩石后藏身。

地理分布 共3个亚种，分布于西伯利亚南部，亚洲西南部，冬迁至亚洲南部及非洲北部。喜马拉雅山脉西部。国内有2个亚种。蒙新亚种 *atrogularis* 见于新疆西北部、西藏西部、宁夏、陕西北部、甘肃，飞羽内翈基部边缘的白色部分面积较小，仅为羽缘状。青藏亚种 *oreophila* 见于新疆西南部、青海及西藏西部和东南部。飞羽内翈基部边缘的白色部分面积较大，长至羽轴。

种群状况 多型种。留鸟，夏候鸟。常见。

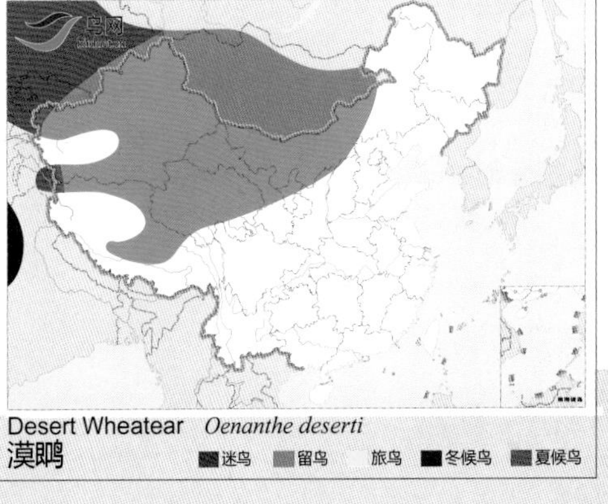

漠䳭

Desert Wheatear　　*Oenanthe deserti*　　体长：15 cm　　LC（低度关注）

沙鵰 \ 摄影：简廷谋

沙鵰 \ 摄影：王尧天

沙鵰 \ 摄影：刘哲青

沙鵰 \ 摄影：段文科

形态特征 上体沙褐色，尾上覆羽白色；下体沙灰白色沾褐色。雄雌同色，但雄鸟眼先较黑，眉纹及眼圈苍白。

生态习性 栖息于干旱荒漠及海拔3000米左右的草原。性活跃，胆大。主要以昆虫为食。

地理分布 分布于欧洲东南部经中东至喜马拉雅山脉西北部、俄罗斯东南部及蒙古；越冬至印度西北部及非洲中部。国内见于新疆、青海、甘肃、陕西北部、内蒙古。

种群状况 单型种。夏候鸟。常见。

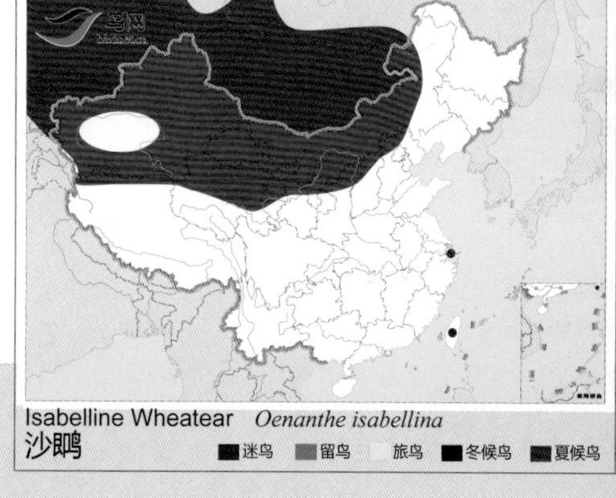

沙鵰

Isabelline Wheatear *Oenanthe isabellina*

体长：16 cm

LC（低度关注）

白背矶鸫 \ 摄影：王尧天

白背矶鸫 \ 摄影：王尧天

白背矶鸫 \ 摄影：顾云芳

白背矶鸫 \ 摄影：王尧天

形态特征 雄鸟头部蓝色，下体栗色，背部中央白色。雌鸟上体灰褐色，下体皮黄色，满布鳞状黑斑。

生态习性 多见于海拔较高的地区以及高山草甸岩石间灌丛。常栖于突出的岩石或裸露树顶。主要以昆虫为食。

地理分布 分布于欧洲、北非至土耳其、俄罗斯的外贝加尔地区；冬季迁徙经印度西北部、伊朗及阿拉伯至苏丹及坦桑尼亚南部。国内常见于新疆西北部、青海、宁夏、内蒙古、河北等地。偶尔还见于更往南的地区。

种群状况 单型种。夏候鸟。常见。

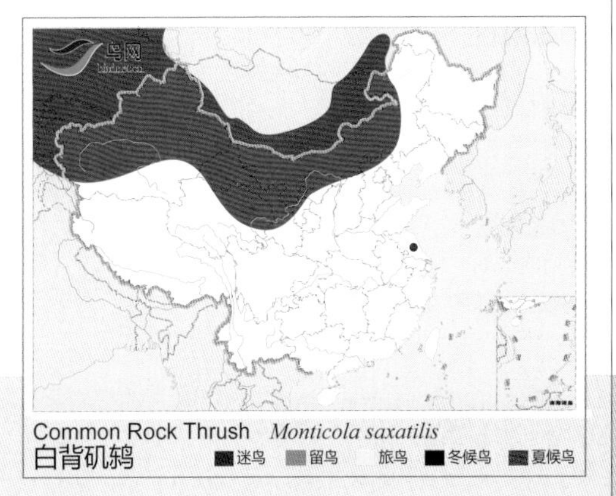

白背矶鸫

Common Rock Thrush　　*Monticola saxatilis*　　体长：19 cm　　LC（低度关注）

白喉矶鸫 \摄影：沈强

白喉矶鸫（雌） \摄影：沈强

白喉矶鸫 \摄影：雷大勇

白喉矶鸫（雌） \摄影：雷大勇

形态特征 雄鸟头顶、颈背及肩部蓝色；头侧黑，下体多橙栗色，喉具白色斑块，翼也具白色斑块。雌鸟羽色暗淡，上体大都为橄榄褐色，具黑色粗鳞状斑纹；下体呈斑杂状。

生态习性 栖息于海拔800~1800米多岩山地的针阔混交林和针叶林中。常见其站在树顶或岩石上长时间静立不动或高声鸣叫。食物几乎完全为昆虫。

地理分布 繁殖于古北界的东北部，越冬于中国南方及东南亚，偶见于日本。国内见于东北、华北以及东部和南部沿海地区。

种群状况 单型种。我国东北地区至河北、山西南部为夏候鸟；东部、南部为冬候鸟。

白喉矶鸫

White-throated Rock Thrush *Monticola gularis* 体长：19 cm LC（低度关注）

栗腹矶鸫（雌）\摄影：朱英

栗腹矶鸫 \摄影：捕风捉影

栗腹矶鸫（雌）\摄影：朱英

栗腹矶鸫 \摄影：朱英

栗腹矶鸫 \摄影：陈添平

形态特征 雄鸟头、上体钴蓝色，脸具黑色脸斑。下体栗红色；华南亚种和藏西亚种全身灰蓝色。雌鸟上体橄榄褐色，下体棕白色，满布深褐色扇贝形斑纹。

生态习性 海拔1000~3000米的森林，越冬在低海拔开阔而多岩的山坡林地。性极机警。以昆虫为食。

地理分布 分布于巴基斯坦、印度、孟加拉国北部。见于西藏南部及东南部、四川、湖北西部、福建、云南、贵州、广西和广东等地。

种群状况 单型种。留鸟。常见。

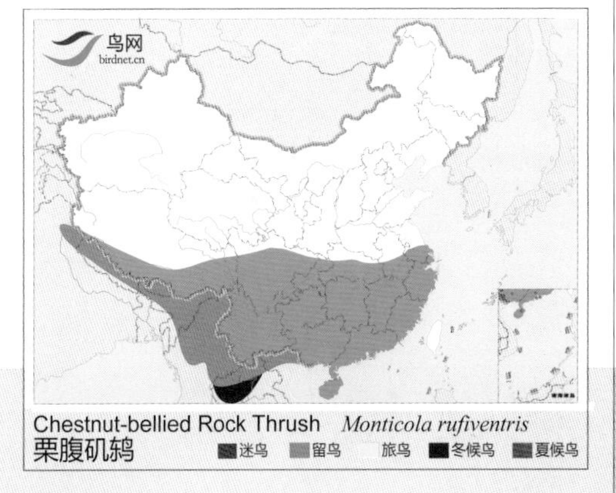

栗腹矶鸫

Chestnut-bellied Rock Thrush　*Monticola rufiventris*　体长：24 cm　LC（低度关注）

华南亚种 *pandoo* \摄影：王军

华北亚种 *philippensis* \摄影：冯启文

蓝矶鸫（雌）\摄影：简廷谋

华南亚种 *pandoo* \摄影：王尧天

华北亚种 *philippensis* \摄影：吴建晖

形态特征 雄鸟上体几乎纯蓝色，两翅和尾近黑色；下体前蓝后栗红色。华南亚种 pandoo 腹以下蓝色。雌鸟上体蓝灰色，翅和尾亦呈黑色；下体棕白色，各羽缀以黑色波状斑。

生态习性 夏季常栖息于低山峡谷以及山溪、湖泊等水域附近的岩石山地，也栖息于海滨岩石和附近的山林中。主要以昆虫为食。

地理分布 共5个亚种，分布于欧亚大陆、菲律宾、东南亚、马来半岛、苏门答腊及婆罗洲。国内有3个亚种。藏西亚种 *longirostris* 分布于西南、湖北、福建、广西和广东等地，通体蓝色较淡，较多灰色，雄鸟成鸟通体蓝色或蓝灰色。华南亚种 *pandoo* 分布于西南、华南、甘肃、陕西、湖北、湖南、江苏、浙江、福建、新疆及台湾等地，通体蓝色较浓，雄鸟成鸟通体蓝色或蓝灰色。华北亚种 *philippensis* 分布于东北、华北、华东，河南、四川、云南、贵州、江西、广东、海南及台湾等地，雄性成鸟上体蓝色，下体自颏至胸亦蓝，胸部以下纯栗红色。

种群状况 多型种。留鸟，夏候鸟。常见。

鸟网 birdnet.cn

Blue Rock Thrush *Monticola solitarius*
蓝矶鸫 迷鸟 留鸟 旅鸟 冬候鸟 夏候鸟

蓝矶鸫

Blue Rock Thrush *Monticola solitarius* 体长：20 cm LC（低度关注）

蓝头矶鸫 \摄影：Dethan Punalur

蓝头矶鸫 \摄影：田穗兴

蓝头矶鸫 \摄影：Mark Andrews

形态特征 额至后颈及翅上的小覆羽均钴蓝色，腰和尾上覆羽浓栗色；翅及上背较黑，翼上具白色块斑。下体浓栗色，至尾下覆羽转为棕黄色。雌鸟上体大都橄榄褐色，下体白色具深褐色的扇贝状纹，背及尾橄榄褐色，尾下覆羽白色。雌雄喉部中央都有一大型白斑。

生态习性 栖息于多岩山地林间，性隐蔽。有警情时立姿甚直。以昆虫为食。

地理分布 分布于喜马拉雅山脉及印度东北部丘陵，越冬至缅甸。国内罕见，繁殖于西藏东南部。

种群状况 单型种。留鸟，候鸟。国内罕见。

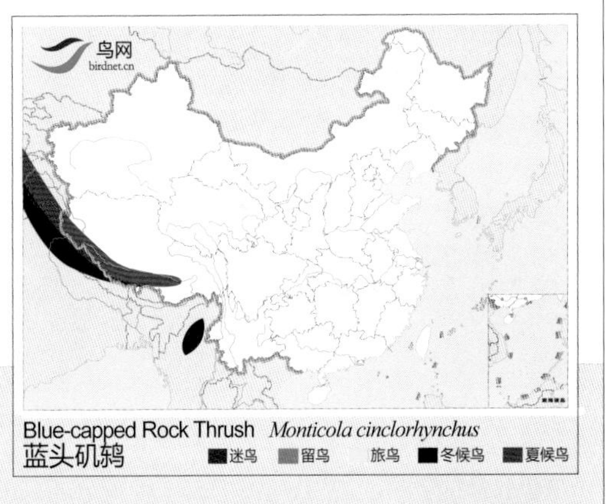

蓝头矶鸫

Blue-capped Rock Thrush *Monticola cinclorhynchus* 体长：19 cm LC（低度关注）

台湾紫啸鸫 \摄影：简廷谋

台湾紫啸鸫 \摄影：陈承光

形态特征 雌雄鸟羽色相似，通体黑色，具紫色光泽。上体无金属闪辉羽片，额、翼角及胸、腹和翼的覆羽有蓝色光泽。

生态习性 栖息于中、低海拔林区多岩石的溪流附近以及潮湿的林地，只要有清澈的溪流，便不难发现其踪迹。常单独出现在多岩石的山溪或崎岖的岩石间，在溪边觅食，以昆虫、两栖类和鱼类为食。

地理分布 中国鸟类特有种。仅分布于台湾。

种群状况 单型种。留鸟。常见。

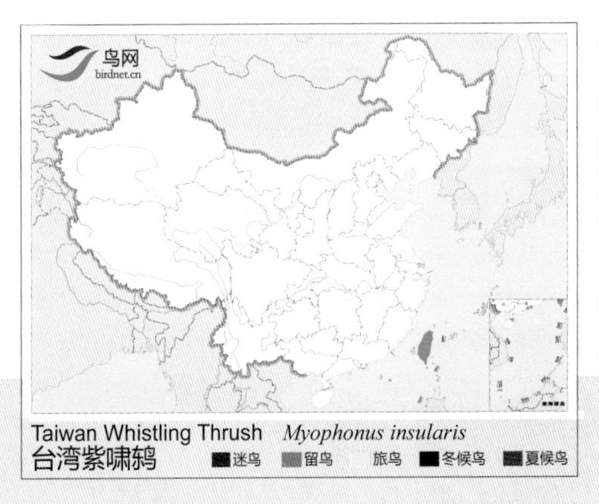

台湾紫啸鸫

Taiwan Whistling Thrush *Myophonus insularis* 体长：28 cm LC（低度关注）

指名亚种 *caeruleus* \摄影：陈添平

西藏亚种 *temminckii* \摄影：雷洪

指名亚种 *caeruleus* \摄影：关克

西南亚种 *eugenei* \摄影：曾思南

形态特征 雌雄羽色相似，全身羽毛呈暗蓝紫色，远观呈黑色，近看为紫色。头、颈及上体羽先端具亮紫色的滴状斑。

生态习性 栖于多石的山间溪流岩石上，往往成对活动，常在林木丛中互相追逐，边飞边鸣。在地面上或浅水间觅食，以昆虫和小蟹为食，兼吃浆果及其他植物。

地理分布 共6个亚种，分布于中亚、阿富汗、巴基斯坦、印度至东南亚。国内有3个亚种。西藏亚种 *temminckii* 见于西藏南部及东南部，中覆羽具白色或紫白色端斑，嘴黄色。西南亚种 *eugenei* 见于西南地区，中覆羽具紫白色端斑。指名亚种 *caeruleus* 见于华北、华中、华东、华南，中覆羽具白色或紫白色端斑，嘴黑色。

种群状况 多型种。长江以南地区为留鸟，长江以北地区为夏候鸟。常见。

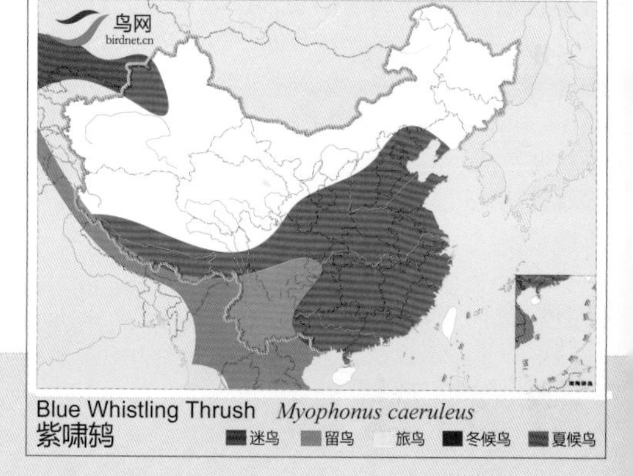

Blue Whistling Thrush *Myophonus caeruleus*
紫啸鸫

紫啸鸫

Blue Whistling Thrush *Myophonus caeruleus* 体长：30 cm LC（低度关注）

两广亚种 *melli* \摄影：冯启文

海南亚种 *aurimacula* \摄影：王尧天

两广亚种 *melli* \摄影：田穗兴

云南亚种 *innotota* \摄影：杨维宁

安徽亚种 *courtoisi* \摄影：关克

形态特征 雄鸟头、颈背及下体橙栗色，脸部有两条平行的黑纹；上体蓝灰色，翼具白色横纹；肛周及尾下覆羽白色。雌鸟上体橄榄灰色。

生态习性 性羞怯，常躲藏在浓密林下的地面。以昆虫等为食，也吃些植物的果实、种子。

地理分布 共11个亚种，分布于巴基斯坦至中国南部、东南亚及大巽他群岛。国内有4个亚种，云南亚种 *innotota* 见于云南西南部，翅上无白斑，耳羽纯橙棕色。安徽亚种 *courtoisi* 分布于河南南部、安徽、浙江，翅上有白斑，耳羽深栗褐色，中贯以淡橙色纵纹。体型较大，翅较长。海南亚种 *aurimacula* 见于海南。翅上有白斑；耳羽深栗褐色，贯以淡橙色纵纹，翅短。两广亚种 *melli* 见于贵州、湖北、广东、香港、澳门、广西。翅上有白斑，耳羽深栗褐，贯以淡橙色纵纹，翅长在安徽亚种与海南亚种之间。

种群状况 多型种。夏候鸟，旅鸟，留鸟。不常见。

橙头地鸫

Orange-headed Thrush　　*Zoothera citrina*　　体长：22 cm　　LC（低度关注）

指名亚种 *sibirica* \摄影：陈东明

华南亚种 *davisoni* \摄影：顾宁

白眉地鸫（雌）\摄影：陈添平

白眉地鸫（雄）\摄影：张新

形态特征 雄鸟石板灰黑色，白色眉纹显著；尾羽羽端及臀部白色。雌鸟橄榄褐色，下体皮黄白色及赤褐色，眉纹皮黄白色。

生态习性 性活泼。栖于混交林和针叶林的地面及树间。常在地面觅食昆虫及植物种子。

地理分布 共2个亚种，分布于西伯利亚、蒙古、朝鲜、日本、泰国、柬埔寨、印度、马来西亚、印度尼西亚。国内有2个亚种，华南亚种 *davisoni* 分布于江苏、福建、贵州、广西等地。体色较暗，腹部纯石板灰色。指名亚种 *sibirica* 繁殖于东北，迁徙经东部地区，体色较淡，腹部杂有白色。

种群状况 多型种。夏候鸟，旅鸟，冬候鸟。常见。

白眉地鸫

Siberian Thrush *Zoothera sibirica*

体长：23 cm

LC（低度关注）

指名亚种 *mollissima* \摄影：魏东

云南亚种 *whiteneadi* \摄影：梁长久

指名亚种 *mollissima* \摄影：田穗兴

形态特征 雌雄羽色相似，上体橄榄褐色沾棕红色，翼黑褐色，具橄榄色羽缘。尾羽橄榄褐色，外侧尾羽端白色。下体淡棕色，具褐色鳞状斑纹，腹以下转白色。

生态习性 栖息于海拔2700~4000米林线以上的低矮灌丛以及长有稀树灌丛的岩石地、裸岩的坡地上。

地理分布 共3个亚种，分布于南亚、东南亚及中国西藏、四川、云南等地。国内有3个亚种，西南亚种 *griseiceps* 分布于四川、云南等地，头顶暗灰色，与背不同。指名亚种 *mollissima* 分布于西藏、四川、云南等地，头顶深橄榄褐色，并渲染亮棕红色，与背同色。云南亚种 *whiteneadi* 分布于云南、西藏南部，头顶非暗灰色，羽色较淡，上下体多橄榄绿色，少棕红色。

种群状况 多型种。夏候鸟，冬候鸟，留鸟。稀少。

光背地鸫

Plain-backed Thrush　　*Zoothera mollissima*　　体长：26 cm　　LC（低度关注）

长尾地鸫 \摄影：魏东

长尾地鸫 \摄影：童光琦

长尾地鸫 \摄影：赵顺

形态特征 雌雄羽色相似，上体单一橄榄褐色，翅上有两道皮黄色带斑。下体偏白色，具黑色鳞状粗纹。

生态习性 栖息于海拔3800米左右的针叶林或灌丛间，在地面觅食昆虫、蜗牛等无脊椎动物及植物果实种子。

地理分布 分布于印度北部至中国西南部，越冬于缅甸北部及西部、印度支那北部。国内繁殖于西藏东南部、云南南部及西部、四川。迁徙时在广西西部有过记录。

种群状况 单型种。夏候鸟，冬候鸟，留鸟，旅鸟。稀少。

长尾地鸫

Long-tailed Thrush　　*Zoothera dixoni*　　体长：26 cm　　LC（低度关注）

西南亚种 *socia* \摄影：胡敬林

toratgumi 亚种 \摄影：陈承光

台湾亚种 *horsfieldi* \摄影：简廷谋

普通亚种 *aurea* \摄影：王尧天

形态特征 雌雄羽色相似。上体从额至尾上覆羽呈鲜亮橄榄赭褐色，各羽均具亮棕白色羽干纹、绒黑色端斑和金棕色次端斑，在上体形成明显的黑色鳞状斑。下体浅棕白色，除颏、喉和腹中部外，均具黑色鳞状斑。

生态习性 栖息于森林、溪谷、河流两岸和地势低洼的密林中，春秋迁徙季节常在疏林和农田以及村庄附近的地面觅食。以昆虫和无脊椎动物为食，也吃少量植物果实、种子和嫩叶等。

地理分布 共6个亚种，分布于欧洲、西伯利亚东南部、东南亚、印度、菲律宾和澳大利亚等地。国内有4个亚种。远东亚种 *toratgumi* 分布于台湾，两翅稍短，羽色较浓深，上体黑斑较稠。普通亚种 *aurea* 分布于除西藏外全国各地。两翅稍长，羽色较浓淡，上体黑斑不稠密。台湾亚种 *horsfieldi* 分布于台湾，翅长不及14厘米，第二枚飞羽介于第五与第六枚飞羽之间，背羽羽色呈枯叶褐色。西南亚种 *socia* 分布于西藏、云南西部、四川北部、贵州、广西，翅长14~15厘米，第二枚飞羽长于第五枚飞羽，背羽羽色较深暗呈深橄榄棕褐色。

种群状况 多型种。东北及西南为较普遍的夏候鸟，浙江至云南以南为冬候鸟。

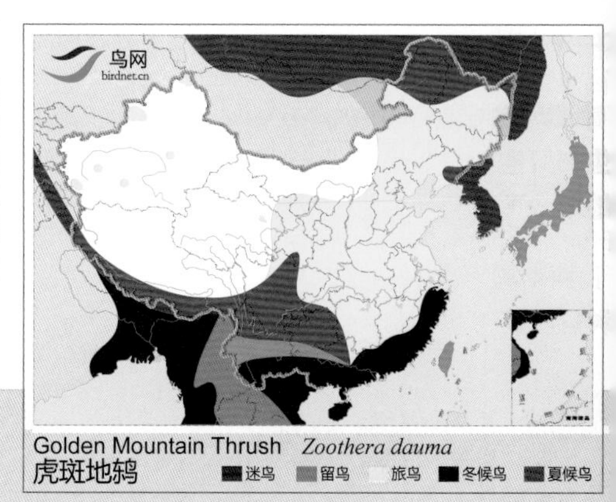

虎斑地鸫

Golden Mountain Thrush *Zoothera dauma* 体长：30 cm NE（未评估）

长嘴地鸫 \摄影：陈云江

长嘴地鸫 \摄影：王长德

长嘴地鸫 \摄影：梁长久

形态特征 嘴深褐色，粗壮，长而略下弯。尾短。上体橄榄红褐色。耳羽处呈深色月牙形；喉污白色，两侧具暗褐色条纹；腹浅白色，具橄榄褐色扇形斑。两胁橄榄褐色，具淡白色条纹。

生态习性 栖息于常绿林。常到溪流附近的地面挖掘松软泥土，觅食昆虫及其他无脊椎动物，也吃植物浆果。

地理分布 分布于印度、尼泊尔、不丹、缅甸、泰国、老挝、越南北部。国内只分布云南景东勐仑、绿春等地。

种群状况 单型种。留鸟，稀少。罕见。

长嘴地鸫

Dark-sided Thrush　*Zoothera marginata*　体长：25 cm　LC（低度关注）

大长嘴地鸫 \摄影：呼晓宏

大长嘴地鸫 \摄影：陈云江

大长嘴地鸫 \摄影：呼晓宏

形态特征 体色似长嘴地鸫，但体型更大，嘴更长而粗壮。上体较长嘴地鸫更偏深褐色，头侧深褐色。喉纯米黄色，胸部有深色锚状或点状斑纹，散乱分布，不似长嘴地鸫黑色规则分布的鳞状纹。

生态习性 常单独活动于密林暗处地面或溪流边。用长嘴翻开腐败植物或石块觅食。

地理分布 共2个亚种，分布于尼泊尔、不丹、缅甸、越南、老挝、柬埔寨、泰国、印度、巴基斯坦、孟加拉国、斯里兰卡。国内有1个亚种，指名亚种 *mouticola* 见于西藏东南部及云南东南部。

种群状况 多型种。留鸟，稀有，罕见。

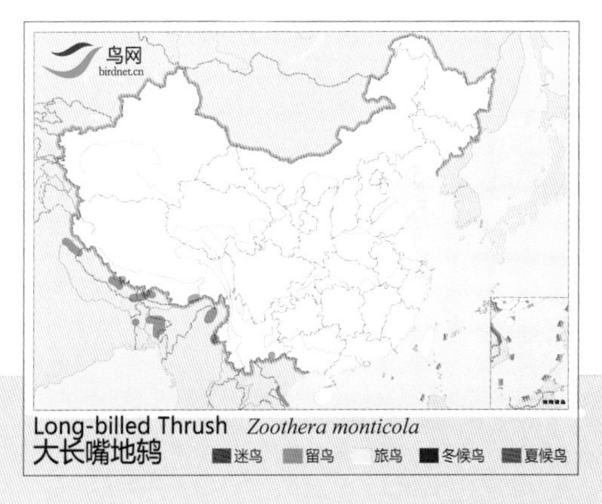

大长嘴地鸫

Long-billed Thrush　*Zoothera monticola*　体长：28 cm　LC（低度关注）

灰背鸫 \摄影：孙晓明

灰背鸫 \摄影：朱英

灰背鸫 \摄影：朱英

形态特征 雄鸟上体从头至尾包括两翅表面均为蓝灰色；颏、喉灰白色，胸淡灰色，两胁和翅下覆羽橙栗色，下胸中部及腹白色；两翅和尾黑色。雌鸟与雄鸟大致相似，但颏、喉呈淡棕黄色，黑褐色长条形或三角形斑，尤以两侧斑点较稠密，胸淡黄白色，具三角形羽干斑。

生态习性 栖息于海拔1500米以下低山丘陵地带的茂密森林、林缘、疏林草坡、果园和农田。以昆虫为食，也吃蚯蚓及其他动物、植物果实与种子。

地理分布 繁殖于俄罗斯西伯利亚东南部、远东和朝鲜，秋冬季节偶见于越南和日本。国内分布于东北；越冬于华南、湖南、浙江、福建、云南、香港、台湾等地；迁徙经过河北、北京、山东、江苏等地。

种群状况 单型种。东北夏候鸟，东部沿海、长江以南冬候鸟。常见。

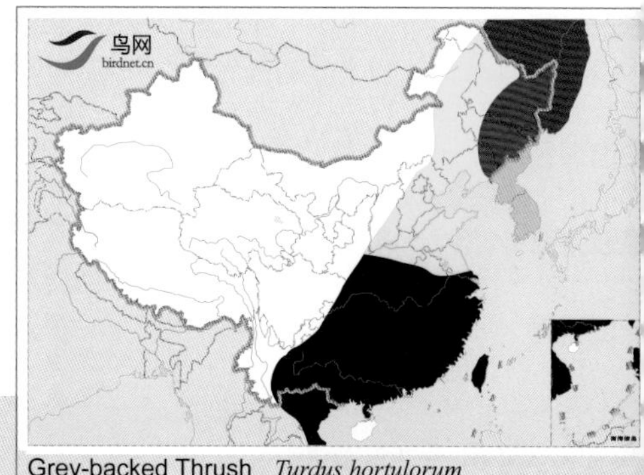

灰背鸫

Grey-backed Thrush *Turdus hortulorum* 体长：23 cm LC（低度关注）

蒂氏鸫 \摄影：向文军

蒂氏鸫 \摄影：向文军

蒂氏鸫 \摄影：向文军

形态特征 喙、眼圈、腿黄色。雄鸟颏、喉白色，两侧具深的纵条纹，上体暗灰褐色，腰灰色；下体淡灰白色，下腹白色；尾灰色，尾下覆羽白色。雌鸟喉白色，具暗色条纹；上体橄榄褐色，下体黄褐色，下腹、尾下覆羽白色。

生态习性 栖息于阔叶林、针叶林、针阔叶混交林。

地理分布 分布于巴基斯坦到不丹的喜马拉雅山脉、印度、孟加拉国。国内见于西藏南部。

种群状况 单型种。留鸟。不常见。

蒂氏鸫

Tickell's Thrush *Turdus unicolor* 体长：25 cm LC（低度关注）

黑胸鸫 \ 摄影：王尧天

黑胸鸫 \ 摄影：田穗兴

黑胸鸫 \ 摄影：田穗兴

形态特征 雄鸟除颏尖端有一点白色外，整个头、颈、胸黑色，其余上体暗石板灰色或黑灰色；下体橙棕色，腹部中央、肛周和尾下覆羽白色，有的可达下胸中部。雌鸟上体橄榄褐色，颏、喉白色，上胸橄榄褐色，具黑色斑点，其余与雄鸟相似。

生态习性 栖息于海拔2000米以下丘陵地带的阔叶林和针阔叶混交林中。地栖性，多在林下觅食昆虫，也吃蜗牛及其他无脊椎动物、植物果实和种子。

地理分布 分布于印度东北部、缅甸、泰国、老挝、越南等地。国内分布于西南地区。

种群状况 单型种。留鸟。稀少，但种群数量趋势稳定。

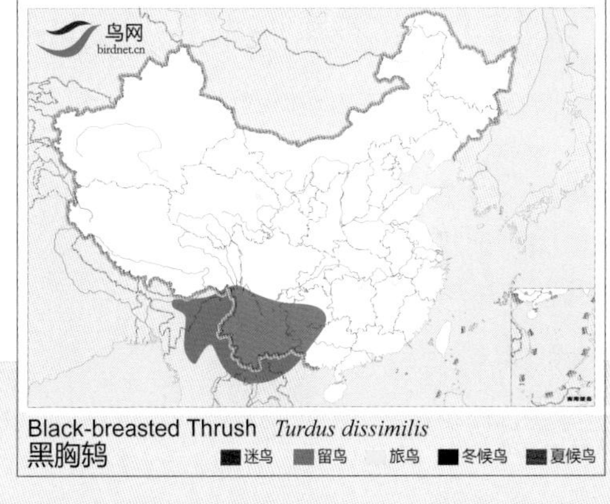

黑胸鸫

Black-breasted Thrush　*Turdus dissimilis*　体长：21 cm　LC（低度关注）

乌灰鸫 \ 摄影：雷大勇

乌灰鸫 \ 摄影：胡敬林

乌灰鸫 \ 摄影：冯启文

形态特征 雄鸟上体纯黑灰，头及上胸黑色，下体余部白色；腹部及两胁具黑色点斑。雌鸟上体灰褐色，下体白色，上胸具偏灰色的横斑，胸侧及两胁沾赤褐色，胸及两侧具黑色点斑。

生态习性 栖息于海拔500~800米的灌丛和森林中。以地面昆虫等小动物为食，也吃些植物的果实。

地理分布 繁殖于日本及中国东南部，越冬于中国南方及印度支那北部。

种群状况 单型种。长江中下游为夏候鸟；在东南沿海、海南为冬候鸟。不常见。

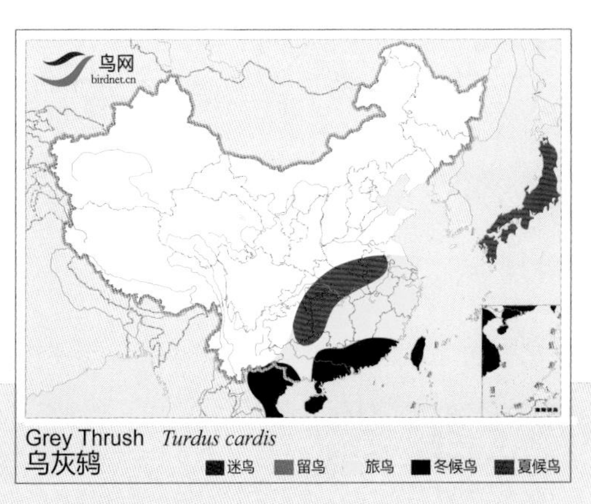

乌灰鸫

Grey Thrush　*Turdus cardis*　体长：21 cm　LC（低度关注）

白颈鸫 \ 摄影：邢睿

白颈鸫 \ 摄影：张永

白颈鸫 \ 摄影：蔡永和

形态特征 两性相似。雄鸟除颈、颏、喉及上背白色外，全身均呈黑褐色；颏、喉染有暗褐色，尾下覆羽具白色羽干纹；余部均呈黑褐色。雌鸟额、头顶及后头暗褐色，背、腰及尾上覆羽暗棕褐色，翅和尾羽暗褐色；颏、喉、前胸、颈及上背灰白沾褐色，下体余部棕褐色。

生态习性 甚羞怯。栖于海拔2300~3800米热带、亚热带的森林灌丛，或湖泊、河边灌丛间。在地面及树层取食。以昆虫、植物果实为食。

地理分布 分布于印度、尼泊尔、不丹、缅甸。国内分布于甘肃、西藏南部和东南部地区、云南西北部、四川西部。

种群状况 单型种。留鸟。稀少。

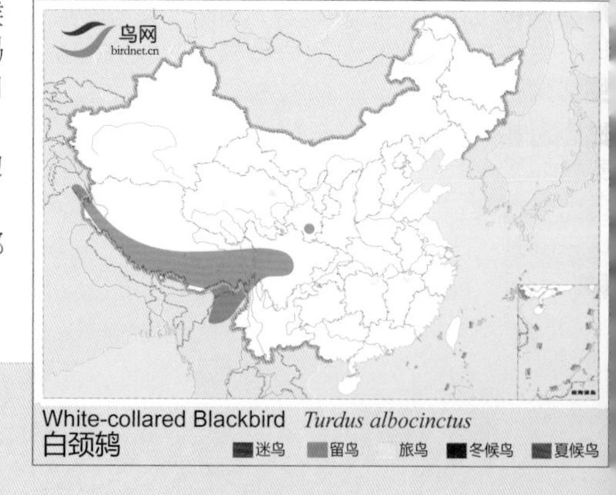

白颈鸫

White-collared Blackbird *Turdus albocinctus* 体长：25 cm LC（低度关注）

灰翅鸫 \摄影：王尧天

灰翅鸫 \摄影：陈孝齐

灰翅鸫（雌） \摄影：牛蜀军

灰翅鸫 \摄影：刘涛声

形态特征 雄鸟通体黑色，具宽阔的浅灰色翼斑，下体颏至腹中部和肛周为浅黑褐色，具浅灰色羽缘，呈鳞状纹。雌鸟全体橄榄褐色，翼上具浅红褐色大斑。

生态习性 栖于海拔640~3000米的阔叶林及林下灌丛草地。以昆虫为食。

地理分布 共2个亚种，主要分布于巴基斯坦、印度、尼泊尔、老挝、越南、缅甸、泰国。国内有2个亚种。指名亚种 *boulboul* 有记录于云南南部、四川南部、贵州越冬。瑶山亚种 *yaoschanensis* 繁殖在广西，栖于海拔640~3000米的干燥灌丛或常绿山地森林，冬季分布区下移。

种群状况 多型种。夏候鸟。稀少。

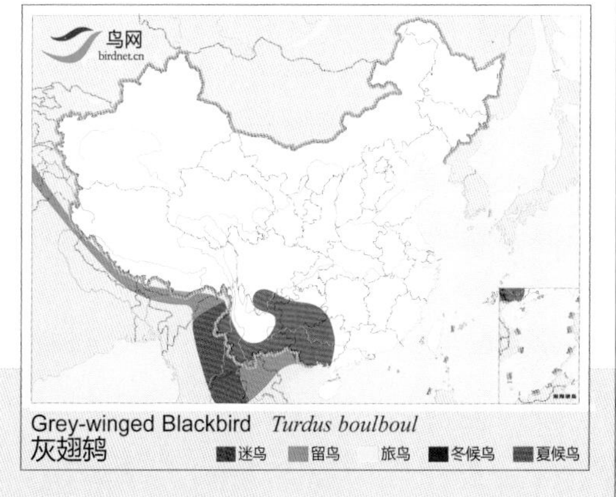

灰翅鸫

Grey–winged Blackbird　　*Turdus boulboul*　　体长：28 cm　　LC（低度关注）

普通亚种 *mandarinus* \摄影：李全民

四川亚种 *sowerbyi* \摄影：刘贺军

新疆亚种 *intermedius* \摄影：王尧天

西藏亚种 *maximus* \摄影：肖克坚

形态特征 雄鸟除了黄色的眼圈和嘴外，全身为黑色，下体色稍淡，呈黑褐色。雌鸟较雄鸟色淡，没有黄色的眼圈，喉、胸有暗色纵纹。

生态习性 栖于林缘、村镇、农田和城市园林及社区。食物昆虫、蚯蚓、种子和浆果。

地理分布 共9个亚种，分布于欧洲、非洲北部、从土耳其至巴基斯坦、印度北部及不丹。国内有4个亚种。新疆亚种 *intermedius* 分布于新疆、青海，翅长不超过14.5厘米，上体暗灰黑色。西藏亚种 *maximus* 见于西藏东部、南部。翅长超过14.5厘米，上体黑褐色，不沾锈色。普通亚种 *mandarinus* 分布于辽宁以南的广大地区，翅长超过14.5厘米，上体黑褐，沾暗灰色，下体灰乌褐色，锈色更显著。四川亚种 *sowerbyi* 四川南部、甘肃中部。体型较大，翅长超过14.5厘米，上体黑褐，沾锈色。下体比普通亚种较深黑，而较稍少褐色。

种群状况 多型种。多为留鸟，海南为冬候鸟，台湾为旅鸟。

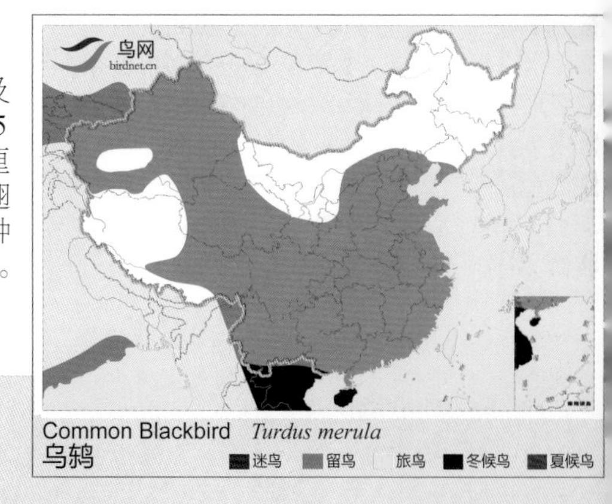

乌鸫

Common Blackbird *Turdus merula*

体长：29 cm

NE（未评估）

白头鸫 \摄影：简廷谋

白头鸫 \摄影：叶仁和

白头鸫 \摄影：陈承光

白头鸫 \摄影：叶仁和

形态特征 雄鸟的头部白色，上体余部及尾黑色，两胁棕褐色，下胸至肛周赤褐色；尾下覆羽具有椭圆形的白色大斑；下体余部均赤褐色。雌鸟头、背等均橄榄褐色，有不明显的白色眉纹，下体较雄鸟色淡。

生态习性 分布在海拔1100~3000米植被茂密的阔叶林中。觅食昆虫、蚯蚓及植物果实。

地理分布 共49个亚种，分布于印度尼西亚、菲律宾、加里曼丹、斐济。国内仅台湾亚种 *niveiceps* 见于台湾。

种群状况 多型种。留鸟。不常见。

白头鸫

Island Thrush　*Turdus poliocephalus*　　体长：20 cm　　LC（低度关注）

西南亚种 *gouldii* \摄影：陈孝齐

西南亚种 *gouldii* \摄影：胡敬林

西南亚种 *gouldii* \摄影：童光琦

西南亚种 *gouldii* \摄影：陈久桐

形态特征 雄鸟头至后颈、喉至上胸褐灰色，颏灰白色，背、肩、腰和尾上覆羽暗栗棕色，下体羽栗棕色；两翅和尾黑色；尾下覆羽黑色具白色羽轴纹和端斑。雌鸟和雄鸟相似，但羽色较淡，颏、喉白色具暗色纵纹；尾下覆羽黑色沾栗色，具粗著的淡黄白色羽干纹。

生态习性 栖息于海拔2000~3500米的山地森林中，有时活动于村寨及农田。多在地面觅食，主要以昆虫为食，也吃植物果实和种子。

地理分布 共2个亚种，分布于巴基斯坦、印度、阿富汗、不丹、缅甸。国内有2个亚种。西南亚种 *gouldii* 分布于陕西南部、宁夏、甘肃、西藏东部、云南西部、贵州北部、四川西部、重庆、湖北西部。指名亚种 *rubrocanus* 分布于西藏南部、四川北部和西部。

种群状况 多型种。多为留鸟。部分地区为夏候鸟。常见。

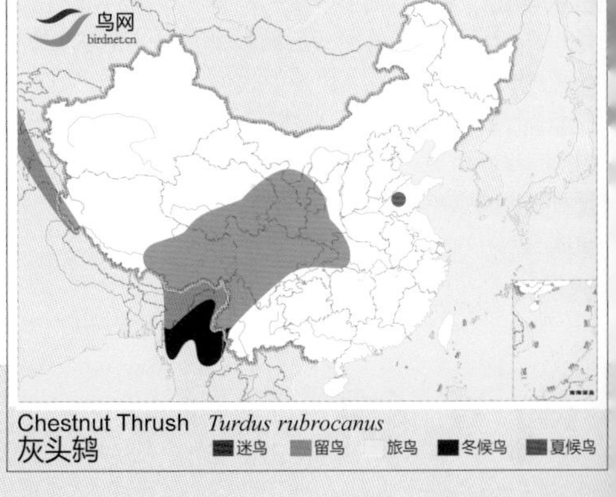

灰头鸫

Chestnut Thrush *Turdus rubrocanus* 体长：28 cm LC（低度关注）

棕背黑头鸫 \摄影：王尧天

棕背黑头鸫 \摄影：肖克坚

棕背黑头鸫 \摄影：李涛（涛哥）

形态特征 雄鸟头、颈、喉、胸、翼、尾黑色，体羽其余部位栗色，仅上背皮黄白色延伸至胸带。雌鸟比雄鸟色浅，喉近白色，具暗褐色细纹，除翅和尾暗褐色外，其余大部栗棕黄色。

生态习性 栖息于 3600~4500 米林线以上的杜鹃灌丛中，冬季下移到海拔 2100 米处成群活动。在地面觅食昆虫。

地理分布 国外分布于印度。国内见于西藏、甘肃、青海、四川、云南等地。

种群状况 单型种。留鸟。不常见。

鸟网 birdnet.cn
Kessler's Thrush *Turdus kessleri*
棕背黑头鸫　迷鸟　留鸟　旅鸟　冬候鸟　夏候鸟

棕背黑头鸫

Kessler's Thrush　*Turdus kessleri*　体长：28 cm　LC（低度关注）

褐头鸫 \摄影：高宏颖

褐头鸫 \摄影：高宏颖

褐头鸫 \摄影：孔祥林

形态特征 雄鸟上体草黄褐色，具白色眉纹，喉、胸及胁部石板灰色，其余下体污白色。雌鸟颏、喉白色，微沾淡褐色斑，其他部分似雄鸟。

生态习性 生活于海拔 1500~1900 米高处阴暗、潮湿的混交林缘，常隐匿在溪流附近及树丛间。常成群活动。繁殖期为 5~6 月。巢树以华北落叶松为主，巢址周围隐蔽性较好。

地理分布 国外分布于缅甸、印度。国内繁殖于河北、山西、山东、北京、内蒙古中部等地。

种群状况 单型种。夏候鸟。数量稀少。

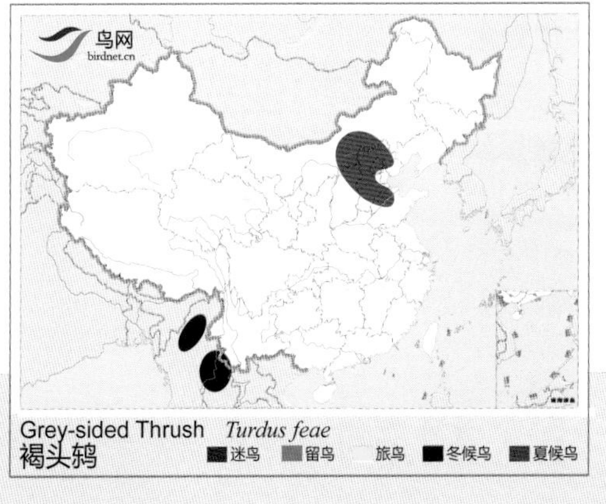

褐头鸫

Grey-sided Thrush　*Turdus feae*　体长：23 cm　VU（易危）

白眉鸫 \ 摄影：朱英

白眉鸫 \ 摄影：陈孝齐

白眉鸫 \ 摄影：李全民

白眉鸫 \ 摄影：李全民

形态特征 雄鸟头、颈灰褐色，具长而显著的白色眉纹，眼下有一白斑；上体橄榄褐色，胸和两胁橙黄色，腹和尾下覆羽白色。雌鸟头和上体橄榄褐色，喉白色，具褐色条纹；其余与雄鸟相似，但羽色稍暗。

生态习性 栖息于海拔1200米以上的森林中。在河谷等水域附近茂密的混交林较常见，也见于林缘、草坡、果园和农田。主要以昆虫为食，也吃其他无脊椎动物和植物果实与种子。

地理分布 分布于俄罗斯、朝鲜、日本、越南、老挝、泰国、柬埔寨、印度、尼泊尔、孟加拉国、马来西亚、菲律宾、印度尼西亚、加里曼丹等地。国内分布于东北、华北、西北地区及四川、江苏、湖北、湖南、贵州、云南、广西、福建、海南、香港和台湾等地。

种群状况 单型种。旅鸟，冬候鸟。常见。

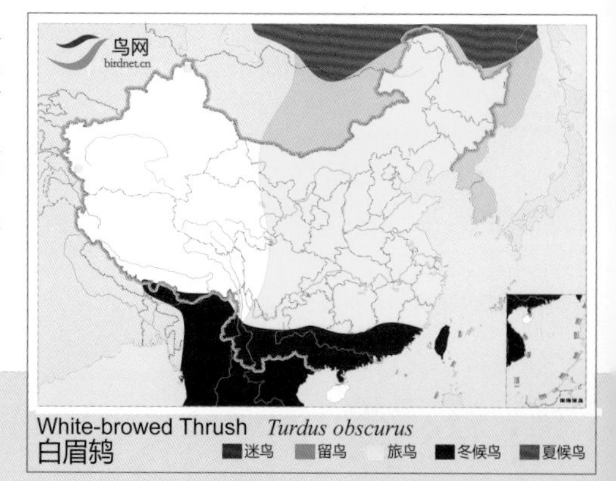

白眉鸫

White-browed Thrush *Turdus obscurus*

体长：22 cm

LC（低度关注）

白腹鸫 \ 摄影：冯启文

白腹鸫 \ 摄影： 杨惠东

白腹鸫 \ 摄影：田穗兴

白腹鸫 \ 摄影：陈添平

形态特征 雄鸟额、头顶及枕为棕灰褐色，无眉纹，上体橄榄褐色。尾羽黑褐沾灰色，外侧两枚尾羽的羽端白色甚宽。胸及胁部灰褐色。腹中央及尾下覆羽白色沾灰。雌鸟似雄鸟，但颜色更为暗淡，头部褐色，喉白，有细纹。

生态习性 栖息于中低山地森林、林缘、公园及花园。地栖性鸟类，以昆虫为食，也吃其他无脊椎动物和植物果实与种子。

地理分布 分布于俄罗斯西伯利亚、远东、朝鲜，越冬于日本、东南亚及印度、尼泊尔、孟加拉国、苏门答腊和加里曼丹等地。国内分布于东北及华北地区、宁夏、甘肃、青海、四川、陕西、江苏、湖北、湖南、贵州、云南、广西、福建、海南、香港和台湾等地。

种群状况 单型种。夏候鸟，冬候鸟，旅鸟。常见。

白腹鸫

Pale Thrush　*Turdus pallidus*　　体长：25 cm　　LC（低度关注）

赤胸鸫 \摄影：邓嗣光

赤胸鸫 \摄影：周建华

赤胸鸫 \摄影：田穗兴

形态特征 雄鸟头顶橄榄灰色，无眉纹；上体、眼先、颊及耳羽黑色；翼及尾全褐色。胸和两肋深橙红色，腹部及臀白色。雌鸟头褐色，颊和喉偏白色，胸及两肋鲜橙色。

生态习性 喜混合型灌丛、林地及有稀疏林木的开阔地带。以昆虫为食，也吃果实。

地理分布 分布于日本、菲律宾、韩国。国内见于河北、山东、江苏、福建、广东、海南、台湾等地。

种群状况 单型种。冬候鸟，旅鸟。常见。

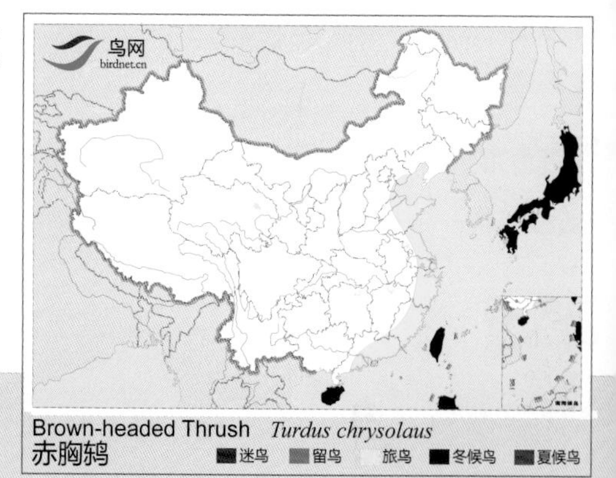

赤胸鸫

Bronw-headed Thrush *Turdus chrysolaus*

体长：24 cm

LC（低度关注）

赤颈鸫 \摄影：段文科

赤颈鸫 \摄影：关克

赤颈鸫（雌） \摄影：关克

赤颈鸫 \摄影：桑新华

形态特征 上体灰褐色，有很窄的栗色眉纹。颏、喉与上胸赤褐色，下体白色，分界明显。外侧尾羽红栗色，中央两枚尾羽黑色。雌鸟似雄鸟，但颜色较浅，喉部具黑色纵纹。

生态习性 单独或成小群活动，也常与斑鸫混群活动。在地面和树上觅食，食物包括昆虫、蚯蚓、植物果实及种子等。

地理分布 分布于亚洲中北部及西北部。在巴基斯坦、喜马拉雅山脉、中国北部及西部和东南亚越冬。国内西北地区为夏候鸟；华中、西南、东北、华北地区为旅鸟；西南南部为冬候鸟。

种群状况 单型种。冬候鸟，夏候鸟，旅鸟。常见。

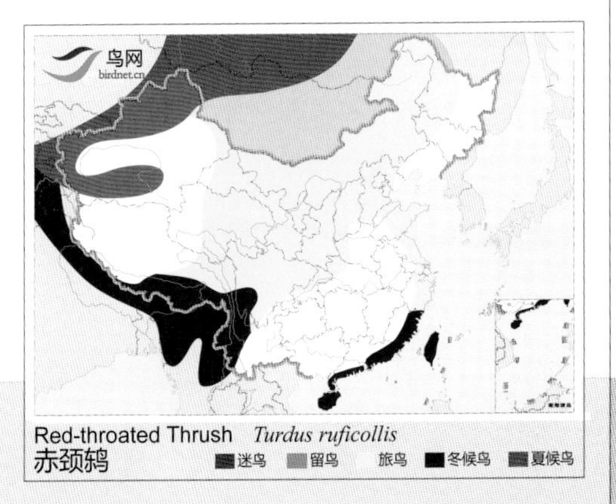

赤颈鸫

Red-throated Thrush　*Turdus ruficollis*　体长：23 cm　LC（低度关注）

黑喉鸫 \ 摄影：王尧天

黑喉鸫 \ 摄影：王尧天

黑喉鸫 \ 摄影：李全民

黑喉鸫 \ 摄影：柳勇

形态特征 雄鸟上体灰褐色，颈侧、喉及胸黑色，翼灰褐色，尾羽暗褐色；无棕色羽缘，腹部白色。雌鸟似雄鸟，羽色稍浅，喉部有黑色纵纹。

生态习性 栖息于丘陵疏林，平原灌丛。成群活动。以昆虫、植物浆果、种子为食。

地理分布 国外分布于西亚、中亚以及南亚北部。国内分布于河北、陕西、内蒙古、宁夏、甘肃、新疆、青海、云南、四川、重庆、湖北等地。

种群状况 单型种。冬候鸟，旅鸟。不常见。

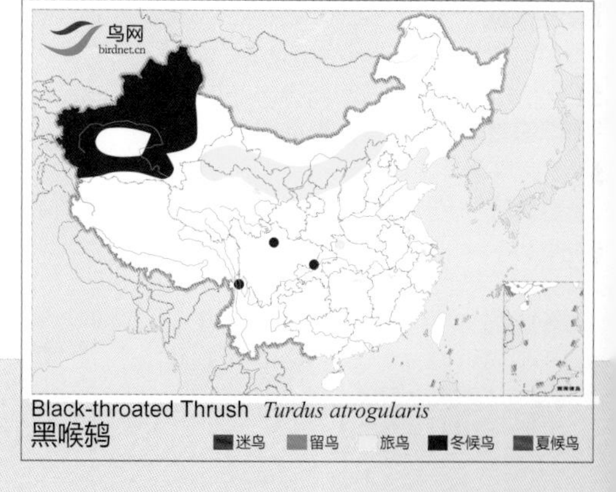

黑喉鸫（黑颈鸫）

Black-throated Thrush *Turdus atrogularis*

体长：25 cm

NE（未评估）

红尾鸫与黄臀鹎 \摄影：关克

红尾鸫 \摄影：马海

红尾鸫 \摄影：李全民

红尾鸫 \摄影：张代富

形态特征 具暗棕色眉纹及髭纹，耳羽棕褐色，背部棕褐色，胸、胁部具深橘红色斑点，腰、尾羽、翅下覆羽深橘红色。

生态习性 通常和其他鸫类结群活动，穿行于农田旷野的草地上。食昆虫、植物果实及种子。

地理分布 分布于西伯利亚东部等地。春秋季节迁徙时几乎遍布于全国各地，并在辽宁省以南的广大地区越冬。

种群状况 单型种。冬候鸟，旅鸟。常见。

红尾鸫

Naumann's Thrush　*Turdus naumanni*　体长：23 cm　LC（低度关注）

斑鸫 \ 摄影：陈承光

斑鸫 \ 摄影：李全民

斑鸫 \ 摄影： 刘滨

斑鸫 \ 摄影： 刘滨

形态特征 雄鸟上体从头至尾暗橄榄褐色，杂有黑色，眉纹白色或棕白色；下体白色，喉、颈侧、胁和胸具黑色斑点，有时在胸部密集成横带；两翅和尾黑褐色，翅上覆羽和内侧飞羽具宽的棕色羽缘；翅下覆羽和腋羽辉棕色。雌鸟似雄鸟，喉部黑斑较多，上体橄榄色较明显。

生态习性 在草地上穿梭觅食，也常与其他鸫类混群。食昆虫、植物果实、种子等。

地理分布 分布于东北亚地区。国内分布于东北及华北、山东、江苏、江西、湖北、湖南、陕西、四川、甘肃、青海、新疆、贵州、云南、广东、福建、海南、台湾等地。

种群状况 单型种。冬候鸟，旅鸟。常见。

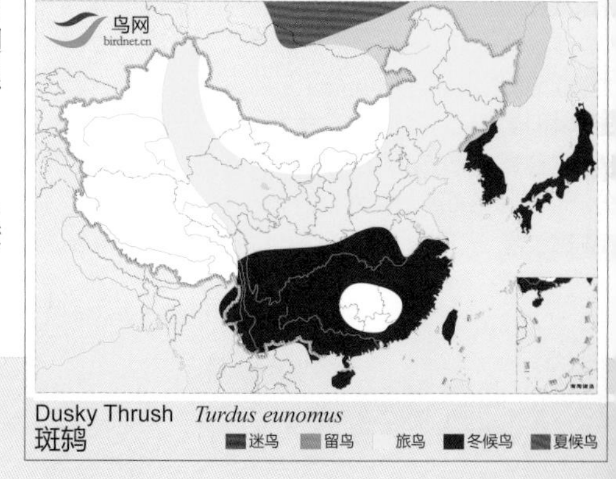

斑鸫

Dusky Thrush *Turdus eunomus*

体长：25 cm

NE（未评估）

田鸫 \摄影：王尧天

田鸫 \摄影：童光琦

田鸫 \摄影：童光琦

形态特征 雌雄鸟相似。头、颈、耳羽和腰部石板灰色，背和肩栗褐色，尾暗褐色。喉、胸绣黄色，具暗褐色条纹。两胁沾不同程度的赤褐色，满布暗褐色鳞状斑。腹中部浅黄白色。

生态习性 喜亚高山白桦林，常成群活动于林地及旷野。觅食昆虫等食物。

地理分布 分布于欧洲、西伯利亚、澳大利亚、非洲、黎巴嫩、叙利亚、印度。国内分布于新疆、青海、甘肃、内蒙古等地。

种群状况 单型种。夏候鸟，冬候鸟。种群数量稀少，罕见。

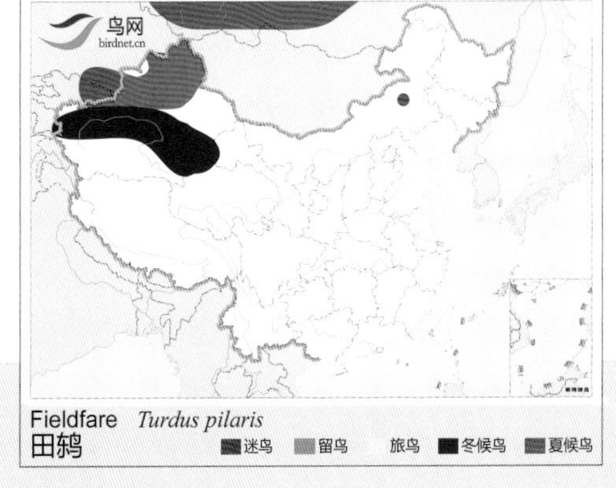

田鸫

Fieldfare　　*Turdus pilaris*　　体长：26 cm　　LC（低度关注）

白眉歌鸫 \摄影：宋绍兵

白眉歌鸫 \摄影：宋绍兵

白眉歌鸫 \摄影：荀军

形态特征 雌雄鸟相似。背部褐色，下体白色，有褐色斑点排成不规则的纵纹。两肋及翼下呈锈红色，眼上方有明显的奶白色眉纹。

生态习性 栖息于针叶林和苔原。在树林、灌丛、农田、牧场、公园和果园边缘活动，在地面上寻找食物。以昆虫及其他无脊椎动物和植物果实为食。

地理分布 共2个亚种，主要分布于欧洲及亚洲北部，由冰岛南部至苏格兰北端，东抵斯堪的纳维亚、波罗的海国家、波兰及白俄罗斯北部。国内有1个亚种，指名亚种 *iliacus* 偶有越冬鸟至新疆阿尔泰山。

种群状况 多型种。旅鸟。罕见。

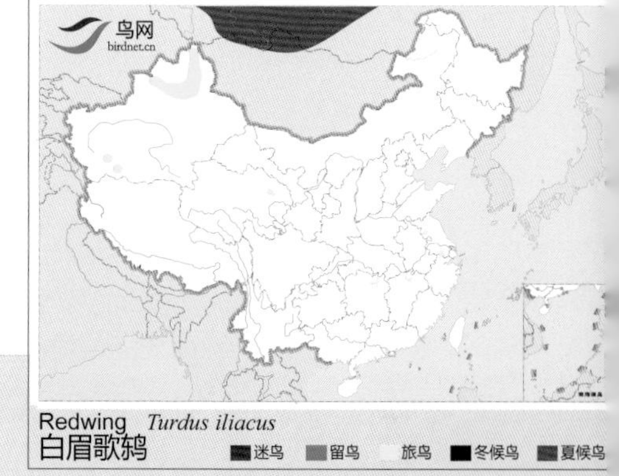

白眉歌鸫

Redwing *Turdus iliacus* 体长：23 cm LC（低度关注）

欧歌鸫 \摄影：邢睿

欧歌鸫 \摄影：牛蜀军

欧歌鸫 \摄影：邢睿

形态特征 雌雄鸟相似。上体橄榄褐色，下体奶白色或浅黄色，胸沾淡锈黄色，除喉及尾下覆羽外，下体密布黑色斑点。

生态习性 栖息在草丛及邻近的森林，也会栖息在花园及公园。以无脊椎动物，尤其是蚯蚓及蜗牛为食，也吃果实。

地理分布 共4个亚种，分布于大部分欧洲地区（但不包括大部分伊比利亚半岛、意大利低地和希腊南部）、经乌克兰至俄罗斯贝加尔湖繁殖，到地中海、北非及中东过冬。国内有1个亚种，指名亚种 *philomelos* 分布于新疆西北部。

种群状况 多型种。夏候鸟。稀少。

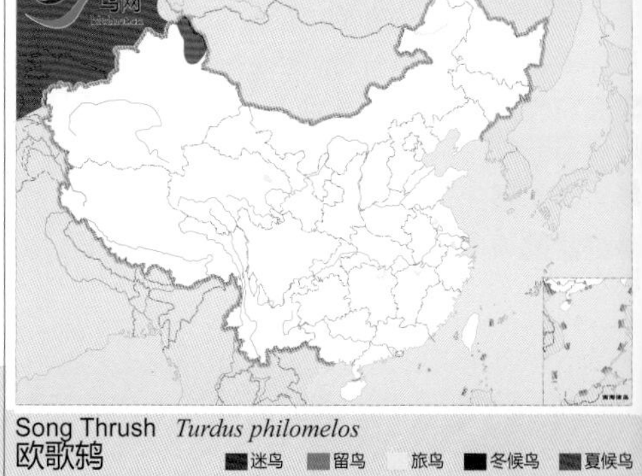

欧歌鸫

Song Thrush *Turdus philomelos* 体长：23 cm LC（低度关注）

宝兴歌鸫 \摄影：胡敬林

宝兴歌鸫 \摄影：胡敬林

宝兴歌鸫 \摄影：褚玉鹏

形态特征 雄鸟上体橄榄褐色。眼先、颏皮黄色，耳羽具显著的月牙形黑斑，眼下有一黑斑。翼具两道白斑。下体白色，密布圆形黑色斑点，胸、胁斑点较密。雌雄羽色相似，但雌鸟羽色较暗淡而少光泽。

生态习性 栖息于海拔1200~3500米的山地针阔叶混交林和针叶林，尤其喜欢在茂密的栎树和松树混交林中生活。主要以昆虫为食。

地理分布 中国鸟类特有种。分布于内蒙古、北京、山西、河北、甘肃、贵州、四川、重庆、云南、山东、陕西、浙江等地。

种群状况 单型种。留鸟，夏候鸟。不常见。

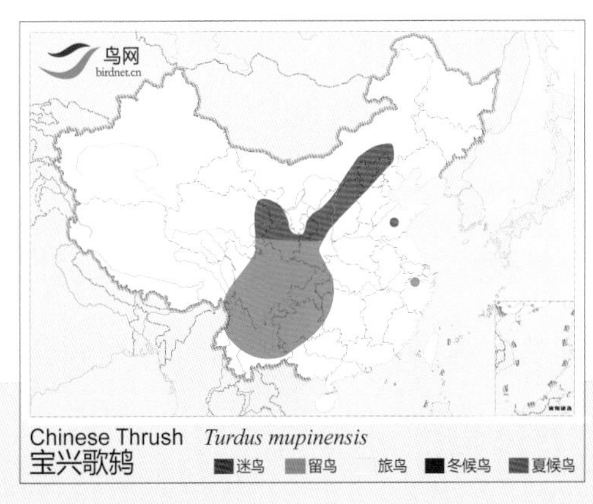

宝兴歌鸫

Chinese Thrush　*Turdus mupinensis*　　体长：24 cm　　LC（低度关注）

槲鸫 \摄影：王尧天

槲鸫 \摄影：王尧天

槲鸫 \摄影：李全民

槲鸫 \摄影：李全民

形态特征 雌雄鸟相似。头顶、枕、颈及尾上覆羽蓝灰色。背部栗色，飞羽及翼覆羽暗栗色，具淡色羽缘。下体皮黄白色，密布黑色点斑。

生态习性 栖息于农耕地、开阔地及森林。以昆虫无脊椎动物和浆果为食，尤喜食槲寄生的果实。

地理分布 共3个亚种，分布于欧洲、非洲北部、北亚中部、中亚。国内有1个亚种，新疆亚种 *bonapartei* 仅见于新疆。

种群状况 多型种。留鸟。稀少。

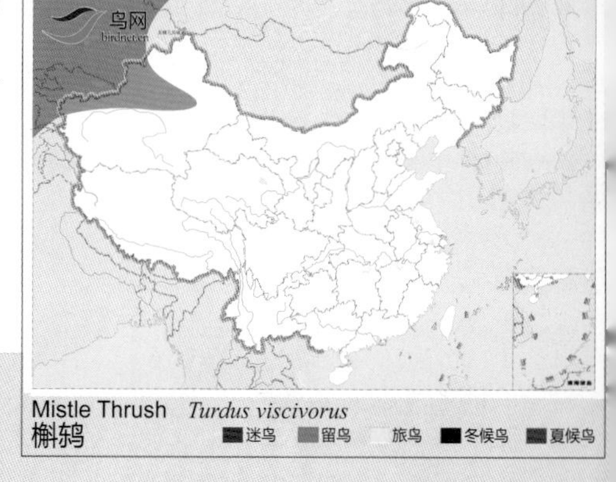

槲鸫

Mistle Thrush *Turdus viscivorus*

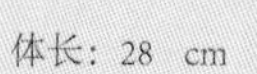

体长：28 cm

LC（低度关注）

鹟科

Muscicapidae
(Old World Flycatchers)

鹟科主要是一些小型鸟类。嘴较平扁，嘴基部较宽阔。嘴须发达，上嘴端部微具缺刻，嘴峰具背；鼻孔多被垂羽所掩盖。翅多尖长，两翅折合时达尾长之半，初级飞羽10枚，第一枚甚短小，通常不及跗蹠的长度；尾羽12枚，或长或短，形状不一；跗蹠较细弱，前缘被盾状鳞。体羽多为褐色、灰色、蓝色或棕褐色，变化较大。雌雄羽色相似或不同。每年仅秋季换羽1次。

主要栖息于森林或灌丛中。多为树栖性。营巢于树枝间或灌丛中，也在树洞和岩穴中营巢。食物主要为昆虫及其幼虫。

本科鸟类全世界计有9属108种，广泛分布于除北极外的东半球地区。中国有10属 37种，分布于全国各地。

白喉林鹟 \ 摄影：姚国强

白喉林鹟 \摄影：谭永群

白喉林鹟 \摄影：沈强

白喉林鹟 \摄影：程威信

白喉林鹟 \摄影：陈锋

形态特征 上喙黑色或褐色，下喙黄色或黄肉色。眼周淡黄色，喉白色。上体橄榄褐色，胸淡皮黄或灰色；下体白色。尾上覆羽和尾羽红褐色。

生态习性 栖息于绿阔叶林、竹林和林缘灌丛。性胆怯。以各种昆虫为主要食物。

地理分布 共2个亚种，越冬于马来半岛。国内有1个亚种，指名亚种 *brunneatus* 见于淮河以南，云南、贵州以东地区。

种群状况 多型种。夏候鸟，旅鸟。稀少。

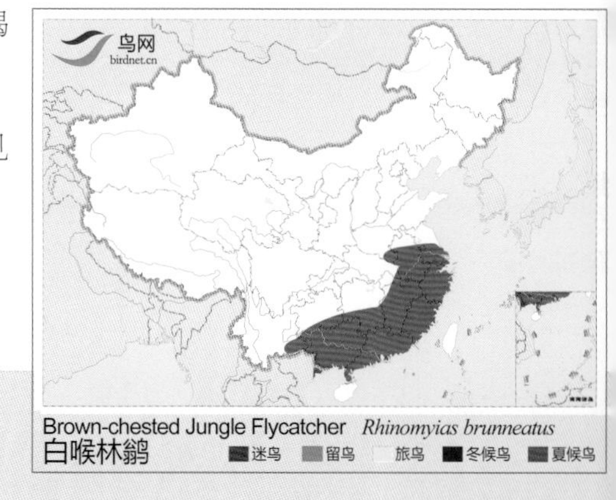

白喉林鹟

Brown-chested Jungle Flycatcher *Rhinomyias brunneatus* 体长：15 cm VU(易危)

斑鹟 \摄影：周奇志

斑鹟 \摄影：许传辉

斑鹟 \摄影：王尧天

斑鹟 \摄影：王尧天

形态特征 头顶具黑褐色中央条纹。上体灰褐色，颈侧和胸沾灰褐色，具褐色条纹。两翅和尾褐色，具淡色羽缘。腰和尾上覆羽较黄褐色。下体白色。

生态习性 栖息于林缘疏林、灌丛和人工林等。常以垂直姿势停息于水平枝或电柱上，尾不时地上下摆动。

地理分布 共7个亚种，分布于中亚、西亚、欧洲、非洲。国内有1个亚种，新疆亚种 *neumanni* 见于新疆北部和西部。

种群状况 多型种。夏候鸟。不常见。

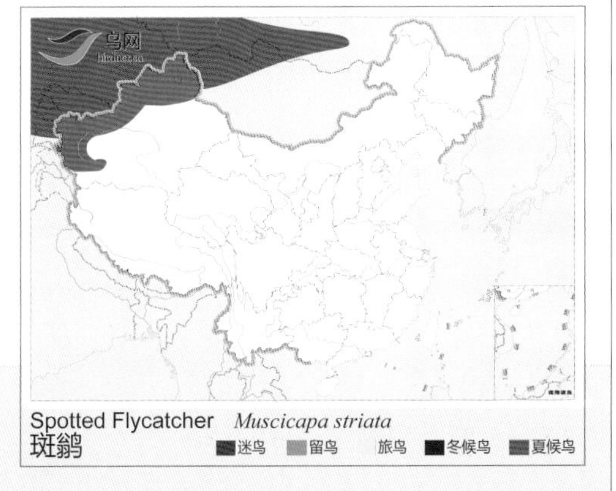

斑鹟

Spotted Flycatcher *Muscicapa striata* 体长：15 cm LC（低度关注）

灰纹鹟 \ 摄影：雷大勇

灰纹鹟 \ 摄影：朱英

灰纹鹟 \ 摄影：徐阳

灰纹鹟 \ 摄影：简廷谋

形态特征 上体灰褐色，下体污白色，具纵纹。翅较长，折合时翅尖接近尾端。

生态习性 栖息于山地针阔叶混交林、针叶林、次生林。鸣声悦耳动听。主要以昆虫为食。

地理分布 分布于俄罗斯东南、菲律宾、新几内亚、印度尼西亚。国内见于东北、华北、华东、华中、华南、云南西北部。

种群状况 单型种。夏候鸟，旅鸟。常见。

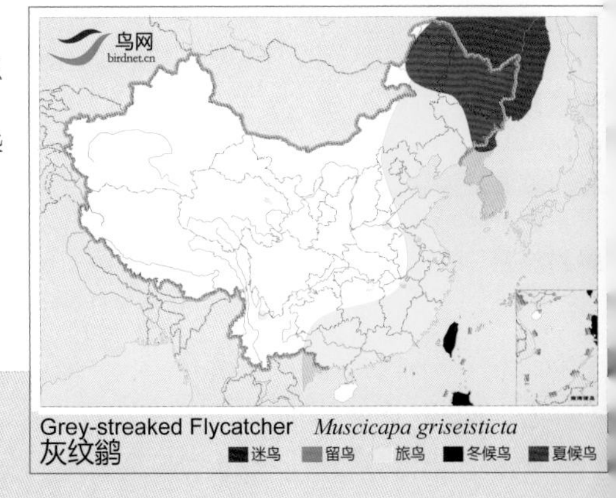

Grey-streaked Flycatcher *Muscicapa griseisticta*
灰纹鹟

灰纹鹟

Grey-streaked Flycatcher *Muscicapa griseisticta* 体长：13 cm LC（低度关注）

西南亚种 *rothschildi* \摄影：胡敬林

指名亚种 *sibirica* \摄影：谷国强

指名亚种 *sibirica* \摄影：孙晓明

形态特征 眼圈白色。颈有白色半环。上体乌灰褐色，翅黑褐色，内侧飞羽具白色羽缘；下体污白色，胸和两胁纵纹粗阔。尾黑褐色。

生态习性 栖息于针阔叶混交林和针叶林。在高树树冠层活动。

地理分布 共4个亚种，分布于俄罗斯东南部、蒙古、喜马拉雅山脉及东南亚。国内有3个亚种。指名亚种 *sibirica* 见于东北及华北地区、陕西、内蒙古、云南东部、四川中部、上海、浙江、福建、广东、香港、澳门、广西、海南、台湾。上体灰褐色；下体较多白色，胸部乌褐色纵纹较细。西南亚种 *rothschildi* 见于甘肃南部、西藏东南部、青海南部、云南西部和南部、四川、贵州，上体暗乌褐色，下体较多白色，胸部乌褐色，纵纹较粗。藏南亚种 *cacabata* 见于西藏南部，上体与指名亚种相似，但较多灰色而较少褐色，下体白色最少，胸及两胁淡乌褐色。

种群状况 多型种。夏候鸟，冬候鸟，旅鸟。常见。

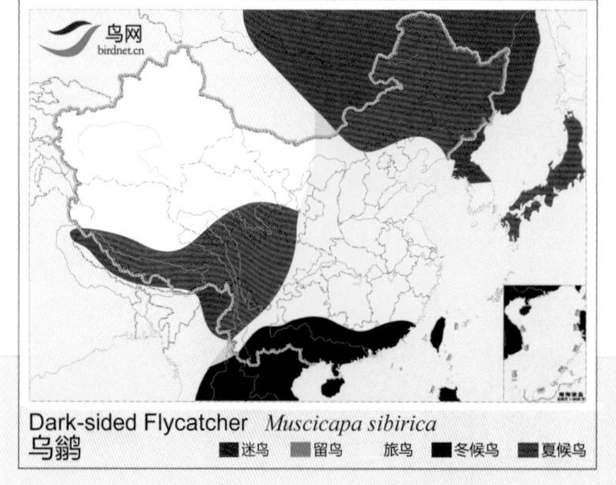

乌鹟

Dark-sided Flycatcher　*Muscicapa sibirica*　体长：13 cm　LC（低度关注）

dauurica 亚种 \摄影：魏东

dauurica 亚种 \摄影：刘月良

dauurica 亚种 \摄影：段文科

形态特征 眼周和眼先白色。上体灰褐色，翅暗褐色，翅大覆羽具窄的灰色端缘，三级飞羽具棕白色羽缘。胸和两胁淡灰褐色。下体灰白色，尾暗褐色。

生态习性 栖息于落叶阔叶林、针阔叶混交林和针叶林。有捕食后回原处行为。

地理分布 共5个亚种，分布于俄罗斯东南部、蒙古、南亚、东南亚。国内有2个亚种。指名亚种 *dauurica* 除山东、四川、重庆外见于全国各地；云南亚种 *simamensis* 见于云南。

种群状况 多型种。夏候鸟，旅鸟，冬候鸟。常见。

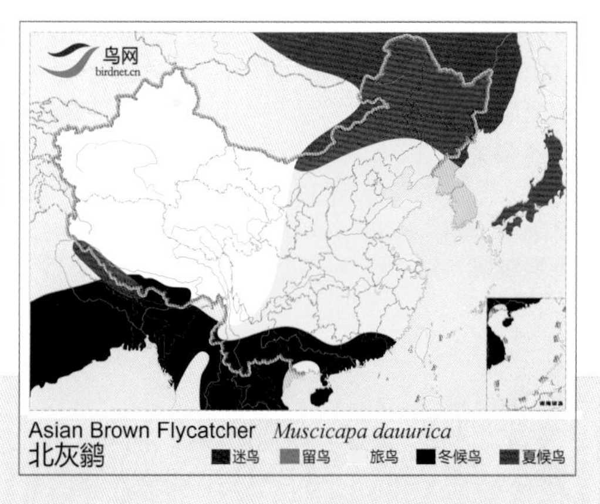

北灰鹟

Asian Brown Flycatcher　*Muscicapa dauurica*　体长：13 cm　LC（低度关注）

褐胸鹟 \摄影：胡敬林

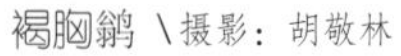

褐胸鹟 \摄影：牛蜀军

褐胸鹟 \摄影：关克

形态特征 上喙黑色，下喙黄色。眼先和眼圈白色，头顶较暗。体羽棕褐色，两翅偏红褐色，下体白色。胸和喉侧栗褐色，尾棕褐色。

生态习性 栖息于低山和山脚地带的森林、竹林和林缘、疏林、灌丛。性胆怯而隐秘。

地理分布 分布于印度、斯里兰卡、缅甸、泰国。国内见于甘肃东南部、云南、四川、贵州、湖北、澳门、广西。

种群状况 单型种。夏候鸟，留鸟。不常见。

褐胸鹟

Brown-breasted Flycatcher *Muscicapa muttui* 体长：13 cm LC（低度关注）

棕尾褐鹟 \摄影：陈承光

棕尾褐鹟 \摄影：杜雄

棕尾褐鹟 \摄影：杜雄

形态特征 眼圈白色。喉白色。头顶至后颈暗灰褐色。背红褐色，两翅黑色，翅上羽具白色羽缘。腰至尾上覆羽亮栗棕色。胸灰褐色，两胁棕色，腹白色。尾红栗色。

生态习性 栖息于山地常绿和落叶阔叶林、针阔叶混交林及其林缘地带。

地理分布 分布于中亚、西亚、喜马拉雅山脉、欧洲及非洲北部。国内见于陕西南部、宁夏、甘肃南部、西藏东南部、云南、四川南部、贵州、福建、广东、香港、海南、台湾。

种群状况 单型种。夏候鸟，冬候鸟，旅鸟，留鸟。不常见。

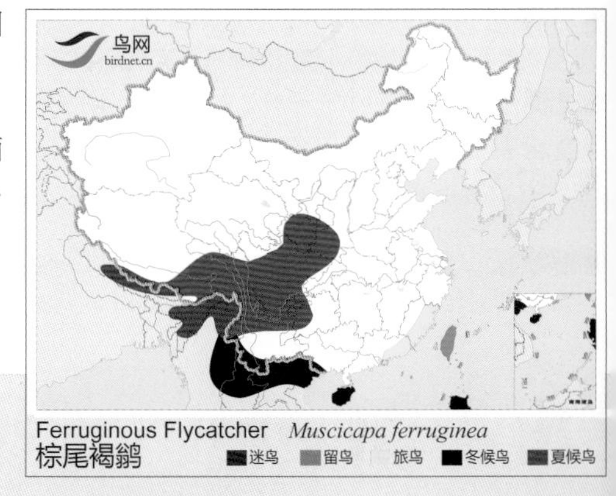

棕尾褐鹟

Ferruginous Flycatcher *Muscicapa ferruginea* 体长：12 cm LC（低度关注）

白眉姬鹟 \摄影：姚峰

白眉姬鹟 \摄影：王军

白眉姬鹟（雌） \摄影：李俊彦

白眉姬鹟 \摄影：朱英

形态特征 雄鸟眉纹白色；上体大部黑色，两翅和尾黑色，翅上具白斑；腰鲜黄色；下体鸡蛋黄色。雌鸟上体大部橄榄绿色，翅上亦具白斑；腰鲜黄色，下体淡黄绿色。

生态习性 栖息于山地、丘陵和山脚地带的阔叶林和针阔叶混交林。在树洞内营巢，也利用人工巢箱产卵。

地理分布 分布于俄罗斯东南地区、蒙古、东亚、马来半岛、印度尼西亚。国内除宁夏、新疆、西藏外见于全国各地。

种群状况 单型种。夏候鸟，旅鸟。常见。

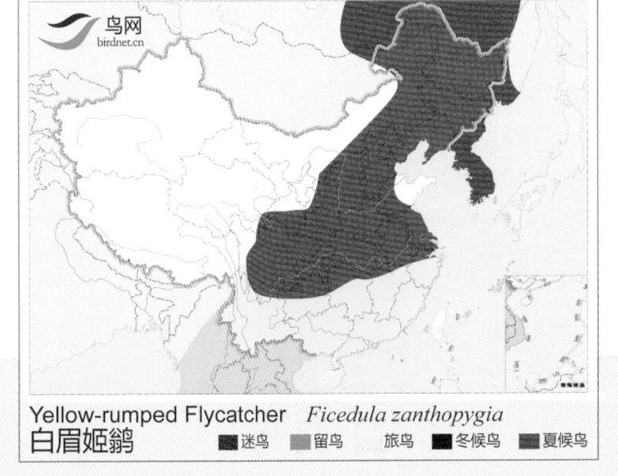

白眉姬鹟

Yellow-rumped Flycatcher　*Ficedula zanthopygia*　体长：13 cm　**LC（低度关注）**

owstoni 亚种 \ 摄影：翟金标

指名亚种 *narcissina* \ 摄影：李秋禾

指名亚种 *narcissina*（雌）\ 摄影：谭永群

指名亚种 *narcissina* \ 摄影：猫猫猫

形态特征 雄鸟黄色眉纹，颏、喉亮黄色，上体大部黑色，翅黑色，具白斑；下背和腰黄色；胸和上腹亮黄色，胸侧黑色，下体白色，尾黑色。雌鸟上体灰橄榄色，下背至尾上覆羽橄榄绿色，两翅淡橄榄褐色，羽缘灰橄榄色，下体污白色；尾和尾上覆羽红褐色。

生态习性 栖息于山地阔叶林、针阔叶混交林和林缘。在树洞内营巢繁殖，捕食各种昆虫。

地理分布 共2个亚种，分布于俄罗斯东南部、日本、菲律宾、印度尼西亚、泰国。国内有2个亚种。指名亚种 *narcissina* 见于山东、江苏、上海、浙江、江西、福建、广东、香港、澳门、广西、海南、台湾，雄鸟上体黑色，腰橙黄色；雌鸟上体橄榄褐色，腰橄榄绿色。广东亚种 *owstoni* 见于广东。

种群状况 多型种。旅鸟，冬候鸟。不常见。

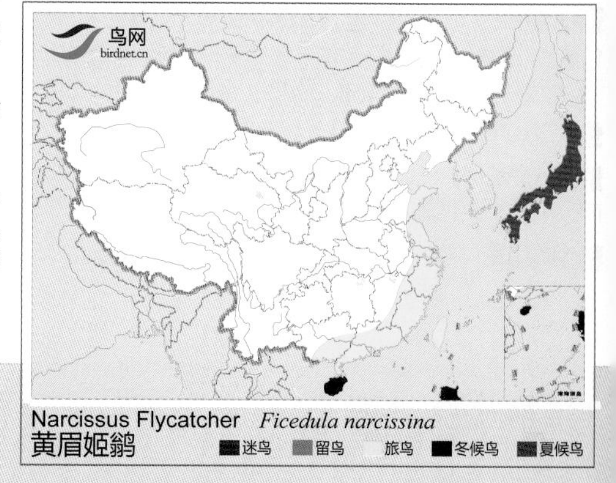

黄眉姬鹟

Narcissus Flycatcher *Ficedula narcissina* 体长：13 cm LC（低度关注）

绿背姬鹟 \摄影：岗岗的

绿背姬鹟 \摄影：张岩

绿背姬鹟 \摄影：罗永川

绿背姬鹟 \摄影：岗岗的

形态特征 雄鸟头、上体灰橄榄绿色，眼圈、眉纹、下体、腰明黄色；翅暗绿色具白色斑，尾深绿色。雌鸟头、上体暗橄榄绿色，眼先淡橄榄绿色，条形翅斑浅灰色，下体浅暗黄色，尾羽和尾上覆羽红褐色。

生态习性 栖息于山地阔叶林、混交林。在树洞内营巢，以昆虫为主食。

地理分布 分布于马来半岛、泰国、日本、越南、新加坡。国内见于河北、北京、河南、山西、陕西、内蒙古西部、宁夏、广东。

种群状况 单型种。夏候鸟，旅鸟。常见。

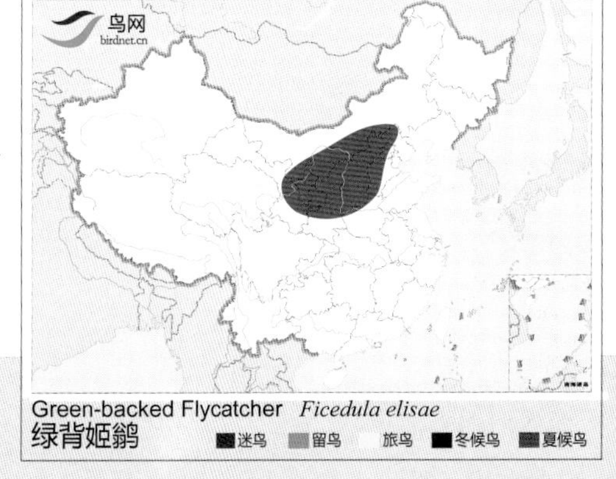

绿背姬鹟

Green-backed Flycatcher　*Ficedula elisae*　体长：13 cm　NE（未评估）

鸲姬鹟 \摄影：顾云芳

鸲姬鹟 \摄影：朱英

鸲姬鹟（雌）\摄影：朱英

鸲姬鹟 \摄影：张锡贤

形态特征 雄鸟头、上体黑色，眼后具短的白色眉斑；翅黑褐色，具白斑；下体自颏至上腹锈红色或橙棕色，其余为白色；尾黑褐色，外侧尾羽基部为白色。雌鸟眼先棕白色，上体灰褐沾绿色；颏至上腹淡棕黄色，其余下体白色。

生态习性 栖息于山地、平原针叶林及针阔叶混交林。主要以昆虫为食。

地理分布 分布于西伯利亚、蒙古、朝鲜半岛及东南亚。国内见于东北、华北、华中、华东、华南、内蒙古、甘肃。

种群状况 单型种。夏候鸟，冬候鸟，旅鸟。常见。

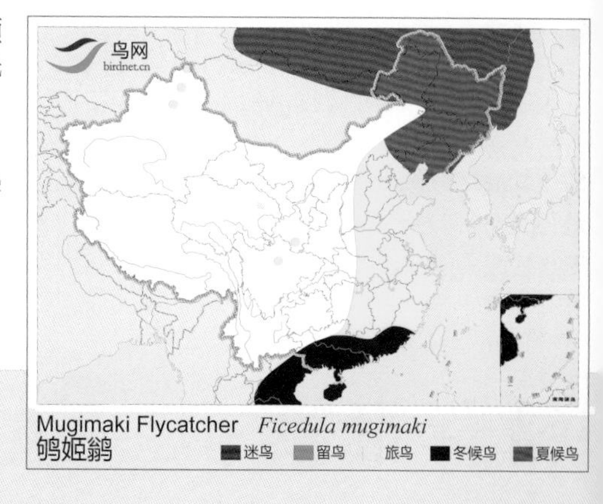

Mugimaki Flycatcher *Ficedula mugimaki*
鸲姬鹟
迷鸟 留鸟 旅鸟 冬候鸟 夏候鸟

鸲姬鹟

Mugimaki Flycatcher *Ficedula mugimaki* 体长：13 cm LC（低度关注）

锈胸蓝姬鹟 \摄影：张永

锈胸蓝姬鹟 \摄影：胡敬林

锈胸蓝姬鹟（雌）\摄影：张勇

锈胸蓝姬鹟 \摄影：胡敬林

形态特征 雄鸟颏、喉、胸和上腹亮橙棕色，上体暗灰蓝色；腹和尾下覆羽皮黄白色；尾上覆羽几近黑色，尾黑色，除中央一对尾羽外，其余尾羽基部白色。雌鸟眼先和眼周污黄白色，喉、胸淡沙灰褐色，上体橄榄褐色，腰和尾上覆羽沾棕色，腹和尾下覆羽白色。

生态习性 栖息于山地常绿阔叶林、针阔叶混交林、针叶林及竹林。

地理分布 分布于喜马拉雅山脉、中南半岛。国内见于北京、山西、甘肃南部、西藏南部、青海南部、云南、四川、湖北西部、香港。

种群状况 单型种。夏候鸟，冬候鸟，旅鸟，留鸟。不常见。

锈胸蓝姬鹟

Slaty-backed Flycatcher　　*Ficedula hodgsonii*　　体长：13 cm　　LC（低度关注）

橙胸姬鹟 \ 摄影：唐承贵

橙胸姬鹟 \ 摄影：顾云芳

橙胸姬鹟（雌） \ 摄影：童光琦

橙胸姬鹟 \ 摄影：冯启文

形态特征 额具一白色横带向后延伸至眼上形成眉斑，颏、喉黑色，上体橄榄褐色。两翅暗褐色；羽缘棕黄色，胸和胸侧暗灰色，上胸中部具橙棕色斑，其余下体灰白色，两胁橄榄褐色；尾黑色，外侧尾羽基部白色。雌鸟褐色。

生态习性 栖息于山地常绿阔叶林、针阔叶混交林和杂木林。

地理分布 共2个亚种，分布于喜马拉雅山脉、中南半岛。国内有1个亚种，指名亚种 *strophiata* 见于陕西南部、甘肃南部、西藏东部、云南、四川、贵州、湖北西部、广东、香港、广西、海南。

种群状况 多型种。夏候鸟，冬候鸟。常见。

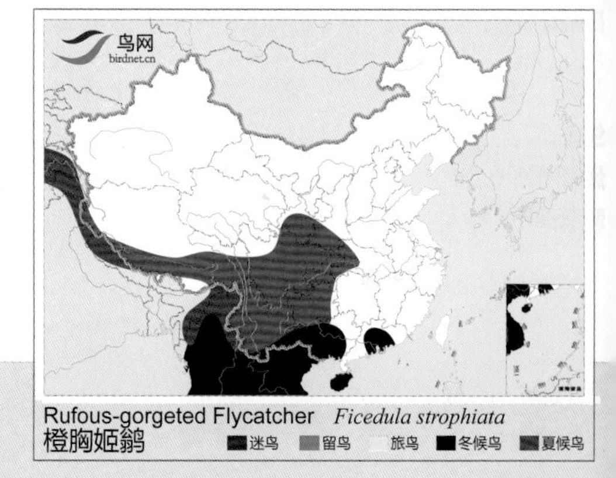

Rufous-gorgeted Flycatcher *Ficedula strophiata*
橙胸姬鹟 迷鸟 留鸟 旅鸟 冬候鸟 夏候鸟

橙胸姬鹟

Rufous-gorgeted Flycatcher *Ficedula strophiata* 体长：13 cm LC（低度关注）

红喉姬鹟 \ 摄影：王昌军

红喉姬鹟 \ 摄影：张前

红喉姬鹟（雌） \ 摄影：田稼

红喉姬鹟 \ 摄影：关克

形态特征 雄鸟眼先、眼周白色，上体灰黄褐色，尾上覆羽和中央尾羽黑褐色，外侧尾羽褐色，基部白色；颏、喉繁殖期间橙红色，胸淡灰色，其余下体白色；非繁殖期颏、喉变为白色。雌鸟颏、喉白色，胸沾棕色。

生态习性 栖息于低山丘陵和山脚平原地带的阔叶林、针阔林混交林和针叶林。

地理分布 分布于欧亚大陆北部，越冬于南亚、东南亚。国内除西藏外见于全国各省份。

种群状况 单型种。夏候鸟，冬候鸟，旅鸟。常见。

鸟网 birdnet.cn

Taiga Flycatcher *Ficedula albicilla*
红喉姬鹟
迷鸟　留鸟　旅鸟　冬候鸟　夏候鸟

红喉姬鹟

Taiga Flycatcher　　*Ficedula albicilla*　　体长：13 cm　　LC（低度关注）

红胸姬鹟 \摄影：陈承光

红胸姬鹟（雌）\摄影：陈承光

红胸姬鹟 \摄影：向军

形态特征 脸灰色。颏、喉到上胸为橘黄色。尾上覆羽褐色。

生态习性 栖息于阔叶林等多种生境。主要以各类昆虫为食。

地理分布 分布于欧洲及西伯利亚，越冬于巴基斯坦。国内见于北京、河北、香港、台湾。

种群状况 单型种。冬候鸟，旅鸟。常见。

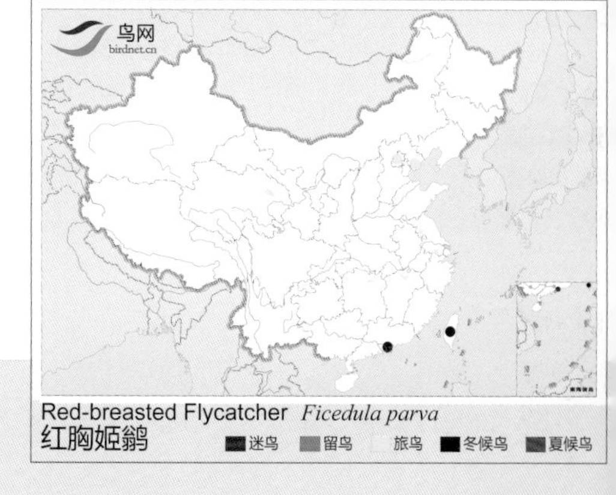

红胸姬鹟

Red-breasted Flycatcher *Ficedula parva* 体长：13 cm **LC（低度关注）**

指名亚种 *hyperythra*（雄）＼摄影：胡敬林

台湾亚种 *innexa* ＼摄影：赖健豪

指名亚种 *hyperythra*（雌）＼摄影：牛蜀军

形态特征 雄鸟眉纹短而白，喉、胸橙棕色，上体灰蓝色；飞羽褐色，初级飞羽羽缘淡橄榄褐色或红褐色；腹和尾下覆羽白色，尾蓝黑色，外侧尾羽基部白色。雌鸟前额、眉纹和眼周皮黄色。上体橄榄褐色，两翅和尾栗褐色，下体皮黄沾灰色。

生态习性 栖息于常绿林和落叶阔叶林、竹林。以各种昆虫为食。

地理分布 共21个亚种，分布于喜马拉雅山脉、东南亚。国内有2个亚种，指名亚种 *hyperythra* 见于陕西、青海东南部、云南西部和南部、四川、重庆、贵州、广西、海南，喉和胸橙棕色，向后较淡；两胁淡黄棕色；腹、尾下覆羽均白色杂有褐色。台湾亚种 *innexa* 见于台湾，喉和胸橙栗色，渐次更淡；两胁栗色；腹、尾下覆羽均白色。

种群状况 多型种。夏候鸟，旅鸟，留鸟。不常见。

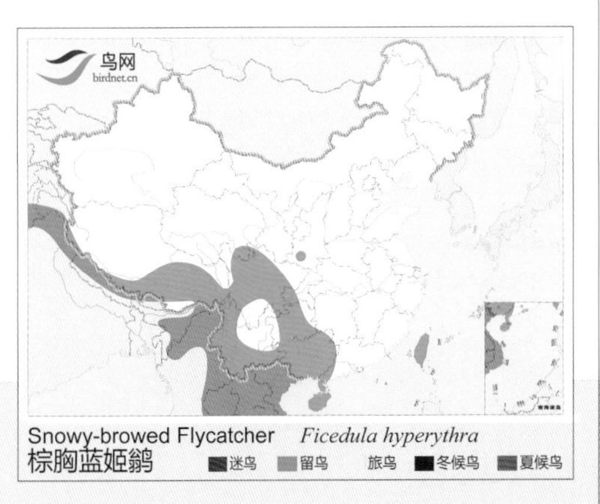

棕胸蓝姬鹟

Snowy-browed Flycatcher　　*Ficedula hyperythra*　　体长：13 cm　　LC（低度关注）

白喉姬鹟 \摄影：杜雄

白喉姬鹟 \摄影：魏东

白喉姬鹟 \摄影：魏东

形态特征 前额和短的眉纹相连为白色，眼先、耳覆羽和头侧灰褐色而杂白色；颏、喉白色，形成一大的三角形白斑，周边具黑缘。体羽红褐色。下体橄榄褐色，腹中央白色。

生态习性 栖息于绿阔叶林、次生林和林缘地带。以各种昆虫为食。

地理分布 共3个亚种，分布于喜马拉雅山脉、中南半岛。国内有1个亚种，云南亚种 *leucops* 见于云南西南部。

种群状况 多型种。留鸟。稀少。

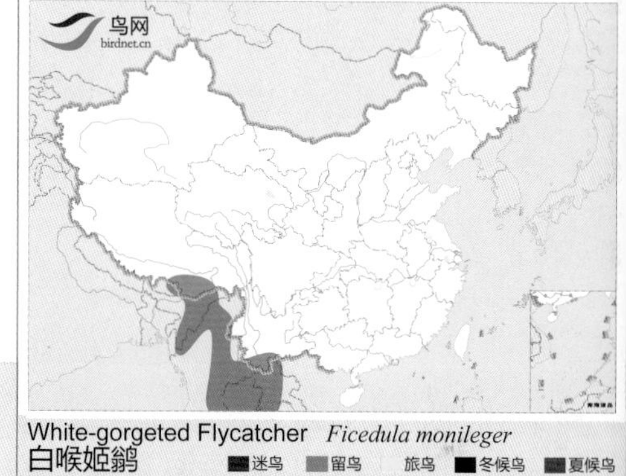

白喉姬鹟

White-gorgetted Flycatcher *Ficedula monileger* 体长：12 cm LC（低度关注）

斑姬鹟 \摄影：严建平

斑姬鹟 \摄影：曾源

斑姬鹟 \摄影：Jiri Bohda

形态特征 雄鸟额具白点。头、上体黑褐色，具白色翅斑。下体白色。雌鸟头、上体褐色，颏白色，下体淡白褐色。

生态习性 栖息于阔叶林、针叶林。主要捕食各种昆虫。

地理分布 共4个亚种，分布于西伯利亚及欧洲、非洲西南部。国内见于新疆南部、四川。

种群状况 多型种。夏候鸟。不常见。

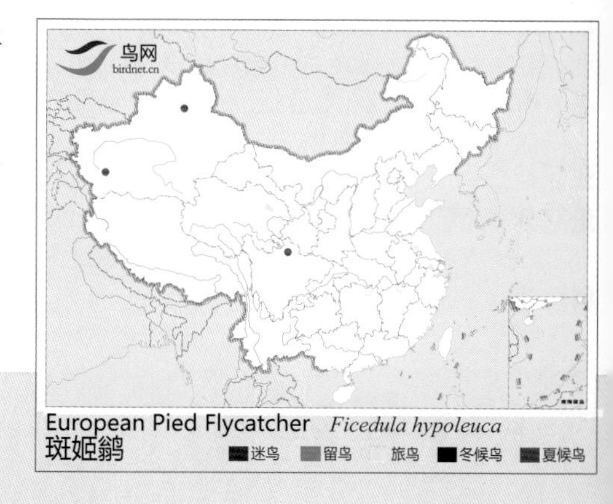

斑姬鹟

European Pied Flycatcher *Ficedula hypoleuca* 体长：12 cm LC（低度关注）

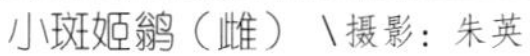

小斑姬鹟（雌）\摄影：朱英

小斑姬鹟 \摄影：朱英

形态特征 雄鸟的白色眉纹宽阔，上体黑色具暗蓝色光泽；翅黑色，内侧大覆羽和内侧飞羽外缘白色成翅斑；下体白色，尾黑色，外侧尾羽基部白色。雌鸟眼圈白色，上体橄榄灰色，两翅暗褐色，下体灰白色；腰尾上覆羽沾棕色。尾暗褐色沾棕。

生态习性 栖息于山地常绿阔叶林、针阔叶混交林和竹林，冬季迁至平原地带。

地理分布 共8个亚种，分布于喜马拉雅山脉、东南亚。国内有1个亚种，西南亚种 *australorientis* 见于西藏东南部，云南西部和南部、贵州南部、广西北部。

种群状况 多型种。留鸟。不常见。

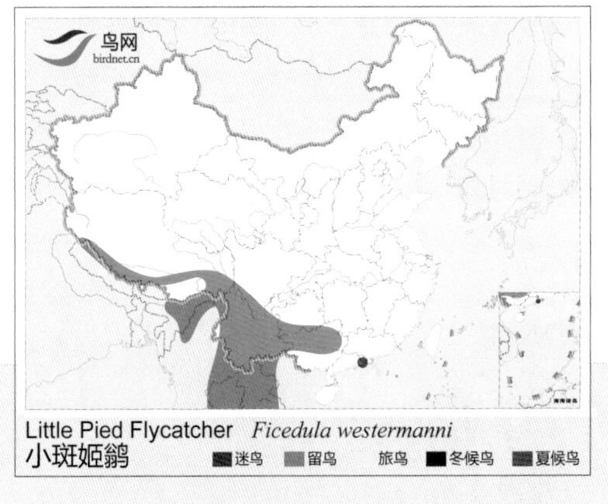

小斑姬鹟

Little Pied Flycatcher　　*Ficedula westermanni*　　体长：12　cm　　LC（低度关注）

白眉蓝姬鹟（雌）\摄影：Gobind Sagar Bhardwaj

白眉蓝姬鹟 \摄影：苏仲镛

形态特征 雄鸟无白色眉纹或眉纹不明显，喉侧、颈侧亦为暗蓝色；上体深灰蓝色，两翅和尾黑褐色，胸两侧各有一大的暗蓝色斑，在胸部形成一环带；下体白色。雌鸟眼圈白色，颏、喉沾棕色。头顶和头侧沙褐色，上体橄榄灰色，两翅和尾暗褐色；下体灰白色。

生态习性 栖息于湿润的常绿阔叶林、针阔叶混交林及竹林。

地理分布 共2个亚种，分布于阿富汗、喜马拉雅山脉、印度、缅甸、泰国。国内有1个亚种，西南亚种 *aestigma* 见于西藏东南部、云南西部、四川。

种群状况 多型种。夏候鸟，冬候鸟。不常见。

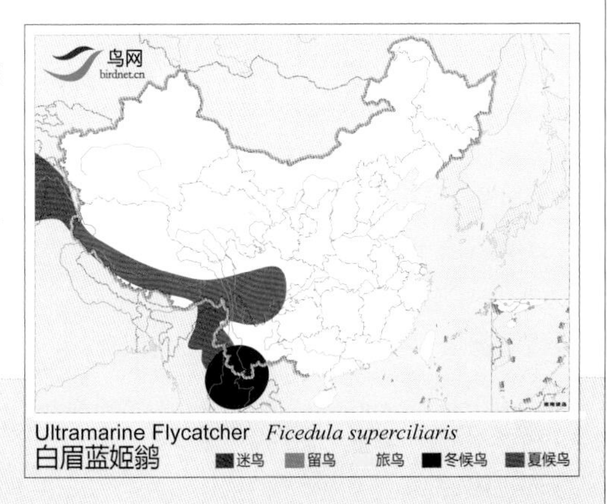

白眉蓝姬鹟

Ultramarine Flycatcher　　*Ficedula superciliaris*　　体长：12 cm　　LC（低度关注）

藏东亚种 *minuta* \摄影：康小兵

指名亚种 *leucomelanura* \摄影：朱英

西南亚种 *diversa* \摄影：牛蜀军

西南亚种 *diversa* \摄影：胡敬林

形态特征 雄鸟额淡蓝色，眼先和头侧黑色，颏、喉和上胸白色，常形成一个三角形白斑；上体深灰蓝色，两翅暗褐色，胸和两胁沾褐色；尾黑色，除中央一对尾羽外，外侧尾羽基部白色；下体灰白沾棕色。雌鸟上体橄榄褐色，两翅棕褐色，腰部沾棕。胸和两胁较棕色。下体棕白色；尾和尾上覆羽红棕色。

生态习性 栖息于山地常绿阔叶林、针阔叶混交林和针叶林。

地理分布 共4个亚种，分布于喜马拉雅山脉、中南半岛北部。国内有3个亚种。藏东亚种 *minuta* 见于西藏东南部，喉部近白色，胸部、下体沾棕色。指名亚种 *leucomelanura* 见于西藏南部，下体灰白色。西南亚种 *diversa* 见于陕西南部、宁夏南部、甘肃南部、云南、四川、重庆、贵州。喉部皮黄色，胸、两胁、下体沾棕色。

种群状况 多型种。夏候鸟，留鸟，冬候鸟。不常见。

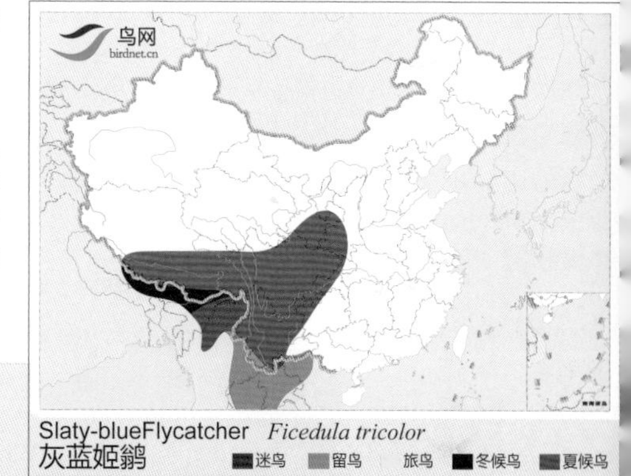

灰蓝姬鹟

Slaty-blue Flycatcher *Ficedula tricolor* 体长：13 cm LC（低度关注）

玉头姬鹟（雌）\摄影：胡健一

指名亚种 *sapphira* \摄影：朱敬恩

老挝亚种 *laotiana* \摄影：Debapratim Saha

形态特征 雄鸟额基、眼先和贯眼纹黑色，头侧、颈侧、胸侧蓝黑色，颏、喉橙棕色；头顶、腰和尾上覆羽钴蓝色，后颈、背、肩和两翅覆羽深紫蓝色；上胸橙棕色，两侧各有一个向胸突出的深紫蓝色带斑，形成不完整胸带；胸以下灰白沾棕色，尾和飞羽黑色。雌鸟眼先和眼圈赭色，颏、喉橙棕色，上体橄榄棕褐色，胸和颈侧橄榄褐色，胸以下皮黄白色；尾上覆羽棕色，尾羽栗褐色，外缘黄褐色。

生态习性 栖息于绿阔叶林、栎林和次生林。

地理分布 共3个亚种，分布于喜马拉雅山脉、中南半岛。国内有3个亚种。指名亚种 *sapphira* 见于云南西部和南部、四川西部，头顶为玉蓝色，喉栗棕色。老挝亚种 *laotiana* 见于云南西北部，头顶橄榄棕褐色。天全亚种 *tienchuanensis* 见于陕西南部、四川中部，头顶为玉蓝色，喉白色。

种群状况 多型种。留鸟，夏候鸟。稀少。

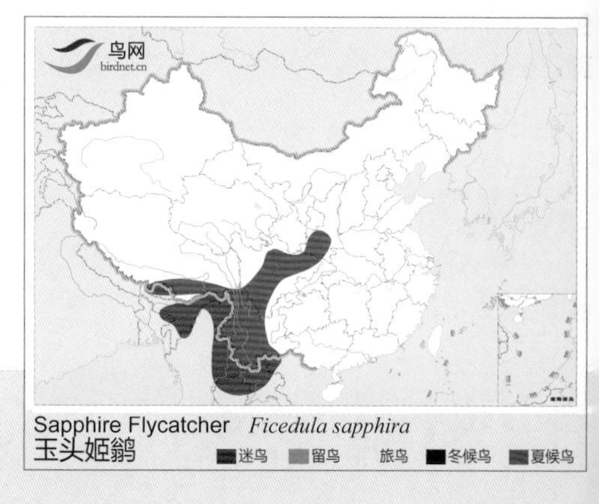

玉头姬鹟

Sapphire Flycatcher *Ficedula sapphira* 体长：13 cm LC（低度关注）

指名亚种 *cyanomelana* \摄影：冯启文

东北亚种 *cumatilis* \摄影：关克

指名亚种 *cyanomelana*（雌）\摄影：杜雄

指名亚种 *cyanomelana*（雌）\摄影：孙玉建

东北亚种 *cumatilis*（雌）\摄影：关克

形态特征 雄鸟头侧、颏、喉黑色，头顶钴蓝色或钴青蓝色，其余上体紫蓝色或青蓝色，两翅和尾黑褐色，羽缘颜色同背部色；胸黑色，其余下体白色；外侧尾羽基部白色。雌鸟眼圈白色，颏、喉污白色，上体橄榄褐色，腰沾锈色，胸灰褐色，胸以下白色。

生态习性 栖息于山地阔叶林和混交林。

地理分布 共2个亚种，分布于东北亚及越南、老挝、菲律宾、马来西亚、印度尼西亚。国内有2个亚种。东北亚种 *cumatilis* 见于青海、云贵川以东地区，头顶天蓝色，有时沾蓝；上体大都橄榄褐色；背蓝青色；喉和上胸部深青蓝色，到腹部渐成白色；中央尾羽暗蓝羽基黑色。指名亚种 *cyanomelana* 见于黑龙江东部、吉林、辽宁、河北、山东、贵州、湖北、江苏、浙江、福建、广东、香港、广西、海南、台湾，头顶钴蓝色，上体大都蓝色或青蓝色，背海蓝色；喉、胸部蓝色，与白色的腹部分界明显；尾羽有白色羽基。

种群状况 多型种。夏候鸟，冬候鸟，旅鸟。常见。

白腹蓝姬鹟

Blue-and-white Flycatcher　*Cyanoptila cyanomelana*　体长：12 cm　LC（低度关注）

铜蓝鹟 \摄影：顾云芳

铜蓝鹟 \摄影：黄民宝

铜蓝鹟 \摄影：顾云芳

铜蓝鹟 \摄影：毛建国

形态特征 雄鸟眼先黑色，体羽为鲜艳的铜蓝色，尾下覆羽具白色端斑。雌鸟颏近灰白色，下体灰蓝色。

生态习性 栖息于山地常绿阔叶林、针阔叶混交林和针叶林。大多成对活动，常在高大乔木树冠上或灌丛枝梢上寻找昆虫为食。

地理分布 共2个亚种，分布于南亚、东南亚。国内有1个亚种，指名亚种 *thalassinus* 见于山东、陕西、西藏南部、云南、四川、重庆、贵州、湖北、湖南、江西、上海、浙江、福建、广东、香港、澳门、广西、台湾。

种群状况 多型种。夏候鸟，冬候鸟，留鸟。常见。

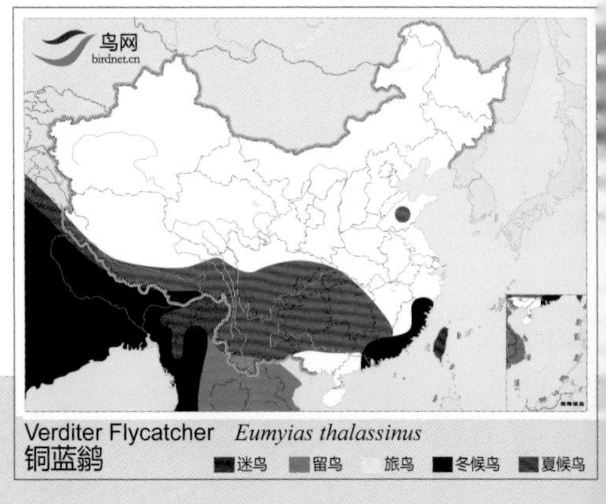

铜蓝鹟

Verditer Flycatcher *Eumyias thalassinus*

体长：15 cm

LC（低度关注）

云南亚种 *griseiventris* \摄影：刘马力

云南亚种 *griseiventris* \摄影：赖健豪

指名亚种 *grandis*（雌）\摄影：李全民

指名亚种 *grandis* \摄影：童光琦

形态特征 雄鸟前额、头侧、颏、喉黑色，头顶至枕、腰、尾上覆羽、小覆羽和颈侧斑辉钴蓝色，背、肩暗紫蓝色，两翅黑色，胸黑色，其余下体蓝灰色；尾黑色，各羽羽缘和中央尾羽紫蓝色。雌鸟喉皮黄色，头顶和眼先褐灰色，前额锈色，头侧褐色而具细的白色羽干纹，颈侧有一块淡钴蓝色斑，背赭褐色，两翅和尾红褐色，下体红橄榄褐色，腹中部灰色。

生态习性 栖息于常绿阔叶林、竹林和次生林中。冬季在低山和山脚林缘地带活动。

地理分布 共4个亚种，分布于喜马拉雅山脉、马来半岛及印度尼西亚。国内有2个亚种。指名亚种 *grandis* 见于甘肃、西藏南部、云南西部，翅较长；头顶辉钴蓝色。云南亚种 *griseiventris* 见于云南南部，翅较短，头顶色较淡，呈天蓝色。

种群状况 多型种。留鸟。不常见。

大仙鹟

Large Niltava　*Niltava grandis*

体长：21　cm

LC（低度关注）

小仙鹟 \ 摄影：邓嗣光

小仙鹟 \ 摄影：田穗兴

小仙鹟（雌） \ 摄影：蒋一方

小仙鹟 \ 摄影：邓嗣光

形态特征 雄鸟颏、喉深紫蓝色，前额基部、眼先、耳羽黑色，头顶、背、肩、两翅和尾表面暗蓝色，前额、头顶两侧、腰和尾上覆羽以及颈侧块斑辉蓝色；上胸深紫蓝色，下胸暗灰色，尾下覆羽白色。雌鸟颏、喉茶黄色。颈侧有一灰蓝色斑；上体橄榄褐色，额基、背、腰茶黄色，尾上覆羽沾棕，飞羽和尾羽暗褐色，羽缘沾棕，下体皮黄橄榄褐色，尾下覆羽皮黄褐色。

生态习性 栖息于山地常绿阔叶林和竹林。以昆虫为主食。

地理分布 共2个亚种，分布于喜马拉雅山脉、中南半岛北部。国内有1个亚种，普通亚种 *signata* 见于西藏南部、云南、贵州南部、江西、浙江、福建、广东、澳门、广西西南部。

种群状况 多型种。留鸟，冬候鸟。稀少。

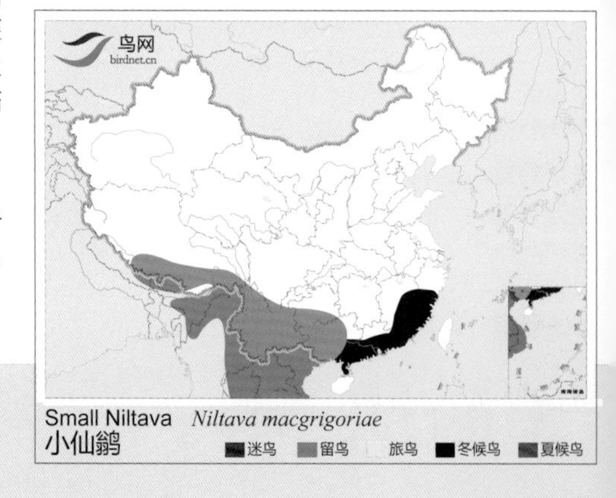

小仙鹟

Small Niltava *Niltava macgrigoriae*

体长：12 cm

LC（低度关注）

棕腹大仙鹟 \摄影：胡敬林

棕腹大仙鹟 \摄影：王振秀

棕腹大仙鹟（雌）\摄影：伍孝崇

棕腹大仙鹟 \摄影：山之灵

形态特征 雄鸟前额、眼先、颊、耳羽、颏、喉黑色，头顶前部、腰、尾上覆羽、颈侧块斑和小覆羽辉钴蓝色，头顶后部、背、肩等其余上体以及翅和尾表面暗蓝色；胸橙棕色且在胸部向上凸，其余下体橙棕色。雌鸟眼先赭棕色，颏淡棕褐色，颈侧有一辉蓝色斑，与下喉星月形斑几乎相连，喉、胸和两肋橄榄褐色；上体橄榄褐色，下体污白色；尾上覆羽橄榄棕色，尾棕褐色。

生态习性 栖息于山地常绿阔叶林、落叶阔叶林和混交林。多在林下灌丛和下层树冠中活动，主要以甲虫、蚂蚁、蛾、蚊等昆虫为食，也吃少量果实与种子。

地理分布 分布于中南半岛。国内见于陕西南部、云南、四川、重庆、贵州北部、江西、福建西北部、广东、香港、澳门、广西、海南。

种群状况 单型种。夏候鸟。稀少。

棕腹大仙鹟

Fujian Niltava　　*Niltava davidi*　　体长：17 cm　　LC（低度关注）

西南亚种 *denotata* \摄影：陈添平

指名亚种 *sundara* \摄影：蔚蓝天空

西南亚种 *denotata*（雌）\摄影：陈孝齐

西南亚种 *denotata* \摄影：王振秀

形态特征 雄鸟颏、喉黑色齐整，与胸、腹等橙棕色交汇处成直线；头顶、腰和尾上覆羽辉钴蓝色，背暗蓝色，颈侧有一辉钴蓝色斑。雌鸟颈侧有一钴蓝色块斑，上体橄榄褐色，上胸中部有一白斑；下体淡橄榄棕色，尾上覆羽沾棕色，两翅和尾暗褐色，羽缘棕褐色。

生态习性 栖息于阔叶林、竹林、针阔叶混交林和林缘灌丛。性较安静，常静静地停歇在树枝上，发现有昆虫时才飞出捕食。

地理分布 共3个亚种。分布于喜马拉雅山脉、中南半岛。国内有2个亚种。指名亚种 *sundara* 见于云南西部、西藏南部，背部暗紫蓝色，下体黄色较淡。西南亚种 *denotata* 见于陕西南部、甘肃东南部、云南、四川、重庆、贵州、湖北西部、广东，背部紫蓝色，下体黄色较浓。

种群状况 多型种。夏候鸟，旅鸟，冬候鸟。稀少。

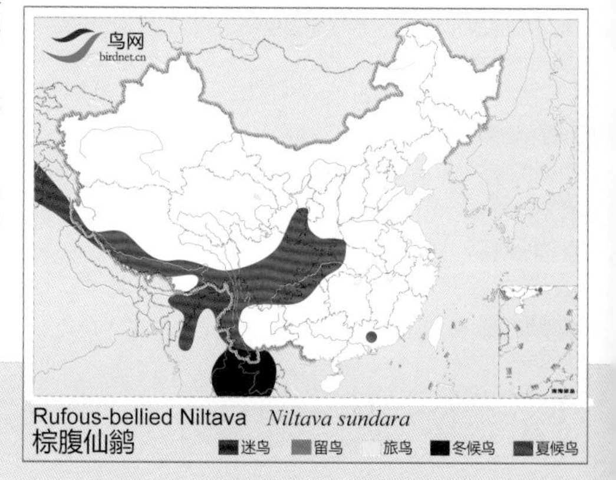

Rufous-bellied Niltava *Niltava sundara*
棕腹仙鹟
迷鸟 留鸟 旅鸟 冬候鸟 夏候鸟

棕腹仙鹟

Rufous-bellied Niltava *Niltava sundara* 体长：16 cm LC（低度关注）

指名亚种 *vivida* \摄影：陈承光

西南亚种 *oatesi* \摄影：张岩

指名亚种 *vivida*（雌）\摄影：陈承光

西南亚种 *oatesi* \摄影：陈勇

形态特征 雄鸟颏、喉和颈侧深蓝黑色，头顶至枕、腰、尾上覆羽、翅上小覆羽和中覆羽概辉钴色，背、肩、翅覆羽深蓝色；中央一对尾羽暗蓝色，其余尾羽和飞羽黑色，羽缘暗蓝色；下体栗棕色，喉部黑色和胸部栗棕色连结处不平直，胸部棕色向喉部凸。雌鸟前额、头侧、颏和上喉棕色具褐色横斑和斑点，头顶至枕和颈侧灰褐色；背、肩橄榄黄褐色，上体包括两翅和尾表面栗褐色；下体污灰色。

生态习性 栖息于常绿阔叶林、混交林中、针叶林、次生林以及人工林中。常单独或成对活动，主要以昆虫及其幼虫为食。

地理分布 共2个亚种，分布于印度、缅甸、泰国。国内有2个亚种。西南亚种 *oatesi* 见于西藏南部和东南部、云南、四川，背部稍沾黑色。指名亚种 *vivida* 见于台湾，体型较小，翅稍短。

种群状况 多型种。留鸟，夏候鸟，冬候鸟。稀少。

棕腹蓝仙鹟

Vivid Niltava　　*Niltava vivida*

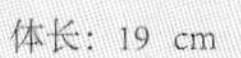

体长：19 cm

LC（低度关注）

白尾蓝仙鹟 \摄影：肖克坚

白尾蓝仙鹟（雌）\摄影：王进

白尾蓝仙鹟 \摄影：王进

形态特征 雄鸟喉、胸暗蓝色，上体深蓝色；头顶至枕以及翅上小覆羽辉钴蓝色；翅黑褐色，羽缘蓝色，中央尾羽深蓝色，外侧尾羽白色；下体白色。雌鸟上体红褐色，尤以头顶和腰较红和较鲜亮，上胸有一大的白色斑，下体为棕褐色，腹白色。

生态习性 栖息于低山常绿阔叶林、竹林和次生林。以捕食各种昆虫为生。

地理分布 共3个亚种。分布于印度、东南亚。国内有1个亚种，云南亚种 *cyanea* 见于云南西南部。

种群状况 多型种。留鸟，夏候鸟。稀少。

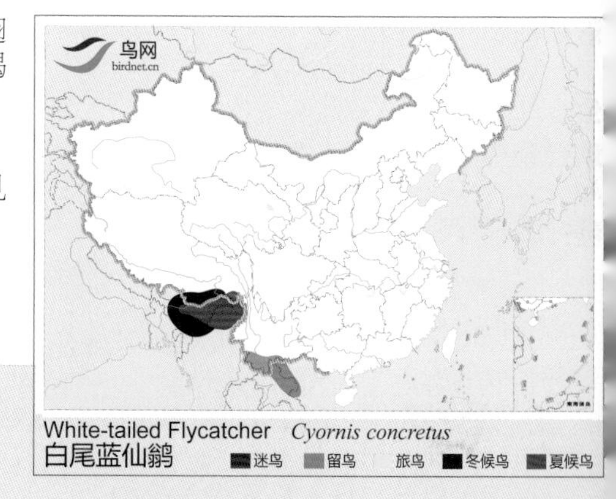

白尾蓝仙鹟

White-tailed Flycatcher *Cyornis concretus* 体长：17 cm LC（低度关注）

海南蓝仙鹟 \摄影：邱小宁

海南蓝仙鹟（雌）\摄影：猫猫猫

海南蓝仙鹟 \摄影：孙华金

形态特征 雄鸟前额和眼上眉斑较鲜亮，喉暗蓝色，上体、两翅暗蓝色，胸暗蓝色，下胸和两胁蓝灰色，其余下体白色，尾表面暗蓝色。雌鸟眼圈皮黄色，喉部橙皮黄色，头和头侧沾灰色。上体橄榄褐色，两翅和尾表面栗褐色；胸橙皮黄色，其余下体白色。

生态习性 栖息于低山常绿阔叶林、次生林和林缘灌丛。鸣声悦耳动听、常单独、成对或3~5只成群一起活动，食物主要为甲虫、蚂蚁及鳞翅目幼虫。

地理分布 分布于缅甸、泰国、老挝、越南。国内见于云南南部、广东、香港、澳门、广西中部、海南。

种群状况 单型种。夏候鸟，旅鸟，留鸟。不常见。

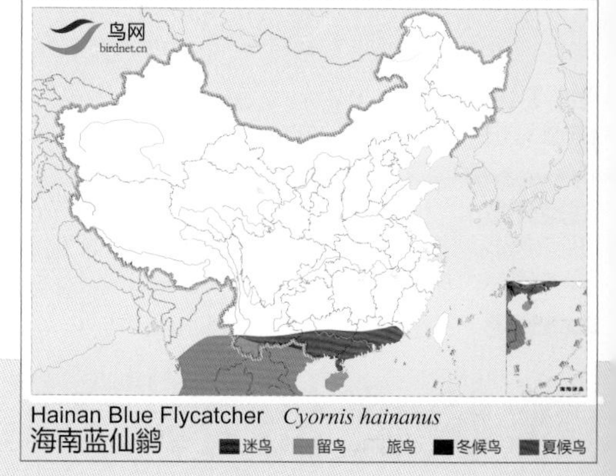

海南蓝仙鹟

Hainan Blue Flycatcher *Cyornis hainanus* 体长：14 cm LC（低度关注）

laurentei 亚种 \摄影：张岩

laurentei 亚种 \摄影：田穗兴

cachariensis 亚种 \摄影：梁长久

形态特征 雌雄同色。眼圈皮黄色，喉淡皮黄色，头侧灰色，上体橄榄褐色，两翅和尾褐色；羽缘棕褐色；胸和两胁橙棕色，腹中部、尾下覆羽皮黄白色，尾褐色。

生态习性 栖息于低山和山脚平原地带的阔叶林和次生林。求偶鸣声悦耳动听。

地理分布 共4个亚种。分布于喜马拉雅山脉、缅甸。国内有2个亚种，滇南亚种 *laurentei* 见于云南西部和东南部。滇北亚种 *cachariensis* 见于云南西北部。

种群状况 多型种。留鸟。稀少。

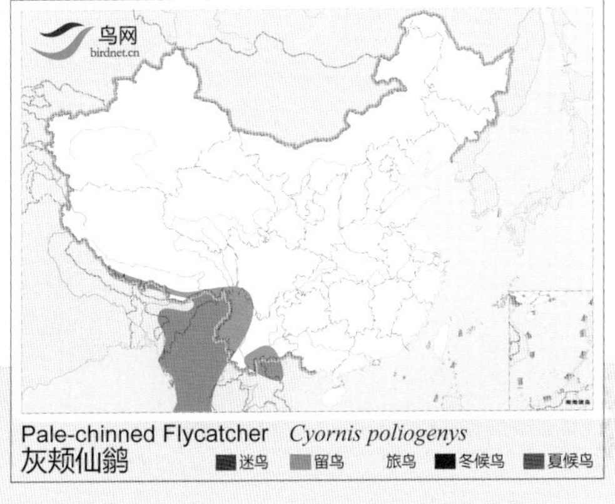

灰颊仙鹟

Pale-chinned Flycatcher　*Cyornis poliogenys*　体长：14 cm　LC（低度关注）

指名亚种 *unicolor* \摄影：唐承贵

海南亚种 *diaoluoensis*（雌）\摄影：隐形金翰

海南亚种 *diaoluoensis* \摄影：隐形金翰

形态特征 雄鸟颏、喉、胸淡蓝色，头顶前部和眉区辉钴蓝色，上体、翅淡蓝色，腹以后其余下体灰色，尾表面淡蓝色。雌鸟喉、胸淡灰褐色，上体橄榄黄褐色，飞羽褐色，羽缘棕褐色，腹淡灰色，尾上覆羽和尾棕褐色，尾下覆羽皮黄色。

生态习性 栖息于低山和山脚地带潮湿的常绿阔叶林和竹林。性胆小，常藏于林内。

地理分布 共3个亚种。分布于喜马拉雅山脉、中南半岛。国内有2个亚种，指名亚种 *unicolor* 见于西藏东南部、云南西南部、广西中部，上体为淡蓝色；额、眉纹辉钴蓝色；下体灰色，沾染茶黄色；尾下覆羽无白色羽缘。海南亚种 *diaoluoensis* 见于海南，上体羽毛较指名亚种深蓝；前额及眉纹近似钴蓝色，下体浅蓝色；翅下覆羽灰，而具淡棕白色羽缘。

种群状况 多型种。夏候鸟，留鸟。局部常见。

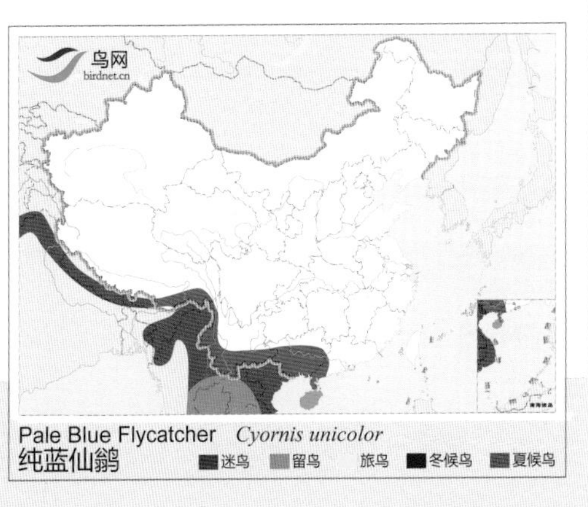

纯蓝仙鹟

Pale Blue Flycatcher　*Cyornis unicolor*　体长：16 cm　LC（低度关注）

指名亚种 *rubeculoides* \摄影：罗永川

西南亚种 *glaucicomans* \摄影：顾云芳

西南亚种 *glaucicomans*（雌）\摄影：顾云芳

指名亚种 *rubeculoides*（雌）\摄影：牛蜀军

指名亚种 *rubeculoides* \摄影：赵顺

形态特征 雄鸟额与眉纹辉青蓝色，颊、颏、上喉、下喉两侧和颈侧蓝黑色，下喉和胸棕红色；上体、两翅深蓝色，翅上小覆羽和尾上覆羽辉青蓝色，尾深蓝色，腹和尾下覆羽白色。雌鸟眼先和眼周棕白色，颏和上喉白色，喉、胸棕黄色，上体橄榄褐色，两翅黑褐色，羽缘红褐色；两肋橄榄褐色，尾红褐色，腹和尾下覆羽白色。

生态习性 栖息于低山和山脚地带的常绿林和落叶阔叶林、针叶林、针阔叶混交林和山边林缘灌丛、竹林。以昆虫为主食。

地理分布 共5个亚种。分布于南亚及喜马拉雅山脉、中南半岛。国内有2个亚种，西南亚种 *glaucicomans* 见于西藏东南部，喉与上胸部深蓝色，胸部橙红色，其余下体为白色。指名亚种 *rubeculoides* 见于陕西南部、云南东南部和西部、四川、重庆、贵州、湖北西部、广西，颏、喉部两侧为深蓝色，喉中央与上胸橘黄色，下胸腹部乳白色。

种群状况 多型种。夏候鸟，冬候鸟。不常见。

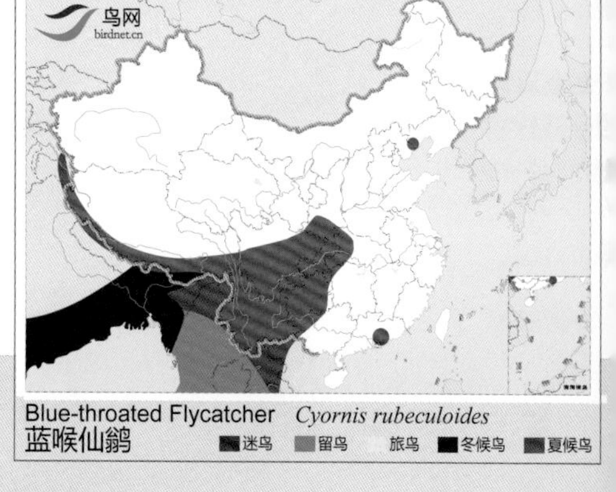

蓝喉仙鹟

Blue-throated Flycatcher *Cyornis rubeculoides* 体长：13 cm LC（低度关注）

山蓝仙鹟 \摄影：梁长久

山蓝仙鹟（雌） \摄影：侯志刚

山蓝仙鹟 \摄影：赖健豪

形态特征 雄鸟颏橙棕色，仅颏尖为蓝黑色，喉橙棕色；上体色较淡，胸、上腹、两胁橙棕色，下腹和尾下覆羽白色。雌鸟颏、喉、胸概为锈红色，喉无白色，上体少黄色。

生态习性 栖息于常绿和落叶阔叶林、次生林和竹林。除繁殖期成对外，其他季节多单独活动。食物以昆虫为主，也吃少量果实和种子。

地理分布 共8个亚种。分布于喜马拉雅山脉、马来半岛。国内有1个亚种，西南亚种 *whitei* 见于云南、四川、贵州、湖南、澳门、广西。

种群状况 多型种。夏候鸟，旅鸟，留鸟。常见。

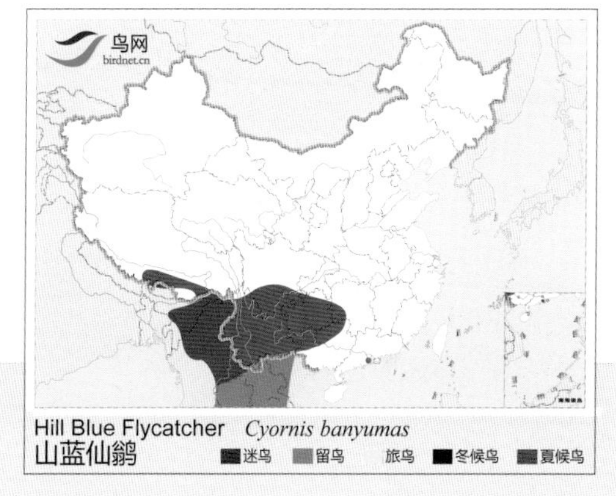

山蓝仙鹟

Hill Blue Flycatcher　*Cyornis banyumas*　体长：14 cm　LC（低度关注）

侏蓝仙鹟 \摄影：李俊海

侏蓝仙鹟（雌） \摄影：Bamloya

侏蓝仙鹟 \摄影：黄光旭

形态特征 雄鸟前额为辉玉蓝色，其余头顶和上体为暗蓝色，下体为淡黄棕色，仅腹中心白色。雌鸟腰棕褐色，下体淡棕皮黄色，腹白色；尾上覆羽棕褐色，尾下覆羽白色。

生态习性 栖息于常绿阔叶林。多在原始森林的枝叶下层活动，偶尔到地面觅食。

地理分布 共2个亚种。分布于喜马拉雅山脉东南亚。国内有1个亚种，指名亚种 *hodgsoni* 见于西藏东南部、云南西部。

种群状况 多型种。夏候鸟。罕见。

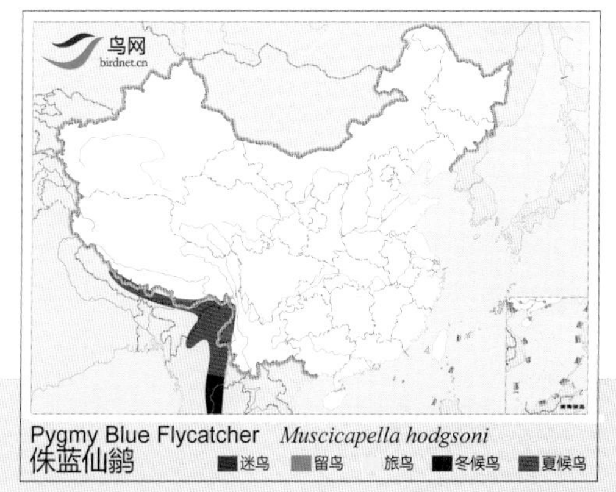

侏蓝仙鹟

Pygmy Blue Flycatcher　*Muscicapella hodgsoni*　体长：11 cm　LC（低度关注）

方尾鹟 \ 摄影：王尧天

方尾鹟 \ 摄影：于富海

方尾鹟 \ 摄影：王尧天

形态特征 嘴平扁，嘴基宽阔几成等边三角形，嘴须长而多；喉灰色，头顶至后颈黑灰色，背橄榄绿色；两翅黑灰色，翅上覆羽和飞羽羽缘橄榄绿黄色。胸灰色，下体黄色；尾黑灰色。

生态习性 栖息于常绿和落叶阔叶林、竹林、混交林及林缘、疏林、灌丛。喧闹活跃，常在树枝间跳跃，追逐捕食昆虫。常将尾羽扇开。

地理分布 共5个亚种。分布于喜马拉雅山脉、中南半岛。国内有1个亚种，普通亚种 *calochrysea* 见于西部地区、华东、华中、华南地区。

种群状况 多型种。夏候鸟，冬候鸟，留鸟。常见。

鸟网 birdnet.cn

Grey-headed Canary Flycatcher *Culicicapa ceylonensis*
方尾鹟
迷鸟 留鸟 旅鸟 冬候鸟 夏候鸟

方尾鹟

Grey-headed Canary Flycatcher *Culicicapa ceylonensis* 体长：13 cm LC（低度关注）

扇尾鹟科

Rhipiduridae
(Fantails)

本科鸟类，体羽灰、黑、褐色或棕色，或有多种青豆色的组合。尾长而圆形，散开时呈扇状。翅尖。喙基部扁平，尖端钩状，具有发达的口须。腿较长。

多栖息于森林，尤其是热带雨林。少数生活在开阔生境或城区。

本科全世界共计1属44种，多分布于东洋界、大洋洲界以及西南太平洋岛屿。中国计有1属3种，主要分布于西南和华南地区。

黄腹扇尾鹟 \摄影：李强

黄腹扇尾鹟 \ 摄影：王尧天

黄腹扇尾鹟 \ 摄影：李强

形态特征 前额相连，眉纹鲜黄色，过眼纹黑色。上体橄榄褐色。下体鲜黄色。尾褐色，除一对中央尾羽外，具宽阔的白色尖端。

生态习性 栖息于山地阔叶林、针阔叶混交林、竹林和针叶林。尾时常展开成扇形，左右摆动。

地理分布 分布于喜马拉雅山脉、马来半岛北部。国内见于西藏南部和东南部、云南、四川西部和西南部。

种群状况 单型种。留鸟。不常见。

鸟网
birdnet.cn

Yellow-bellied Fantail *Rhipidura hypoxantha*
黄腹扇尾鹟 迷鸟 留鸟 旅鸟 冬候鸟 夏候鸟

黄腹扇尾鹟

Yellow-bellied Fantail *Rhipidura hypoxantha* 体长：14 cm LC（低度关注）

白眉扇尾鹟 \ 摄影：陈东明

白眉扇尾鹟 \ 摄影：陈东明

形态特征 前额和眉纹形成一条宽阔的白色带斑，颏、喉灰白色。上体烟灰色，下体白色，尾呈扇形，4 对中央尾羽黑褐色，邻近两对具宽的白色端斑，外侧两对白色。

生态习性 栖息于低山丘陵和山脚平原地带的各种树林。鸣声悦耳动听。

地理分布 共 3 个亚种。分布于南亚、中南半岛。国内有 1 个亚种，滇西亚种 *burmanica* 见于云南西部。

种群状况 多型种。留鸟。罕见。

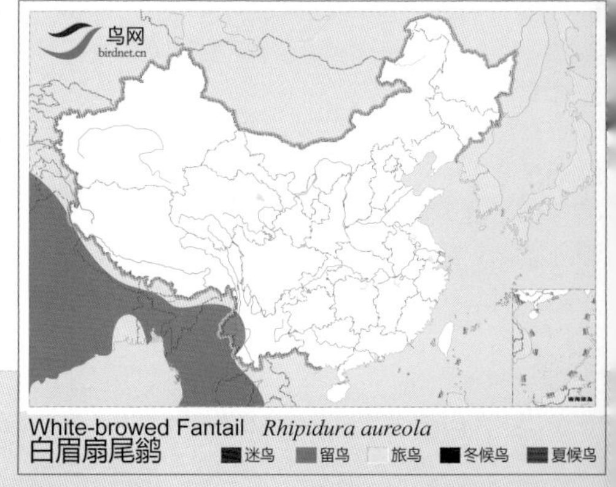

白眉扇尾鹟

White-browed Fantail *Rhipidura aureola* 体长：17 cm LC（低度关注）

白喉扇尾鹟 \摄影：金子成

白喉扇尾鹟 \摄影：李建东

白喉扇尾鹟 \摄影：王尧天

白喉扇尾鹟 \摄影：赵钦

形态特征 眉纹和喉白色。体羽黑灰色。尾较长而宽，常散开呈扇状，除中央一对尾羽外，其余尾羽均具宽阔的白色端斑。

生态习性 栖息于常绿和落叶阔叶林、竹林、次生林以及混交林和针叶林。尾常竖起或左右展开呈扇形。

地理分布 共 9 个亚种。分布于喜马拉雅山脉、东南亚。国内有 1 个亚种，指名亚种 *albicollis* 见于西藏南部和东南部、云南、四川、贵州、广东、广西、海南。

种群状况 多型种。留鸟。常见。

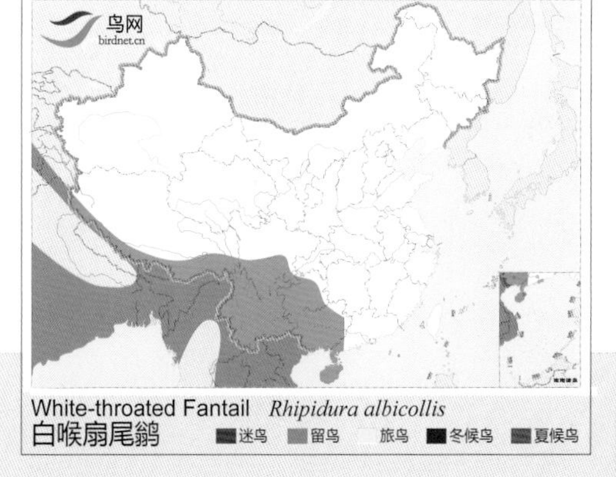

白喉扇尾鹟

White-throated Fantail　*Rhipidura albicollis*　体长：18 cm　LC（低度关注）

王鹟科

Monarchinae
(Monarch Flycatchers)

本科鸟类大多为树栖鸟类。嘴扁，基部宽，身体瘦长，具有长尾。羽色变化多样，从暗褐色至白色、栗色及金黄色，两性异型异色。

栖息于森林地带，多数为留鸟，少数种类具有迁徙习性。以昆虫为食，善于鸣叫。婚配制度一般为单配制，少数种类有合作繁殖行为，繁殖期具有很强的领域行为，对巢址进行积极的防卫。在树上营巢，巢呈杯状，多有苔藓修饰。

本科有 17 属 98 种，主要分布于撒哈拉沙漠以南的非洲、马达加斯加、印度洋中的热带岛屿以及南亚、东南亚，北至日本南至新几内亚和澳大利亚。中国有 2 属 3 种分布于华北、华中、华南、西南及东南地区。

黑枕王鹟台湾亚种 *oberholseri* \ 摄影：洪春风

台湾亚种 *oberholseri* \摄影：谭永群

西南亚种 *styani* \摄影：李涛（涛哥）

台湾亚种 *oberholseri* \摄影：洪春风

西南亚种 *styani* \摄影：王长国

形态特征 雄鸟额基黑色，头顶天蓝色，枕有一黑色块斑，腹、尾下覆羽白色。体羽青蓝色，胸具一半月形黑色胸带。雌鸟头颈暗青蓝色，背灰蓝褐色。

生态习性 栖息于低山丘陵和平原地带的常绿阔叶林、次生林、竹林和林缘疏林灌丛。常单独活动，主要以昆虫及其幼虫为食。

地理分布 共25个亚种。分布于喜马拉雅山脉、马来半岛北部。国内有2个亚种，台湾亚种 *oberholseri* 见于台湾。西南亚种 *styani* 见于云南、四川西南部、贵州南部、广东、香港、澳门、广西中部、福建、海南。

种群状况 多型种。夏候鸟，冬候鸟，留鸟。常见。

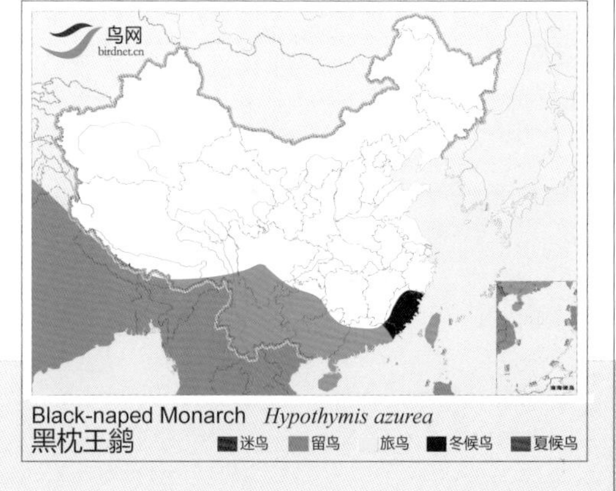

黑枕王鹟

Black-naped Monarch *Hypothymis azurea* 体长：15 cm LC（低度关注）

指名亚种 *atrocaudata* \摄影：顾云芳

指名亚种 *atrocaudata* \摄影：蒋振立

形态特征 眼圈亮蓝色。雄鸟头、颈、羽冠、喉和上胸均为金属蓝黑色，上体深紫栗色，翅暗栗色。尾暗栗色；两枚中央尾羽长；胸、上腹和两胁暗灰色，下体白色。雌鸟体羽较淡，背和尾较栗褐，中央尾羽不延长。

生态习性 栖息于山脚平原地带的常绿和落叶阔叶林、次生林和林缘、疏林与竹林。

地理分布 共3个亚种。分布于朝鲜半岛、日本、菲律宾、马来西亚。国内有2个亚种。指名亚种 *atrocaudata* 见于辽宁、河北、山东以南、云贵川以东地区，雄鸟体形与寿带很相似，头顶具羽冠；额至颈为黑色，略带蓝紫色金属光泽；上体为紫褐色并有金属光泽，下体灰白色，杂有黑斑；中央尾羽特别延长，尾下覆羽白色。兰屿亚种 *periophthalmica* 见于台湾，体羽色较指名亚种更暗，雄鸟尾下覆羽黑色，羽基白色，羽缘灰褐色。

种群状况 多型种。旅鸟，留鸟。不常见。

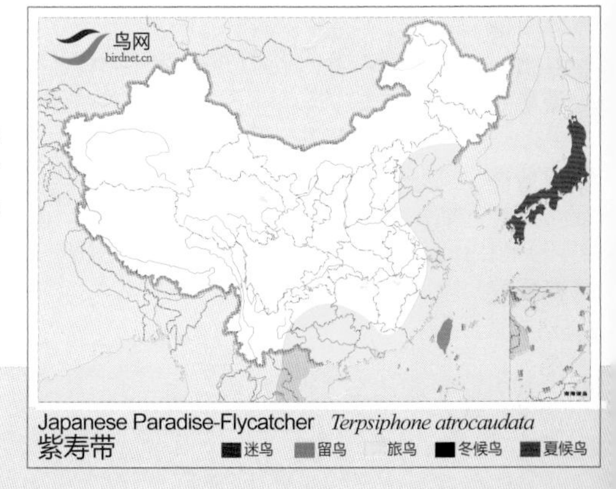

Japanese Paradise-Flycatcher *Terpsiphone atrocaudata*
紫寿带 迷鸟 留鸟 旅鸟 冬候鸟 夏候鸟

紫寿带

Japanese Paradise–Flycatcher *Terpsiphone atrocaudata* 体长：18~44 cm NT（近危）

普通亚种 *incei* \摄影：关克

普通亚种 *incei* 白色型雄鸟 \摄影：赵文斌

普通亚种 *incei* \摄影：孙华金

普通亚种 *incei* 雌鸟 \摄影：李继仁

普通亚种 *incei* \摄影：谭代平

普通亚种 *incei* 栗色型雄鸟 \摄影：秦显礼

形态特征 头蓝黑色，具显著的羽冠。雄鸟两枚中央尾羽延长；羽色有栗色和白色两型：栗色型上体栗棕色，额、喉、头、颈和羽冠为亮蓝黑色，胸灰色，腹和尾下覆羽白色；白色型头、颈、颏、喉亮蓝黑色，其余白色，上体和特形延长的尾具细的黑色羽干纹。雌鸟尾不延长。

生态习性 栖息于低山丘陵和山脚平原地带的阔叶林、次生阔叶林、林缘疏林、竹林。

地理分布 共 14 个亚种。分布于南亚、东南亚。国内有 3 个亚种，普通亚种 *incei* 见于除内蒙古、青海、新疆、西藏外见于全国各省份，栗色型鸟具黑喉，栗色型雄鸟较常见，占全部雄鸟的 75%。滇西亚种 *saturatior* 见于云南西部，栗色型鸟背部红橄榄褐色，腹部皮黄色，尾下翼羽淡栗。白色型雄鸟较常见，占全部雄鸟的 80%。栗色型鸟喉部灰色。滇南亚种 *indochinensis* 见于云南西部和南部、贵州西南部，栗色型鸟背部暗栗，腹纯白，尾下翼羽沾棕，无白色型雄鸟，栗色型鸟具灰色喉。

种群状况 多型种。夏候鸟，旅鸟，留鸟。不常见。

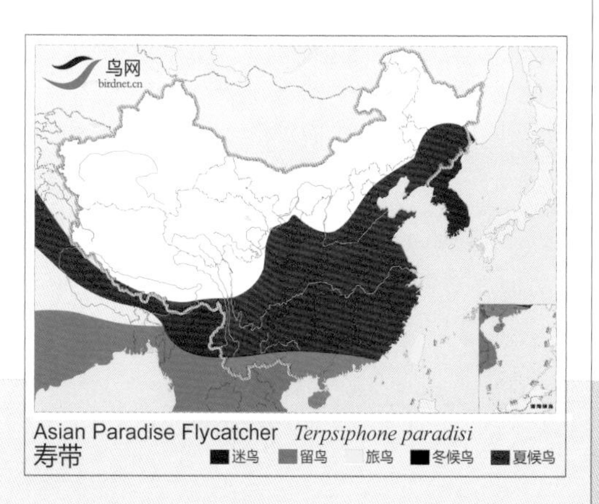

寿带

Asian Paradise Flycatcher　　*Terpsiphone paradisi*

体长：19~49 cm　　LC（低度关注）

画眉科

Timaliidae
(Babblers)

本科鸟类嘴较强硬，嘴缘光滑，上嘴端部无钩或微具缺刻，有的下曲，有的甚厚短。嘴须发达。鼻孔大，多局部被羽或为刚毛所覆盖。两翅短圆而稍凹。初级飞羽10枚。尾长度适中，多呈凸状。两脚强健，善于跳跃和奔跑，跗蹠前缘具盾状鳞，有时鳞片间界限不明显。一些种类眼上具白色眉纹，向后延伸呈峨眉状，犹如画笔描绘一般，故有画眉之名。

多系森林鸟类，主要栖息于热带和亚热带茂密的森林中。常成群活动。多为留鸟，不做远距离飞行。主要在树上、林下灌丛中或地上活动和觅食。食物主要为各种昆虫、小型无脊椎动物和植物果实、种子。通常营巢于树枝杈上、灌丛中或地上。巢呈杯状，主要由细枝、草、叶等材料构成。每窝产卵2~7枚，卵有白色、绿色、蓝色等，变化较大。善鸣叫。鸣声婉转，悦耳动听，是人们喜爱的笼养鸟之一，具有很大的观赏价值。由于本科鸟类和鹟科、莺科亲缘关系较近，过去多被并入鹟科作为一亚科，现在多数学者已将它单独列为一科。

本科全世界计有259种。主要分布于亚洲南部、欧洲南部、非洲和大洋洲等热带和亚热带地区。中国有26属129种。主要分布于长江以南地区。

黑脸噪鹛 \摄影：王尧天

黑脸噪鹛 \摄影：王尧天

黑脸噪鹛 \摄影：关克

黑脸噪鹛 \摄影：陈占方

形态特征 中型鸟类，前额和脸颊部黑色。上体灰褐色，下体由前到后依次为偏灰色、近白色和黄褐色。尾下覆羽棕黄色。

生态习性 结小群活动于灌丛、竹林、高草丛、农耕地、农家庭院及城镇公园。通常在地面取食。

地理分布 分布于越南北部。国内分布于华中及南方大部分地区。

种群状况 单型种。留鸟。常见。

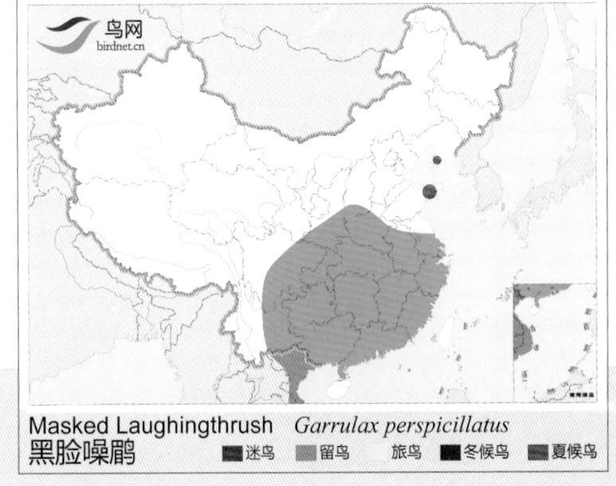

黑脸噪鹛

Masked Laughingthrush　*Garrulax perspicillatus*　体长：30 cm　LC（低度关注）

台湾亚种 *ruficeps* \ 摄影：陈承光

峨眉亚种 *eous* \ 摄影：张中瑜

峨眉亚种 *eous* \ 摄影：关克

峨眉亚种 *eous* \ 摄影：冯江

形态特征 具显著的纯白色喉斑。上体及尾羽暗灰褐色，外侧尾羽具4对白色端斑。下体具灰褐色胸带，腹部棕黄色。

生态习性 结群栖息于山区常绿林。性吵闹。地栖性，多在林下地上或灌丛中活动和觅食。食性以昆虫为主。

地理分布 共3个亚种，分布于喜马拉雅山脉及越南北部。国内有2个亚种，台湾亚种 *ruficeps* 见于台湾，头顶栗红色，与上背不同色。峨眉亚种 *eous* 见于陕西南部、甘肃东南部、青海南部、云南、四川北部、重庆、贵州、湖北西部、湖南西部，头顶与上背均橄榄褐色，腹部棕白色。近年在辽宁南部有野化种群出现。

种群状况 多型种。留鸟。常见。

白喉噪鹛

White-throated Laughingthrush *Garrulax albogularis* 体长：28 cm LC(低度关注)

滇西亚种 *patkaicus* \摄影：桑新华

滇南亚种 *diardi* \摄影：王昶

滇西亚种 *patkaicus* \摄影：杜英

指名亚种 *leucolophus* \摄影：顾云芳

形态特征 具白色羽冠。额、眼先至耳羽为黑色。颏、喉及下体白色。

生态习性 结群栖息于浓密的林下灌丛中。性吵闹。多在地面刨食。主要以金龟子、步行虫等甲虫及鳞翅目幼虫为食，也吃少量种子和果实。

地理分布 共4个亚种，分布于喜马拉雅山脉、中国西南至东南亚。国内有2个亚种，指名亚种 *leucolophus* 见于西藏东南部，颈圈较狭，呈棕褐色，背和腹部褐色较暗。滇西亚种 *patkaicus* 见于云南西南部，颈圈较阔，呈栗褐色，背和腹部褐色较浅。滇南亚种 *diardi* 见于云南南部，腹部几乎全白。

种群状况 多型种。留鸟。常见。

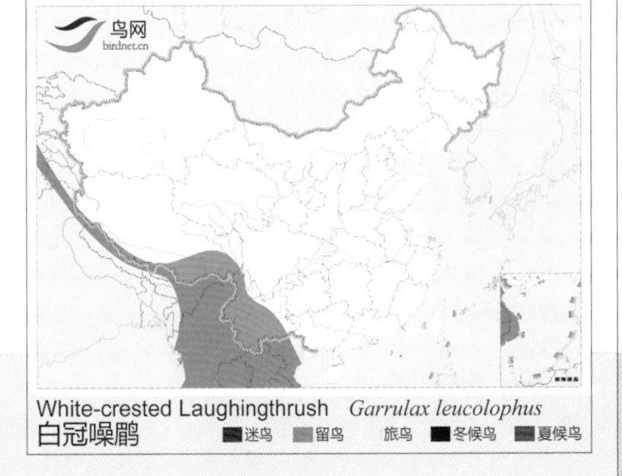

白冠噪鹛

White-crested Laughingthrush　*Garrulax leucolophus*　体长：29 cm　LC（低度关注）

滇南亚种 *schauenseei* \ 摄影：官希良

滇南亚种 *schauenseei* \ 摄影：官希良

华南亚种 *melli* \ 摄影：梁志坚

指名亚种 *monileger* \ 摄影：童光琦

形态特征 眉纹白色，贯眼纹黑色。胸部具黑色领环。与黑领噪鹛的一个重要区别在于眼先黑色。

生态习性 群栖于山区森林，性吵闹，多在地面枯叶中刨食。常与其他噪鹛混群。

地理分布 共10个亚种，分布于喜马拉雅山脉、中国南方至东南亚。国内有5个亚种，指名亚种 *monileger* 见于云南西部和西南部，外侧尾羽端部白色，耳羽下缘前部的黑纹通常不显。滇南亚种 *schauenseei* 见于云南南部，体重均在80克以上，翅长超过11.3厘米，背部显棕褐色，两胁的棕色较深浓，耳羽后面的黑纹明显；嘴较长。华南亚种 *melli* 见于湖南南部、安徽、江苏、上海、江西、浙江、福建、广东、广西，体重均在80克以上，翅长超过11.3厘米；背部显棕褐色，两胁的棕色较深浓，耳羽后面的黑纹不显或不存在；嘴较短。海南亚种 *schmackeri* 见于海南，体重不及75克，翅长不超过11.3厘米；背部较橄榄褐色；两胁的棕色较浅淡，外侧尾羽端部棕色；耳羽下缘有完整黑纹。广西亚种 *tonkinensis* 见于广西。

种群状况 多型种。留鸟。不常见。

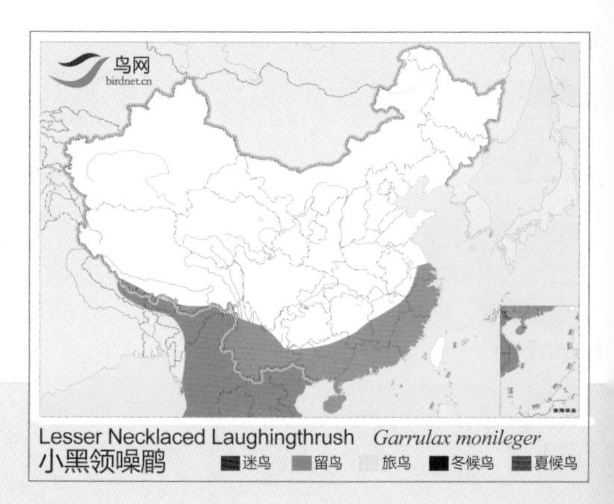

Lesser Necklaced Laughingthrush *Garrulax monileger*
小黑领噪鹛 ■迷鸟 ■留鸟 ■旅鸟 ■冬候鸟 ■夏候鸟

小黑领噪鹛

Lesser Necklaced Laughingthrush *Garrulax monileger* 体长：28 cm LC（低度关注）

指名亚种 *pectoralis* \摄影：曹敏

指名亚种 *pectoralis* \摄影：陶文祥

华南亚种 *picticollis* \摄影：朱英

华南亚种 *picticollis* \摄影：王尧天

形态特征 与小黑领噪鹛的主要区别在于眼先颜色较浅，耳羽黑色杂白色纵纹。

生态习性 与小黑领噪鹛相似。

地理分布 共7个亚种，分布于喜马拉雅山脉、印度东北部、中国。国内有6个亚种。喜马拉雅亚种 *melanotis* 亚种和秉氏亚种 *pingi* 见于云南西部，体型较大；雄翅长在13.1厘米以上，背部呈橄榄褐色；雄鸟嘴长在2.9厘米以上。滇南亚种 *robini* 见于云南南部，雄翅长在13.1厘米以下，背部棕褐色；胸部发达，两肋较多棕色。华南亚种 *picticollis* 见于陕西南部、甘肃东部、四川、重庆、贵州、湖北、湖南、安徽、江西、江苏、上海、浙江、福建、广东、澳门、广西，雄翅长在13.1厘米以上，背部棕褐；雄嘴长在2.9厘米以下。海南亚种 *semitorquatus* 见于海南，雄翅长在13.1厘米以下，背部呈橄榄褐色；胸带较狭，且常有中断；两肋较少棕色。指名亚种 *pectoralis* 翅长在14厘米以上，外侧尾羽端部纯白。近年在辽宁南部有野化种群出现。

种群状况 多型种。留鸟。常见。

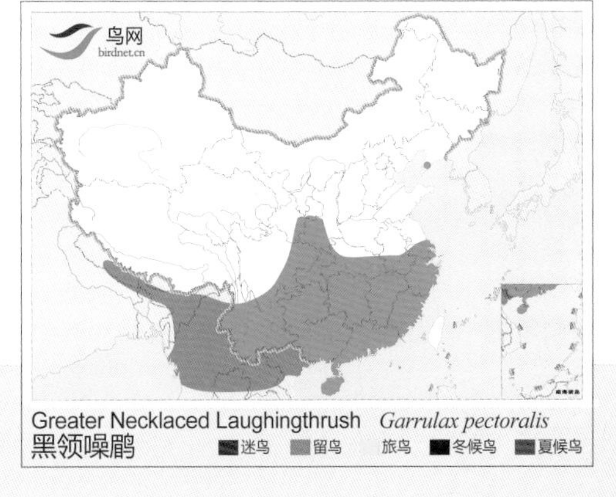

黑领噪鹛

Greater Necklaced Laughingthrush　　*Garrulax pectoralis*　　体长：30 cm　　LC（低度关注）

珠峰亚种 *vibex* \ 摄影：王进

珠峰亚种 *vibex* \ 摄影：邢睿

珠峰亚种 *vibex* \ 摄影：王尧天

藏南亚种 *cranbrooki* \ 摄影：顾云芳

形态特征 具蓬松羽冠。体羽暗褐色，大部杂有白色纵纹。

生态习性 栖息于山地常绿阔叶林中。繁殖期成对或单只活动。冬季常集成5~8只的小群。

地理分布 共4个亚种，分布于喜马拉雅山脉、印度东北部、缅甸西北部及中国云南西北部。国内有3个亚种，指名亚种 *striatus* 见于西藏西南部。珠峰亚种 *vibex* 见于西藏南部，眼后无宽阔的黑纹，头顶和后颈均具羽干纹。藏南亚种 *cranbrooki* 见于西藏东南部、云南西北部、贵州南部，眼后具一宽阔的黑纹，直伸至枕部，头顶、喉部和后颈无羽干纹。

种群状况 多型种。留鸟。常见。

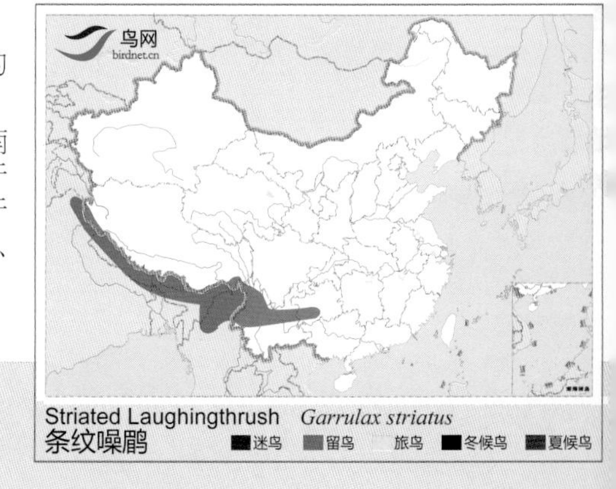

条纹噪鹛

Striated Laughingthrush *Garrulax striatus* 体长：30 cm LC（低度关注）

白颈噪鹛 \摄影：宋迎涛

白颈噪鹛 \摄影：邓嗣光

白颈噪鹛 \摄影：邓嗣光

形态特征 头褐色，耳羽棕褐色。眼周黑色。颈侧具显著的条形白斑。颏、喉及胸深褐色。体羽余部大致呈橄榄灰褐色。

生态习性 结群栖息于常绿阔叶林林下。叫声嘈杂。以各类昆虫为主食。

地理分布 分布于老挝、缅甸东部、泰国北部。国内见于云南西南部。

种群状况 单型种。留鸟。罕见。

鸟网 birdnet.cn

White-necked Laughingthrush *Garrulax strepitans*
白颈噪鹛　迷鸟　留鸟　旅鸟　冬候鸟　夏候鸟

白颈噪鹛

White-necked Laughingthrush　*Garrulax strepitans*　体长：29 cm　LC（低度关注）

指名亚种 *maesi* \摄影：刘爱华

海南亚种 *castanotis* \摄影：张凯鹏

西南亚种 *grahami* \摄影：罗永川

形态特征 眼周黑色。耳羽具显著白色(或棕红色)斑块。体羽余部大致呈灰色。

生态习性 结小群隐藏于常绿阔叶林林下。叫声嘈杂。

地理分布 共4个亚种，分布于越南和老挝。国内有3个亚种。西南亚种 *grahami* 见于西藏东南部、云南东北部、四川中部和西南部、贵州西北部，体色较暗，翅长13~13.7厘米；眼后具一个灰白色块斑。指名亚种 *maesi* 见于云南南部、贵州东南部、广西西南部、广东，体色较淡，翅长一般不及13厘米；眼后具一个灰白色块斑。海南亚种 *castanotis* 见于海南，眼后具一个栗棕色块斑。

种群状况 多型种。留鸟。稀有种。

鸟网 birdnet.cn

Grey Laughingthrush *Garrulax maesi*
褐胸噪鹛 迷鸟 留鸟 旅鸟 冬候鸟 夏候鸟

褐胸噪鹛

Grey Laughingthrush *Garrulax maesi* 体长：28 cm LC(低度关注)

栗颈噪鹛 \摄影：王进

栗颈噪鹛 \摄影：刘璐

栗颈噪鹛 \摄影：肖克坚

形态特征 颈侧具特征性的栗色块斑。头顶灰色。脸颊、喉部及上胸黑色。初级飞羽的羽缘浅灰色。体羽余部大致橄榄灰褐色。

生态习性 结群活动于次生灌丛、竹林及地面。性吵闹。常成群在竹林、灌丛及次生林的地面觅食。

地理分布 分布于喜马拉雅山脉、缅甸北部。国内见于云南西部。

种群状况 单型种。留鸟。稀有种。

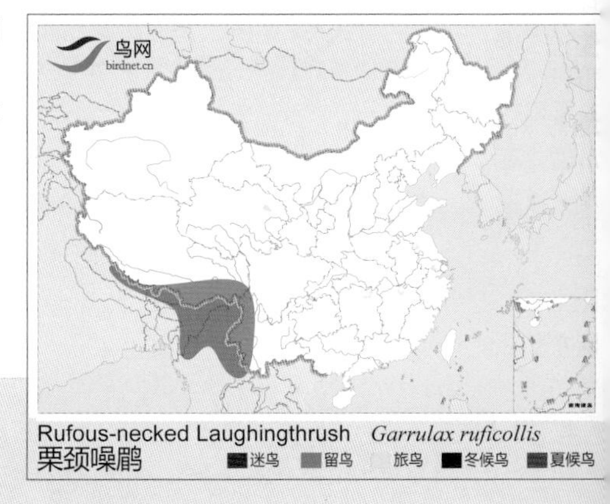

Rufous-necked Laughingthrush *Garrulax ruficollis*
栗颈噪鹛 迷鸟 留鸟 旅鸟 冬候鸟 夏候鸟

栗颈噪鹛

Rufous-necked Laughingthrush *Garrulax ruficollis* 体长：27 cm LC(低度关注)

指名亚种 *chinensis* \摄影：罗永川

滇西亚种 *lochmius* \摄影：俞春江

海南亚种 *monachus* \摄影：陶文祥

海南亚种 *monachus* \摄影：熊林春

形态特征 额、眼周、颏及喉部均为黑色。颈侧具显著的白色或棕褐色块斑。体羽余部以灰色为主。

生态习性 结小群栖息于林下密丛、竹林和林缘灌草丛中。鸣声悦耳。常集群活动，偶尔单只或成对觅食。

地理分布 共6个亚种，分布于中国南部至东南亚。国内有3个亚种。滇西亚种 *lochmius* 见于云南西部和南部，头顶蓝灰色，与背部区别明显，背部橄榄褐色；眼后具一大形白斑。指名亚种 *chinensis* 见于云南东南部、浙江、广东南部、澳门、广西，头顶蓝灰色，与背部区别不明显，背部橄榄灰褐沾绿色；眼后具一大形白色块斑。海南亚种 *monachus* 见于海南，头顶深蓝灰色，与背部区别明显，背部棕褐色；眼后无白色块斑。

种群状况 多型种。留鸟。常见。

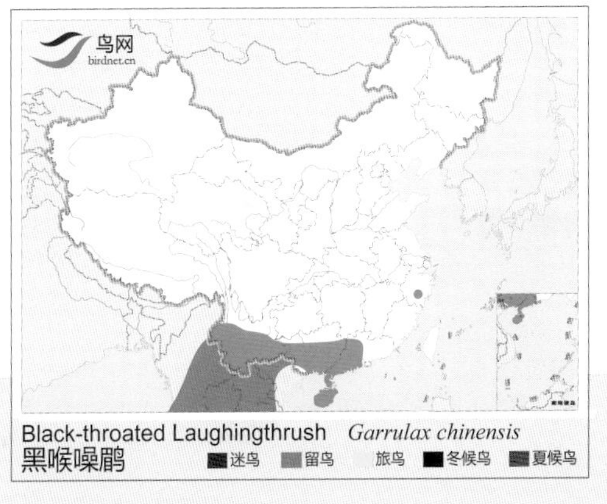

黑喉噪鹛

Black-throated Laughingthrush　*Garrulax chinensis*　体长：26 cm　LC（低度关注）

蓝冠噪鹛 \ 摄影：陈峰

蓝冠噪鹛 \ 摄影：罗永辉

蓝冠噪鹛 \ 摄影：翁第亮

蓝冠噪鹛 \ 摄影：陈林峰

形态特征 头蓝灰色。显著特征为脸部黑色，喉部鲜黄色。上体褐色，尾端黑色而具白色边缘。腹部及尾下覆羽皮黄色并渐变成白色。

生态习性 结小群栖息于次生林、灌丛、竹林中。多在地面取食。常活动于树林或灌丛，在地面取食，喜食昆虫、蚯蚓、也吃野草莓、植物种子等。

地理分布 中国鸟类特有种。仅见于江西东北部。极危物种，总数量只有250只左右。

种群状况 单型种，留鸟。十分稀少。

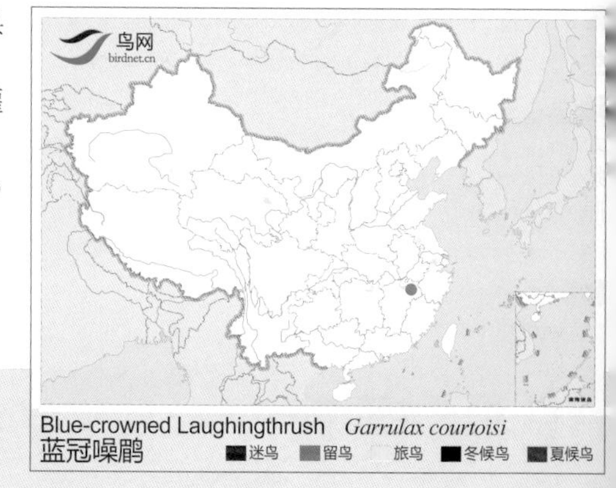

蓝冠噪鹛（黄喉噪鹛）

Blue-crowned Laughingthrush *Garrulax courtoisi*

体长：24 cm

CR（极危）

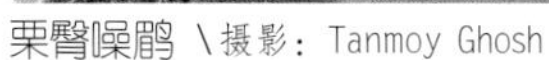

栗臀噪鹛 \摄影：Tanmoy Ghosh

栗臀噪鹛 \摄影：Cranelover

形态特征 头灰色。上体褐色。显著特征为脸部黑色，下体鲜黄色，下腹、尾下覆羽及尾羽羽缘棕色。

生态习性 结大群栖息于常绿林林下灌丛中，性隐蔽。多在地面取食。常集群活动。

地理分布 分布于不丹东部至印度东北部、缅甸北部及老挝北部。国内在云南普洱市和西双版纳有少许分布，估计西藏东南部亦可能有分布。

种群状况 单型种。留鸟。罕见。

鸟网 birdnet.cn

Rufous-vented Laughingthrush *Garrulax gularis*
栗臀噪鹛　迷鸟　留鸟　旅鸟　冬候鸟　夏候鸟

栗臀噪鹛（棕臀噪鹛）

Rufous-vented Laughingthrush　*Garrulax gularis*　体长：23 cm　LC（低度关注）

四川亚种 *concolor* \摄影：关克

北方亚种 *chinganicus* \摄影：李光

指名亚种 *davidi* \摄影：王尧天

形态特征 嘴黄色，下弯。体羽大体呈灰色或灰褐色。具浅色眉纹。

生态习性 栖息于山地疏林灌丛中。鸣声多变、悦耳。性活泼。

地理分布 中国鸟类特有种。共4个亚种，北方亚种 *chinganicus* 见于辽宁、河北北部、北京、天津、山东、内蒙古。甘肃亚种 *experrectus* 见于甘肃西北部，嘴长雄2.7厘米，雌3厘米；翅较长。四川亚种 *concolor* 见于青海东南部、四川中部和北部，嘴长雄2.2厘米，雌2.4厘米；翅较长。指名亚种 *davidi* 见于河北南部、河南北部、山西、陕西、内蒙古中部、宁夏、甘肃东部、青海东北部，嘴长雄2.58厘米，雌2.47厘米；翅较短。

种群状况 多型种。留鸟。常见。

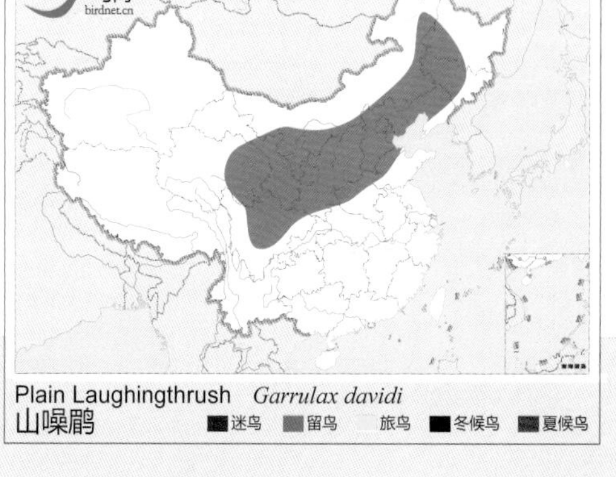

山噪鹛

Plain Laughingthrush　*Garrulax davidi*　体长：26 cm　LC（低度关注）

黑额山噪鹛 \摄影：郭益民

黑额山噪鹛 \摄影：田穗兴

黑额山噪鹛 \摄影：郭益民

形态特征 中等体型，全身灰褐色。额黑色，贯眼纹烟褐色。耳羽及脸颊白色，下接一黑色月牙斑。外侧尾羽灰色，具有白色端斑。尾上覆羽棕色、下腹和臀部棕褐色。

生态习性 结小群栖息于山区森林。多在地面取食。鸣叫时头摇摆，歌声悦耳。

地理分布 中国鸟类特有种。见于甘肃南部、四川北部。

种群状况 单型种。留鸟。罕见种。

黑额山噪鹛

Snowy-cheeked Laughingthrush *Garrulax sukatschewi* 体长：29 cm VU（易危）

西南亚种 *strenuus* \摄影：朱春虎

华南亚种 *cinereiceps* \摄影：向军

华南亚种 *cinereiceps* \摄影：李明本

形态特征 头顶和眼后纹黑色。眼先、脸颊及耳羽白色。具黑色髭纹。上体橄榄褐色至棕褐色。初级飞羽外缘灰色。尾和内侧飞羽具白色端斑和黑色亚端斑。

生态习性 结小群栖息于山区森林、灌丛及竹林。

地理分布 共3个亚种，分布于缅甸北部和印度东北部。国内有2个亚种，西南亚种 *strenuus* 见于西藏东南部、云南西部、四川南部、广西西北部，头顶黑色；眉纹和耳羽后部均棕色。华南亚种 *cinereiceps* 见于陕西西南部、甘肃南部、云南东南部、贵州、福建、广东、广西及长江沿江各地，头顶暗灰以至黑色；眉纹和耳羽后部栗色。

种群状况 多型种。留鸟。常见。

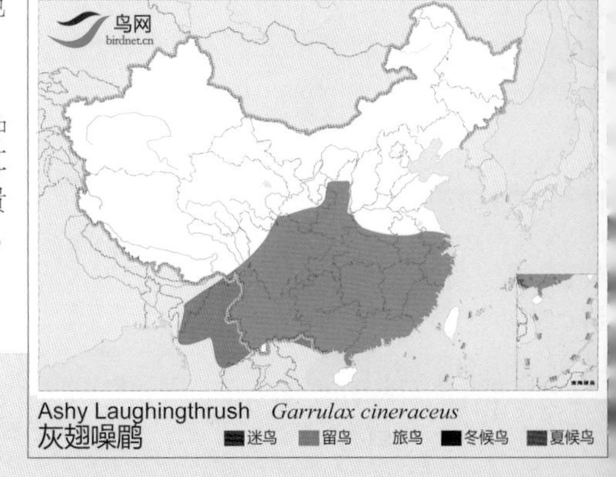

灰翅噪鹛

Ashy Laughingthrush *Garrulax cineraceus* 体长：23 cm LC（低度关注）

棕颏噪鹛 \摄影：高正华

棕颏噪鹛 \摄影：Kalyan Singh Sajwan

形态特征 眼先、耳羽及颏部棕红色。髭纹黑色。上体具黑色鳞状纹。尾端棕色。

生态习性 结小群栖息于山区林下茂密灌丛中。性隐蔽。

地理分布 共6个亚种，分布于喜马拉雅山脉、印度东北部、缅甸和越南北部。国内有1个亚种，指名亚种 *rufogularis* 见于西藏东南部。

种群状况 多型种。留鸟。罕见。

棕颏噪鹛

Rufous-chinned Laughingthrush　*Garrulax rufogularis*　体长：22 cm　LC（低度关注）

四川亚种 *artemisiae* \摄影：康小兵

指名亚种 *ocellatus* \摄影：肖克坚

四川亚种 *artemisiae* \摄影：赵顺

形态特征 眼先、眼圈、眉纹、颏及上喉棕黄色，与额、头、耳羽、脸颊及下喉黑色形成对比。上体褐色，各羽端具黑、白色点斑。

生态习性 成对或结小群栖息于山区森林、灌丛和竹林。多在地面枯叶中刨食。

地理分布 共4个亚种，分布于喜马拉雅山脉、缅甸东北部、中国。国内有3个亚种，指名亚种 *ocellatus* 见于西藏南部和东南部，体色较淡，眉纹显著；喉具黑色横斑，耳羽栗色。云南亚种 *maculipectus* 见于云南西部，喉部的黑色部分较大，向后伸达胸部；耳羽呈皮黄色；体色较暗，上体褐色较深；下体棕色却较浓些，眉纹不显著。四川亚种 *artemisiae* 见于甘肃南部、云南东北部、四川、重庆、贵州、湖北西部，喉部的黑色部分较小，不延伸至胸部；耳羽黑色，体色较暗；上体褐色较深，下体棕色却较浓些，眉纹不显著。

种群状况 多型种。留鸟。稀有。

眼纹噪鹛

Spotted Laughingthrush　*Garrulax ocellatus*　体长：32 cm　LC（低度关注）

指名亚种 *lunulatus* \摄影：关克

凉山亚种 *liangshanesis* \摄影：吕万才

指名亚种 *lunulatus* \摄影：臧晓博

形态特征 眼斑白色。上体具显著黑色横斑。胸部及两胁具黑色鳞状斑纹。

生态习性 结群栖息于山区森林及竹丛。常单独或成对活动，多在林下灌丛和地上觅食。

地理分布 中国鸟类特有种。共2个亚种，指名亚种 *lunulatus* 见于陕西南部、甘肃南部、四川、重庆、湖北西部，额、头顶和后颈均栗褐色，头侧、颏、喉及上胸等均淡栗褐色。凉山亚种 *liangshanesis* 见于四川西南部，额、头顶和后颈均乌褐色；头侧、颏、喉及上胸等均淡乌褐色。

种群状况 多型种。留鸟。偶见。

鸟网 birdnet.cn

Barred Laughingthrush *Garrulax lunulatus*
斑背噪鹛 迷鸟 留鸟 旅鸟 冬候鸟 夏候鸟

斑背噪鹛

Barred Laughingthrush *Garrulax lunulatus* 体长：26 cm LC（低度关注）

白点噪鹛 \摄影：唐万玲

白点噪鹛 \摄影：田穗兴

形态特征 似斑背噪鹛。鉴别特征为颈侧、上背两侧及下体具白色碎点或点斑。

生态习性 结群栖息于山地常绿阔叶林或针阔混交林的林下灌丛中。主要以昆虫为食。

地理分布 中国鸟类特有种。见于云南西北部、四川西南部。

种群状况 单型种。留鸟。罕见。

白点噪鹛（白点鹛）

White-speckled Laughingthrush *Garrulax bieti* 体长：27 cm VU（易危）

大噪鹛 \ 摄影：陈久桐

大噪鹛 \ 摄影：王尧天

大噪鹛 \ 摄影：关克

形态特征 与眼纹噪鹛相似。主要区别在于本种尾长且喉为棕色。

生态习性 结小群栖息于山区森林、灌丛和竹林。多在地面取食。叫声洪亮。常成群活动，也与其他噪鹛混群。主要以昆虫及其幼虫为食，也吃植物果实与种子。

地理分布 中国鸟类特有种。见于甘肃南部、西藏东部和东南部、青海东部、云南西北部、四川、重庆。

种群状况 单型种。留鸟。地方性常见。

大噪鹛

Giant Laughingthrush　*Garrulax maximus*　　体长：34 cm　　LC（低度关注）

滇西亚种 *latifrons* \摄影：童光琦

指名亚种 *caerulatus* \摄影：赵钦

滇西亚种 *latifrons* \摄影：陈添平

形态特征 头顶具黑色鳞状波纹。眼周蓝色。颏、喉、胸和腹部白色。两胁灰色。尾下覆羽纯白色。

生态习性 结小群栖息于常绿阔叶林的林下灌丛和竹林。性活泼。叫声尖锐而急促。主要取食昆虫，也吃一部分植物果实与种子。

地理分布 共4个亚种，分布于喜马拉雅山脉、中国西南和缅甸北部。国内有2个亚种，指名亚种 *caerulatus* 见于西藏东南部，上体较多橄榄褐色，而较少棕褐色；头顶的黑色羽缘也很狭细。滇西亚种 *latifrons* 见于云南西部，上体棕褐色，至尾上覆羽转棕橄榄色；头顶棕褐色，各羽具黑端若鳞状；下体余部白而带些灰色。

种群状况 多型种。留鸟。偶见。

灰胁噪鹛

Grey-sided Laughingthrush *Garrulax caerulatus* 体长：26 cm **LC（低度关注）**

华南亚种 *berthemyi* \摄影：王进

指名亚种 *poecilorhynchu* \摄影：陈承光

指名亚种 *poecilorhynchu* \摄影：简廷谋

华南亚种 *berthemyi* \摄影：徐燕冰

形态特征 与灰胁噪鹛相似。主要区别在于本种的喉和胸部黄褐色，腹部灰白色。

生态习性 结小群栖息于常绿阔叶林、灌丛和竹林。常单独或成小群活动，善隐藏；常闻其声而难见其身影。

地理分布 中国鸟类特有种。共3个亚种，滇西亚种 *ricinus* 见于云南西北部，上体较浅淡，喉和前颈亦淡；胸和腹则更淡灰色。华南亚种 *berthemyi* 见于四川东南部、贵州、湖北、湖南、安徽、江西、江苏、浙江、福建、广东北部，上体赭褐色，头顶各羽狭缘以淡黑色，尾上覆羽灰白色，喉和上胸与背同色而较淡；下胸以后均灰色，至尾下覆羽转为灰白或纯白色。指名亚种 *poecilorhynchus* 见于台湾，初级飞羽外缘淡灰，外侧尾羽的端部呈带红的淡黄褐色，腹部及两胁均深蓝灰色，后者还染棕色。

种群状况 多型种。留鸟。偶见。

棕噪鹛

Rusty Laughingthrush *Garrulax poecilorhynchus* 体长：27 cm **LC（低度关注）**

大围山亚种 *obscurus* \摄影：宋迎涛

大围山亚种 *obscurus* \摄影：宋迎涛

形态特征 体羽大体呈橄榄褐色。喉及胸部具醒目的黑白色纵纹。眼后具一条白色细纹。

生态习性 成对或结小群栖息于山地常绿阔叶林、灌丛和竹林。多在地面取食。

地理分布 共2个亚种，分布于喜马拉雅山脉东部、印度东北部、中南半岛北部和中国。国内有2个亚种，指名亚种 *merulinus* 见于云南西部，上体红橄榄褐色；眉纹短狭白色，颏皮黄色，喉和胸皮黄色，而具椭圆形黑色纵纹，黑纹在胸部更粗，尾下覆羽辉棕色。大围山亚种 *obscurus* 见于云南东南部，上体浓棕褐色；眉纹形短而狭深，皮黄色；颏暗棕色，喉和胸锈棕色，具黑纹；胸纹粗而显著；翅与尾的表面均棕褐色。

种群状况 多型种。留鸟。罕见。

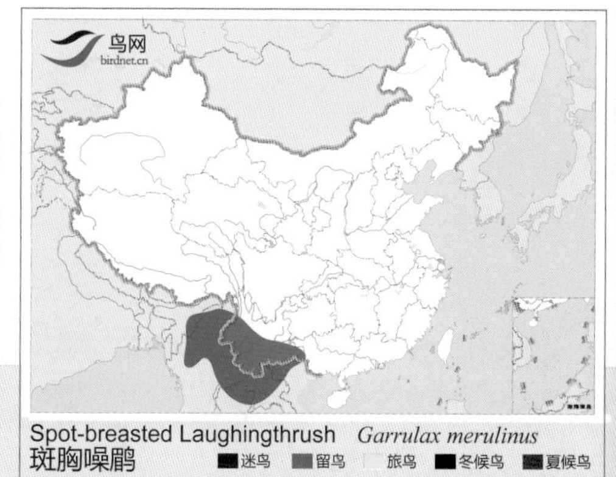

Spot-breasted Laughingthrush *Garrulax merulinus*
斑胸噪鹛 迷鸟 留鸟 旅鸟 冬候鸟 夏候鸟

斑胸噪鹛

Spot-breasted Laughingthrush *Garrulax merulinus* 体长：24 cm LC（低度关注）

台湾画眉 \摄影：简廷谋

台湾画眉 \摄影：石瑞德

台湾画眉 \摄影：陈承光

形态特征 形似画眉。主要区别在于本种无白色眉纹。

生态习性 单只、成对或结小群栖息于山地次生林。在森林下层或地面取食。

地理分布 中国鸟类特有种。仅分布于台湾。

种群状况 单型种。留鸟。常见。

Taiwan Hwamei *Garrulax taewanus*
台湾画眉 迷鸟 留鸟 旅鸟 冬候鸟 夏候鸟

台湾画眉

Taiwan Hwamei *Garrulax taewanus* 体长：22 cm NT（近危）

指名亚种 *canorus* \摄影：王尧天

指名亚种 *canorus* \摄影：李奋清

海南亚种 *owstoni* \摄影：pvf59

形态特征 中等体型，体羽大体呈棕褐色。眼圈和眉纹白色。嘴黄色，脚黄褐色。

生态习性 成对或结小群栖息于次生林、灌丛、草丛和竹林中。鸣声悦耳。

地理分布 共2个亚种，国外在东南亚有少量分布，国内有2个亚种，指名亚种 *canorus* 见于河南南部、陕西南部、甘肃南部、云南、四川、重庆、贵州、湖北、湖南、安徽、江西、江苏、浙江、福建、广东、香港、澳门、广西，眉纹有显著的白色，喉棕褐色，上体显棕褐色。海南亚种 *owstoni* 见于海南，眉纹有显著的白色，喉棕褐色，上体显橄榄褐色。原画眉台湾亚种已独立成种。

种群状况 多型种。留鸟。常见。

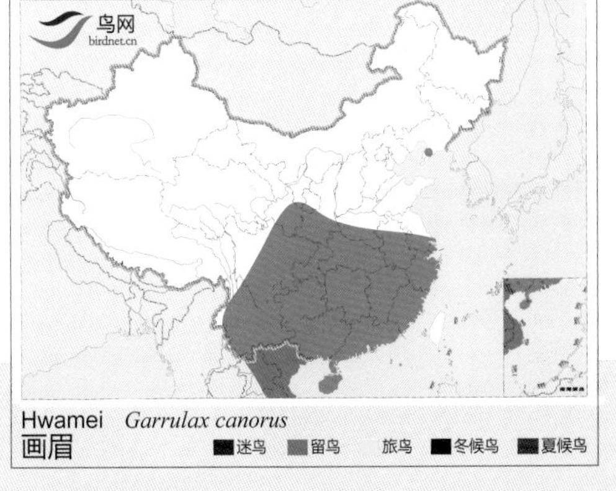

画眉

Hwamei　　*Garrulax canorus*

体长：22 cm

LC（低度关注）

四川亚种 *oblectans* \摄影：高延钧

云南亚种 *comis* \摄影：王尧天

指名亚种 *sannio* \摄影：王军

形态特征 眼先、眉纹和脸颊白色。头顶红褐色。尾下覆羽棕色。体羽余部大体呈灰褐色。

生态习性 结小群栖息于次生林灌丛、竹丛及草地。性大胆。以昆虫为食。

地理分布 共4个亚种，分布于印度东北部、缅甸北部和东部、印度支那北部。国内有3个亚种，四川亚种 *oblectans* 见于陕西南部、甘肃南部、云南东北部、四川、贵州中部和北部，眼后至耳羽褐黑色，眉纹纯白色，颊白而沾棕色；背面显棕褐色(棕色较深浓)。云南亚种 *comis* 见于西藏东南部、云南、四川西南部，眼后至耳羽深棕褐色，眉纹和颊羽均棕白色，背面显棕褐色(棕色较深浓)。指名亚种 *sannio* 见于云南东南部、四川东部、重庆、贵州、湖北、湖南、安徽、江西、浙江、福建、广东、广西、海南，背面显橄榄褐色棕色较浅淡；眼后至耳羽褐黑色；眉纹白色；颊白而沾棕色。

种群状况 多型种。留鸟。常见。

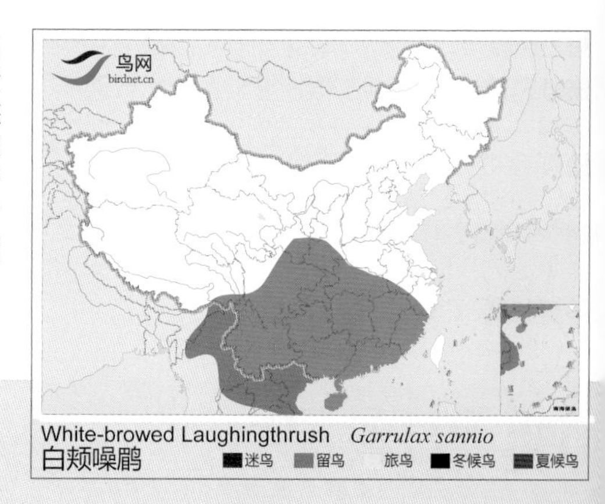

White-browed Laughingthrush *Garrulax sannio* 体长：24 cm LC(低度关注)

藏东亚种 *imbricatus* \摄影：叶建华

指名亚种 *lineatus* \摄影：王进

藏东亚种 *imbricatus* \摄影：张永

指名亚种 *lineatus* \摄影：王尧天

形态特征 体羽大体呈深褐色。背、喉、胸及两胁具特征性的披针状白色纵纹。

生态习性 成对或结小群栖息于山区浓密灌丛中。多在地面取食。食物多为昆虫及其幼虫。

地理分布 共4个亚种，分布于阿富汗、喜马拉雅山脉至西藏东南部。国内有2个亚种，指名亚种 *lineatus* 见于西藏南部，头顶及上背均暗橄榄灰色，外侧尾羽的灰白端长度超过0.5厘米，几乎达到1厘米。藏东亚种 *imbricatus* 见于西藏南部和东南部，头顶及上背均棕褐色，外侧尾羽的灰白端长度不及0.5厘米。

种群状况 多型种。留鸟。常见。

细纹噪鹛

Streaked Laughingthrush　　*Garrulax lineatus*　　体长：20 cm　　LC（低度关注）

滇西亚种 *griseatus* \ 摄影：董伦凤

滇西亚种 *griseatus* \ 摄影：董伦凤

滇西亚种 *griseatus* \ 摄影：陶轩

滇西亚种 *griseatus* \ 摄影：唐承贵

形态特征 体羽大体呈暗褐色。除两翼和尾羽外，身体几遍布黑色鳞状斑纹。

生态习性 结小群栖息于山区森林及次生灌丛中。结小群活动，取食昆虫和植物种子。

地理分布 共3个亚种，分布于喜马拉雅山脉、印度东北部、缅甸东部、老挝、越南北部及中国。国内有3个亚种，指名亚种 *subunicolor* 见于西藏南部，头顶暗褐色，微具黑褐色羽端；背部橄榄褐色，各羽具黑端，翅缘块斑黄绿色；颏和喉污暗色，腹部淡皮黄色，各羽微具黑端。滇西亚种 *griseatus* 见于云南西部和西北部，头顶暗灰色，显具狭细的黑色羽端，背部橄榄褐沾棕色，各羽亦具黑端，翅缘块斑绿黄色(黄色较显)；腹部淡皮黄色，各羽微具黑端，但皮黄色更淡而明显。景东亚种 *fooksi* 见于云南西南部，头顶暗褐沾棕色，无更黑的羽端；背部棕褐色，各羽亦具黑端；翅缘块斑黄绿色，腹部皮黄色较深，而近栗褐色。

种群状况 多型种。留鸟。地方性常见。

纯色噪鹛

Scaly Laughingthrush *Garrulax subunicolor* 体长：23~26 cm LC(低度关注)

蓝翅噪鹛 \摄影：童光琦

蓝翅噪鹛 \摄影：李书

蓝翅噪鹛 \摄影：全显利

形态特征 形似纯色噪鹛。主要区别在于本种具蓝灰色翼斑及黑色眉纹。上体橄榄褐色，密被黑色鳞状斑。眼蓝白色。下体棕褐色。尾黑色，具棕色端斑。

生态习性 单只或结小群栖息于常绿阔叶林的林下灌竹丛中。多在阴湿处觅食。以昆虫和植物种子为食。

地理分布 分布于喜马拉雅山脉、缅甸北部及印度支那北部。国内见于云南西部及东南部。

种群状况 单型种。留鸟。罕见。

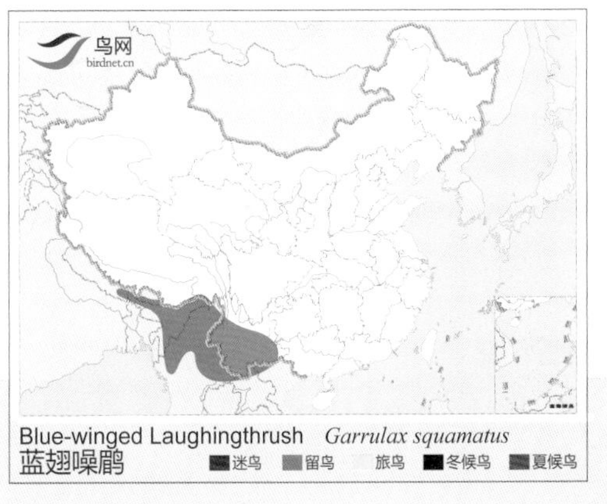

蓝翅噪鹛

Blue-winged Laughingthrush　　*Garrulax squamatus*　　体长：24~26 cm　　LC（低度关注）

昌都亚种 *bonvalotii* \摄影：关克

指名亚种 *elliotii* \摄影：关克

指名亚种 *elliotii* \摄影：胡敬林

形态特征 体羽大体灰褐色。眼圈白色，初级飞羽基部羽缘橙黄色，羽端蓝灰。尾端白色，尾下覆羽棕红色。

生态习性 结小群栖息于山区森林的林下植被及林缘灌丛中。杂食性，以昆虫和植物果实与种子为食。

地理分布 中国鸟类特有种。共有2个亚种，指名亚种 *elliotii* 见于陕西南部、宁夏、甘肃、青海东部、云南西北部、四川、重庆、贵州、湖北、湖南南部，头顶和后颈沙褐色；上体呈灰橄榄褐以至近似黄褐色，下体浅灰褐色，向后更淡；尾下覆羽栗红色或砖红色。昌都亚种 *bonvalotii* 见于西藏东部，头顶和后颈沙褐色，上体呈纯灰褐色，下体浅黄褐色，尾下覆羽栗红色。

种群状况 多型种。留鸟。常见。

Elliot's Laughingthrush *Garrulax elliotii*
橙翅噪鹛 迷鸟 留鸟 旅鸟 冬候鸟 夏候鸟

橙翅噪鹛

Elliot's Laughingthrush *Garrulax elliotii* 体长：26 cm LC（低度关注）

杂色噪鹛 \摄影：肖克坚

杂色噪鹛 \摄影：王进

杂色噪鹛 \摄影：肖克坚

形态特征 体大体呈灰褐色。脸部的黑白斑块明显。翼具醒目的杂色图纹。臀部棕红色。尾羽中部具一黑色长横斑，尾端白色。

生态习性 成对或结小群栖息于山地森林林下密丛中。以各类昆虫为主要食物。

地理分布 共3个亚种，分布于阿富汗东部、巴基斯坦西部、喜马拉雅山脉西部及西藏。国内有1个亚种，指名亚种 *variegatus* 见于西藏南部和西部。

种群状况 多型种。留鸟。罕见。

杂色噪鹛

Variegated Laughingthrush　*Garrulax variegatus*　体长：26 cm　LC（低度关注）

古琴亚种 *gucenensis* \摄影：海伦

古琴亚种 *gucenensis* \摄影：张蕾

古琴亚种 *gucenensis* \摄影：王尧天

形态特征 体羽呈灰色。头侧褐色，下颊纹白色，细眉纹白色或不显。臀羽栗色。

生态习性 成对或结小群栖息于山地森林及河谷灌丛地带。性隐蔽。常成对或3~5只小群活动，主要以天牛、甲虫、蝼蛄、蚂蚁等昆虫为食，也吃甲壳类和多足纲动物以及植物果实和种子。

地理分布 中国鸟类特有种。共2个亚种，指名亚种 *henrici* 见于西藏南部，眼先直至耳羽暗栗色，眉纹和颊纹均白色，嘴黄褐色。古琴亚种 *gucenensis* 见于西藏东南部，眼先黑，耳羽灰褐色，无白色眉纹和颊纹，嘴黑褐色。

种群状况 多型种。留鸟。地方性常见。

灰腹噪鹛

Brown-cheeked Laughingthrush *Garrulax henrici* 体长：26 cm **LC（低度关注）**

滇西亚种 oustaleti \摄影：段文科

滇西亚种 oustaleti \摄影：童光琦

四川亚种 blythii \摄影：刘涛声

滇西亚种 oustaleti \摄影：田穗兴

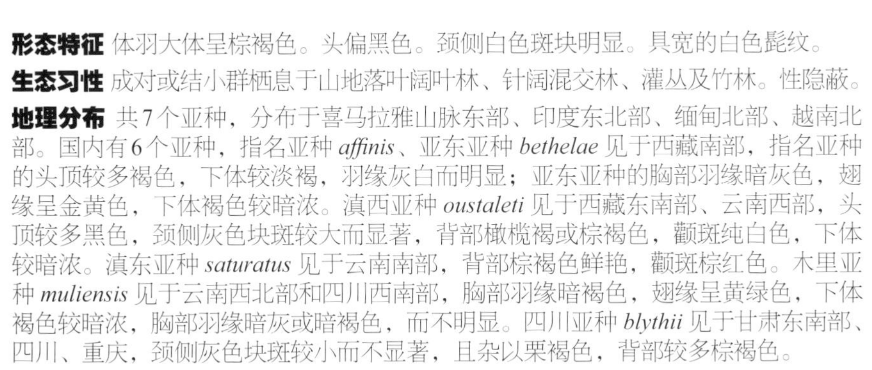

形态特征 体羽大体呈棕褐色。头偏黑色。颈侧白色斑块明显。具宽的白色髭纹。

生态习性 成对或结小群栖息于山地落叶阔叶林、针阔混交林、灌丛及竹林。性隐蔽。

地理分布 共7个亚种，分布于喜马拉雅山脉东部、印度东北部、缅甸北部、越南北部。国内有6个亚种，指名亚种 *affinis*、亚东亚种 *bethelae* 见于西藏南部，指名亚种的头顶较多褐色，下体较淡褐，羽缘灰白而明显；亚东亚种的胸部羽缘暗灰色，翅缘呈金黄色，下体褐色较暗浓。滇西亚种 *oustaleti* 见于西藏东南部、云南西部，头顶较多黑色，颈侧灰色块斑较大而显著，背部橄榄褐或棕褐色，颧斑纯白色，下体较暗浓。滇东亚种 *saturatus* 见于云南南部，背部棕褐色鲜艳，颧斑棕红色。木里亚种 *muliensis* 见于云南西北部和四川西南部，胸部羽缘暗褐色，翅缘呈黄绿色，下体褐色较暗浓，胸部羽缘暗灰或暗褐色，而不明显。四川亚种 *blythii* 见于甘肃东南部、四川、重庆，颈侧灰色块斑较小而不显著，且杂以栗褐色，背部较多棕褐色。

种群状况 多型种。留鸟。常见。

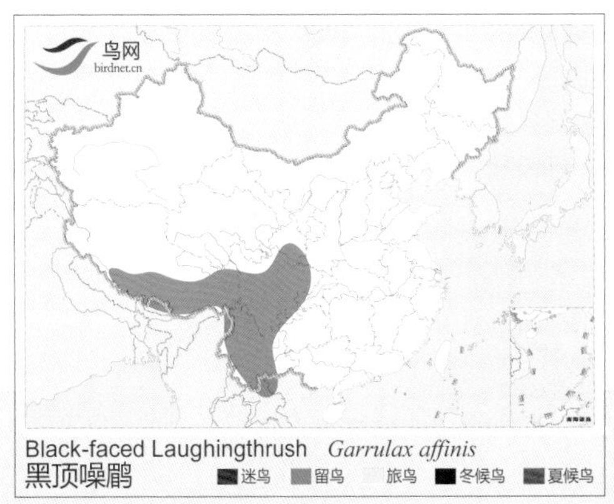

Black-faced Laughingthrush　*Garrulax affinis*
黑顶噪鹛　迷鸟　留鸟　旅鸟　冬候鸟　夏候鸟

黑顶噪鹛

Black-faced Laughingthrush　*Garrulax affinis*　体长：25~28 cm　LC（低度关注）

台湾噪鹛 \摄影：刘马力

台湾噪鹛 \摄影：战玉森

台湾噪鹛 \摄影：陈承光

形态特征 形、色大体与灰腹噪鹛相似，但本种白色长眉纹明显。
生态习性 栖息于山区森林的林下植被及棘丛。
地理分布 中国鸟类特有种。仅分布于台湾。
种群状况 单型种。留鸟。常见。

鸟网 birdnet.cn

White-whiskered Laughingthrush *Garrulax morrisonianus*
台湾噪鹛 迷鸟 留鸟 旅鸟 冬候鸟 夏候鸟

台湾噪鹛（玉山噪鹛）

White-whiskered Laughingthrush *Garrulax morrisonianus* 体长：26 cm LC（低度关注）

滇西亚种 *woodi* \ 摄影：童光琦

滇南亚种 *melanostigma* \ 摄影：邓嗣光

珠峰亚种 *nigrimentum* \ 摄影：王尧天

形态特征 头顶栗红色，耳羽及颈侧灰白色。翼羽橄榄黄色，背、胸具黑色鳞状纹。不同亚种的羽色变异大。

生态习性 结小群栖息于林缘灌丛、竹林及草丛中。性隐蔽。

地理分布 共15个亚种，分布于喜马拉雅山脉至中国西藏和云南及中南半岛北部。国内有6个亚种，珠峰亚种 *nigrimentum* 见于西藏南部，头顶栗红色，前部杂以黑色；耳羽黑而具沾红的白缘。昌都亚种 *imprudens* 见于西藏东部，头顶非全棕红色，头顶前黑后红，黑褐色部分具有暗灰褐色羽缘；耳羽黑而具白缘。绿春亚种 *connectens* 见于云南东南部，头顶全棕红（栗红）色，初级覆羽暗褐色，胸部棕褐色范围较扩大。滇西亚种 *woodi* 见于云南西部，头顶非全棕红色，头顶前黑后红，黑褐色部分具有葡萄褐色羽缘；耳羽呈葡萄褐与暗灰纵纹相间状。滇南亚种 *melanostigma* 见于云南西南部，头顶全棕红（栗红）色，初级覆羽黑色，胸部棕褐色范围较小。哀牢山亚种 *ailaoshanensis* 见于云南中部。

种群状况 多型种。留鸟。常见。

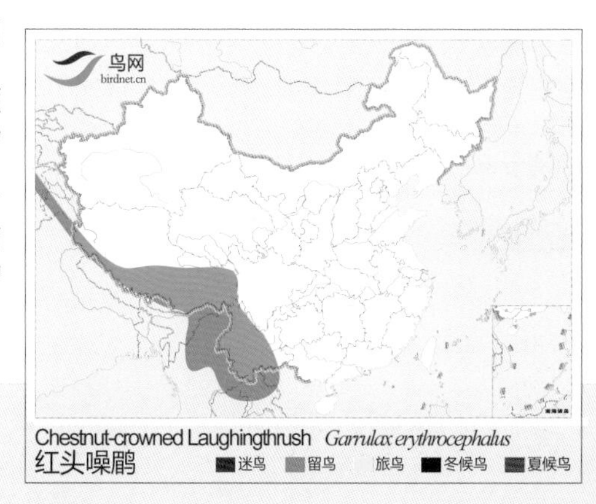

红头噪鹛

Chestnut-crowned Laughingthrush　*Garrulax erythrocephalus*　体长：26~28 cm　LC（低度关注）

红翅噪鹛 \摄影：尹志毅

红翅噪鹛 \摄影：尹志毅

红翅噪鹛 \摄影：新学徒

形态特征 头顶和耳羽灰色，额、眼先、眉纹、颏至上胸黑色。两翼及尾红色。

生态习性 成对或结小群栖息于山地常绿林及竹林中。性胆怯，喜结小群活动，主要以昆虫和植物种子为食。

地理分布 共7个亚种，分布于越南北部。国内有1个亚种，指名亚种 *formosus* 见于云南东北部、四川西南部。

种群状况 多型种。留鸟。罕见或地方性常见。

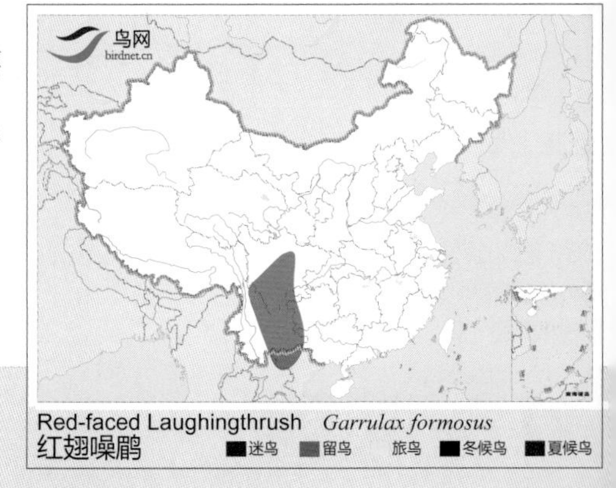

红翅噪鹛（丽色噪鹛）

Red-faced Laughingthrush *Garrulax formosus* 体长：26~28 cm LC（低度关注）

瑶山亚种 *sinianus* \摄影：唐承贵

云南亚种 *sharpei* \摄影：康小兵

云南亚种 *sharpei* \摄影：刘怡

形态特征 形、色似红翅噪鹛，主要区别在于本种的头顶及颈背棕色，背和胸具橄榄灰色鳞状斑纹。

生态习性 结小群栖息于阔叶林的林下密丛及竹林。性胆怯。叫声嘈杂。

地理分布 共4个亚种，分布于中国长江以南部分地区、缅甸北部及印度支那北部。国内有3个亚种。云南亚种 *sharpei* 见于云南、重庆，头顶红棕色较淡，耳羽淡灰或灰白；胸多灰褐色。瑶山亚种 *sinianus* 见于贵州、广东北部、广西，头顶红棕色较深，耳羽银灰沾褐，胸多棕褐色。指名亚种 *milnei* 见于福建西北部。

种群状况 多型种。留鸟。稀少。

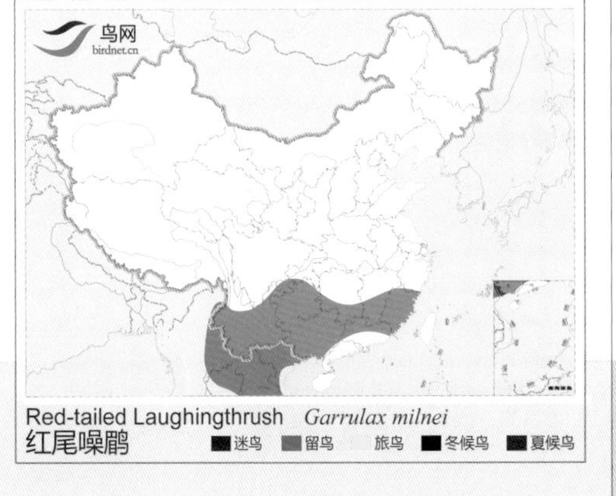

红尾噪鹛（赤尾噪鹛）

Red-tailed Laughingthrush　　*Garrulax milnei*　　体长：24~27 cm　　LC（低度关注）

灰胸薮鹛 \摄影：叶昌云

灰胸薮鹛 \摄影：胡敬林

灰胸薮鹛 \摄影：唐军

形态特征 上体橄榄灰色，下体灰色。具醒目的翼斑。雄鸟翼斑红色显著，雌鸟翼斑黄色显著。雄鸟尾端红色；雌鸟尾端黄色。

生态习性 栖息于山地常绿阔叶林的林下、林缘竹丛与灌密灌丛中。雄鸟歌声响亮、悦耳。性隐蔽。主要以昆虫为食。

地理分布 中国鸟类特有种。冬季也具有领域。仅见于四川中部和东南部、云南东北部。

种群状况 单型种。留鸟。稀有。

灰胸薮鹛

Emei Shan Liocichla *Liocichla omeiensis* 体长：16~20 cm VU（易危）

黑冠薮鹛 \摄影：Sasidhar Akkiraju

黑冠薮鹛 \摄影：Frank Lambert

形态特征 似灰胸薮鹛。主要区别在于黑冠薮鹛头黑色及眼前具显著的黄色块斑。

生态习性 结小群栖息于山地常绿阔叶林的林下灌丛和竹林中。与其他鸟类混群。

地理分布 分布于印度北部地区。国内分布于西藏南部。

种群状况 单型种。留鸟。罕见。

鸟网
birdnet.cn
Bugun Liocichla *Liocichla bugunorum*
黑冠薮鹛
迷鸟 留鸟 旅鸟 冬候鸟 夏候鸟

黑冠薮鹛（布坤薮鹛）

Bugun Liocichla *Liocichla bugunorum* 体长：16~18 cm CR（极危）

黄痣薮鹛 \ 摄影：陈承光

黄痣薮鹛 \ 摄影：简廷谋

黄痣薮鹛 \ 摄影：赖健豪

黄痣薮鹛 \ 摄影：童光琦

形态特征 眼的前下方具一特征性的黄色块斑。上体橄榄绿色。颏、喉及两胁灰色，下体余部橄榄黄色。

生态习性 结群栖息于山地森林的林下或林缘灌草丛中。性大胆。常出现在草丛中。杂食性，食物包括昆虫、其他无脊椎动物以及植物果实与种子等。

地理分布 中国鸟类特有种。见于台湾。

种群状况 单型种。留鸟。常见。

黄痣薮鹛

Steere's Liocichla　*Liocichla steerii*　体长：17~18 cm　LC（低度关注）

滇西亚种 *ripponi* \摄影：朱春虎

滇西亚种 *ripponi* \摄影：李强

滇西亚种 *ripponi* \摄影：张守玉

滇北亚种 *bakeri* \摄影：唐万玲

形态特征 头侧、颈侧及初级飞羽赤红色。上体橄榄褐色，下体灰褐色。尾方形，黑色，尾端橘黄色。

生态习性 结小群栖息于山区常绿阔叶林的林下灌竹丛中。多在地面枯叶中觅食。常结4~5只小群活动。以昆虫和植物果实为食。

地理分布 共4个亚种，分布于喜马拉雅山脉、印度、缅甸、泰国、老挝、越南。国内有2个亚种，滇北亚种 *bakeri* 见于云南西北部，尾具宽的橙色端斑，翅长7.6~8.1厘米。滇西亚种 *ripponi* 见于云南南部，尾具窄的赭色端部；个体较滇北亚种大，翅长7.9~8.7厘米。

种群状况 多型种。留鸟。常见。

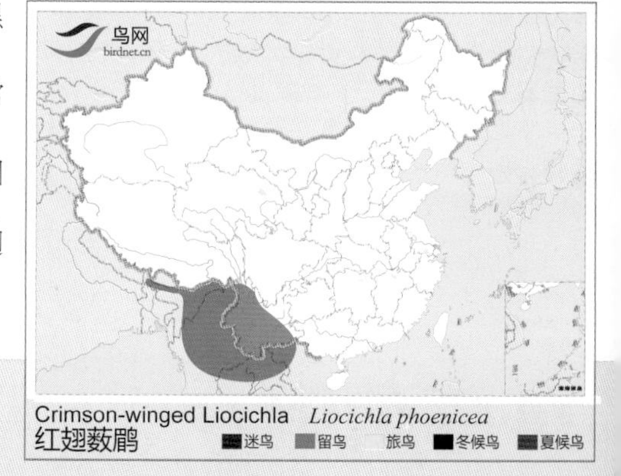

红翅薮鹛

Crimson-winged Liocichla *Liocichla phoenicea*

体长：22~23 cm

LC（低度关注）

棕胸幽鹛 \摄影：李建东

棕胸幽鹛 \摄影：关克

形态特征 上体暗橄榄褐色，下体皮黄白色。两胁及尾下覆羽黄褐色。

生态习性 栖息于森林林下植被、次生灌木林及竹林。性隐蔽。

地理分布 共4个亚种，分布于印度东北部至中国。国内有1个亚种，滇南亚种 *fulvum* 见于云南南部。

种群状况 多型种。留鸟。稀有。

鸟网
birdnet.cn
Buff-breasted Babbler *Pellorneum tickelli*
棕胸幽鹛　迷鸟　留鸟　旅鸟　冬候鸟　夏候鸟

棕胸幽鹛

Buff-breasted Babbler　*Pellorneum tickelli*　体长：13~15　cm　LC（低度关注）

pusillum 亚种 \摄影：童光琦

滇西亚种 *cinnamomeum* \摄影：陈锋

滇西亚种 *cinnamomeum* \摄影：东曼伟

形态特征 大体与棕胸幽鹛相似。主要区别在于白腹幽鹛尾短而较圆。

生态习性 栖息于森林林下植被、次生灌木林、竹林和草丛。性隐蔽。

地理分布 共7个亚种，分布于印度东北部和东南亚。国内有2个亚种，滇西亚种 *cinnamomeum* 见于云南西南部、广西。滇南亚种 *pusillum* 见于云南南部。

种群状况 多型种。留鸟。罕见。

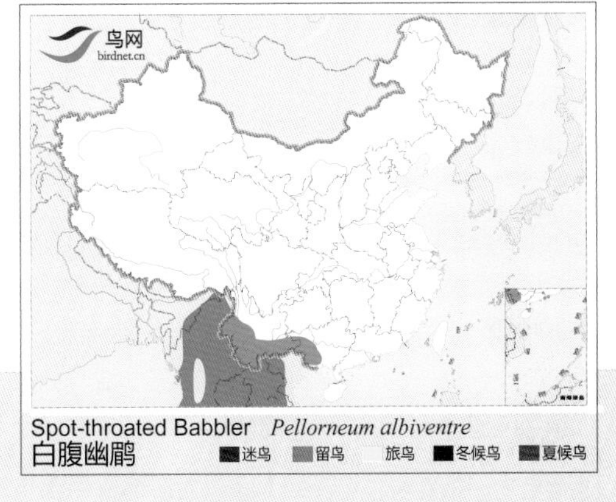

白腹幽鹛

Spot-throated Babbler　*Pellorneum albiventre*　体长：14 cm　LC（低度关注）

滇南亚种 *oreum* \摄影：朱春虎

滇南亚种 *oreum* \摄影：徐晓东

滇西亚种 *shanense* \摄影：杜雄

滇东亚种 *vividum* \摄影：童光琦

形态特征 头顶棕红色，眉纹白色。上体橄榄褐色，下体近白色。胸及两胁具黑褐色纵纹。

生态习性 栖息于常绿阔叶林和竹林。结小群在林下阴暗潮湿处觅食。性隐蔽。

地理分布 共24个亚种，分布于喜马拉雅山脉、印度、东南亚。国内有3个亚种，滇西亚种 *shanense* 见于云南西南部，额、头顶及枕部的棕色较暗，背为带棕色的橄榄褐色；胸部纵纹与滇南亚种相似。滇南亚种 *oreum* 见于云南南部，额、头顶及枕红棕色；背橄榄褐色；胸部纵纹多而较狭细。滇东亚种 *vividum* 见于云南东南部，额、头顶及枕近栗棕色，背的褐色带棕较多，胸部纵纹较少而宽阔。

种群状况 多型种。留鸟。常见。

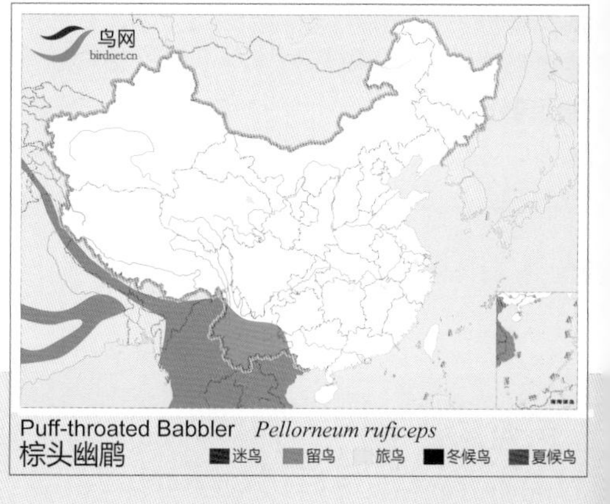

Puff-throated Babbler *Pellorneum ruficeps*
棕头幽鹛 迷鸟 留鸟 旅鸟 冬候鸟 夏候鸟

棕头幽鹛

Puff-throated Babbler *Pellorneum ruficeps* 体长：16~18 cm LC（低度关注）

锈脸钩嘴鹛 \摄影：王进

锈脸钩嘴鹛 \摄影：叶建华

锈脸钩嘴鹛 \摄影：宋迎涛

形态特征 喙红褐色、下弯。上体橄榄棕色，下体从喉到腹部灰白色，胸具深纵纹。头侧经胁部至尾下覆羽具棕褐色条带。

生态习性 栖息于林地、丘陵耕地、山地灌木丛。叫声响亮。

地理分布 共4个亚种。分布于喜马拉雅山脉、缅甸、泰国。国内有1个亚种，见于云南、西藏。

种群状况 多型种。留鸟。罕见。

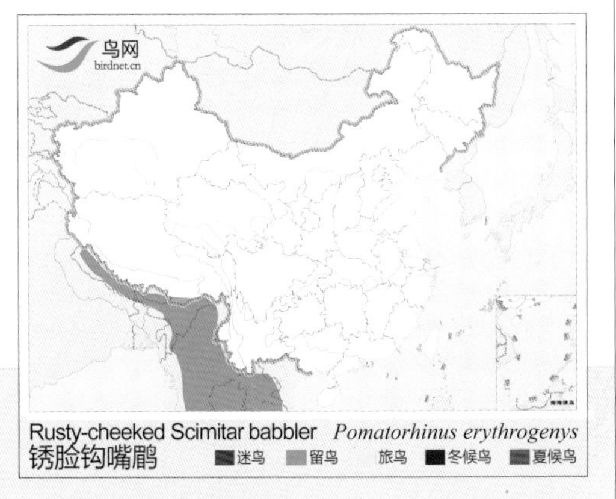

锈脸钩嘴鹛

Rusty-cheeked Scimitar babbler　*Pomatorhinus erythrogenys*　体长：22~26 cm　LC（低度关注）

长嘴钩嘴鹛 \摄影：杜英

长嘴钩嘴鹛 \摄影：高宏颖

形态特征 嘴形粗壮。耳羽后具棕色块斑，眼后具白色长眉纹。上体橄榄褐色，下体近白色。颈侧、胸侧及两胁具白色纵纹。尾下覆羽棕色。

生态习性 栖息于常绿林和混交林、林下灌丛及竹林。鸣声清脆、响亮。

地理分布 共4个亚种，分布于印度东北部及东南亚。国内有3个亚种。西南亚种 *tickelli* 见于云南西南部、广西南部，翅长在9.5厘米以上，胸部中央有黑点或黑纹。海南亚种 *hainanus* 见于海南，翅长一般在9.4厘米以下，胸部无黑点或黑纹。

种群状况 多型种。留鸟。罕见。

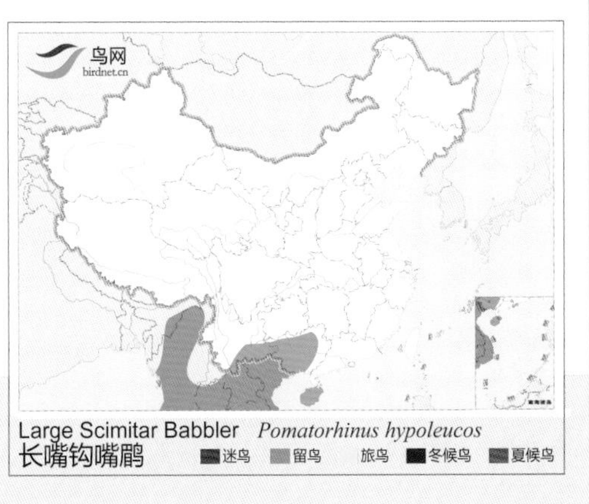

长嘴钩嘴鹛

Larder Scimitar Babbler　*Pomatorhinus hypoleucos*　体长：25~27 cm　LC（低度关注）

云南亚种 *odicus* \摄影：田穗兴

陕西亚种 *gravivox* \摄影：关克

东南亚种 *swinhoei* \摄影：谢菲

形态特征 上体橄榄褐色。耳羽和尾下覆羽锈红色。胸部具显著的黑色纵纹。

生态习性 结小群栖息于林缘、灌丛及棘丛等地带。

地理分布 共9个亚种，分布于缅甸东北部、老挝北部。国内有8个亚种。东南亚种 *swinhoei* 见于安徽南部、江西东部、浙江、福建西北部和中部，腹部灰色，两胁大都亦灰色，翅长9.6~11.1厘米。中南亚种 *abbreviatus* 见于湖南南部、广东北部、广西，腹灰色，两胁大都灰色，翅长不及9.6厘米。台湾亚种 *erythrocnemis* 见于台湾，腹和两胁均非灰色，背部深栗褐色，两胁暗棕褐色，膝部锈栗色。陕南亚种 *gravivox* 见于河南西北部、山西南部、陕西南部、甘肃南部、四川北部，背部橄榄褐色至棕褐色，膝部无锈栗色，上体橄榄褐沾棕色；两胁及尾下覆羽均棕下体棕色较淡，而沾橄榄褐色，胸纹较多而细；眉纹深棕色。川南亚种 *decarlei* 见于西藏东南部、云南西北部、四川西南部，背部橄榄褐色至棕褐色，两胁棕色；膝部无锈栗色，上体橄榄褐色，较少棕色，因而变得较暗较灰；下体棕色较淡；无眉纹。川西亚种 *dedekeni* 见于西藏东部、云南西北部、四川西部，背部橄榄褐色至棕褐色，两胁棕色，膝部无锈栗色，上体橄榄灰褐色，几乎不沾棕色；下体棕色较淡；无眉纹。川东亚种 *cowensae* 见于四川东部、重庆、贵州北部、湖北西南部，背部橄榄褐色至棕褐色，两胁棕色，膝部无锈栗色，上体暗棕褐色，棕色较显著，两胁和尾下覆羽深桂红色；眉纹亦呈此色。云南亚种 *odicus* 见于云南、贵州，背部橄榄褐一直棕褐色；两胁棕色；膝部无锈栗色，上体橄榄褐沾棕色；两胁及尾下覆羽均棕色，下体棕色鲜明；胸纹较少而粗；无眉纹。

种群状况 多型种。留鸟。常见。

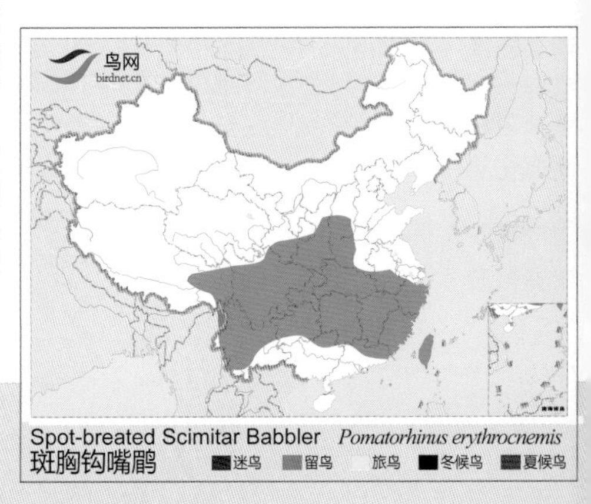

斑胸钩嘴鹛

Spot-breasted Scimitar Babbler *Pomatorhinus erythrocnemis* 体长：24 cm LC（低度关注）

斑胸钩嘴鹛川东亚种 *cowensae* \摄影：周建华

东南亚种 swinhoei \摄影：宋建跃

中南亚种 *abbreviatus* \摄影：陈新

台湾亚种 *erythrocnemis* \摄影：洪春风

台湾亚种 *erythrocnemis* \摄影：简廷谋

川西亚种 *Dedekeni* \摄影：唐承贵

川南亚种 *decarlei* \摄影：刘爱华

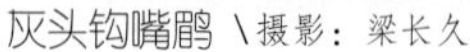

灰头钩嘴鹛 \摄影：梁长久

灰头钩嘴鹛 \摄影：徐晓东

形态特征 头顶灰色。嘴黄色。具白色长眉纹，白色的宽贯眼纹显著。颈侧棕色。上体、两胁及尾下覆羽褐色，下体白色。

生态习性 栖息于林下稠密植被中。

地理分布 共13个亚种。分布于喜马拉雅山脉、缅甸及印度支那。国内有1个亚种，西藏亚种 *salimalii* 见于西藏东南部。

种群状况 多型种。留鸟。罕见。

灰头钩嘴鹛

White-browed Scimitar Babbler　*Pomatorhinus schisticeps*　体长：22 cm　LC（低度关注）

形态特征 具白色长眉纹。眼先及耳羽黑色，喉白色。亚种羽色变异大。

生态习性 结小群栖息于常绿阔叶林、混交林、竹林及次生灌丛地带。

台湾亚种 Musicus \摄影：陈东明

地理分布 共14个亚种，分布于喜马拉雅山脉、缅甸、印度支那北部。国内有10个亚种。藏南亚种 *godwini* 见于西藏东南部，上嘴半黑半黄(有时黑色多些)；后爪最长，达1.1~1.3厘米；胸纹与两胁均橄榄褐色。峨眉亚种 *eidos* 见于四川东部和中部，胸纹和两胁均橄榄褐色，嘴长不超过2.1厘米。滇西亚种 *similes* 见于云南西北部、四川西南部，上嘴黄色，仅基部1/3呈黑色；后爪1~1.1厘米，胸纹与两胁均橄榄褐色。滇南亚种 *albipectus* 见于云南西南部，胸部白色而无斑纹(有时仅微具细纹)，背部橄榄褐色。滇东亚种 *reconditus* 见于云南东部、四川南部，背部栗色或栗棕色；上嘴2/3基部黑褐色，端部1/3黄色；嘴长达2.3~2.4厘米；胸纹深栗，两胁橄榄褐色。长江亚种 *styani* 见于河南南部、陕西南部、甘肃西部和东南部、四川东部、重庆、贵州北部、湖北西部、湖南北部、江苏南部、上海、浙江，上嘴大都黑褐色，后爪0.8~0.9厘米，胸纹与两胁均橄榄褐色。中南亚种 *hunanensis* 见于四川东南部、贵州、重庆、湖北西南部、湖南、广西北部，胸部具粗形纵纹，不呈黑色，胸纹栗色；两胁橄榄褐色。东南亚种 *stridulus* 见于江西南部、浙江、福建、广东北部，胸纹深栗；两胁棕褐或栗褐色；嘴长不超过2.1厘米。台湾亚种 *musicus* 见于台湾，上嘴全黑色，仅具黄端；胸部黑纹分成块斑状。海南亚种 *nigrostellatus* 见于海南，上嘴半黑半黄色，胸部黑纹分成块斑状。

种群状况 多型种。留鸟。常见。

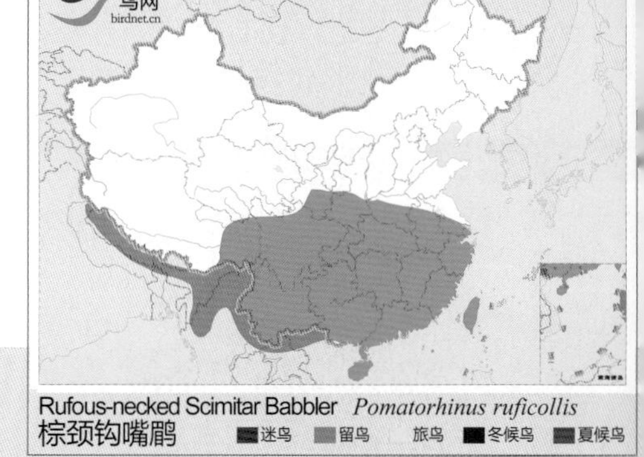

棕颈钩嘴鹛

Rufous-necked Scimitar Babbler　*Pomatorhinus ruficollis*　体长：19 cm　LC（低度关注）

棕颈钩嘴鹛峨眉亚种 *eidos* \摄影：杨春仲

长江亚种 *styani* \摄影：关克

东南亚种 *stridulus* \摄影：周雄

海南亚种 *nigrostellatus* \摄影：唐万玲

滇东亚种 *reconditus* \摄影：冉亨军

滇西亚种 *similes* \摄影：童光琦

中南亚种 *hunanensis* \摄影：唐承贵

滇南亚种 *ochraceiceps* \摄影：王进

滇南亚种 *ochraceiceps* \摄影：张师鹏

滇西亚种 *austeni* \摄影：魏东

形态特征 头顶棕黄色。嘴红色，喉部白色。具白色细眉纹和黑色宽贯眼纹。上体橄榄褐色，下体白色。脚橄榄褐色或黄褐色。

生态习性 成对或结小群栖息于山地常绿阔叶林及竹林。主要以昆虫及其幼虫为食，也吃植物果实和种子。

地理分布 共4个亚种，分布于东南亚。国内有2个亚种，滇西亚种 *austeni* 见于云南西部，上体橄榄褐色，头顶沾赭色。滇南亚种 *ochraceiceps* 见于云南西南部，上体赭褐色；头顶转棕。

种群状况 多型种。留鸟。稀有。

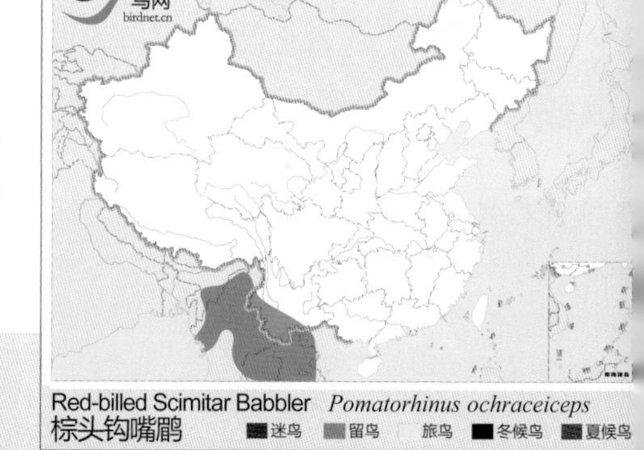

棕头钩嘴鹛

Red-billed Scimitar Babbler *Pomatorhinus ochraceiceps* 体长：21~23 cm LC（低度关注）

滇南亚种 *orientalis* \摄影：李剑云

滇南亚种 *orientalis* \摄影：陈树森

滇南亚种 *orientalis* \摄影：战之神

形态特征 形、色大体似棕头钩嘴鹛。主要区别在于本种的嘴相对较粗短，白色眉纹上具黑色条带，胸腹部的羽色较深。

生态习性 栖息于山地常绿林、竹林。叫声沙哑，也有圆润的哨声。

地理分布 共9个亚种，分布于喜马拉雅山脉东部、印度东北部。国内有2个亚种，滇南亚种 *orientalis* 见于云南，头顶棕褐色，胸以及腹部中央浅皮黄色。指名亚种 *ferruginosus* 见于西藏东南部，头顶黑色，胸以及腹部中央锈红色。

种群状况 多型种。留鸟。稀有。

鸟网 birdnet.cn

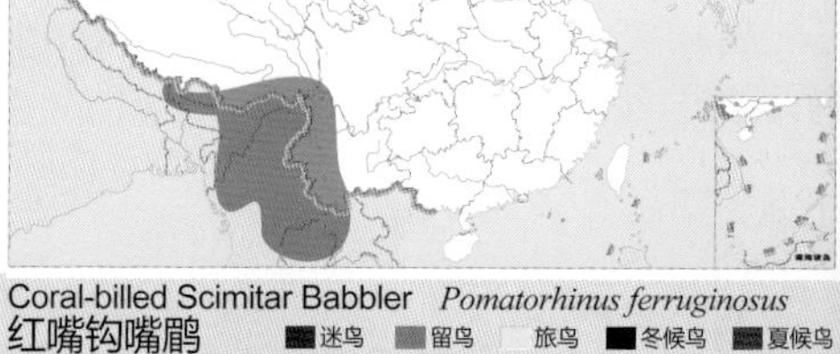

红嘴钩嘴鹛

Coral-billed Scimitar Babbler *Pomatorhinus ferruginosus* 体长：21~23 cm LC（低度关注）

滇西亚种 *forresti* \摄影：唐伟

滇西亚种 *forresti* \摄影：李伟

指名亚种 *superciliaris* \摄影：文翠华

滇西亚种 *forresti* \摄影：叶建华

形态特征 具特征性的极细的黑褐色弯长嘴。白色眉纹细长。上体棕褐色或褐色，颏、喉白色并杂有灰色条纹，其余下体锈红色。

生态习性 成对或结小群栖息于山区常绿阔叶林和竹林。性活泼。以甲虫、蚂蚁等昆虫及其幼虫为食，也吃浆果和花蜜等。

地理分布 共4个亚种，分布于喜马拉雅山脉东部、缅甸北部至越南北部。国内有3个亚种，滇西亚种 *forresti* 见于云南。指名亚种 *supercilcaris* 及印缅亚种 *intextus* 分布于西藏东南部。

种群状况 多型种。留鸟。罕见。

鸟网 birdnet.cn

Slender-billed Scimitar Babbler *Xiphirhynchus superciliaris*
剑嘴鹛
迷鸟　留鸟　旅鸟　冬候鸟　夏候鸟

剑嘴鹛

Slender-billed Scimitar Babbler　*Xiphirhynchus superciliaris*　体长：20 cm　LC（低度关注）

长嘴鹩鹛 \摄影：Christoph Moning

长嘴鹩鹛 \摄影：Jainy Kuriakose

形态特征 嘴长，略下弯。体羽褐色，蓬松，具皮黄色纵纹。

生态习性 栖息于山区森林的浓密地表植被中。以昆虫为食。

地理分布 见于喜马拉雅山脉东部、印度东北部、缅甸东北部。国内见于云南西北部。

种群状况 单型种。留鸟。稀有。

长嘴鹩鹛

Long-billed Wren Babbler *Rimator malacoptilus* 体长：11~12 cm LC（低度关注）

灰岩鹪鹛 \摄影：梁长久

灰岩鹪鹛 \摄影：杜雄

灰岩鹪鹛 \摄影：宋迎涛

形态特征 体羽大体深灰褐色。头顶及上背具鳞状纹。喉白色，且具黑色纵纹。

生态习性 栖息于山地常绿阔叶林潮湿处。尾常上翘。

地理分布 共3个亚种，主要分布于东南亚。国内有1个亚种，云南亚种 *annamensis* 见于云南西南部。

种群状况 多型种。留鸟。稀有。

灰岩鹪鹛

Limestone Wren Babbler *Napothera crispifrons* 体长：18 cm LC（低度关注）

滇西亚种 *venningi* \摄影：杜雄

广西亚种 *stevensi* \摄影：陈锋

广西亚种 *stevensi* \摄影：关克

形态特征 形似灰岩鹪鹛，主要区别在于本种体型较小，翼上具白色点斑，胸和腹部棕黄色。

生态习性 栖息于山地常绿阔叶林的林下植被中。常见在潮湿岩石上觅食。

地理分布 共8个亚种，分布于中国西南至东南亚。国内有2个亚种，滇西亚种 *venningi* 见于云南西南部，上体褐色较浅淡；大覆羽末端微具白点，飞羽末端无白点(除最内侧的一枚外)下体大都暗棕色。广西亚种 *stevensi* 见于云南东南部、广西西南部，上体褐色较暗浓，大覆羽和飞羽等的末端均具显著白点；下体呈焦茶褐色，腹部羽缘淡白色。

种群状况 多型种。留鸟。稀有。

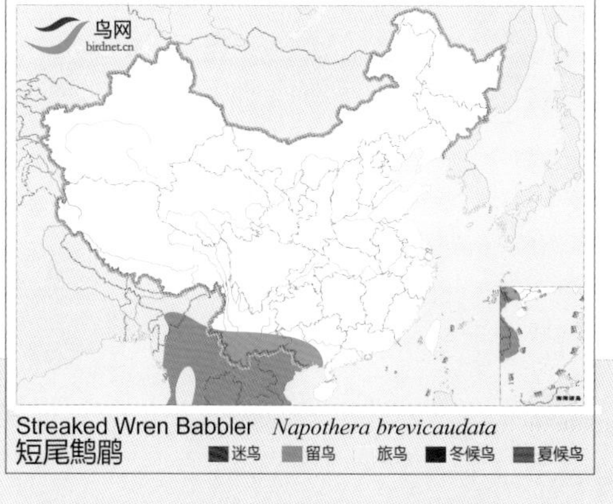

短尾鹪鹛

Streaked Wren Babbler　*Napothera brevicaudata*　体长：14~16 cm　LC(低度关注)

西南亚种 *laotiana* \摄影：宋迎涛

西南亚种 *laotiana* \摄影：林刚文

海南亚种 *hainanus* \摄影：王雪峰

形态特征 体羽大体深褐色。尾短。眉纹白色。翅上覆羽及三级飞羽羽端具白色点斑。胸腹部具皮黄色纵纹。

生态习性 栖息于湿性常绿阔叶林浓密的林下植被中。

地理分布 共13个亚种，分布于东南亚。国内有2个亚种，西南亚种 *laotiana* 见于西藏、云南、广西，头顶羽毛具黑缘，眉纹淡棕色。海南亚种 *hainanus* 见于海南，头顶羽缘黑色特显著；耳羽钝褐色，眉纹不显著。

种群状况 多型种。留鸟。稀有。

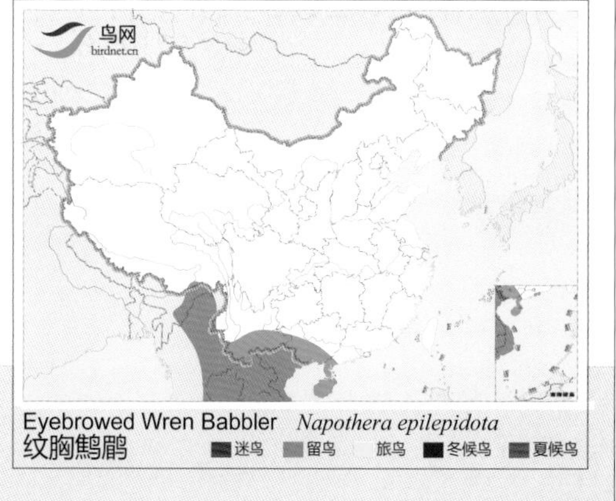

纹胸鹪鹛

Eyebrowed Wren Babbler　*Napothera epilepidota*　体长：11 cm　LC(低度关注)

台湾亚种 *formosana* \ 摄影：陈承光

台湾亚种 *formosana* \ 摄影：陈承光

指名亚种 *albiventer* \ 摄影：梁长久

指名亚种 *albiventer* \ 摄影：胡敬林

形态特征 尾极短而不外显。上体暗褐色，胸、腹部具鳞斑状黑白色花纹。

生态习性 栖息于山地湿性常绿阔叶林。多在溪流边活动。性隐蔽。

地理分布 共3个亚种，分布于喜马拉雅山脉、缅甸北部和西部及越南北部。国内有2个亚种，指名亚种 *albiventer* 见于西藏南部和东南部、云南西北部、四川。台湾亚种 *formosana* 见于台湾。

种群状况 多型种。留鸟。稀有。

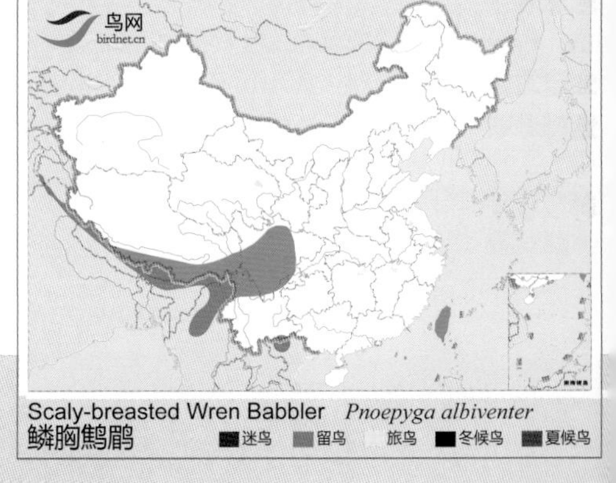

鳞胸鹪鹛

Scaly-breasted Wren Babbler *Pnoepyga albiventer* 体长：9~10 cm LC（低度关注）

小鳞胸鹪鹛 \ 摄影：胡敬林

小鳞胸鹪鹛 \ 摄影：胡敬林

小鳞胸鹪鹛 \ 摄影：赵顺

小鳞胸鹪鹛 \ 摄影：罗永川

形态特征 形、色甚似鳞胸鹪鹛，但本种体型较小。尾甚短。背部橄榄褐色，喉白色，微具褐色羽缘。下体暗褐色，羽缘灰白色。

生态习性 栖息于山地常绿阔叶林。常在地面活动。性隐蔽。鸣声为连续下降的哨声。

地理分布 共8个亚种，主要分布于东南亚。国内有1个亚种，指名亚种 *pusilla* 见于中国中部及南方广大地区。

种群状况 多型种。留鸟。稀有。

鸟网 birdnet.cn

Pygmy Wren Babbler *Pnoepyga pusilla*

小鳞胸鹪鹛　迷鸟　留鸟　旅鸟　冬候鸟　夏候鸟

小鳞胸鹪鹛

Pygmy Wren Babbler　*Pnoepyga pusilla*　体长：8~9 cm　LC（低度关注）

尼泊尔鹪鹛 \摄影：方剑雄

尼泊尔鹪鹛 \摄影：陶秀忠

形态特征 几乎无尾。上体为均匀黄褐色。胸、腹部具稠密的黑色箭形斑纹。无眉纹。

生态习性 栖息于山地湿性常绿阔叶林。常在地面快速跳动。

地理分布 分布于喜马拉雅山脉。国内见于西藏南部。

种群状况 单型种。留鸟。稀有。

鸟网 birdnet.cn

Nepal Wren-Babbler *Pnoepyga immaculata*
尼泊尔鹪鹛 迷鸟 留鸟 旅鸟 冬候鸟 夏候鸟

尼泊尔鹪鹛

Nepal Wren–Babbler *Pnoepyga immaculata* 体长：10 cm LC（低度关注）

短尾鹪鹛 \摄影：Ken Havard

短尾鹪鹛 \摄影：Lee Hunter

形态特征 上体暗褐色，具鳞状斑纹。颏及喉棕色。尾短。

生态习性 栖息于山地常绿阔叶林的林下植被。性隐蔽。

地理分布 共2个亚种，分布于喜马拉雅山脉东部。国内有2个亚种，指名亚种 *caudatus* 和藏南亚种 *badeigularis* 见于西藏东南部。

种群状况 多型种。留鸟。稀有。

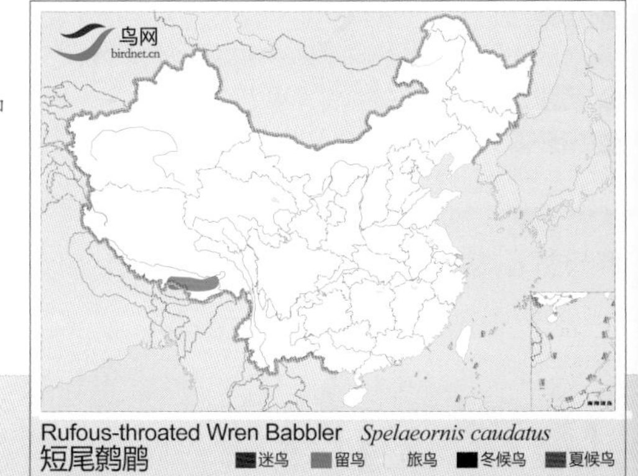

短尾鹪鹛

Rufous–throated Wren Babbler *Spelaeornis caudatus* 体长：9~10 cm NT（近危）

斑翅鹩鹛 \摄影：Shashank Dalvi

斑翅鹩鹛 \摄影：Jorge de Leon Cardozo

斑翅鹩鹛 \摄影：Jainy Kuriakose

形态特征 上体深褐色，具黑白色点斑。飞羽及尾羽具黑褐色横斑。颏及喉白色。下体余部棕色。

生态习性 结小群栖息于山区森林下层。

地理分布 共7个亚种，分布于喜马拉雅山脉东部、缅甸东北部。国内有4个亚种，指名亚种 *troglodytoides* 见于四川中部和西部，上体较灰，喉淡棕色；上体点斑不显著。滇西亚种 *souliei* 见于西藏东南部、云南西北部，喉白缀棕色，体色较暗；下体横斑不显著。澜沧亚种 *rocki* 见于云南西北部，喉纯白色，体色较暗；下体横斑不显著。秦岭亚种 *halsueti* 见于陕西南部、甘肃南部、四川东北部、贵州，上体的点斑显著；喉白色；体色较浅淡；下体横斑更显著。南川亚种 *nanchuanensis* 见于重庆、湖北西南部、湖南西北部，上体显棕色且点斑不显著，不渲染灰色；喉纯橙棕色。

种群状况 多型种。留鸟。罕见。

Bar-winged Wren Babbler *Spelaeornis troglodytoides*
斑翅鹩鹛　迷鸟　留鸟　旅鸟　冬候鸟　夏候鸟

斑翅鹩鹛

Bar-winged Wren Babbler　*Spelaeornis troglodytoides*　体长：12~13 cm　LC（低度关注）

丽星鹩鹛 \摄影：徐晓东

丽星鹩鹛 \摄影：陈宝彬

丽星鹩鹛 \摄影：徐晓东

形态特征 上体深褐色，具白色点斑。翅和尾羽暗棕褐色，且具黑褐色横斑。下体皮黄褐色，满布白色和黑褐色点斑。

生态习性 栖息于山区常绿阔叶林的林下层。性隐蔽。

地理分布 分布于喜马拉雅山脉东部、印度东北部、缅甸西部。国内见于云南、浙江、福建西北部。近期的研究发现，丽星鹩鹛的基因组成与其他画眉科鸟类差别很大，应属于雀形目一个独立的科——丽星鹩鹛科（Elacharidoe）。

种群状况 单型种。留鸟。罕见。

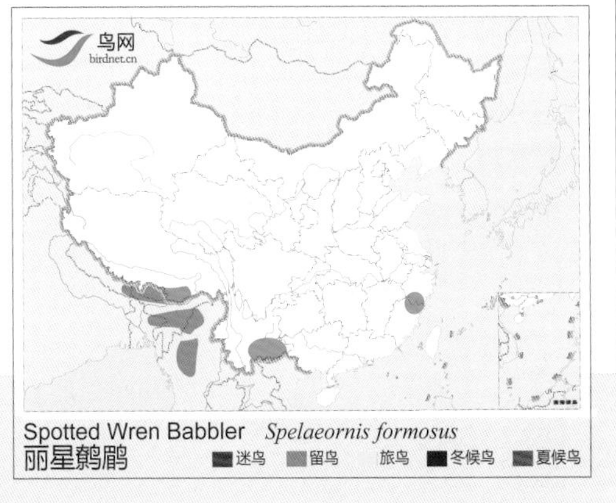

Spotted Wren Babbler *Spelaeornis formosus*
丽星鹩鹛　迷鸟　留鸟　旅鸟　冬候鸟　夏候鸟

丽星鹩鹛

Spotted Wren Babbler　*Spelaeornis formosus*　体长：10 cm　LC（低度关注）

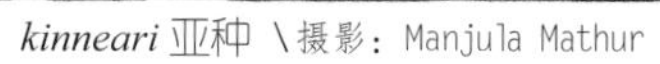

kinneari 亚种 \摄影：Manjula Mathur

reptatus 亚种 \摄影：杜雄

reptatus 亚种 \摄影：杜雄

形态特征 上体褐色，具黑色鳞状斑。脸颊浅灰色，喉白色，下体羽色变异大。

生态习性 栖息于山地常绿阔叶林及林缘灌草丛中。鸣声响亮。主食昆虫。

地理分布 共4个亚种，分布于印度东北部、缅甸及越南北部。国内有2个亚种，滇西亚种 *reptatus* 见于云南西部、四川。滇南亚种 *kinneari* 见于云南东南部。

种群状况 多型种。留鸟。罕见。

鸟网 birdnet.cn

Long-tailed Wren Babbler *Spelaeornis chocolatinus*
长尾鹪鹛 迷鸟 留鸟 旅鸟 冬候鸟 夏候鸟

长尾鹪鹛

Long-tailed Wren Babbler *Spelaeornis chocolatinus* 体长：10~11 cm LC（低度关注）

楔嘴鹪鹛 \摄影：杜雄

楔嘴鹪鹛 \摄影：杜雄

楔嘴鹪鹛 \摄影：田穗兴

形态特征 体羽大体呈褐色。具特征性的楔形嘴，强健而尖利。

生态习性 结小群栖息于山地常绿阔叶林、灌丛及竹林。集小群活动，以昆虫为食。

地理分布 分布于印度和缅甸东北部。国内见于云南西北部。

种群状况 单型种。留鸟。罕见。

楔嘴鹪鹛（楔头鹪鹛）

Wedge-billed Wren Babbler *Sphenocichla roberti* 体长：18 cm NT（近危）

黑胸楔嘴鹪鹛 \摄影：李俊海

黑胸楔嘴鹪鹛 \摄影：李俊海

形态特征 与楔嘴鹪鹛相似，体型略小，但色调更深，体羽为巧克力褐色、喙呈尖利的楔形、蓝黑色，胸黑色浓重，胸腹部无明显鳞片状斑纹，明显的眉纹始于眼后并一直延伸至胸侧。

生态习性 行动隐秘，生活于喜马拉雅山南麓雅鲁藏布江支流河谷常绿阔叶林下茂密的灌丛中。

地理分布 国外见于印度。国内分布于中国藏南地区、西藏墨脱(国内分布新记录，2014年)。

种群状况 单型种。留鸟。分布极为狭小，数量稀少，罕见。

鸟网 birdnet.cn

Sikkim Wedge-billed Babbler *Sphenocichla humei*
黑胸楔嘴鹪鹛　迷鸟　留鸟　旅鸟　冬候鸟　夏候鸟

黑胸楔嘴鹪鹛

Sikkim Wedge-billed Babbler　*Sphenocichla humei*　体长：17 cm　NT(近危)

黑颏穗鹛 \摄影：Gunjan Arora

黑颏穗鹛 \摄影：董江天

黑颏穗鹛 \摄影：Gunjan Arora

形态特征 眼先及颏黑色。上体大致橄榄褐色，下体橘黄褐色。

生态习性 成对或结小群栖息于林缘或开阔的次生林下层。与其他小型鸟类混群。

地理分布 分布于巴基斯坦、印度、尼泊尔。国内见于西藏南部。

种群状况 单型种。留鸟。罕见。

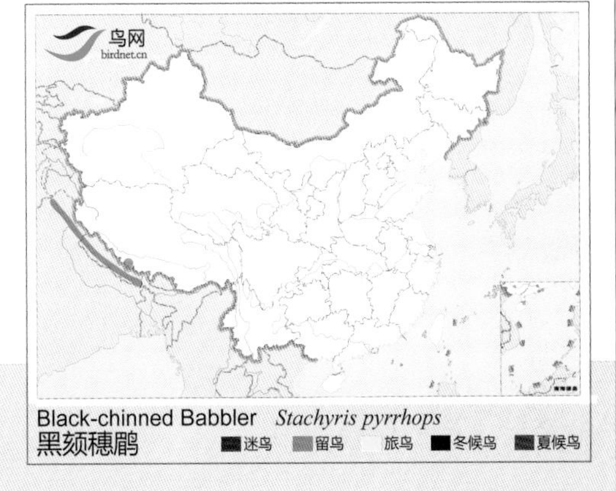

黑颏穗鹛

Black-chinned Babbler　*Stachyris pyrrhops*　体长：12~13 cm　LC(低度关注)

弄岗穗鹛 \摄影：关克

弄岗穗鹛 \摄影：李建东

弄岗穗鹛 \摄影：徐勇（广西）

形态特征 体羽大部为深褐色。耳后具新月形白斑。喉及前胸白色杂黑色斑点。虹膜蓝色。

生态习性 目前仅发现栖息于广西弄岗自然保护区内喀斯特季节性雨林中。常在石灰岩地面活动。性羞涩。

地理分布 中国鸟类特有种。仅见于中国广西南部(中国鸟类学家周放、蒋爱武2009年发表命名的鸟类新种)。

种群状况 单型种。留鸟。罕见。

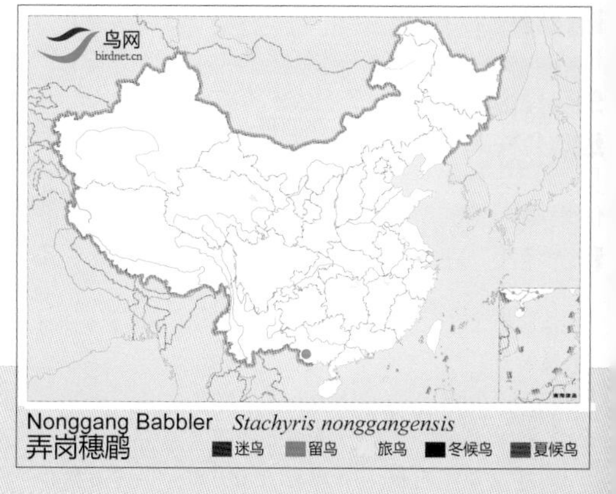

Nonggang Babbler *Stachyris nonggangensis*
弄岗穗鹛 迷鸟 留鸟 旅鸟 冬候鸟 夏候鸟

弄岗穗鹛

Nonggang Babbler *Stachyris nonggangensis* 体长：18 cm VU（易危）

滇北亚种 *planicola* \摄影：田穗兴

滇南亚种 *adjuncta* \摄影：邓嗣光

形态特征 头顶棕红色。颏及喉淡黄色，具纤细的黑色纵纹。上体暗灰橄榄色。下体皮黄色。

生态习性 结小群栖息于山地常绿阔叶林林缘、灌草丛及竹林中。

地理分布 共4个亚种，分布于印度东北部至中南半岛。国内有2个亚种，滇北亚种 *planicola* 见于云南西北部。滇南亚种 *adjuncta* 云南西南部、广西西南部。

种群状况 多型种。留鸟。稀有。

黄喉穗鹛

Buff-chested Babbler　*Stachyris ambigua*　体长：11 cm　LC（低度关注）

指名亚种 *chrysaea* \摄影：黄伟

指名亚种 *chrysaea* \摄影：黄伟

滇南亚种 *aurata* \摄影：杜崇杰

形态特征 眼先黑色。前额、头顶至后枕部金黄色，且具黑色的细纵纹。上体余部橄榄黄绿色。下体亮黄色。

生态习性 结小群栖息于山地常绿阔叶林、灌丛和竹林。

地理分布 共6个亚种，分布于尼泊尔至东南亚。国内有2个亚种，指名亚种 *chrysaea* 见于西藏东南部、云南西北部，上体浓金黄色。滇南亚种 *aurata* 见于云南南部，上体呈橄榄绿染黄色。

种群状况 多型种。留鸟。常见。

金头穗鹛

Golden Babbler　*Stachyris chrysaea*　体长：11~12 cm　LC（低度关注）

台湾亚种 *pracognita* \摄影：陈承光

滇西亚种 *bhamoensis* \摄影：杨惠光

普通亚种 *davidi* \摄影：向军

形态特征 形、色与黄喉穗鹛相似。主要区别在于本种下体皮黄色较少。

生态习性 结群栖息于低山丘陵及平原地带的森林、灌草丛及竹林。

地理分布 共7个亚种，分布于喜马拉雅山脉东部、中南半岛北部。国内有5个亚种，指名亚种 *ruficeps* 见于西藏东南部，滇西亚种 *bhamoensis* 见于云南西部，头顶棕红色延及枕部。普通亚种 *davidi* 见于陕西南部、云南东部、四川、重庆、贵州、湖北、湖南、安徽、江西、浙江、福建、广东、广西，头顶棕红色不能延及枕部，额和眼先黄色。海南亚种 *goodsoni* 见于海南，头顶栗红色范围较大。台湾亚种 *Pracognita* 见于台湾，头顶栗红色范围较小，额和眼先无黄色。

种群状况 多型种。留鸟。常见。

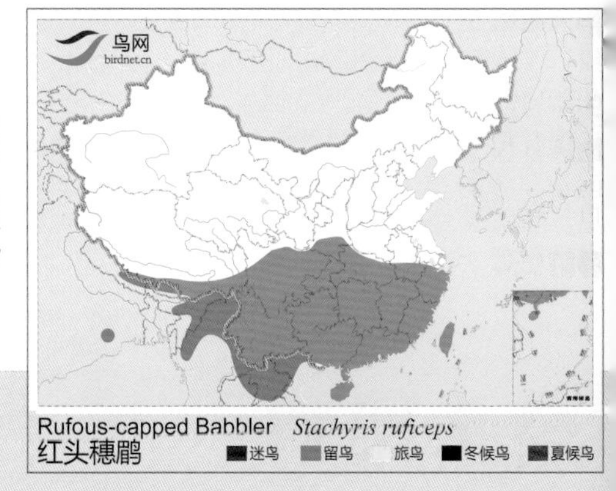

红头穗鹛

Rufous-capped Babbler *Stachyris ruficeps* 体长：12 cm LC（低度关注）

藏南亚种 *coltarti* \摄影：罗永川

滇南亚种 *yunnanensis* \摄影：陈锋

滇南亚种 *yunnanensis* \摄影：徐勇（广西）

形态特征 头顶及颈背灰黑色杂白色纵纹。黑色的长眉纹下接一白线。具白色下颊纹。上体橄榄核色，下体皮黄色。

生态习性 结小群栖息于山地常绿阔叶林的林下植被中。

地理分布 共13个亚种，分布于喜马拉雅山脉东部及东南亚。国内有3个亚种，滇南亚种 *yunnanensis* 见于云南东南部、广西西南部，耳羽棕褐。指名亚种 *nigriceps* 见于西藏东南部。藏南亚种 *coltarti* 见于云南西部，耳羽棕红色。

种群状况 多型种。留鸟。常见。

黑头穗鹛

Black-headed Babbler　*Stachyris nigriceps*　体长：13~14 cm　LC（低度关注）

西南亚种 *tonkinensis* \摄影：关克

西南亚种 *tonkinensis* \摄影：刘思沪

海南亚种 *swinhoei* \摄影：王雪峰

形态特征 头顶及颈背棕红色。耳羽灰色。上体余部橄榄核色。额、眉纹及颈侧黑色杂白色斑点。喉白色，具黑色髭纹。下体栗红色。

生态习性 结小群栖息于山地常绿阔叶林的茂密林下植被中。性隐蔽。

地理分布 共7个亚种，主要分布于东南亚。国内有2个亚种。西南亚种 *tonkinensis* 见于云南西南部、广西，头顶至后颈部多红色渲染，下体浓锈色。海南亚种 *swinhoei* 见于海南，头顶至后颈部少棕红色渲染，下体锈色。

种群状况 多型种。留鸟。常见。

斑颈穗鹛

Spot-necked Babbler *Stachyris striolata*

体长：14~16 cm

LC（低度关注）

滇南亚种 *lutescens* \ 摄影：王进

滇西亚种 *sulphureus* \ 摄影：高正华

滇南亚种 *lutescens* \ 摄影：关克

滇南亚种 *lutescens* \ 摄影：杜雄

形态特征 头顶棕红色。翅和尾羽棕黄褐色。喉、胸具深色纵纹。下体黄绿色。

生态习性 成对或结小群栖息于开阔河谷地带的林缘灌丛、竹林及草丛中。多在地面或近地面活动。

地理分布 共14个亚种，分布于喜马拉雅山脉、印度及东南亚。国内有2个亚种。滇西亚种 *sulphureus* 见于云南西部。滇南亚种 *lutescens* 见于云南南部、广西。

种群状况 多型种。留鸟。常见。

Striped Tit Babbler *Macronous gularis*
纹胸鹛

纹胸鹛

Striped Tit Babbler　　*Macronous gularis*　　体长：13 cm　　LC（低度关注）

红顶鹛 \ 摄影：潘宏权

红顶鹛 \ 摄影：潘宏权

红顶鹛 \ 摄影：林刚文

红顶鹛 \ 摄影：杜英

形态特征 头顶栗红色。具白色短眉纹。眼先黑色。耳羽银灰色。上体大致橄榄褐色。喉及胸部白色，胸具黑色纵纹。腹部、两胁及尾下覆羽大致黄褐色。

生态习性 结小群栖息于开阔地带的低矮、浓密植被中。

地理分布 共6个亚种，分布于尼泊尔至东南亚。国内有1个亚种，南方亚种 *smithi* 见于云南、贵州南部、广东、广西。

种群状况 多型种。留鸟。常见。

鸟网 birdnet.cn

Chestnut-capped Babbler *Timalia pileata*
红顶鹛 迷鸟 留鸟 旅鸟 冬候鸟 夏候鸟

红顶鹛

Chestnut-capped Babbler *Timalia pileata* 体长：16~19 cm LC（低度关注）

金眼鹛雀 \摄影：田穗兴

金眼鹛雀 \摄影：陈锋

金眼鹛雀 \摄影：李慰曾

金眼鹛雀 \摄影：逃亡

金眼鹛雀 \摄影：宋迎涛

形态特征 眼圈金黄色，眼先和短眉纹白色。上体大致棕红褐色。喉、胸部白色。下体余部浅皮黄白色。

生态习性 结小群于茂密灌丛、高草丛及竹林中。

地理分布 共4个亚种，分布于巴基斯坦、印度至东南亚。国内有1个亚种，指名亚种 *sinense* 见于云南、贵州西南部、广东、广西。

种群状况 多型种。留鸟。常见。

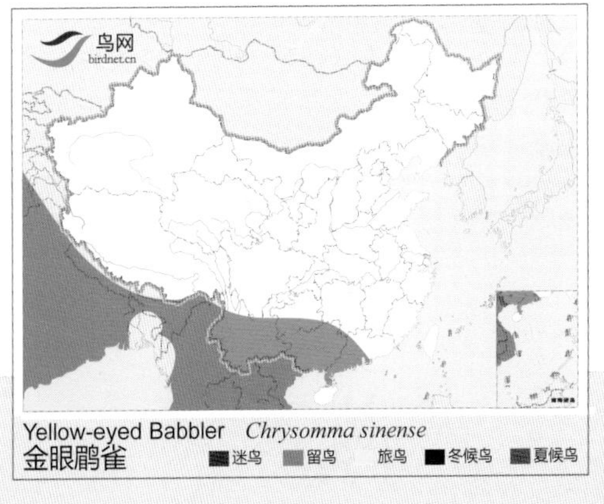

金眼鹛雀

Yellow-eyed Babbler　　*Chrysomma sinense*　　体长：17~20 cm　　LC（低度关注）

宝兴鹛雀 \摄影：叶昌云

宝兴鹛雀 \摄影：赵顺

宝兴鹛雀 \摄影：叶昌云

形态特征 眉纹白色。脸部褐色，杂灰白色细纹。髭纹黑白色，额、头顶至上背暗橄榄褐色。上体余部棕褐色。下体白色，两胁及臀部黄褐色。

生态习性 栖息于山地林缘灌丛和草丛中。单只或结小群活动。

地理分布 中国鸟类特有种。见于云南西北部、四川。

种群状况 单型种。留鸟。稀有。

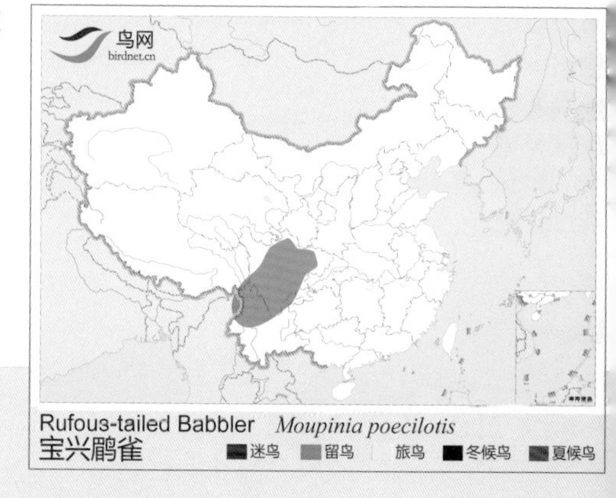

Rufous-tailed Babbler *Moupinia poecilotis*
宝兴鹛雀 迷鸟 留鸟 旅鸟 冬候鸟 夏候鸟

宝兴鹛雀

Rufous-tailed Babbler *Moupinia poecilotis* 体长：13~15 cm LC（低度关注）

指名亚种 *lanceolatus* \摄影：关克

指名亚种 *lanceolatus* \摄影：关克

华南亚种 *latouchei* \摄影：徐晓东

西南亚种 *bonvaloti* \摄影：王尧天

形态特征 体大部密布显著纵纹。眼圈白色。具黑色髭纹。颏、喉及胸部白色。尾羽具狭窄的浅色横斑。

生态习性 结小群栖息于森林的林下植被、灌丛及棘丛。性吵闹。

地理分布 共4个亚种，分布于印度东北部、缅甸西部。国内有3个亚种，西南亚种 *Bonvaloti* 见于西藏东部、云南西北部、四川北部和西部，下体纵纹较多而长，翅长平均(♂) 10.9厘米，(♀) 10.4厘米。指名亚种 *lanceolatus* 陕西西南部、甘肃南部、云南、四川、重庆、贵州、湖北西部，下体纵纹较少而稍短，翅长平均(♂) 9.59厘米，(♀) 9.48厘米。华南亚种 *latouchei* 云南、贵州南部、湖南西部、福建、广东北部、广西，下体纵纹较少而稍短，翅长平均(♂) 8.99厘米，(♀) 8.96厘米。

种群状况 多型种。留鸟。常见。

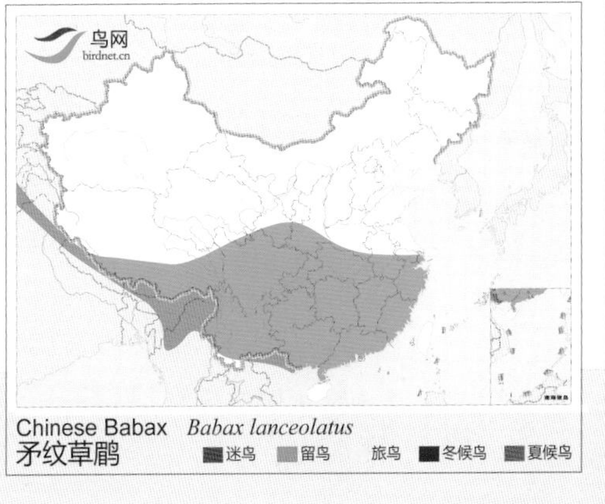

矛纹草鹛

Chinese Babax　*Babax lanceolatus*　体长：28 cm　LC(低度关注)

指名亚种 *waddelli* \摄影：段文科

藏南亚种 *jomo* \摄影：王尧天

藏南亚种 *jomo* \摄影：王尧天

指名亚种 *waddelli* \摄影：张蕾

形态特征 与矛纹草鹛相似之处在于本种身体大部多显著纵纹。但体大，体羽大致灰褐色。尾灰黑色。嘴长而下弯。

生态习性 结小群栖息于山区混交林的林下植被及灌丛中。

地理分布 共2个亚种，国外分布于印度北部。国内有2个亚种，指名亚种 *waddelli* 见于西藏东南部，羽色稍深；翅长平均13.4厘米；嘴峰平均3.6厘米。藏南亚种 *jomo* 见于西藏南部，羽色稍浅淡；翅长平均13.97厘米，嘴峰平均4.02厘米。

种群状况 多型种。留鸟。稀有。

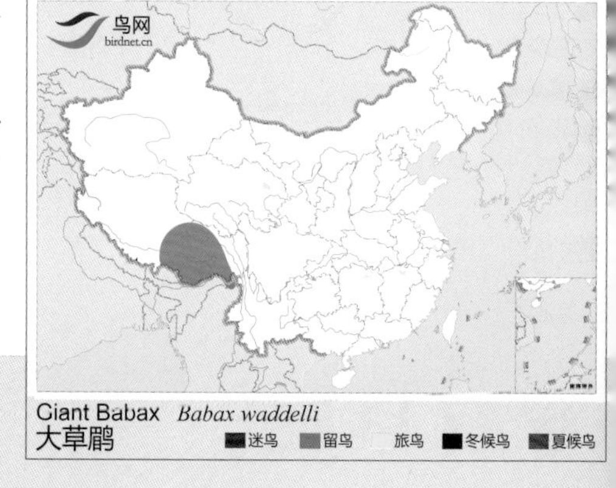

大草鹛

Giant Babax *Babax waddelli*

体长：31 cm

NT（近危）

指名亚种 *koslowi* \ 摄影：张永

指名亚种 *koslowi* \ 摄影：张永

指名亚种 *koslowi* \ 摄影：张永

指名亚种 *koslowi* \ 摄影：张永

形态特征 体羽大致棕黄褐色。上体具浅色鳞状斑纹。初级飞羽的羽缘灰色。嘴近黑色而下弯。

生态习性 结小群栖息于高原灌丛、棘丛和耕地生境中。

地理分布 中国鸟类特有种。共2个亚种，指名亚种 *koslowi* 见于青海南部、西藏东北部，尾羽上、下面棕褐色。玉曲亚种 *yuquensis* 见于西藏东南部，尾羽上、下面浓栗褐色。

种群状况 多型种。留鸟。稀有。

棕草鹛

Tibetan Babax　　*Babax koslowi*　　体长：28 cm　　NT（近危）

滇南亚种 *ricketti* \摄影：蒋振立

西南亚种 *rubrogularis* \摄影：程建军

滇南亚种 *ricketti* \摄影：桑新华

滇西亚种 *vernayi* \摄影：邱小宁

形态特征 体、羽似红嘴相思鸟。主要区别在于：本种头黑色，耳羽银灰色，尾覆羽红色，后颈至上背和颈侧暗黄褐色。

生态习性 结群栖息于山区森林的浓密灌丛、竹林中。

地理分布 共10个亚种，分布于喜马拉雅山脉至东南亚。国内有3个亚种，滇西亚种 *vernayi* 见于西藏东南部、云南西部和西北部，喉部黄色，并具赭色纵纹。滇南亚种 *ricketti* 见于云南西南部，喉部黄色，喉侧朱红色或黄色；胸部不具任何红色。西南亚种 *rubrogularis* 见于云南东南部、贵州南部、澳门、广西西南部，喉无纵纹，喉和喉侧以及上胸均为朱红色。

种群状况 多型种。留鸟。常见。

银耳相思鸟

Silver–eared Mesia *Leiothrix argentauris*

体长：16~18 cm

LC（低度关注）

指名亚种 *lutea* \摄影：关克

云南亚种 *yunnanensis* \摄影：唐寒飞

广东亚种 *kwangtungensis* \摄影：关伟纲

指名亚种 *lutea* \摄影：赵明静

形态特征 显著特征为：红嘴，红胸，具红黄色翼斑。

生态习性 结群栖息于林下植被、次生灌丛和竹林中。

地理分布 共7个亚种，分布于喜马拉雅山脉、印度东北部、缅甸西部和北部、越南北部。国内有3个亚种，昌都亚种 *calipyga* 见于西藏东南部，翼斑橙黄色，翼斑间具一小片朱红色；内侧初级飞羽外翈边缘呈朱红色。云南亚种 *yunnanensis* 见于云南西部和西北部，翼斑橙黄色；内侧初级飞羽外翈边缘呈浅橙黄色。指名亚种 *lutea* 见于河南南部、陕西南部、甘肃南部、云南东北部、四川、重庆、贵州、湖北、湖南、安徽南部、江西、上海、浙江、福建，胸部和腹部中央淡橙黄色带黄；翼斑朱红色。广东亚种 *kwangtungensis* 见于云南南部、广东、澳门、广西，胸部和腹部中央浓橙黄色，翼斑朱红色。

种群状况 多型种。留鸟。常见。

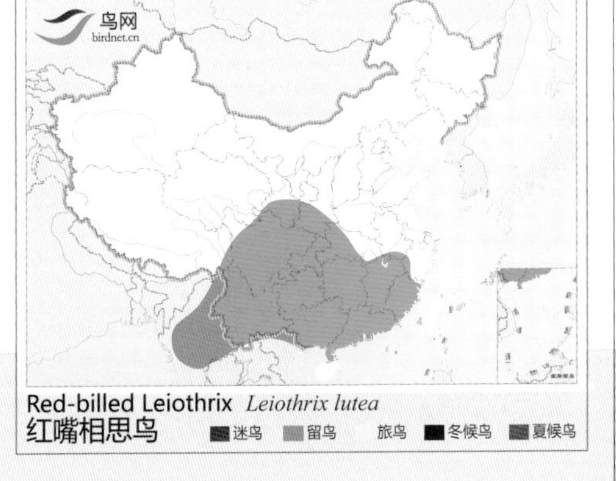

红嘴相思鸟

Red-billed Leiothrix　*Leiothrix lutea*　体长：14~16 cm　LC（低度关注）

滇南亚种 *melanchima* \摄影：杜雄

滇南亚种 *melanchima* \摄影：杜雄

指名亚种 *nipalensis* \摄影：王尧天

指名亚种 *nipalensis* \摄影：王进

形态特征 雄鸟头顶蓝灰色，贯眼纹至颈侧黑色；背羽和尾上覆羽棕红色，翅蓝灰及黑色，两胁具黑色横斑；下体白色。雌鸟背羽和肩羽黄褐色，杂黑色点斑；余部与雄鸟相似。

生态习性 结小群栖息于山地常绿阔叶林多苔藓地带。

地理分布 共6个亚种，分布于喜马拉雅山脉至东南亚。国内有2个亚种，指名亚种 *nipalensis* 见于西藏东南部、四川西南部、湖北，头顶至颈蓝黑色，上体余部深栗红色，背至尾上覆羽浅棕橄榄色。滇南亚种 *melanchima* 见于云南，头顶至颈蓝灰色，上体余部棕栗色，背至尾上覆羽深棕橄榄色。

种群状况 多型种。留鸟。稀有。

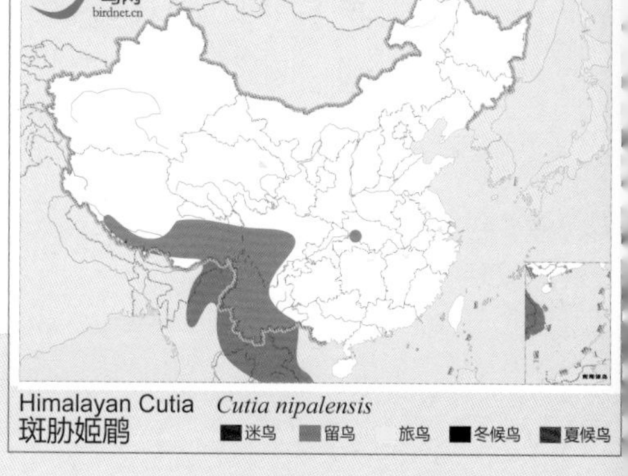

斑胁姬鹛

Himalayan Cutia *Cutia nipalensis* 体长：18~20 cm LC(低度关注)

棕腹鵙鹛 \摄影：田穗兴

棕腹鵙鹛 \摄影：James Eaton

棕腹鵙鹛 \摄影：田穗兴

形态特征 雄鸟头、后颈、翅和尾羽黑色(尾羽端部栗红色)，上体余部深栗红色；颏、喉及胸部浅灰色，腹部浅红褐色。雌鸟背部、翼及尾羽大体橄榄绿色，余体与雄鸟基本相似。

生态习性 成对或结小群栖息于山地常绿阔叶林林下灌丛中。与其他鸟类混群。

地理分布 共2个亚种，分布于喜马拉雅山脉东部、缅甸西部和北部及越南北部。国内有1个亚种，指名亚种 *ruficenter* 见云南西部和西北部。

种群状况 多型种。留鸟。罕见。

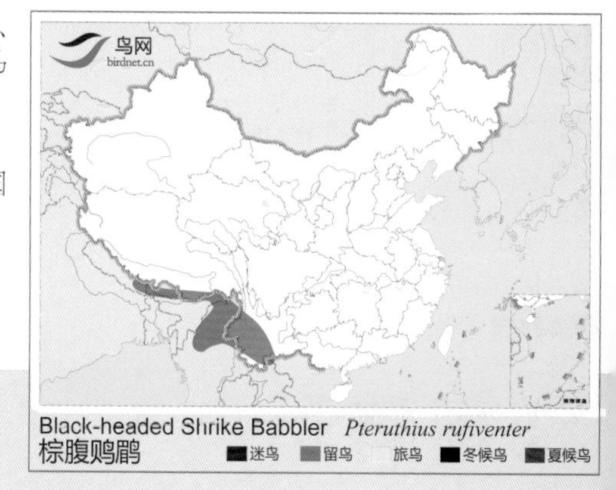

棕腹鵙鹛

Black-headed Shrike Babbler *Pteruthius rufiventer* 体长：20 cm LC(低度关注)

华南亚种 *ricketti* \摄影：胡敬林

云南亚种 *yunnanensis* \摄影：陈锡昌

西藏亚种 *validirostris*（雄）\摄影：王尧天

西藏亚种 *validirostris*（雌）\摄影：王尧天

云南亚种 *yunnanensis* \摄影：罗永川

形态特征 雄鸟头部黑色，眉纹白色，背羽蓝灰色，翅和尾羽黑色；三级飞羽及两胁栗红色，下体白色。雌鸟头灰色，背部橄榄灰色，翅和尾羽黄绿色，喉浅灰色；下体余部浅皮黄色。

生态习性 栖息于山地常绿阔叶林中。

地理分布 共10个亚种，分布于喜马拉雅山脉及东南亚。国内有4个亚种，西藏亚种 *validirostris* 见于西藏南部和东南部、云南西北部，耳羽深黑色；三级飞羽纯栗红色。华南亚种 *ricketti* 见于云南东北部、四川、重庆、贵州南部、湖南、江西、福建，头顶褐灰色，喉和胸深灰色，耳羽深黑色，翅长超过7.8厘米；三级飞羽大都绿色。云南亚种 *yunnanensis* 见于云南东南部、广西西部，头顶蓝灰色，喉和胸浅灰而沾有棕色；耳羽深黑色；三级飞羽非纯栗红色大都绿色。海南亚种 *lingshuiensis* 见于海南，翅长在7.8厘米以下，背部至尾上覆羽橄榄灰色，尾羽大都绿色。

种群状况 多型种。留鸟。偶见。

White-browed Shrike Babbler *Pteruthius flaviscapis*
红翅鵙鹛　迷鸟　留鸟　旅鸟　冬候鸟　夏候鸟

红翅鵙鹛

White-browed Shrike Babbler　*Pteruthius flaviscapis*　体长：16~18 cm　LC（低度关注）

指名亚种 *xanthochlorus* \摄影：张永

福建亚种 *obscurus* \摄影：炮

指名亚种 *xanthochlorus* \摄影：王尧天

西南亚种 *pallidus* \摄影：关克

形态特征 雄鸟头灰色，翼和尾羽黑褐色，上体余部橄榄绿色，喉和胸部灰白色，腹部和尾下覆羽浅皮黄色。雌鸟与雄鸟基本相似，但头顶褐灰色，翅上覆羽、飞羽及尾羽的外缘橄榄绿色。

生态习性 栖息于山区阔叶林、针叶林和针阔混交林中。与其他鸟类混群。

地理分布 共4个亚种，分布于巴基斯坦东北部至缅甸西部和北部。国内有3个亚种，指名亚种 *xanthochlorus* 见于西藏东南部，头顶近黑色眼无白环。西南亚种 *pallidus* 见于陕西南部、甘肃东南部、云南西部、四川、重庆，头顶暗蓝灰色（♂），褐灰色（♀）；眼具白色环。福建亚种 *obscurus* 见于浙江、江西、福建，头顶褐灰色（♂），乌褐灰色（♀）；眼具白环。

种群状况 多型种。留鸟。偶见。

淡绿䴗鹛

Green Shrike Babbler *Pteruthius xanthochlorus*

体长：11~12 cm

LC（低度关注）

栗喉鵙鹛 \摄影：魏东

栗喉鵙鹛 \摄影：田穗兴

栗喉鵙鹛 \摄影：陈学敏

形态特征 眼圈白色，颏和喉部栗红色。翅灰黑色，具2道醒目的白色(♂)或皮黄色(♀)翼斑。上体余部大致橄榄绿色，下体余部大致亮黄色。

生态习性 栖息于山地常绿阔叶林。与其他鸟类混群。

地理分布 共2个亚种，分布于喜马拉雅山脉东部至东南亚。国内有1个亚种，云南亚种 *melanotis* 见于云南。

种群状况 多型种。留鸟。稀有。

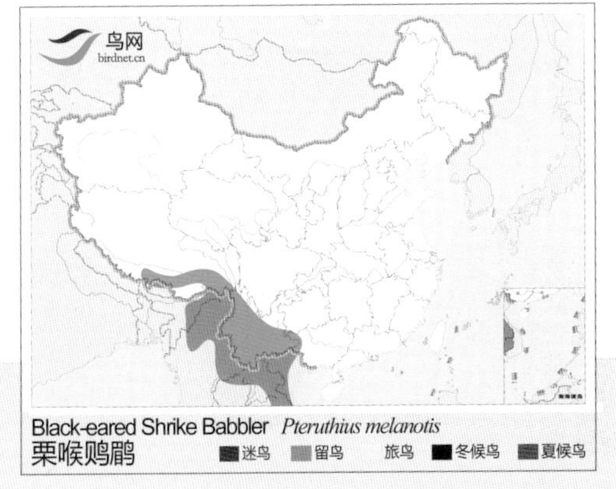

栗喉鵙鹛

Black-eared Shrike Babbler　*Pteruthius melanotis*　体长：11 cm　LC（低度关注）

云南亚种 *Intermedius* \摄影：王尧天

瑶山亚种 *yaoshanensis* \摄影：laohao

形态特征 形、色与栗喉鵙鹛相似。主要区别在于本种鸟额栗红色，具白色眉纹。

生态习性 栖息于山地常绿阔叶林。多在树梢枝叶中觅食。与其他鸟类混群。

地理分布 共5个亚种，分布于印度东北部及东南亚。国内有2个亚种，云南亚种 *intermedius* 见于云南西部，额上的栗色带斑较狭(约0.5~0.7厘米宽)，下体栗色仅到胸部。瑶山亚种 *yaoshanensis* 见于广西、海南，额上的栗色带斑较宽(约0.8厘米宽)，下体栗色延伸至胸侧和上腹。

种群状况 多型种。留鸟。稀有。

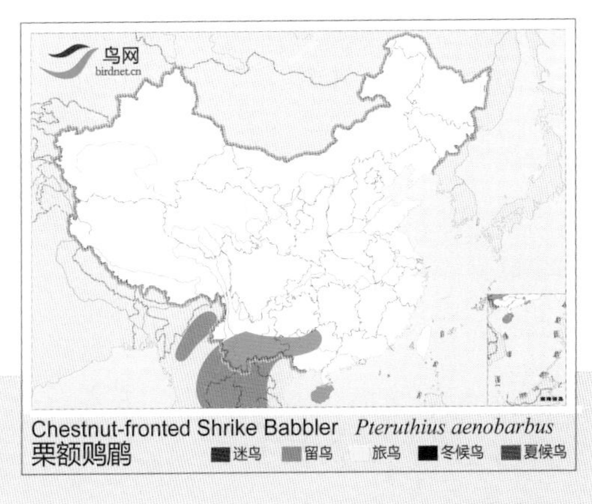

栗额鵙鹛

Chestnut-fronted Shrike Babbler　*Pteruthius aenobarbus*　体长：20 cm　LC（低度关注）

指名亚种 *rufulus* \摄影：张师鹏

指名亚种 *rufulus* \摄影：张师鹏

云南亚种 *torquatus* \摄影：王福顺

指名亚种 *rufulus* \摄影：顾云芳

指名亚种 *rufulus* \摄影：王进

形态特征 背、两翼及尾羽棕褐色。两胁及尾下覆羽浅皮黄色。体羽余部白色。

生态习性 结群栖息于常绿阔叶林、灌丛及竹林中。与其他鸟类混群。

地理分布 共3个亚种，分布于印度东北部及东南亚。国内有2个亚种，指名亚种 *rufulus* 见于云南西部，前额到颈全部白色，上体灰橄榄褐色，下体全白色。云南亚种 *torquatus* 见于云南南部和西南部，前额到颈部分白色；上体棕色，上胸有一黑环，胸部浅棕红色；下体仅喉部和腹部中央白色。

种群状况 多型种。留鸟。稀有。

白头鵙鹛

White-hooded Babbler　*Gampsorhynchus rufulus*　体长：22~24 cm　LC（低度关注）

云南亚种 *ripponi* \ 摄影：孙超

云南亚种 *ripponi* \ 摄影：孙超

云南亚种 *ripponi* \ 摄影：童光琦

云南亚种 *ripponi* \ 摄影：童光琦

形态特征 前额锈红色，头顶至后颈灰色。上体余部大致棕黄褐色。两翼具黑色横斑。尾羽隐现浅色横斑。

生态习性 结小群栖息于山地常绿阔叶林、灌木林和竹林中。性吵闹。

地理分布 共4个亚种，分布于喜马拉雅山脉东部、缅甸西部和北部。国内有2个亚种，西藏亚种 *egertoni* 见于西藏东南部。云南亚种 *ripponi* 见于云南西部和西北部。

种群状况 多型种。留鸟。稀有。

栗额斑翅鹛（锈额斑翅鹛）

Rusty-fronted Barwing　*Actinodura egertoni*　体长：23 cm　LC（低度关注）

白眶斑翅鹛 \摄影：苏仲镛

白眶斑翅鹛 \摄影：苏仲镛

白眶斑翅鹛 \摄影：苏仲镛

白眶斑翅鹛 \摄影：苏仲镛

形态特征 形、色与翅鹛相似，主要区别在于本种的眼圈白色。

生态习性 与其他斑翅鹛相似。活动于茂密的森林和灌丛中，常立于灌丛顶端，鸣叫时羽冠耸起。

地理分布 共3个亚种，分布于东南亚部分地区。国内有1个亚种，西南亚种 *yunnanensis* 见于云南南部、贵州南部、广西。

种群状况 多型种。留鸟。稀有。

白眶斑翅鹛

Spectacled Barwing *Actinodura ramsayi* 体长：23 cm LC(低度关注)

纹头斑翅鹛 \摄影：董江天

纹头斑翅鹛 \摄影：董江天

纹头斑翅鹛 \摄影：Chewang R. Bonpo

形态特征 具黑色髭纹。喉、胸部浅灰褐色，腹部棕红色。与其他斑翅鹛的主要区别在于本种的头部具皮黄色细纵纹。

生态习性 结小群栖息于山区森林及杜鹃林。

地理分布 国外分布于尼泊尔。国内见于西藏南部。

种群状况 单型种。留鸟。罕见。

鸟网 birdnet.cn

Hoary-throated Barwing *Actinodura nipalensis*
纹头斑翅鹛　迷鸟　留鸟　旅鸟　冬候鸟　夏候鸟

纹头斑翅鹛

Hoary-throated Barwing　*Actinodura nipalensis*　体长：21 cm　LC（低度关注）

昌都亚种 *daflaensis* \摄影：Adesh Shivkar

云南亚种 *saturatior* \摄影：董江天

云南亚种 *saturatior* \摄影：唐万玲

形态特征 形、色与纹头斑翅鹛十分相似。主要区别在于本种下体满布皮黄色或棕色纵纹。

生态习性 结小群栖息于山地常绿阔叶林、灌丛及竹林中。

地理分布 共4个亚种，分布于印度东北部、缅甸。国内有2个亚种，昌都亚种 *daflaensis* 见于西藏东南部，头顶暗褐色，耳羽单色而有白色条纹，下体灰色。云南亚种 *saturatior* 见于云南西部和西北部，头顶黑蓝灰色，耳羽深银灰色，下体深栗棕色。

种群状况 多型种。留鸟。罕见。

Streak-throated Barwing *Actinodura waldeni*
纹胸斑翅鹛　迷鸟　留鸟　旅鸟　冬候鸟　夏候鸟

纹胸斑翅鹛

Streak-throated Barwing　*Actinodura waldeni*　体长：21 cm　LC（低度关注）

云南亚种 *griseinucha* \摄影：刘涛声

云南亚种 *griseinucha* \摄影：刘涛声

形态特征 额棕黄色，头灰色。后颈至尾上覆羽黑褐色而羽缘棕黄色，形成黄黑相间的鳞斑。下体棕黄色，满布显著的黑色纵纹。

生态习性 结小群栖息于山区森林和竹林。善鸣叫，性喧闹。

地理分布 共2个亚种，国外分布于越南北部。国内有2个亚种，指名亚种 *souliei* 见于云南、四川中部，头顶略显灰色；上背沙色显著；腹部红棕色较浓。云南亚种 *griseinucha* 见于云南东南部，头顶灰色显著；上背巧克力明显，沙色略少；腹部红棕色较淡。

种群状况 多型种。留鸟。罕见。

灰头斑翅鹛

Streaked Barwing *Actinodura souliei* 体长：22 cm LC（低度关注）

台湾斑翅鹛 \摄影：陈承光

台湾斑翅鹛 \摄影：洪春风

台湾斑翅鹛 \摄影：陈承光

形态特征 与其他斑翅鹛的主要特征在于：本种的头、脸颊及喉部栗红色。上背和胸部灰色而具浅皮黄色纵纹。

生态习性 结小群栖息于山区森林的林下植被中。性吵闹。能在树干上爬行，主要啄食树皮表面的节肢动物。

地理分布 中国鸟类特有种。仅分布于台湾。

种群状况 单型种。留鸟。常见。

台湾斑翅鹛

Taiwan Barwing *Actinodura morrisoniana* 体长：18 cm LC（低度关注）

蓝翅希鹛 \摄影：向军

蓝翅希鹛 \摄影：向军

蓝翅希鹛 \摄影：汪汉东

蓝翅希鹛 \摄影：周建华

形态特征 头顶灰褐，上体橄榄棕色。眼圈和眉纹白色。头侧灰色，翼及尾蓝色。腹部和尾下覆羽白色。

生态习性 结小群栖息于山区森林中。有时与相思鸟等鸟类混群活动。性活泼，常在树枝间飞行或跳跃，并发出清脆的叫声。

地理分布 共8个亚种，分布于喜马拉雅山脉、印度东北部至东南亚。国内有1个亚种，普通亚种 *ingatei* 见于西藏东南部、云南、四川、重庆、贵州、湖南南部、广西西南部、海南。

种群状况 多型种。留鸟。常见。

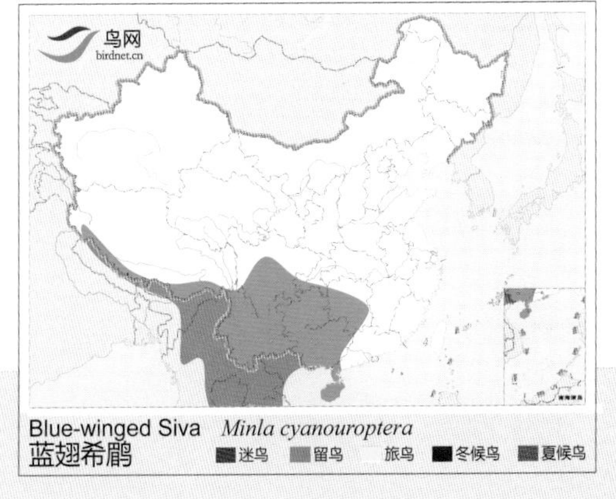

蓝翅希鹛

Blue-winged Siva　*Minla cyanouroptera*　　体长：15 cm　　LC（低度关注）

西南亚种 *yunnanensis* \摄影：孙超

指名亚种 *strigula* \摄影：张跃进

西南亚种 *yunnanensis* \摄影：李伟

西南亚种 *yunnanensis* \摄影：毛建国

形态特征 头棕褐色，具羽冠。脸灰色。翅及尾羽色鲜艳。颏橘黄色，喉部具特征性的黑白色斑纹。下体余部黄色。

生态习性 成对或结群栖息于山区森林中。与其他鸟类混群。

地理分布 共7个亚种，分布于喜马拉雅山脉、印度东北部至东南亚。国内有2个亚种，指名亚种 *strigula* 见于西藏南部，中央尾羽栗色，约为尾长的一半，外翈栗色更少，最外侧尾羽黄色，约占羽长的2/3。西南亚种 *yunnanensis* 见于西藏东南部、云南西部、四川西南部，中央尾羽栗色，约为尾长的4/5；外翈栗色亦较多，最外侧尾羽黄色约占羽长的1/3，头顶橘褐色较淡，背部橄榄灰色，下体灰色沾黄色。

种群状况 多型种。留鸟。常见。

斑喉希鹛

Bar-throated Minla *Minla strigula*

体长：16 cm

LC（低度关注）

红尾希鹛 \摄影：金子成

红尾希鹛 \摄影：金子成

红尾希鹛 \摄影：胡敬林

红尾希鹛 \摄影：朱英

形态特征 头黑色，喉白色。具白色长眉纹和黑色宽贯眼纹。翅及尾羽鲜艳。上体余部灰褐色。下体余部嫩黄色。

生态习性 结群栖息于山区森林及灌丛中。常与其他鸟类混群。

地理分布 共4个亚种。分布于喜马拉雅山脉东部至中南半岛北部。国内有2个亚种，指名亚种 *ignotincta* 见于西藏东南部、云南西部。西南亚种 *jerdoni* 见于云南、四川、重庆、贵州、湖南南部、广西。

种群状况 多型种。留鸟。常见。

红尾希鹛（火尾希鹛）

Red-tailed Minla　　*Minla ignotincta*　　体长：14 cm　　LC（低度关注）

西南亚种 *swinhoii* \ 摄影：关克

滇东亚种 *amoena* \ 摄影：王进

西南亚种 *swinhoii* \ 摄影：陈锋

滇西亚种 *forresti* \ 摄影：杜雄

形态特征 头黑色，喉灰黑色。头顶具一条白色的中央冠纹，耳羽白色。两翼及尾艳丽。上体余部橄榄灰色，下体余部黄色。

生态习性 结群栖息于山区常绿林及灌丛、竹林。

地理分布 共6个亚种，分布于喜马拉雅山脉东部至缅甸东北部及越南北部。国内有3个亚种，滇西亚种 *forresti* 见于云南西北部，喉、胸部石板黑色，有白羽端。滇东亚种 *amoena* 见于云南东南部，有黄眼圈；喉部羽无白色端。西南亚种 *swinhoii* 见于陕西南部、甘肃南部、云南东北部、四川、贵州、湖南、广东、广西，无黄眼圈，喉部羽无白端。

种群状况 多型种。留鸟。常见。

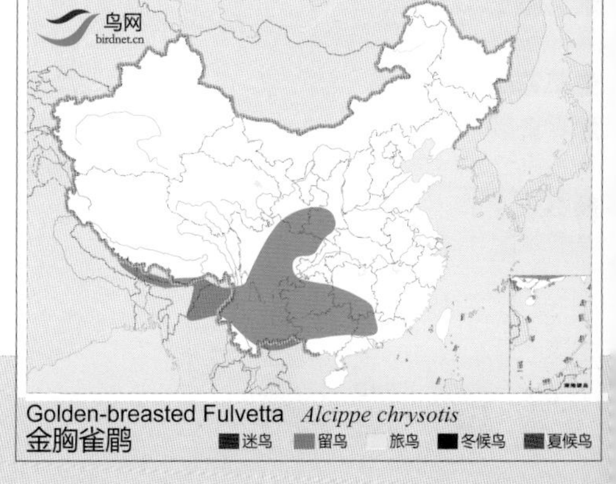

金胸雀鹛

Golden-breasted Fulvetta　*Alcippe chrysotis*　体长：10~11 cm　LC（低度关注）

金额雀鹛 \摄影：林刚文

金额雀鹛 \摄影：陈锋

金额雀鹛 \摄影：陈锋

金额雀鹛 \摄影：林刚文

金额雀鹛 \摄影：林刚文

形态特征 额黄色。头顶具黑色细纹。颈背棕色。颏、喉及头侧白色，与黑色髭纹形成对比。

生态习性 成对或结小群栖息于山区森林的林下植被。

地理分布 中国鸟类特有种。见于四川中部、广西中部。(中国鸟类学家任国荣1932年发表命名的鸟类新种)。

种群状况 单型种。留鸟。罕见。

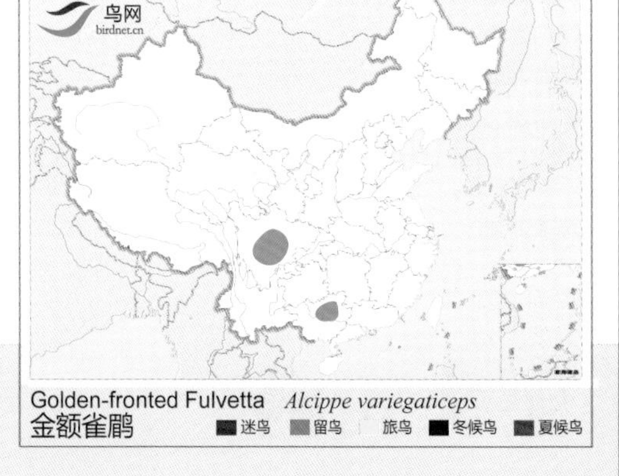

金额雀鹛

Golden-fronted Fulvetta　*Alcippe variegaticeps*　体长：11 cm　VU（易危）

黄喉雀鹛 \摄影：于广中

黄喉雀鹛 \摄影：朱春虎

黄喉雀鹛 \摄影：朱春虎

形态特征 头黄色，具黑色鳞状斑纹。眉纹黄色。侧冠纹和贯眼纹黑色。耳羽银灰色。上体余部橄榄灰色，下体大致黄色，但由前至后渐变为浅黄色。两胁灰色。

生态习性 栖息于常绿阔叶林的林下植被或竹林中。

地理分布 分布于尼泊尔至缅甸东北部及老挝北部。国内见于西藏东南部、云南西北部。

种群状况 单型种。留鸟。偶见。

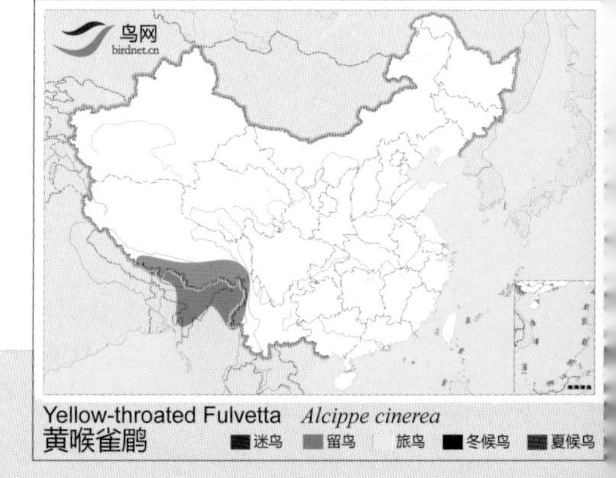

黄喉雀鹛

Yellow-throated Fulvetta *Alcippe cinerea* 体长：11 cm LC（低度关注）

云南亚种 *exul* \摄影：李书

指名亚种 *castaneceps* \摄影：王尧天

指名亚种 *castaneceps* \摄影：王尧天

形态特征 头栗色，杂白色细纵纹。脸侧白色，与黑色的眼后纹及髭纹形成对比。

生态习性 结群栖息于山区常绿阔叶林的林下植被。性吵闹。

地理分布 共5个亚种，分布于喜马拉雅山脉东部至东南亚。国内有2个亚种，指名亚种 *castaneceps*，见于甘肃南部、西藏东南部、云南西北部，上体褐色较多茶黄色渲染，下体两侧较多赭色。云南亚种 *exul* 见于云南南部和西部，上体褐色较少茶黄色渲染，下体两侧较少赭色。

种群状况 多型种。留鸟。常见。

栗头雀鹛

Rufous-winged Fulvetta *Alcippe castaneceps* 体长：11 cm LC（低度关注）

指名亚种 *vinipectus* \摄影：段文科

指名亚种 *vinipectus* \摄影：乐遥

藏南亚种 *castaneceps* \摄影：王尧天

滇西亚种 *perstriata* \摄影：李书

西南亚种 *bieti* \摄影：庞琛荣

形态特征 头顶灰褐色。具显著的白色粗眉纹。侧冠纹和脸颊黑色。翅大致棕褐色，外缘具白色翼斑。喉、胸白色。下体余部茶黄色。

生态习性 结小群栖息于山区森林的林下植被及灌丛中。性活泼。

地理分布 共8个亚种，分布于喜马拉雅山脉、缅甸、越南北部。国内有4个亚种，指名亚种 *vinipectus*、藏南亚种 *chumbiensis* 见于西藏南部，指名亚种的喉和上胸近白色，耳羽暗棕褐色。藏南亚种的喉和上胸具暗纵纹；耳羽暗棕褐色。西南亚种 *bieti* 见于云南、四川西部和南部，下体色浅淡，稍带浅茶黄色；耳羽黑色。滇西亚种 *perstriata* 见于云南西北部，下体较暗，多赭灰黄；耳羽黑色。

种群状况 多型种。留鸟。常见。

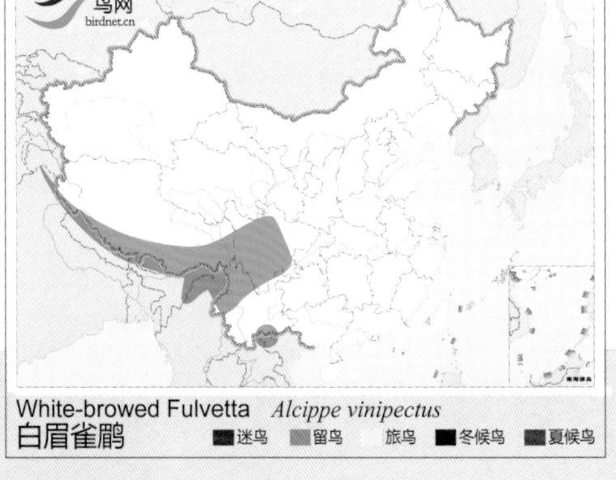

白眉雀鹛

White-browed Fulvetta　*Alcippe vinipectus*　体长：12 cm　LC（低度关注）

中华雀鹛 \摄影：胡健一

中华雀鹛 \摄影：张前

中华雀鹛 \摄影：王尧天

中华雀鹛 \摄影：飘移

中华雀鹛 \摄影：刘素桃

形态特征 上体大致褐色。头顶至背部具暗色纵纹。脸颊浅褐色。初级飞羽外缘灰白色。颏、喉及胸部白色，具褐色纵纹。下体余部近白色。

生态习性 结小群栖息于山区森林、灌丛及荆棘丛中。

地理分布 中国鸟类特有种。见于甘肃南部、西藏东南部和东部、青海东南部、云南西北部、四川西部。

种群状况 单型种。留鸟。常见。

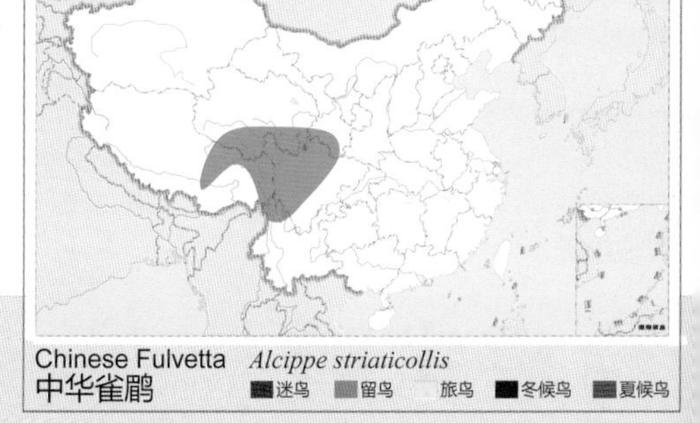

中华雀鹛（高山雀鹛）

Chinese Fulvetta *Alcippe striaticollis* 体长：13 cm LC（低度关注）

指名亚种 *ruficapilla* \ 摄影：关克

指名亚种 *ruficapilla* \ 摄影：杨振达

指名亚种 *ruficapilla* \ 摄影：张永文

云贵亚种 *danisi* \ 摄影：于广中

西南亚种 *sordidior* \ 摄影：唐军

形态特征 头棕色，喉白色，微具深色纵纹。侧冠纹黑色。两翼大部及腰棕红色。初级飞羽羽缘浅灰色。上体余部灰褐色。胸部沾灰色，腹部浅棕黄色。

生态习性 结小群栖息于山区森林及灌丛中。与其他鸟类混群。

地理分布 共3个亚种，国外分布于老挝北部。国内有3个亚种，指名亚种 *ruficapilla* 见于陕西南部、甘肃南部、四川、重庆，颊、耳羽和喉、胸部没有明显纵纹；体羽较鲜明；头顶显栗红色，两侧黑纹较浅；背显葡萄褐色。西南亚种 *sordidior* 见于云南、四川西南部、贵州西部，颊、耳羽和喉、胸部没有明显纵纹；体羽较苍淡；头顶肝褐色，两侧黑纹较深；背显橄榄褐色。云贵亚种 *danisi* 见于云南东南部、贵州西南部，颊、耳羽和喉、胸部有明显纵纹。

种群状况 多型种。留鸟。稀有。

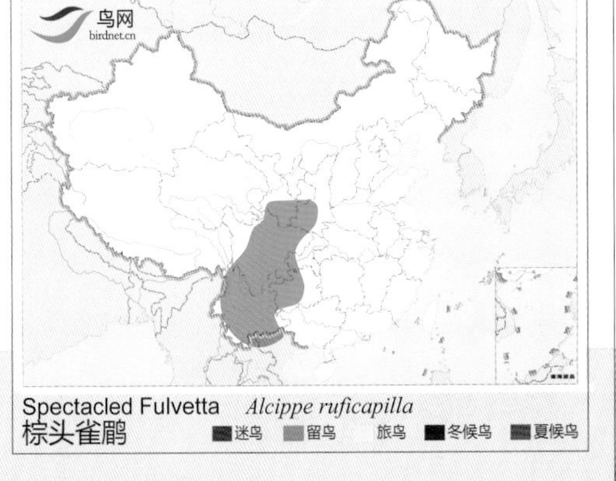

棕头雀鹛

Spectacled Fulvetta　*Alcippe ruficapilla*　　体长：11 cm　　LC（低度关注）

甘肃亚种 *fessa* \摄影：关克

台湾亚种 *formosana* \摄影：陈承光

华中亚种 *fucata* \摄影：庞琛荣

滇西亚种 *manipurensis* \摄影：王进

东南亚种 *guttaticollis* \摄影：罗永辉

指名亚种 *cinereiceps* \摄影：赵钦

形态特征 头灰褐色。背浅灰色。翅上具黑白翼斑。上体余部大致棕褐色。喉灰白色，具深色纵纹。胸和颈侧灰褐色。腹部茶黄色。

生态习性 栖息于山区森林林下灌丛及竹林中。

地理分布 共9个亚种，分布于印度东北部、缅甸西部和北部及越南北部。国内有8个亚种，湖南亚种 *berliozi*，见于湖南等地，头顶浅棕褐色，无暗褐色侧冠纹；两胁棕褐色；初级、次级飞羽外缘黑色达先端。指名亚种 *cinereiceps* 见于四川、云南、贵州等地，头部两侧、胸部无纵纹，背部多栗色，次级飞羽外缘棕褐，第六、七枚初级飞羽外缘黑色。甘肃亚种 *fessa* 见于甘肃、四川、陕西等地，头部两侧、胸部无纵纹，背部栗色少，次级飞羽外缘棕褐。台湾亚种 *formosana* 见于台湾，头和背羽色一致，深褐色，耳深葡萄褐。华中亚种 *fucata* 见于贵州、湖北、湖南等地。头部两侧、胸部无纵纹，背部多栗色，次级飞羽外缘棕褐，内侧5枚初级飞羽外缘黑色。东南亚种 *guttaticollis* 见于福建、广东等地。次级飞羽外缘有黑色。藏南亚种 *ludlowi* 见于西藏等地。头咖啡褐色，背稍浅，头侧红褐色。头部两侧胸部有纵纹，次级飞羽外缘棕褐色。滇西亚种 *manipurensis* 见于云南等地，头棕褐，头部两侧、胸部有纵纹，次级飞羽外缘棕褐色。

种群状况 多型种。留鸟。常见。

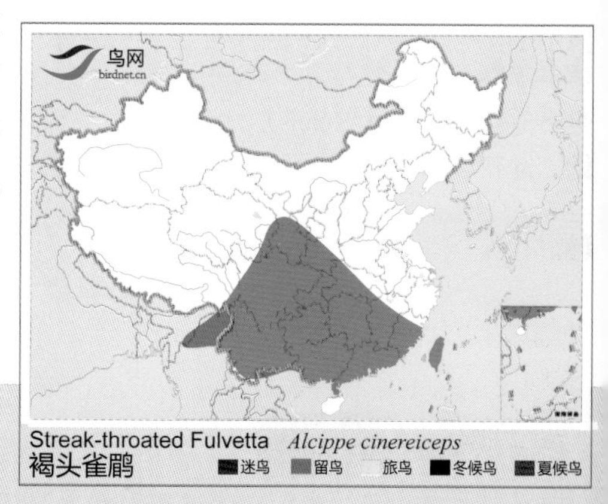

褐头雀鹛

Streak-throated Fulvetta *Alcippe cinereiceps* 体长：12 cm LC（低度关注）

路氏雀鹛 \摄影：邢睿

路氏雀鹛 \摄影：宋晔

路氏雀鹛 \摄影：邢睿

形态特征 上体大致棕褐色。翅上具黑白翼斑。喉白，具深色纵纹。臀部棕黄色。下体余部灰色。

生态习性 结小群栖息于海拔2100~3300米山区林下灌丛及竹林中。

地理分布 国外分布于不丹东部、印度东北部。国内见于西藏东南部。

种群状况 单型种。留鸟。常见。

鸟网 birdnet.cn

Ludlow's Fulvetta *Alcippe ludlowi*
路氏雀鹛　迷鸟　留鸟　旅鸟　冬候鸟　夏候鸟

路氏雀鹛（路德雀鹛）

Ludlow's Fulvetta　*Alcippe ludlowi*　体长：12 cm　LC（低度关注）

棕喉雀鹛 \摄影：Mki SreenivasanRa

棕喉雀鹛 \摄影：Fran Trabalon

棕喉雀鹛 \摄影：Kanit Khanikul

形态特征 头顶栗色。白色眉纹与黑色侧冠纹形成对比。下喉至上胸部具特征性的棕栗色项纹。

生态习性 栖息于林下灌丛及竹林中。性隐蔽。

地理分布 共6个亚种，分布于喜马拉雅山脉东部和东南亚。国内有1个亚种，滇南亚种 *stevensi* 见于云南南部。

种群状况 多型种。留鸟。稀有。

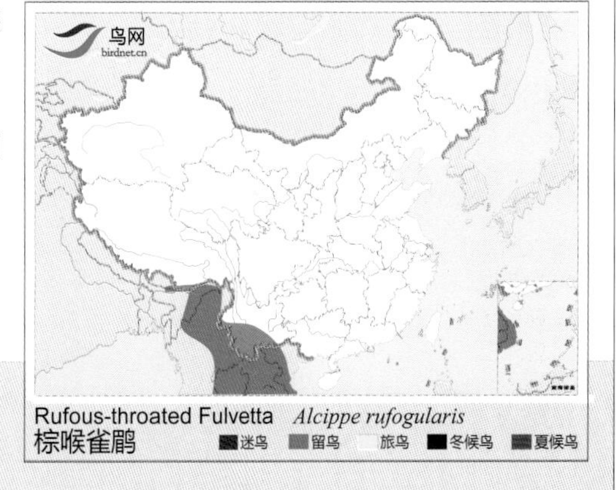

Rufous-throated Fulvetta *Alcippe rufogularis*
棕喉雀鹛　迷鸟　留鸟　旅鸟　冬候鸟　夏候鸟

棕喉雀鹛

Rufous-throated Fulvetta　*Alcippe rufogularis*　体长：13 cm　LC（低度关注）

滇西亚种 *intermedia* \ 摄影：毛建国

滇西亚种 *intermedia* \ 摄影：王尧天

西南亚种 *genestieri* \ 摄影：李继仁

滇西亚种 *intermedia* \ 摄影：毛建国

形态特征 形、色似棕喉雀鹛，但本种不具棕栗色项纹，喉白。两胁橄榄褐色，下体余部浅皮黄色。

生态习性 栖息于林下灌丛中。常成对或结小群活动于林下灌丛或草丛，主要以甲虫、蝗虫、蝽象、鳞翅目幼虫等为食。

地理分布 共4个亚种，分布于中南半岛北部。国内有2个亚种。西南亚种 *genestieri* 见于云南、四川、重庆、贵州、湖南西部、广西西南部，耳羽赤褐色。滇西亚种 *intermedia* 见于云南西部和西北部，耳羽暗褐色或近黑色。

种群状况 多型种。留鸟。地方性常见。

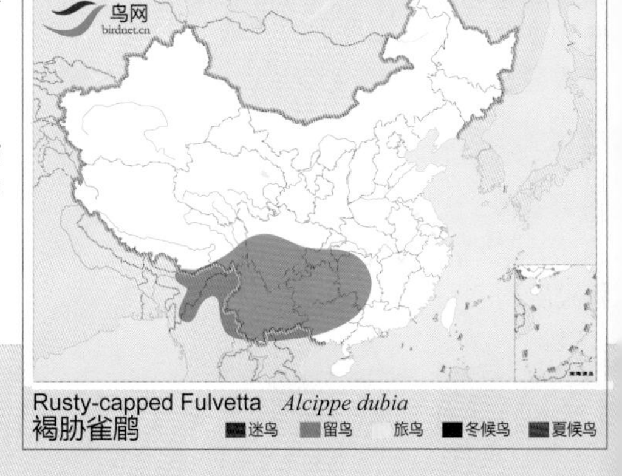

褐胁雀鹛

Rusty-capped Fulvetta *Alcippe dubia* 体长：14 cm LC（低度关注）

湖北亚种 *olivacea* \ 摄影：孤独地老树

四川亚种 *weigoldi* \ 摄影：关克

华南亚种 *superciliaris* \ 摄影：罗永辉

海南亚种 *arguta* \ 摄影：王成江

台湾亚种 *brunnea* \ 摄影：陈承光

形态特征 头顶棕褐色。侧冠纹黑色。头颈两侧灰色。上体余部橄榄褐色，下体灰白色。

生态习性 结群栖息于林下灌丛及草丛中。主要以昆虫为食。

地理分布 中国鸟类特有种。共5个亚种，四川亚种 *weigoldi* 见于甘肃中部、四川、重庆，头顶和背均暗橄榄褐色；头顶没有明显的鳞斑。湖北亚种 *olivacea* 见于陕西南部、云南东北部、四川东南部、重庆、贵州、湖北，头顶没有明显鳞斑。华南亚种 *superciliaris* 见于湖南东部和南部、安徽、江西、浙江、福建、广东、广西，嘴较粗，耳羽较深；胸部、胸侧和体侧非灰褐色。台湾亚种 *brunnea* 见于台湾，头顶非暗橄榄褐；胸侧和体侧灰褐色。海南亚种 *arguta* 见于海南，嘴较细，耳羽色较淡；胸部、胸侧和体侧非灰褐色。

种群状况 多型种。留鸟。常见。

鸟网 birdnet.cn

Dusky Fulvetta　*Alcippe brunnea*
褐顶雀鹛
迷鸟　留鸟　旅鸟　冬候鸟　夏候鸟

褐顶雀鹛

Dusky Fulvetta　*Alcippe brunnea*　体长：14 cm　LC（低度关注）

滇西亚种 *haringtoniae* \ 摄影：罗永川

滇西亚种 *haringtoniae* \ 摄影：朱春虎

滇南亚种 *alearis* \ 摄影：邓嗣光

滇南亚种 *alearis* \ 摄影：王进

形态特征 头顶灰色。侧冠纹黑色。脸颊黄褐色。上体余部橄榄褐色。下体大致皮黄色。

生态习性 结小群栖息于森林下层、山地灌丛及竹林中。

地理分布 共9个亚种，分布于印度至东南亚。国内有2个亚种。滇西亚种 *haringtoniae* 见于云南西部，上、下体多皮黄色。滇南亚种 *alearis* 见于云南南部和西南部，上、下体稍多橄榄色，下体少皮黄色。

种群状况 多型种。留鸟。常见。

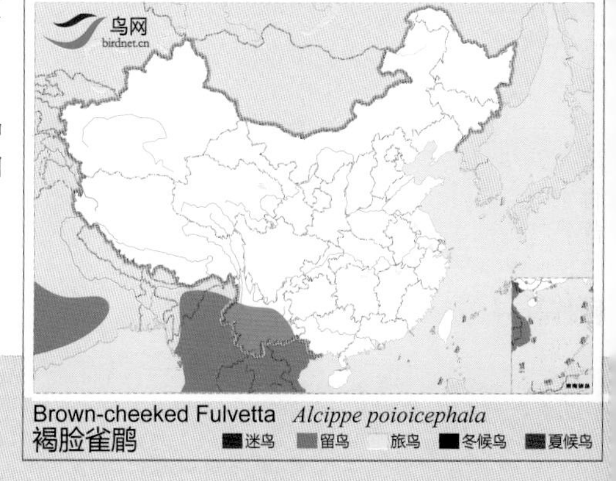

褐脸雀鹛

Brown-cheeked Fulvetta *Alcippe poioicephala* 体长：16 cm LC（低度关注）

湖北亚种 *davidi* \ 摄影：关克

滇东亚种 *schaefferi* \ 摄影：朱英

海南亚种 *rufescentior* \ 摄影：关克

东南亚种 *hueti* \ 摄影：朱春虎

指名亚种 *morrisonia* \ 摄影：简廷谋

滇西亚种 *yunnanensis* \ 摄影：高宏颖

云南亚种 *fraterculus* \ 摄影：王尧天

形态特征 头顶及上背灰色。侧冠纹深色或不显。上体余部橄榄褐色。下体大致浅皮黄色。

生态习性 成对或结群栖息于森林、灌丛、竹林及农耕地。与其他鸟类混群。

地理分布 共7个亚种，国外分布于中南半岛北部。国内有7个亚种。湖北亚种 *davidi* 见于陕西南部、甘肃东南部、云南东北部、四川、重庆、贵州、湖北西部、湖南、广西北部，头少灰色，无眉纹，上体染棕红色。云南亚种 *fraterculus* 见于云南，下嘴浅角褐色；下体较多皮黄色，而少橄榄色。滇西亚种 *yunnanensis* 见于云南中部、四川西南部，下嘴浅角褐色；下体较少皮黄色，而多橄榄色。滇东亚种 *schaefferi* 见于云南东南部、贵州西南部、广西中部，头褐色，而富灰色；脚角色，少黄色。东南亚种 *hueti* 见于安徽、江西、浙江、福建、广东东北部、澳门、广西，头少灰色；有不明显眉纹，上体几为棕红色。指名亚种 *morrisonia* 见于台湾，头顶多褐色，下背多棕色；脚呈黄色。海南亚种 *rufescentior* 见于海南，头顶多灰色，下背富橄榄褐色；脚呈黄色。

种群状况 多型种。留鸟。常见。

鸟网 birdnet.cn

Grey-cheeked Fulvetta *Alcippe morrisonia*
灰眶雀鹛　迷鸟　留鸟　旅鸟　冬候鸟　夏候鸟

灰眶雀鹛

Grey-cheeked Fulvetta　*Alcippe morrisonia*　体长：14 cm　LC（低度关注）

白眶雀鹛 \ 摄影：张明强

白眶雀鹛 \ 摄影：张明强

白眶雀鹛 \ 摄影：王尧天

形态特征 形、色与灰眶雀鹛相似。主要区别在于本种黑色侧冠纹显著，白色眼圈明显，上体偏棕色。

生态习性 结群栖息于丘陵及山区森林。常与其他鸟类混群。

地理分布 共3个亚种，分布于喜马拉雅山脉东部、印度东北部及缅甸西部和北部。国内有1个亚种，西藏亚种 *nipalensis* 见于西藏东南部、云南西南部。

种群状况 多型种。留鸟。地方性常见。

Nepal Fulvetta *Alcippe nipalensis*
白眶雀鹛
迷鸟 留鸟 旅鸟 冬候鸟 夏候鸟

白眶雀鹛

Nepal Fulvetta *Alcippe nipalensis*

体长：13~14 cm

LC（低度关注）

栗背奇鹛 \摄影：田穗兴

栗背奇鹛 \摄影：田穗兴

栗背奇鹛 \摄影：王尧天

形态特征 头、颈和上背黑色。后颈和上背具显著的白色纵纹。翅杂黑、棕、白3种色。尾羽黑色而端白。下背、腰及尾上覆羽栗色。两肋及尾下覆羽浅棕黄色。下体余部白色。

生态习性 结小群栖息于山地常绿阔叶林中。性活泼。

地理分布 共4个亚种，分布于尼泊尔至东南亚。国内有1个亚种，滇南亚种 *mixta* 见于云南南部和西部。

种群状况 多型种。留鸟。地方性常见。

栗背奇鹛

Rufous-backed Sibia　*Heterophasia annectens*　体长：19 cm　LC（低度关注）

藏南亚种 *bayleyi* \摄影：张永

珠峰亚种 *nigriceps* \摄影：王尧天

珠峰亚种 *nigriceps* \摄影：段文科

形态特征 头黑色。翅黑色，外侧飞羽羽缘蓝灰色。背中部略带橄榄灰色。尾具黑色次端斑和暗灰色端斑。体羽余部大致棕黄色。

生态习性 成对或结小群栖息于山地森林中。性吵闹。与其他鸟类混群。

地理分布 共3个亚种，分布于喜马拉雅山脉及印度东北部。国内有2个亚种，藏南亚种 *bayleyi* 和珠峰亚种 *nigriceps* 均见于西藏南部。藏南亚种的背部中央灰褐色，灰色较浓，最内侧次级飞羽栗色部分较少，外侧浅蓝灰色边缘较宽；珠峰亚种的背部中央棕褐色，棕色较浓，最内侧次级飞羽栗色部分较宽，外侧浅蓝灰色边缘较窄。

种群状况 多型种。留鸟。罕见。

黑顶奇鹛

Rufous Sibia　*Heterophasia capistrata*　体长：23 cm　LC（低度关注）

灰奇鹛 \摄影：朱英

灰奇鹛 \摄影：王尧天

灰奇鹛 \摄影：梁锵

形态特征 头顶、翅近黑色。三级飞羽浅灰色。背和腰灰色。尾蓝灰色，具黑色次端斑。喉白色。胸、腹灰白色。尾下覆羽淡皮黄色。

生态习性 成对或结小群栖息于山区常绿林。性活泼。与其他鸟类混群。

地理分布 分布于印度东北部、缅甸。国内见于云南西部。

种群状况 单型种。留鸟。稀有。

Grey Sibia *Heterophasia gracilis*
灰奇鹛 迷鸟 留鸟 旅鸟 冬候鸟 夏候鸟

灰奇鹛

Grey Sibia *Heterophasia gracilis* 体长：23 cm LC（低度关注）

黑头奇鹛 \摄影：周建华

黑头奇鹛 \摄影：王尧天

黑头奇鹛 \摄影：孙超

形态特征 头、翅及尾黑色。中央尾羽端部灰色，外侧尾羽端白。上体余部大致灰色。两胁烟灰色。下体余部大致白色。

生态习性 成对或结小群栖息于山区森林。常在多苔藓的树上活动。

地理分布 共8个亚种，国外分布于中南半岛北部。国内有1个亚种，西南亚种 *desgodinsi* 见于云南、四川西南部、贵州、湖南、广西西部。

种群状况 多型种。留鸟。常见。

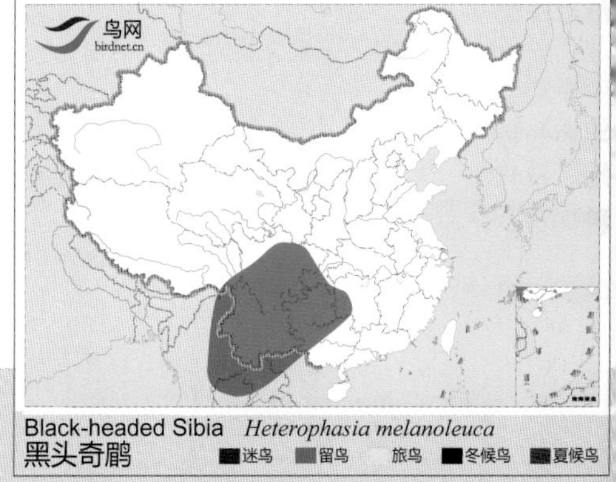

Black-headed Sibia *Heterophasia melanoleuca*
黑头奇鹛 迷鸟 留鸟 旅鸟 冬候鸟 夏候鸟

黑头奇鹛

Black-headed Sibia *Heterophasia melanoleuca* 体长：21~24 cm LC（低度关注）

白耳奇鹛 \摄影：陈承光

白耳奇鹛 \摄影：张守玉

白耳奇鹛 \摄影：刘马力

白耳奇鹛 \摄影：简廷谋

形态特征 头、翅及尾黑色。具特征性的白色丝状贯眼纹。喉、胸及上背灰色，下背及腰棕色。下体余部粉黄褐色。尾羽黑色，中央尾羽的羽端近白色，嘴黑色，脚粉红色。

生态习性 结小群栖息于山区森林。性活泼，不畏人。在树上取食昆虫和植物果实。

地理分布 中国鸟类特有种。仅分布于台湾。

种群状况 单型种。留鸟。常见。

白耳奇鹛

White-eared Sibia　*Heterophasia auricularis*　体长：23 cm　LC（低度关注）

丽色奇鹛 \ 摄影：张泸生

丽色奇鹛 \ 摄影：张泸生

丽色奇鹛 \ 摄影：王尧天

丽色奇鹛 \ 摄影：毛建国

形态特征 头、颈、背、腰及尾上覆羽蓝灰色。具黑色宽冠眼纹。飞羽黑褐色，外缘浅蓝灰色。尾羽褐色，具黑色次端带，尾端蓝灰色。下体浅蓝灰色。

生态习性 成对或结小群栖息于山区森林。常在多苔藓的树上活动。

地理分布 分布于印度和缅甸东北部。国内见于西藏东南部、云南西部和西北部。

种群状况 单型种。留鸟。地方性常见或偶见。

鸟网 birdnet.cn

Beautiful Sibia *Heterophasia pulchella*
丽色奇鹛 迷鸟 留鸟 旅鸟 冬候鸟 夏候鸟

丽色奇鹛

Beautiful Sibia *Heterophasia pulchella* 体长：23 cm LC（低度关注）

长尾奇鹛 \摄影：邓嗣光

长尾奇鹛 \摄影：王尧天

长尾奇鹛 \摄影：李明本

长尾奇鹛 \摄影：李明本

形态特征 具白色翼斑。尾长。上体暗灰色。下体浅灰白色。

生态习性 结小群栖息于山区森林。

地理分布 共4个亚种，分布于喜马拉雅山脉东部及中南半岛北部。国内有1个亚种，云南亚种 *cana* 见于云南西部和东南部。

种群状况 多型种。留鸟。常见。

长尾奇鹛

Long-tailed Sibia　*Heterophasia picaoides*　体长：30~33 cm　LC（低度关注）

华南亚种 *torqueola* \摄影：朱英

滇西亚种 *plumbeiceps* \摄影：田穗兴

华南亚种 *torqueola* \摄影：陈东明

华南亚种 *torqueola* \摄影：王军

形态特征 具灰色的短羽冠。上体大致灰色，下体近白色。本种的鉴别特征是：栗色的脸颊延至后颈圈。

生态习性 结群栖息于森林及稀树灌丛中。性吵闹。

地理分布 共6个亚种，分布于印度东北部及东南亚。国内有2个亚种，滇西亚种 *plumbeiceps* 见于云南西部，头顶栗灰色，后颈无栗褐色横斑。华南亚种 *torqueola* 见于云南东南部、陕西、四川、重庆、贵州、湖北、湖南、安徽、江西、上海、浙江、福建、广东、广西，头顶栗褐色，后颈有一栗褐色杂以白色纵纹的横斑。

种群状况 多型种。留鸟。常见。

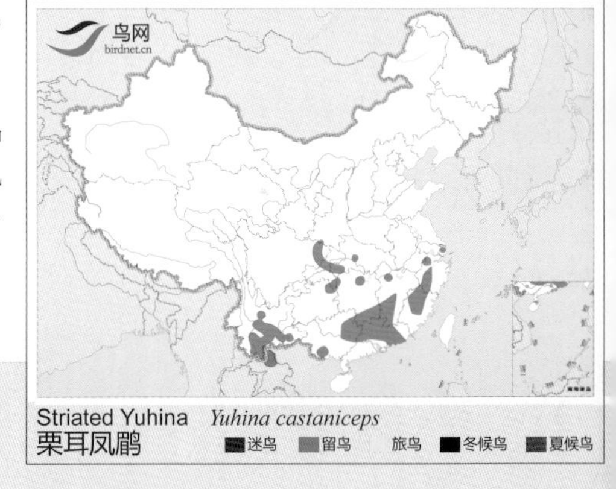

栗耳凤鹛

Striated Yuhina *Yuhina castaniceps*

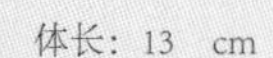

体长：13 cm

LC（低度关注）

白颈凤鹛 \ 摄影：刘爱华

白颈凤鹛 \ 摄影：王尧天

形态特征 羽冠棕褐色。枕部白色。颏及喉部白色。上体余部大致橄榄褐色。尾下覆羽沾棕色。下体余部皮黄褐色。

生态习性 结群栖息于山地常绿阔叶林和灌木丛中。与其他小型鸟类混群。

地理分布 分布于喜马拉雅山脉东部、缅甸北部。国内见于西藏东南部，云南西北部。

种群状况 单型种。留鸟。稀少。

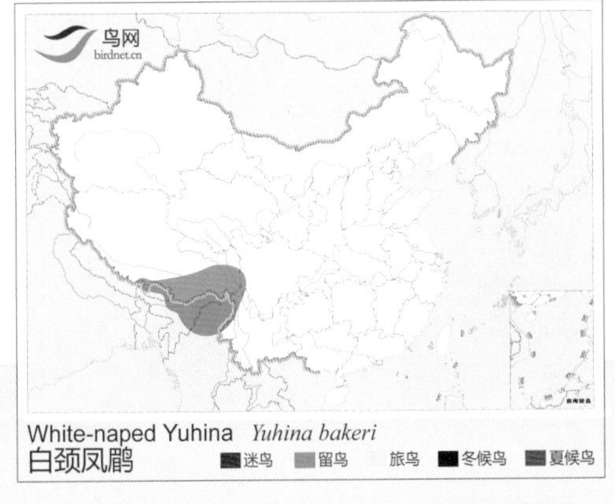

白颈凤鹛（白项凤鹛）

White-naped Yuhina　　*Yuhina bakeri*　　体长：13 cm　　LC（低度关注）

云南亚种 *rouxi* \ 摄影：王尧天

云南亚种 *rouxi* \ 摄影：程建军

云南亚种 *rouxi* \ 摄影：毛建国

形态特征 眼圈白色。羽冠褐色。喉、胸部白色。枕部灰色，颈圈棕黄色，颚纹黑色。上体余部褐色。下体余部茶黄色。

生态习性 结群栖息于山地常绿林和稀树灌丛中。与其他小型鸟类混群。性活泼。

地理分布 共4个亚种，分布于喜马拉雅山脉至中南半岛北部。国内有2个亚种，指名亚种 *flavicollis* 见于西藏南部，头顶暗褐色，颈领锈黄色略浓，上体橄榄褐色，两胁及尾下覆羽赭黄色。云南亚种 *rouxi* 见于云南，头顶暗褐色略淡，颈领锈黄色略淡，上体橄榄绿色，两胁及尾下覆羽淡褐色。

种群状况 多型种。留鸟。地方性常见。

黄颈凤鹛

Yellow-napped Yuhina　　*Yuhina flavicollis*　　体长：13 cm　　LC（低度关注）

峨眉亚种 *omeiensis* \摄影：毛建国

峨眉亚种 *omeiensis* \摄影：孙超

指名亚种 *gularis* \摄影：唐承贵

峨眉亚种 *omeiensis* \摄影：唐承贵

形态特征 喉浅皮黄色，具黑色纵纹。翅黑褐色，具橙黄色翼斑。上体余部暗褐色，下体大致暗棕黄色。

生态习性 结小群栖于山地森林、灌丛及竹林。有时与其他鸟类混群。多活动在常绿林、混交林及其林缘疏林灌丛。主要以花、花蜜、果实、种子为食，也吃一些昆虫及其幼虫。

地理分布 共4个亚种，分布于喜马拉雅山脉、印度东北部及中南半岛北部。国内有2个亚种，指名亚种 *gularis* 见于西藏南部、云南西部，冠羽暗褐色，喉部葡萄酒褐色，腹部橙黄色较浓。峨眉亚种 *omeiensis* 见于陕西南部、云南西北部和东北部、四川中部和西南部，冠羽褐灰色，喉部青灰色，腹部橙黄色较淡。

种群状况 多型种。留鸟。常见。

纹喉凤鹛

Stripe-throated Yuhina *Yuhina gularis*

体长：14~15 cm

LC（低度关注）

指名亚种 *diademata* \摄影：关克

缅越亚种 *ampelina* \摄影：王昌军

指名亚种 *diademata* \摄影：田穗兴

指名亚种 *diademata* \摄影：关克

形态特征 雌雄羽色相似。前额暗褐色。头顶与可竖起的羽冠栗褐色、土褐色或深咖啡色。枕部白色块斑与白色眼圈汇通。喙基周围黑色。体羽余部大致灰褐色。尾羽深褐色。腹部、肛周和尾下覆羽白色。

生态习性 栖息于山区森林及灌丛中。繁殖期间成对或单独活动，其他季节多集成3~10只的小群。常到树冠层枝叶间、林下灌丛、竹丛或草丛中活动和觅食。主要以昆虫和植物果实、种子为食。

地理分布 共2个亚种，分布于缅甸东北部及越南北部。国内有2个亚种，缅越亚种 *ampelina* 见于云南。指名亚种 *diademata* 见于陕西南部、甘肃南部、四川、重庆、贵州、湖北。

种群状况 多型种。留鸟。常见。

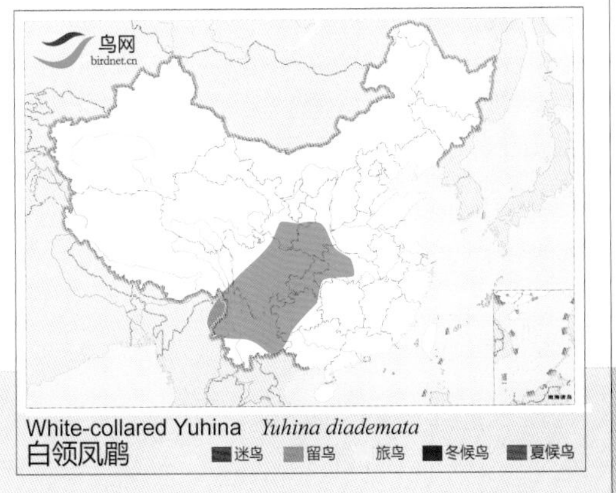

白领凤鹛

White-collared Yuhina　　*Yuhina diademata*　　体长：16~17 cm　　LC（低度关注）

云南亚种 *obscurior* \ 摄影：王尧天

指名亚种 *occipitalis* \ 摄影：王尧天

云南亚种 *obscurior* \ 摄影：孙超

云南亚种 *obscurior* \ 摄影：周建华

形态特征 羽冠前半部灰色，后半部棕红色。颈部灰色。眼圈白色。髭纹黑色。颏及喉部白色。上体余部橄榄灰色。尾下覆羽棕色。下体余部皮黄色。

生态习性 结小群在森林的中、下层及林缘灌丛中活动。与其他鸟类混群。

地理分布 共2个亚种，分布于喜马拉雅山脉东部至缅甸北部。国内有2个亚种，指名亚种 *occipitalis* 见于西藏南部，上体棕褐色，尾羽褐色。云南亚种 *obscurior* 见于云南、四川，上体绿暗棕褐色，尾羽暗褐近黑色。

种群状况 多型种。留鸟。常见。

棕臀凤鹛（棕肛凤鹛）

Rufous-vented Yuhina　*Yuhina occipitalis*　体长：13 cm　LC（低度关注）

褐头凤鹛 \摄影：陈承光

褐头凤鹛 \摄影：赖健豪

褐头凤鹛 \摄影：陈承光

褐头凤鹛 \摄影：赖健豪

形态特征 头侧、枕、颊、喉白色。羽冠为具黑色边缘的栗色冠盖，黑色髭纹成线形环耳羽延至眼后。上体灰橄榄褐色。尾羽褐色。下体白色。

生态习性 栖息于山区森林的中、下层。与其他鸟类混群。性大胆。繁殖期多成对或单独活动，其他季节多结小群。常在树枝间跳跃，有时悬挂于枝头，或到林下灌丛中活动和觅食。杂食性，啄食花蕊、花蜜、果实、种子和昆虫。

地理分布 中国鸟类特有种。仅分布于台湾。

种群状况 单型种。留鸟。常见。

褐头凤鹛

Taiwan Yuhina　　*Yuhina brunneiceps*

体长：13 cm

LC（低度关注）

西南亚种 *intermedia* \摄影：李涛

东南亚种 *pallida* \摄影：朱英

西南亚种 *intermedia* \摄影：李涛

东南亚种 *pallida* \摄影：陈添平

形态特征 头部灰色。冠羽具明显的灰黑色鳞状斑纹。喙基周围黑色。额、眼先、颏上部黑色。上体余部橄榄褐色，下体偏白。

生态习性 结群栖息于山区森林的冠层中。与其他小型鸟类混群。性活泼。

地理分布 共3个亚种，分布于喜马拉雅山脉、印度东北部、缅甸北部及印度支那北部。国内有2个亚种。西南亚种 *intermedia* 见于陕西南部、西藏东南部、云南、四川、重庆、贵州、湖北、湖南，上体橄榄褐色，下体棕黄色较浓。东南亚种 *pallida* 见于浙江、福建、广西，上体橄榄灰色，下体棕黄色较淡。

种群状况 多型种。留鸟。常见。

黑颏凤鹛

Black-chinned Yuhina *Yuhina nigrimenta* 体长：11 cm LC（低度关注）

华南亚种 *griseiloris* \摄影：陈承光

海南亚种 *tyrannula* \摄影：射手

滇西亚种 *zantholeuca* \摄影：毛建国

华南亚种 *griseiloris* \摄影：陈承光

形态特征 具有黄绿色冠羽。鼻孔半裸露。上体橄榄绿色。尾下覆羽黄绿色。下体余部灰白。

生态习性 结群栖息于森林的中高层。常与其他鸟类混群。

地理分布 共3个亚种，分布于喜马拉雅山脉东部及东南亚。国内有2个亚种，滇西亚种 *zantholeuca* 见于云南西部，上体淡黄绿色，黄色较显而鲜亮；下体灰白色；翅较长。华南亚种 *griseiloris* 见于贵州、江西、福建、广东、广西、台湾，上体黄绿色，黄色较隐而绿色较暗；下体污灰色。海南亚种 *tyrannula* 见于云南东南部、海南，上体淡黄绿色，黄色较显而鲜亮；下体灰白色；翅较短。

种群状况 多型种。留鸟。常见。

白腹凤鹛

White-bellied Yuhina　*Erpornis zantholeuca*　体长：13 cm　LC（低度关注）

瑙蒙短尾鹛 \摄影：Christopher Milensky

形态特征 体羽深褐色，尾部较短，腿较长。最显著的特征是较长的腿和长而弯曲的喙。

生态习性 用较长的缘在地面上寻找食物。

地理分布 国外分布于缅甸至喜马拉雅山东段。国内见于云南。

种群状况 单型种。留鸟。在分布区内不罕见。

Naung Mung Scimitar Babbler *Jabouilleia naungmungensis*
瑙蒙短尾鹛 迷鸟 留鸟 旅鸟 冬候鸟 夏候鸟

瑙蒙短尾鹛

Naung Mung Scimitar Babbler *Jabouilleia naungmungensis* 体长：23 cm NE（未评估）

火尾绿鹛 \摄影：宋晔

火尾绿鹛 \摄影：段文举

形态特征 胸沾红色。翼斑橙红色。外侧尾羽红色。体羽余部大致亮绿色。顶冠杂黑色斑纹。

生态习性 结小群栖息于山区森林。与莺类或太阳鸟混群。

地理分布 国外分布于尼泊尔及缅甸。国内见于西藏东南部、云南西北部、四川西部。

种群状况 单型种。留鸟。罕见。

Fire-tailed Myzornis *Myzornis pyrrhoura*
火尾绿鹛 迷鸟 留鸟 旅鸟 冬候鸟 夏候鸟

火尾绿鹛

Fire-tailed Myzornis *Myzornis pyrrhoura* 体长：12 cm LC（低度关注）

火尾绿鹛 \ 摄影：段文举

火尾绿鹛 \ 摄影：段文举

火尾绿鹛 \ 摄影：高正华

火尾绿鹛 \ 摄影：张永

鸦雀科

Paradoxornithidae
(Parrotbills)

本科多属小型鸟类。嘴短而粗厚，呈锥状，嘴峰呈圆弧状，尖端具钩，略似鹦嘴。鼻孔被羽须所掩盖，翅短圆，尾长，多呈凸状。

主要栖息于芦苇和灌丛中，常成群活动。飞行力弱，多做短距离飞翔。鸣声低弱。主要以昆虫为食，也吃植物果实与种子。

本科鸟类以前多被放入画眉科，但由于其嘴短而粗厚，以及其他一些形态学和生态学特征明显与画眉类不同，因而近来多被单列为一科，即鸦雀科。

本科鸟类计有3属21种。主要分布于欧亚大陆中部和南部以及东南亚等温暖地区。中国有3属20种，遍及全国各地。

文须雀 \ 摄影：王尧天

文须雀（雌）\摄影：刘哲青

文须雀（雌）\摄影：许传辉

文须雀（亚成体）\摄影：王尧天

文须雀\摄影：许传辉

形态特征 喙黄色。上体棕黄色，翅黑色，具白色翅斑，外侧尾羽白色。雄鸟眼先和眼周黑色，并具向下与黑色髭纹连在一起的黑斑，头灰色，下体白色，腹部皮黄白色，尾下覆羽黑色。雌鸟无黑色髭纹。

生态习性 栖息于湖泊、河流湿地芦苇。常成对或成小群活动。

地理分布 共3个亚种，分布于欧亚大陆。国内有1个亚种，普通亚种 *russicus* 见于黑龙江、辽宁、河北、北京、内蒙古、宁夏、甘肃、青海、新疆、上海。

种群状况 多型种。夏候鸟，冬候鸟。常见。

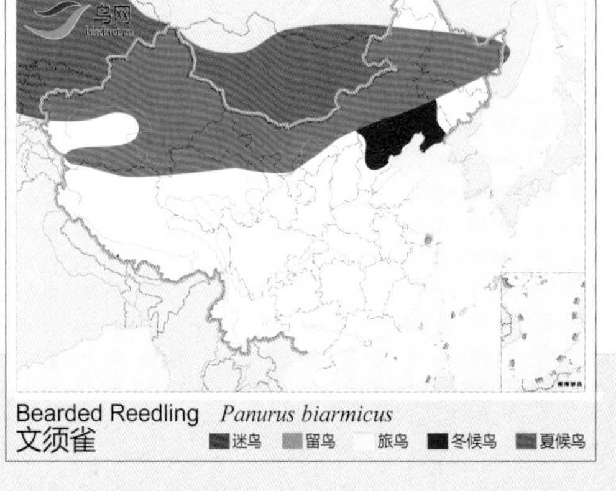

文须雀

Bearded Reedling　　*Panurus biarmicus*　　体长：15~18 cm　　LC（低度关注）

红嘴鸦雀 \ 摄影：唐军

红嘴鸦雀 \ 摄影：关克

红嘴鸦雀 \ 摄影：梁长久

形态特征 喙橙红色，眼先和眼下黑褐色。颏、喉和头侧橄榄灰褐色沾棕色。前额灰白色，头顶和上体橄榄褐色而沾棕色。两翅暗褐色，初级飞羽外缘灰色，次级飞羽棕色、羽端沾灰色。下体棕灰色。

生态习性 栖息于亚高山森林、竹林及杜鹃灌丛。夏季活动区位于海拔2000~3300米。冬季下移至1200米一带活动。飞行力弱。

地理分布 国外分布于不丹到缅甸。国内见于陕西南部、甘肃南部、西藏南部、云南西部、四川、重庆。

种群状况 单型种。留鸟。不常见。

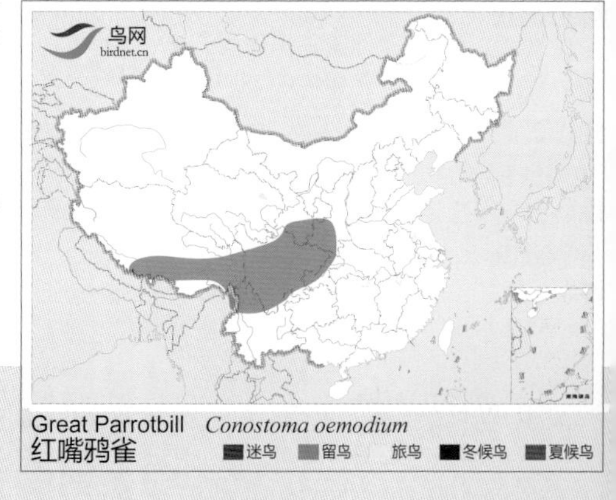

红嘴鸦雀

Great Parrotbill *Conostoma oemodium* 体长：26 cm LC(低度关注)

褐鸦雀 \摄影：唐军

褐鸦雀 \摄影：肖克坚

褐鸦雀 \摄影：王文娟

褐鸦雀 \摄影：董江天

形态特征 喙橙黄色，短，似鹦鹉嘴。长而粗著的黑色眉纹自眼先延伸至颈侧，眼圈白色。颏、喉葡萄灰色，头具短的羽冠，头顶和冠羽棕褐色。上体棕橄榄色；下体淡黄灰色。

生态习性 栖息于常绿阔叶林、混交林、针叶林、竹林、灌丛。成对、成小群或混群活动。

地理分布 国外分布于喜马拉雅山脉到缅甸。国内见于西藏南部、云南西部和北部、四川、重庆。

种群状况 单型种。留鸟。不常见。

褐鸦雀

Brown Parrotbill　　*Paradoxornis unicolor*　　体长：20 cm　　LC（低度关注）

华南亚种 *fokiensis* \ 摄影：沈强

华南亚种 *fokiensis* \ 摄影：刘江涛

亚种云南 *laotianus* \ 摄影：童光琦

形态特征 喙橙黄色，眼圈白色，眼后耳羽和颈侧亦为灰色。颊白色，喉中部黑色，头顶至枕灰色。黑色前额与黑色眉纹相连上延到颈侧上体包括两翅和尾表面概为棕褐色，下体灰白色。

生态习性 栖息于山地常绿阔叶林、次生林、竹林、林缘灌丛。主要以昆虫及其幼虫为食，也吃植物果实和种子。

地理分布 共6个亚种，分布于不丹、马来半岛。国内有3个亚种，华南亚种 *fokiensis* 见于云南南部、四川、重庆、贵州、湖北、湖南、安徽、江西、江苏、上海、浙江、福建、广东、广西，体型较大，雄鸟翅长在8.5厘米以上，喉部黑色块斑较大。海南亚种 *hainanus* 见于海南，体型较小，雄鸟翅长不超过8.5厘米，喉部黑色块斑较小。云南亚种 *laotianus* 见于云南西南部。

种群状况 多型种。留鸟。常见。

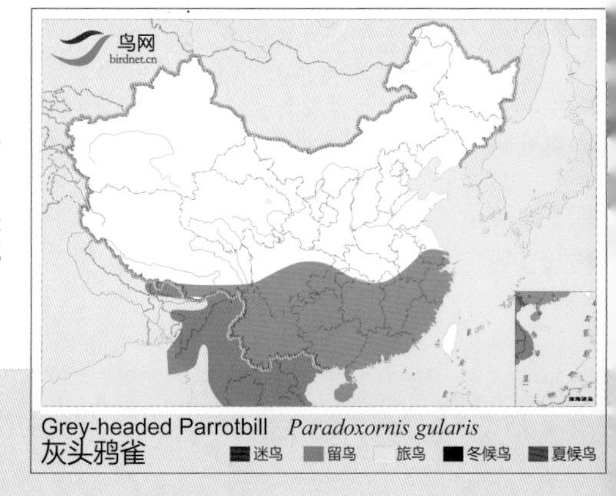

灰头鸦雀

Grey-headed Parrotbill *Paradoxornis gularis* 体长：17 cm LC（低度关注）

太白亚种 *taipaiensis* \摄影：雍严格

指名亚种 *paradoxus* \摄影：唐军

太白亚种 *taipaiensis* \摄影：雍严格

指名亚种 *paradoxus* \摄影：王文娟

形态特征 脚3趾。喙黄色，眼具白圈，耳羽灰棕色，颏、喉棕褐色。头顶和后颈灰褐色。上体灰橄榄褐色，初级飞羽灰色；下体淡棕色。

生态习性 栖息于高山密林和灌丛、竹林，林缘疏林灌丛。成小群活动和觅食。

地理分布 中国鸟类特有种。共2个亚种，指名亚种 *paradoxus* 见于甘肃南部、四川、重庆，眉纹棕褐色；上体较多灰褐色。太白亚种 *taipaiensis* 见于陕西南部，眉纹黑褐色；上体较多灰橄榄色；上背有乌褐色斑或横带。

种群状况 多型种。留鸟。不常见。

三趾鸦雀

Three-toed Parrotbill　　*Paradoxornis paradoxus*　　体长：20 cm　　LC（低度关注）

斑胸鸦雀 \摄影：Prasanna V.Parab

斑胸鸦雀 \摄影：Dluitiman Mukherjee

形态特征 喙橙黄色，眼周和眼后下方有一块白斑，耳覆羽和颏黑色。颊和喉白色，具黑色波浪形横斑；头顶至枕暗栗棕色。上体棕褐色，上胸有一宽的黑色横带；下体茶黄色。

生态习性 栖息于低山沟谷和山脚平原芦苇丛、竹丛。常结小群活动。

地理分布 国外分布于印度、缅甸。国内见于西藏东南部。

种群状况 单型种。留鸟。稀少。

Black-breasted Parrotbill *Paradoxornis flavirostris*
斑胸鸦雀 迷鸟 留鸟 旅鸟 冬候鸟 夏候鸟

斑胸鸦雀

Black-breasted Parrotbill *Paradoxornis flavirostris* 体长：18 cm VU（易危）

点胸鸦雀 \摄影：陈建国

点胸鸦雀 \摄影：唐承贵

点胸鸦雀 \摄影：刘马力

形态特征 喙橙黄色，脸部皮黄色，耳覆羽和颊后部黑色，眼圈白色。颏黑色，喉和上胸具黑色矢状斑。头顶至枕橙棕色，上体棕褐色；下体淡皮黄白色。

生态习性 栖息于山地灌丛、竹丛和高草丛。常单只、成对或集小群活动与觅食。

地理分布 国外分布于马来半岛北部。国内见于陕西南部、云南西部和西北部、四川西部、福建、广东北部。

种群状况 单型种。夏候鸟、冬候鸟、留鸟。常见。

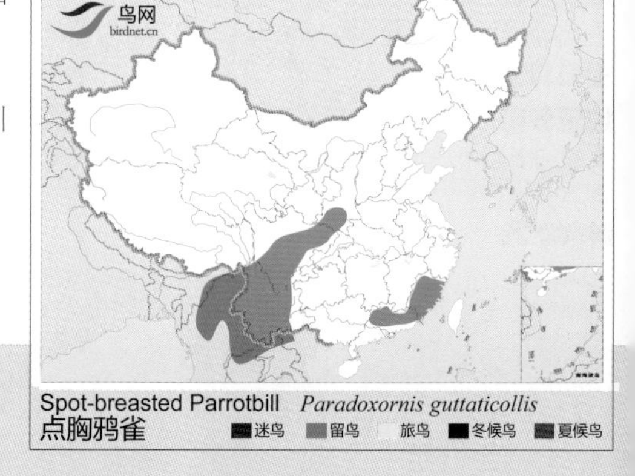

Spot-breasted Parrotbill *Paradoxornis guttaticollis*
点胸鸦雀 迷鸟 留鸟 旅鸟 冬候鸟 夏候鸟

点胸鸦雀

Spot-breasted Parrotbill *Paradoxornis guttaticollis* 体长：18 cm LC（低度关注）

湖北亚种 *rocki* \ 摄影：刘爱华

指名亚种 *conspicillatus* \ 摄影：关克

指名亚种 *conspicillatus* \ 摄影：王文娟

形态特征 喙黄色，颏、喉至胸淡葡萄红色，粗著的暗色纵纹；头顶至后颈褐色沾棕色，具白色眼圈；上体橄榄灰褐色，下体淡橄榄灰色。

生态习性 栖息于山地竹林和林缘灌丛。性活泼，结小群隐藏于林内。

地理分布 中国鸟类特有种。共2个亚种，指名亚种 *conspicillatus* 见于陕西南部、宁夏、甘肃、青海东北部、四川、重庆，体色较暗，嘴形较细，嘴峰较平直。湖北亚种 *rocki* 见于湖北西部和西南部，体色较淡，嘴形较粗，嘴峰较曲。

种群状况 多型种。留鸟。稀少。

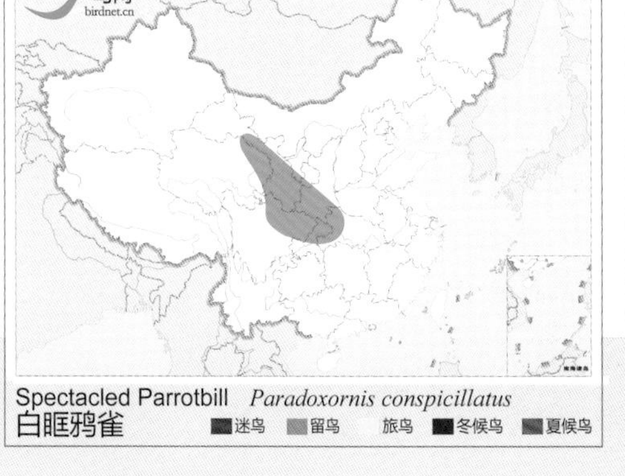

白眶鸦雀

Spectacled Parrotbill　*Paradoxornis conspicillatus*　体长：12 cm　LC（低度关注）

河北亚种 *fulvicauda* \摄影：万斌

长江亚种 *suffusus* \摄影：关克

东北亚种 *mantschuricus* \摄影：肖显志

台湾亚种 *bulomachus* \摄影：简廷谋

指名亚种 *webbianus* \摄影：朱英

形态特征 喙暗褐色，先端沾黄色。颏、喉、胸葡萄粉红色，微具细的暗棕色纵纹，头部红棕色。上体橄榄褐色，飞羽外缘红棕色或褐色；下体皮黄褐色。

生态习性 栖息于低山阔叶林和林缘灌丛、疏林草坡、竹丛、矮树丛和高草丛。

地理分布 共6个亚种，分布于东北亚。国内有5个亚种，东北亚种 *mantschuricus* 见于黑龙江东部、吉林、辽宁、河北，胸部粉红色，喉部无暗色细纹，头顶浅棕色。河北亚种 *fulvicauda* 见于河北东北部、北京、天津、河南北部，胸部粉红色，喉部无暗色细纹，头顶暗葡萄棕色，头顶的棕色较浅，背部较多棕色；胸部的棕色带粉红色，并向后伸至上腹。指名亚种 *webbianus* 见于江苏、上海、浙江，胸部粉红色，喉部无暗色细纹，头顶暗葡萄棕色，头顶的棕色和背部橄榄褐色均较暗钝；胸部的棕色亦较暗。长江亚种 *suffusus* 见于山西、陕西、甘肃南部、云贵川以东及华中、华南地区，胸部粉红色，喉部无暗色细纹，头顶红棕色；两颊显棕色。台湾亚种 *bulomachus* 台湾。胸部粉红色，喉部具若干暗色细纹。

种群状况 多型种。留鸟。常见。

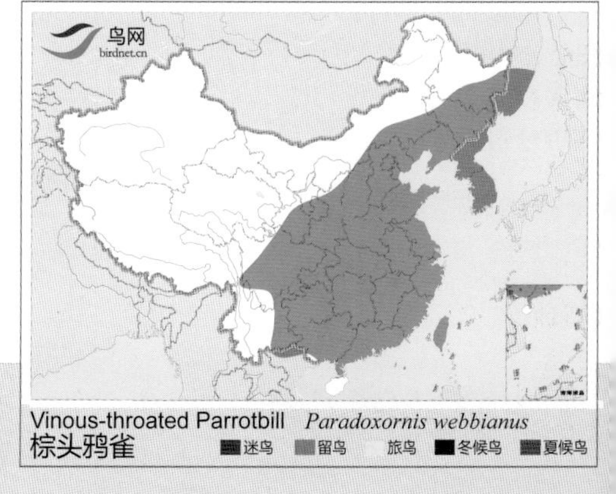

Vinous-throated Parrotbill *Paradoxornis webbianus*
棕头鸦雀

棕头鸦雀

Vinous-throated Parrotbill *Paradoxornis webbianus* 体长：12 cm LC（低度关注）

四川亚种 *alphonsianus* \摄影：罗永川

云贵亚种 *stresemanni* \摄影：田穗兴

形态特征 喙黄色，头棕红色。脸颊、上胸灰色。上体橄榄褐色，翅棕红色，尾棕褐色；下体皮黄色。

生态习性 栖息于林地、灌丛、竹林。集群活动。

地理分布 共4个亚种，主要分布于中国，国外仅越南有分布。川西亚种 *ganluoensis* 见于四川西南部。云贵亚种 *stresemanni* 见于云南东北部、贵州南部和西北部。滇南亚种 *yunnanensis* 见于云南东南部和南部。四川亚种 *alphonsianus* 见于四川。

种群状况 多型种。留鸟。常见。

滇南亚种 *yunnanensis* \摄影：帅良壁

川西亚种 *ganluoensis* \摄影：皇舰

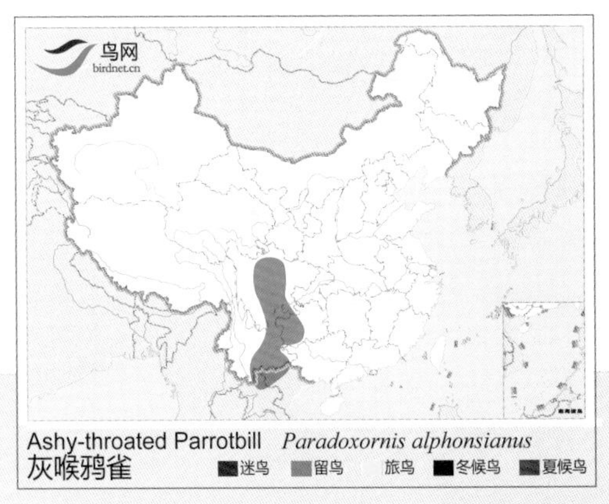

灰喉鸦雀

Ashy-throated Parrotbill　*Paradoxornis alphonsianus*　体长：12 cm　LC（低度关注）

滇西亚种 *brunneus* \摄影：张师鹏

滇西亚种 *brunneus* \摄影：王尧天

大理亚种 *styani* \摄影：林刚文

形态特征 喙乳黄色，头、后颈和颈侧栗红色。颏、喉、胸葡萄红色，具细的栗红色纵纹。上体橄榄褐色，翅缘褐色。

生态习性 栖息于林缘灌丛、竹丛、稀树草坡、芦苇丛。

地理分布 共3个亚种，国外分布于缅甸中东部。国内有3个亚种，金沙江亚种 *ricketti* 见于云南西北部、四川南部，喉和胸均皮黄色，并具显著的栗棕色纵纹；耳羽粉红色，或浅棕色，头顶栗色较暗浓。大理亚种 *styani* 于云南北部，喉和胸均皮黄色，并具显著的栗棕色纵纹；耳羽粉红色，或浅棕色，头顶栗色较浅。滇西亚种 *brunneus* 见于云南西部，喉及胸均深葡萄红色，并具栗色纵纹；耳羽栗红色，与头顶几乎同色。

种群状况 多型种。留鸟。稀少。

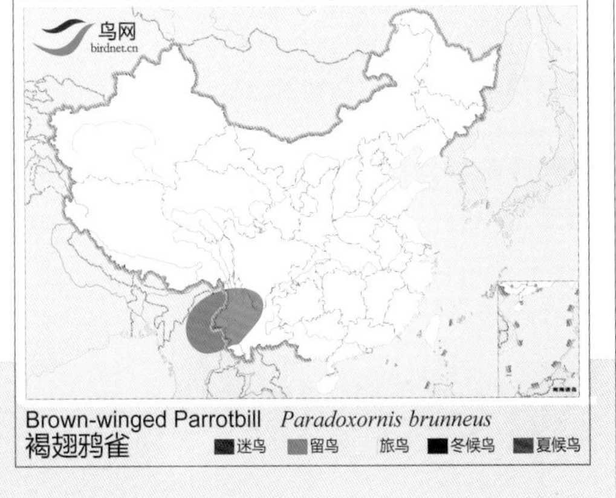

褐翅鸦雀

Brown-winged Parrotbill　*Paradoxornis brunneus*　体长：12 cm　LC（低度关注）

指名亚种 *zappeyi* \摄影：张永镔

指名亚种 *zappeyi* \摄影：杜雄

指名亚种 *zappeyi* \摄影：唐军

形态特征 喙黄色，眼圈白色。头顶具短的羽冠，暗灰色。背棕褐色，下体淡灰色，腹至尾下覆羽淡棕褐色。

生态习性 栖息于高山和高原地带的箭竹丛和灌丛。常10多只一群在灌丛中觅食。取食鳞翅目幼虫、甲虫和草籽等。

地理分布 中国鸟类特有种。共2个亚种，指名亚种 *zappeyi* 见于四川南部、贵州西部，头顶的灰色和背部的棕褐色均较深浓。二郎山亚种 *erlangshanicus* 见于四川西部，头顶的灰色和背部的棕褐色显得浅淡。

种群状况 多型种。留鸟。稀少。

鸟网 birdnet.cn

Grey-hooded Parrotbill *Paradoxornis zappeyi*
暗色鸦雀 迷鸟 留鸟 旅鸟 冬候鸟 夏候鸟

暗色鸦雀

Grey-hooded Parrotbill *Paradoxornis zappeyi* 体长：13 cm VU（易危）

灰冠鸦雀 \摄影：唐军

灰冠鸦雀 \摄影：徐逸新

灰冠鸦雀 \摄影：解磊

形态特征 喙粉红色，上嘴端部白色。前额和眼先黑色，眉纹黑褐色，眼周棕褐色。喉部棕褐色。头顶灰色。背橄榄黄色，飞羽具黄色羽缘。胸棕褐色，下体淡黄色。

生态习性 栖息于针叶林和针阔叶混交林及竹丛。性活泼，常集小群活动。繁殖期成对活动，营巢于灌丛中，巢呈杯状。

地理分布 中国鸟类特有种。分布于甘肃南部、四川西北部。

种群状况 单型种。留鸟。稀少。

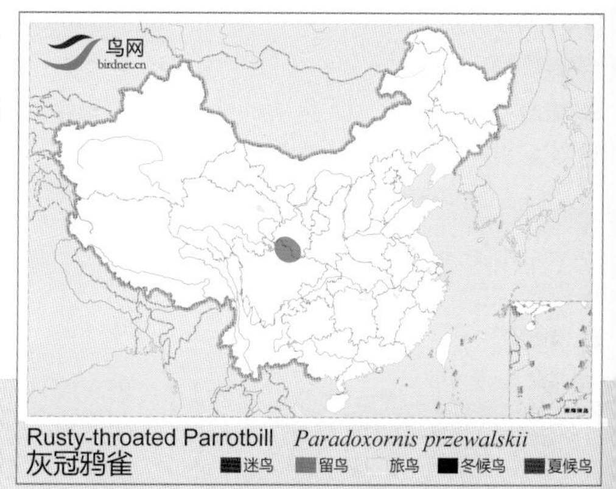

Rusty-throated Parrotbill *Paradoxornis przewalskii*
灰冠鸦雀 迷鸟 留鸟 旅鸟 冬候鸟 夏候鸟

灰冠鸦雀

Rusty-throated Parrotbill *Paradoxornis przewalskii* 体长：13 cm VU（易危）

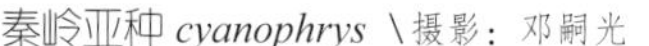

秦岭亚种 *cyanophrys* \摄影：邓嗣光

秦岭亚种 *cyanophrys* \摄影：董江天

西南亚种 *albifacies* \摄影：李燎原

形态特征 喙淡肉黄色，额鲜黄色，喉黄色。头顶具茶黄色，头顶具蓝灰色侧冠纹向后延伸至后枕相连。上体黄褐色，飞羽黑褐色，外侧初级飞羽外缘白色，外缘基部棕色，内侧飞羽具宽的棕色外缘。胸淡黄色，下体近白色。

生态习性 栖息于常绿阔叶林、针阔叶混交林、针叶林的林缘灌丛、竹丛、杜鹃灌丛。集群活动。

地理分布 共4个亚种，分布于不丹、印度。国内有3个亚种，藏南亚种 *chayulensis* 见于西藏东南部，上体较多暗黄色，头侧钝橙色，体色较纯；颈上蓝灰色圈带不显。西南亚种 *albifacies* 见于云南西部和西北部、四川西南部，上体较少暗黄色，头侧淡茶黄色；体色较纯；颈上蓝灰色圈带不显。秦岭亚种 *cyanophrys* 见于陕西西南部、四川西部，体色较鲜明，颈上蓝灰色圈带显著。

种群状况 多型种。留鸟。不常见。

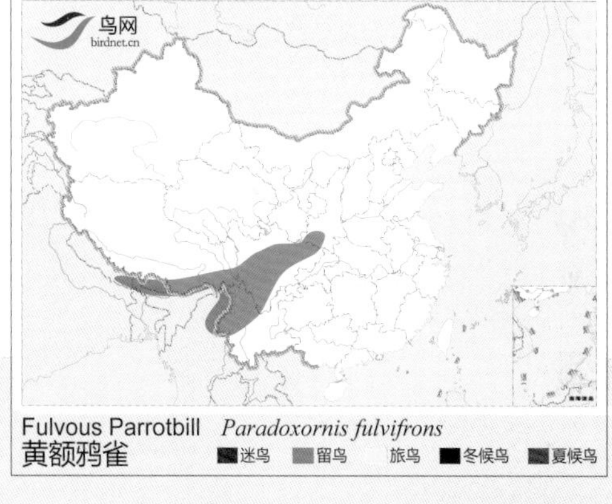

黄额鸦雀

Fulvous Parrotbill　　*Paradoxornis fulvifrons*　　体长：12 cm　　LC（低度关注）

黑喉鸦雀 \摄影：宋迎涛

黑喉鸦雀 \摄影：张永

黑喉鸦雀 \摄影：董江天

形态特征 白色眉纹，眼先微褐色，颧纹白色。喉黑色。头和上体大多橙棕色。飞羽黑褐色，初级飞羽外缘灰白色或白色，下体白色。

生态习性 栖息于常绿阔叶林、橡树林和混交林等各类森林林下灌丛和竹丛。

地理分布 共10个亚种，分布于喜马拉雅山脉及马来半岛北部。国内有3个亚种，藏南亚种 *crocotius* 见于西藏东南部，头顶、耳羽橙棕色，耳羽与背之间有灰色。滇西亚种 *poliotis* 见于西藏西南部、云南西部，头顶橙棕色；耳羽全灰色，或前黑后灰。老挝亚种 *beaulieu* 见于云南南部，头顶、耳羽橙棕色，耳羽与背之间无灰色，上体橙棕色较浓，胸与腹白而沾棕色。

种群状况 多型种。留鸟。不常见。

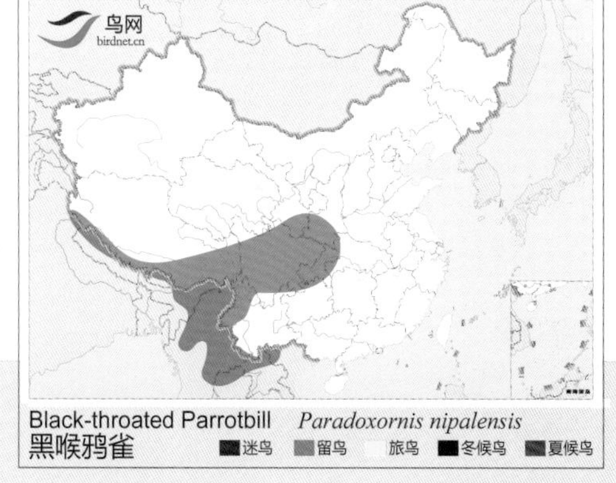

黑喉鸦雀（橙额鸦雀）

Black-throated Parrotbill　　*Paradoxornis nipalensis*　　体长：10 cm　　LC（低度关注）

台湾亚种 *morrisonianus* \摄影：陈承光

指名亚种 *verreauxi* \摄影：魏东

滇南亚种 *craddocki* \摄影：陈锋

福建亚种 *pallidus* \摄影：唐承贵

形态特征 喙黑色，眉纹白色，颊白色，喉黑色。头橙色，上体橄榄橙色，下体白色沾橙色。脚为红褐色。

生态习性 栖息于常绿阔叶林、竹林。

地理分布 共4个亚种，分布于马来半岛北部。国内有4个亚种，指名亚种 *verreauxi* 见于陕西南部、云南东北部、四川、重庆、湖北。滇南亚种 *craddocki* 见于云南南部、湖南、广西，上体橙褐色，颈背及背略有橄榄褐色；似橙额鸦雀但本种的黄色较多且眉纹白色。福建亚种 *pallidus* 见于贵州、江西东北部、福建西北部、广东。台湾亚种 *morrisonianus* 见于台湾，较指名亚种灰色重，且白色的短眉纹上无狭窄的黑线。

种群状况 多型种。留鸟。常见。

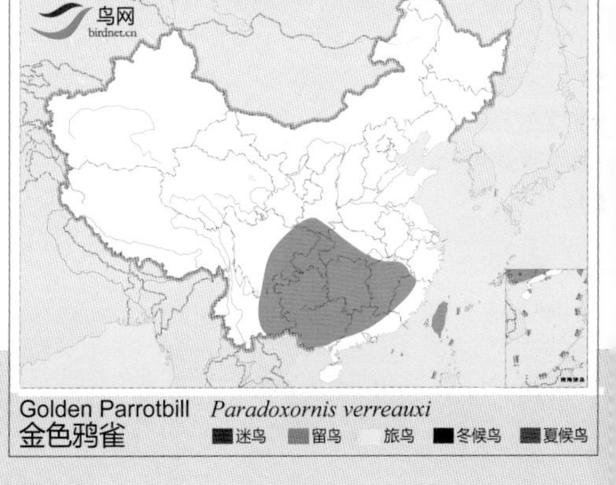

Golden Parrotbill *Paradoxornis verreauxi*
金色鸦雀
迷鸟 留鸟 旅鸟 冬候鸟 夏候鸟

金色鸦雀

Golden Parrotbill *Paradoxornis verreauxi* 体长：12 cm LC（低度关注）

短尾鸦雀 \ 摄影：沈强

短尾鸦雀 \ 摄影：徐晓东

短尾鸦雀 \ 摄影：木石

短尾鸦雀 \ 摄影：丁夏明

形态特征 喙肉色，颏、喉黑色，杂有白色细的条纹或斑点，下喉有一淡黄色横带，头栗红色。背棕灰色，胸、腹灰黄色。尾短。

生态习性 栖息于低山和丘陵地带的林下灌丛和竹丛。

地理分布 共3个亚种，分布于马来半岛北部。国内有1个亚种，指名亚种 *davidianus* 见于湖南南部、福建。

种群状况 多型种。留鸟。稀少。

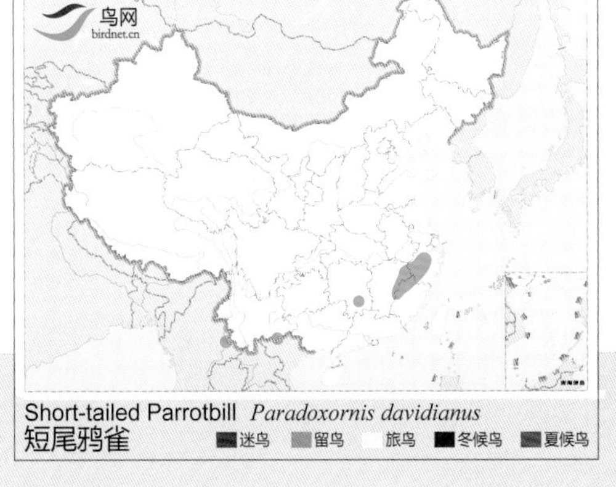

短尾鸦雀

Short-tailed Parrotbill　*Paradoxornis davidianus*　体长：10 cm　LC(低度关注)

黑眉鸦雀 \摄影：张师鹏

黑眉鸦雀 \摄影：罗永川

黑眉鸦雀 \摄影：王尧天

黑眉鸦雀 \摄影：张师鹏

形态特征 喙淡灰色而具白端。头侧稍淡，具淡色眼圈，黑色眉纹。头顶至后颈辉栗色，背棕橄榄褐色，下体乳黄色。

生态习性 栖息于中低山和山脚沟谷地带的灌丛和竹丛。飞行力弱。

地理分布 共2个亚种，分布于喜马拉雅山脉、马来半岛北部。国内有1个亚种，指名亚种 *atrosuperciliaris* 见于云南西部。

种群状况 多型种。留鸟。稀少。

黑眉鸦雀

Lesser Rufous-headed Parrotbill *Paradoxornis atrosuperciliaris* 体长：15 cm LC(低度关注)

红头鸦雀 \摄影：王尧天

红头鸦雀 \摄影：王尧天

红头鸦雀 \摄影：王进

形态特征 头顶至枕栗色，上体橄榄褐色，胸和两胁沾皮黄色。下体白色。

生态习性 栖息于低山山脚和河谷地带的灌丛与竹丛。常集小群，有时与其他鸟类混群活动。飞得不高，短距离飞行。

地理分布 共3个亚种，分布于印度、不丹到马来半岛北部。国内有1个亚种，西藏亚种 *bakeri* 见于西藏东南部、云南西部。

种群状况 多型种。留鸟。稀少。

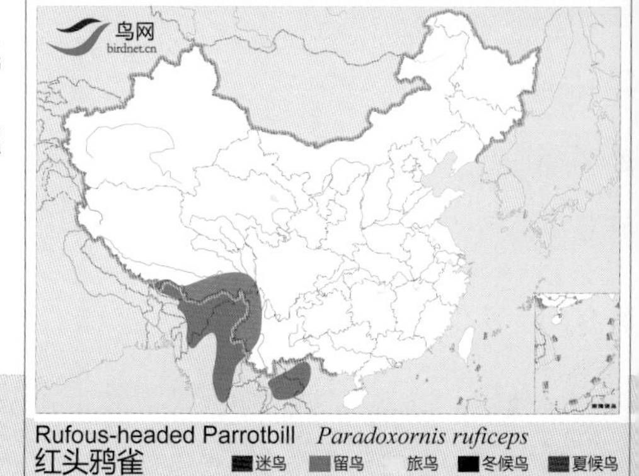

红头鸦雀

Rufous-headed Parrotbill *Paradoxornis ruficeps* 体长：17 cm LC(低度关注)

指名亚种 *heudei* \摄影：王巨土

黑龙江亚种 *polivanovi* \摄影：段文科

指名亚种 *heudei* \摄影：徐永春

黑龙江亚种 *polivanovi* \摄影：陈峰

黑龙江亚种 *polivanovi* \摄影：桑新华

形态特征 喙黄色，眉纹黑色，长而宽阔，自眼上方一直延伸至后颈头顶至枕，灰色。颏、喉灰色。背赭色，次级飞羽黑褐色，羽缘均为白色或棕白色。尾上覆羽和中央一对尾羽淡红赭色，两侧尾羽黑色，具白色端斑。下体赭色。

生态习性 栖息于河流、江边、湖泊、沼泽、芦丛、河口沙洲及沿海滩涂等湿地芦苇丛。集群活动。

地理分布 共2个亚种，分布于俄罗斯东南、蒙古。国内有2个亚种，指名亚种 *heudei* 见于河南、湖北、江西西北部、江苏、上海、浙江，头顶较多浅赭色，体色较浓，背部灰色粗纹明显。黑龙江亚种 *polivanovi* 见于黑龙江、辽宁、河北、天津、山东、内蒙古东北部，头顶较多灰蓝色，体色较淡，背部无灰色粗纹。

种群状况 多型种。留鸟。常见。

震旦鸦雀

Reed Parrotbill　*Paradoxornis heudei*　体长：17 cm　NT（近危）

扇尾莺科

Cisticolidae
(Cisticolas)

本科鸟类为小型雀形目鸟类。体羽灰色或暗褐色，尾通常宽而短，是公认的难以鉴别的鸟类，有些种只能用翼羽的形状加以鉴别。主要栖居于开阔的草原、多刺灌木丛以及沼泽地，主要以各类昆虫为食。营巢在低矮的植被内。本科种类繁多，共119种。在非洲数量最多，但亦遍布欧亚南部到澳大利亚。中国共10种，主要分布于华中、华东和华南等地区。

棕扇尾莺 \ 摄影：段文科

棕扇尾莺 \摄影：李全民

棕扇尾莺 \摄影：关克

棕扇尾莺 \摄影：桑新华

棕扇尾莺 \摄影：韩庆双

形态特征 体羽褐色，带纵纹。腰及两胁黄褐色，胸、腹白色；尾为凸状，中央尾羽最长，尾端白色清晰。与非繁殖期的金头扇尾莺的区别在于本种的白色眉纹较颈侧及颈背明显为浅。

生态习性 栖于开阔草地、稻田及季节性湿润草地。常见于海拔1200米以下。

地理分布 共18个亚种，分布于非洲、南欧、印度、日本、东南亚及澳大利亚北部。国内有1个亚种，普通亚种 *tinnabulans* 繁殖于中国华中及华东，越冬至华南及东南。

种群状况 数量多，无危，常见。留鸟，冬候鸟，夏候鸟。

棕扇尾莺

Zitting Cisticola　*Cisticola juncidis*　　体长：10 cm　　LC（低度关注）

台湾亚种 *volitans* \摄影：陈承光

华南亚种 *courtoisi* \摄影：邓嗣光

滇西亚种 *tytleri* \摄影：桑新华

台湾亚种 *volitans* \摄影：简廷谋

形态特征 上体褐色，带黑色纵纹，下体皮黄色，喉近白色，尾深褐色，尾端皮黄色。繁殖期雄鸟顶冠亮金色(有些亚种为灰白色)，腰和尾上覆羽黄褐色，尾黑色，具窄的淡色端斑。雌鸟及非繁殖期雄鸟头顶密布黑色细纹，与棕扇尾莺的区别在于本种的眉纹淡皮黄色而与颈侧及颈背同色。

生态习性 栖于平原地带的灌木丛和草丛中。性隐蔽。有时停于高草秆或矮树丛。

地理分布 共12个亚种，分布于印度、菲律宾、东南亚至澳大利亚。国内有3个亚种，华南亚种 *courtoisi* 见于中国华南及东南的留鸟，头顶苍白色沾烟灰色；上体烟黑色，具灰褐色羽缘；尾上覆羽深栗色，具有灰棕色端斑；下体近白色；腹面余部皮黄色。滇西亚种*tytleri*见于云南，头顶金黄色；雌鸟更多黑色。台湾亚种*volitans*见于台湾，头顶至后颈黄白色，有丝冠；上体灰褐色，有黑色斑点；尾羽黑褐色，先端白色；下体稍带黄褐色；腹面黄白色。

种群状况 多型种。留鸟。地区性常见。

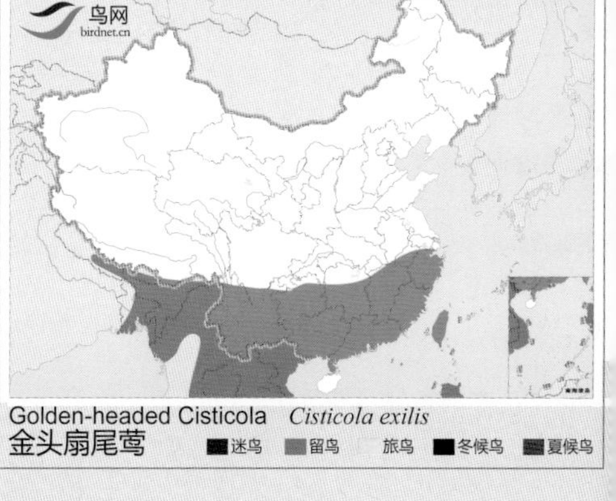

金头扇尾莺

Golden-headed Cisticola *Cisticola exilis* 体长：11 cm LC(低度关注)

指名亚种 *pekinensis* \摄影：万邵平

新疆亚种 *albosuperciliaris* \摄影：刘哲青

甘肃亚种 *leptorhynchus* \摄影：张前

指名亚种 *pekinensis* \摄影：孙晓明

形态特征 上体褐色而密布黑色纵纹；下体白色，两肋及腹部具醒目的栗色纵纹，有时沾黄褐。颏、喉及胸白色，眉纹偏灰色，髭纹近黑色。外侧尾羽羽缘白色。

生态习性 栖于灌丛及芦苇丛。不惧生。

地理分布 共2个亚种，国外分布在朝鲜。国内有3个亚种，指名亚种 *pekinensis* 分布于辽宁南部西至宁夏贺兰山的黄河河谷地，上体棕褐，体色较暗，眉纹灰色；嘴长一般为1.2~1.4厘米；中央尾羽暗褐色，较 *leptorhynchus* 略深。甘肃亚种 *leptorhynchus* 见于陕西南部、甘肃、青海东部和东南部，为过渡色型，上体沙褐色，体色较淡；眉纹不显；嘴较短，细长而甚下弯，长度一般为1.2厘米；中央尾羽暗褐色。新疆亚种 *albosuperciliaris* 甘肃西北部、新疆和青海西部，色彩甚淡，眉纹白色，上体烟灰而具褐色纵纹，下体白色，两肋及腹部略具黄褐色纵纹，尾下皮黄色。嘴较长，一般为1.4~1.5厘米；中央尾羽沙色。

种群状况 多型种。留鸟。常见。

鸟网 birdnet.cn

Chinese Hill Warbler *Rhopophilus pekinensis*
山鹛
迷鸟　留鸟　旅鸟　冬候鸟　夏候鸟

山鹛

Chinese Hill Warbler　*Rhopophilus pekinensis*　体长：17 cm　LC（低度关注）

台湾亚种 *striata* \摄影：简廷谋

西南亚种 *catharia* \摄影：关克

西南亚种 *catharia* \摄影：程建军

西南亚种 *catharia* \摄影：张前

华南亚种 *parumstriata* \摄影：李继仁

形态特征 具长的凸形尾。上体灰褐色并具深褐色纵纹。下体偏白色，两胁、胸及尾下覆羽沾茶黄色，胸部黑色纵纹明显。非繁殖期褐色较重，胸部黑色较少，顶冠具皮黄色和黑色细纹。与非繁殖期的褐山鹪莺相似，但本种胸侧无黑色点斑。

生态习性 多栖于高草及灌丛，常在农耕地活动。

地理分布 共6个亚种，分布于阿富汗至印度北部、缅甸。国内有5个亚种，指名亚种 *crinigera* 为西藏东南部，留鸟。西南亚种 *catharia* 见于西南，较指名亚种褐色为重且多纵纹，头顶和翕栗褐，羽缘淡棕而较宽阔，因而呈显著纵纹状(夏)，或呈暗棕色，纵纹不显(冬)。滇东亚种 *parvirostris* 见于云南东南部，头顶和翕乌褐近黑色，羽缘较狭而沾棕色。华南亚种 *parumstriata* 见于华南及东南，头顶和翕均暗棕褐色，羽缘棕红色，灰色并具褐色点斑，额具细纹，下体显白。台湾亚种 *striata* 见于台湾，上体背面暗褐色，胸及两胁有黑色纵斑。

种群状况 多型种。留鸟。常见。

山鹪莺

Striated Prinia *Prinia crinigera* 体长：16 cm LC（低度关注）

褐山鹪莺 \摄影：王安

褐山鹪莺 \摄影：王安

褐山鹪莺 \摄影：王安

形态特征 体羽暗棕褐色。尾长的，上体暗褐色，头顶、上背及覆羽略具纵纹；尾长凸状，外侧尾羽具棕白色端斑；下体偏白或微沾棕色，两胁及尾下覆羽皮黄色。与山鹪莺的区别在于本种棕色较多，色较浅而较少纵纹，且胸上无纵纹。

生态习性 栖于林缘和荒山灌丛、草地。性羞怯。藏身于浓密覆盖下。成对或成家族活动。可至海拔1500米。

地理分布 共4个亚种，分布于东南亚及爪哇。国内有1个亚种，云南亚种 *bangsi* 见于云南东南部。

种群状况 多型种。留鸟。不常见。

褐山鹪莺

Brown Prinia　*Prinia polychroa*　体长：16 cm　LC（低度关注）

华南亚种 *supercilianris* \摄影：邢睿

指名亚种 *atrogularis* \摄影：Ken Havard

华南亚种 *supercilianris* \摄影：冯利萍

华南亚种 *supercilianris* \摄影：叶昌云

形态特征 上体暗棕褐色，眉纹白色，两翅和尾棕褐色。指名亚种 *atrogularis* 夏季颏、喉和上胸黑色，胸白色带黑色斑点，冬季颏、喉、胸白色具黑色条纹。华南亚种 *superciliaris* 夏季颏、喉棕白色，胸黑色，冬季颏、喉白色，胸皮黄而略带黑斑。

生态习性 栖息于山边灌丛、草地，性活泼，喧闹。尾常上举。

地理分布 共7个亚种，分布于喜马拉雅山脉、东南亚、马来半岛及苏门答腊。国内有2个亚种，指名亚种 *atrogularis* 见于西藏南部。华南亚种 *supercilianris* 见于云南、四川西南部、贵州、福建、广东、广西。

种群状况 多型种。留鸟。地区性常见。

Hill Prinia *Prinia atrogularis*
黑喉山鹪莺 迷鸟 留鸟 旅鸟 冬候鸟 夏候鸟

黑喉山鹪莺

Hill Prinia *Prinia atrogularis* 体长：16 cm NE（未评估）

暗冕山鹪莺 \摄影：关克

暗冕山鹪莺 \摄影：李全民

暗冕山鹪莺 \摄影：吉普赛男人

暗冕山鹪莺 \摄影：关克

形态特征 上体棕褐色，下体、腹白。夏季头顶石板灰色，眼先和短眉纹白色。尾凸不甚长，尾羽暗棕色，具黑色次端斑和灰白色端斑。与非繁殖期的灰胸鹪莺区别在于本种的眉纹显著且延至眼后，嘴褐色较重，上体多偏红色。

生态习性 栖息于低山丘陵和平原灌丛、草地。惧生。

地理分布 共6个亚种，分布于印度东北部及东部、缅甸和东南亚。国内有1个亚种，指名亚种 *rufescens* 见于西藏东南部、云南南部、广西南部、广东、澳门。

种群状况 多型种。留鸟。不常见。

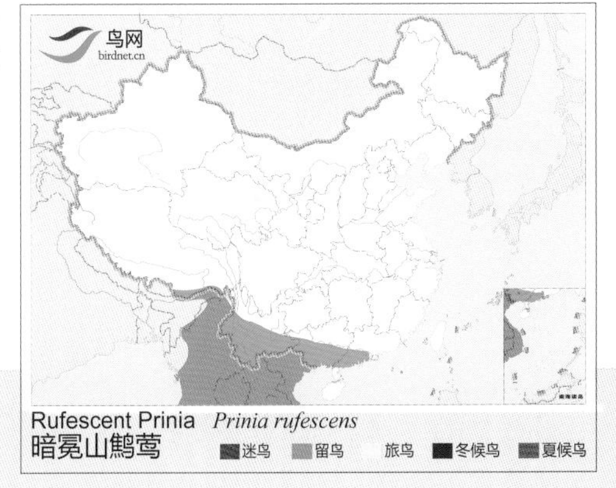

暗冕山鹪莺（暗冕鹪莺）

Rufescent Prinia　　*Prinia rufescens*　　体长：10~12 cm　　LC（低度关注）

西南亚种 *confusa* \ 摄影：俞春江

西南亚种 *confusa* \ 摄影：田穗兴

西藏亚种 *rufula* \ 摄影：肖克坚

西南亚种 *confusa* \ 摄影：王尧天

形态特征 夏季上体烟灰色，头顶色深，无眉纹。飞羽褐色。尾长，灰褐色，凸状，具白色端斑和黑色次端斑。下体白色，上胸灰色，有灰色胸带。冬羽明显不同，上体为棕褐色而具白色眉纹；下体白色，无胸带。

生态习性 习性似暗冕山鹪莺但喜较干燥的栖息环境。

地理分布 共6个亚种，分布于喜马拉雅山麓及东南亚。国内有2个亚种，西南亚种 *confusa* 见于云南南部、四川南部、贵州和广西。西藏亚种 *rufula* 见于西藏东南部、云南西部。

种群状况 多型种。留鸟。地区性常见。

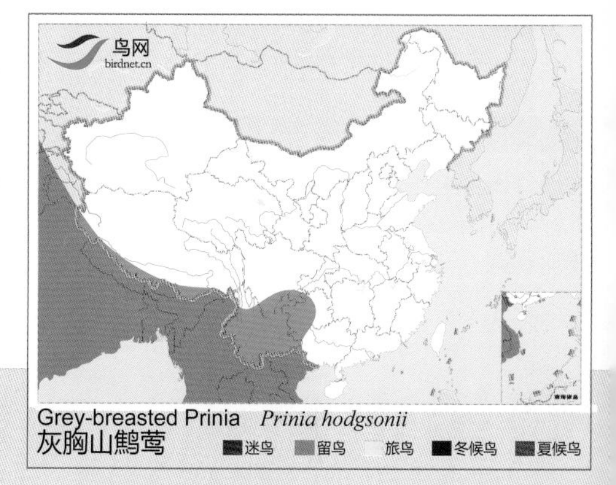

灰胸山鹪莺（灰胸鹪莺）

Grey–breasted Prinia *Prinia hodgsonii* 体长：10~12 cm LC（低度关注）

华南亚种 *sonitans* \摄影：简廷谋

云南亚种 *delacouri* \摄影：李明本

云南亚种 *delacouri* \摄影：狮子山下

华南亚种 *sonitans* \摄影：陈承光

形态特征 夏季头顶和头侧石板灰色，上体橄榄褐色而带绿色，尾淡褐色，具白色尖端。喉及胸白色，下胸及腹部黄色。冬季尾较长。

生态习性 栖于山脚和平原的芦苇沼泽、高草地及灌丛。

地理分布 共7个亚种，分布于巴基斯坦、东南亚及大巽他群岛。国内有2个亚种，云南亚种 *delacouri* 见于云南西南部和西部。华南亚种 *sonitans* 见于华南及东南并海南岛和台湾，上体褐色较重，下体色淡。

种群状况 多型种。留鸟。常见。

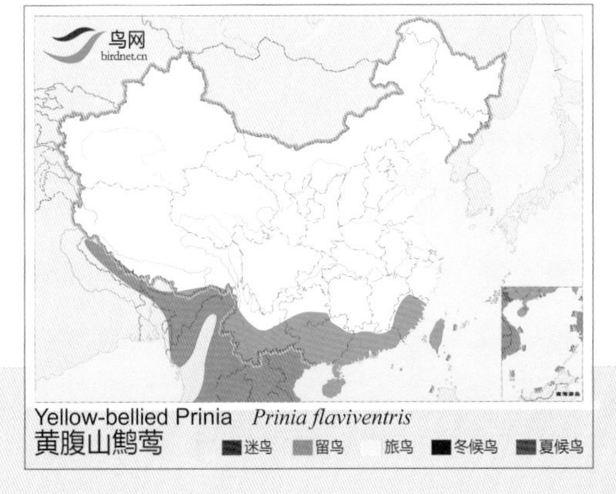

黄腹山鹪莺（黄腹鹪莺）

Yellow-bellied Prinia　*Prinia flaviventris*　体长：10~13 cm　LC（低度关注）

华南亚种 *extensicauda* \摄影：田穗兴

台湾亚种 *flavirostris* \摄影：简廷谋

华南亚种 *extensicauda* \摄影：张代富

华南亚种 *extensicauda* \摄影：宋迎涛

形态特征 夏季上体灰褐色，头顶色较深，具一短的棕白色眉纹；飞羽褐色。尾长而凸出，下体淡皮黄色。冬季尾较长。上体红棕色，下体淡棕色。

生态习性 栖息于低山丘陵、山脚和平原地带的农田等。

地理分布 共10个亚种，国外分布于印度、东南亚及爪哇。国内有2个亚种，台湾亚种 *flavirostris* 见于台湾。华南亚种 *extensicauda* 见于华中、西南、华南、东南及海南岛。

种群状况 多型种。留鸟。常见。

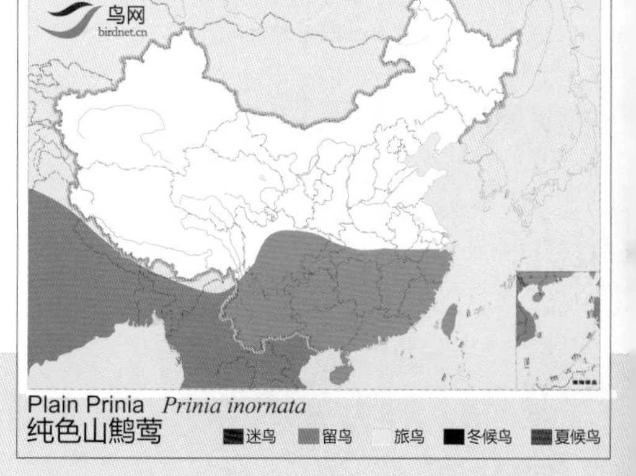

纯色山鹪莺（褐头鹪莺）

Plain Prinia *Prinia inornata*

体长：13~18 cm

LC（低度关注）

莺科
Sylviidae
(Old World Warblers)

本科鸟类体形一般纤细瘦小，嘴较细尖，嘴缘光滑，上嘴先端常微具缺刻。两翅多短圆，初级飞羽10枚，尾羽10或12枚。跗蹠细弱，前缘被似靴状鳞或盾状鳞。羽色较单一，雌雄羽色多相似。

栖息于森林、灌丛、芦苇、沼泽和耕地等各类生境中，鸣声尖细清脆。主要以昆虫为食，是农林益鸟。

本科鸟类全世界共有60属365种，分布遍及东半球，少数种类分布到北美洲。中国有19属104种，遍及全国各地。

栗头地莺 \ 摄影：童光琦

栗头地莺 \摄影：孙超

栗头地莺 \摄影：孙超

栗头地莺 \摄影：毛建国

栗头地莺 \摄影：杜雄

形态特征 头及颈背栗色，上体橄榄褐色，尾甚短，下体黄，胸及两肋橄榄绿色。

生态习性 栖息于茂密潮湿森林中近溪流的林下灌丛和草丛中。有垂直迁移的习性，夏季常栖于海拔1800~2400米处，冬季在可下到400~1000米以下。

地理分布 共3个亚种，国外分布于喜马拉雅山脉、缅甸北部、中南半岛北部。国内有2个亚种，指名亚种 *castaneocoronata* 见于西藏南部、云南西部、贵州西北部、四川，滇西亚种 *ripleyi* 见于西藏东南部、云南西北部、广西。滇西亚种较指名亚种色淡。

种群状况 多型种。留鸟。地方性常见。

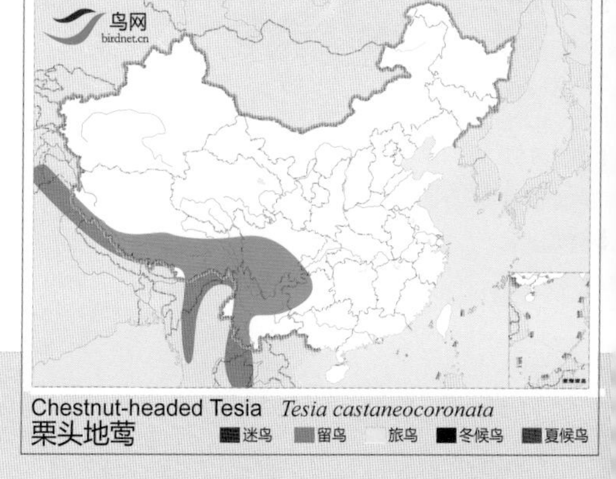

栗头地莺

Chestnut-headed Tesia *Tesia castaneocoronata* 体长：8~10 cm LC（低度关注）

金冠地莺 \摄影：唐万玲

金冠地莺 \摄影：邓嗣光

金冠地莺 \摄影：吴宗凯

金冠地莺 \摄影：张泸生

形态特征 头顶至枕金黄色，眼后有一明显黑纹，上体橄榄绿色，下体石板灰色。尾极短。

生态习性 通常栖息于2000米以下的山地森林，常于近溪流的密林植被中活动。觅食时好将地面的杂物狂乱抛洒并来回跳跃。

地理分布 国外分布于喜马拉雅山脉东段、缅甸、泰国北部、中南半岛北部。国内见于云南南部和西部、四川西南部、贵州。

种群状况 单型种。留鸟。地方性常见。

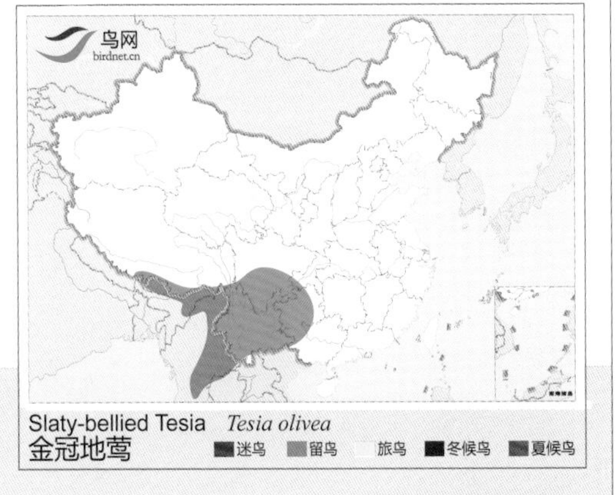

金冠地莺

Slaty-bellied Tesia　*Tesia olivea*　　体长：8~9 cm　　LC(低度关注)

灰腹地莺 \ 摄影：陈锋

灰腹地莺 \ 摄影：张永

灰腹地莺 \ 摄影：三石

灰腹地莺 \ 摄影：林刚文

形态特征 甚似金冠地莺但本种的下体灰色较淡；顶冠无黄色，且黑色的眼纹明显，其上方还具明显的浅色眉纹。

生态习性 主要栖息于海拔2500米以下的常绿阔叶林、竹林、灌丛。单独或成对活动。

地理分布 国外分布于喜马拉雅山脉、缅甸北部及中南半岛北部。国内见于西藏南部、云南西部和南部、广西。

种群状况 单型种。留鸟。地方性常见。

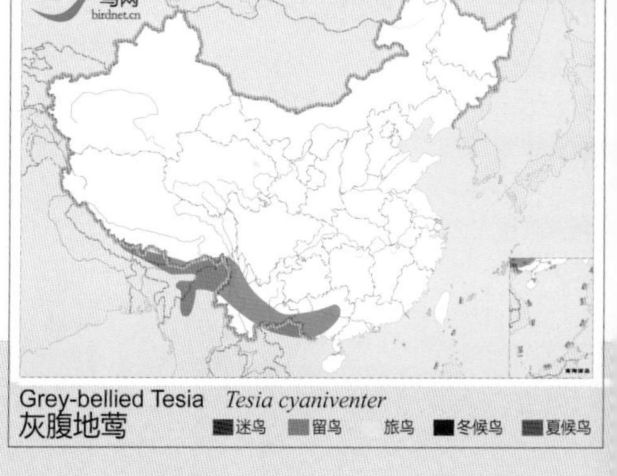

灰腹地莺

Grey-bellied Tesia *Tesia cyaniventer* 体长：8~10 cm LC（低度关注）

远东树莺 \摄影：李宗丰

远东树莺 \摄影：关克

远东树莺 \摄影：张前

远东树莺 \摄影：姚闻斌

远东树莺 \摄影：桑新华

形态特征 上体褐色，无翼斑或顶纹。皮黄色的眉纹显著，眼纹褐色显淡。雌鸟比雄鸟小。与厚嘴苇莺的区别在本种的眉纹色淡，体型较小而嘴细，头顶偏红，下体皮黄色较少。

生态习性 主要栖息于海拔1100米以下的低山丘陵和山脚平原地带的次生林、灌丛。

地理分布 国外繁殖于东亚，越冬至印度东北部、东南亚。国内见于北京、河南、山西、陕西、甘肃、云南、四川、重庆、贵州、湖北、湖南、安徽、江西、江苏、上海、浙江、福建、广东、广西、海南及台湾。

种群状况 单型种。夏候鸟，冬候鸟。甚常见。

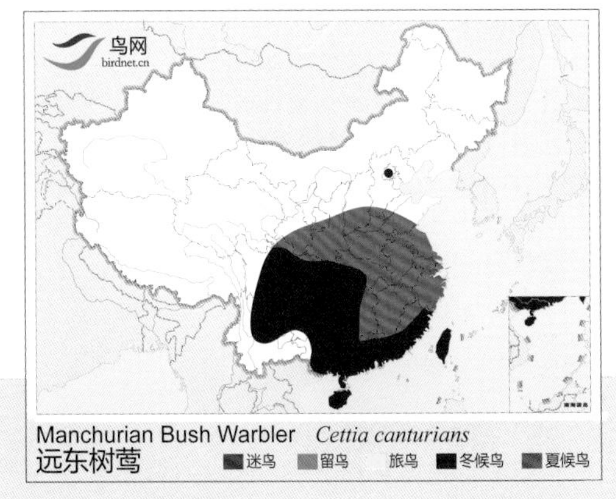

远东树莺

Manchurian Bush Warbler　*Cettia canturians*　体长：14~18 cm　LC（低度关注）

鳞头树莺 \摄影：陈承光

鳞头树莺 \摄影：杜雄

鳞头树莺 \摄影：谷国强

形态特征 上体棕褐色，顶冠具鳞状斑纹，皮黄色的眉纹一直到后颈。贯眼纹黑色，下体白色，两胁及臀皮黄色。

生态习性 主要栖息于1500米以下的低山和山脚混交林及其林缘。在越冬区见于较开阔的多灌丛环境，高可至海拔2100米。

地理分布 繁殖于东北亚，越冬于东南亚。国内见于东北、华北、华中、华南。

种群状况 单型种。夏候鸟、冬候鸟、旅鸟。甚常见。

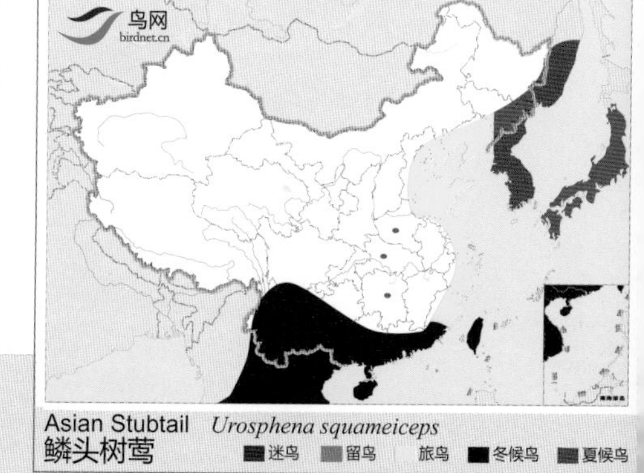

Asian Stubtail *Urosphena squameiceps*
鳞头树莺
迷鸟 留鸟 旅鸟 冬候鸟 夏候鸟

鳞头树莺

Asian Stubtail *Urosphena squameiceps* 体长：8~10 cm LC（低度关注）

大树莺 \摄影：罗永川

大树莺 \摄影：肖克坚

形态特征 头顶和枕栗色，其余上体橄榄褐色。眉纹长而显著，眼先棕色。下体白色，胸侧及两胁染皮黄色。

生态习性 夏季栖息于海拔3000~4000米的针叶林下灌丛、草场，冬季下到海拔2000米左右。

地理分布 共2个亚种，分布于喜马拉雅山脉，迷鸟至泰国。国内有1个亚种，指名亚种 *major* 见于西藏东南部，云南西部和西北部及四川西部。

种群状况 多型种。留鸟。罕见。

Chestnut-crowned Bush Warbler *Cettia major*
大树莺
迷鸟 留鸟 旅鸟 冬候鸟 夏候鸟

大树莺

Chestnut-crowned Bush Warbler *Cettia major* 体长：11~13 cm LC（低度关注）

华南亚种 *davidiana* \摄影：关克

华南亚种 *davidiana* \摄影：王尧天

台湾亚种 *robustipes* \摄影：简廷谋

形态特征 眉纹皮黄色。上体橄榄褐色。下体偏白而染褐黄，尤其是胸侧、两肋及尾下覆羽。形似黄腹树莺，但后者腹部为黄色。

生态习性 栖于2000米以下的常绿阔叶林和次生林中。善藏匿，常闻其声不见其形。

地理分布 共4个亚种，分布于喜马拉雅山脉至东南亚及大巽他群岛，国内有3个亚种，指名亚种 *fortipes* 见于云南西北部、西藏南部，下体较暗较为褐色。台湾亚种 *robustipes* 见于台湾，下体淡黄褐色。华南亚种 *davidiana* 见于华中、华南、东南、西南，北京有1个记录；下体较淡，近白色。

种群状况 多型种。留鸟。甚常见。

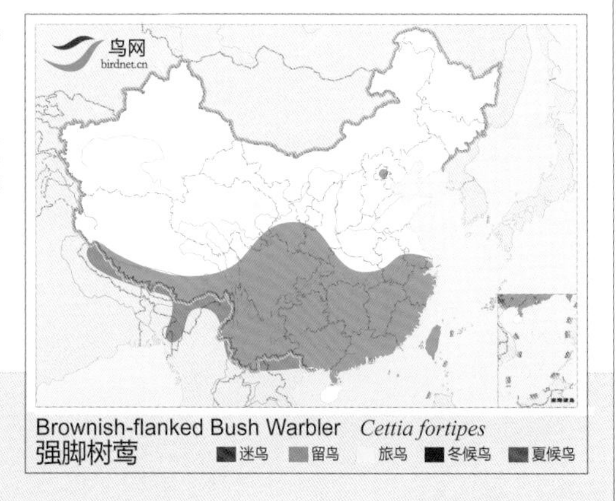

强脚树莺

Brownish-flanked Bush Warbler　*Cettia fortipes*　体长：11~12.5 cm　LC(低度关注)

云南亚种 *laurentei* \摄影：王进

指名亚种 *pallidipes* \摄影：杨浩

指名亚种 *pallidipes* \摄影：杨浩

形态特征 上体橄榄褐色，具明显的棕白色眉纹和黑色过眼纹。下体乳白色，两胁皮黄色。尾近方形。与褐柳莺的区别在本种的眉纹及两胁不沾棕色。与鳞头树莺的区别在本种的尾较长且冠羽无深色羽缘。

生态习性 主要栖息于海拔1500米以下的低山丘陵和山脚地带的常绿阔叶林、次生林、灌丛等。

地理分布 共3个亚种，分布于喜马拉雅山脉、缅甸、中南半岛。国内有2个亚种，云南亚种 *laurentei* 见于云南东南部，上体橄榄棕色；眉纹白色；尾羽深褐；下体近白色，颈侧、胸侧及胁部沾褐色；尾下覆羽棕白色。指名亚种 *pallidipes* 见于云南西部，上体茶褐色沾棕；眉纹浅棕白色；尾羽深褐色，具隐约的明暗横斑；下体近白色，颈侧、胸侧及胁部沾褐；尾下覆羽棕白色。

种群状况 多型种。留鸟。地方性常见。

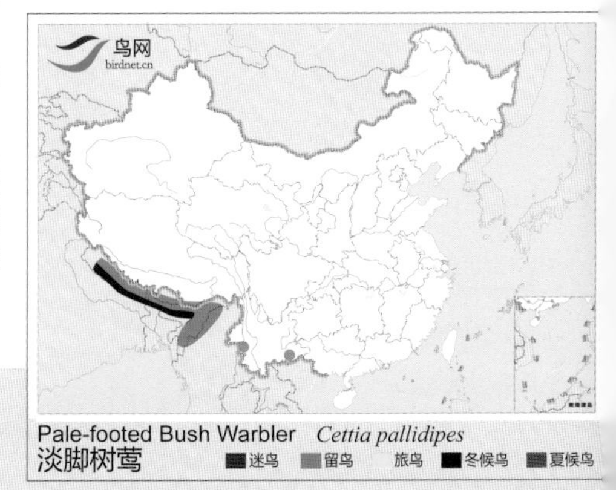

淡脚树莺

Pale-footed Bush Warbler *Cettia pallidipes* 体长：11~13 cm LC（低度关注）

台湾亚种 *cantans* \摄影：陈承光

萨哈林岛亚种 *sakhalinensis* \摄影：桑新华

萨哈林岛亚种 *sakhalinensis* \摄影：田穗兴

形态特征 头顶红褐色，眉纹平，黄白色。贯眼纹黑色。上体橄榄褐色，下体污白色。比远东树莺较少偏红色，下体较白。

生态习性 与远东树莺相似。

地理分布 共6个亚种，分布于东亚和东南亚地区。国内有4个亚种，东北亚种 *borealis* 分布于东北，迁徙经或越冬于东部。上体灰棕褐色，头顶前部沾棕褐色。萨哈林岛亚种 *sakhalinensis* 分布于华北、华中、华东、华南等地，上体棕褐色，前额和头顶特别鲜亮。台湾亚种 *cantans* 冬季见于台湾。上体橄榄褐色，下体污白色，胸和两胁均沾橄榄色。琉球亚种 *riukiuensis* 仅在迁徙期间见于江苏，上体较台湾亚种为淡，更多灰色，下体近白色。

种群状况 多型种。夏候鸟，冬候鸟，旅鸟。常见。

短翅树莺（日本树莺）

Japanese Bush Warbler *Cettia diphone* 体长：14~18 cm LC（低度关注）

秦岭亚种 *intricatus* \摄影：关克

西南亚种 *dulcivox* \摄影：吴成富

指名亚种 *flavolivacea* \摄影：Subharanjan Sen

秦岭亚种 *intricatus* \摄影：关克

形态特征 下体污黄色，具淡黄色的眉纹及狭窄的眼圈。不易与其他树莺成鸟混淆，但有些种类的幼鸟为黄色，如强脚树莺和黄腹树莺。与强脚树莺的区别在本种的眉纹黄色而非皮黄色；与黄腹树莺的区别在喉及上胸无灰色，上体棕色较少，且无翼纹。虹膜浅褐色，上嘴色深，下嘴基粉红，脚黄色。

生态习性 栖于海拔1200~4900米的林间高草、灌丛、竹林及荆棘丛，冬季下至700米。

地理分布 共6个亚种，分布于喜马拉雅山脉、缅甸和印度支那北部。国内有3个亚种，指名亚种 *flavolivacea* 见于西藏东南部，西南亚种 *dulcivox* 见于云南西部至四川，上体概为橄榄绿褐色；颏、喉黄白色；胸、胁及尾下覆羽淡棕；胁为橄榄褐色。秦岭亚种 *intricatus* 繁殖于山西东南部、陕西南部及四川西北部，冬季南迁。迷鸟在山东有见。上体较多褐色；喉和胸较少黄色；两胁显橄榄褐色。

种群状况 多型种。留鸟。罕见。

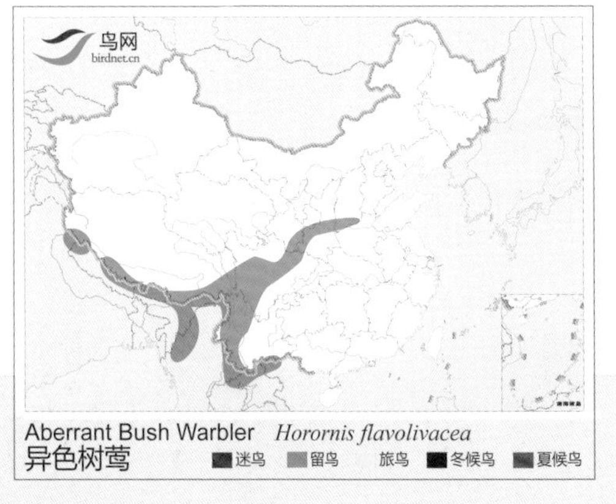

异色树莺

Aberrant Bush Warbler　　*Cettia flavolivacea*　　体长：11~13.5 cm　　LC（低度关注）

台湾亚种 *concolor* \摄影：简廷谋

台湾亚种 *concolor* \摄影：赖健豪

指名亚种 *acanthizoides* \摄影：陈锋

指名亚种 *acanthizoides* \摄影：关克

形态特征 眉纹平，黄色，喉、胸灰橄榄色或灰棕色，到腹部逐渐变为黄色。似异色树莺，但比其体小，上体褐色较重，喉更灰。与强脚树莺相比，本种的色彩较淡，腹部多黄色。

生态习性 夏季栖息于海拔1500~3700米的山地浓密灌丛、林下覆盖区、浓密竹林，冬季下至海拔1000米。

地理分布 共3个亚种，分布于喜马拉雅山脉至缅甸东部。国内有2个亚种，指名亚种 *acanthizoides* 见于华中、西南及华东。台湾亚种 *concolor* 见于台湾，上体棕褐色，喉和胸较少灰色，嘴长1~1.1厘米。西藏亚种 *brunnescens* 见于西藏东南和及南部，上体黑棕色；下体色较淡，喉和胸灰色较少；嘴长1.35~1.4厘米。

种群状况 多型种。留鸟。常见。

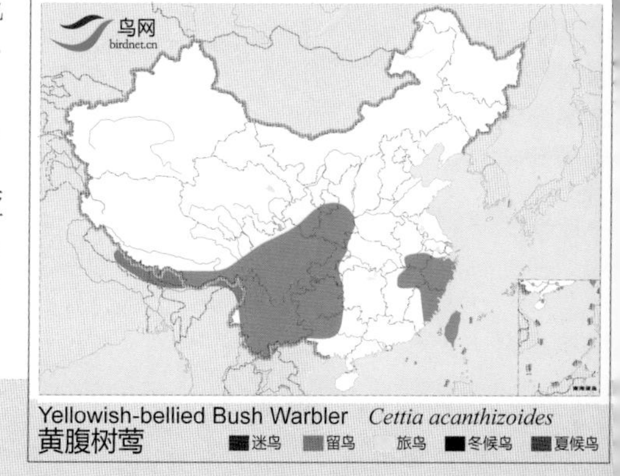

黄腹树莺

Yellowish-bellied Bush Warbler *Cettia acanthizoides* 体长：9.5~11 cm LC（低度关注）

滇西亚种 *umbraticus* \摄影：唐远均

滇西亚种 *umbraticus* \摄影：曲意兴

滇西亚种 *umbraticus* \摄影：许明

形态特征 头顶棕栗色，眉纹棕白色，贯眼纹黑褐色，耳羽、颈侧褐灰色。下体灰白色，胸侧沾灰色，两胁及尾下覆羽沾皮黄色。

生态习性 夏季栖于海拔2500~4300米亚高山针叶林带的浓密荆棘丛、竹林、杜鹃林或蕨丛，冬季下到海拔1500米以下的中低山和山脚平原。

地理分布 共3个亚种，分布于喜马拉雅山脉至缅甸。国内有2个亚种，指名亚种 *brunnifrons* 见于西藏南部、东南部的西侧。头部栗棕，上体棕褐色；下体污白。滇西亚种 *umbraticus* 见于西藏东南部的东侧、四川、云南西部和西北部，头顶羽色更淡且鲜亮，上体较淡，尤其鲜亮。

种群状况 多型种。留鸟。不常见。

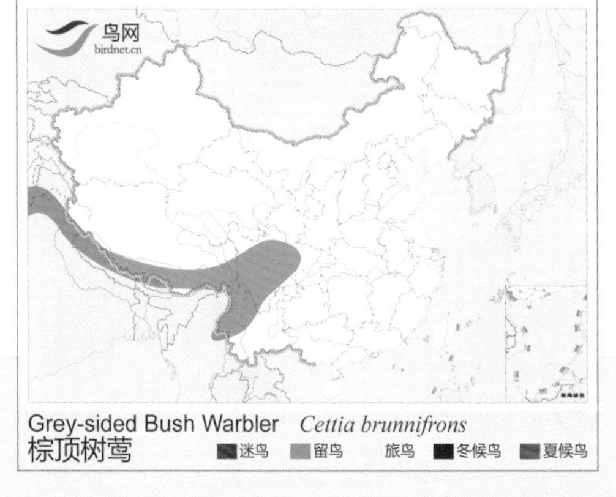

棕顶树莺

Grey-sided Bush Warbler　*Cettia brunnifrons*　　体长：10~11 cm　　LC（低度关注）

宽尾树莺 \摄影：杨廷松

宽尾树莺 \摄影：文志敏

宽尾树莺 \摄影：杨廷松

形态特征 上体锈红色，尾较宽而圆。眉纹短，白色。下体污白色，两胁灰褐色。

生态习性 栖息于河流沿岸和湖泊沼泽湿地的芦苇丛和灌丛、草丛中。

地理分布 共3个亚种，分布于欧洲、北非、中东至中亚。国内有1个亚种，新疆亚种 *albiventris* 见于新疆西北部。

种群状况 多型种。留鸟，夏候鸟。不常见。

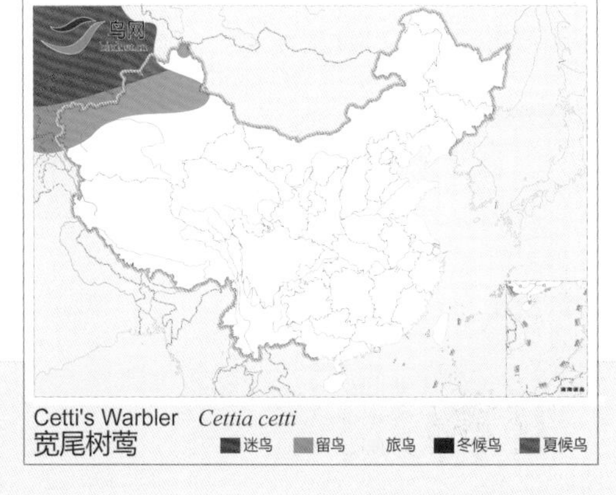

宽尾树莺

Cetti's Warbler　*Cettia cetti*　　体长：14 cm　　LC（低度关注）

西北亚种 *przevalskii* \摄影：王进

西北亚种 *przevalskii* \摄影：顾云芳

东北亚种 *davidi* \摄影：梁长久

东北亚种 *davidi* \摄影：于富海

形态特征 上体赭褐色，头顶略带红褐色，眉纹平，黄白色。下体污白色，胸灰色，具黑色斑点。尾下覆羽褐色，羽端白而成宽锯齿形。

生态习性 东北的种群夏季栖息于海拔1000~1800米的高山针叶林和灌丛，南部和西南的种群栖息于海拔2000~4200米，冬季下到低海拔山麓及平原地带。

地理分布 共4个亚种，分布于中亚及喜马拉雅山脉至西伯利亚西部，越冬至印度北部、缅甸及泰国。国内有3个亚种，指名亚种 *thoracicus* 繁殖于西藏东南部，西北亚种 *przevalskii* 见于西南跨陕西南部秦岭，体色较深；眉纹较明显；飞羽式：2=8；两胁色较浅。东北亚种 *davidi* 见于东北，在中国东南及西南部越冬，体色最淡；眉纹前显后微。

种群状况 多型种。夏候鸟，留鸟，冬候鸟。地方性常见。

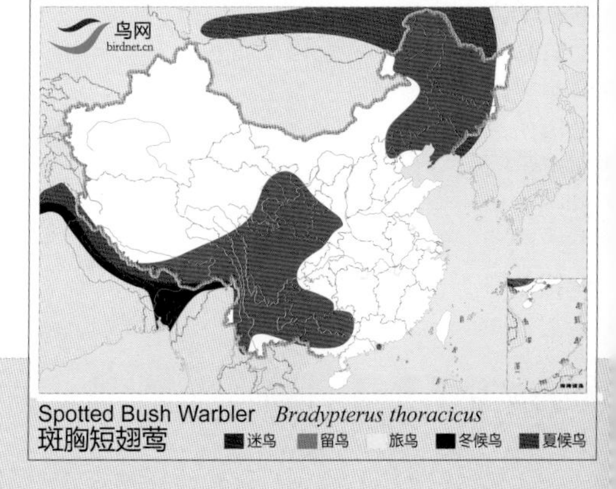

斑胸短翅莺

Spotted Bush Warbler *Bradypterus thoracicus* 体长：11~12 cm LC（低度关注）

指名亚种 *major* \摄影：顾云芳

形态特征 有短且不甚明显的白色眉纹和眼圈。颏白色，喉和上胸白色，常缀有皮黄色或暗褐色斑点。两翼短宽，尾略短。

生态习性 栖息于山边灌丛和杂草内。性隐蔽。

地理分布 共2个亚种，分布于喜马拉雅山脉西部、印度北部。国内有2个亚种，新疆亚种 *innae* 见于新疆南部，上下体较淡；喉部斑点不显或缺。指名亚种 *major* 见于新疆西部、西藏西南部；上下体较暗，喉部斑点显著。

种群状况 多型种。留鸟。罕见。

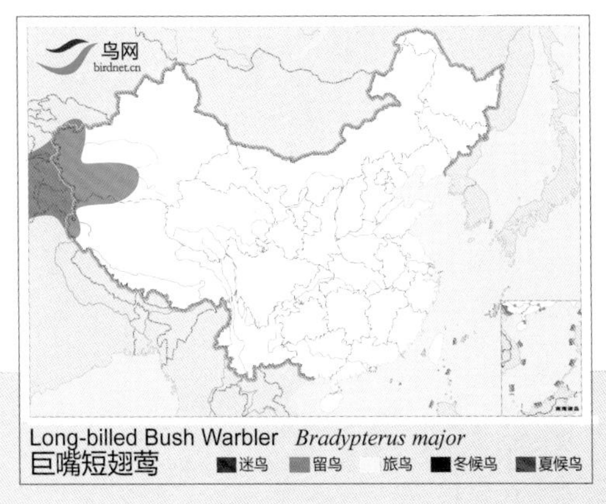

巨嘴短翅莺

Long-billed Bush Warbler　*Bradypterus major*　体长：13~15 cm　NT（近危）

中华短翅莺 \摄影：吴成富

中华短翅莺 \摄影：谷国强

中华短翅莺 \摄影：James Eaton

形态特征 上体棕褐色，两翅和尾色较淡，浅色眉纹不明显，下体白色，胸侧及两胁皮黄褐，喉及上胸或有或无褐色点斑。相似种斑胸短翅莺上体较暗，下体灰白色，胸具黑褐色斑点。

生态习性 夏季栖息于落叶松森林林隙间的稠密灌丛，冬季和迁徙季节利用低山和平原地带的灌丛、草地及芦苇地。

地理分布 繁殖于西伯利亚南部及东部，越冬至东南亚和印度东北部。国内繁殖于东北，南至广西、云南、四川、青海东部及甘肃西南部。

种群状况 单型种。夏候鸟。地区性常见。

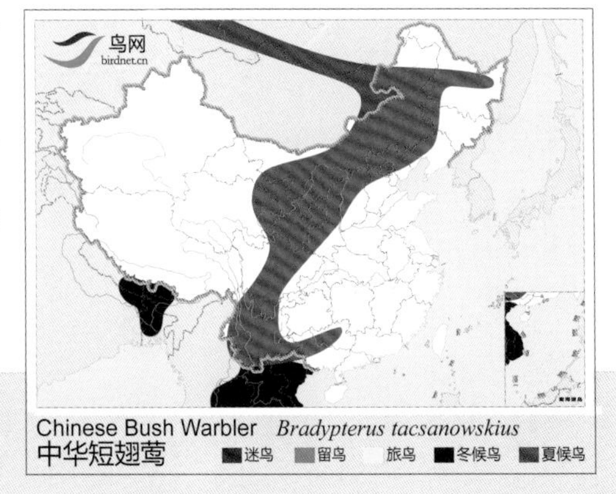

中华短翅莺

Chinese Bush Warbler　*Bradypterus tacsanowskius*　体长：12~14 cm　LC（低度关注）

指名亚种 *mandelli* \摄影：童光琦　　东南亚种 *melanorhynchus* \摄影：张永文　　指名亚种 *mandelli* \摄影：童光琦

形态特征 上体褐色沾棕色，具不明显的皮黄色眉纹。喉和腹中部白色，胸缀灰色，两胁橄榄褐色。下体余部白色。尾下覆羽的羽端近白而成鳞状斑纹。

生态习性 主要栖息于海拔2500米以下的山地森林和林缘灌丛、草丛中。

地理分布 共3个亚种，分布于喜马拉雅山脉东段、印度东北部、菲律宾、爪哇、帝汶。国内有2个亚种，指名亚种 *mandelli* 见于陕西南部、云南东北部、四川和贵州。东南亚种 *melanorhynchus* 见于江西、浙江、福建、广东和台湾。嘴黑色；上体暗褐色沾棕色；喉白色具暗色羽干纹；肋及尾下覆羽橄榄褐色；尾呈尖尾状。

种群状况 多型种。留鸟。地区性常见。

鸟网 birdnet.cn

Russet Bush Warbler *Bradypterus mandelli*
高山短翅莺　迷鸟　留鸟　旅鸟　冬候鸟　夏候鸟

高山短翅莺

Russet Bush Warbler　*Bradypterus mandelli*　体长：14 cm　LC（低度关注）

四川短翅莺 \摄影：戴波　　四川短翅莺 \摄影：戴波　　四川短翅莺 \摄影：戴波

形态特征 两性羽色相似。虹膜褐色；眼周黄色，眉纹皮黄色但不甚明显，喉白色，上体暗褐色沾棕色，胸灰色或灰褐色。尾羽较长而尖，但比高山短翅莺稍短，而喙稍长。跗蹠粉红色。

生态习性 栖息于海拔1000~2300米的山区。行动非常隐秘、在森林林缘或林下灌丛中近地面活动。叫声尖利，与其近缘种高山短翅莺具有明显区别。

地理分布 主要分布在四川、陕西、贵州、湖北、湖南等地区。2015年在中国发表的鸟类新种。

种群状况 单型种。留鸟。常见。

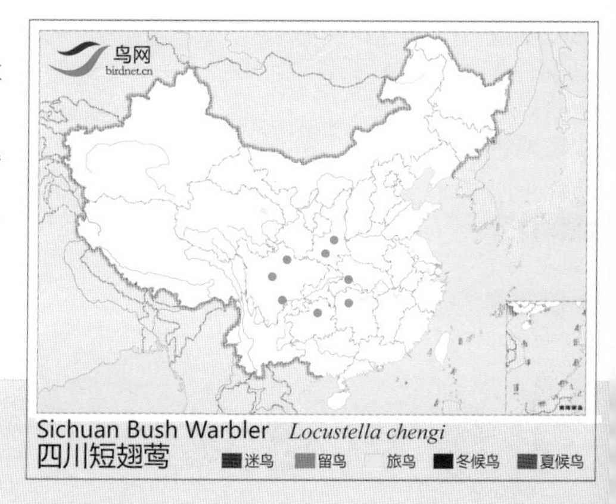

Sichuan Bush Warbler *Locustella chengi*
四川短翅莺　迷鸟　留鸟　旅鸟　冬候鸟　夏候鸟

四川短翅莺

Sichuan Bush Warbler　*Locustella chengi*　体长：14 cm　NE（未评估）

台湾短翅莺 \摄影：简廷谋

台湾短翅莺 \摄影：孙栗源

台湾短翅莺 \摄影：陈承光

形态特征 背锈褐色而带有橄榄绿色，双翼和尾羽暗褐色，各羽外缘锈褐色。眉斑淡黄色，颊、喉和腹部中央污白色，喉和上胸带黑色斑点，两胁与尾下覆羽与背同色。

生态习性 栖息于海拔 500~3000米 的山区。

地理分布 中国鸟类特有种。仅见于台湾。

种群状况 单型种。留鸟。地区性常见。

鸟网 birdnet.cn
Taiwan Bush Warbler *Bradypterus alishanensis*
台湾短翅莺　迷鸟　留鸟　旅鸟　冬候鸟　夏候鸟

台湾短翅莺

Taiwan Bush Warbler　*Bradypterus alishanensis*　体长：14~18 cm　LC（低度关注）

棕褐短翅莺 \摄影：关克

棕褐短翅莺 \摄影：王进

棕褐短翅莺 \摄影：陈久桐

形态特征 两翼宽短，几乎无眉纹。颏、喉及上胸白；脸侧、胸侧、腹部及尾下覆羽浓皮黄褐，尾下覆羽的羽端近白色而看似有鳞状纹。夏季鸟喉部可有暗色纵纹。

生态习性 栖息于海拔1200~3300米的松林、常绿阔叶林、次生灌丛、草地及蕨丛等，立姿平。

地理分布 分布于喜马拉雅山脉及缅甸、越南。国内见于除西北、东北以外地区。

种群状况 单型种。留鸟。常见。

棕褐短翅莺

Brown Bush Warbler　*Bradypterus luteoventris*　体长：13 cm　LC（低度关注）

矛斑蝗莺 \ 摄影：陈承光

矛斑蝗莺 \ 摄影：陈云江

矛斑蝗莺 \ 摄影：高友兴

形态特征 上体橄榄褐色，密布粗的黑色纵纹，眉纹淡黄色不明显，下体乳白色带黑色纵纹。尾端无白色。

生态习性 栖息于低山和山脚的稀疏灌丛和草丛中，尤其喜欢湖泊、沼泽等水域的草丛。

地理分布 共2个亚种，繁殖于西伯利亚、古北界东部，冬季至东南亚。国内有1个亚种，普通亚种 *hendersonii* 见于东北、华东和南方大部分地区。

种群状况 多型种。夏候鸟，旅鸟。不常见。

矛斑蝗莺

Lanceolated Warbler *Locustella lanceolata* 体长：11~14 cm LC（低度关注）

黑斑蝗莺 \摄影：邢睿

黑斑蝗莺 \摄影：文志敏

黑斑蝗莺 \摄影：文志敏

形态特征 上体橄榄褐色，具不明显而断续的黑褐色纵纹；眉纹淡，不明显；颏、喉和腹白色，胸、两胁和尾下覆羽淡褐色，尾无白色尖端。

生态习性 主要栖息于山地森林、林间空地和林缘灌丛、草丛等。

地理分布 共4个亚种，繁殖于西欧至蒙古西北部，越冬于西班牙、北非及印度。国内有1个亚种，新疆亚种 *straminea* 繁殖于新疆西北部。

种群状况 多型种。夏候鸟。罕见种。

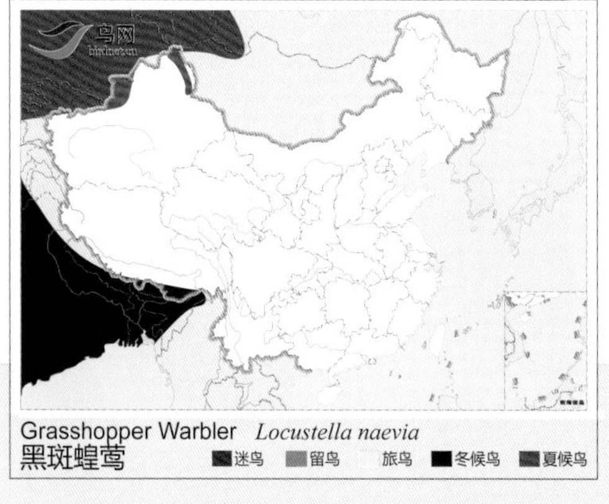

黑斑蝗莺

Grasshopper Warbler　*Locustella naevia*　体长：14 cm　LC（低度关注）

北蝗莺 \摄影：段学春

北蝗莺 \摄影：段学春

北蝗莺 \摄影：胡晓坤

形态特征 上体锈褐色。头和背具不明显暗色斑。眉纹灰白色。尾凸，具白色端斑。下体白色，胸和两胁缀皮黄色，飞羽外侧可见浅色边缘。

生态习性 喜灌丛、草地、芦苇丛。常单独活动，以昆虫为食。

地理分布 繁殖于东北亚，冬季南迁至菲律宾、苏拉威西岛及婆罗洲。国内见于辽宁、山西、山东、内蒙古东部、湖北、江苏、上海、福建、广东、澳门和台湾。

种群状况 单型种。旅鸟。罕见。

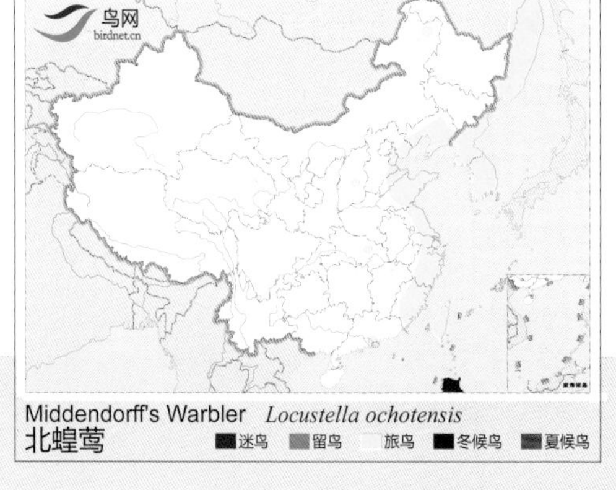

北蝗莺

Middendorff's Warbler　*Locustella ochotensis*　体长：14~16 cm　LC（低度关注）

西北亚种 *centralasiae* \摄影：邢睿

指名亚种 *certhiola* \摄影：李宗丰

北方亚种 *rubescens* \摄影：孙晓明

西北亚种 *centralasiae* \摄影：关克

形态特征 头顶、背、肩具显著黑色纵纹，眉纹白色。尾凸，具黑色次端斑和白色端斑。下体白色，胸、两胁和尾下覆羽皮黄色。

生态习性 栖于芦苇地、沼泽、稻田、近水的芦苇丛、高草丛以及林边地带。

地理分布 共4个亚种，繁殖于亚洲北部及中部；冬季至东南亚、巴拉望岛、苏拉威西岛及大巽他群岛。国内有3个亚种，西北亚种*centralasiae*繁殖于新疆西部及北部、青海、甘肃北部、内蒙古西部，越冬于中国南方。上体最淡，纵纹亦少；两胁与尾下覆羽棕白；飞羽式2=4/5。指名亚种*certhiola*繁殖于中国东北，迁徙时见于华东省份。上体橙褐色较淡，较少褐色而多黄色，纵纹较多；两胁及尾下覆羽亦较淡；背上纵纹界限不明显，宽度不及0.3厘米；飞羽式2=5/6。北方亚种*rubescens*也有记录迁徙时见于中国东部。上体深橙褐色，黑褐纵纹不明显，各纹宽约0.25厘米；两胁及尾下覆羽橄榄褐。

种群状况 多型种。夏候鸟，旅鸟，迷鸟。不常见。

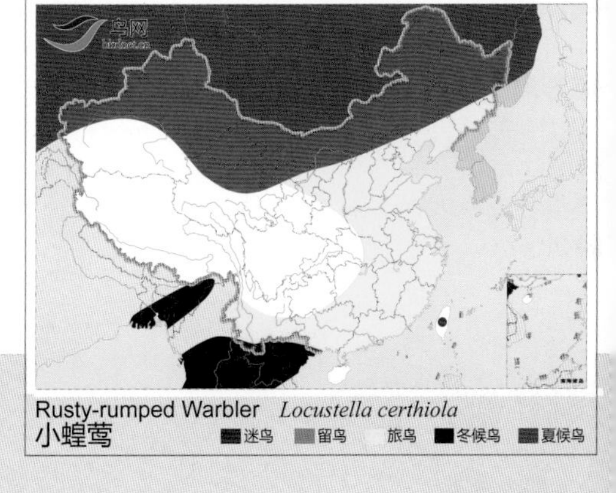

小蝗莺

Rusty-rumped Warbler *Locustella certhiola* 体长：14~16 cm LC（低度关注）

东亚蝗莺 \摄影：薄顺奇

东亚蝗莺 \摄影：Wayne Lynch

东亚蝗莺 \摄影：Wayne Lynch

形态特征 上体灰褐色无暗色斑纹和条纹，眉纹污白色，下体白色，胸和两胁带皮黄色，飞羽外翈白色边缘不明显，尾羽最外两根具白色尖端。

生态习性 栖息于海岸、河口、沿海岛屿等处。

地理分布 繁殖于俄罗斯极东南部、日本及朝鲜南部。国内见于山东、江苏、上海、福建、广东、香港、广西、台湾。迁徙经中国东南部。

种群状况 单型种。夏候鸟，旅鸟，冬候鸟。罕见。

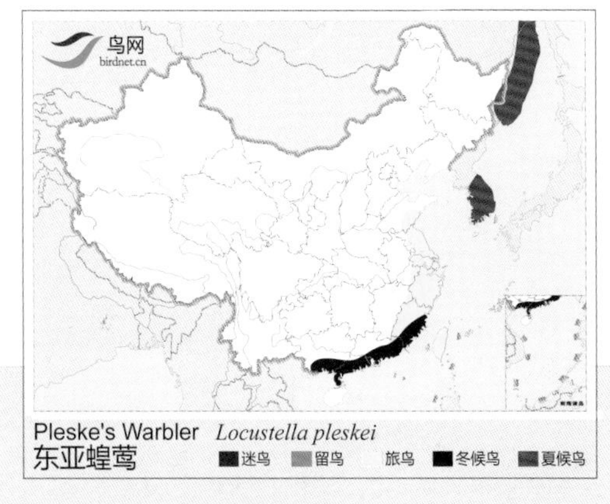

东亚蝗莺（史氏蝗莺）

Pleske's Warbler　　*Locustella pleskei*　　体长：15 cm　　VU（易危）

鸲蝗莺 \摄影：邢睿

鸲蝗莺 \摄影：文志敏

鸲蝗莺 \摄影：郭宏

形态特征 上体棕褐色，无斑纹，眉纹棕白色不甚明显，贯眼纹黑褐色，下体皮黄白色，两胁缀有褐色，尾下覆羽羽端白色而略成锯齿纹。

生态习性 与其他蝗莺相似，不甚惧生。主要栖息于河流、湖泊、灌丛、草地及沼泽。常躲藏在灌丛和草丛中鸣唱。以昆虫、蜘蛛等动物性食物为食。

地理分布 共3个亚种，分布于欧洲及乌克兰，越冬至西非；另见于中亚至蒙古，越冬至东非。国内有1个亚种，新疆亚种 *fusca* 见于新疆西北部。

种群状况 多型种。夏候鸟。偶见。

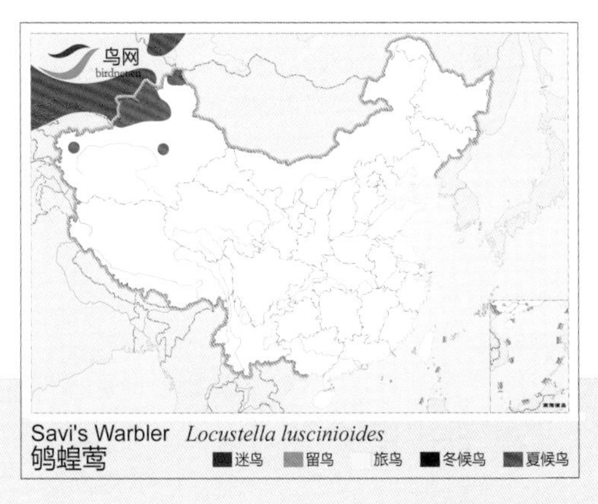

鸲蝗莺

Savi's Warbler　　*Locustella luscinioides*　　体长：16 cm　　LC（低度关注）

苍眉蝗莺 \ 摄影：段学春

苍眉蝗莺 \ 摄影：沈强

苍眉蝗莺 \ 摄影：桑新华

形态特征 头顶至后颈暗橄榄褐色，眉纹灰白色，其余上体棕褐色。尾凸状，尖端不白。下体颏、喉咙和腹中部白色。胸灰色，两胁和尾下覆羽皮黄色或橄榄褐色。体色偏棕而不似北蝗莺和东亚蝗莺的偏灰色。

生态习性 栖息于低山丘陵、山脚平原和沿海的林地、棘丛、丘陵草地及灌丛。

地理分布 共2个亚种，繁殖于东北亚及日本，迁徙经中国东部至菲律宾、苏拉威西岛及新几内亚。国内有1个亚种，指名亚种 *fasciolata* 繁殖于大小兴安岭，迁徙路过东部省份及台湾。

种群状况 多型种。夏候鸟，旅鸟。不常见。

苍眉蝗莺

Gray's Warbler *Locustella fasciolata* 体长：17~18 cm LC（低度关注）

蒲苇莺 \摄影：Andrew Howe

蒲苇莺 \摄影：Lesley van Loo

形态特征 上体褐色，头顶和背具黑褐色条纹，腰和尾上覆羽色较淡棕，且无黑色纵纹，眉纹；皮黄白色，宽而显著。下体白色，两胁沾赭色。冬季鸟多棕色，胸带上具细小的黑色点斑。

生态习性 主要栖息于湖泊、河流、水库等的灌丛、芦苇丛。性机警，很少暴露。繁殖期雄鸟常站枝上鸣叫。

地理分布 繁殖于欧洲、西亚及中亚，迁徙至伊朗和非洲。国内只见于新疆西北部。

种群状况 单型种。夏候鸟。不常见。

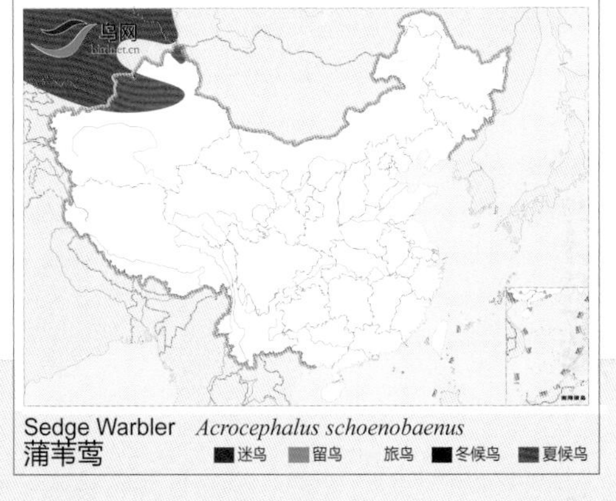

蒲苇莺

Sedge Warbler　*Acrocephalus schoenobaenus*　体长：12~14 cm　LC（低度关注）

细纹苇莺 \摄影：Fabien Pekus

形态特征 上体淡赭黄褐色，头顶至上背有模糊的黑褐色纵纹。眉纹皮黄白色，上有黑色侧冠纹。颊和耳覆羽近黄色，喉皮黄白色；其余的下体皮黄色。比黑眉苇莺上体色淡且纵纹较多，嘴显粗而长。

生态习性 主要栖息于湖泊、河流等水域附近的芦苇丛和草丛。

地理分布 越冬于菲律宾。繁殖于中国东北（可能包括河北、辽宁、吉林和黑龙江）。国内见于北京、河南、湖北、江苏、上海、福建、台湾。

种群状况 单型种。夏候鸟，旅鸟，迷鸟，冬候鸟。罕见。研究资料缺乏。

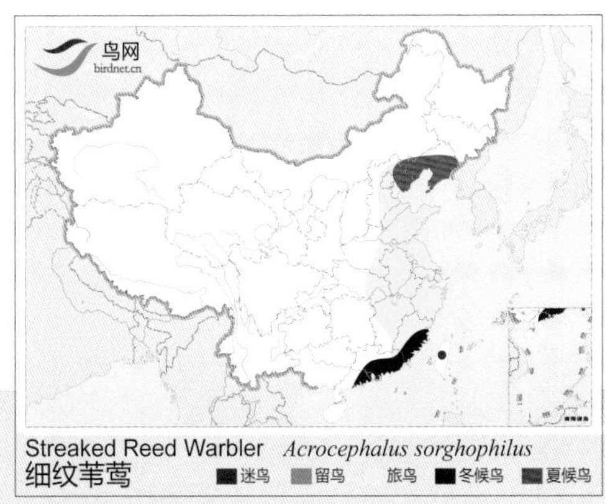

细纹苇莺

Streaked Reed Warbler　*Acrocephalus sorghophilus*　体长：12~13 cm　EN（濒危）

黑眉苇莺 \ 摄影：曹敏

黑眉苇莺 \ 摄影：宗宪顺

黑眉苇莺 \ 摄影：宗宪顺

黑眉苇莺 \ 摄影：孙晓明

形态特征 上体橄榄棕褐色。眉纹皮黄白色，上有一粗黑纹。下体白色，两肋和尾下覆羽皮黄色。与细纹苇莺相似，但背部无纵纹。

生态习性 栖息于海拔900米以下的低山丘陵，平原地带水域附近的灌丛和芦苇草丛中。

地理分布 繁殖于东北亚，冬季至印度、东南亚。国内广泛分布于东北、华北，迁徙路过华南和东南，部分在广东和香港越冬，偶见于台湾。

种群状况 单型种。夏候鸟，旅鸟，冬候鸟。常见。

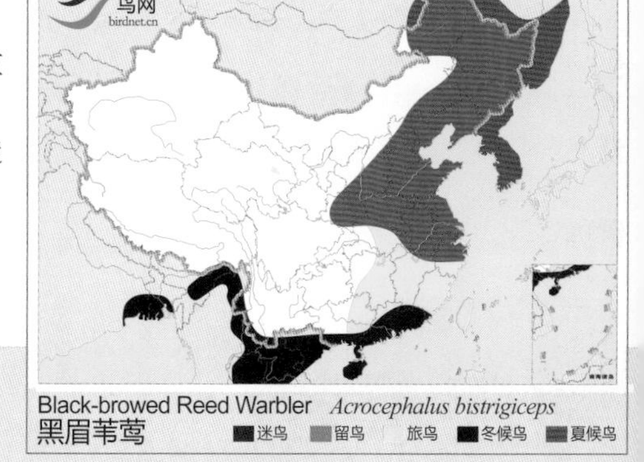

黑眉苇莺

Black-browed Reed Warbler *Acrocephalus bistrigiceps* 体长：12~13 cm LC（低度关注）

稻田苇莺 \摄影：文志敏

稻田苇莺 \摄影：卢海

稻田苇莺 \摄影：李全民

稻田苇莺 \摄影：刘哲青

形态特征 整个上体包括两翅和尾淡红褐色。眉纹短而宽，皮黄色，上具模糊的黑色短纹。下体白色，胸、腹和两胁沾皮黄色，通常过胸。贯眼纹和耳羽褐色。

生态习性 在湖泊及河流附近的低矮植被中取食。尾常不停上扬和快速摆动，并将顶冠羽耸起。

地理分布 共3个亚种，繁殖于中亚，越冬于伊朗、印度及非洲。国内有1个亚种，指名亚种 *agricda* 见于新疆。

种群状况 多型种。夏候鸟。罕见。

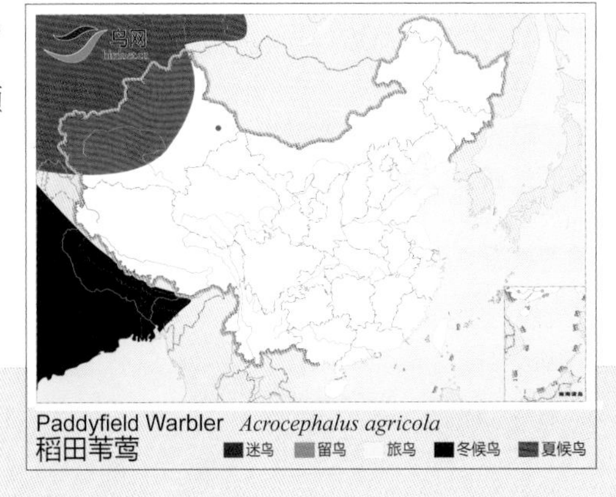

稻田苇莺

Paddyfield Warbler　　*Acrocephalus agricola*　　体长：13 cm　　LC（低度关注）

远东苇莺 \摄影：王大为

远东苇莺 \摄影：闫军

远东苇莺 \摄影：王大为

形态特征 过眼纹宽，深色。嘴大而长。冬羽甚多棕色，胸、两胁及尾下覆羽沾棕色。甚似稻田苇莺但嘴较长，眉纹上具醒目的黑色条纹。似钝翅苇莺但本种的嘴长尾也长，而第二道黑眉纹与顶纹的对比不强烈。

生态习性 与稻田苇莺相似。多在湖泊、河流等湿地附近的灌丛和草丛中活动，主要以昆虫为食。

地理分布 繁殖于中国东北，越冬局限于缅甸东南部、泰国西南部及老挝南部。迁徙时经辽宁下至东部沿海。香港有一个记录。

种群状况 单型种。夏候鸟，旅鸟，迷鸟。不常见。

鸟网 birdnet.cn

Manchurian Reed Warbler *Acrocephalus tangorum*
远东苇莺 迷鸟 留鸟 旅鸟 冬候鸟 夏候鸟

远东苇莺

Manchurian Reed Warbler *Acrocephalus tangorum* 体长：14 cm VU（易危）

钝翅苇莺 \摄影：王大庆

钝翅苇莺 \摄影：王大庆

钝翅苇莺 \摄影：Shabu Anower

形态特征 上体深橄榄褐色，过眼纹深色，皮黄色眉纹淡不及眼后。尾较圆。颏、喉和上胸白色，下胸和腹带皮黄色，腰及尾上覆羽棕色。与稻田苇莺及远东苇莺的区别在本种的眉纹较短，且无第二道上眉纹。

生态习性 与稻田苇莺相似。栖息于芦苇地和高草地。主要以昆虫为食。

地理分布 共3个亚种，繁殖于中亚，越冬从印度及东南亚。国内有1个亚种，指名亚种 *concinens* 繁殖于华北和华中，迁徙经过中国西南及东南。

种群状况 多型种。夏候鸟，旅鸟。不常见。

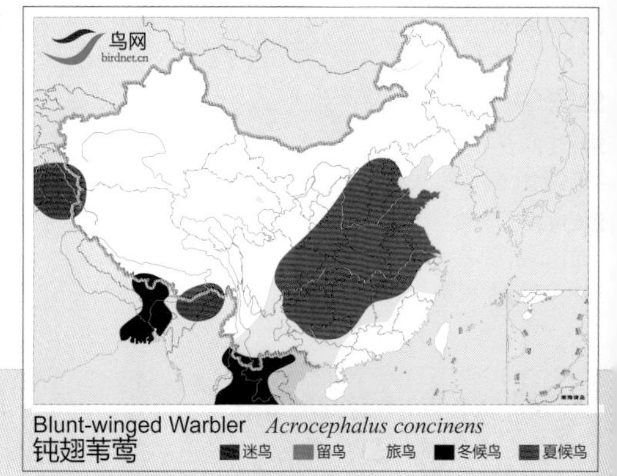

钝翅苇莺

Blunt-winged Warbler *Acrocephalus concinens* 体长：12~14 cm LC（低度关注）

芦莺 \摄影：文志敏

芦莺 \摄影：王晓丽

芦莺 \摄影：王尧天

芦莺 \摄影：王晓丽

形态特征 上喙色深，下喙粉红色。眉纹奶白色。头部色稍暗，上体橄榄褐色，下体白色。

生态习性 栖息于湖泊、河流、岸边灌丛、草丛及芦苇丛。以各种昆虫为食。

地理分布 共2个亚种，分布于欧洲、非洲、中亚、西亚。国内有1个亚种，新疆亚种 *fuscus* 见于新疆、云南南部。

种群状况 多型种。旅鸟，夏候鸟，迷鸟。不常见。

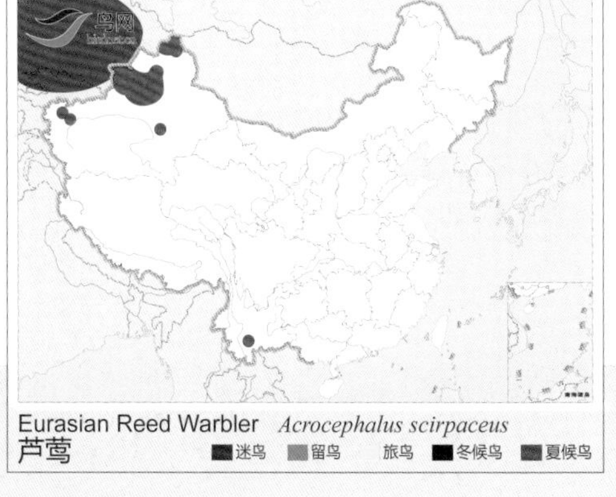

芦莺（芦苇莺）

Eurasian Reed Warbler　*Acrocephalus scirpaceus*　体长：13 cm　LC（低度关注）

布氏苇莺 \摄影：王尧天

布氏苇莺 \摄影：文志敏

布氏苇莺 \摄影：邢睿

形态特征 上喙暗灰色，下喙基部肉色。眉纹白色，到眼前增粗。喉白色，上体橄榄褐色，下体淡皮黄色。

生态习性 栖息于湖泊、河流、水塘、溪流岸边灌丛、草丛、芦苇丛。主要以昆虫及其幼虫为食，也吃蜘蛛和其他小型无脊椎动物。繁殖期5~7月，窝卵数3~4枚。

地理分布 分布于欧洲东部、俄罗斯中部、南亚、缅甸。国内见于新疆西北部，香港。

种群状况 单型种。夏候鸟，旅鸟。不常见。

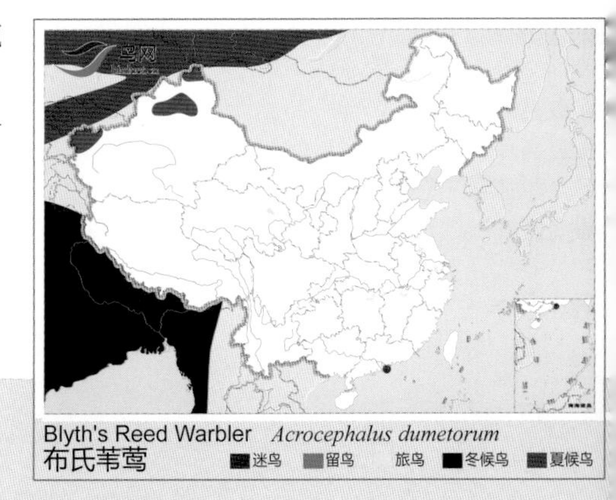

布氏苇莺

Blyth's Reed Warbler *Acrocephalus dumetorum* 体长：13 cm LC（低度关注）

大苇莺 \摄影：王尧天

大苇莺 \摄影：刘哲青

大苇莺 \摄影：王尧天

形态特征 头部略尖，上体橄榄褐色。眉纹棕黄色，无深色的上眉纹。下体白色，胸中部沾灰色，腹部沾黄色。嘴厚，端部色深。似噪大苇莺但本种色较深，尾及尾上覆羽棕色较少，下体较白。本种较东方大苇莺个体大，喉无棕纹且两翼较长。

生态习性 与东方大苇莺相似。性活泼，常单独或成对地在草茎、芦苇丛及灌丛间跳跃和攀缘。鸣叫响亮。

地理分布 共3个亚种，分布于非洲、欧亚大陆、印度。国内有1个亚种，新疆亚种 *zarudnyi* 见于云南西部、甘肃、新疆。

种群状况 多型种。夏候鸟，旅鸟。地区性常见。

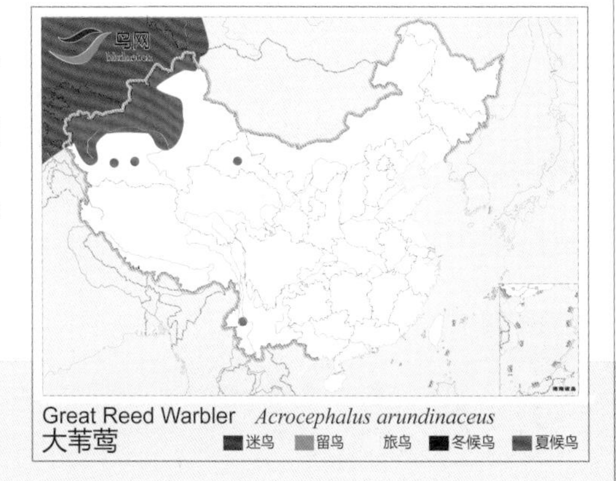

大苇莺

Great Reed Warbler　*Acrocephalus arundinaceus*　体长：19~21 cm　LC（低度关注）

东方大苇莺 \摄影：李俊彦

东方大苇莺 \摄影：李全民

东方大苇莺 \摄影：段文科

形态特征 上体橄榄棕褐色，眉纹淡黄色，飞羽暗褐色，具窄的淡棕色羽缘，下体污白色，胸微具灰褐色纵纹。与大苇莺非常相似，但本种的个体较小，初级飞羽的凸出较短而胸侧多纵纹。与噪大苇莺的区别为本种的嘴较钝、较短且粗，尾较短且尾端色浅，下体色重且胸具深色纵纹。

生态习性 栖息于低山、丘陵和山脚平原地带，常在湖边、沼泽、溪流附近的芦苇和灌丛中活动。夏季整日鸣叫不停。其巢经常被大杜鹃产卵寄生。

地理分布 繁殖于东亚，冬季迁徙至印度及东南亚，偶尔远及新几内亚及澳大利亚。国内除西藏外见于全国各地。

种群状况 单型种。夏候鸟，冬候鸟，旅鸟。常见。

东方大苇莺

Oriental Reed Warbler *Acrocephalus orientalis*

体长：16~19 cm

LC（低度关注）

噪苇莺 \ 摄影：周剑飞

噪苇莺 \ 摄影：周剑飞

噪苇莺 \ 摄影：周剑飞

形态特征 与东方大苇莺、大苇莺非常相似。与东方大苇莺的区别在本种的体型较大，嘴较细尖而强悍，喉部无深色纵纹，尾较大且尾端无浅色，第二枚初级飞羽较第五枚短。与大苇莺的区别在本种的腰、尾及尾上覆羽较多棕色，下体色淡。

生态习性 停栖时斜攀于芦苇茎上，鸣叫时膨出喉羽。

地理分布 共9个亚种，繁殖于中亚及喜马拉雅山脉，越冬至印度；越冬至东南亚、菲律宾北部、马来诸岛、苏拉威西岛至澳大利亚。在埃及至中东为留鸟。国内有1个亚种，西南亚种 *amyae* 见于西藏东南部、云南、四川、贵州。

种群状况 多型种。留鸟。不常见。

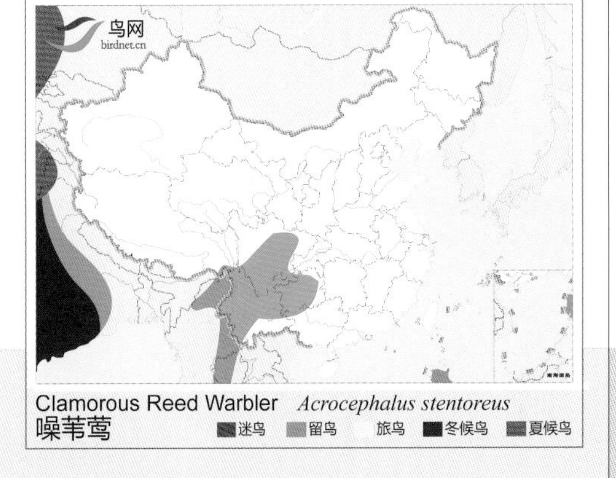

噪苇莺（噪大苇莺）

Clamorous Reed Warbler　　*Acrocephalus stentoreus*　　体长：17~19 cm　　LC（低度关注）

东北亚种 *rufescens* \摄影：杨玉和

指名亚种 *aedon* \摄影：贾云国

东北亚种 *rufescens* \摄影：张岩

形态特征 上体橄榄棕褐色，无纵纹。眼先和眼周淡皮黄白色，无眉纹。嘴较粗短，尾长而凸，颏、喉白色。

生态习性 栖息于林缘、湖边或河谷两岸的丛林、灌木林，不喜茂密的森林，有时能模仿其他鸟鸣。

地理分布 共2个亚种，繁殖于古北界北部，越冬至印度及东南亚。国内有2个亚种，指名亚种 *aedon* 见于黑龙江、吉林、辽宁、内蒙古中部、新疆北部、云南西部和南部，体色较淡，较多橄榄色；翅长（♂）8.1~8.6厘米。东北亚种 *rufescens* 繁殖于东北，迁徙路过东部省份。体色较暗，较多棕褐色；翅较短10（♂）7.15~7.81厘米。

种群状况 多型种。夏候鸟，旅鸟。不常见。

Thick-billed Warbler *Acrocephalus aedon*
厚嘴苇莺 迷鸟 留鸟 旅鸟 冬候鸟 夏候鸟

厚嘴苇莺

Thick-billed Warbler *Acrocephalus aedon* 体长：18~29 cm LC（低度关注）

靴篱莺 \摄影：张永镔

靴篱莺 \摄影：文志敏

靴篱莺 \摄影：文志敏

形态特征 上体灰褐色，腰和尾上覆羽显棕色。方尾形，外侧尾羽具白色羽缘。白色眉纹窄。下体污白色，胸和两胁沾灰褐色。似赛氏靴莺，区别在本种的体型较小，上体褐色较重，下体多皮黄色，嘴较小。

生态习性 栖息于多种生境，森林，灌丛，草原及荒漠等生境。食物主要为昆虫。

地理分布 繁殖于俄罗斯及中亚，越冬于印度。国内见于新疆。

种群状况 单型种。夏候鸟。罕见。

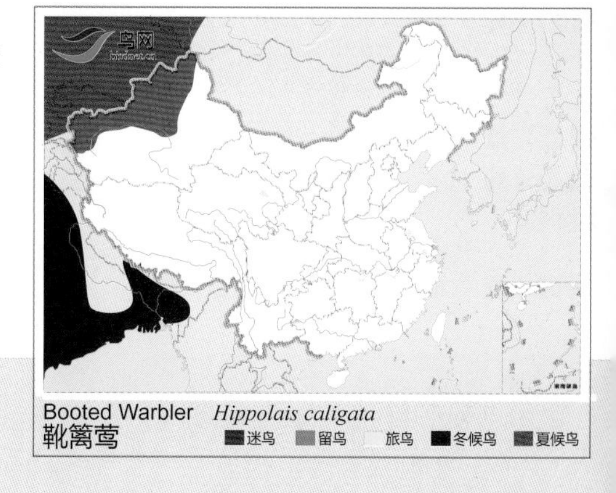

Booted Warbler *Hippolais caligata*
靴篱莺 迷鸟 留鸟 旅鸟 冬候鸟 夏候鸟

靴篱莺

Booted Warbler *Hippolais caligata* 体长：11~12 cm LC（低度关注）

赛氏篱莺 \摄影：王晓丽

赛氏篱莺 \摄影：王尧天

赛氏篱莺 \摄影：张岩

形态特征 大小及形状同柳莺，但色彩斑纹似苇莺。甚似靴篱莺但本种的体型略大，上体褐色较少，下体较白，嘴较大。尾部常不停地上下摆动或摇动。

生态习性 与靴篱莺相似。栖息于阔叶林、林间灌丛、草地等多种生境。

地理分布 繁殖于俄罗斯及中亚，越冬在印度。国内见于新疆。

种群状况 单型种。夏候鸟。罕见。

鸟网

Sykes's Warbler *Hippolais rama*
赛氏篱莺　迷鸟　留鸟　旅鸟　冬候鸟　夏候鸟

赛氏篱莺

Sykes's Warbler　　*Hippolais rama*　　体长：12 cm　　LC（低度关注）

草绿篱莺 \摄影：Mathias Schäf

草绿篱莺 \摄影：王尧天

草绿篱莺 \摄影：张岩

形态特征 上喙暗褐色，下喙黄绿色。眼先白色，眉纹白色或淡黄色。上体橄榄色，飞羽黑褐色。下体白色，胁微沾褐色。尾暗褐色。

生态习性 栖息于水域岸边灌丛、农田草丛、荒漠灌丛。

地理分布 共5个亚种，分布于欧洲东部、中亚、西亚、非洲。国内有1个亚种，新疆亚种 *elaeica* 见于新疆西北部。

种群状况 多型种。夏候鸟。不常见。

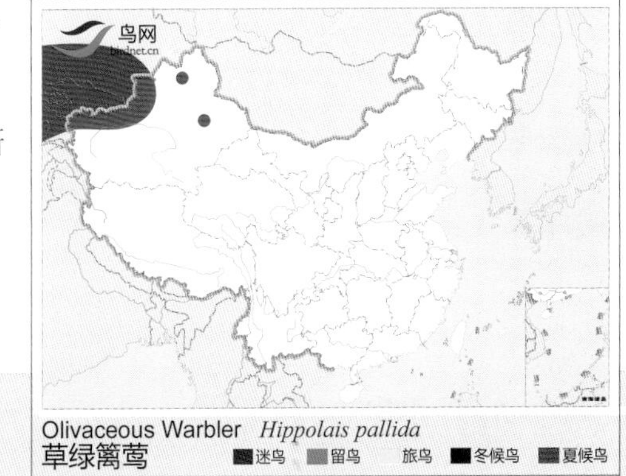

草绿篱莺

Olivaceous Warbler　　*Hippolais pallida*　　体长：12~14 cm　　LC（低度关注）

栗头缝叶莺 \摄影：高飞

栗头缝叶莺 \摄影：俞春江

栗头缝叶莺 \摄影：飘移

形态特征 头顶亮栗色，眉纹黄色，头侧、后颈和颈侧暗灰色。颏、喉及上胸部灰白色，下胸及腹部为鲜艳的黄色。

生态习性 栖息于低山和河谷地带的常绿阔叶林、沟谷雨林中。性活泼，大胆。不惧人。

地理分布 共14个亚种，分布于印度北部、东南亚、马来半岛、印度尼西亚。国内有1个亚种，指名亚种 *coronatus* 见于云南、湖南、广西、广东、海南。

种群状况 多型种。留鸟。不常见。

鸟网 birdnet.cn

Mountain Tailorbird *Orthotomus cuculatus*
栗头缝叶莺 迷鸟 留鸟 旅鸟 冬候鸟 夏候鸟

栗头缝叶莺（金头缝叶莺）

Mountain Tailorbird *Orthotomus cucullatus* 体长：10~12 cm LC（低度关注）

黑喉缝叶莺 \摄影：胡维春

黑喉缝叶莺 \摄影：张师鹏

黑喉缝叶莺 \摄影：田穗兴

形态特征 头顶棕栗色，背亮橄榄绿色，两翅和尾褐色。头侧灰色，喉和前颈偏黑色。亚成鸟喉无黑色。腹白色，臀黄色。雌鸟色暗，头少红色且喉少黑色。

生态习性 与长尾缝叶莺相似。

地理分布 共4个亚种，分布于印度北部、菲律宾、东南亚、苏门答腊及婆罗洲。国内有1个亚种，云南亚种 *nitidus* 见于云南西南部。

种群状况 多型种。留鸟。地方性常见。

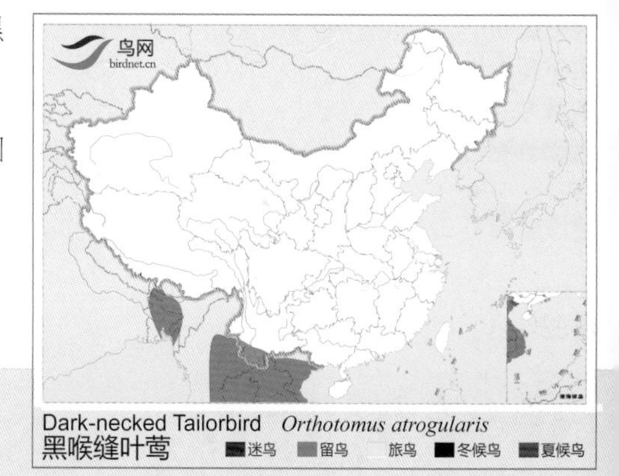

黑喉缝叶莺

Dark-necked Tailorbird *Orthotomus atrogularis* 体长：10 cm LC（低度关注）

云南亚种 *inexpectatus* \摄影：王进

华南亚种 *longicauda* \摄影：隐形金翰

华南亚种 *longicauda* \摄影：曾思南

云南亚种 *inexpectatus* \摄影：陈峰

形态特征 前额和头顶棕色，到枕部逐渐变为棕褐色。眼先及头侧近白色。背、两翼及尾橄榄绿色，外侧尾羽先端皮黄色。下体苍白色而沾皮黄色。繁殖期雄鸟一对中央尾羽特别长。尾常上扬。

生态习性 栖息于低山和平原地带，尤喜人类居住附近的环境。

地理分布 共9个亚种，分布于印度、东南亚及爪哇。国内有2个亚种，云南亚种 *inexpectatus* 见于西藏东南部、云南西部和南部，上体橄榄绿色；眼周淡棕色，眼先苍灰；飞羽及尾羽均褐色，外缘以暗茶黄色。下体苍白沾浅皮黄色；腹中央纯白；胸侧及胁苍灰色。华南亚种 *longicauda* 见于中国华南、东南及海南岛，上体亮橄榄绿色，眼先苍灰色；眼周淡棕色；尾羽绿色沾棕，中央一对尾羽狭窄而特形延长，下体至尾下覆羽淡皮黄色；腹部中央近白色。

种群状况 多型种。留鸟。常见。

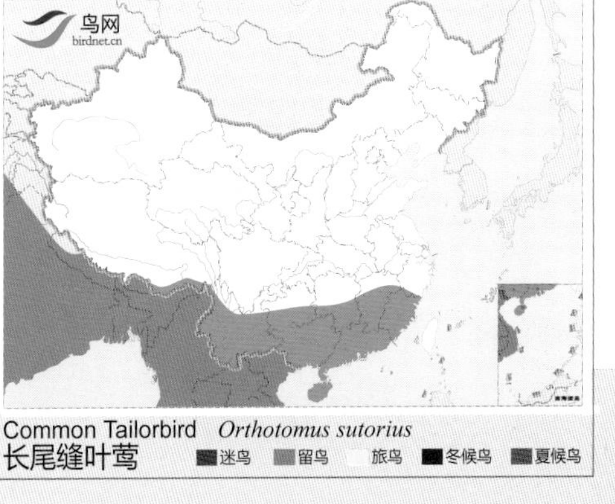

长尾缝叶莺

Common Tailorbird　*Orthotomus sutorius*　体长：9~14 cm　LC（低度关注）

青藏亚种 *obscura* \摄影：杨东良

青藏亚种 *obscura* \摄影：向军

疆南亚种 *stoliczkae* \摄影：王尧天

疆南亚种 *stoliczkae* \摄影：刘哲青

疆南亚种 *stoliczkae* \摄影：雷洪

形态特征 前额和宽阔的眉纹淡黄色，头顶栗色或棕红色，具紫蓝色光泽，背灰色，雄鸟胸、腰和尾上覆羽辉紫蓝色，飞羽灰褐色。雌鸟色较淡，上体黄绿色，腰部蓝色甚少，下体近白色。

生态习性 栖息于2500米以上的高山和亚高山矮曲林、高山杜鹃灌丛和草地，冬季下到海拔1500米处。性活泼。

地理分布 共4个亚种，分布于中亚、喜马拉雅山脉。国内有3个亚种，疆西亚种 *major* 见于新疆西部、青海西部，体色较淡；头顶淡栗色，两侧转棕色；下体皮黄色伸至胸部；背部灰色较淡，腰更多蓝色；下体非纯紫色。青藏亚种 *obscura* 见于甘肃南部、西藏东部和南部、青海东部、四川。指名亚种 *sophiae* 见于甘肃北部、青海、新疆南部，背部灰色较暗；腰紫蓝；下体纯紫。疆南亚种 *stoliczkae* 见于青海西部、新疆和西藏南部。体色最淡；头顶酒红色；下体皮黄色伸至喉部。

种群状况 多型种。留鸟，夏候鸟。常见。

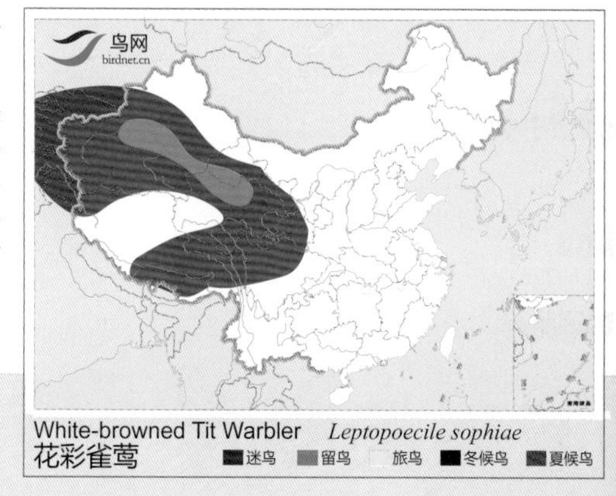

花彩雀莺

White-browned Tit Warber *Leptopoecile sophiae* 体长：9~12 cm LC（低度关注）

凤头雀莺 \ 摄影：高正华

凤头雀莺 \ 摄影：陈久桐

凤头雀莺 \ 摄影：王进

凤头雀莺 \ 摄影：罗永川

形态特征 雄鸟头顶和枕灰色，有一长而尖的白色羽毛形成羽冠覆盖在头顶和后颈，头侧和后颈以及颈侧栗色；背、肩蓝灰色，腰天蓝色，颏、喉、胸淡栗色。雌鸟喉及上胸白色，至臀部渐变成淡紫色，耳羽灰色，一道黑线将灰色头顶及近白色的凤头与偏粉色的枕部及上背隔开。

生态习性 与花彩雀莺相似。主要栖息于海拔3000~4000米的山地针叶林中，夏季可活动于海拔4300米的灌丛。常单独或成对活动，偶尔结成3~5只小群。以昆虫为主食。在树上营巢，巢球状，窝卵数4~8枚。

地理分布 中国鸟类特有种。分布于内蒙古西部、宁夏、甘肃、青海东北部、西藏东部和东南部、云南西北部、四川。

种群状况 单型种。留鸟。不常见。

凤头雀莺

Crested Tit Warbler　　*Leptopoecile elegans*　　体长：9~10 cm　　LC（低度关注）

欧柳莺 \摄影：曾源

欧柳莺 \摄影：曾源

欧柳莺 \摄影：Andrew Howe

形态特征 头、颈和背橄榄绿色。眉纹黄白色，常及眼后。过眼纹黑色，耳覆羽、胸侧、两胁淡黄色，腹部白色。飞羽边缘和腰黄绿色，其余飞羽棕色，尾上覆羽黄白色。

生态习性 繁殖于落叶林和混交林，非繁殖季节出现于各种林地生境。

地理分布 共3个亚种，繁殖于欧亚大陆北部，越冬于非洲。国内只在新疆有过记录。

种群状况 单型种。迷鸟。罕见。

欧柳莺

Willow Warbler *Phylloscopus trochilus* 体长：11~12.5 cm LC（低度关注）

叽喳柳莺 \摄影：范怀良

叽喳柳莺 \摄影：王尧天

叽喳柳莺 \摄影：王尧天

形态特征 上体褐色缀橄榄绿色，无显著翼斑。眉纹窄，皮黄白色，过眼纹黑色。下体淡土皮黄色，胸侧及胁上部皮黄色或灰色，翅弯处有浅黄斑，臀部白色，嘴、脚黑色。

生态习性 栖息于2000米以下的低山、丘陵和山脚平原地带的各种森林。

地理分布 共6个亚种，分布于欧亚大陆。越冬从地中海、北非至印度。国内有1个亚种，普通亚种 *tristis* 见于河北、河南、新疆、青海、湖北；迷鸟至香港。

种群状况 多型种。夏候鸟，迷鸟。不常见。

Common Chiffchaff *Phylloscopus collybita*
叽喳柳莺
迷鸟 留鸟 旅鸟 冬候鸟 夏候鸟

叽喳柳莺

Common Chiffchaff *Phylloscopus collybita* 体长：11~13. cm LC（低度关注）

东方叽喳柳莺 \摄影：向文军

东方叽喳柳莺 \摄影：刘爱华

东方叽喳柳莺 \摄影：郭宏

形态特征 上体灰褐色或棕褐色，非常似叽喳柳莺，但皮黄白色的眉纹前宽后窄。上体显灰色，无橄榄绿色；下体较淡，翅弯处为白斑。鸣声不同。

生态习性 主要栖息于2500~5000米的高山山地。

地理分布 共2个亚种，分布于高加索山脉、土耳其东北部至伊朗西北部、帕米尔高原、喜马拉雅山脉西北部。国内有1个亚种，指名亚种 *sindianus* 见于新疆西部和西藏西部。

种群状况 多型种。夏候鸟，旅鸟。不常见。

东方叽喳柳莺

Mountain Chiffchaff　*Phylloscopus sindianus*　体长：13 cm　LC(低度关注)

林柳莺 \摄影：Grant Glendinning

林柳莺 \摄影：朱新峰

林柳莺 \摄影：Andrew Howe

形态特征 上喙暗褐色，下喙黄绿色。眼先白色，眉纹白色或淡黄色，上体橄榄色，飞羽黑褐色。下体白色，胁微沾褐色。尾暗褐色。

生态习性 栖息于水域岸边灌丛、农田草丛、荒漠灌丛。

地理分布 共5个亚种，分布于欧洲东部、中亚、西亚、非洲。 国内有1个亚种，新疆亚种 *elaeica* 见于新疆西北部。

种群状况 多型种。夏候鸟。不常见。

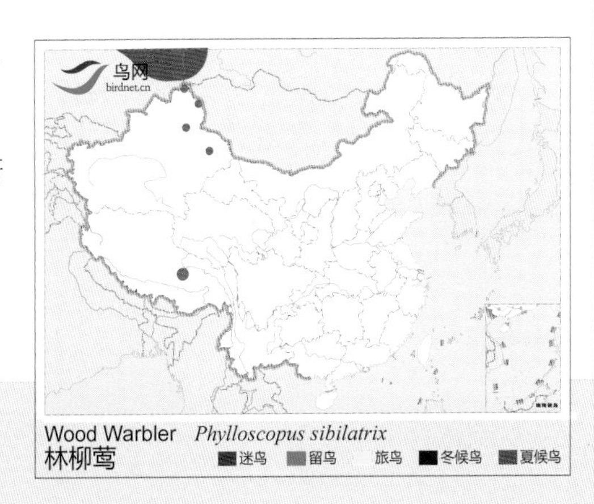

林柳莺

Wood Warbler　*Phylloscopus sibilatrix*　体长：12 cm　LC(低度关注)

指名亚种 *fuscatus* \摄影：张建国

指名亚种 *fuscatus* \摄影：张建国

指名亚种 *fuscatus* \摄影：李宗丰

指名亚种 *fuscatus* \摄影：陈东明

指名亚种 *fuscatus* \摄影：陈东明

形态特征 上体橄榄褐色，无翼斑。眉纹前白后黄色，贯眼纹暗褐色，颏，喉白色，下体皮黄白色沾褐色，臀橙黄色。嘴纤细，上深下偏黄。脚偏褐色。

生态习性 栖息于从平原海拔4500米的山地森林和林线以上的高山灌丛地带。

地理分布 共3个亚种，繁殖于亚洲北部、西伯利亚、蒙古北部，冬季迁徙至东南亚、中南半岛及喜马拉雅山麓。国内有3个亚种，指名亚种 *fuscatus* 见于全国各地，上体褐色较淡，下体乳白沾棕色；眉纹前白色，后带棕色，脸颊无皮黄色；西北亚种 *robustus* 见于内蒙古、甘肃、青海、四川北部；西南亚种 *weigoldi* 见于青海东部、西藏东部和南部、云南西部、四川西北部，上体较暗褐，下体呈灰色，眉纹灰白色，较 *fuscatus* 微小。

种群状况 多型种。夏候鸟，冬候鸟，旅鸟。常见。

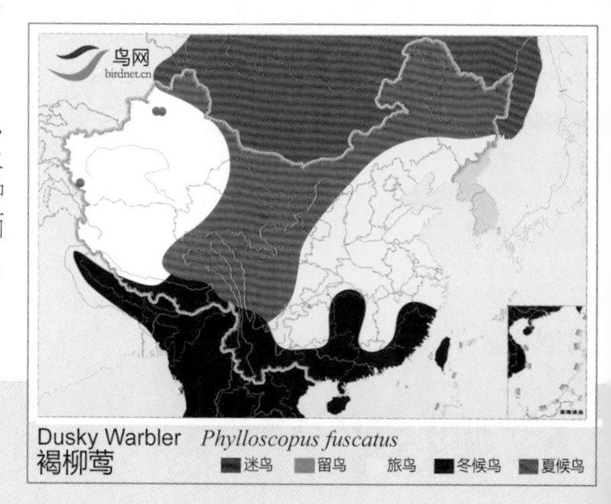

褐柳莺

Dusky Warbler *Phylloscopus fuscatus* 体长：11 cm LC（低度关注）

烟柳莺 \摄影：田穗兴

烟柳莺 \摄影：董磊

烟柳莺 \摄影：Phukan Nov

形态特征 上体烟褐色，看似黑色。两翅和尾褐色。眉纹泛黄，不明显；眼下有显著半月形白眼线。下体暗油绿色或橄榄褐色。嘴黑色，基部肉色。脚深色。

生态习性 栖息于3000~4500米的高山地区。

地理分布 共3个亚种，分布于喜马拉雅山脉，冬季迁至印度北部平原。国内有2个亚种，指名亚种 *fuligiventer* 见于西藏南部，上下体羽色与 *tibetanus* 相似，但下体较深黄；眉纹不显；翅长5.65~6.15厘米。昌都亚种 *tibetanus* 见于西藏东部。上体显暗褐色，下体灰而沾黄色；眉纹较短而灰白；翅长(5♂) 5.65 (5.4~5.9)厘米。

种群状况 多型种。夏候鸟。不常见。

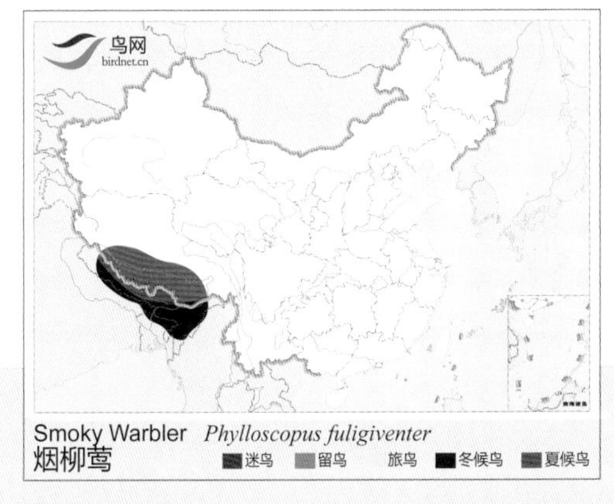

烟柳莺

Smoky Warbler　*Phylloscopus fuligiventer*　体长：11 cm　LC(低度关注)

青藏亚种 *arcanus* \摄影：施文斌

青藏亚种 *arcanus* \摄影：施文斌

指名亚种 *affinis* \摄影：赵顺

形态特征 上体橄榄绿色，眉纹鲜黄色，过眼纹黑色。下体柠檬黄色，臀沾黄色。嘴上部褐色，下部肉色。

生态习性 栖息于1000~5000米的高山森林以及林线以上高山灌丛。

地理分布 繁殖于巴基斯坦北部经喜马拉雅山脉；越冬至印度、孟加拉国、缅甸北部。国内见于西藏、新疆、四川、青海、甘肃等。亚种分化问题有争议。郑光美(2011)认为没有亚种分化。但有学者将青藏亚种 *arcanus* 列为华西柳莺。指名亚种 *affinis* 下体为鲜黄色，青藏亚种 *arcanus* 下体则为草黄色。羽色呈较为均一的黄色。黄色眉纹醒目，尤其前半段；耳羽较为斑驳且与头其余部分对比明显。下喙的黑色部分较少，但端部常为黑色；嘴相对较长而尾较短。

种群状况 单型种。夏候鸟，冬候鸟，旅鸟。地方性常见。

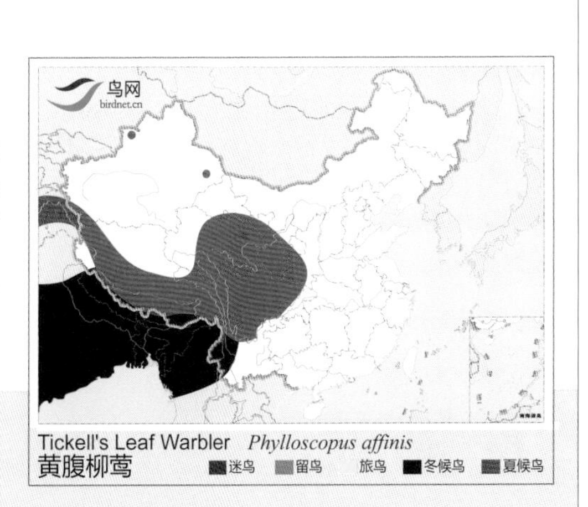

黄腹柳莺

Tickell's Leaf Warbler　*Phylloscopus affinis*　体长：10~11 cm　LC(低度关注)

棕腹柳莺 \摄影：赵顺

棕腹柳莺 \摄影：关克

棕腹柳莺 \摄影：李涛（涛哥）

形态特征 上体橄榄褐色，下体棕黄色，眉纹细长，前橘色后黄色。嘴短，尖端深色。臀部沾黄色。似黄腹柳莺，但本种的耳羽较暗，嘴略短。

生态习性 主要栖息于900~2800米的山地针叶林和林缘灌丛。

地理分布 越冬于缅甸北部及中南半岛北部的亚热带地区。国内见于华中、华南及华东，越冬至南方沿海及西南。

种群状况 单型种。夏候鸟，冬候鸟。不常见。

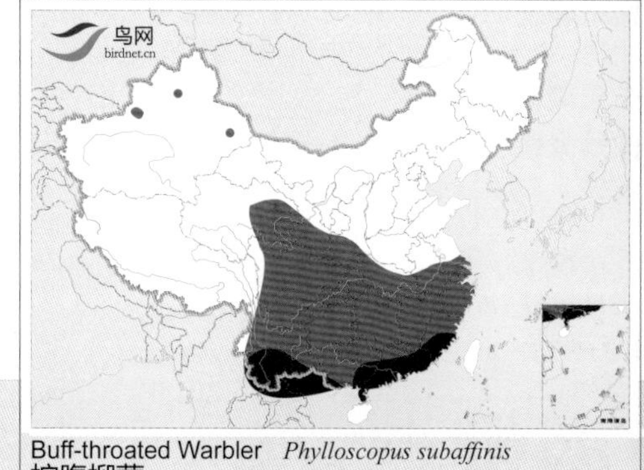

棕腹柳莺

Buff-throated Warbler *Phylloscopus subaffinis* 体长：10~12 cm LC（低度关注）

灰柳莺 \摄影：王尧天

灰柳莺 \摄影：王尧天

灰柳莺 \摄影：张岩

形态特征 上体灰褐色。眉纹前橘色后黄色，嘴端深色，嘴基带粉色，下体硫黄色，臀部沾黄色。与棕腹柳莺的区别在于本种的羽色较冷而少橄榄色。

生态习性 主要栖息2300~4500米的高山和草原灌丛地带。

地理分布 繁殖于南亚及中国西部山区，越冬至印度。国内见于内蒙古中部、青海北部、新疆西部和北部。

种群状况 单型种。夏候鸟。不常见。

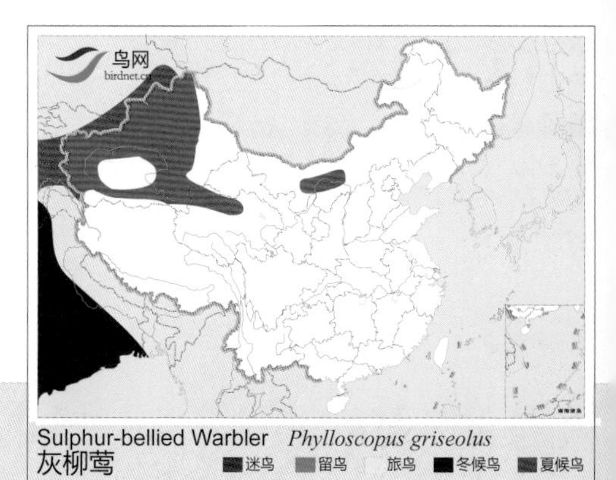

灰柳莺

Sulphur-bellied Warbler *Phylloscopus griseolus* 体长：11~12 cm LC（低度关注）

西南亚种 *perplexus* \摄影：柳勇

指名亚种 *armandii* \摄影：胡敬林

西南亚种 *perplexus* \摄影：关克

形态特征 上体橄榄褐色，眉纹长而宽，前黄色后白色，眉上有黑线，过眼纹暗褐色，两翅和尾黑褐色，臀橙黄色，喉部带纵纹延伸至腹部。嘴粗厚，上褐色，下肉色。

生态习性 主要栖息于海拔3200米以下的中低山地区和平原地带的森林、灌丛。

地理分布 共2个亚种，繁殖于中国北部及中部、缅甸北部；越冬在中国南方、缅甸南部及中南半岛北部。国内有2个亚种，指名亚种 *armandii* 上体较绿橄榄褐色，见于辽宁、河北、北京、天津、陕西、内蒙古、宁夏、甘肃南部、西藏东部、青海，云南南部、四川、重庆和香港。西南亚种 *perplexus* 上体较暗橄榄褐色，见于西藏东南部、云南西北、四川西南部、重庆、湖北、湖南北部、贵州、广西。

种群状况 多型种。夏候鸟，旅鸟，冬候鸟。不常见。

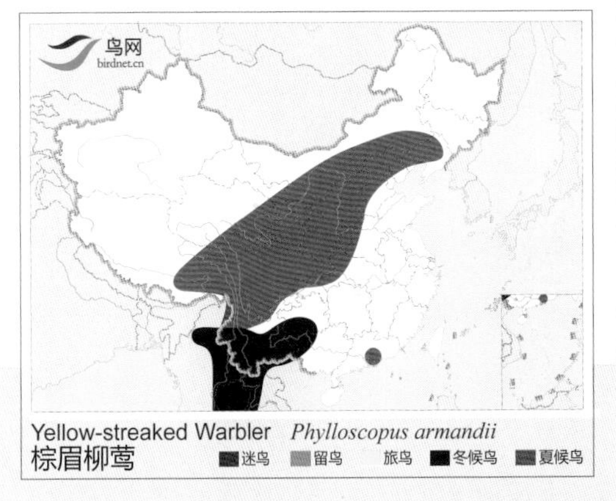

棕眉柳莺

Yellow-streaked Warbler　　*Phylloscopus armandii*　　体长：11~13 cm　　LC（低度关注）

巨嘴柳莺 \摄影：薛琳

巨嘴柳莺 \摄影：刘立才

巨嘴柳莺 \摄影：张岩

形态特征 形、色似棕眉柳莺，但本种的嘴更粗，喉部白色无纵纹，尾部比例更短。区分主要依据鸣唱。

生态习性 主要栖息于1400米以下的低山丘陵和平原地带。

地理分布 繁殖于东北亚，越冬于缅甸及中南半岛。国内除宁夏、西藏、青海外见于全国各地。

种群状况 单型种。夏候鸟，冬候鸟，旅鸟，迷鸟。常见。

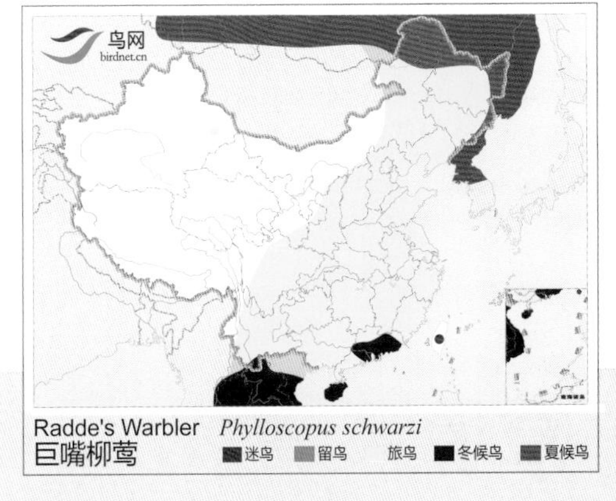

巨嘴柳莺

Radde's Warbler　　*Phylloscopus schwarzi*　　体长：11~14 cm　　LC（低度关注）

橙斑翅柳莺 \摄影：张永

橙斑翅柳莺 \摄影：刘哲青

橙斑翅柳莺 \摄影：孙超

形态特征 头顶暗绿色，具不明显的淡黄色中央冠纹。眉纹黄绿色，贯眼纹黑色，背橄榄绿色，翅上有两道橙黄色翼斑。下体色污。腰部形成明显黄色腰带。尾羽暗褐色，有白边，由下看全白色镶黑边。

生态习性 主要栖息于1500~4000米的山地森林和林缘灌丛中。

地理分布 共2个亚种，分布于喜马拉雅山脉、缅甸，越冬至泰国北部。国内有1个亚种，指名亚种 *pulcher* 见于陕西南部、甘肃西北部、西藏南部、青海南部、云南、四川北部。

种群状况 多型种。夏候鸟，冬候鸟。地区性常见。

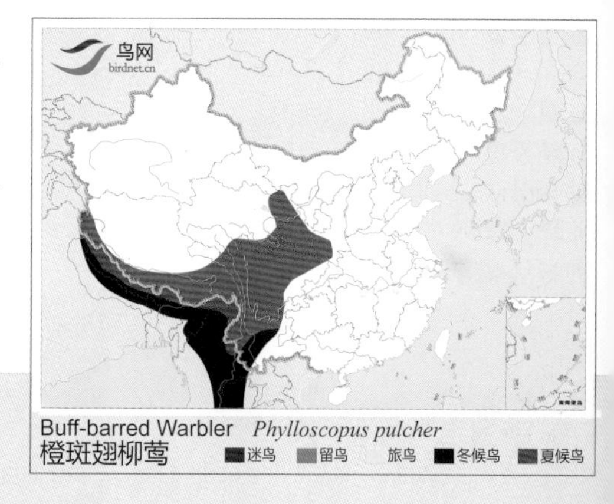

橙斑翅柳莺

Buff-barred Warbler *Phylloscopus pulcher*

体长：9~12 cm

LC（低度关注）

灰喉柳莺 \摄影：陈玉平

灰喉柳莺 \摄影：陈玉平

灰喉柳莺 \摄影：陈玉平

灰喉柳莺 \摄影：孙超

灰喉柳莺 \摄影：胡敬林

形态特征 头顶至后颈暗褐色，眉纹和中央冠纹淡皮黄白色或灰色，颏，喉和胸灰白色，其余下体黄色。背橄榄绿色，腰和尾上覆羽柠檬黄色，具两道橙黄色或黄白色翼斑。尾短，最外侧3对尾羽白色。

生态习性 栖息于海拔2000~3000米的山地森林和竹林中。

地理分布 共2个亚种，分布于克什米尔、缅甸及中南半岛。国内有1个亚种，指名亚种 *maculipennis* 见于西藏南部、云南和四川西部。

种群状况 多型种。夏候鸟，冬候鸟。不常见。

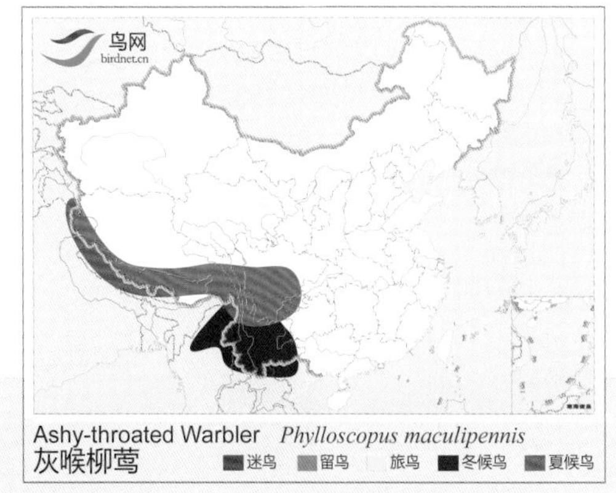

灰喉柳莺

Ashy-throated Warbler　*Phylloscopus maculipennis*　体长：8~10 cm　LC（低度关注）

淡黄腰柳莺 \摄影：董江天

淡黄腰柳莺 \摄影：张永

形态特征 上体橄榄褐色，头顶较暗具不甚明显的污黄色中央冠纹和眉纹，脸颊有暗灰色杂斑，腰淡黄色，有两道双白翼斑，三级飞羽有白边。尾暗褐色有黄绿色边，下体污黄色。

生态习性 栖息于海拔2000~3900米的中高山针叶林和针阔叶混交林。主要以昆虫为食。

地理分布 共2个亚种，分布于喜马拉雅山脉至中国中部，越冬于东南亚北部。国内有1个亚种，指名亚种 *chloronotus* 见于西藏东部和南部、云南。

种群状况 多型种。夏候鸟，冬候鸟，旅鸟。常见。

鸟网 birdnet.cn

Lemon-rumped Warbler *Phylloscopus chloronotus*
淡黄腰柳莺 迷鸟 留鸟 旅鸟 冬候鸟 夏候鸟

淡黄腰柳莺

Lemon-rumped Warbler *Phylloscopus chloronotus* 体长：9~10 cm LC（低度关注）

四川柳莺 \摄影：梁长久

四川柳莺 \摄影：刘璐

四川柳莺 \摄影：向军

形态特征 体羽偏绿色。具白色的长眉纹及顶纹，浅色的腰，两道偏黄色的翼斑和白色的三级飞羽羽端。有时耳羽上有浅色点斑。与黄腰柳莺的区别在本种的上体为多灰绿的橄榄色，头脸部黄色斑纹不明显，眼前少黄色眉纹，下体多灰色而少白色。两种的翼上图纹不同。

生态习性 典型的柳莺习性。繁殖于中高山针叶林和针阔混交林中。主要取食昆虫。

地理分布 越冬于缅甸东部、泰国西北部和云南北部。繁殖于中国中南部、西藏东部至山西南部，向南至云南和四川西部。

种群状况 单型种。夏候鸟。地区性常见。

Sichuan Leaf Warbler *Phylloscopus forresti*
四川柳莺 迷鸟 留鸟 旅鸟 冬候鸟 夏候鸟

四川柳莺

Sichuan Leaf Warbler *Phylloscopus forresti* 体长：9~10 cm LC（低度关注）

黄腰柳莺 \摄影：刘立才

黄腰柳莺 \摄影：张岩

黄腰柳莺 \摄影：毛建国

形态特征 顶冠纹黄色，眉纹粗，新鲜时眼先橙黄色，具两道翼斑，上体橄榄绿色，下体灰白色，腰柠檬黄。本种较淡黄腰柳莺上体绿色更鲜亮且下体多黄色。与橙斑翅柳莺及灰喉柳莺的区别在顶纹黄色。

生态习性 栖息于海拔2000米以下的阔叶林、次生林、果园等生境。性活泼，常在树顶枝叶间跳跃寻找食物。

地理分布 繁殖于亚洲北部，越冬在印度、中南半岛北部。国内见于全国各地。

种群状况 单型种。夏候鸟，冬候鸟，旅鸟。常见。

黄腰柳莺

Pallas's Leaf Warbler　　*Phylloscopus proregulus*　　体长：9~11 cm　　LC（低度关注）

甘肃柳莺 \摄影：唐远均

甘肃柳莺 \摄影：张勇

甘肃柳莺 \摄影：梁长久

形态特征 腰色浅，隐约可见第二道翼斑。眉纹粗，白色，顶纹色浅。三级飞羽羽缘略白。外形与淡黄腰柳莺、云南柳莺相似，但本种的下喙和脚的颜色通常较淡，翼带后有黑斑带。

生态习性 典型的柳莺习性。繁殖于云杉和桧树的森林中。筑巢地点极为隐蔽，常在地表的枯枝落叶层内或在地面凹窝中，以树皮纤维和草茎编织成球状巢，开口于巢的侧面。窝卵数4枚。

地理分布 中国鸟类特有种。繁殖于中国西北，越冬于中国西南。见于甘肃西部和南部，青海东北部。

种群状况 单型种。留鸟。不常见。

甘肃柳莺

Gansu Leaf Warbler　　*Phylloscopus kansuensis*　　体长：9~10 cm　　LC（低度关注）

云南柳莺 \摄影：关克

云南柳莺 \摄影：范怀良

云南柳莺 \摄影：范怀良

形态特征 顶冠不明显，在接近前额时几乎消失，贯眼纹黑色。次级飞羽基部没有黑色斑块。外形与四川柳莺极为相似。

生态习性 主要栖息于海拔2600米以下的山地森林中。鸣声单调而持续很长时间。

地理分布 越冬于泰国西北部、老挝北部、缅甸中部。在中国中部及东部繁殖。见于辽宁、河北、北京、天津、河南、陕西、甘肃南部、青海东部、云南、四川东部、重庆、湖北北部。

种群状况 单型种。夏候鸟，留鸟。常见。

Chinese Leaf Warbler *Phylloscopus yunnanensis*
云南柳莺 迷鸟 留鸟 旅鸟 冬候鸟 夏候鸟

云南柳莺

Chinese Leaf Warbler *Phylloscopus yunnanensis* 体长：9~10 cm LC（低度关注）

黄眉柳莺 \摄影：段文科

黄眉柳莺 \摄影：毛建国

黄眉柳莺 \摄影：关克

形态特征 上体橄榄绿色，有两道近白色翼斑。眉纹纯白或乳白色，顶纹几乎不可辨。三级飞羽白斑明显，翼带后有黑斑带。

生态习性 主要栖息于山地和平原地带的森林中。常单独或3~5只成群活动，迁徙期间可集成大群。主要以昆虫为食，尤以鞘翅目和鳞翅目昆虫为多。

地理分布 繁殖于亚洲北部，冬季南迁至印度、东南亚及马来半岛。国内除新疆外见于全国各地。

种群状况 单型种。夏候鸟，冬候鸟，旅鸟。常见。

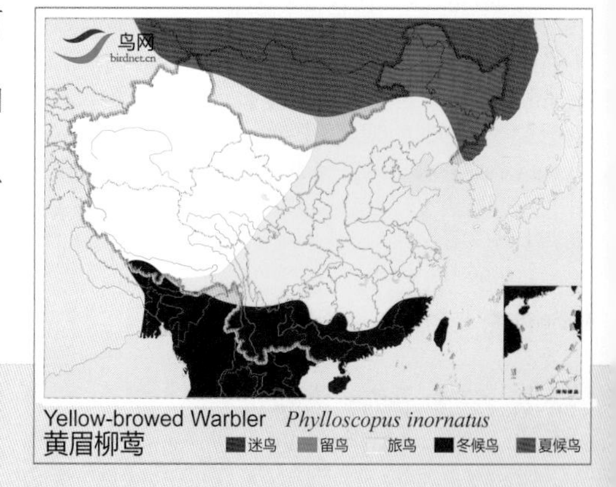

Yellow-browed Warbler *Phylloscopus inornatus*
黄眉柳莺 迷鸟 留鸟 旅鸟 冬候鸟 夏候鸟

黄眉柳莺

Yellow-browed Warbler *Phylloscopus inornatus* 体长：9~11 cm LC（低度关注）

mandellii 亚种 \摄影：张永

指名亚种 *humei* \摄影：文志敏

mandellii 亚种 \摄影：关克

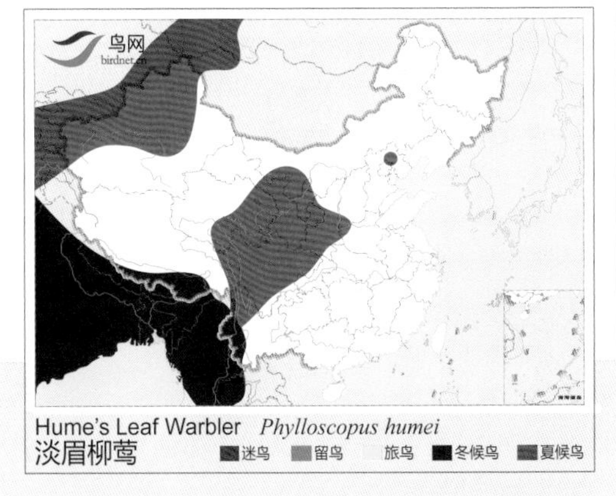

形态特征 上体似黄眉柳莺，但第一道翼斑不明显。本种的下喙和脚的颜色更黑，喉沾灰色。最好以叫声区分。

生态习性 主要栖息于1000~3500的山地针叶林、灌丛、草地等。

地理分布 共2个亚种，分布于中亚，越冬至印度、东南亚。国内有2个亚种，指名亚种 *humei* 见于新疆。普通亚种 *mandellii* 见于河北、北京、陕西、宁夏、甘肃、青海、云南北部和四川。

种群状况 多型种。夏候鸟，冬候鸟。常见。

淡眉柳莺

Hume's Leaf Warbler　　*Phylloscopus humei*　　体长：11 cm　　LC（低度关注）

青藏亚种 *obscuratus* \摄影：张永

新疆亚种 *viridianus* \摄影：邢睿

新疆亚种 *viridianus* \摄影：王尧天

形态特征 上体橄榄绿色，有一道翼斑。眉纹淡黄白色，长延伸至嘴基，过眼纹不明显，脸部线条不明显。下体泛白色没有杂色，胁部橄榄色。似乌嘴柳莺，但本种的下喙端部较黑，其余多为橙黄色。

生态习性 繁殖季栖息于海拔1500~3900米的中高山林。

地理分布 共4个亚种，繁殖于亚洲北部及喜马拉雅山脉，越冬至印度及东南亚。国内有2个亚种，青藏亚种 *obscuratus* 见于宁夏、西藏东部和南部、青海、云南、海南。指名亚种繁殖于中国中部至云南西北部，越冬在西藏东南部及云南南部，上体羽色较鲜绿，翅上有二道横带；飞羽式2大都较8为短。新疆亚种 *viridianus* 见于新疆。上体橄榄灰色，腰和尾上覆羽沾褐色，下体近白沾黄色；翅上仅一道横带；飞羽式2大都较8为长。

种群状况 多型种。夏候鸟，冬候鸟。常见。

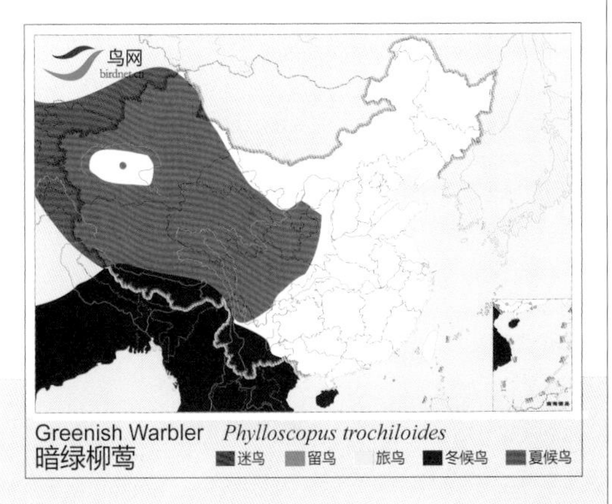

暗绿柳莺

Greenish Warbler　　*Phylloscopus trochiloides*　　体长：10~12 cm　　LC（低度关注）

指名亚种 *borealis* \摄影：李宗丰

指名亚种 *borealis* \摄影：柳勇

指名亚种 *borealis* \摄影：柳勇

堪察加亚种 *xanthodryas* \摄影：段学春

指名亚种 *borealis* \摄影：赵崇芳

指名亚种 *borealis* \摄影：李宗丰

形态特征 上体橄榄灰色。眉纹黄白色，长而显著，贯眼纹暗褐色。有一道翼斑，短而窄，不甚清晰。似双斑绿柳莺，但本种的体形显修长，嘴部图案对比明显，脚色较淡。

生态习性 栖息于较为潮湿的针叶林和针阔混交林及其林缘灌丛地带。

地理分布 共3个亚种，繁殖于欧洲北部、亚洲北部及阿拉斯加，冬季南迁至东南亚。国内有2个亚种，指名亚种 *borealis* 除海南外各省可见，上体橄榄绿色，头与背同色；下体钝白沾黄色。堪察加亚种 *xanthodryas* 见于山东、江西、福建、广东、香港、广西、台湾，2011年提升为种，称为日本柳莺。上体显鲜绿色，头顶较背为暗灰；下体显黄色。

种群状况 多型种。夏候鸟，冬候鸟，旅鸟。常见。

极北柳莺

Arctic Warbler *Phylloscopus borealis* 体长：11~13 cm LC（低度关注）

双斑绿柳莺 \摄影：林涛

双斑绿柳莺 \摄影：杜英

双斑绿柳莺 \摄影：张永

形态特征 形、色似暗绿柳莺，但翅上有两道翼斑。如果本种的翼带磨损则不易与暗绿柳莺区分，但叫声不同。

生态习性 栖息于山地针叶林和针阔混交林中。

地理分布 繁殖于东北亚，越冬至泰国及中南半岛。国内除新疆、西藏和台湾，外见于全国各地。

种群状况 单型种。夏候鸟，冬候鸟，旅鸟。常见。

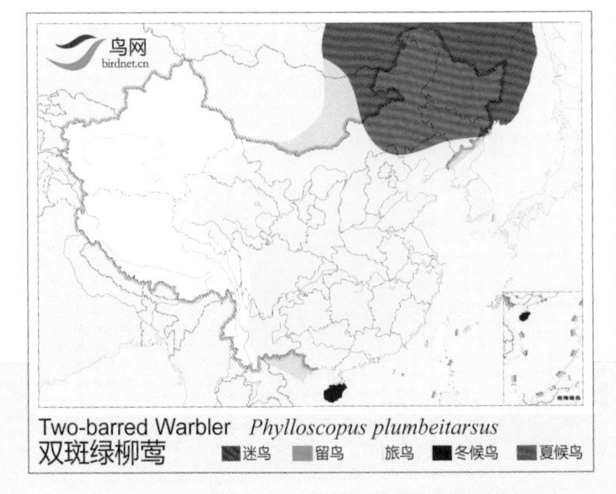

双斑绿柳莺

Two-barred Warbler　*Phylloscopus plumbeitarsus*　体长：11~12 cm　LC（低度关注）

淡脚柳莺 \摄影：顾云芳

淡脚柳莺 \摄影：姜子仁

淡脚柳莺 \摄影：张岩

形态特征 形、色似双斑绿柳莺和极北柳莺，但本种通常至少具1道翼斑，磨损后可能也见不到，灰色的顶冠与身体其余部分对比鲜明。下喙黑色，喉、胸有杂色斑，腰、尾褐带锈色。脚的颜色浅。

生态习性 栖息于海拔1700米以下的阔叶林、混交林和针叶林。

地理分布 繁殖于日本，越冬于东南亚。国内见于从黑龙江至广西的沿海各地。

种群状况 单型种。夏候鸟，旅鸟。常见。

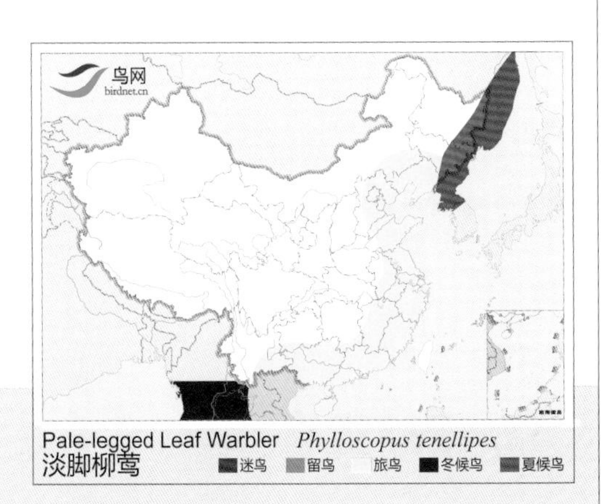

淡脚柳莺

Pale-legged Leaf Warbler　*Phylloscopus tenellipes*　体长：11~12 cm　LC（低度关注）

萨岛柳莺 \摄影：李宗丰

萨岛柳莺 \摄影：赵夏明

萨岛柳莺 \摄影：李宗丰

形态特征 与淡脚柳莺极为相似，通过鸣唱可区分。

生态习性 似其他柳莺。栖息于开阔林地。在日本，活动于900~1800米的山区混交林间，在北海道也出现于低地森林，城市公园等。

地理分布 繁殖于库页岛、千岛群岛南部，越冬于琉球群岛，可能还到中南半岛。国内偶见于东部沿海地区及台湾。

种群状况 单型种。冬候鸟，罕见。

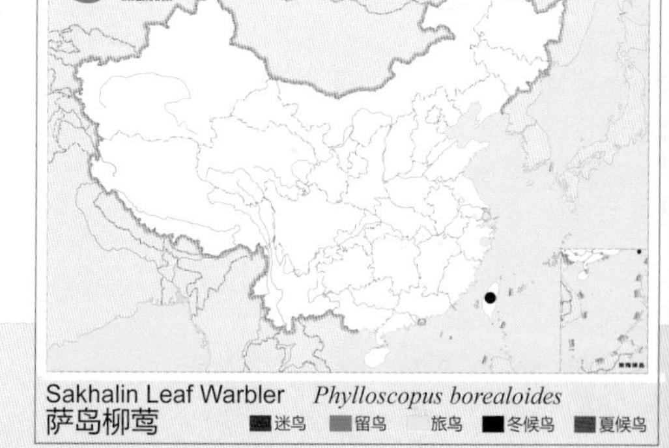

Sakhalin Leaf Warbler *Phylloscopus borealoides*
萨岛柳莺 迷鸟 留鸟 旅鸟 冬候鸟 夏候鸟

萨岛柳莺（库页岛柳莺）

Sakhalin Leaf Warbler *Phylloscopus borealoides* 体长：11 cm LC（低度关注）

乌嘴柳莺 \摄影：关克

乌嘴柳莺 \摄影：李书

乌嘴柳莺 \摄影：关克

形态特征 具两道翼斑。下体淡黄色带弱纵纹。脸颊泛黄带杂细斑，过眼纹暗褐色，嘴黑色。与暗绿柳莺相似，但本种的下喙基部色浅，其余部分黑色。两种的鸣叫区分明显。

生态习性 主要栖息于海拔2000~3500米的针叶林和针阔混交林。

地理分布 繁殖于喜马拉雅山脉以及缅甸东北部，越冬于印度。国内见于陕西、甘肃、西藏东南部、青海东部、云南、四川、重庆、湖北。

种群状况 单型种。夏候鸟。不常见。

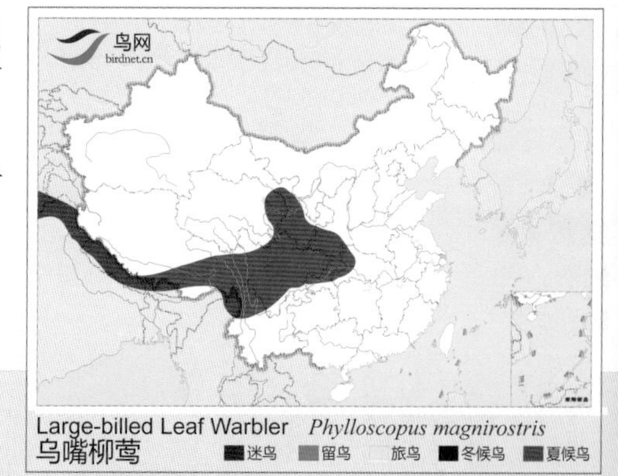

Large-billed Leaf Warbler *Phylloscopus magnirostris*
乌嘴柳莺 迷鸟 留鸟 旅鸟 冬候鸟 夏候鸟

乌嘴柳莺

Large-billed Leaf Warbler *Phylloscopus magnirostris* 体长：11~12 cm LC（低度关注）

冕柳莺 \摄影：关克

冕柳莺 \摄影：于春蕾

冕柳莺 \摄影：张岩

形态特征 头顶色较暗，灰色顶冠纹在头后部明显，具一道偏黄色翼斑。臀部黄色。下体灰白色。上嘴褐色，下嘴肉色。似极北柳莺、双斑绿柳莺、暗绿柳莺，但这三者都没有顶冠纹。相似种冠纹柳莺翅上有两道翼斑。

生态习性 栖息于2000米以下的山地针叶林、针阔混交林及灌丛。

地理分布 繁殖于亚洲东北部、东南亚、苏门答腊及爪哇。我国除宁夏、新疆、西藏、青海、海南外见于全国各地。越冬在中国。

种群状况 单型种。夏候鸟，旅鸟。常见。

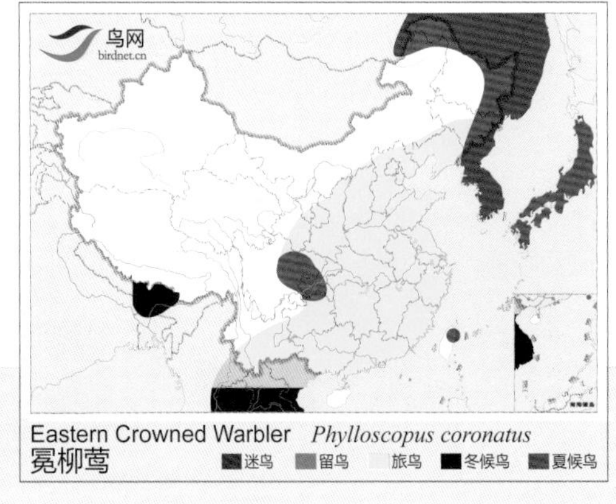

冕柳莺

Eastern Crowned Warbler　　*Phylloscopus coronatus*　　体长：11~12 cm　　LC（低度关注）

日本冕柳莺 \摄影：Visual Message

日本冕柳莺 \摄影：Yann Muzika

形态特征 具有显著粗壮的长喙，上喙深色，下喙橘黄色。头部至后颈橄榄绿色但灰色味甚浓，背部则偏绿色，与头顶颜色有对比。眼圈仅在下半圈黄色，上半圈断开。眉纹皮黄色，细长延伸到眼后有"上翘"的感觉且稍显模糊。飞羽折合后可看到羽缘的橄榄绿色，有很浅的翅斑，而中覆羽略带棕色，尾羽绿色，外侧尾羽纯白色。下体及肋部素净带灰色，尾下覆羽有亮黄色。腿浅色。与极北柳莺的区别在于本种下嘴色浅，无暗色斑，头顶灰色。与冕柳莺的区别在于本种无顶冠纹，且整体颜色偏灰色。

生态习性 栖息于低地落叶和亚热带常绿阔叶混交林及林缘、竹林、灌丛。

地理分布 繁殖于日本，越冬范围可能包括琉球群岛、菲律宾。中国见于台湾。

种群状况 单型种。冬候鸟，旅鸟。罕见。

日本冕柳莺

Ijimae Warbler　　*Phylloscopus ijimae*　　体长：11~12 cm　　VU（易危）

指名亚种 *reguloides* \摄影：关克

指名亚种 *reguloides* \摄影：张永

华南亚种 *fokiensis* \摄影：范怀良

华南亚种 *fokiensis* \摄影：田穗兴

西南亚种 *claudiae* \摄影：杜英

西南亚种 *claudiae* \摄影：刘爱华

形态特征 头顶色较暗，顶冠纹淡黄色，侧冠纹暗绿色到颈背颜色变白，在颈部形成三条明显饰条。两道淡黄绿翼斑。尾羽外侧内缘白色。

生态习性 栖息于山地森林与灌丛，繁殖期常左右轮番扇动翅膀。

地理分布 共7个亚种，繁殖于巴基斯坦北部、喜马拉雅山脉、中国西部及南部、缅甸和中南半岛。国内有3个亚种，指名亚种 *reguloides* 上体暗黄绿，冠纹近黄色；下体灰白或微白沾黄色；外侧尾羽内翈的白缘达0.2~0.4厘米。西南亚种 *claudiae* 见于西藏东南部、四川北部、河北，上体较鲜绿，冠纹显灰色，少黄色；下体较白，黄色仅限于胸部的纵纹；外侧尾羽内翈的白缘较狭，仅0.1厘米。华南亚种 *fokiensis* 见于我国东南部，上体更鲜绿；冠纹较西南亚种为黄，而非灰黄色；下体亦显较黄；外侧尾羽内翈白缘较狭。近年来有人将本种分为3种，分别称为冠纹柳莺、西南冠纹柳莺、华南冠纹柳莺。

种群状况 多型种。夏候鸟，冬候鸟，留鸟，旅鸟，迷鸟。常见。

冠纹柳莺

Blyth's Leaf Warbler *Phylloscopus reguloides* 体长：10~11 cm LC（低度关注）

海南柳莺 \摄影：唐万玲

海南柳莺 \摄影：许传辉

海南柳莺 \摄影：杜雄

形态特征 上体绿色，下体鲜黄色。头顶中央有淡黄色顶冠纹。翅上有两道白色翼斑，外侧尾羽及倒数第二枚尾羽大片白色。

生态习性 主要栖息于海南岛亚热带山地次生林中。多在灌丛和次生植被中活动。有时与其他鸟类混群。

地理分布 中国鸟类特有种。仅分布于海南。

种群状况 单型种。留鸟。罕见。

海南柳莺

Hainan Leaf Warbler　　*Phylloscopus hainanus*　　体长：10 cm　　VU（易危）

峨眉柳莺 \摄影：刘璐　　峨眉柳莺 \摄影：田穗兴

形态特征 上体鲜橄榄绿色，灰色顶冠纹在前段不明显。下体偏白色，有两道翼斑，腰绿色。似冠纹柳莺和白斑尾柳莺，但本种的顶冠纹远不及冠纹柳莺明显，尤其是前部分；外侧两对尾羽白色边缘窄。

生态习性 主要栖息于林下植物发达的亚热带山地阔叶林。

地理分布 中国鸟类特有种。见于陕西南部、云南中部、四川。

种群状况 单型种。留鸟，夏候鸟。罕见。

峨眉柳莺

Emei Leaf Warbler　*Phylloscopus emeiensis*　体长：10~11 cm　LC（低度关注）

挂墩亚种 *ogilviegranti* \摄影：田穗兴

指名亚种 *davisoni* \摄影：顾云芳

西南亚种 *disturbans* \摄影：刘爱华

形态特征 上体浅橄榄绿色，顶冠纹黄绿色。两道翼斑。下体白色，最外一对尾羽内翈白色。似冠纹柳莺，但本种个体较小，眉纹和耳羽有更多黄色，有时下喙端为黑色。

生态习性 主要栖息于海拔3000米以下的落叶或常绿阔叶林。

地理分布 共5个亚种，分布于缅甸及中南半岛。国内有3个亚种。指名亚种 *davisoni* 见于云南，上体橄榄绿色；下体沾黄色，并微具黄纹；外侧尾羽的白斑较宽（占内翈的全部或大部分）。西南亚种 *disturbans* 见于四川、重庆、贵州、湖南，上体与 *davisoni* 同；下体较白；外侧尾羽的白斑较狭，仅限于羽缘。挂墩亚种 *ogilviegranti* 见于福建西北部，上体较鲜绿，中央冠纹和下体显黄色；侧冠纹暗橄榄褐色；外侧尾羽的白斑宽狭不一。Alstrom 等2005年将其分为两种，即白斑尾柳莺、云南白斑尾柳莺。

种群状况 多型种。留鸟，夏候鸟。不常见。

鸟网
birdnet.cn

White-tailed Warbler *Phylloscopus davisoni*
白斑尾柳莺　迷鸟　留鸟　旅鸟　冬候鸟　夏候鸟

白斑尾柳莺

White-tailed Warbler　*Phylloscopus davisoni*　体长：10 cm　LC（低度关注）

黄胸柳莺 \摄影：董江天

黄胸柳莺 \摄影：朱春虎

黄胸柳莺 \摄影：刘璐

形态特征 顶纹、过眼纹黄色，侧冠纹黑色。翅上有两道翼斑，第二道较为模糊。胸黄色，下胸、腹部白色，臀黄色。

生态习性 主要栖息于海拔2000米以下的低山山地阔叶林和次生林中。

地理分布 共2个亚种，分布于从喜马拉雅山脉东段、老挝北部，越冬于孟加拉国、缅甸、泰国西北部。国内有1个亚种，指名亚种 *cantator* 见于云南西南部。

种群状况 多型种。夏候鸟。罕见。

鸟网 birdnet.cn

Yellow-vented Warbler *Phylloscopus cantator*
黄胸柳莺　迷鸟　留鸟　旅鸟　冬候鸟　夏候鸟

黄胸柳莺

Yellow-vented Warbler　*Phylloscopus cantator*　体长：9~10 cm　LC（低度关注）

灰岩柳莺 \摄影：董文晓

灰岩柳莺 \摄影：陈锋

灰岩柳莺 \摄影：董文晓

形态特征 顶冠纹、眉纹黄色，侧冠纹黑色。下体全黄色，脚粉色。与黑眉柳莺相似，但本种的体型稍小，上体染灰色更重，下体黄色较浅，侧冠纹略染灰色。两种从鸣声易区分。

生态习性 栖息于海拔700~1200 m 的石灰岩森林。

地理分布 分布于越南北部和中部、老挝北部和中部。国内见于云南东南部、广西西南部。

种群状况 单型种。留鸟。不常见。

灰岩柳莺

Limestone Leaf Warbler　*Phylloscopus calciatilis*　体长：11 cm　NE（未评估）

黑眉柳莺 \摄影：宁于新

黑眉柳莺 \摄影：李剑志

黑眉柳莺 \摄影：宁于新

形态特征 外形与灰岩柳莺非常相似，但本种的体型稍大，上体更绿，下体更黄。

生态习性 栖息于海拔1500米以下的混交林和半常绿阔叶林。

地理分布 繁殖于老挝中部、越南北部；越冬于泰国北部和东部、老挝南部和越南北部。国内见于甘肃东南部、云南东南部、四川、重庆、贵州、湖北、湖南、江西、浙江、福建、广东、香港、广西。

种群状况 单型种。夏候鸟，冬候鸟，旅鸟。不常见。

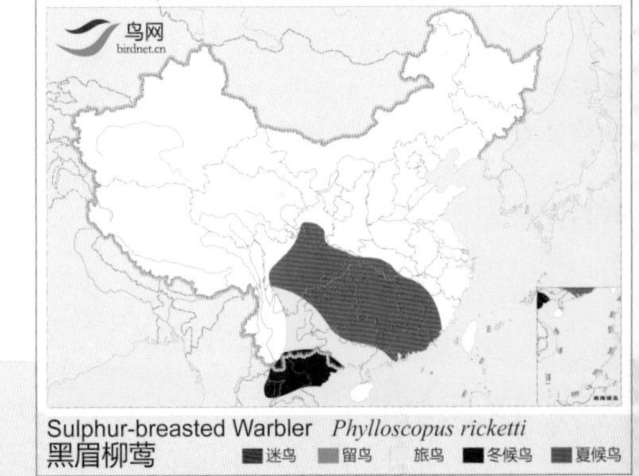

Sulphur-breasted Warbler *Phylloscopus ricketti*
黑眉柳莺 迷鸟 留鸟 旅鸟 冬候鸟 夏候鸟

黑眉柳莺

Sulphur-breasted Warbler *Phylloscopus ricketti* 体长：9~10 cm LC（低度关注）

金眶鹟莺 \摄影：陶秀忠

金眶鹟莺 \摄影：梁长久

金眶鹟莺 \摄影：肖克坚

形态特征 顶冠纹灰绿色，侧冠纹黑色，眼周金黄色。上体橄榄绿色，通常无翼斑，下体黄色。

生态习性 栖息于海拔1000~3000米的山地常绿或落叶阔叶林中。

地理分布 分布于喜马拉雅山脉、印度东北部、缅甸、泰国北部、中南半岛北部。国内见于西藏南部和东部。

种群状况 单型种。夏候鸟。区域性常见。

Green-crowned Warbler *Seicercus burkii*
金眶鹟莺 迷鸟 留鸟 旅鸟 冬候鸟 夏候鸟

金眶鹟莺

Green-crowned Warbler *Seicercus burkii* 体长：10~11 cm LC（低度关注）

灰冠鹟莺 \摄影：闫东

灰冠鹟莺 \摄影：闫东

灰冠鹟莺 \摄影：叶思伦

形态特征 形、色与金眶鹟莺相似，但本种的顶冠灰黑相间明显，眼周金黄色，眼在后方有细断纹。

生态习性 栖息于海拔1200~2500米的暖温带常绿阔叶林和寒温带落叶阔叶林。

地理分布 繁殖于印度东北部、缅甸西部和北部、越南北部。国内见于陕西南部、云南、四川西部、湖北西部。

种群状况 单型种。夏候鸟。常见。

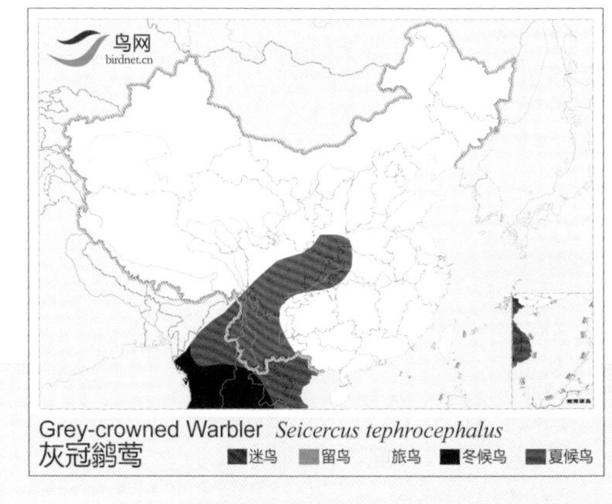

灰冠鹟莺

Grey-crowned Warbler　　*Seicercus tephrocephalus*　　体长：10~11 cm　　LC（低度关注）

韦氏鹟莺 \摄影：顾云芳

韦氏鹟莺 \摄影：张永

韦氏鹟莺 \摄影：张岩

形态特征 形、色与金眶鹟莺相似，但本种的顶冠图案不如其醒目，有一道不显著的翼斑。金眶鹟莺仅2枚外侧尾羽有白色，本种的外侧3枚尾羽都有白色，金色眼眶通常在眼后变细而断开。

生态习性 繁殖季栖息于温带常绿和落叶混交林。

地理分布 共2个亚种，分布于喜马拉雅山、印度东北和缅甸西北和西部。国内有1个亚种，西藏亚种 *nemoralis* 见于西藏西南部。

种群状况 多型种。夏候鸟。不常见。

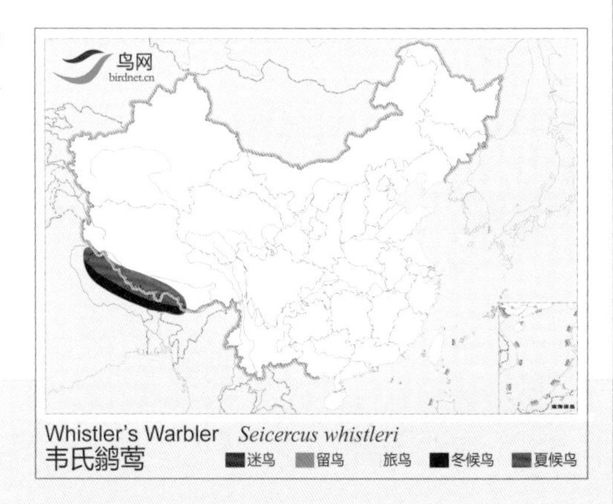

韦氏鹟莺

Whistler's Warbler　　*Seicercus whistleri*　　体长：11~12 cm　　LC（低度关注）

latouchei 亚种 \摄影：王常松 　指名亚种 *valentini* \摄影：张永 　*latouchei* 亚种 \摄影：唐承贵

形态特征 形、色与灰冠鹟莺相似。本种的顶冠灰黑相间，但有一道不明显的翼斑，尾羽外缘白色。与峨眉鹟莺较难区分。

生态习性 栖息于海拔2100~3100米寒温带常绿阔叶和落叶阔叶混交林。

地理分布 共2个亚种，国外分布于东南亚。国内有2个亚种，指名亚种 *valentini* 繁殖于中国陕西南部、甘肃南部、云南南部、四川。东南亚种 *latouchei* 繁殖于湖北、福建、广东等地。

种群状况 多型种。夏候鸟，旅鸟。常见。

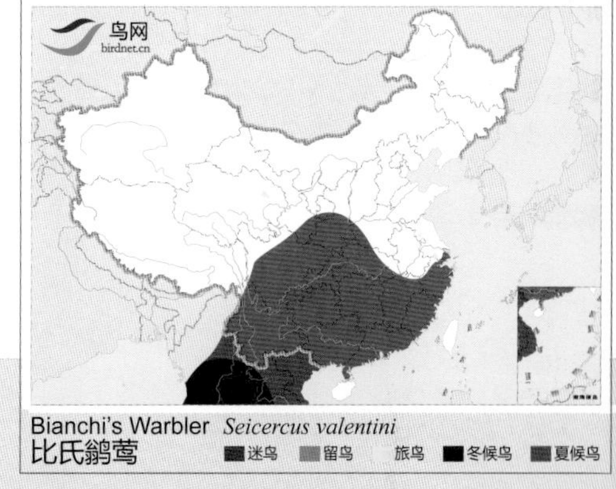

比氏鹟莺

Bianchi's Warbler 　*Seicercus valentini* 　体长：10~12 cm 　LC（低度关注）

峨眉鹟莺 \摄影：杜雄 　峨眉鹟莺 \摄影：田穗兴 　峨眉鹟莺 \摄影：杜雄

形态特征 形、色极似比氏鹟莺，虽然顶冠图案较本种更清晰，但二者难以仅靠外形区分，需依叫声来区分。

生态习性 栖息于海拔1200~2300米的暖温带常绿阔叶林和寒温带落叶阔叶林。

地理分布 越冬于东南亚。繁殖于中国陕西南部，甘肃南部和四川西部。

种群状况 单型种。夏候鸟。较常见。

峨眉鹟莺

Martens's Warbler 　*Seicercus omeiensis* 　体长：11~12 cm 　LC（低度关注）

淡尾鹟莺 \摄影：邓嗣光

淡尾鹟莺 \摄影：顾云芳

淡尾鹟莺 \摄影：顾云芳

形态特征 本种的顶冠图案相比其他金眶鹟莺种类最浅淡，对比不鲜明，头侧线至额上，嘴相对较大，尾相对短。

生态习性 栖息于海拔600~1500米暖温带常绿阔叶林。

地理分布 越冬于东南亚。繁殖于中国中东和东南部。国内见于河南南部、陕西南部、云南南部、四川、贵州、江西、福建、香港。

种群状况 单型种。夏候鸟，迷鸟。常见。

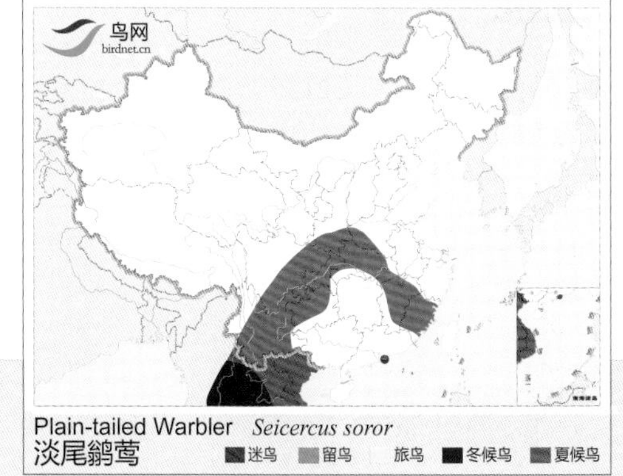

淡尾鹟莺

Plain-tailed Warbler　*Seicercus soror*　体长：10~11 cm　LC(低度关注)

灰头鹟莺 \摄影：王进

灰头鹟莺 \摄影：田穗兴

灰头鹟莺 \摄影：梁长久

形态特征 头顶和上背灰色，头顶中央色较淡，眉纹前橘色后黄色，贯眼纹黑褐色，下体硫黄色。尾褐色，尾缘绿色，外侧两对尾羽内翈白色。臀鲜黄色。嘴带粉色，嘴端深色。

生态习性 栖息于1000~2600米的山地阔叶林。

地理分布 共4个亚种，分布于喜马拉雅山脉及缅甸。国内有2个亚种，西藏亚种 *flavogularis* 见于西藏东南部。指名亚种 *xanthoschistos* 见于西藏南部。

种群状况 多型种。留鸟。地方性常见。

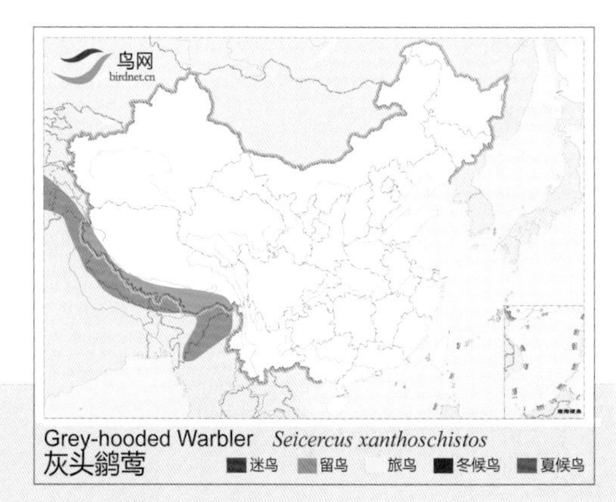

灰头鹟莺（灰头柳莺）

Grey-hooded Warbler　*Seicercus xanthoschistos*　体长：10~11 cm　LC(低度关注)

东南亚种 *intermedius* \摄影：田穗兴

指名亚种 *affinis* \摄影：谢功福

指名亚种 *affinis* \摄影：唐成贵

形态特征 头顶蓝灰色与黑色相间，具一道翼斑。眼眶白色或黄色，上方断开。外侧两对尾羽白色。两种色型，灰冠型眼上至侧冠纹之间为灰色；非灰冠型则为绿色。

生态习性 主要栖息于海拔1000米的潮湿而茂密的常绿阔叶林中。

地理分布 共3个亚种，分布于尼泊尔、缅甸及中南半岛。国内有2个亚种，指名亚种 *affinis* 见于西藏东南部、云南东南部，与灰头鹟莺的区别在无白色眉纹，且上背近绿。东南亚种 *intermedius* 见于云南南部、江西东北部、福建西北部、广西、广东，大覆羽羽端黄色成明显翼斑，指名亚种不明显。四川记录的亚种有待确认。

种群状况 多型种。夏候鸟，冬候鸟。不常见。

鸟网 birdnet.cn

White-spectacled Warbler *Seicercus affinis*
白眶鹟莺 迷鸟 留鸟 旅鸟 冬候鸟 夏候鸟

白眶鹟莺

White-spectacled Warbler　*Seicercus affinis*　体长：10 cm　LC（低度关注）

灰脸鹟莺 \摄影：王尧天

灰脸鹟莺 \摄影：王尧天

形态特征 头和脸黑灰色，眼周白色，上方断开。翅具一道翼斑，外侧3对尾羽内翈几乎全白色。与白眶鹟莺相似，但本种的颏为苍灰色，耳羽灰色，侧冠纹不明显。

生态习性 营巢于海拔1000~2500米的常绿森林中。

地理分布 分布于喜马拉雅山东部，从尼泊尔中部向东至印度东北、缅甸北部和中国南部交界处，以及老挝、越南。国内见于云南西部和南部、西藏东南部和南部。

种群状况 单型种。留鸟。罕见。

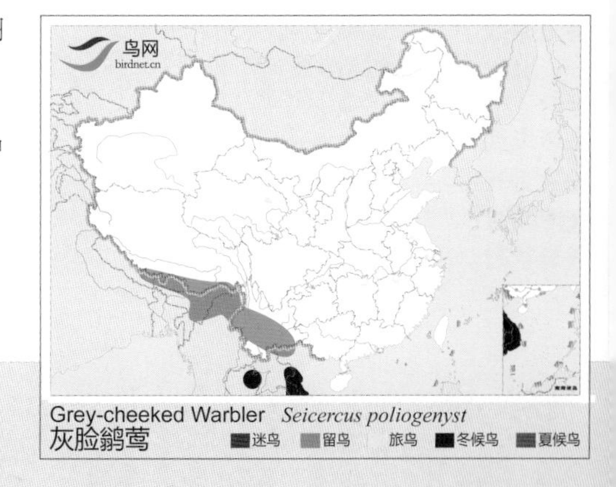

灰脸鹟莺

Grey-cheeked Warbler　*Seicercus poliogenys*　体长：9~11 cm　LC（低度关注）

蒙自亚种 *laurentei* \摄影：梁征

指名亚种 *castaniceps* \摄影：王尧天

华南亚种 *sinensis* \摄影：关克

形态特征 头顶栗色，侧冠纹黑色，眼眶白色。头侧灰色。两道翼斑，胸灰色，腹部黄色。

生态习性 栖息于海拔2000米以下的低山和山脚阔叶林及灌丛。

地理分布 共9个亚种，分布于喜马拉雅山脉、东南亚、马来半岛及苏门答腊。国内有3个亚种，指名亚种 *castaniceps* 见于西藏南部和东部、云南，腹白；最外侧三队尾羽的内翈均白色。蒙自亚种 *laurentei* 见于云南南部、广西西南部，腹柠檬黄而沾绿；余与 *sinensis* 相同。华南亚种 *sinensis* 见于华中及华南，腹灰黄色；最外侧一对尾羽的内翈为白色。

种群状况 多型种。夏候鸟，冬候鸟，留鸟。不常见。

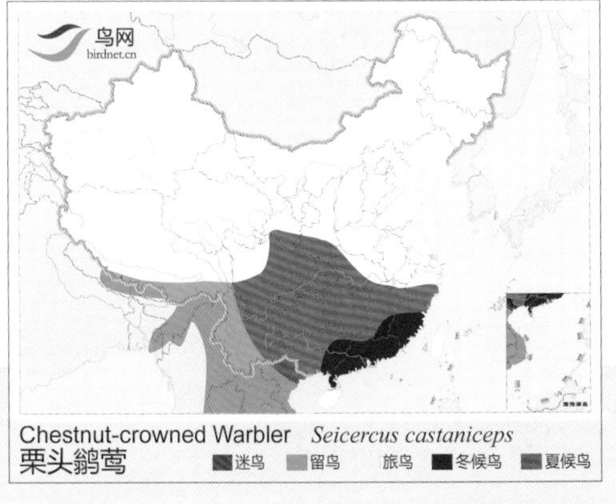

栗头鹟莺

Chestnut-crowned Warbler　*Seicercus castaniceps*　体长：9~10 cm　LC（低度关注）

指名亚种 *hodgsoni* \摄影：Jainy Kuriakose

指名亚种 *hodgsoni* \摄影：Jainy Kuriakose

形态特征 前额和头顶栗色，淡灰色眉纹不明显。眼先、头侧、喉及胸淡灰色。腹部、大腿及尾下覆羽黄色。

生态习性 栖息于海拔1500~2700米的山地常绿森林、竹林和灌丛中。

地理分布 共2个亚种，分布于尼泊尔、中南半岛北部及婆罗洲西部。国内有2个亚种，指名亚种见于西藏东南部。云南亚种 *tonkinensis* 见于云南东南部。

种群状况 多型种。留鸟。罕见。

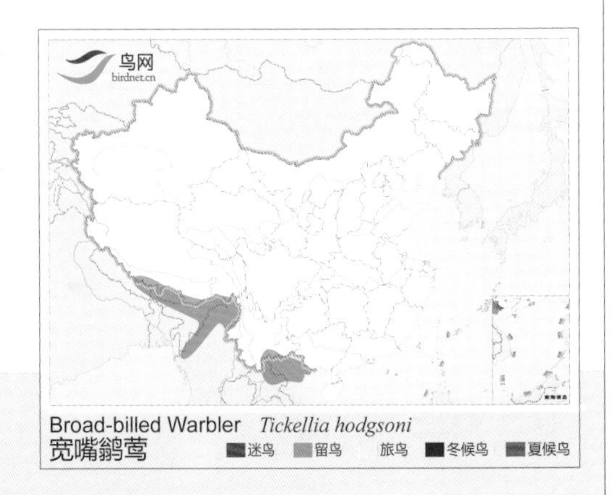

宽嘴鹟莺

Broad-billed Warbler　*Tickellia hodgsoni*　体长：10 cm　LC（低度关注）

fulvifacies 亚种 \摄影：关克

江南亚种 *fulvifacies* \摄影：王军

江南亚种 *fulvifacies* \摄影：虾将军

江南亚种 *fulvifacies* \摄影：陈承光

形态特征 上头栗色，侧冠纹黑色，脸棕色。喉黑白斑驳，上胸、腰、臀黄色，腹部白色。与栗头鹟莺的区别在于本种的头侧栗色，白色眼圈不显著且无翼斑。

生态习性 栖息于海拔2500米以下的阔叶林和竹林中。鸣声短促、尖呖，似电话铃声。

地理分布 共3个亚种，分布于尼泊尔东部、缅甸、中南半岛北部。国内有2个亚种，指名亚种 *albogularis* 见于云南西南部。江南亚种 *fulvifacies* 见于华中、华南及东南，包括海南及台湾。脸部棕红色较重，上体色较深。

种群状况 多型种。留鸟。常见。

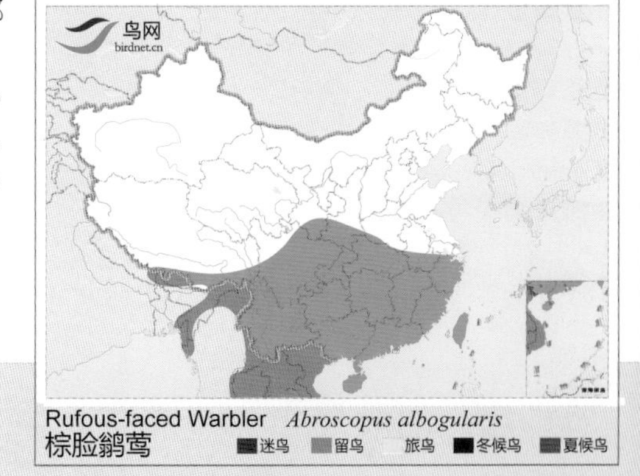

棕脸鹟莺

Rufous-faced Warbler *Abroscopus albogularis* 体长：9~10 cm LC（低度关注）

藏东亚种 *flavimentalis* \ 摄影：段文科

滇南亚种 *ripponi* \ 摄影：乐遥

滇南亚种 *ripponi* \ 摄影：杜雄

滇南亚种 *ripponi* \ 摄影：董江天

形态特征 头顶、后颈和头侧深灰色，额黄色，眉纹黄色，眼部有大块黑斑。喉、臀黄色，腹部白色。

生态习性 栖息于海拔2000~2600米的常绿阔叶林、竹林和灌丛。

地理分布 共3个亚种，分布于尼泊尔、缅甸及越南北部。国内有2个亚种，藏东亚种 *flavimentalis* 见于西藏南部、云南西北部，下体、喉和胸整个鲜黄色。滇南亚种 *ripponi* 见于云南西部和南部、四川。上体石板蓝色；眼先，眼周和额基黑色，眉纹深黄色；飞羽和尾羽黑褐色具绿色羽缘；下体灰色。尾下覆羽黄色。

种群状况 多型种。留鸟。罕见。

黑脸鹟莺

Black-faced Warbler　　*Abroscopus schisticeps*　　体长：10 cm　　LC（低度关注）

黄腹鹟莺 \摄影：关克

黄腹鹟莺 \摄影：梁长久

黄腹鹟莺 \摄影：王进

形态特征 前额、头和头顶灰色，贯眼纹黑色，眉纹白色。颏、喉和上胸白色，腹部黄色。

生态习性 栖息于海拔2000米以下的低山和山脚平原地带的次生林和灌丛。

地理分布 共10个亚种，分布于喜马拉雅山脉东段、东南亚及大巽他群岛。国内有2个亚种。指名亚种 *superciliaris* 见于西藏东南部、云南西部和南部。西藏亚种 *drasticus* 见于西藏东南部。

种群状况 多型种。留鸟。常见。

黄腹鹟莺

Yellow-bellied Warbler *Abroscopus superciliaris* 体长：10 cm LC（低度关注）

斑背大尾莺 \摄影：张永

斑背大尾莺 \摄影：段文科

斑背大尾莺 \摄影：段文科

形态特征 上体淡皮黄褐色，具黑色纵纹，尤其在背部。头顶具黑色细纵纹，眉纹白色。下体白色，两胁及尾下覆羽淡皮黄色，尾端无白点。

生态习性 栖息于湖泊，河流、海岸和邻近地区的芦苇沼泽和草地。

地理分布 共2个亚种，繁殖于日本。国内有1个亚种，中国亚种 *sinensis* 见于从黑龙江、辽宁、河北、天津、山东、湖北、湖南、江苏、上海至江西的多数东部省份。越冬于中国中部。

种群状况 多型种。夏候鸟，冬候鸟。稀少。

斑背大尾莺

Marsh Grassbird *Megalurus pryeri* 体长：13~14 cm NT（易危）

西南亚种 *toklao* \摄影：关克

沼泽大尾莺 \摄影：康小兵

西南亚种 *toklao* \摄影：王尧天

形态特征 上体浅栗色，带粗黑褐色纵纹，眉纹白色。下体乳白色，胸和尾下覆羽具少许窄的黑褐色纵纹，两胁沾棕色。

生态习性 与其他大尾莺相似。

地理分布 共3个亚种，分布于印度北部及东南亚。国内有1个亚种，西南亚种 *toklao* 见于西藏东南部、云南、贵州南部、广西。

种群状况 多型种。留鸟。不常见。

鸟网 birdnet.cn

Striated Grassbird *Megalurus palustris*
沼泽大尾莺　迷鸟　留鸟　旅鸟　冬候鸟　夏候鸟

沼泽大尾莺

Striated Grassbird　*Megalurus palustris*　体长：25~29 cm　**LC（低度关注）**

两广亚种 *sinicus* \摄影：梁少波

两广亚种 *sinicus* \摄影：梁少波

两广亚种 *sinicus* \摄影：梁少波

形态特征 上体棕色，头顶、颈和上背具粗而显著的黑色纵纹，腰部黑色纵纹细弱。颈侧和后颈具窄的白色羽缘，眉纹白色，颊和耳覆羽暗棕色。尾凸状，深褐色，具宽阔的白色端部。

生态习性 栖息于芦苇沼泽、草地、农田边灌丛和草丛等。

地理分布 共3个亚种，分布于从尼泊尔至印度东北部、缅甸及中南半岛。国内有2个亚种，两广亚种 *sinicus* 见于广东、澳门、广西，上体红褐色，具宽而粗的黑色纵纹；头顶黄褐色，具黑色纵斑；胸皮黄色；胸侧具明显的黑色轴纹；尾暗褐色，末端白色，呈楔状。海南亚种 *striatus* 见于海南。上体黑色，纵纹较窄；胸侧无黑色轴纹。

种群状况 多型种。留鸟。罕见。

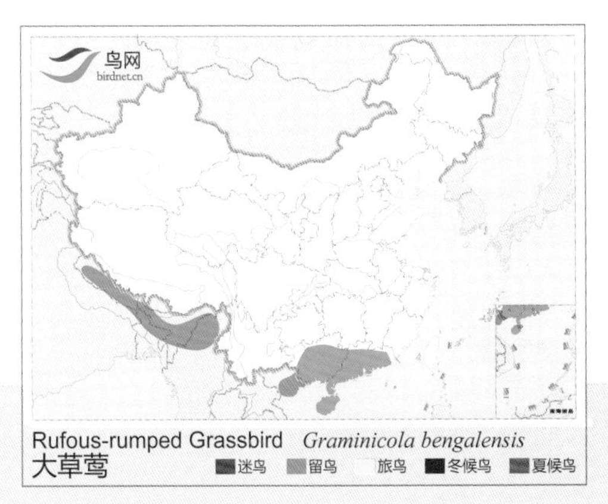

大草莺

Rufous-rumped Grassbird　*Graminicola bengalensis*　体长：16~18 cm　**NT（近危）**

灰白喉林莺 \摄影：文志敏

灰白喉林莺 \摄影：张永

灰白喉林莺 \摄影：廖玉基

形态特征 头顶至后颈灰色，其余上体淡灰褐色。眼圈白色。翅灰褐色，大覆羽、次级飞羽及三级飞羽羽缘棕褐而成翼上斑纹。喉羽蓬松白色。尾下覆羽白色，其余下体沾浅褐色。

生态习性 主要栖息于林缘、河边、湖岸、旷野等开阔地带的灌丛中。可高至海拔2000米。

地理分布 共4个亚种，分布于古北界的温带地区，越冬于非洲。国内有1个亚种，高加索亚种 *icterops* 见于新疆西部和北部。

种群状况 多型种。夏候鸟。罕见。

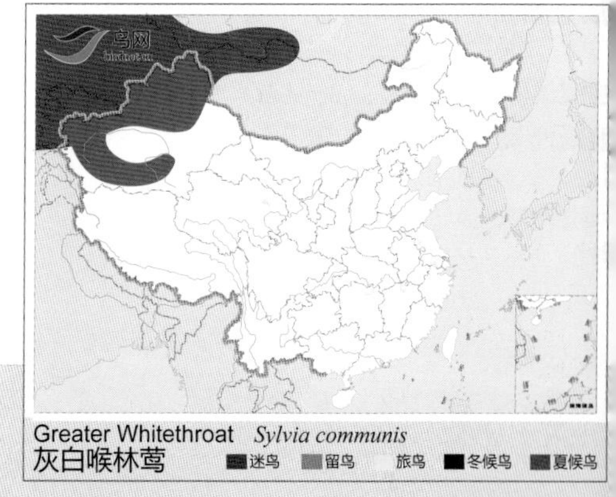

灰白喉林莺

Greater Whitethroat *Sylvia communis* 体长：14 cm LC（低度关注）

白喉林莺 \摄影：廖玉基

白喉林莺 \摄影：刘哲青

白喉林莺 \摄影：王尧天

形态特征 上体灰褐色，头顶灰色，耳覆羽深黑灰色。翅覆羽和飞羽灰褐色，外侧飞羽黑褐色，尾羽最外侧一对外翈和尖端白色。颏、喉白色，其余下体灰白色。与沙白喉林莺相似，但本种的体羽色较暗，脚色较深且嘴较大，翼上覆羽和飞羽无棕色羽缘。

生态习性 栖息的生境类型多样，包括森林、林缘、稀疏灌丛、草地、湖泊、河流边缘的灌丛等。

地理分布 共2个亚种，分布于古北界的温带地区，越冬于热带非洲、阿拉伯及印度。国内有1个亚种，普通亚种 *blythi* 见于河北、北京、天津、山西、陕西、内蒙古、甘肃、宁夏、青海、新疆和西藏。

种群状况 多型种。旅鸟，夏候鸟。不常见。

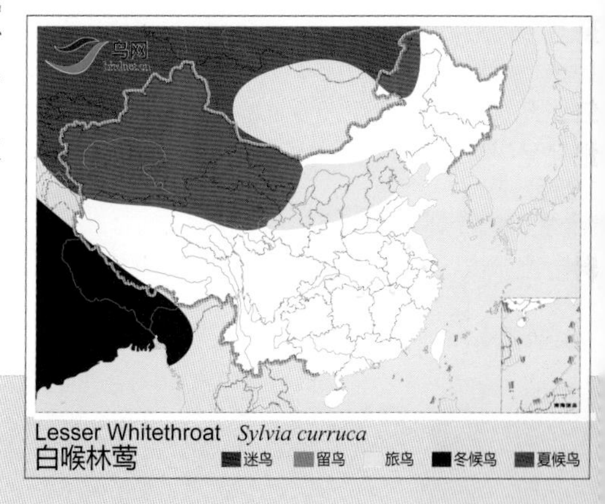

白喉林莺

Lesser Whitethroat *Sylvia curruca* 体长：13~14 cm LC（低度关注）

休氏白喉林莺 \摄影：邓嗣光

休氏白喉林莺 \摄影：Al Abraq Al Khabari

休氏白喉林莺 \摄影：Mike Pope

形态特征 喙黑色，粗壮。上体黑灰色，额和头顶更显暗，眼先和耳覆羽黑色。下体白色，两胁沾棕色。尾羽外缘白色。脚黑色。

生态习性 栖息于海拔2000~3600米的阔叶林和稀疏灌丛。

地理分布 繁殖与从哈萨克斯坦南部向东至天山西南和中部、向南至喜马拉雅山西北、阿富汗、伊朗东南部和巴基斯坦西部，越冬于伊朗南部，东至印度南部和斯里兰卡、也可能于阿拉伯半岛。2005年于新疆西部有一记录。

种群状况 单型种。夏候鸟。罕见。

休氏白喉林莺

Hume's Whitethroat　*Sylvia althaea*　体长：13 cm　LC（低度关注）

minula 亚种 \摄影：邢新国

minula 亚种 \摄影：文志敏

minula 亚种 \摄影：王尧天

minula 亚种 \摄影：王尧天

形态特征 上体沙灰褐色，头顶更显灰。耳羽色较淡，喉及下体白色，尾缘白色。与白喉林莺相比本种的体羽灰色较淡，嘴较小，且无近黑色的耳羽。

生态习性 主要栖息于有零星植物生长的干旱荒漠、戈壁和半荒漠地区。

地理分布 共2个亚种，分布于库尔德斯坦，越冬于巴基斯坦及印度西北部。国内有1个亚种，普通亚种 *margelanica* 见于宁夏、甘肃西北部、内蒙古西部、青海东部。新疆亚种 *minula* 分布于新疆。

种群状况 多型种。夏候鸟。地方性常见。

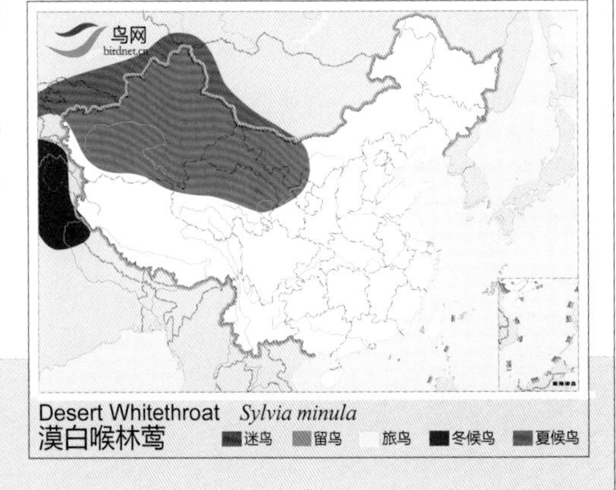

漠白喉林莺（沙白喉林莺）

Desert Whitethroat　*Sylvia minula*　体长：12~14 cm　LC（低度关注）

荒漠林莺 \摄影：邢睿

荒漠林莺 \摄影：邢新国

荒漠林莺 \摄影：乐遥

形态特征 上体沙灰褐色，腰、尾上覆羽和中央尾羽棕色，最外侧一对尾羽白色，下体白色，两胁和尾下覆羽微沾粉色。虹膜亮黄色。

生态习性 栖息于荒漠和半荒漠的灌丛中。

地理分布 共2个亚种，分布于非洲西北部、亚洲中南部，越冬于阿拉伯和巴基斯坦。国内只有指名亚种 *nana* 见于内蒙古西部、新疆。

种群状况 多型种。夏候鸟。不常见。

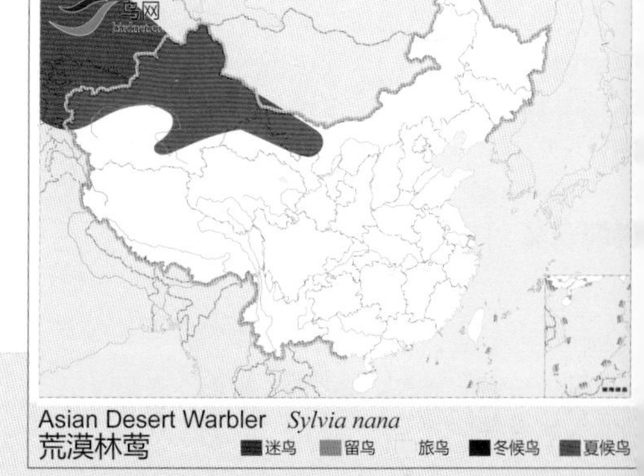

荒漠林莺（漠地林莺）

Asian Desert Warbler *Sylvia nana* 体长：11~12 cm LC（低度关注）

横斑林莺 \摄影：刘哲青

横斑林莺 \摄影：雷洪

横斑林莺 \摄影：刘哲青

形态特征 下体白色，布满鳞状斑纹。上体淡灰色。眼黄色。翼上具两道白色的翼斑。雌鸟上体灰褐色，下体横斑仅限于两胁。

生态习性 栖息于高至海拔2300米的近河流及湖泊的灌丛，尤其带刺灌丛。

地理分布 共2个亚种，分布于欧亚大陆的中部，越冬于东非。国内有1个亚种，新疆亚种 *merzbacheri* 见于新疆西北部。

种群状况 多型种。夏候鸟。罕见。

Barred Warbler *Sylvia nisoria*
横斑林莺
迷鸟 留鸟 旅鸟 冬候鸟 夏候鸟

横斑林莺

Barred Warbler *Sylvia nisoria* 体长：15 cm LC（低度关注）

黑顶林莺 \摄影：夏咏

黑顶林莺 \摄影：郭宏

黑顶林莺 \摄影：郭宏

形态特征 雄鸟头灰色，顶部黑色，背、尾褐色；下体灰白色，两肋沾棕色；有些亚种整个头及上胸为黑褐色，顶冠黑色，下体棕色。雌鸟似雄鸟，但顶黑色替换为棕色。

生态习性 栖息于林区各种类型生境。

地理分布 繁殖于欧洲至中亚，越冬于地中海沿岸及非洲西部和东部，在欧洲西南部为留鸟。国内见于新疆。2012年在新疆喀什有记录。

种群状况 单型种。迷鸟。罕见。

鸟网 birdnet.cn

Eurasian Blackcap *Sylvia atricapilla*
黑顶林莺　迷鸟　留鸟　旅鸟　冬候鸟　夏候鸟

黑顶林莺

Eurasian Blackcap　*Sylvia atricapilla*　体长：14 cm　LC（低度关注）

东歌林莺 \摄影：郭克疾

东歌林莺 \摄影：郭克疾

形态特征 雄鸟具黑灰色头部，上背浅灰色，喉白色，虹膜白色。雌鸟和亚成鸟头部色浅，下体沾棕色。幼鸟虹膜黑色。

生态习性 栖息于开阔的温带落叶林地。营巢于灌丛或树上，每巢产卵4~6枚。

地理分布 夏季分布于地中海地带，从巴尔干山脉到土耳其，高加索山脉以及中亚。冬季迁徙至撒哈拉以南的非洲。国内分布于新疆。2015年6月发现的中国鸟类新纪录。

种群状况 单型种，迷鸟，稀有。

东歌林莺

Eastern Orphean Warbler　*Sylvia crassirostris*　体长：15~16 cm　NE（未评估）

戴菊科

Regulidae
(Kinglets)

本科鸟类为体型纤小的雀形目鸟类。体长 8~11 厘米，体重 6~8 克。雌雄大小相似。体羽大致为灰绿色，翅斑苍白色。嘴尖细。多数鼻孔被坚硬的羽毛覆盖。头部斑纹显著，雄鸟头顶具有艳丽的羽冠。雌鸟的羽冠较小且偏黄色。

本科鸟类多分布于针叶林中，在迁徙季节可利用多种生境。繁殖时营巢于针叶树上，巢呈杯状，由苔藓、地衣、蛛丝等构成，悬挂在树枝的远端。巢内衬以毛发和羽毛。雌鸟每窝产 7~12 枚卵，卵白色或皮黄色，上有褐色斑点。雌鸟孵卵。孵卵期 15~17 天，育雏期 19~24 天。戴菊主要以昆虫为食。

本科鸟类主要分布于古北界和新北界。全世界共 1 属 6 种，分布于欧亚大陆、非洲北部及北美。中国有 1 属 2 种，分布于东北、华北、西北、西南、华东及台湾等地。

戴菊东北亚种 *japonensis* \ 摄影：毛建国

东北亚种 *japonensis* \摄影：Craig Brelsford

新疆亚种 *tristis* \摄影：夏咏

北方亚种 *coatsi* \摄影：刘哲青

西南亚种 *yunnanensis* \摄影：程东

形态特征 小型鸟类。上体橄榄绿色。头顶中央柠檬黄色或橙黄色羽冠，两侧有明显的黑色侧冠纹，眼周灰白色。翅上有两道白色翼斑。

生态习性 主要栖息于海拔800米以上的针叶林和针阔混交林中。

地理分布 共14个亚种，分布于古北界，从欧洲至西伯利亚及日本，包括中亚、喜马拉雅山脉。国内有5个亚种，新疆亚种 *tristis* 见于青海、新疆，冠纹非黑色；雄鸟羽冠黄或金黄色，而非橙黄色。北方亚种 *coatsi* 见于新疆，冠纹黑色；雄鸟羽冠为橙黄色；上体橄榄绿色；头顶中央冠羽鲜橙黄色，在冠羽两侧各具一条显著的，黑色纵纹；翅黑色；下体棕白色；尾羽褐色。青藏亚种 *sikkimensis* 见于甘肃南部、西藏、青海，冠纹黑色；雄鸟羽冠为橙黄色；背橄榄绿色，上背沾灰色；翅上白后半较狭，仅0.2厘米；下体近白色。西南亚种 *yunnanensis* 见于陕西南部、甘肃南部、西藏东南部、云南西部、四川和贵州，冠纹黑色；雄鸟羽冠为橙黄色；背橄榄绿色较浓而显著，上背微沾灰彩；翅上后白斑亦仅0.2厘米；下体黄白色。东北亚种 *japonensis* 分布于东北、华北、华东及台湾。

种群状况 多型种。留鸟，夏候鸟，冬候鸟，旅鸟。常见。

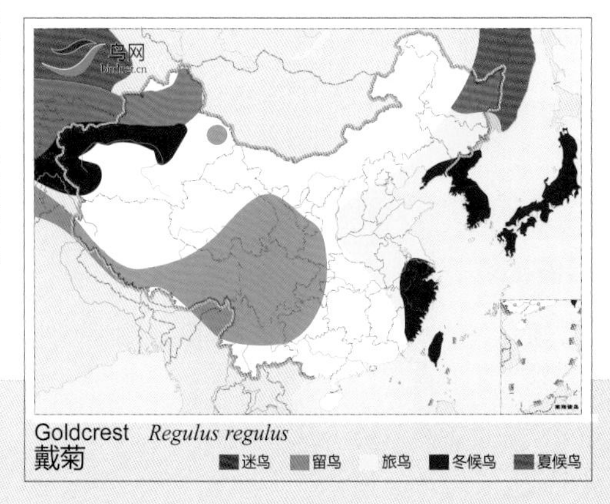

戴菊

Goldcrest　　*Regulus regulus*　　体长：9~10 cm　　LC(低度关注)

台湾戴菊 \摄影：虾将军

台湾戴菊 \摄影：陈承光

台湾戴菊 \摄影：简廷谋

台湾戴菊 \摄影：陈承光

形态特征 小型鸟类。头顶黑色，中央有鲜艳的橙红色及橙黄色羽冠(雌鸟黄色)，脸白色，髭纹、眼周黑色。背橄榄绿色，翅具两道翅斑，腰黄色，下体白色，体侧黄色。

生态习性 栖息于2000~3700米的中、高山针叶林中。性活泼，喜在针叶树上觅食，多在树冠层活动。常单独或以小群的形式游荡。常与煤山雀、普通鸸等鸟类混群。主要以昆虫及其幼虫为食。

地理分布 中国鸟类特有种。仅分布于台湾。

种群状况 单型种。留鸟。常见。

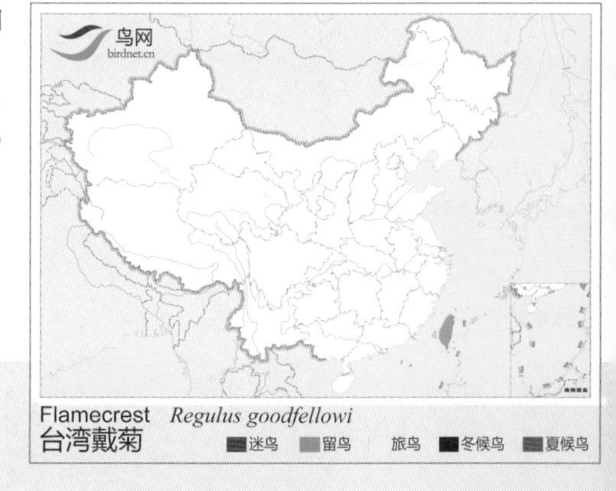

台湾戴菊

Flamecrest *Regulus goodfellowi* 体长：9~10 cm LC(低度关注)

台湾戴菊 \摄影：陈承光

台湾戴菊 \摄影：陈承光

绣眼鸟科

Zosteropidae
(White-eyes)

本科鸟类体型小，体羽几为纯绿色。眼周有一白色绒状短羽形成的眼圈，故名绣眼鸟。嘴细小，微向下曲，嘴缘平滑无齿，嘴须短而不显。鼻孔为薄膜所掩盖。舌能伸缩，先端具角质硬性纤维两簇，适于伸入花中取食昆虫。翅较长圆，初级飞羽10枚，其中第一枚甚短小。尾多呈平尾状。跗蹠前缘具少数盾状鳞。具4趾，中趾和外趾基部相互并连。雌雄羽色相似。

主要栖息于林缘、地边、河谷次生林与灌丛中。营巢于树枝杈上。食物为昆虫、果实和种子。

本科全世界有11属85种，主要分布于亚洲、非洲和大洋洲。中国有1属4种，主要分布于东北、华北、华东、华中和华南等地。

红胁绣眼鸟 \ 摄影：段文科

红胁绣眼鸟 \摄影：段文科

红胁绣眼鸟 \摄影：梁长久

红胁绣眼鸟 \摄影：舒仁庆

红胁绣眼鸟 \摄影：冯立国

形态特征 上体黄绿色。颏、喉黄色，眼周有显著的白色眼圈。下体白色，两胁栗红色。

生态习性 栖息于海拔900米以下的山丘和山脚以及平原地带的阔叶林及次生林。

地理分布 分布于东亚及中南半岛。国内除新疆、青海、海南、台湾外，见于全国各地。

种群状况 单型种。夏候鸟，冬候鸟，旅鸟。常见。

红胁绣眼鸟

Chestnut-flanked White-eye　*Zosterops erythropleurus*　体长：9~10 cm　LC（低度关注）

蒙自亚种 *joanne* \摄影：赵钦

指名亚种 *palpebrosus* \摄影：王尧天

指名亚种 *palpebrosus* \摄影：梁长久

形态特征 上体黄绿色。眼圈白色，眼先和眼下方黑色；颏、喉、上胸柠檬黄色，腹部灰白色，中央具不明显的黄色条带；两胁灰色，尾下覆羽黄色。

生态习性 栖息于1200米以下的常绿阔叶林和次生林。

地理分布 共11个亚种，分布于印度、东南亚。国内有2个亚种。指名亚种 *palpebrosus* 分布于西藏东南部，云南；腹灰白色，中央具不明显黄色纵纹；蒙自亚种 *joanne* 见于云南、四川西南部、贵州西南部、广西西南部。腹部非纯黄而呈灰白色，中央具明显黄色纵斑。

种群状况 多型种。留鸟。常见。

鸟网 birdnet.cn

Oriental White-eye *Zosterops palpebrosus*
灰腹绣眼鸟 迷鸟 留鸟 旅鸟 冬候鸟 夏候鸟

灰腹绣眼鸟

Oriental White-eye *Zosterops palpebrosus* 体长：9~11 cm LC（低度关注）

低地绣眼鸟 \摄影：焦庆利

低地绣眼鸟 \摄影：童光琦

低地绣眼鸟 \摄影：李丰晓

形态特征 形、色似暗绿绣眼，本种的体型略大嘴较粗短，眼先黄绿色。背部为橄榄绿色（绿色较深），腹略带黄色。

生态习性 主要栖息于低地的次生林、林缘及人工园林环境。

地理分布 共2个亚种，分布于菲律宾的吕宋岛、巴布延群岛及巴丹岛。国内有1个亚种，台湾亚种 *batanis* 在台湾兰屿和绿岛可见。

种群状况 多型种。留鸟。不常见

鸟网 birdnet.cn

Lowland White-eye *Zosterops meyeni*
低地绣眼鸟 迷鸟 留鸟 旅鸟 冬候鸟 夏候鸟

低地绣眼鸟

Lowland White-eye *Zosterops meyeni* 体长：10~12 cm LC（低度关注）

海南亚种 *hainanus* \摄影：邓宇

海南亚种 *hainanus* \摄影：大禾

普通亚种 *simplex* \摄影：王尧天

普通亚种 *simplex* \摄影：冯启文

形态特征 上体绿色。眼周白色。胸及两胁灰色，腹白色，额、颏、喉和尾下覆羽淡黄色。

生态习性 栖息于阔叶林、针阔叶混交林、竹林、次生林等，最高可到海拔2000米。

地理分布 共8个亚种，分布于日本、缅甸和越南北部。国内有2个亚种，普通亚种 *simplex* 见于中国华东、华中、西南、华南、东南及台湾；上体较绿，前额有黄色；眼先呈黑色。海南亚种 *hainanus* 见于海南，上体绿色沾黄，前额黄色较显著；眼先呈黑色。

种群状况 多型种。夏候鸟，留鸟。常见。

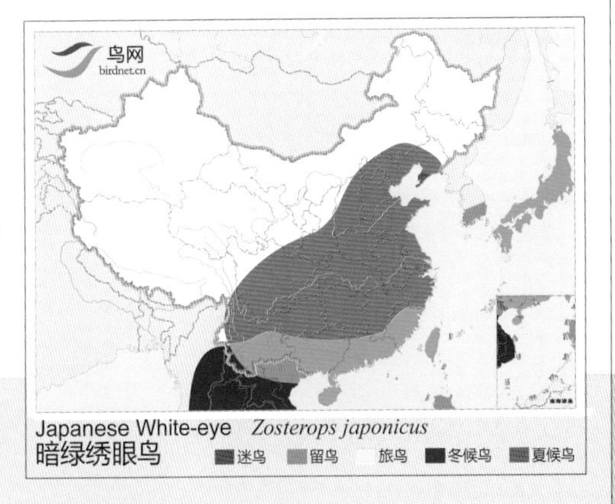

暗绿绣眼鸟

Japanese White–eye　*Zosterops japonicus*　体长：9~10 cm　LC（低度关注）

攀雀科

Remizidae
(Penduline Tits)

本科鸟类体形大多纤小。嘴呈尖锥状，无嘴须，鼻孔裸露或为短的硬须掩盖。初级飞羽10枚，第一枚初级飞羽退化，甚短小，通常仅及初级覆羽长度，不及第二枚的一半长。尾呈方尾或稍凹。

主要栖息于有林木的开阔地区。树栖性，善攀缘，常倒悬于树枝头。巢呈囊状，悬吊于树枝末梢或营巢于树洞中。每窝产卵4~9枚。主要以昆虫为食。

本科全世界计有4属10种，广泛分布于欧亚大陆、非洲和北美洲。中国有2属3种，主要分布于东北、华北、西北和西南等地。

中华攀雀 \ 摄影：段文科

中华攀雀 \摄影：李宗丰

中华攀雀 \摄影：冯江

中华攀雀 \摄影：冯江

中华攀雀 \摄影：段文科

形态特征 顶冠灰色，脸罩黑色，上下缘还有一圈白色。背棕色，尾凹形，下体皮黄色。雌鸟及幼鸟似雄鸟但色暗，头顶和眼罩为褐色。

生态习性 与其他攀雀相似。

地理分布 分布于俄罗斯的极东部；越冬于日本、朝鲜。国内见于东北、华中和华东等地区。

种群状况 单型种。夏候鸟、冬候鸟、旅鸟。常见。

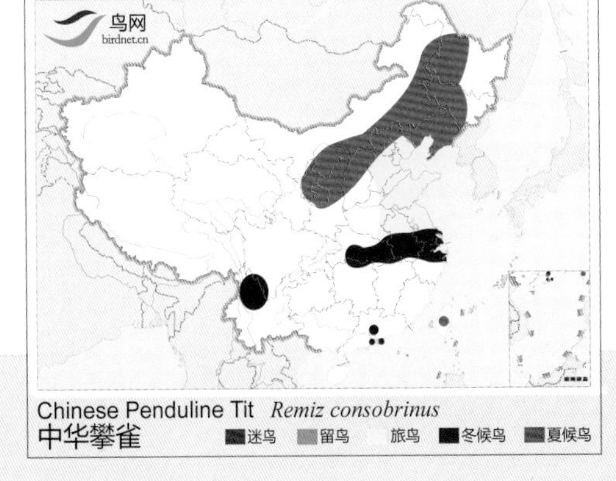

中华攀雀

Chinese Penduline Tit　*Remiz consobrinus*　　体长：10~11 cm　　LC（低度关注）

疆西亚种 *coronatus* \摄影：王尧天

疆西亚种 *coronatus* \摄影：王尧天

疆西亚种 *coronatus* \摄影：曾源

疆西亚种 *coronatus* \摄影：杨廷松

形态特征 嘴短而细尖。雄鸟头顶白色，额及脸罩黑色，后颈和颈侧白色，形成一个白色领圈。上背暗栗色，下背和腰棕黄色；颏、喉和下体灰白色。雌鸟羽色较暗，顶冠及领环灰色。

生态习性 栖息于邻近湖泊、河流等水域附近的森林和灌丛中，编织一精致的囊袋状巢于细枝上。

地理分布 共2个亚种，分布于中亚、中国西北及俄罗斯东南部。国内有2个亚种，疆西亚种 *coronatus* 见于新疆西部和北部；头顶白色，后部具一黑色宽带；上体色较暗，棕色较显著；嘴较粗长。新疆亚种 *stoliczkae* 见于宁夏北部、新疆。头顶白色，后部具一黑色宽带；上体色较淡，棕色不显著；嘴较细短。

种群状况 多型种。夏候鸟，冬候鸟。区域性常见。

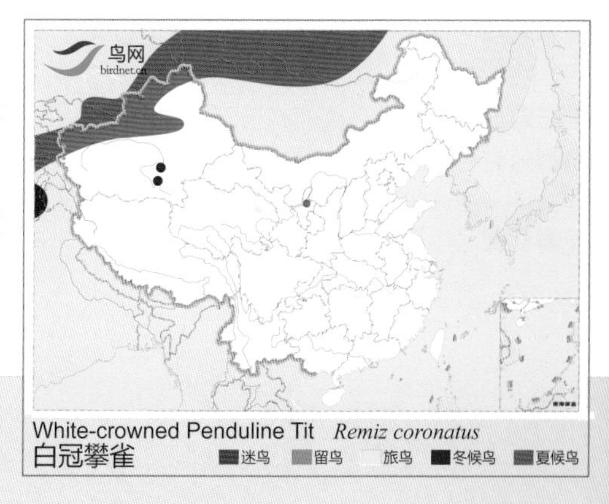

White-crowned Penduline Tit *Remiz coronatus*
白冠攀雀

白冠攀雀

White-crowned Penduline Tit *Remiz coronatus* 体长：9~12 cm LC（低度关注）

西南亚种 *olivaceus* \摄影：俞春江

西南亚种 *olivaceus* \摄影：杜英

西南亚种 *olivaceus* \摄影：关克

形态特征 嘴尖而短直。雄鸟上体橄榄绿色，前额、喉中心棕火红色，喉侧及胸黄色，下体烟灰或绿灰色。雌鸟额和胸部的火红色无或不明显。

生态习性 主要栖息于高山针叶林和针阔混交林。营巢于树洞。

地理分布 共2个亚种，分布于喜马拉雅山脉，越冬于印度中北部和缅甸东部，泰国和老挝的西北部。国内2个亚种均有分布，指名亚种 *flammiceps* 分布于西藏西南部，上体橄榄绿而沾黄色；颏、喉及胸等均橙黄色。西南亚种 *olivaceus* 见于陕西南部、宁夏、甘肃东南部、云南、四川、贵州西部，上体较暗，胸呈黄绿色。

种群状况 多型种。夏候鸟。不常见。

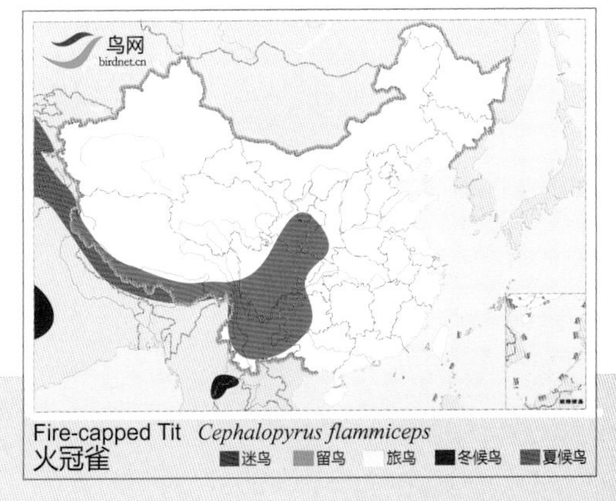

火冠雀

Fire-capped Tit　　*Cephalopyrus flammiceps*　　体长：8~11 cm　　LC（低度关注）

长尾山雀科

Aegithalidae
(Long-tailed Tits)

本科鸟类体形较小，体长9~14厘米，体重4.5~9克。嘴短而粗厚。尾较长，呈凸状。翅短而圆。体羽蓬松，绒羽发达，羽毛丰满。雌雄羽色相似。

主要栖息林于下植物发达的山地森林中，尤以针阔叶混交林和阔叶林较常见，也见于竹林、芦苇、灌丛和次生林。树栖性。常成小群活动。杂食性，主要以昆虫为食，也吃少量植物种子。主要在树上取食，尤其是在树冠层和灌丛上，很少到地面活动。取食时可将身体倒悬在树枝上。常成群活动。繁殖期开始于早春。婚配制度为单配制，但繁殖过程中存在合作繁殖的行为，即有帮手存在。营巢于树上。巢呈囊袋状，开口于侧上方。每窝产卵6~10枚。卵白色，具有红色斑点。孵卵期13~14天，育雏期16~17天。

本科计有3属9种。主要分布于欧亚大陆和北美洲。中国有1属5种。主要分布于东北、华北、西北、华中，华南和西南地区。

银喉长尾山雀指名亚种 *caudatus*（北长尾山雀）\摄影：孙晓明

长江亚种 *glaucogularis* \摄影：张前

长江亚种 *glaucogularis* \摄影：王尧天

长江亚种 *glaucogularis* \摄影：李全民

指名亚种 *caudatus*（北长尾山雀）\摄影：王安青

指名亚种 *caudatus*（北长尾山雀）\摄影：邢睿

形态特征 尾细长而凸状，黑色而带白边；嘴粗短而厚，翅短圆。不同亚种体色差异较大，指名亚种头白色，背黑色。长江亚种具宽的黑眉纹，翼上图纹褐色及黑色，下体沾粉色。华北亚种似 *glaucogularis* 但色淡。

生态习性 栖息于森林，常集群活动，有合作繁殖习性。

地理分布 共17个亚种，广布于整个欧洲及亚洲温带地区。国内有3个亚种，指名亚种 *caudatus* 见于东北。华北亚种 *vinaceus* 见于华北及华中；体型较大；头顶后部正中纵纹较狭；头侧及下体多白色，有时带灰色，向后微沾葡萄红色；头具黑；或褐色纵纹；背灰而非黑色，亦不杂(或仅微杂)以粉红色；喉具黑斑。长江亚种 *glaucogularis* 见于华中至华东。体形较小；头侧及下体均较沾棕；而后更着葡萄红色；头具黑；或褐色纵纹；背灰而非黑色，亦不杂(或仅微杂)以粉红色；喉具黑斑。

有人认为中国分布的该种可分为两个独立种，即北长尾山雀 *Aegithalos caudatus* 和银喉长尾山雀 *Aegithalos glaucogularis*。

种群状况 多型种。留鸟。数量多，常见。

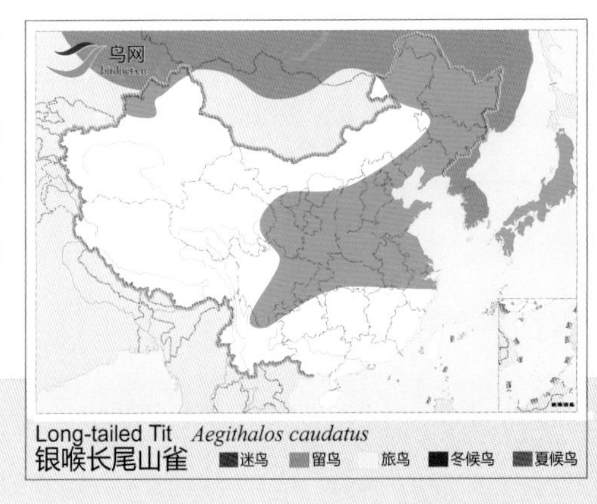

银喉长尾山雀

Long-tailed Tit　　*Aegithalos caudatus*　　体长：14 cm　　LC（低度关注）

指名亚种 concinnus \ 摄影：高延钧

指名亚种 concinnus \ 摄影：高延钧

西藏亚种 iredalei \ 摄影：齐学工

云南亚种 talifuensis \ 摄影：李继仁

形态特征 头顶、颈背栗红色(有的亚种为灰色)，过眼纹宽而黑色。颏、喉白色，喉中部有黑色斑块，背蓝灰色；胸腹白色或淡棕黄色，胸腹白色者具栗色胸带。两胁栗色。

生态习性 主要栖息于山地森林和灌木林，常集大群。有合作繁殖习性。

地理分布 共6个亚种，分布于喜马拉雅山脉、缅甸、中南半岛。国内有3个亚种。西藏亚种 *iredalei* 分布于西藏南部和东南部；眉纹白色；胸无栗带；下体自喉的黑斑以下都为带粉红色的皮黄色。云南亚种 *talifuensis* 见于云南、贵州南部和西部，四川西南部；眉纹黑；胸有栗色带；下胸及腹部中央近白色，两胁暗栗色；胸带亦较窄。指名亚种 *concinnus* 见于华中、华南、东南及台湾。眉纹黑；胸有栗色带；下胸及腹部中央近白色；胸带和两胁辉栗色，胸带亦较宽。

种群状况 多型种。留鸟。数量多，常见。

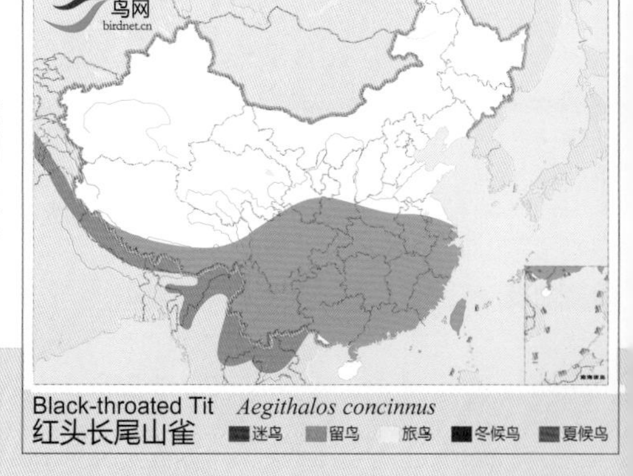

Black-throated Tit *Aegithalos concinnus*
红头长尾山雀 迷鸟 留鸟 旅鸟 冬候鸟 夏候鸟

红头长尾山雀

Black-throated Tit *Aegithalos concinnus*

体长：9.5~11 cm

LC(低度关注)

棕额长尾山雀 \摄影：王尧天

棕额长尾山雀 \摄影：邢睿

棕额长尾山雀 \摄影：邢睿

形态特征 顶纹、髭纹、耳羽及颈侧棕褐色，脸罩呈黑色，颏、喉银白色，羽基黑色，下体黄棕色。

生态习性 高山森林鸟类，主要栖息于海拔2000~3000米的针叶林、针阔混交林以及林缘上的灌丛等。

地理分布 分布于尼泊尔中部和东部，向东沿着喜马拉雅山南部的狭长条带至不丹，向北至中国西南。国内见于西藏南部和东南部。

种群状况 单型种。留鸟。区域性常见。

鸟网 birdnet.cn

Rufous-fronted Tit *Aegithalos iouschistos*
棕额长尾山雀 迷鸟 留鸟 旅鸟 冬候鸟 夏候鸟

棕额长尾山雀（黑头长尾山雀）

Rufous-fronted Tit　*Aegithalos iouschistos*　体长：10~12 cm　LC（低度关注）

川北亚种 *obscuratus* \摄影：陶轩

西南亚种 *bonvaloti* \摄影：李全民

西南亚种 *bonvaloti* \摄影：翁发祥

形态特征 形、色似黑头长尾山雀，但本种的色淡，额及胸兜边缘白色，胸具棕褐色胸带，下胸及腹部白色。

生态习性 栖息于海拔2000~2700米的针阔混交林中。

地理分布 共2个亚种，分布于青藏高原东南部、缅甸西部及北部。国内有2个亚种，西南亚种 *bonvaloti* 见于西藏东南部、云南、四川西部、贵州西北部，额白，上体灰色，下体显棕褐色，下体较少红色，胸具棕褐色宽带。川北亚种 *obscuratus* 见于四川中部，额白，羽色较暗，上体的灰色沾橄榄色泽；下体显暗褐色，较少红色，胸具棕褐色宽带。

种群状况 多型种。留鸟。常见。

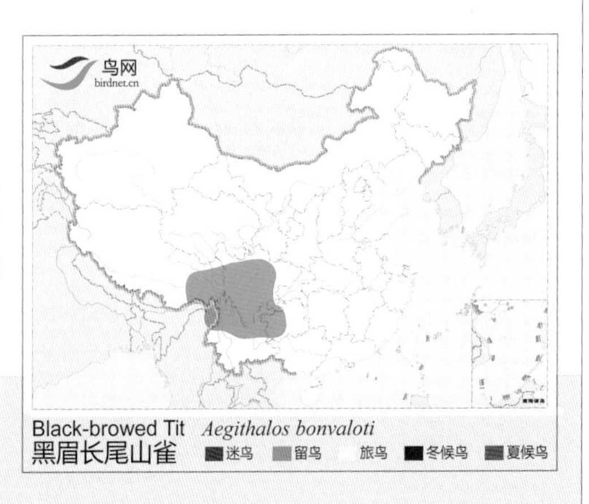

黑眉长尾山雀

Black-browed Tit　*Aegithalos bonvaloti*　体长：10~12 cm　LC（低度关注）

银脸长尾山雀 \ 摄影：关克

银脸长尾山雀 \ 摄影：关克

银脸长尾山雀 \ 摄影：唐军

银脸长尾山雀 \ 摄影：张永文

形态特征 头顶至后颈棕褐色。其余上体褐色。颊、颏、喉银灰色，下体白色，两胁红褐色，胸具宽阔的褐色胸带。尾褐色，边缘白色。

生态习性 栖息于海拔1000米以上的高山森林中。

地理分布 中国鸟类特有种。见于陕西南部、宁夏、甘肃南部、四川、重庆、湖北西南部。

种群状况 单型种。留鸟。不常见。

银脸长尾山雀

Sooty Tit *Aegithalos fuliginosus*

体长：10~11 cm

LC（低度关注）

山雀科

Paridae
(Tits)

本科鸟类嘴短而强，略呈圆锥状，无嘴须或嘴须不发达，鼻孔多为鼻羽所覆盖。翅短圆。初级飞羽10枚，第一枚短小，通常仅为第二枚的一半。尾为方尾或稍圆，尾羽12枚，跗蹠前缘具盾状鳞。雌雄羽色相似。

本科鸟类主要栖息于森林和林缘灌丛。性活泼，常在树枝上跳跃或攀缘于枝头。亦到地上活动和觅食，食物以昆虫为主。营巢于树洞或岩石缝隙中，也有在树枝间或地洞内营巢的。雏鸟晚成性，留鸟多有垂直迁移现象。飞翔力较弱。

本科全世界有3属50种，遍及于欧洲、亚洲、非洲和北美等地。中国有4属22种，遍布于全国各地。

沼泽山雀 \摄影：李全民

西南亚种 *dejeani* \摄影：吕万才

西北亚种 *hypermelaena*（黑喉山雀）\摄影：高延钧

东北亚种 *hellmayri* \摄影：肖显志

西北亚种 *hypermelaena* \摄影：李全民

东北亚种 *brevirostris* \摄影：赵振杰

形态特征 前额、头顶至后颈黑色，眼以下脸颊至颈侧白色。上体沙褐色。颏、喉黑色，其余下体白色或苍白色，两胁皮黄色。与北褐头山雀、褐头山雀相似，但本种通常无浅色翼纹而具闪辉黑色顶冠。

生态习性 栖息于海拔从平原到4000米。常在树林或灌丛觅食。

地理分布 共11个亚种，不连续地分布于温带的欧洲及东亚。国内有4个亚种。东北亚种 *brevirostris* 见于黑龙江、吉林、辽宁、内蒙古、新疆；头顶辉黑色；上体灰褐；下体纯白色，仅于两胁微沾棕白色；喉上黑色块斑大小居中；背呈橄榄褐色。华北亚种 *hellmayri* 见于华东；头顶辉黑色；背及两胁较多棕色；喉上黑斑较小；背呈橄榄褐色。西北亚种 *hypermelaena* 见于陕西南部、甘肃南部、湖北西部；头顶和后颈均亮黑色；背呈灰褐或棕褐色。西南亚种 *dejeani* 见于西南。头顶黑色较钝而沾褐色；背呈灰褐或棕褐色。

种群状况 多型种。留鸟。常见。

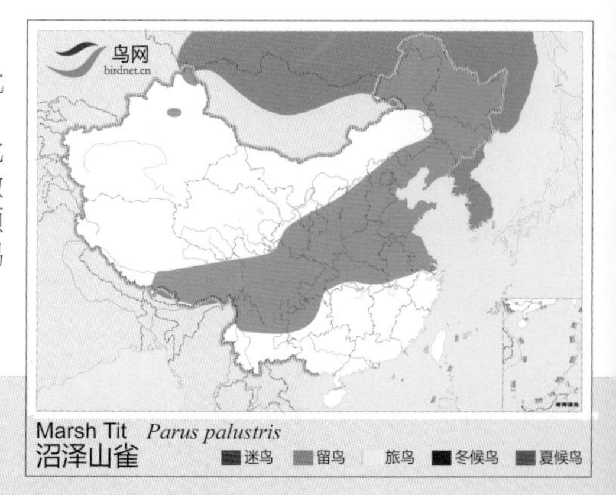

沼泽山雀

Marsh Tit *Parus palustris*

体长：10~13 cm

LC（低度关注）

北褐头山雀 \摄影：刘立才

北褐头山雀 \摄影：刘立才

北褐头山雀 \摄影：田穗兴

北褐头山雀 \摄影：孙晓明

北褐头山雀 \摄影：刘立才

形态特征 与沼泽山雀非常相似，但本种略显头大而颈粗，尾短而端部圆，头和枕部比沼泽山雀暗，缺少闪辉，喉部黑色更多，次级飞羽和三级飞羽边缘浅色。

生态习性 栖息于多种生境类型。常在树间或灌丛活动。

地理分布 共5个亚种，从欧洲西北至俄罗斯远东、日本。国内有1个亚种，东北亚种 *baicalensis* 见于黑龙江、吉林、辽宁东部、内蒙古北部和新疆北部。

种群状况 多型种。留鸟。常见。

北褐头山雀

Willow Tit　*Parus montanus*　体长：11~14 cm　LC（低度关注）

西北亚种 *affinis* \摄影：关克

华北亚种 *stotzneri* \摄影：张代富

西北亚种 *affinis* \摄影：梁长久

西南亚种 *weigoldicus*（川褐头山雀）\摄影：王尧天

形态特征 形、色与沼泽山雀和北褐头山雀相似，但本种的腰、翼和尾暗灰棕色，看似缺少翼上条纹，从额至枕暗棕黑色，喉部黑色斑块大，使得脸部的白斑在眼先狭窄，下体锈灰棕色，胁部色深。

生态习性 与北褐头山雀相似。主要栖息于针叶林或针阔混交林。多集群活动，有时也成对或单独觅食。营巢于树洞中。以昆虫及其幼虫为食。

地理分布 共4个亚种，分布于中亚。国内有3个亚种，西北亚种 *affinis* 见于宁夏北部、甘肃西北和西南部、青海东部；头顶暗褐色，微带栗色；上体较多赭褐色；下体亦多沾棕色。华北亚种 *stotzneri* 分布于河北北部、北京、河南、陕西南部、内蒙古东南部；头顶暗褐色，微带栗色；上下体均较淡。西南亚种 *weigoldicus* 分布于西藏东南部、青海南部、云南西北部、四川。头顶显栗褐色；背部赭色较浓；腹部暗棕色。

种群状况 多型种。留鸟。常见。

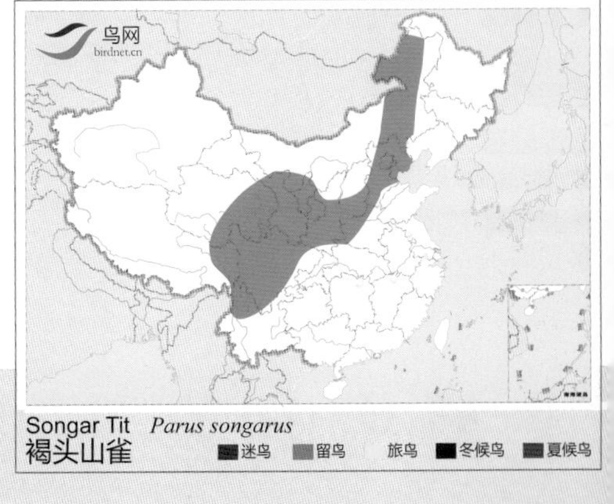

褐头山雀

Songar Tit *Parus songarus*

体长：11~13 cm

LC（低度关注）

白眉山雀 \ 摄影：唐军

白眉山雀 \ 摄影：焦庆利

白眉山雀 \ 摄影：肖克坚

白眉山雀 \ 摄影：黄小安

形态特征 额、头至后颈黑色，具一长而显著的白色眉纹连至前额，眼先和眼后黑色，颊和耳羽沙棕色，上体沙褐色；颏、喉黑色，下体沙棕色。

生态习性 栖息于海拔3000~4500米的高原和高山针叶林，针阔混交林和高山灌丛草甸。以昆虫为食。

地理分布 中国鸟类特有种。分布于甘肃南部、西藏南部、青海东部、四川北部和西部。

种群状况 单型种。留鸟。区域性常见。

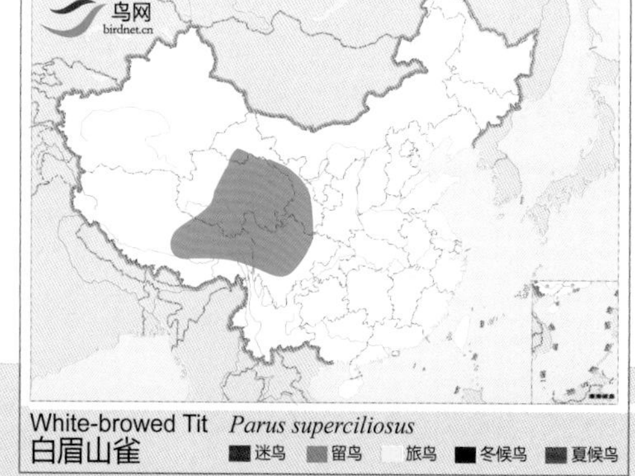

白眉山雀

White-browed Tit　*Parus superciliosus*　　体长：11~14 cm　　LC（低度关注）

红腹山雀 \ 摄影：关克

红腹山雀 \ 摄影：关克

红腹山雀 \ 摄影：关克

形态特征 头及胸兜暗黑色，颊斑、颈侧白色，颈圈棕色；上体橄榄褐色，下体栗黄色，背、两翼及尾橄榄灰色，飞羽具浅色边缘。

生态习性 高山森林鸟类，栖息于海拔2000米以上的针叶林和竹林。

地理分布 中国鸟类特有种。见于陕西南部、甘肃南部、湖北西部、四川。

种群状况 单型种。留鸟。偶见。

鸟网 birdnet.cn

Rusty-breasted Tit *Parus davidi*
红腹山雀 迷鸟 留鸟 旅鸟 冬候鸟 夏候鸟

红腹山雀

Rusty-breasted Tit *Parus davidi*

体长：11~12 cm

LC（低度关注）

西南亚种 *aemodius* \摄影：关克

新疆亚种 *rufipectus* \摄影：徐新林

挂墩亚种 *kuatunensis* \摄影：徐晓东

新疆亚种 *rufipectus* \摄影：张守玉

秦皇岛亚种 *insularis* \摄影：雷大勇

指名亚种 *ater* \摄影：王兴娥

台湾亚种 *ptilosus* \摄影：简廷谋

形态特征 头黑色，具短的黑色冠羽(有些亚种没有)，后颈中央白色，颊部有大块白斑，上体蓝灰色，翅上两道白色翼斑。下体白色，带皮黄色。

生态习性 栖息于3000米以下的树林和灌丛。

地理分布 共21个亚种，分布于欧洲、北非及地中海国家，东至中国、西伯利亚及日本。国内有7个亚种，指名亚种 *ater* 见于东北、内蒙古东北部、新疆；头上无冠；下体较灰；中覆羽先端具乳白或棕色点斑。新疆亚种 *rufipectus* 见于新疆中部和西部，头上有短冠；头与颈的侧斑白色；上体石板灰色；腹部橙棕色，两胁灰棕色。西南亚种 *aemodius* 见于中部及西藏南部，头上有短冠；头与颈的侧斑白色；上体灰色较 *rufiprctus* 为暗；下体却稍淡些。北京亚种 *pekinesis* 见于辽宁南部、河北北部、北京、天津；头上有短冠；头与颈的侧斑白；上体石板灰色；腹部显灰色；秦皇岛亚种 *insularis* 见于辽宁西部、河北东北部；头上无冠；下体显灰色；中覆羽先端具乳白或棕色点斑。挂墩亚种 *kuatunensis* 见于安徽东南部、浙江、福建西北部。头上有短冠；头与颈的侧斑白色；上体灰色较西南亚种为浅；下体钝淡皮黄色。台湾亚种 *ptilosus* 见于台湾，体羽与秦皇岛亚种相似，但冠羽较长。

种群状况 多型种。留鸟。常见。

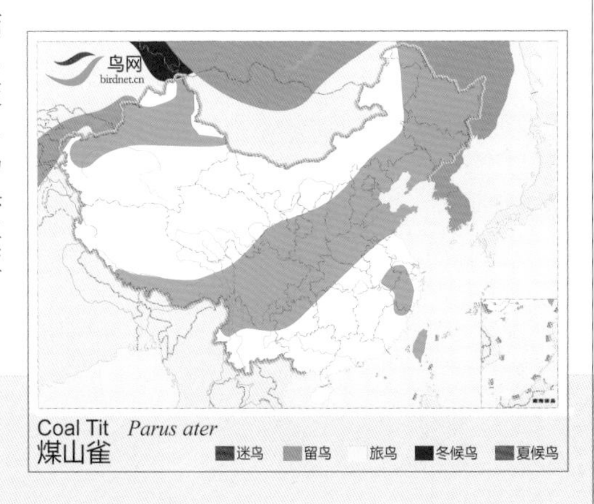

煤山雀

Coal Tit　*Parus ater*

体长：9~12 cm

LC(低度关注)

棕枕山雀 \摄影：郭宏

棕枕山雀 \摄影：丁进清

棕枕山雀 \摄影：郭宏

棕枕山雀 \摄影：向文军

形态特征 头、颈和竖起的冠羽亮黑色，颊有大块白斑，颏、喉、胸黑色，后颈有棕色斑块，前缀白色。背、腹橄榄灰色。尾下覆羽棕色。

生态习性 栖息于海拔1500~3000米的森林，秋冬季下到海拔1200米左右。

地理分布 分布于中亚、喜马拉雅山脉西段。国内见于新疆西部、西藏南部。

种群状况 单型种。留鸟。罕见。

鸟网 birdnet.cn

Rufous-naped Tit *Parus rufonuchalis*
棕枕山雀

迷鸟 留鸟 旅鸟 冬候鸟 夏候鸟

棕枕山雀

Rufous–naped Tit *Parus rufonuchalis* 体长：12~13 cm LC（低度关注）

黑冠山雀 \ 摄影：关克

黑冠山雀 \ 摄影：邢睿

黑冠山雀 \ 摄影：杜雄

黑冠山雀 \ 摄影：杜英

形态特征 形、色似棕枕山雀，但本种的后颈为白色无棕色，胸黑色部分小，脸部白斑较小，肩部带棕色，上体灰色无橄榄色。

生态习性 与棕枕山雀相似。

地理分布 共3个亚种，分布于喜马拉雅山脉。国内有1个亚种。西南亚种 *beavani* 分布于陕西南部、甘肃西部、西藏南部和东南部、青海东南部、云南西北部、四川。

种群状况 多型种。留鸟。罕见。

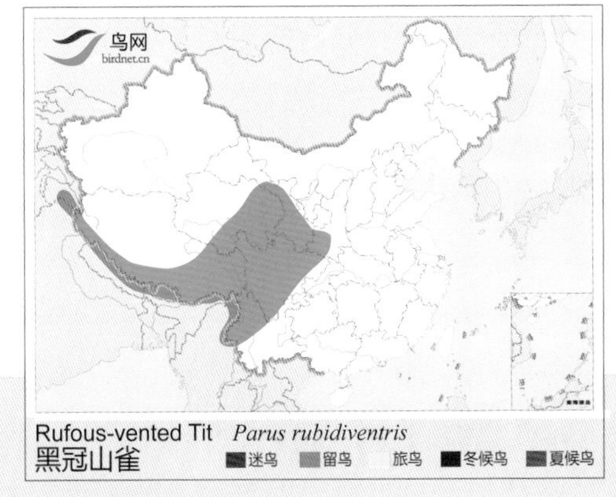

黑冠山雀

Rufous-vented Tit　*Parus rubidiventris*　体长：10~12 cm　LC（低度关注）

黄腹山雀 \ 摄影：梁长久

黄腹山雀 \ 摄影：梁长久

黄腹山雀 \ 摄影：朱英

黄腹山雀 \ 摄影：朱英

形态特征 雄鸟头和上背黑色，胸侧黑色，脸颊和后颈有白色斑块；下背、腰亮蓝灰色，翼上具两排白色点斑，下体黄色。雌鸟头部灰色重，喉白色。

生态习性 栖息于海拔2000米以下的山地林中。在地洞中营巢。以昆虫为食。

地理分布 中国鸟类特有种。可见于华南、东南、华中、华东及西南的部分地区，繁殖区位于东北向南可至北京。

种群状况 单型种。留鸟。常见。

黄腹山雀

Yellow-bellied Tit *Parus venustulus*

体长：9~11 cm

LC（低度关注）

甘肃亚种 *dichroide* \摄影：关克

西南亚种 *wellsi* \摄影：唐承贵

甘肃亚种 *dichroide* \摄影：关克

指名亚种 *dichrous* \摄影：王尧天

形态特征 头顶和冠羽灰色，其余上体橄榄褐色或暗灰色。额、眼先、颊和耳覆羽皮黄色，颈侧棕白色形成半领环。下体随亚种不同从皮黄色至黄褐色有变化。

生态习性 栖息于2500~4200米的高山针叶林中。

地理分布 共4个亚种，分布于喜马拉雅山脉。国内有3个亚种，指名亚种 *dichrous* 见于西藏东南部，上体较淡灰色，喉褐灰色，与下体余部的棕褐色有别。西南亚种 *wellsi* 见于云南西北部、四川，冠和背均灰色；上体显暗灰色；喉与下体余部同为棕色。甘肃亚种 *dichroide* 见于陕西南部、甘肃、西藏北部、青海东部和南部、四川北部。冠灰色，背橄榄褐色；上体显暗灰色；喉与下体余部同为棕色。

种群状况 多型种。留鸟。地方性常见。

褐冠山雀

Grey-crested Tit　　*Parus dichrous*　　体长：10~12 cm　　LC（低度关注）

北方亚种 *kapustini*（大山雀）\摄影：王尧天

西南亚种 *subtibetanus* \摄影：王尧天

青藏亚种 *tibetanus* \摄影：李剑云

华南亚种 *comixtus* \摄影：朱英

海南亚种 *hainanus*（苍背山雀）\摄影：冯江

形态特征 头、喉黑色，脸部具大块白斑。胸腹有条宽阔的黑色纵纹与喉、喉相连，翼上具一道醒目的白色条纹。体色因亚种而异，极北的亚种下体黄色背偏绿色，北方亚种腹白沾黄色，背略带绿色；南方的亚种背灰腹白。

生态习性 栖息于低山和山麓地带的次生阔叶林、阔叶林和针阔混交林、针叶林等。

地理分布 共有34个亚种，分布于古北界、印度、日本、东南亚至大巽他群岛。国内有6个亚种，北方亚种 *kapustini* 见于于内蒙古东北部、新疆西北部；背绿，腹沾黄色。青藏亚种 *tibetanus* 见于西藏、青海南部、四川北部和西部；体形较大，尾羽上近黑色；第二对外侧尾羽白斑较大；背呈绿或蓝灰色而带绿；腹部近白色。西南亚种 *subtibetanus* 见于于西藏东南部、云南、四川、贵州西部和西南部；体形较大。尾羽上面暗灰蓝色。第二对外侧尾羽的白斑较大；背呈绿或蓝灰色而带绿色；腹部近白。华北亚种 *minor* 见于华中、华东、华北及东北；尾羽上面钝蓝灰色；第二对外侧尾羽的白斑较小；背呈绿色或蓝灰色带绿色；腹部近白。华南亚种 *comixtus* 见于华南、东南及台湾；体形更小，上背蓝灰色，常沾绿色；尾羽上面蓝灰色；第二对外侧尾羽较小；背呈绿或蓝灰色而带绿色；腹部近白色。海南亚种 *hainanus* 见于海南岛。体形最小，上背蓝灰色，无绿色渲染；尾羽上面暗蓝灰色；第二对外侧尾羽白斑较大；嘴较粗健；背呈绿或蓝灰色而带绿色；腹部近白。

也有学者将中国的大山雀细分为3个物种，即苍背山雀、远东山雀、大山雀。

种群状况 多型种。留鸟。数量多，常见。

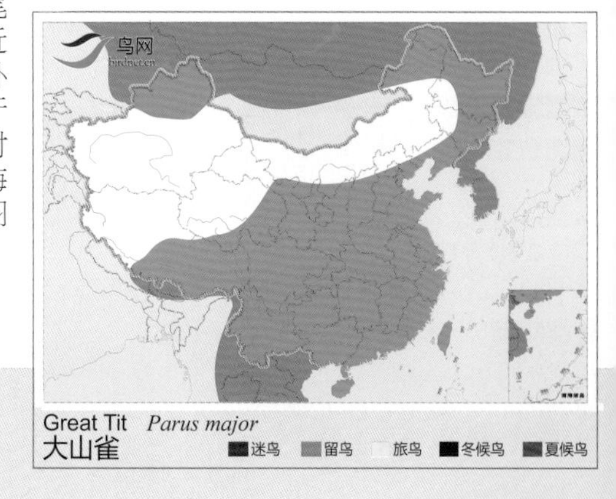

大山雀

Great Tit *Parus major*

体长：13~15 cm

LC（低度关注）

大山雀北方亚种 *kapustini*（大山雀）\摄影：王尧天

海南亚种 *hainanus*（苍背山雀）\摄影：张新

华北亚种 *Minor*（远东山雀）\摄影：赵明静

华北亚种 *minor*（远东山雀）\摄影：李全民

华北亚种 *minor*（远东山雀）\摄影：肖显志

西域山雀 \ 摄影：曾源

西域山雀 \ 摄影：杨廷松

西域山雀 \ 摄影：曾源

形态特征 形、色似大山雀的淡色亚种，但本种的尾较长而呈楔形，上体蓝灰色，无绿色和黄色渲染，脸部白斑较大，尾下覆羽有时有黑色纵纹。在中国仅与腹部黄色的大山雀分布区重叠。

生态习性 栖息于针叶林，针阔混交林和阔叶林。

地理分布 共3个亚种，分布于从中亚至蒙古西南部。国内有1个亚种，准噶尔亚种 *turkestanicus* 见于新疆北部。2005年 Packert 等人主张将其并入大山雀。

种群状况 多型种。留鸟。常见或区域性常见。

Turkestan Tit *Parus bokharensis*
西域山雀 迷鸟 留鸟 旅鸟 冬候鸟 夏候鸟

西域山雀

Turkestan Tit *Parus bokharensis* 体长：15 cm NE（未评估）

眼纹黄山雀 \ 摄影：顾云芳

眼纹黄山雀 \ 摄影：唐承贵

眼纹黄山雀 \ 摄影：王进

形态特征 形、色似黄颊山雀，本种的脸部和腹部有黄色，脸部黄色区域较小。眼先为黑色，黑色贯眼纹粗。

生态习性 栖息于亚热带山麓和山地开阔的森林。

地理分布 共3个亚种，分布于喜马拉雅山脉西北和中部，从印度向东至尼泊尔东部。国内曾于2010年有过记录，见于西藏南部。有学者将该物种共3个亚种分为2种，*Parus xanthogenys* 和 *Parus aplonotus*。

种群状况 多型种。留鸟。少见。

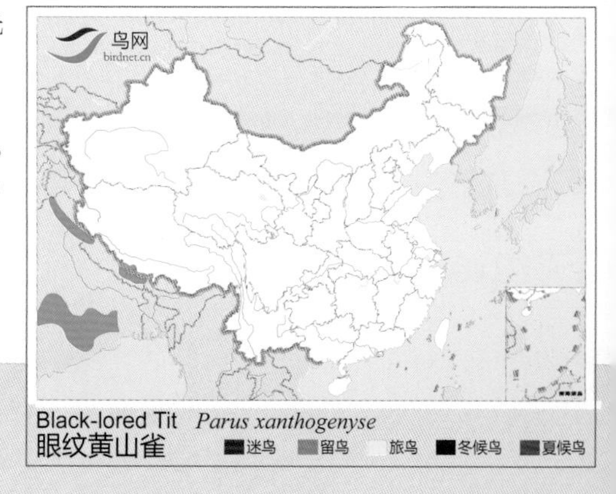

Black-lored Tit *Parus xanthogenyse*
眼纹黄山雀 迷鸟 留鸟 旅鸟 冬候鸟 夏候鸟

眼纹黄山雀

Black-lored Tit *Parus xanthogenyse* 体长：14~15.5 cm LC（低度关注）

西南亚种 *yunnanensis* \摄影：冯江

指名亚种 *monticolus* \摄影：陈云江

西南亚种 *yunnanensis* \摄影：李全民

台湾亚种 *insperatus* \摄影：陈承光

形态特征 与腹部黄色的大山雀相似，背黄绿色，腹黄色带黑纵纹。区别在于本种的上背黄绿色更浓，且具两道白色翼斑。

生态习性 栖息于海拔1200~3000米的山地针叶林和针阔叶混交林。

地理分布 共4个亚种，分布于巴基斯坦、喜马拉雅山脉、南部、老挝中部、越南及缅甸。国内有3个亚种，指名亚种 *monticolus* 见于西藏南部和东南部，上下体均较淡。西南亚种 *yunnanensis* 见于西南；上体显暗绿色，下体黄色亦较浓。台湾亚种 *insperatus* 为台湾特有亚种，上体的绿色和下体的黄色均较辉亮。

种群状况 多型种。留鸟。常见。

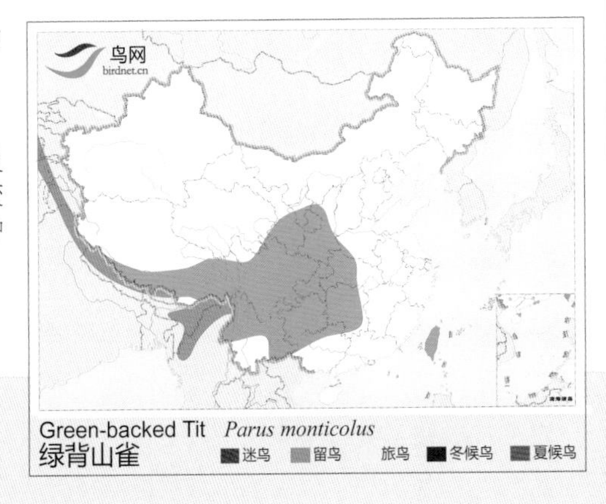

绿背山雀

Green-backed Tit　　*Parus monticolus*　　体长：11~13 cm　　LC（低度关注）

华南亚种 *rex* \摄影：蔡卫和

指名亚种 *spilonotus* \摄影：徐晓东

华南亚种 *rex* \摄影：李新维

指名亚种 *spilonotus* \摄影：梁长久

形态特征 头顶和羽冠黑色，前额、眼先、头侧和枕鲜黄色，眼后有黑纹。上背黄绿色，下体黄色(指名亚种)；或上背黑灰色，下体灰色(华南亚种)。腹部有粗黑色的纵纹。

生态习性 主要栖息于海拔2000米以下的低山森林和林缘灌丛。

地理分布 共4个亚种，分布于喜马拉雅山脉东段至中南半岛。国内有2个亚种，指名亚种 *spilonotus* 见于西藏东南部，云南西部；上背黄绿色，羽绿黑色；下背绿灰色；两肋黄绿色。华南亚种 *rex* 见于南方从云南至福建的省份。上背黑而具蓝灰色轴纹，下背与两肋纯蓝灰色。

种群状况 多型种。留鸟。常见。

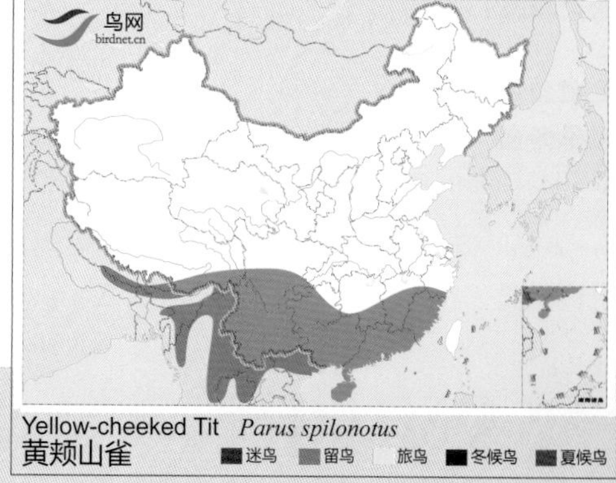

黄颊山雀

Yellow-cheeked Tit *Parus spilonotus*

体长：12~14 cm

LC（低度关注）

台湾黄山雀 \摄影：简廷谋

台湾黄山雀 \摄影：简廷谋

台湾黄山雀 \摄影：陈承光

台湾黄山雀 \摄影：陈承光

形态特征 头顶至后颈黑色，黑色冠羽长，冠羽背面白色，背和翼覆羽黑灰色，眼先、脸颊、下体黄色，额有一道黑色纵纹，臀斑黑色。雌鸟无臀斑。

生态习性 栖息于海拔1000~2500米的阔叶林和针阔混交林。

地理分布 中国鸟类特有种。仅分布于台湾。

种群状况 单型种。留鸟。地方性常见。

鸟网 birdnet.cn

Yellow Tit *Parus holsti*
台湾黄山雀　迷鸟　留鸟　旅鸟　冬候鸟　夏候鸟

台湾黄山雀

Yellow Tit　*Parus holsti*　体长：13 cm　NT（近危）

灰蓝山雀 \摄影：王尧天

灰蓝山雀 \摄影：刘哲青

灰蓝山雀 \摄影：王尧天

灰蓝山雀 \摄影：雷洪

形态特征 头顶浅灰色或蓝白色，后颈具一黑色领环并与蓝黑色贯眼纹连接。背浅灰蓝色，飞羽蓝色，翅上大覆羽具白色端斑。尾深蓝色，端部、边缘白色，下体白色，腹中央有黑斑。

生态习性 栖息于山地和平原的森林和灌丛。多集群活动。

地理分布 共5个亚种，分布于从白俄罗斯至贝加尔湖、蒙古、俄罗斯远东。国内有1个亚种，北方亚种 *tianschanicus* 见于黑龙江、内蒙古东北部和新疆。

种群状况 多型种。留鸟。地区性常见。

灰蓝山雀

Azure Tit *Parus cyanus*

体长：11~13 cm

LC（低度关注）

指名亚种 *flavipectus* \摄影：郭宏

指名亚种 *flavipectus* \摄影：王尧天

指名亚种 *flavipectus* \摄影：郭宏

形态特征 形、色似灰蓝山雀，但本种具明显的黄色胸斑，部分亚种会与之混交。

生态习性 与灰蓝山雀相似。栖息于森林和灌丛之中。性活跃，多集群。

地理分布 共3个亚种，分布于中亚。国内有2个亚种，甘肃亚种 *berezowskii* 见于甘肃、青海东北部。指名亚种 *flavipectus* 见于新疆伊犁、喀什(中国鸟类亚种新纪录)。雄鸟头及颊部灰色稍深，从后颈至颈侧具窄的发白斑纹，尾似指名亚种但靛青色分布较广，中央尾羽尖，白色较小；颏和喉部着淡灰色，胸至上肋亮柠檬黄色，下胸和腹部中央具窄的浅黑色线。雌鸟与之相似，但冠部灰色更深，上体色更浅，胸部黄色较浅，腹线淡灰或缺失。

种群状况 多型种。留鸟。不常见。

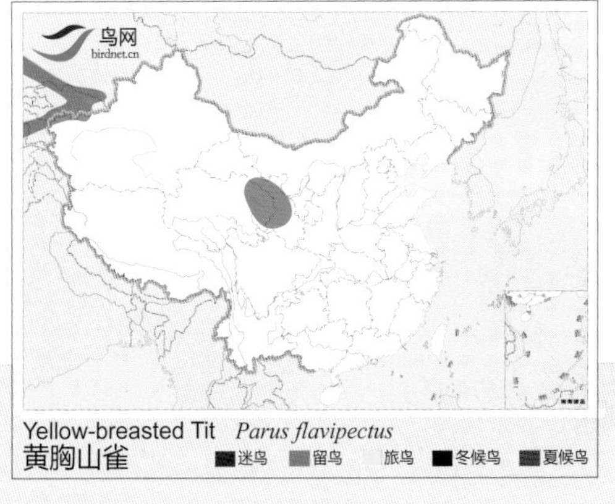

黄胸山雀

Yellow-breasted Tit　　*Parus flavipectus*　　体长：13 cm　　NE（未评估）

台湾亚种 *castaneoventris* \摄影：简廷谋

指名亚种 *variu* \摄影：孙晓明

指名亚种 *variu* \摄影：王兴娥

形态特征 头顶和后颈黑色，枕部中央有白色纵纹，颏、喉黑色，胸、腹栗红色。指名亚种额、眼先、颊至颈侧乳黄色，腹中央白色，上背有大块栗色斑块，其余上体蓝灰色。台湾亚种额、眼先、颊至颈侧白色，上背栗色较小或无，腹部无白色。

生态习性 栖息于海拔1000米以下的森林。营巢于树洞内。

地理分布 共8个亚种，分布于朝鲜半岛、日本及千岛群岛。国内有2个亚种，指名亚种 *varius* 见于吉林，辽宁东部，山东；上背前缘的栗斑较显著；上体灰色；腹部栗色，中央淡黄褐色。台湾亚种 *castaneoventris* 见于台湾。上背前缘的栗斑较小，或者没有；上体橄榄灰色；胸和腹钝栗色。

种群状况 多型种。留鸟。地区性常见。

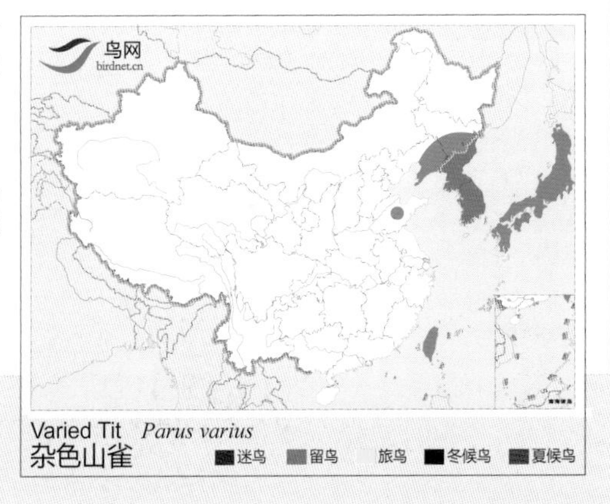

杂色山雀

Varied Tit　　*Parus varius*　　体长：12~14 cm　　LC（低度关注）

黄眉林雀 \摄影：许传辉

地山雀 \摄影：许传辉

地山雀 \摄影：关克

地山雀 \摄影：王尧天

形态特征 外形似鸦的山雀。嘴黑色，细长，稍向下弯曲。眼先暗色。上体沙褐色，颈圈皮黄白色；飞羽灰褐色，具沙褐色羽缘。中央尾羽黑褐色，外侧尾羽皮黄白色。下体近白色。

生态习性 栖息于海拔3000~5000米的高原草原地带，地栖性，在洞穴中繁殖。有合作繁殖行为。

地理分布 中国鸟类特有种。分布于青藏高原及昆仑山脉。见于甘肃、甘肃南部、新疆、西藏、青海和四川。曾被视为一种鸦类，称褐背拟地鸦，但近年来分子生物学研究发现其与山雀为一类。

种群状况 单型种。留鸟。地区性常见。

Ground Tit *Pseudopodoces humilis*
地山雀 迷鸟 留鸟 旅鸟 冬候鸟 夏候鸟

地山雀

Ground Tit *Pseudopodoces humilis* 体长：19 cm LC（低度关注）

黄眉林雀 \ 摄影：李明本

黄眉林雀 \ 摄影：田穗兴

黄眉林雀 \ 摄影：唐远均

黄眉林雀 \ 摄影：周建华

形态特征 上体橄榄绿色。额至头顶灰褐色，羽冠短；黄色眼圈、浅黄色眉纹不明显，两翅和尾褐色，羽缘绿色；大覆羽具淡色羽缘，形成一道翼斑。下体淡黄绿色。

生态习性 主要栖息于海拔3000米以下的山地常绿阔叶林、针阔叶混交林、针叶林等。

地理分布 共3个亚种，不连续地分布于喜马拉雅山脉、中南半岛。国内有1个亚种，指名亚种 *modestus* 见于西藏南部和西南部、云南西部、四川、贵州东部、江西、福建西北部、广西。

种群状况 多型种。留鸟。地区性常见。

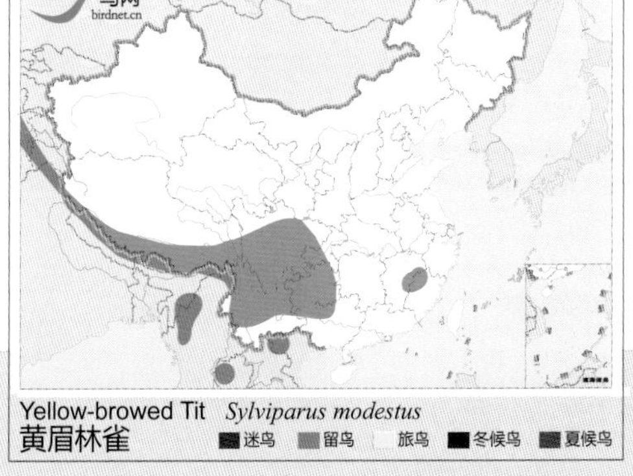

黄眉林雀

Yellow-browed Tit　*Sylviparus modestus*　体长：9~10 cm　LC（低度关注）

华南亚种 *seorsa* \摄影：唐宜顺

指名亚种 *sultanea* \摄影：北京大卢

华南亚种 *seorsa* \摄影：张凯鹏

海南亚种 *flavocristata* \摄影：杨惠光

形态特征 前额至头顶以及长的冠羽金黄色，其余头、颈一直到尾上覆羽以及颏、喉、胸为亮黑色；下体黄色。雌鸟黄色部分淡，颏、喉、胸为暗黄绿色。

生态习性 主要栖息于海拔1000米以下的常绿阔叶林、热带雨林、落叶阔叶林，竹林，灌丛等。

地理分布 共4个亚种，分布于喜马拉雅山脉东侧、东南亚及马来半岛。国内有3个亚种，指名亚种 *sultanea* 见于云南南部，黄色冠羽具黑色羽干。华南亚种 *seorsa* 见于福建、广西西南部；黄色冠羽具暗色羽干。海南亚种 *flavocristata* 分布于海南。体型较小，黄色冠羽具黑色羽干。

种群状况 多型种。留鸟。不常见。

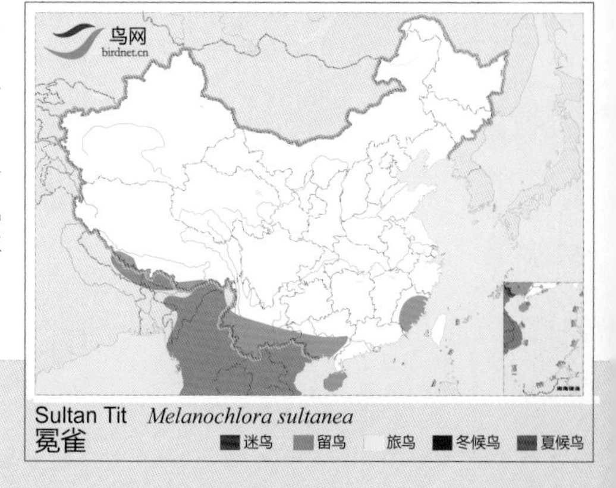

Sultan Tit *Melanochlora sultanea*
冕雀

冕雀

Sultan Tit *Melanochlora sultanea*

体长：17~20 cm

LC（低度关注）

鳾科

Sittidae
(Nuthatches)

本科鸟类体形小，似山雀。嘴长，强直而尖，呈锥状。鼻孔多覆以鼻羽或垂悬有鼻须。体羽较松软，跗蹠后缘被两片盾状鳞。后趾发达，远较内趾为长，爪亦较长而锐利，适于在树干攀缘。翅形尖长，第一枚初级飞羽短，长度不及第二枚之半。尾短小而柔软，尾羽12枚，尾呈方形或略圆。

主要栖息于山地森林中，善攀缘。多活动在树冠层，有时亦沿树干攀缘至树下部，个别种类也栖于土坡或岩壁上。主要以昆虫和虫卵为食，偶尔也啄食坚果。营巢于树洞中，多有以泥土涂抹洞口进行修饰的习性。

本科全世界计有4属25种，广泛分布于欧亚大陆、日本、马来西亚、菲律宾、澳大利亚、北美洲和南美洲北部。中国有1属11种，几遍及全国各地。

普通鳾 \ 摄影：洪春凤

滇南亚种 *tonkinensis* \摄影：关克

滇南亚种 *tonkinensis* \摄影：王尧天

滇南亚种 *tonkinensis* \摄影：关克

形态特征 整个上体灰蓝色，头侧有宽阔的黑色贯眼纹，自嘴基经眼向后延伸至肩部；颏、喉白色，其余下体深栗色，尾下覆羽黑色，具白色端斑和栗色羽缘。雌鸟似普通䴓腹部较深色的亚种，但脸颊的白色斑块较大而显著。

生态习性 栖息于海拔800~2000米的中低山地常绿阔叶林和次生林，沿着树干垂直上下攀爬。

地理分布 共5个亚种，分布于喜马拉雅山脉、印度、缅甸、中南半岛。国内有1个亚种，滇南亚种 *tonkinensis* 见于云南东南部。颊和耳羽白色，羽端微黑；尾下覆羽黑色而具白端，并缘以栗色。

种群状况 多型种。留鸟。罕见。

栗腹䴓

Chestnut-bellied Nuthatch *Sitta castanea* 体长：13~15 cm LC（低度关注）

华东亚种 *sinensis* \摄影：胡敬林

东北亚种 *asiatica* \摄影：李俊彦

黑龙江亚种 *amurensis* \摄影：张代富

新疆亚种 *seora* \摄影：王尧天

形态特征 上体蓝灰色，有一长而显著的黑色贯眼纹，颏、上喉和尾下覆羽白色，尾下覆羽具栗色羽缘，其余下体淡棕色至肉桂棕色，两胁色深。

生态习性 与其他䴓相似。部分地区栖息海拔可高至3500米。

地理分布 共22个亚种，分布于古北界。国内有4个亚种，新疆亚种 *seora* 见于新疆北部和东部，下喉和胸白色；腹白以至淡棕色，腹微带皮黄色。东北亚种 *asiatica* 见于黑龙江西北部、内蒙古东北部，下喉和胸白色，腹纯白色。黑龙江亚种 *amurensis* 见于黑龙江、吉林东部、辽宁南部、河北东北部、北京；下喉和胸白色，上腹白色，下腹皮黄色。华东亚种 *sinensis* 见于华东、华中、华南及东南包括台湾。颈侧及下体肉桂棕色，下喉、胸、腹均纯灰棕或桂棕色。

种群状况 多型种。留鸟。常见。

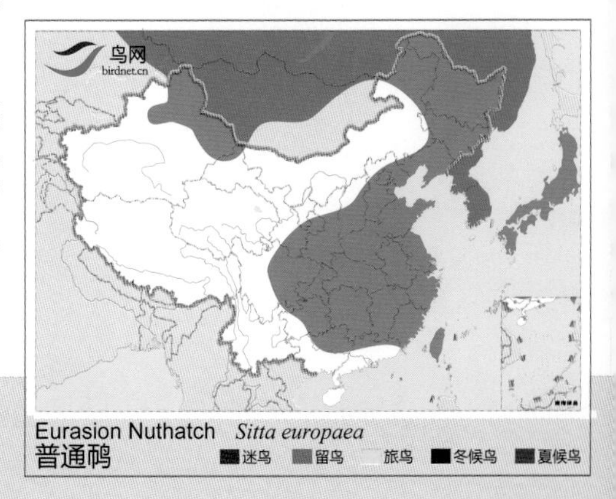

普通䴓

Eurasian Nuthatch *Sitta europaea* 体长：11~15 cm LC（低度关注）

西南亚种 *montium* \摄影：孙超

指名亚种 *nagaensis* \摄影：王尧天

西南亚种 *montium* \摄影：周建华

形态特征 上体石板蓝灰色，贯眼纹黑色，头侧、颈侧和下体灰色。与普通鳾相似，但本种的下体为灰色，两胁砖红色，尾下覆羽深棕色，两侧各有一道明显的白色鳞状斑纹而成的条带。

生态习性 与其他鳾相似。亚高山种类。分布于海拔1500~3000米处。

地理分布 共3个亚种，分布于印度北部至中部、缅甸、泰国北部、越南南部、老挝南部。国内有2个亚种，西南亚种 *montium* 见于西藏东部、云南、四川西部和西南部、贵州西部和西南部、江西及福建等。下体灰沾棕，呈灰棕色。指名亚种 *nagaensis* 见于西藏东南部，下体沾灰色。

种群状况 多型种。留鸟。地区性甚常见。

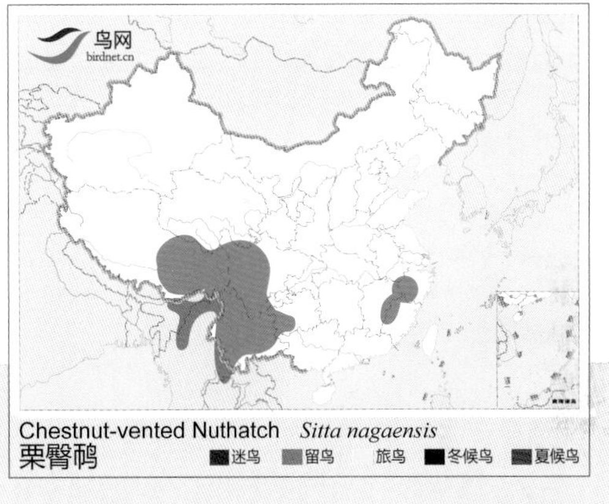

Chestnut-vented Nuthatch *Sitta nagaensis*
栗臀鳾　迷鸟　留鸟　旅鸟　冬候鸟　夏候鸟

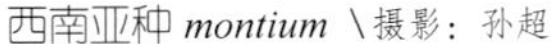

栗臀鳾

Chestnut-vented Nuthatch　*Sitta nagaensis*　体长：12~13 cm　LC（低度关注）

白尾鳾 \摄影：夏咏

白尾鳾 \摄影：王尧天

白尾鳾 \摄影：何楠

形态特征 整个上体灰蓝色，过眼纹黑色；颏、喉、颊棕白色，其余下体浅棕黄色，中央尾羽基部白色（常不可见）。似普通鳾、栗臀鳾及栗腹鳾的某些亚种，与普通鳾不同在于本种的外侧尾羽具白色次端斑。与普通鳾、栗臀鳾不同在于本种的尾下覆羽全棕色而无扇贝状。

生态习性 栖息于海拔1500~3000米的阔叶林和针叶林，与其他鳾相似。

地理分布 分布于喜马拉雅山脉、缅甸、老挝北部、越南西北部。国内见于西藏南部，云南西部和南部。

种群状况 单型种。留鸟。罕见。

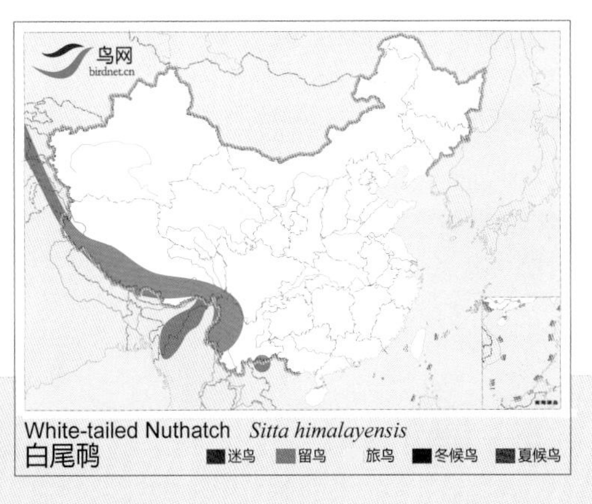

White-tailed Nuthatch *Sitta himalayensis*
白尾鳾　迷鸟　留鸟　旅鸟　冬候鸟　夏候鸟

白尾鳾

White-tailed Nuthatch　*Sitta himalayensis*　体长：11~12 cm　LC（低度关注）

指名亚种 *villosa* \摄影：王兴娥

指名亚种 *villosa* \摄影：关克

指名亚种 *villosa* \摄影：张代富

形态特征 具白色眉纹和细细的黑色过眼纹，头顶黑色，上体石板蓝灰色；下体灰棕色或棕黄色，体侧无栗色。似滇䴓但本种的眼纹较窄而后端不散开，下体色重。

生态习性 具䴓类的典型特性。栖息于低山至高山的针叶林及针阔叶混交林中。常在树干、树枝上攀爬，觅食昆虫。在树洞中营巢繁殖。

地理分布 共2个亚种，边缘性分布于俄罗斯远东地区(萨哈林岛)及朝鲜。国内有2个亚种，指名亚种 *villosa* 分布于吉林东部、辽宁、河北北部、北京、山西、陕西南部、宁夏北部、甘肃南部；体色较淡；下体呈灰棕色；翅长(5♂) 6.4~6.8厘米。甘肃亚种 *bangsi* 分布于甘肃、青海东部、四川西北部。体色较鲜明；下体显棕黄色；翅较 *uillosa* 长约0.5厘米。

种群状况 多型种。留鸟。常见。

黑头䴓

Chinese Nuthatch *Sitta villosa* 体长：10~12 cm LC(低度关注)

滇䴓 \摄影：肖克坚

滇䴓 \摄影：唐军

滇䴓 \摄影：肖克坚

形态特征 白色眉纹细窄，粗黑的过眼纹在后端更宽，上体包括头蓝灰色，下体灰棕色，脸侧及喉白色。

生态习性 具有䴓的典型特性。主要栖息于海拔1300米以上的中高山针叶林和针阔叶混交林中。多单独或成小群活动，有时与其他鸟类混群。善于在树干上攀爬觅食、啄食树皮缝隙中的昆虫。

地理分布 中国鸟类特有种。见于西藏东南部、云南、四川南部和西南部、贵州西部。

种群状况 单型种。留鸟。罕见。

滇䴓

Yunnan Nuthatch *Sitta yunnanensis* 体长：10~12 cm NT(近危)

白脸鳾 \ 摄影：王进

白脸鳾 \ 摄影：张前

白脸鳾 \ 摄影：许传辉

白脸鳾 \ 摄影：梁长久

白脸鳾 \ 摄影：关克

形态特征 头顶黑色，脸和头侧白色。上体紫灰色，颏、喉棕白色，其余下体浓黄褐色。

生态习性 栖息于海拔2000~3500米处高山针叶林。主要以树干和树枝上的昆虫为食。

地理分布 共2个亚种，分布于喜马拉雅山脉。国内有1个亚种，西部亚种 *przewalskii* 于甘肃南部、西藏东部和东南部、青海东北部、云南北部、四川。

种群状况 多型种。留鸟。稀少。罕见。

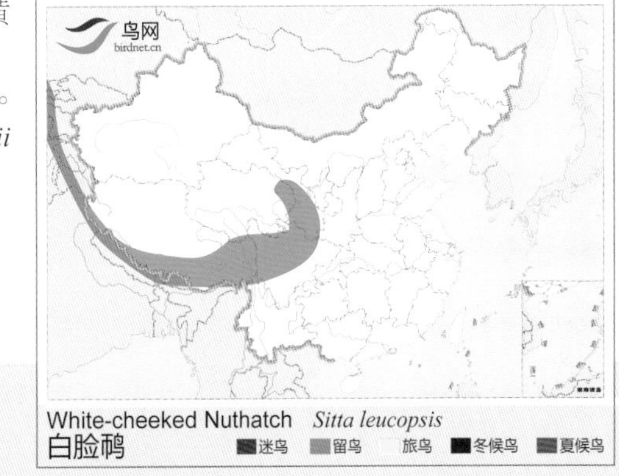

白脸鳾

White-cheeked Nuthatch　　*Sitta leucopsis*　　体长：11~12 cm　　LC（低度关注）

绒额䴓 \ 摄影：陈东明

绒额䴓 \ 摄影：陈峰

绒额䴓 \ 摄影：王进

绒额䴓 \ 摄影：罗永川

形态特征 嘴红色，前额、眼先绒黑色，头后、背及尾蓝紫色。雄鸟眼上还有一道黑色细眉纹向后延伸，下体灰棕紫色。

生态习性 具有䴓类的典型特性。性活泼，行动敏捷，常沿树干攀爬觅食。

地理分布 共5个亚种，分布于印度、喜马拉雅山脉至菲律宾及大巽他群岛。国内有1个亚种，指名亚种 *frontalis* 见于西藏东南部、云南南部和西部、贵州中部和南部、广东、广西西南部、海南。

种群状况 多型种。留鸟。常见。

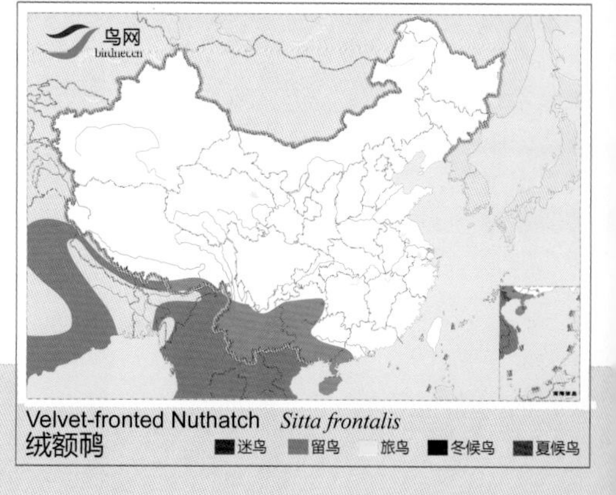

Velvet-fronted Nuthatch *Sitta frontalis*
绒额䴓
迷鸟 留鸟 旅鸟 冬候鸟 夏候鸟

绒额䴓

Velvet-fronted Nuthatch *Sitta frontalis*

体长：10~13 cm

LC（低度关注）

淡紫䴓 \ 摄影：鹰王

淡紫䴓 \ 摄影：王雪峰

海南亚种 *chienfengnsis* \ 摄影：关克

形态特征 嘴黄色，额绒黑色，头顶葡萄紫色，上体灰蓝色而沾紫色，颏、喉白色，其余下体沙棕色。

生态习性 栖息于茂密的山地森林。主要在树干上攀爬活动，觅食昆虫及其幼虫。

地理分布 共3个亚种，分布于越南及海南岛。国内有1个亚种，海南亚种 *chienfengnsis* 见于海南岛。

种群状况 多型种。留鸟。稀少，罕见。

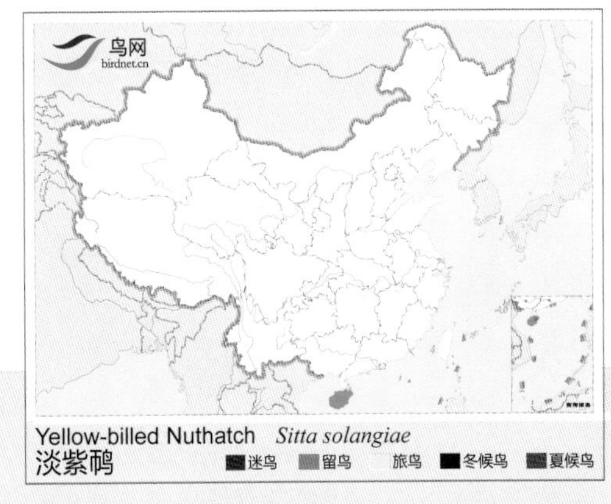

淡紫䴓

Yellow-billed Nuthatch　*Sitta solangiae*　体长：11~14 cm　NT（近危）

丽䴓 \ 摄影：彭建生

丽䴓 \ 摄影：Arka Sarkar

形态特征 头和上背黑色，具淡蓝白色纵纹，下背、腰和尾上覆羽钴蓝色，翼上具一道蓝色的宽翼斑，头侧、颏棕白色，其余下体栗色。

生态习性 主要栖息于海拔1300~2000米的高山常绿阔叶林和混交林。单只、成对或集小群活动，主要以昆虫为食。

地理分布 分布于喜马拉雅山脉东部、印度东北部、不丹、缅甸、老挝、越南北部。国内见于云南南部和西藏东南部。

种群状况 单型种。留鸟，夏候鸟。稀少，罕见。

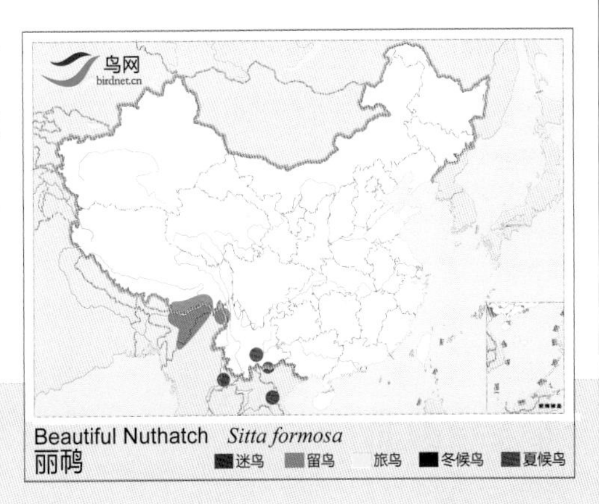

丽䴓

Beautiful Nuthatch　*Sitta formosa*　体长：16~18 cm　VU（易危）

巨䴓 \ 摄影：肖克坚

巨䴓 \ 摄影：肖克坚

巨䴓 \ 摄影：邢睿

巨䴓 \ 摄影：田穗兴

形态特征 体形较大。臀栗色，头顶至枕淡灰白色，背石板蓝灰色，粗黑的贯眼纹在后端更宽，下体灰色。

生态习性 栖息于海拔1000~2000米的山地针叶林、针阔混交林和常绿阔叶林。

地理分布 共2个亚种，分布于缅甸东部及泰国西北部。国内有1个亚种，西南亚种 *ligea* 见于云南、四川南部、贵州西南部。

种群状况 多型种。留鸟。数量十分稀少，罕见。

Giant Nuthatch *Sitta magna*
巨䴓

巨䴓

Giant Nuthatch *Sitta magna*

体长：18 cm

EN（濒危）

旋壁雀科

Tichidromidae
(Wallcreeper)

本科鸟类体型较小，体长15~17厘米，体重17~19克。本科鸟类仅1属1种，即红翅旋壁雀，广泛分布于欧亚大陆。在我国分布于除台湾、香港之外的各地区。体羽灰色，飞羽与尾羽颜色较暗。尾短而嘴长。

本科鸟类在山地繁殖，栖息于海拔1000~3000米的山林中。在岩崖峭壁上攀爬，两翼轻展显露红色翼斑。冬季下至较低海拔，甚至于建筑物上取食。鸣声为尖细的管笛音及哨音。

红翅旋壁雀 \ 摄影：关克

红翅旋壁雀 \摄影：张建军

红翅旋壁雀 \摄影：王尧天

红翅旋壁雀 \摄影：周永胜

形态特征 上体灰色，翅具绯红色翼斑，嘴长，尾短；飞羽基部有大白斑。雄鸟繁殖期喉及脸黑色，非繁殖期为灰白色，头顶及脸颊沾褐色。雌鸟黑色较少。

生态习性 非树栖的高山山地鸟类，主要栖息于高山悬崖峭壁和陡坡上，冬季下至较低海拔处。

地理分布 共2个亚种，分布于西班牙、南欧至中亚、印度北部及蒙古南部。国内有1个亚种，普通亚种 *nepalensis* 罕见或无规律地见于中国极西部、青藏高原、喜马拉雅山脉、中部及北部地区；越冬鸟见于华南及华东的大部分地区。

种群状况 多型种。留鸟，冬候鸟。不常见。

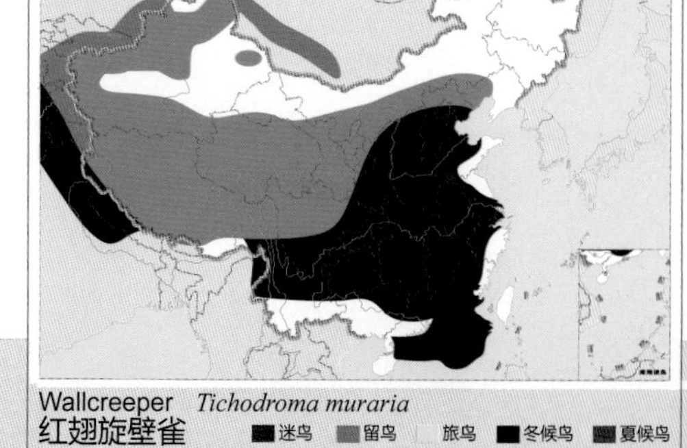

红翅旋壁雀

Wallcreeper *Tichodroma muraria*

体长：12~17 cm

LC（低度关注）

旋木雀科

Certhiidae
(Treecreepers)

本科鸟类体型较小，嘴细长而向下弯曲，无嘴须，鼻孔裸露，呈裂缝状；翅端较圆，初级飞羽10枚，第一枚初级飞羽较长，仅短于第二枚之半，尾长而尖挺，尾羽12枚，羽轴坚硬，羽端较尖，成棋形；跗蹠后缘侧扁，成棱状，光滑无鳞；后爪较后趾长、弯曲而尖，适于攀爬，属攀型脚。

主要栖息于阔叶林和针阔叶混交林等山地森林中，善在树上攀缘觅食，食物主要为昆虫。

本科鸟类计有2属7种。主要分布于欧亚大陆、非洲和北美洲。中国有1属6种，主要分布于东北、华北、西北和西南等地区。

欧亚旋木雀新疆亚种 *tianschanica* \ 摄影：孙晓明

北方亚种 *daurica* \ 摄影：王尧天

北方亚种 *daurica* \ 摄影：赵振杰

北方亚种 *daurica* \ 摄影：魏东

甘肃亚种 *bianchii* \ 摄影：朱莉

北方亚种 *daurica* \ 摄影：刘马力

形态特征 上体棕褐色，具白色纵纹，飞羽中部具两道淡棕色带斑，腰和尾上覆羽红棕色，两肋略沾棕色，尾黑褐色，下体白色，嘴长而下弯。

生态习性 主要栖息于山地针叶林，针阔混交林、阔叶林、次生林。沿树干螺旋形攀缘寻找昆虫等食物。旋木雀尾羽换羽顺序是自最外侧的尾羽依次向内进行，中央尾羽最后换掉，这样尾部始终能保持对身体的支撑。啄木鸟类也有此习性，为其他鸟类所不具有。

地理分布 共10个亚种，分布于欧亚大陆、喜马拉雅山脉、西伯利亚、朝鲜北部、日本。国内有4个亚种，北方亚种 *daurica* 见于黑龙江、吉林、辽宁西南部、河北北部、北京、新疆北部；背部较多灰白色纵纹；上体较淡，底棕褐色，杂以白纹。甘肃亚种 *bianchii* 见于陕西南部、甘肃、青海东部和北部；上体较暗，底色浓栗褐色，杂以浓棕色纵纹底色；上体底色较 *khamensis* 为淡；下胁及尾下覆羽淡皮黄色；新疆亚种 *tianschanica* 见于新疆；上体较少棕褐色，白斑较少而转为淡棕色；体型稍大些。西南亚种 *khamensis* 见于西南，上体色最暗浓；下胁及尾下覆羽暗烟棕色；底浓栗褐色，杂以浓棕色纵纹（Tietze 等于2006年将此亚种归入霍氏旋木雀）。

种群状况 多型种。留鸟。甚常见。

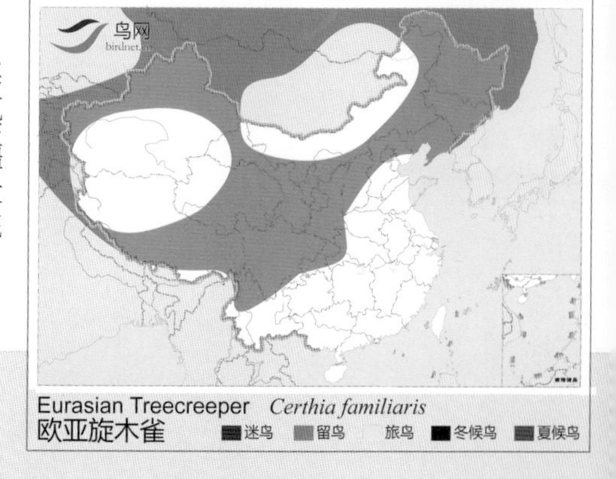

欧亚旋木雀（旋木雀）

Eurasian Treecreeper *Certhia familiaris*

体长：12~15 cm

LC（低度关注）

旋木雀 \ 摄影：朱莉　　旋木雀 \ 摄影：朱晖　　旋木雀 \ 摄影：田穗兴

形态特征 与其他旋木雀相比，本种的尾较长，喙较短，白色的喉部与灰棕色的胸、腹部对比鲜明。

生态习性 具有旋木雀的典型习性。生活于巴山冷杉和糙皮桦林内，海拔2600~2800米。与普通旋山雀同域分布。以树干昆虫为食。

地理分布 中国鸟类特有种。分布于陕西西南部，四川中部和西北部。

种群状况 单型种。留鸟。数量稀少，罕见。

四川旋木雀

Sichuan Treecreeper　*Certhia tianquanensis*　体长：14 cm　NT（近危）

亚种 *taeniura* \ 摄影：郭宏

亚种 *yunnanensis* \ 摄影：王尧天

亚种 *yunnanensis* \ 摄影：胡敬林

形态特征 上体黑褐色，腰锈红色，两翅和尾灰褐色，具黑褐色横斑，眉纹棕白色，颏、喉乳白色，其余下体灰棕色。嘴较其他旋木雀显长而下弯。

生态习性 具有旋木雀的典型特性。能沿树干自下而上攀爬，边爬边用尖嘴啄食树皮下的昆虫。

地理分布 共4个亚种，分布于中亚至阿富汗北部、喜马拉雅山脉、缅甸。国内有2个亚种，普通亚种 *yunnanensis* 见于陕西南部、甘肃南部、西藏东南部，云南北部和西部，四川北部和西部，贵州西南部。新疆亚种 *taeniura* 见于新疆喀什，为国内鸟类亚种新纪录。

种群状况 多型种。留鸟。不常见。

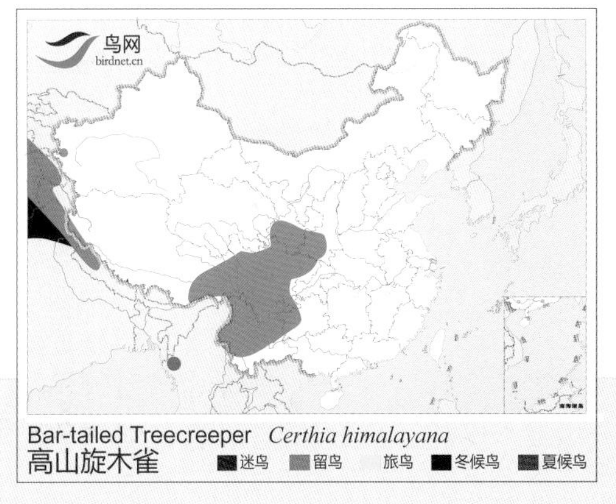

高山旋木雀

Bar-tailed Treecreeper　*Certhia himalayana*　体长：13~15 cm　LC（低度关注）

红腹旋木雀 \摄影：李明本

红腹旋木雀 \摄影：杜雄

红腹旋木雀 \摄影：王尧天

红腹旋木雀 \摄影：王尧天

红腹旋木雀 \摄影：李明本

形态特征 上体暗褐色，带棕色纵纹。颏、喉白色，胸淡黄色，两胁、腹部、下背、覆羽锈红色。尾淡褐色。

生态习性 具有旋木雀的典型习性。善于在树木上攀缘觅食。食物以昆虫及其幼虫为主。

地理分布 分布于喜马拉雅山脉从印度北部至不丹东部及缅甸东北部。国内见于西藏东南部和南部，云南西部。

种群状况 单型种。留鸟。常见。

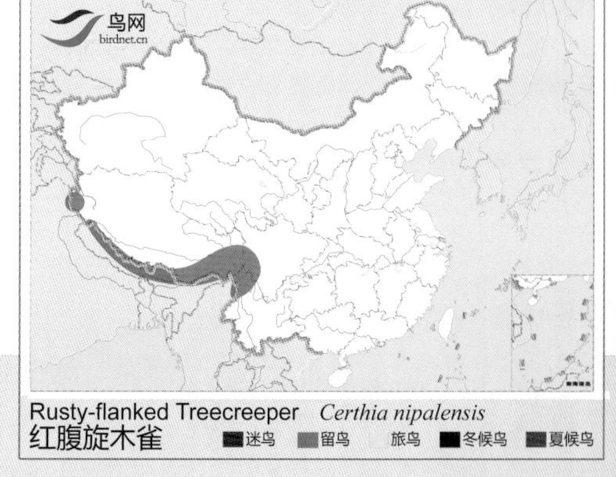

Rusty-flanked Treecreeper *Certhia nipalensis*
红腹旋木雀

红腹旋木雀

Rusty–flanked Treecreeper *Certhia nipalensis* 体长：14~16 cm LC（低度关注）

亚种 *discolor* \摄影：梁长久

亚种 *discolor* \摄影：周建华

亚种 *shanensis*（休氏旋木雀）\摄影：宋迎涛

亚种 *discolor* \摄影：杨晓峰

形态特征 上体棕褐色。颏、喉、胸土褐色，腰、尾上覆羽红褐色，其余下体灰褐色。

生态习性 栖息于海拔2000米左右的阔叶林及针阔叶混交林中，以树皮下的昆虫为食。

地理分布 共5个亚种，分布于喜马拉雅山脉及中南半岛。国内有2个亚种，藏南亚种 *discolor* 见于西藏南部，滇西亚种 *shanensis* 见于云南西部（Tietze 等，2006年将此亚种归入休氏旋木雀）。

种群状况 多型种。留鸟。罕见。

鸟网
birdnet.cn

Brown-throated Treecreeper *Certhia discolor*
褐喉旋木雀　迷鸟　留鸟　旅鸟　冬候鸟　夏候鸟

褐喉旋木雀

Brown-throated Treecreeper　*Certhia discolor*　体长：14~16 cm　LC（低度关注）

霍氏旋木雀 \ 摄影：胡敬林

霍氏旋木雀 \ 摄影：许明

霍氏旋木雀 \ 摄影：胡敬林

霍氏旋木雀 \ 摄影：胡敬林

形态特征 喙细长，下弯，上喙黑色，下喙粉白色。眉纹白色，长达颈部。头顶棕褐色，具白黄色条纹。上体褐色，具白色点斑。翅具棕色斑。腰红色。下体白色。尾羽棕色。

生态习性 栖息于高海拔针叶林、混交林。善攀缘。以昆虫及其幼虫为食。

地理分布 共3个亚种，分布于喜马拉雅山脉。国内有1个亚种，普通亚种 *khamensis* 见于陕西、甘肃、西藏、青海、云南、贵州、四川、湖北。

种群状况 多型种。留鸟。不常见。

霍氏旋木雀

Hodgson's Treecreeper *Certhia hodgsoni* 体长：13 cm LC（低度关注）

啄花鸟科

Dicaeidae
(Flowerpeckers)

本科鸟类体形小巧，嘴细短，嘴缘前端具细小的锯齿；鼻孔裸露，仅为不完全的膜所盖；嘴须亦短。两翅短小，初级飞羽9或10枚，若为9枚，则第一枚甚长；若为10枚，则第一枚甚短小。尾短，尾羽12枚。雌雄异色或相似。

主要栖息于阔叶林、次生林、果园等生境内，特别喜欢在开花的树冠层活动。食物主要为昆虫，也吃果实等植物性食物。营巢于森林中。

本科计有7属58种，主要分布于亚洲南部、东南亚至澳大利亚。中国有1属6种，主要分布于长江以南。

黄臀啄花鸟 \摄影：陈东明

厚嘴啄花鸟 \摄影：Somchai

厚嘴啄花鸟 \摄影：田穗兴

厚嘴啄花鸟 \摄影：Alex Vargas

形态特征 上体橄榄褐色，腰和尾上覆羽沾绿色，喉和下体白色，有不明显的灰色纵纹。嘴较粗厚。

生态习性 栖息于海拔1500米以下的平原、低山，喜欢啄食花粉、花蜜和浆果。

地理分布 共7个亚种，分布于印度、斯里兰卡、巴基斯坦、东南亚、苏门答腊及爪哇至小巽他群岛，国内有1个亚种，云南亚种 *modestum* 见于云南西南部。

种群状况 多型种。留鸟。地区性常见。

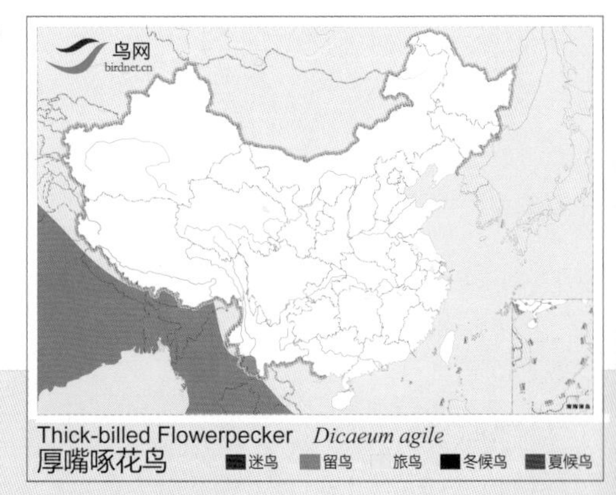

Thick-billed Flowerpecker *Dicaeum agile*
厚嘴啄花鸟 迷鸟 留鸟 旅鸟 冬候鸟 夏候鸟

厚嘴啄花鸟

Thick-billed Flowerpecker *Dicaeum agile* 体长：9~13 cm LC（低度关注）

黄臀啄花鸟 \摄影：陈东明

黄臀啄花鸟 \摄影：王进

黄臀啄花鸟 \摄影：边秀南

形态特征 上体橄榄色。两翅和尾黑色，尾下覆羽橘黄色。其余下体白色带黑色纵纹。

生态习性 与其他啄花鸟相似。栖息于阔叶林，以花蜜、花粉等为食。

地理分布 共2个亚种，分布于喜马拉雅山脉从尼泊尔中部至印度东北部、东南亚及大巽他群岛。国内有1个亚种，指名亚种 *chrysorrheum* 见于云南西部和南部、广西西南部。

种群状况 多型种。留鸟。地区性常见。

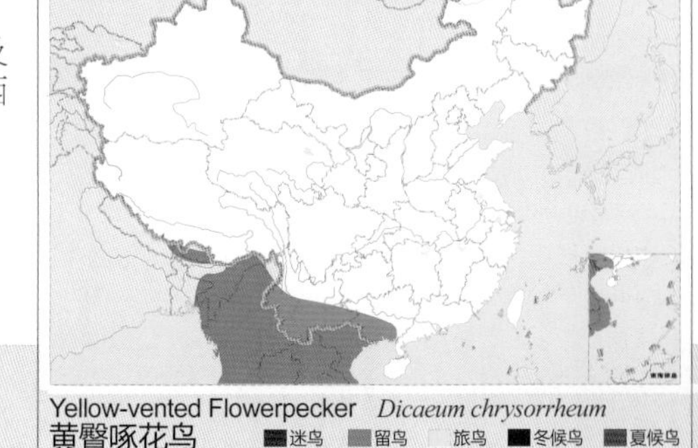

Yellow-vented Flowerpecker *Dicaeum chrysorrheum*
黄臀啄花鸟 迷鸟 留鸟 旅鸟 冬候鸟 夏候鸟

黄臀啄花鸟（黄肛啄花鸟）

Yellow-vented Flowerpecker *Dicaeum chrysorrheum* 体长：10~11 cm LC（低度关注）

黄腹啄花鸟 \摄影：赵顺

黄腹啄花鸟 \摄影：宋建跃

黄腹啄花鸟 \摄影：Raj Kamal Phukan

黄腹啄花鸟 \摄影：李书

形态特征 雄鸟整个上体包括胸侧黑色，颏、喉和胸中央白色；其余下体黄色，外侧尾羽内翈具白色斑块。雌鸟从头至尾等整个上体橄榄褐色，颏、喉和胸中央灰白色；其余下体淡黄色。

生态习性 与其他啄花鸟相似。栖息于海拔1400~4000米的常绿林、针叶林及林缘。冬季移至低海拔地带活动。

地理分布 分布于尼泊尔至缅甸西部和东部、中南半岛。国内见于西藏东南部、云南西部和南部、四川西部和西南部。

种群状况 单型种。夏候鸟，留鸟。不常见。

黄腹啄花鸟

Yellow-bellied Flowerpecker　*Dicaeum melanoxanthum*　体长：10~12 cm　LC（低度关注）

台湾亚种 *uchidai* \ 摄影：简廷谋

海南亚种 *minullum* \ 摄影：田穗兴

西南亚种 *olivaceum* \ 摄影：王进

西南亚种 *olivaceum* \ 摄影：施文斌

形态特征 上体橄榄绿色，两翅和尾黑褐色，羽缘橄榄绿色。下体浅灰色，似厚嘴啄花鸟但本种的下体无纵纹。

生态习性 与其他啄花鸟相似。栖息于山地森林、次生林及农田，常光顾寄生槲生植物。

地理分布 共7个亚种，分布于印度西南部、尼泊尔中部至印度东北、东南亚及大巽他群岛。国内有3个亚种，西南亚种 *olivaceum* 见于湖南、四川东部及长江以南，嘴峰较短，雄鸟嘴长一般在0.95厘米以下；上体深暗橄榄绿色。台湾亚种 *uchidai* 见于台湾；嘴峰0.9~1厘米，上体羽色鲜亮，呈深橄榄绿色。海南亚种 *minullum* 见于海南，嘴峰较长，雄鸟嘴长一般在0.95厘米以上，上体羽色较浅而鲜亮。

种群状况 多型种。留鸟。常见。

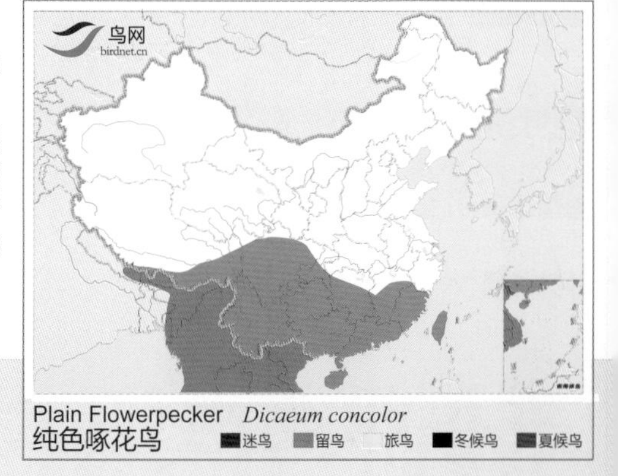

纯色啄花鸟

Plain Flowerpecker *Dicaeum concolor* 体长：6～9 cm LC（低度关注）

指名亚种 *ignipectus* \摄影：关伟纲

指名亚种 *ignipectus* \摄影：陈添平

雌鸟 \摄影：苏大伟

台湾亚种 *formosum* \摄影：简廷谋

形态特征 雄性上体为辉蓝绿色，脸侧和尾羽黑色；下体皮黄色，胸具一猩红色斑块，腹有黑色一道纵纹。雌鸟上体橄榄绿色；下体棕黄色。

生态习性 与其他啄花鸟相似。栖息于海拔800~2200米的山地森林。

地理分布 共8个亚种，分布于喜马拉雅山脉、印度东北至东南亚。国内有2个亚种，指名亚种 *ignipectus* 见于中国华中、华南及西藏东南部下体色深，颏棕黄色，腹和尾下覆羽呈浓棕黄色。台湾亚种 *formosum* 见于台湾，下体色淡，颏黄白色，腹和尾下覆羽呈淡黄褐色。

种群状况 多型种。留鸟。常见。

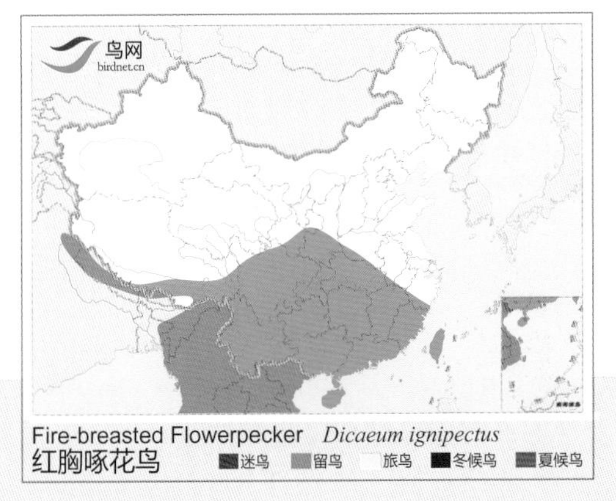

红胸啄花鸟

Fire-breasted Flowerpecker　　*Dicaeum ignipectus*　　体长：6~10 cm　　LC（低度关注）

指名亚种 *cruentatum* \摄影：关伟纲

雌鸟 \摄影：李全民

海南亚种 *hainanum* \摄影：包振辉

指名亚种 *cruentatum* \摄影：张代富

形态特征 雄鸟从头至尾上覆羽朱红色，头侧、颈侧、两翅和尾羽黑褐色，两胁灰黑，其余下体白色；雌鸟头至背橄榄绿色，仅腰和尾上覆羽朱红色。

生态习性 与其他啄花鸟相似。栖息于次生林、人工林，高可至海拔1000米。性活泼，常取食植物果实。

地理分布 共7个亚种，分布于尼泊尔东部、印度东北部、东南亚、苏门答腊及婆罗洲。国内有2个亚种，指名亚种 *cruentatum* 见于西藏东南部、云南南部、福建、广东、香港、澳门和广西，嘴较短。海南亚种 *hainanum* 于海南岛，嘴较长。

种群状况 多型种。留鸟。常见。

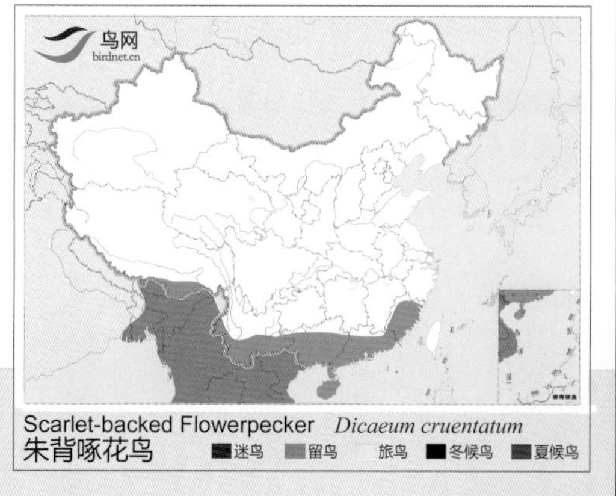

朱背啄花鸟

Scarlet-backed Flowerpecker *Dicaeum cruentatum* 体长：8~10 cm LC（低度关注）

花蜜鸟科

Nectariniidae
(Sunbirds, Spiderhunters)

本科鸟类为小型鸣禽。体纤细，喙细长而尖，有的下弯，先端有锯缘。舌管状，富伸缩性，先端分叉。翅短圆，尾型多样，有的短而平，有的中央尾羽特长。腿细长。雌雄异色。多数种类羽色艳丽，大多数有彩虹色，尤其是雄鸟。本科鸟类生活在原始雨林、次生林、开阔林地、灌丛、稀树草原、沿海灌木丛、亚高山森林等多种生境。一些种类适应在农田、果园等人工环境中栖息。常成对或成小群活动，少数种类可集大群。主要以花蜜和昆虫为食。繁殖期具有保卫领域的行为。

本科有15属132种。分布于非洲、亚洲南部及东南亚。中国有5属13种。主要分布在西南与华南地区。

紫颊太阳鸟 \ 摄影：童光琦

紫颊太阳鸟 \摄影：高正华

紫颊太阳鸟 \摄影：朱春虎

紫颊太阳鸟 \摄影：李全民

紫颊太阳鸟 \摄影：杜雄

形态特征 雄鸟顶冠及上体金属绿色，脸、颊至颈侧铜紫色，颏、喉、胸橘红色；其余下体柠檬黄色。雌鸟上体橄榄绿色；下体和雄鸟相似但显淡。

生态习性 热带鸟类，栖息于海拔800米以下的平原山地潮湿的常绿阔叶林中。行动迅速，主要以花粉、花蜜、浆果为食。

地理分布 共11个亚种，分布于尼泊尔中部、印度东北部、东南亚。国内有1个亚种，云南亚种 *koratensis* 见于云南西部与南部、西藏东南部。

种群状况 多型种。留鸟。不常见。

Ruby-cheeked Sunbird *Chalcoparia singalensis*
紫颊太阳鸟 迷鸟 留鸟 旅鸟 冬候鸟 夏候鸟

紫颊太阳鸟（紫颊直嘴太阳鸟）

Ruby-cheeked Sunbird *Chalcoparia singalensis* 体长：10~13 cm LC（低度关注）

褐喉食蜜鸟 \摄影：高正华

褐喉食蜜鸟 \摄影：康小兵

褐喉食蜜鸟 \摄影：童光琦

褐喉食蜜鸟 \摄影：童光琦

形态特征 雄性上体金属紫绿色，头顶、背、腰、尾上覆羽、肩紫色，脸颊橄榄绿色，颏、喉棕色，腹部黄色。雌性上体橄榄绿色；下体黄色。

生态习性 栖息于各种森林，如红树林、种植园、矮丛、沼泽、次生林等。其他太阳鸟习性相似。

地理分布 分布于东南亚。国内曾于2010年在云南南部有过记录。

种群状况 单型种。留鸟。国内罕见。

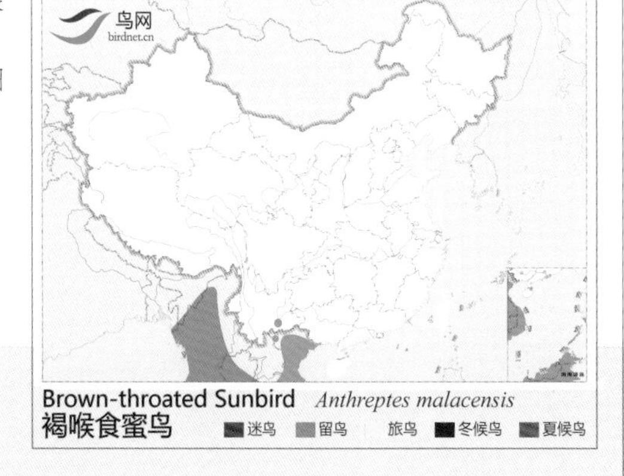

褐喉食蜜鸟

Brown-throated Sunbird　*Anthreptes malacensis*　体长：12~13.5 cm　LC（低度关注）

蓝枕花蜜鸟 \摄影：刘晓东

蓝枕花蜜鸟 \摄影：刘晓东

蓝枕花蜜鸟 \摄影：邓嗣光

蓝枕花蜜鸟 \摄影：高正华

形态特征 嘴长而略下弯。雄鸟上体橄榄绿色，颈背、腰及尾覆羽金属紫色；下体黄色，密布绿褐色纵纹。雌鸟无紫色领圈，上体黄绿色，下体色较淡。

生态习性 与其他太阳鸟相似。

地理分布 共5个亚种，分布于东南亚、苏门答腊及婆罗洲。国内有1个亚种，云南亚种 *lisettae* 见于云南南部。

种群状况 多型种。留鸟。地区性常见。

鸟网 birdnet.cn

Purple-naped Sunbird *Hypogramma hypogrammicum*
蓝枕花蜜鸟 迷鸟 留鸟 旅鸟 冬候鸟 夏候鸟

蓝枕花蜜鸟

Purple-naped Sunbird *Hypogramma hypogrammicum* 体长：13~15 cm LC（低度关注）

紫色花蜜鸟 \摄影：童光琦

紫色花蜜鸟 \摄影：高正华

紫色花蜜鸟 \摄影：602061

紫色花蜜鸟 \摄影：毛建国

形态特征 喙黑色，长而下弯。雄鸟体羽黑色，具紫蓝色金属光泽，翅褐色，肩部有亮黄色具光泽。雌鸟上体橄榄褐色，下体淡黄色。

地理分布 共3个亚种，分布于南亚及东南亚。国内有1个亚种，滇西亚种 *asiatica* 见于云南西部。

生态习性 栖息于落叶林、灌丛、花园。

种群状况 多型种。留鸟。不常见。

紫色花蜜鸟

Purple Sunbird　*Cinnyris asiaticus*

体长：10~11 cm

LC（低度关注）

黄腹花蜜鸟 \ 摄影：蔡卫和

黄腹花蜜鸟 \ 摄影：邓宇

黄腹花蜜鸟 \ 摄影：陈久桐

形态特征 喙黑色且下弯。雄鸟上体橄榄褐色，颏至胸部黑紫色，具金属光泽，具红色和灰色环带；腹部黄色。雌鸟上体橄榄褐色，下体黄色。

生态习性 栖息于红树林、灌丛、花园。

地理分布 共22个亚种，分布于东南亚至大洋洲北部。国内有1个亚种，南方亚种 *rhizophorae* 见于云南东南部、广东南部、香港、广西南部、海南。

种群状况 多型种。留鸟。不常见。

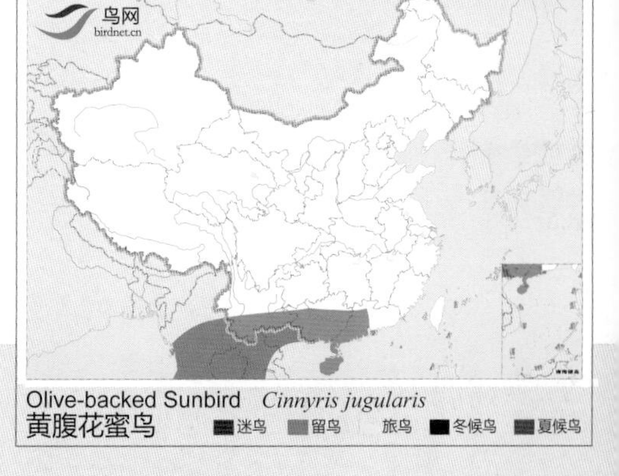

黄腹花蜜鸟

Olive-backed Sunbird *Cinnyris jugularis*

体长：10~11 cm

LC（低度关注）

指名亚种 *gouldiae* \摄影：王尧天

西南亚种 *dabryii* \摄影：裴晋军

西南亚种 *dabryii* \摄影：王勇

形态特征 喙黑色且下弯。雄鸟头顶、颏、过眼纹紫蓝色，具金属光泽；背、肩、胸红色，腰黄色，腹部黄色；尾长，蓝色具金属光泽。雌鸟喉深橄榄色，上体橄榄色，下体绿黄色。

生态习性 栖息于常绿林。

地理分布 共4个亚种，分布于喜马拉雅山脉、中南半岛。国内有2个亚种，指名亚种 *gouldiae* 见于西藏东南部，雄鸟胸部黄色或杂以红色；雌鸟尾羽端斑较小。西南亚种 *dabryii* 见于陕西南部、甘肃东南部、云南、四川、重庆、贵州、湖北西部、湖南南部、广西中部。雄鸟胸部赤红色，雌鸟尾羽端斑较大。

种群状况 多型种。留鸟，夏候鸟，冬候鸟。常见。

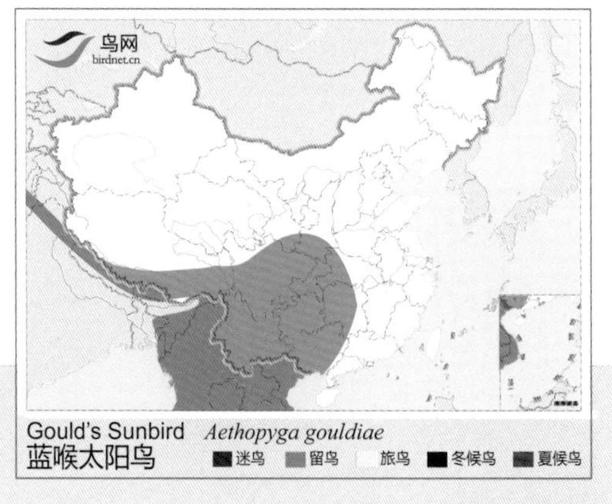

蓝喉太阳鸟

Gould's Sunbird　*Aethopyga gouldiae*　体长：14~15 cm　LC（低度关注）

绿喉太阳鸟 \摄影：吴荣平

绿喉太阳鸟 \摄影：李书

绿喉太阳鸟 \摄影：李书

形态特征 雄鸟头、颈辉绿色，头侧黑色；上背暗红色，下背橄榄绿色；腰黄色，尾上覆羽和中央尾羽暗绿色；胸橘红色，腹黄色。雌鸟上体橄榄绿色，颏、喉淡灰绿色，下体淡黄色。

生态习性 与其他太阳鸟相似。

地理分布 共9个亚种，分布于喜马拉雅山脉及印度东北部至缅甸、中南半岛。国内有1个亚种，西南亚种 *koelzi* 见于西藏南部、云南、四川西部。

种群状况 多型种。留鸟。常见。

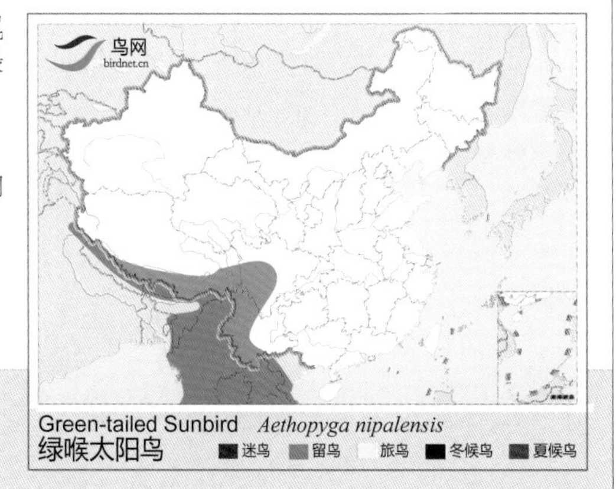

绿喉太阳鸟

Green-tailed Sunbird　*Aethopyga nipalensis*　体长：14 cm　LC（低度关注）

华南亚种 *latouchii* \摄影：谢基建

华南亚种（雌）*latouchii* \摄影：何晓滨

指名亚种 *christinae*（雌）\摄影：王尧天

指名亚种 *christinae* \摄影：王尧天

形态特征 雄鸟头顶灰绿色，脸颊黑褐色；上体暗橄榄绿色；腰黄色，中央尾羽辉绿色，喉、胸红褐色，腹淡灰色。雌鸟上体橄榄绿，腰黄色，下体淡黄绿色。

生态习性 与其他太阳鸟相似。

地理分布 共3个亚种，分布于越南北部和老挝中部。国内有2个亚种，华南亚种 *latouchii* 见于中国东南及华南，背橄榄绿，喉和胸赤红，下体更多绿黄色（♂），上体橄榄黄绿色（♀）。指名亚种 *christinae* 见于海南岛，背绒黑色，喉和胸深紫红色，下体浅黄绿色（♂），上体暗橄榄绿色（♀）。

种群状况 多型种。留鸟。常见。

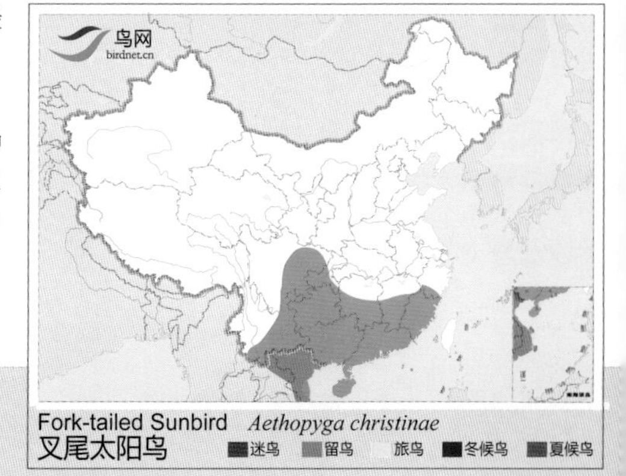

叉尾太阳鸟

Fork-tailed Sunbird *Aethopyga christinae* 体长：10~12 cm LC（低度关注）

滇西亚种 *assamensis* \摄影：顾莹

滇西亚种 *assamensis* \摄影：邓嗣光

西南亚种 *petersi* \摄影：刘爱华

滇西亚种 *assamensis* \摄影：王尧天

形态特征 雄鸟中央尾羽延长，头顶至后颈紫蓝色，具金属光泽，背褐红色，腰有一黄色横带，尾上覆羽和尾紫蓝色；喉黑色，胸灰橄榄色，具细小的深暗色纵纹；腹黄色。雌鸟上体橄榄绿色具黄色腰带。

生态习性 与其他太阳鸟相似。

地理分布 共10个亚种，分布于喜马拉雅山脉及印度北部、东北部至缅甸和东南亚。国内有3个亚种，指名亚种 *saturata* 见于西藏东南部，胸绒黑色，下胸无硫黄色；羽色较浓；下背黄斑较窄。滇西亚种 *assamensis* 见于西藏东南部，云南西部和东北部，羽色较淡，下背黄斑较宽；胸绒黑色，下胸无硫黄色。西南亚种 *petersi* 见于云南东南部和南部、贵州中部和南部、广西西南部，上胸绒黑，下胸硫黄色，杂以红色纵纹。

种群状况 多型种。留鸟。常见。

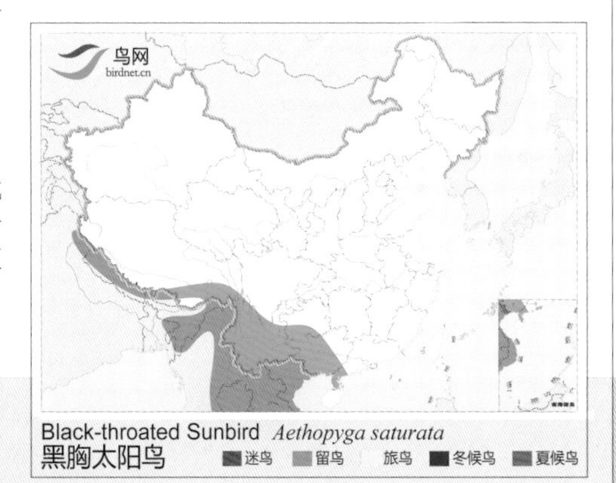

黑胸太阳鸟

Black-throated Sunbird　*Aethopyga saturata*　体长：9~15 cm　LC（低度关注）

云南亚种 *viridicauda* \摄影：杜雄

滇东亚种 *tonkinensis* \摄影：花山鹰

滇西亚种 *seheriae* \摄影：高正华

形态特征 雄鸟额和头顶前部金属绿色，头顶后部橄榄褐，其余头、颈、背、肩、颏、喉、胸和翅上中覆羽、小覆羽为红色，腰黄色，腹部灰色。

生态习性 与其他太阳鸟相似。

地理分布 共15个亚种，分布于印度西部、印度东北部、菲律宾、苏拉威西岛、马来半岛及大巽他群岛。国内有4个亚种，云南亚种 *viridicauda* 见于云南西部及南部；腹部多呈深污灰，少橄榄黄；中央尾羽特别延长，突出部分超过1厘米。滇东亚种 *tonkinensis* 见于云南南部、广西西南部，下体少灰黑色，中央尾羽不甚延长，突出部分不及0.7厘米。广东亚种 *owstoni* 见于广东南部，下体多灰黑色，中央尾羽不甚延长，突出部分不及0.7厘米。滇西亚种 *seheriae* 见于云南南部，腹部少灰色，多橄榄黄色；中央尾羽特别延长，突出部分超过1厘米。

种群状况 多型种。留鸟。常见。

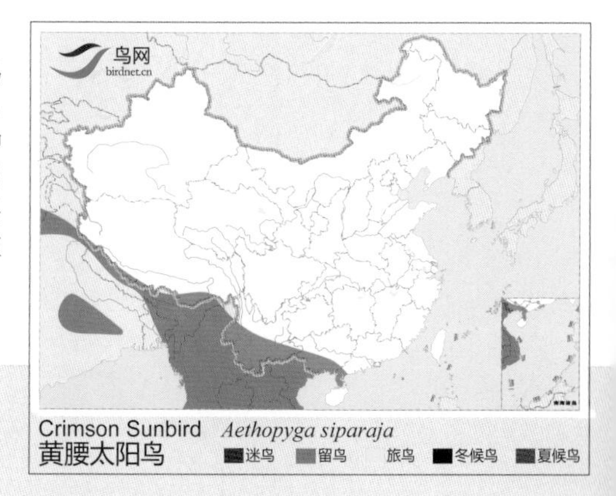

黄腰太阳鸟

Crimson Sunbird *Aethopyga siparaja* 体长：10~15 cm LC（低度关注）

火尾太阳鸟 \摄影：康小兵

火尾太阳鸟 \摄影：刘哲青

火尾太阳鸟 \摄影：肖克坚

形态特征 雄鸟上体包括尾火红色；腰黄色；头顶辉蓝色，眼先和头侧黑色，喉及髭纹金属紫色，胸橘红色；腹黄绿色。雌鸟上体橄榄绿色，下体黄绿色，腰沾黄色。

生态习性 与其他太阳鸟相似。

地理分布 共2个亚种，分布于喜马拉雅山脉及尼泊尔、不丹、印度北部、孟加拉国东北部、缅甸。国内有1个亚种，指名亚种 *ignicauda* 见于西藏南部、云南西部和南部。

种群状况 多型种。留鸟。区域性常见。

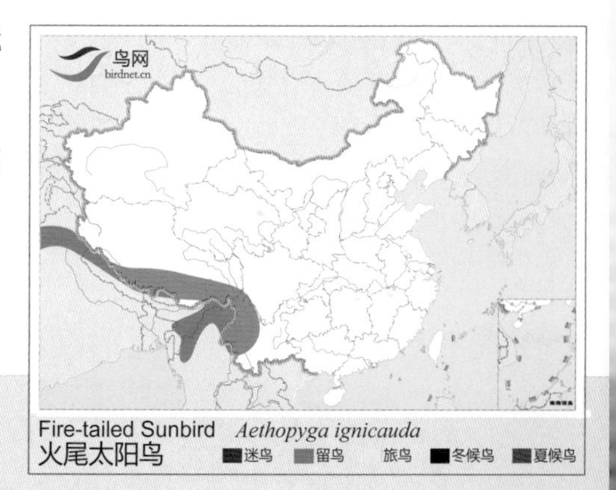

火尾太阳鸟

Fire-tailed Sunbird *Aethopyga ignicauda* 体长：10~20 cm LC（低度关注）

指名亚种 *longirostris* \ 摄影：冯江

指名亚种 *longirostris* \ 摄影：高正华

指名亚种 *longirostris* \ 摄影：高正华

滇东亚种 *sordida* \ 摄影：邱小宁

形态特征 上体橄榄绿色。嘴长而下弯，眼先和眉纹白色，眼下一圈白色，颏、喉白色，其余下体鲜黄色，胸簇橘红色。雌鸟无橘红色胸簇羽。

生态习性 栖息于海拔1200米以下的低山丘陵和山脚平原，以蜘蛛和昆虫等为食。

地理分布 共13个亚种，分布于印度西南、中东部、东北部、东南亚、菲律宾、马来半岛及大巽他群岛。国内有2个亚种，指名亚种 *longirostris* 见于云南西南部，体形较大（♂嘴峰3.9厘米，翅长7厘米）；眼先、颊及喉均灰白色。滇东亚种 *sordida* 见于云南南部，体型较小（♂嘴峰3.2厘米，翅长6.3厘米）；眼先钝淡灰色，颊及喉均灰色。

种群状况 多型种。留鸟。常见。

长嘴捕蛛鸟

Little Spiderhunter　*Arachnothera longirostra*　体长：15 cm　LC（低度关注）

纹背捕蛛鸟 \摄影：王尧天

纹背捕蛛鸟 \摄影：陈修扬

纹背捕蛛鸟 \摄影：刘哲青

形态特征 上体橄榄黄色，具黑色中央纵纹，下体黄白色满布黑色纵纹，尾具黑色次端斑。脚橘黄色。

生态习性 栖息于1500米以下的常绿阔叶林和热带雨林中。

地理分布 共5个亚种，分布于雅山脉及尼泊尔、不丹、孟加拉国东部、印度东北部、东南亚。国内有1个亚种，指名亚种 *magna* 见于西藏东南部、云南西部和南部、贵州西南部、广西西部。

种群状况 多型种。留鸟。常见。

纹背捕蛛鸟

Streaked Spiderhunter *Arachnothera magna* 体长：14~19 cm LC（低度关注）

雀科

Passeridae
(Old World Sparrows)

本科多为小型鸟类。嘴粗厚而短，末端尖、近似圆锥形，嘴缘平滑，角质腭两侧纵棱几相平行，在后端左右不相并连。鼻孔常被羽毛或被皮膜所遮盖。初级飞羽10枚，第一枚初级飞羽多退化或缺失，因而仅见9枚。尾羽12枚。跗蹠前面被盾状鳞，后面为单一的纵形长鳞片。两性常异色。

栖息于森林、草原、灌丛、草甸、农田和居民点附近等各类生境中。以谷粒、草籽、种子、果实、花、叶、芽等植物性食物为食。繁殖期间也吃各种昆虫。营巢于树上、地上或灌丛中。巢多呈杯状。雏鸟晚成性。

本科计有19属123种，遍布于除大洋洲以外的世界各地。中国有5属13种，分布于全国各地。

黑顶麻雀 \ 摄影：王尧天

北疆亚种 *nigricans* \摄影：刘哲青

北疆亚种 *nigricans* \摄影：王尧天

新疆亚种 *stoliczkae* \摄影：关克

北疆亚种 *nigricans* \摄影：李全民

形态特征 繁殖期雄鸟头顶中央黑色，脸颊浅灰色，眉纹及枕侧棕褐色，过眼纹、颏、喉黑色；上体褐色具黑色纵纹，下体灰色。雌鸟上体沙褐色，背有黑色纵纹，下体灰色。

生态习性 栖息于荒漠、半荒漠和有稀疏灌丛的沙漠、河谷、农田等地。

地理分布 共3个亚种，分布于中亚至蒙古。国内有2个亚种，北疆亚种 *nigricans* 见于新疆北部，上体沙灰色；雄鸟背上黑纹较粗，有时并分布至腰和尾上覆羽。新疆亚种 *stoliczkae* 见于宁夏、甘肃、内蒙古西部、新疆，上体棕沙色；雄鸟背上黑纹细而稀，不伸达至腰和尾上覆羽。

种群状况 多型种。留鸟。常见。

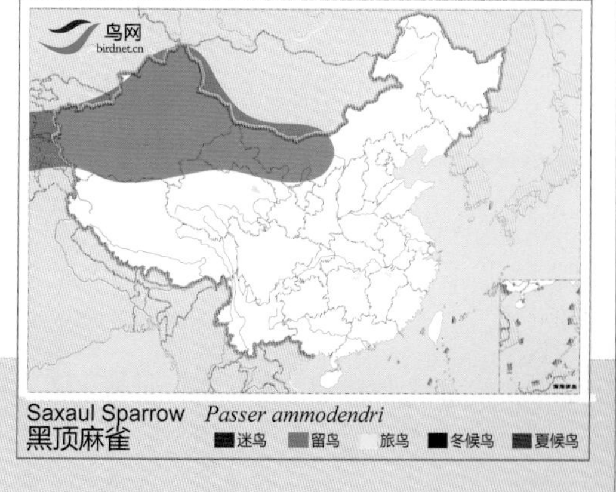

Saxaul Sparrow *Passer ammodendri*
黑顶麻雀
迷鸟 留鸟 旅鸟 冬候鸟 夏候鸟

黑顶麻雀

Saxaul Sparrow *Passer ammodendri*

体长：14~16 cm

LC（低度关注）

新疆亚种 *bactrianus* \摄影：王尧天

新疆亚种 *bactrianus* \摄影：王尧天

藏西亚种 *partini* \摄影：关克

藏西亚种 *partini* \摄影：关克

形态特征 雄鸟头顶和腰灰色，眼后、后颈部栗红色，脸颊白色；背栗红色，具黑色纵纹，颏、喉上胸黑色；其余下体白色。雌鸟羽色淡，具有浅色眉纹。

生态习性 栖息于平原、山脚和高原地带的村庄、城镇、农田。

地理分布 共12个亚种，分布于古北界及东半球，引种至北美洲及南美洲、西非、中非、南非，新西兰，澳大利亚及许多小群岛。在亚洲分布于亚洲中南部、俄罗斯南部、西伯利亚南部、蒙古、阿富汗、印度、泰国（除南部）、老挝北部及南部，引种至新加坡。国内有3个亚种，指名亚种 *domesticus* 见于黑龙江、内蒙古东北部，头顶与下背黄灰色；后颈栗色带不显；上背红棕色较淡；颊沾黄灰色。新疆亚种 *bactrianus* 见于新疆，后颈栗色带较狭；上背红棕色较淡。藏西亚种 *partini* 见于西藏西部。后颈栗色带较宽，上背红棕色较深。

种群状况 多型种。留鸟。常见。

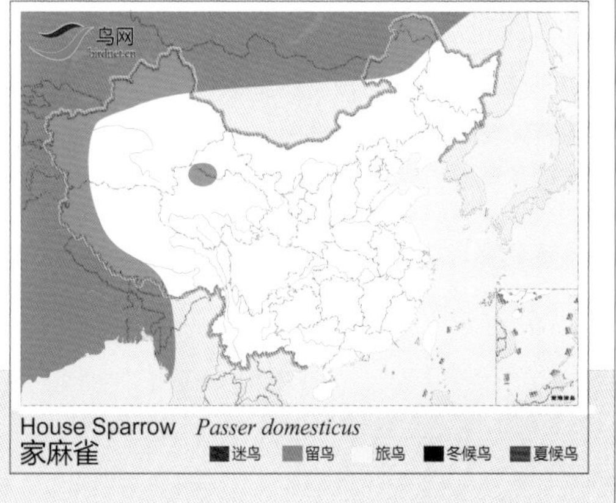

家麻雀

House Sparrow　*Passer domesticus*　　体长：12~13.5 cm　　LC（低度关注）

黑胸麻雀 \摄影：王尧天

黑胸麻雀 \摄影：王尧天

黑胸麻雀 \摄影：王尧天

黑胸麻雀 \摄影：王尧天

形态特征 雄鸟头顶至枕栗色，白色眉纹窄，脸颊白色；背及两胁布满黑色纵纹，颏、上胸黑色，其余下体白色。雌鸟较为单色，似家麻雀的雌鸟但本种雌鸟上背两侧色浅，胸及两胁具浅色纵纹。

生态习性 与家麻雀相似。

地理分布 共2个亚种，分布于佛得角群岛、欧洲西南部、北非、小亚细亚、中东、中亚。国内有1个亚种，新疆亚种 *transcapicus* 见于新疆。

种群状况 多型种。留鸟。地方性常见。

黑胸麻雀

Spanish Sparrow *Passer hispaniolensis* 体长：14~16 cm LC（低度关注）

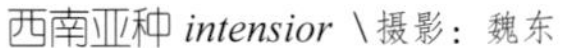
西南亚种 *intensior* \摄影：魏东

指名亚种 *rutilans* \摄影：简廷谋

指名亚种 *rutilans* \摄影：李宗丰

指名亚种 *rutilans* \摄影：曹新华

形态特征 雄鸟上体栗红色，背中央具黑色纵纹，脸颊白色，颏、喉黑色，下体白色。雌鸟上体褐色，皮黄白色眉纹宽阔，过眼纹黑色。

生态习性 栖息于海拔1500米以下的低山丘陵和山脚平原地带的各类森林和灌丛，在青藏高原活动于海拔2000~3500米。

地理分布 共4个亚种，分布于阿富汗东北部、印度东北部、喜马拉雅山脉、缅甸北部、老挝北部、越南西北部、库页岛南部、千岛群岛南部、日本。国内有4个亚种，指名亚种 *rutilans* 见于河北往南、青海往东的广大地区；下体无黄色渲染。西藏亚种 *cinnamoneus* 于西藏南部和东南部；下体稍沾黄；背上纵纹较少。西南亚种 *intensior* 见于云南、四川、重庆、贵州；下体沾黄较显著；背上纵纹较多。巴塘亚种 *batangensis* 见于四川南部、云南西部。下体黄色浓著；背上纵纹亦较多。也有学者置巴塘亚种 *batangensis* 于西南亚种 *intensior* 之内。

种群状况 多型种。夏候鸟，留鸟。常见。

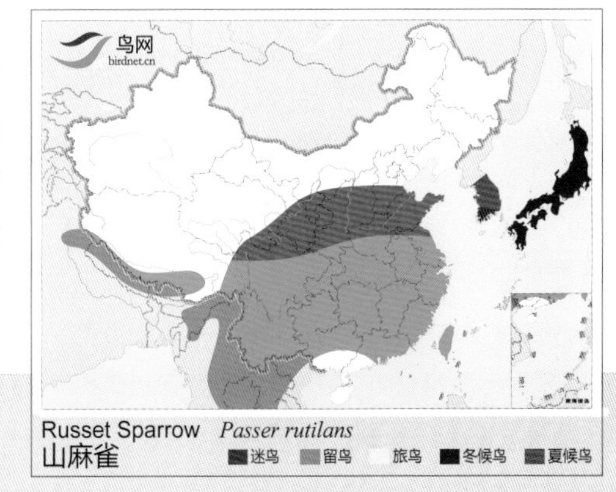

Russet Sparrow　*Passer rutilans*
山麻雀

山麻雀

Russet Sparrow　　*Passer rutilans*　　体长：13~15 cm　　LC（低度关注）

新疆亚种 *dilutus* \摄影：关克

普通亚种 *saturatus* \摄影：关克

云南亚种 *molaccensis* \摄影：关克

麻雀（白化型）\摄影：许勇

青藏亚种 *tibetanus* \摄影：袁庆德

指名亚种 *montanus* \摄影：段文科

形态特征 额、头顶至后颈栗褐色，颈背有白色领环，脸颊白色，耳部有一黑斑；背沙褐色，具黑色纵纹；颏、喉黑色；下体污白色。

生态习性 分布广，主要栖息在人类居住环境。

地理分布 共10个亚种，分布于欧洲、中东、中亚和东亚、喜马拉雅山脉及东南亚。国内有7个亚种，指名亚种 *montanus* 见于黑龙江、吉林东部、辽宁东南部、内蒙古东北部，嘴较小，羽色较暗色；头顶肝褐色，背黄褐色，腰橄榄褐色。普通亚种 *saturatus* 见于华东、华中及东南地区（包括台湾），嘴较粗，体色较云南亚种稍浅；头顶红褐色，背棕褐色，腰浅褐色。新疆亚种 *dilutus* 见于甘肃西北部、新疆、青海东北部，体色最淡；头顶浅红褐色，被浅黄褐色；腰浅褐近沙色；下体白色。青藏亚种 *tibetanus* 见于青海西南部、西藏东部和南部、四川西部，体色较暗。甘肃亚种 *kansuensis* 见于甘肃西部、内蒙古北部、青海北部和东部，嘴较小，羽色与普通亚种相似，但较淡些，介于指名亚种与新疆亚种之间。藏南亚种 *hepaticus* 见于西藏东南部，嘴较小，羽色较暗；头顶暗栗色，背暗肉桂红色。云南亚种 *molaccensis* 见于云南和海南，嘴型较小，羽色最鲜亮；头顶栗褐色，背棕褐色，腰褐沾棕色。

种群状况 多型种。留鸟。常见。

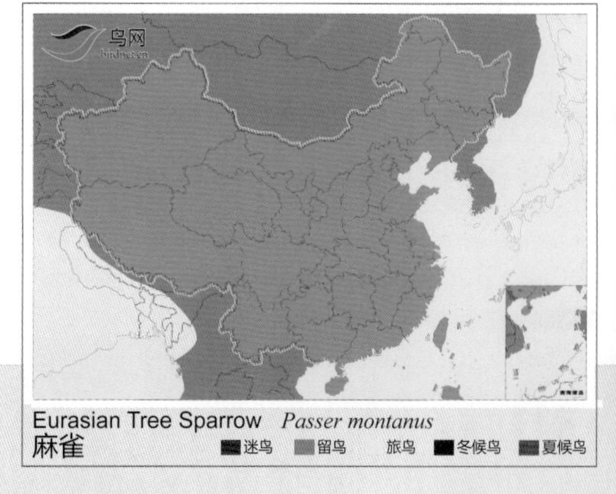

Eurasian Tree Sparrow *Passer montanus*
麻雀
迷鸟 留鸟 旅鸟 冬候鸟 夏候鸟

麻雀（树麻雀）

Eurasian Tree Sparrow *Passer montanus* 体长：13~15 cm LC（低度关注）

新疆亚种 *intermedia* \摄影：刘哲青

新疆亚种 *intermedia* \摄影：王尧天

新疆亚种 *intermedia* \摄影：李全民

北方亚种 *brevirostris* \摄影：关克

形态特征 上体灰褐色，下体白色具浅褐色纵纹。眉纹浅褐色，过眼纹深色，有浅色的顶冠纹和深色的侧冠纹，喉有黄斑。

生态习性 主要栖息于高原的岩石荒坡和稀少灌丛地带，高可至海拔4000米，冬季下到山脚平原，结大群栖居且常与家麻雀在一起。

地理分布 共6个亚种，分布于欧洲南部、非洲北部至中东、中亚及蒙古。中国有2个亚种，新疆亚种 *intermedia* 见于新疆，嘴较长(♂♀1.5~1.6厘米)；背上黑褐色纵纹较多而显著。北方亚种 *brevirostris* 见于北京、宁夏、青海、甘肃东部和南部、四川西北部、内蒙古、西藏。嘴较短(♂♀1.2~1.4厘米)，背上纵纹较少而不显。

种群状况 多型种。留鸟。常见。

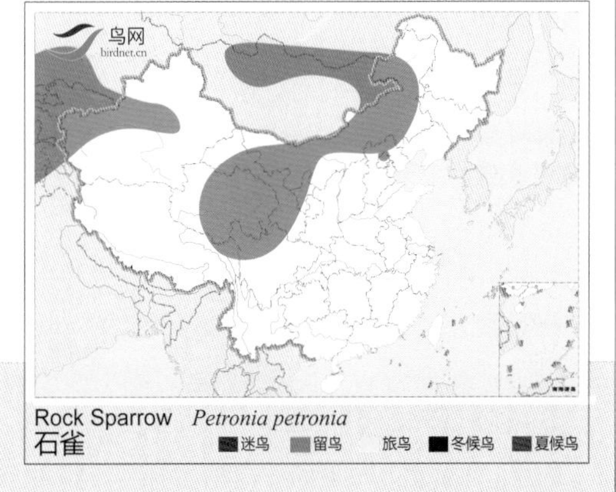

石雀

Rock Sparrow　　*Petronia petronia*　　体长：13~16 cm　　LC(低度关注)

新疆亚种 *alpicola* \摄影：王尧天

新疆亚种 *alpicola* \摄影：王尧天

昆仑亚种 *kwenlunensis* \摄影：徐勇

新疆亚种 *alpicola* \摄影：王尧天

形态特征 头顶灰褐色，背暗褐色；翅及尾凹形，翅上有白斑，翅端黑色；中央尾羽黑色，外侧尾羽白色，具黑色端斑；颏、喉黑色。下体白色。繁殖期嘴下基黄色，端部黑色；非繁殖期黑色。

生态习性 高原鸟类，栖息于2500~4500米的高山，尤喜多岩山坡。

地理分布 共7个亚种，分布于欧洲南部，从西班牙、地中海北部至中东、中亚。国内有2个亚种，新疆亚种 *alpicola* 见于新疆西北部和北部，上体浓褐色，头顶乌灰沾褐色；下体自胸以下纯白色。昆仑亚种 *kwenlunensis* 见于新疆南部、西藏，上体羽色较淡，头顶与背均沙褐色；下体自胸以下纯白色。

种群状况 多型种。留鸟。常见。

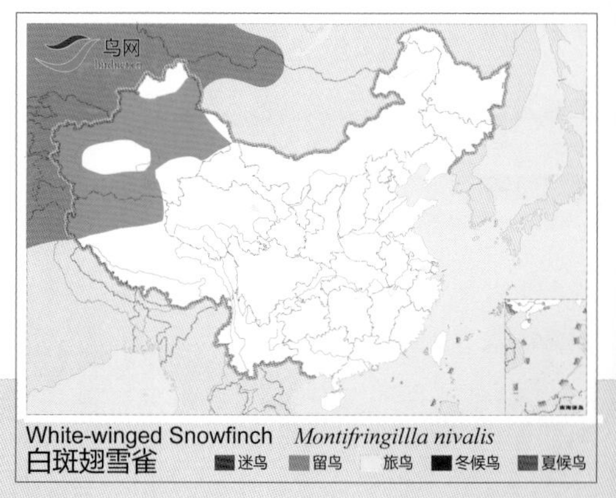

白斑翅雪雀

White-winged Snowfinch *Montifringilla nivalis* 体长：16~18 cm LC（低度关注）

藏雪雀 \摄影：邢睿

藏雪雀 \摄影：画一

藏雪雀 \摄影：画一

形态特征 形、色似白斑翅雪雀，但本种的头、枕为棕褐色，翅上白斑较小，胁部褐色，整体颜色更深。

生态习性 与白斑翅雪雀相似。

地理分布 中国鸟类特有种。分布于西藏、青海东部及新疆。

种群状况 单型种。留鸟。常见。

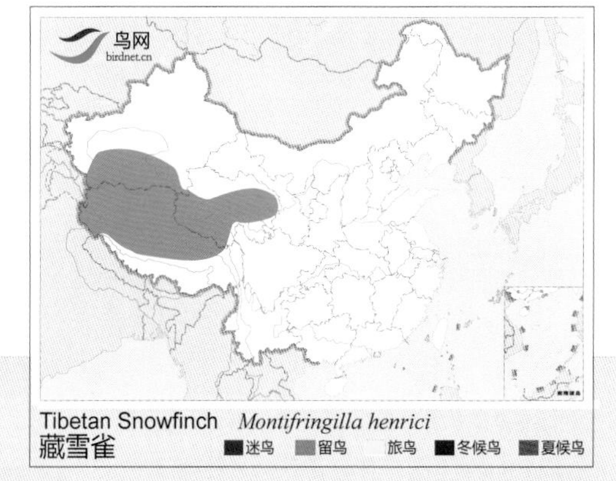

藏雪雀

Tibetan Snowfinch　*Montifringilla henrici*　体长：17 cm　NE（未评估）

指名亚种 *adamsi* \摄影：邢睿

南山亚种 *xerophila* \摄影：田穗兴

指名亚种 *adamsi* \摄影：梁长久

形态特征 雄雌同色。上体灰褐色，翅上有白斑；中央尾羽黑色，外侧尾羽白色，似白斑翅雪雀和藏雪雀，但本种的上体褐色较重，飞行及休息时两翼可见的白色较少；繁殖期嘴基黄色，端部黑色，非繁殖期黑色。

生态习性 与白斑翅雪雀相似。

地理分布 共2个亚种，分布于克什米尔北部、喜马拉雅山脉。国内2个亚种都有，指名亚种 *adamsi* 见于甘肃南部、西藏、青海东南部、四川西部，上体羽毛较浓，背上纵纹较显著。南山亚种 *xerophila* 见于新疆东南部、青海西部和北部，上体羽色较淡，更近沙色；背上纵纹不明显。

种群状况 多型种。留鸟。常见。

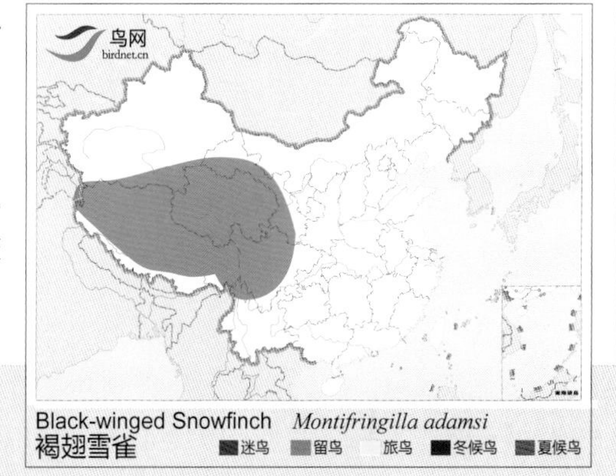

褐翅雪雀

Black-winged Snowfinch　*Montifringilla adamsi*　体长：14~18 cm　LC（低度关注）

白腰雪雀 \摄影：赵顺

白腰雪雀 \摄影：邢睿

白腰雪雀 \摄影：赵顺

白腰雪雀 \摄影：关克

形态特征 整体灰白色，头顶褐色，前额及眉纹白色，眼先黑色；背具暗褐色纵纹，腰有大块白斑；尾黑褐色，外侧尾羽白色。比其他雪雀色彩要淡。

生态习性 栖息于海拔3000~4500米的高山草地和荒漠、半荒漠地带。栖于鼠兔群集处，栖息、营巢均使用鼠兔洞。

地理分布 国外分布于尼泊尔、印度锡金。国内分布于甘肃南部，西藏，青海南部和四川西北部。

种群状况 单型种。留鸟。常见。

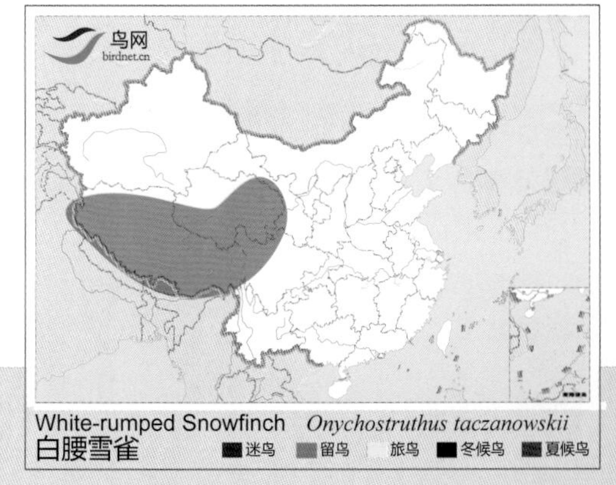

白腰雪雀

White-rumped Snowfinch *Onychostruthus taczanowskii* 体长：14~18 cm **LC（低度关注）**

黑喉雪雀 \摄影：赵建英

黑喉雪雀 \摄影：关克

黑喉雪雀 \摄影：贾云国

黑喉雪雀 \摄影：贾云国

形态特征 头顶和上体沙褐色。额、眼先、颏及喉黑色，两翅和尾褐色，下体白色。与棕背雪雀及棕颈雪雀的幼鸟的区别为无眉纹或无白色的脸部。

生态习性 与其他雪雀相似，也与鼠兔共处。

地理分布 共2个亚种，分布于俄罗斯的阿尔泰山至蒙古。国内有1个亚种，指名亚种 *davidiana* 见于甘肃北部、宁夏、内蒙古、青海东部。

种群状况 多型种。留鸟。不常见。

黑喉雪雀

Pere David's Snowfinch　*Pyrgilauda davidiana*　　体长：12~13 cm　　LC（低度关注）

指名亚种 ruficallis \摄影：王尧天

指名亚种 ruficallis \摄影：邢睿

指名亚种 ruficallis \摄影：王尧天

形态特征 前额灰色，眉纹白色，过眼纹黑色；髭纹黑色，颏及喉白色，上体灰褐色，具黑褐色纵纹；后颈、颈侧和胸侧棕色，下体白色。

生态习性 栖息于海拔2500~4000米的高山裸岩、草地。出入于鼠兔洞穴中。

地理分布 共2个亚种，国内分布于青藏高原及中国西北部。国内2个亚种都有，指名亚种 *ruficallis* 见于甘肃南部、西藏、青海南部、四川西部，上下体色较暗。青海亚种 *isabellina* 见于新疆南部、青海北部，上体色较淡；下体近白色。

种群状况 多型种。留鸟，冬候鸟。常见。

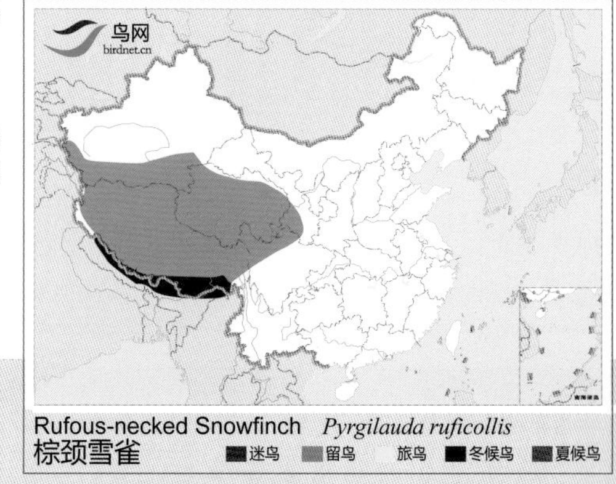

Rufous-necked Snowfinch *Pyrgilauda ruficollis*
棕颈雪雀 迷鸟 留鸟 旅鸟 冬候鸟 夏候鸟

棕颈雪雀

Rufous-necked Snowfinch *Pyrgilauda ruficollis* 体长：14~16 cm LC（低度关注）

柴达木亚种 *ventorum* \摄影：许传辉

柴达木亚种 *ventorum* \摄影：许传辉

棕背雪雀 \摄影：邢睿

形态特征 额、眉纹、颊白色，额中央有一黑色纵纹；眼先、颏、喉黑色，并向上延伸至眼上。上体褐色，颈侧浅棕色，下体白色。

生态习性 典型高山草原和草地鸟类，栖息地海拔3000~4500米，与鼠兔繁群共处。

地理分布 共3个亚种，分布于尼泊尔、印度锡金。国内2个亚种均有。指名亚种 *blanfordi* 见于新疆西南部、西藏西部和南部、青海南部，上体显棕色。青海亚种 *barbata* 见于青海东部和南部，上体显灰色。柴达木亚种 *ventorum* 见于新疆东南部、青海西北部，上体显淡灰色，而微沾淡泥黄色。

种群状况 多型种。留鸟。常见。

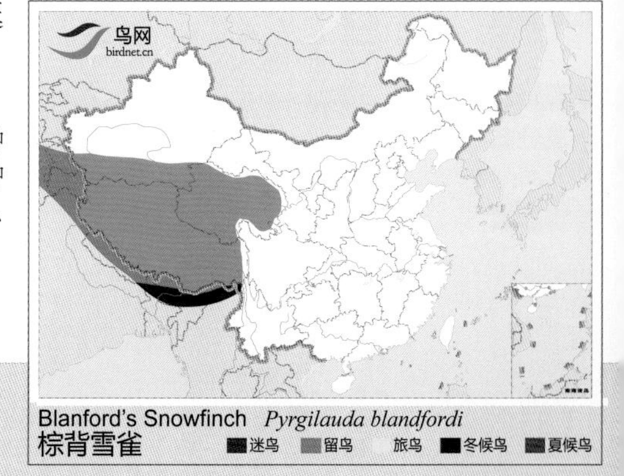

Blanford's Snowfinch *Pyrgilauda blandfordi*
棕背雪雀 迷鸟 留鸟 旅鸟 冬候鸟 夏候鸟

棕背雪雀

Blanford's Snowfinch *Pyrgilauda blanfordi* 体长：15 cm LC（低度关注）

织雀科

Ploceidae
(Weavers)

本科鸟类体形大小似麻雀，嘴强健；第1枚飞羽较长，超过大覆羽；大多数雄鸟一年有两种羽色，非繁殖季节雄鸟羽色似雌鸟。主要活动于农田附近的草灌丛中，群集生活，常结成数十以至数百只的大群。性活泼，主食植物种子，繁殖期兼食昆虫。在繁殖期中，常数对或10余对共同在一棵树上营巢，巢呈长梨形，悬吊于树木的枝梢，以草茎、草叶、树皮纤维等编织而成。

本科有16属114种。主要分布于非洲热带。中国有1属2种，仅见于云南。

纹胸织雀 \摄影：宋迎涛

纹胸织雀 \摄影：宋迎涛

纹胸织雀 \摄影：宋迎涛

纹胸织雀 \摄影：宋迎涛

纹胸织雀 \摄影：宋迎涛

形态特征 嘴粗厚而呈锥状。雄鸟繁殖期头顶金黄色，脸颊、头侧、颏及喉黑色；下体白色，胸、两胁具黑色纵纹；上体黑褐色，羽缘茶黄色。非繁殖期雄鸟及雌鸟头褐色，眉纹皮黄色，颈上近白色。

生态习性 栖息于有水的平原、旷野、河谷、沼泽等地。繁殖期在树木上营建庞大的巢群。雄鸟为多配型，雄鸟先编制巢，之后雌鸟添加里衬。

地理分布 共4个亚种，分布于巴基斯坦、印度、斯里兰卡、东南亚、爪哇及巴厘岛。国内有2个亚种，滇北亚种 *peguensis* 见于云南西北部。滇南亚种 *williamsoni* 见于云南西南部。

种群状况 多型种。留鸟。罕见。

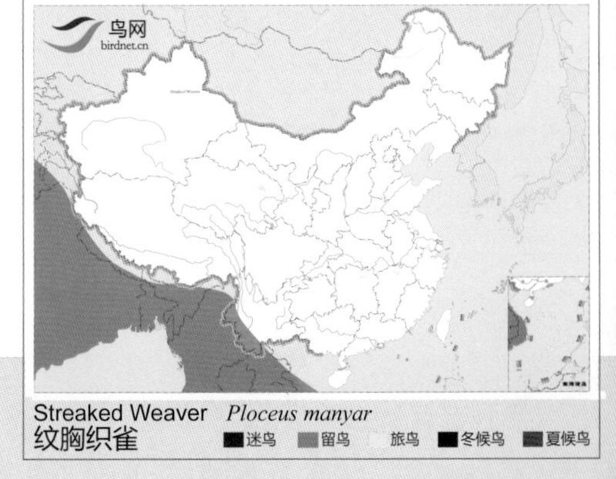

纹胸织雀

Streaked Weaver *Ploceus manyar*

体长：14~15 cm

LC（低度关注）

黄胸织雀 \摄影：呼晓宏

黄胸织雀 \摄影：李慰曾

黄胸织雀 \摄影：李慰曾

黄胸织雀 \摄影：赖健豪

形态特征 雄鸟繁殖羽头顶、颈背金黄色，眼先、颊、头侧黑色；上体沙褐色或棕黄色带黑褐色纵纹，颏、喉灰色或暗褐色，颈侧和胸茶褐色；下体皮黄白。雌鸟头无黄色及黑色，眉纹及胸茶黄褐色。

生态习性 习性与纹胸织布鸟相似。

地理分布 共5个亚种，分布于巴基斯坦、印度、斯里兰卡、东南亚、马来半岛、苏门答腊、爪哇及巴厘岛。国内有1个亚种，云南亚种*burmanicus*见于云南西部及南部。

种群状况 多型种。留鸟。地方性常见。

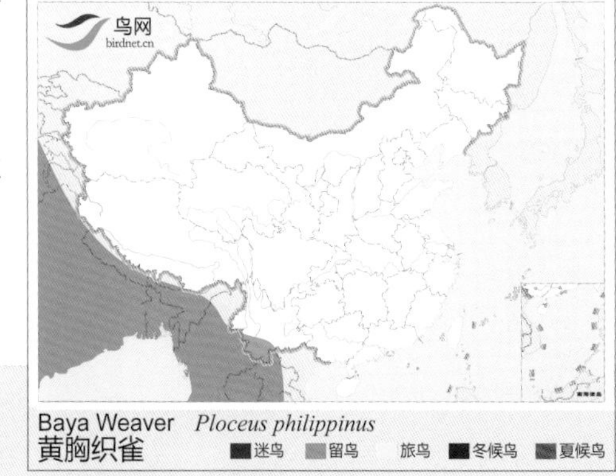

黄胸织雀

Baya Weaver *Ploceus philippinus* 体长：13~17 cm LC（低度关注）

梅花雀科

Estrildidae
(Waxbills and Allies)

本科鸟类体型较小，嘴短粗而呈圆锥形，腿短，身体羽常有鲜明的色彩。部分种类具有极长的尾羽。有些种类羽色极其华丽。本科鸟类多集群活动，在地面上觅食，食物以各种植物的果实和种子为主。繁殖期营造大型白球状巢。每窝产卵5~10枚。卵多呈白色。

本科全世界共有28属140种。分布于非洲、亚洲和大洋洲的热带地区。中国有5属8种，分布于华南、西南及华东地区。

红梅花雀西南亚种 *A.a flavidiventris* \ 摄影：高正华

西南亚种 *flavidiventris* \ 摄影：肖克坚

西南亚种 *flavidiventris* \ 摄影：高正华

西南亚种 *flavidiventris* \ 摄影：肖克坚

西南亚种 *flavidiventris* \ 摄影：王福顺

形态特征 嘴红色。雄鸟通体朱红色，背、肩、胸布满白色小斑点，两翅和尾黑色。雌鸟上背褐色，下体灰皮黄色。

生态习性 栖息于海拔1500米以下的低山和平原，结小群生活。

地理分布 共3个亚种，分布于巴基斯坦至中国西南、东南亚、爪哇、巴厘岛及小巽他群岛。引种至马来半岛、苏门答腊、婆罗洲、菲律宾、日本。国内有2个亚种。西南亚种 *flavidiventris* 见于云南南部和西部，雄鸟尾上覆羽红色；雌鸟尾上覆羽朱红色。海南亚种 *punicea* 见于海南，雄鸟尾上覆羽黑色；雌鸟尾上覆羽橘红色。

种群状况 多型种。留鸟。不常见。

红梅花雀

Red Avadavat　　*Amandava amandava*　　体长：9~10 cm　　LC（低度关注）

橙颊梅花雀 \摄影：陈承光

橙颊梅花雀 \摄影：简廷谋

橙颊梅花雀 \摄影：简廷谋

形态特征 喙红色，脸、尾上覆羽红色。下腹白色，沾红色。翅褐色，其他体羽灰色。
生态习性 栖息于草原、森林空地。
地理分布 原分布于非洲。偶见于中国台湾。
种群状况 单型种。留鸟。引入的观赏鸟。

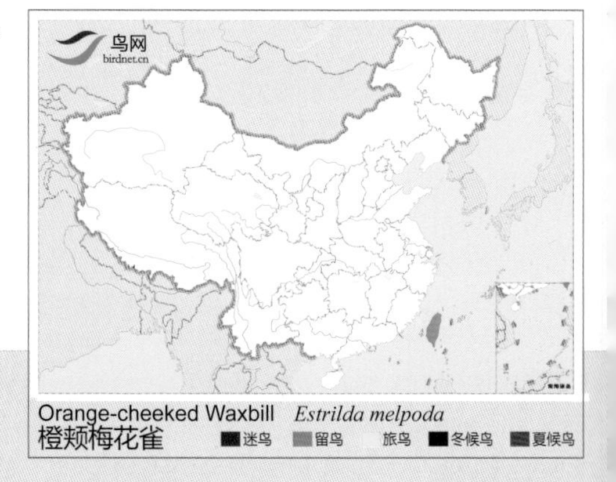

橙颊梅花雀

Orange-cheeked Waxbill *Estrilda melpoda* 体长：10 cm LC（低度关注）

白喉文鸟 \摄影：李慰曾

白喉文鸟 \摄影：简廷谋

形态特征 喙灰色，头、背黑色，喉、胸、腹部白色。尾部黑色中夹白色。
生态习性 栖息于干燥疏灌丛、牧草地、耕地、草原。集群。
地理分布 原分布于非洲北部、南亚。偶见于中国台湾。
种群状况 单型种。留鸟。引入的观赏鸟。

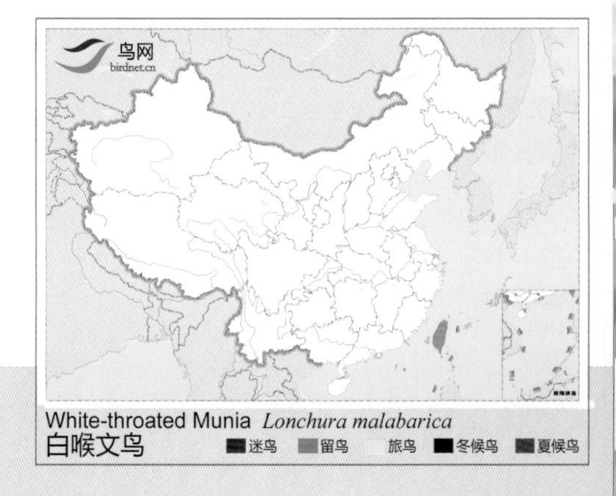

白喉文鸟

White-throated Munia *Lonchura malabarica* 体长：10 cm LC（低度关注）

华南亚种 *swinhoei* \摄影：盘宏权

云南亚种 *subsquamicollis* \摄影：夏咏

华南亚种 *swinhoei* \摄影：程建军

云南亚种 *subsquamicollis* \摄影：关克

形态特征 上体沙褐色，具白色细纹。颈侧和上胸栗色，具浅黄色羽缘。下胸、腹、腰皮黄白色。

生态习性 栖息于海拔1500米以下的低山、丘陵和山脚平原地带，结群生活，喧闹。

地理分布 共6个亚种，分布于印度、斯里兰卡、东南亚及苏门答腊。国内有2个亚种，华南亚种 *swinhoei* 见于中国南方大部地区包括台湾；上体褐色较淡；胸羽大都黄褐。云南亚种 *subsquamicollis* 见于云南西部和南部、西藏东南部、海南，上体褐色较暗浓，胸羽黑褐色，胸部中央几乎纯黑色。

种群状况 多型种。留鸟。常见。

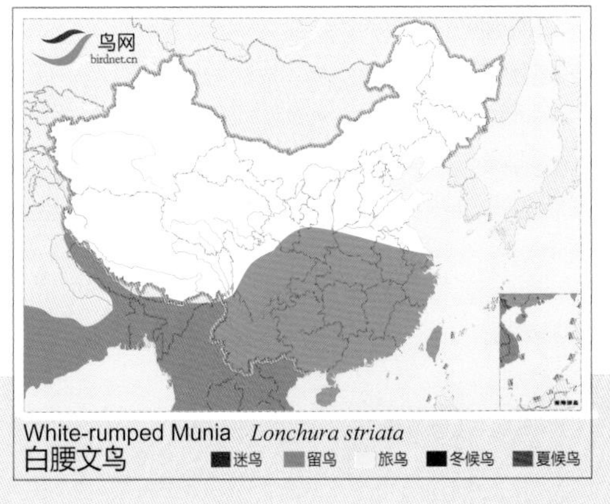

白腰文鸟

White-rumped Munia　*Lonchura striata*　　体长：10~12 cm　　LC（低度关注）

云南亚种 *yunnanensis* \摄影：桑新华

云南亚种 *yunnanensis* \摄影：王尧天

华南亚种 *topela* \摄影：黄邦华

华南亚种 *topela* \摄影：关克

形态特征 上体褐色，羽轴白色而成纵纹，颏喉暗栗色，其余下体白色，具深色鳞状斑。

生态习性 与其他文鸟相似。

地理分布 共11个亚种，分布于巴基斯坦、印度、斯里兰卡、菲律宾、东南亚、巽他群岛及苏拉威西岛。引种至澳大利亚、塞舌尔岛、毛里求斯、多米尼加等地区。国内有3个亚种，云南亚种 *yunnanensis* 见于西藏东南部、云南、四川西南部，上体黄褐色较深浓，栗色喉斑较暗；胸部褐色纵纹较粗较暗。藏南亚种 *subundulata* 见于西藏东南部，上体黄褐色最深浓，栗色喉斑深暗；下体鳞斑黑褐色。华南亚种 *topela* 见于华南及东南地区包括海南岛和台湾。山体黄褐色较淡，栗色喉斑较淡；胸部纵纹较细较淡，更多黄色，有时还不很明显。胸部的鳞状斑不明显。

种群状况 多型种。留鸟。常见。

Scaly-breasted Munia *Lonchura punctulata*
斑文鸟 ■迷鸟 ■留鸟 旅鸟 ■冬候鸟 ■夏候鸟

斑文鸟

Scaly-breasted Munia *Lonchura punctulata* 体长：16~18 cm LC（低度关注）

台湾亚种 *formosana* \摄影：简廷谋

栗腹文鸟 \摄影：alexhuang61

华南亚种 *atricapilla* \摄影：邓嗣光

形态特征 头、颈和上胸黑色，其余身体栗色，嘴蓝灰色。

生态习性 与其他文鸟相似。

地理分布 共2个亚种，分布于印度、斯里兰卡、东南亚、苏门答腊、婆罗洲、菲律宾及苏拉威西岛。引种到夏威夷、西印度群岛、哥伦比亚、委内瑞拉。国内2个亚种都有分布，华南亚种 *atricapilla* 见于云南西部和西南部、广东、澳门、海南，头、颈黑色，腹部中央及尾下覆羽黑色，略沾褐色。台湾亚种 *formosana* 见于台湾，头、颈黑褐色；腹部中央及尾下覆羽纯黑色。

种群状况 多型种。留鸟。不常见。

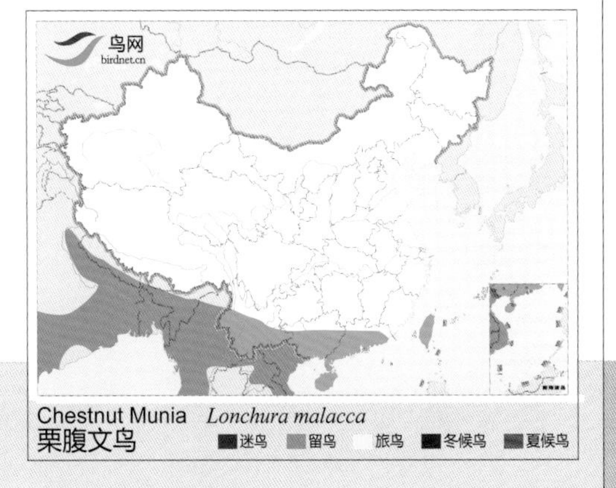

栗腹文鸟

Chestnut Munia　　*Lonchura malacca*

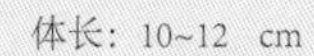

体长：10~12 cm

LC（低度关注）

禾雀 \摄影：陈东明

禾雀 \摄影：黄艮宝

禾雀 \摄影：黄艮宝

形态特征 头部黑色，颊有大块白斑。上体及胸灰色，腹部粉红色，尾黑色。嘴和腿红色。

生态习性 栖息于海拔1500米以下的低山、丘陵、平原。结大群而栖。

地理分布 爪哇和巴厘岛的特有种。广泛引种至东南亚和澳大利亚。国内见于江苏、上海、浙江、福建、广东、广西、台湾。

种群状况 单型种。留鸟。稀少，不常见。

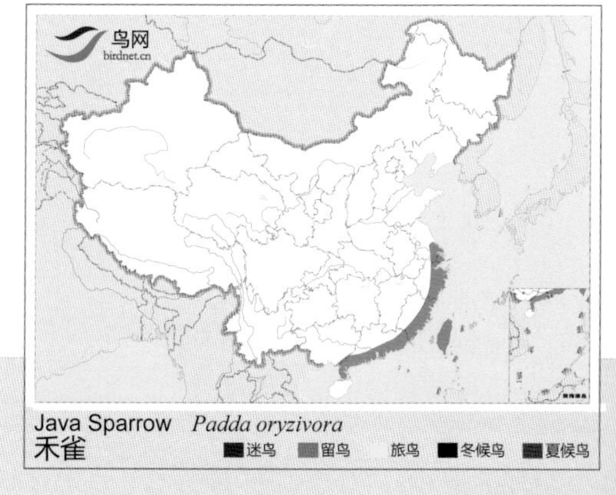

禾雀

Java Sparrow *Padda oryzivora* 体长：13~16 cm VU（易危）

长尾鹦雀 \摄影：张守玉

长尾鹦雀 \摄影：刘马力

长尾鹦雀 \摄影：刘马力

形态特征 雄鸟背和翅草绿色，前额、脸和颊部辉蓝色并下沿至喉部；嘴黑色，两胁及尾下覆羽橙黄色；腰、尾上覆羽及中央尾羽鲜红色，腿红色。雌鸟下体皮黄色，腰和尾淡红色。

生态习性 栖息于森林地带、林缘、灌丛，在开阔地带尤其是稻田取食。

地理分布 分布于泰国、缅甸及中南半岛。国见于云南西双版纳。2014年中国鸟类新纪录。

种群状况 单型种。留鸟。罕见。

长尾鹦雀

Pin-tailed Parrotfinch *Erythrura prasina* 体长：15 cm LC（低度关注）

燕雀科

Fringillidae
(Siskins, Crossbills)

本科多为小型鸟类。嘴粗厚而短，末端尖、近似圆锥形，嘴缘平滑，角质腭两侧纵棱几相平行，在后端左右不相并连。初级飞羽10枚，第一枚初级飞羽多退化或缺失，因而仅见9枚。尾羽12枚。鸣肌发达，善于鸣叫，有些种类雌雄都善鸣叫。

主要栖息于森林、草原、灌丛、草甸、农田和居民点附近等各类生境中。以植物性食物为食，繁殖期时以昆虫哺育雏鸟。营巢于树上、地上或灌丛中，巢多呈杯状。雏鸟晚成性。

本科全世界计52属218种。广泛分布与世界多个地区，包括欧亚大陆、大洋洲、美洲等。中国有16属59种，分布于全国各地 。

苍头燕雀 \摄影：王尧天

苍头燕雀 \ 摄影：孙晓明

苍头燕雀 \ 摄影：孙晓明

苍头燕雀 \ 摄影：王尧天

苍头燕雀 \ 摄影：许传辉

形态特征 雄鸟额黑色，头、枕灰色，上背栗色，下背、腰黄绿色，颊和下体粉红褐色。雌鸟色暗，灰褐色。

生态习性 栖息于各类森林，迁徙间也见于公园、农田，性大胆，易接近。

地理分布 共14个亚种，分布于欧洲、北非至西亚、喜马拉雅山，引种至新西兰。国内有1个亚种，指名亚种 *coelebs* 见于黑龙江、吉林、辽宁、河北、天津、北京、山西、宁夏、内蒙古及新疆。

种群状况 多型种。冬候鸟，旅鸟。偶见。

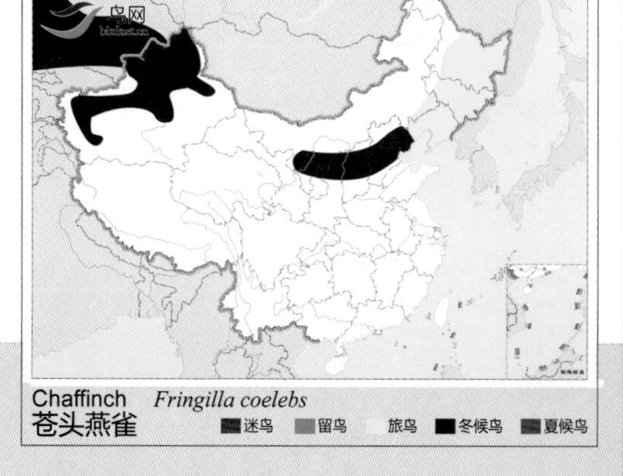

苍头燕雀

Chaffinch *Fringilla coelebs*

体长：14~16 cm

LC（低度关注）

燕雀 \ 摄影：张代富

燕雀 \ 摄影：王尧天

燕雀 \ 摄影：毛建国

燕雀 \ 摄影：简廷谋

形态特征 雄鸟从头至背黑色，背具棕黄色羽缘；胸、肩棕色，腰、腹白色，雌鸟与非繁殖期雄鸟相似，与繁殖期雄鸟相比体色较淡，头部为褐色，头顶和枕具黑色羽缘，颈侧灰色。

生态习性 繁殖期栖息于各类森林，迁徙和越冬栖息于疏林、次生林、农田等处，与苍头燕雀相似。

地理分布 繁殖于古北界的北部，越冬于古北区南部。国内除宁夏、西藏、青海外，各地均可见。

种群状况 单型种。冬候鸟。常见。

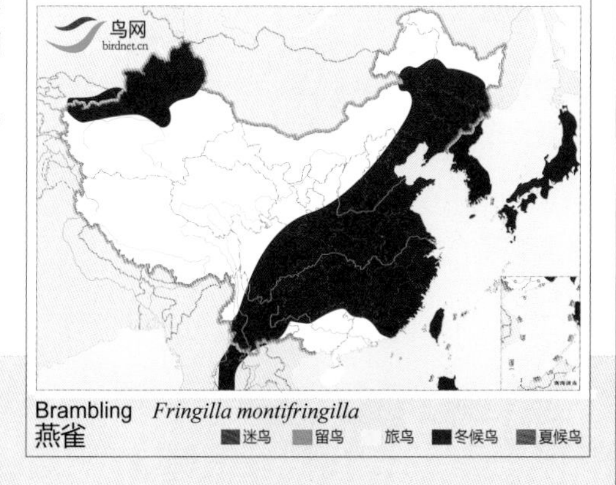

燕雀

Brambling　　*Fringilla montifringilla*　　体长：14~17 cm　　LC（低度关注）

新疆亚种 *altaica* \摄影：刘哲青

指名亚种 *nemoricola* \摄影：皇舰

新疆亚种 *altaica* \摄影：王尧天

形态特征 上体褐色，具深色纵纹；具浅色眉纹；腹部土黄色，两翅和尾黑褐色。雌雄同色。

生态习性 栖息于树线以上、永久雪线以下的高山和亚高山草甸、灌丛。

地理分布 共2个亚种，分布于中亚、喜马拉雅山脉、青藏高原及蒙古。国内2个亚种都有分布，指名亚种 *nemoricola* 分布于陕西南部、内蒙古、西藏南部、甘肃、青海、云南西北部、四川、重庆，头和背暗褐色，头部黑褐色纵纹较粗，背部灰褐色，腋羽草黄色。新疆亚种 *altaica* 见于新疆北部和西部，西藏西部，头部棕褐色，并具暗褐色细纹，背淡褐色，下体灰色沾棕色，腋羽淡近灰白色。

种群状况 多型种。留鸟。常见。

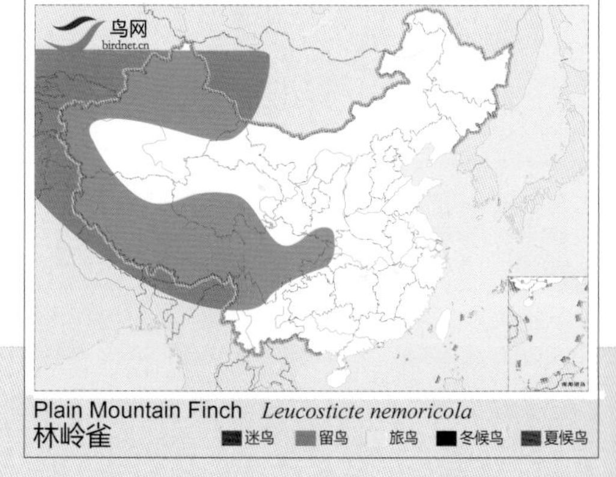

Plain Mountain Finch *Leucosticte nemoricola*
林岭雀 迷鸟 留鸟 旅鸟 冬候鸟 夏候鸟

林岭雀

Plain Mountain Finch *Leucosticte nemoricola* 体长：14~17 cm LC（低度关注）

褐翅雪雀 \摄影：Yann Muzika

褐翅雪雀 \摄影：Yann Muzika

形态特征 形、色似高山岭雀，但本种的头黄褐色，额、眼先无黑色，飞羽无白色边缘；上背灰褐色，无纵纹。下体灰白色。

生态习性 栖息于海拔5000米左右的岩石荒坡和草甸。

地理分布 中国鸟类特有种。数据不详。仅有的标本1929年采自海拔5125米的新疆极西南部近喀喇昆仑山口（1992年鉴定为新种）。2012年有摄影师于青海海西蒙古族藏族自治州西南部的野牛沟中（海拔5000米的地方）拍到一雄一雌。

种群状况 单型种。留鸟。罕见。

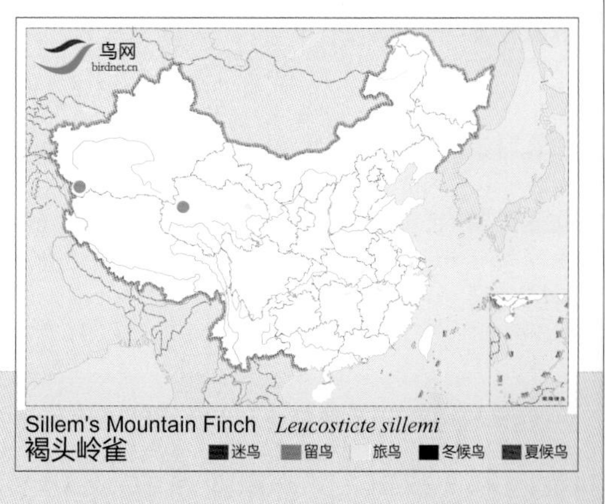

Sillem's Mountain Finch *Leucosticte sillemi*
褐头岭雀 迷鸟 留鸟 旅鸟 冬候鸟 夏候鸟

褐头岭雀

Sillem's Mountain Finch *Leucosticte sillemi* 体长：18 cm DD（资料缺乏）

疆西亚种 *pamirensis* \摄影：王尧天

藏南亚种 *audreyana* \摄影：肖克坚

西藏亚种 *haematopygia* \摄影：夏咏

疆西亚种 *pamirensis* \摄影：刘哲青

四川亚种 *walteri* \摄影：叶宏

指名亚种 *brandti* \摄影：高云疆

形态特征 头顶、脸颊黑色；背灰褐色，具黑褐色纵纹。飞羽黑褐色具白色羽缘；覆羽浅色，腰暗褐色，具粉色羽缘。下体淡灰褐色。

生态习性 与林岭雀相似，栖息海拔更高，夏季可达海拔4000米以上，冬季下到2600~4000米的沟谷和山脚。

地理分布 共7个亚种，分布于中亚、青藏高原及蒙古。国内有7个亚种，指名亚种 *brandti* 见于新疆西北部，翅上小覆羽有玫瑰红色羽缘；腰羽的玫瑰红色羽缘甚狭或消失。疆西亚种 *pamirensis* 见于新疆西部，翅上小覆羽的玫瑰红色羽缘较指名亚种为狭；腰羽的玫瑰红色羽缘亦较西藏亚种为狭；羽色介于指名亚种与西藏亚种之间。南疆亚种 *pallidior* 见于甘肃西北部、新疆南部、青海北部，羽色最淡，头顶暗褐色；背部较少灰色，而多黄褐色；翅上小覆羽无玫瑰红色羽缘，腰羽的玫瑰红色羽缘较宽阔。青海亚种 *intermedia* 见于甘肃西北部、青海南部，羽色较西藏亚种稍淡些，翅上小覆羽无玫瑰红色羽缘，腰羽的玫瑰红色羽缘较宽阔。西藏亚种 *haematopygia* 见于西藏西部、青海南部，羽色介于藏南亚种和南疆亚种之间；翅上小覆羽无玫瑰红色羽缘，腰羽的玫瑰红色羽缘较宽阔。藏南亚种 *audreyana* 见于西藏南部、青海南部，羽色较西藏亚种为暗，尤其是头部；翅上小覆羽无玫瑰红色羽缘，腰羽的玫瑰红色羽缘较宽阔。四川亚种 *walteri* 见于西藏东部、云南北部、四川。羽色最暗，头顶前部黑，后部至上背暗褐色；腰羽的玫瑰红色羽缘较狭细，翅上小覆羽无玫瑰红色羽缘，腰羽的玫瑰红色羽缘较宽阔。

种群状况 多型种。留鸟。常见。

高山岭雀

Brandt's Mountain Finch　*Leucosticte brandti*　体长：15~17 cm　LC（低度关注）

东北亚种 *brunneonucha* \ 摄影：梁长久

东北亚种 *brunneonucha* \ 摄影：孙晓明

东北亚种 *brunneonucha* \ 摄影：宫希良

东北亚种 *brunneonucha* \ 摄影：梁长久

形态特征 雄鸟头前部、眼先、颏灰色，枕和上背棕色；两翼近黑色，羽缘粉色；尾黑而缘白；下体灰黑色，两胁和腹沾粉色。雌鸟较雄鸟色暗，上下体粉红色少而不显著，两翼的粉红色仅限于覆羽。

生态习性 栖息于林线以上的山顶苔原、灌丛、裸岩山坡等。

地理分布 共5个亚种，分布于东北亚从阿尔泰山至西伯利亚、日本、朝鲜半岛。国内有2个亚种，指名亚种 *arctoa* 见于新疆北部，翅羽无玫瑰红色羽缘。东北亚种 *brunneonucha* 见于黑龙江、吉林东部、辽宁、河北北部、北京、内蒙古东北部，翅羽有玫瑰红色羽缘。

种群状况 多型种。冬候鸟，夏候鸟。地区性常见。

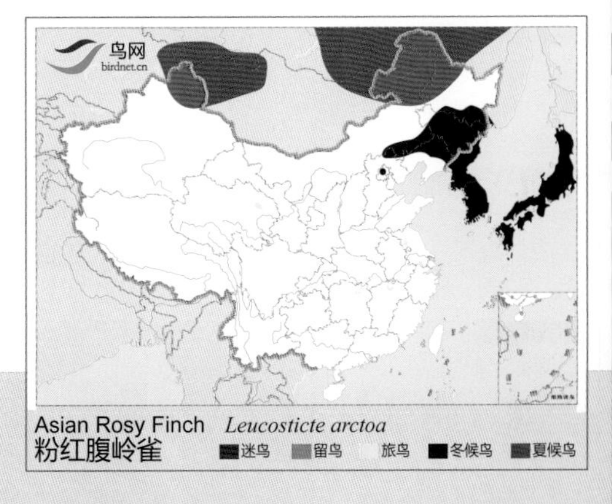

粉红腹岭雀

Asian Rosy Finch　*Leucosticte arctoa*　体长：15~18 cm　LC（低度关注）

堪察加亚种 *kamtshatkensis* \ 摄影：许传辉

堪察加亚种 *kamtshatkensis* \ 摄影：唐万玲

堪察加亚种 *kamtshatkensis* \ 摄影：孙晓明

北方亚种 *pacatus* \ 摄影：夏咏

形态特征 雄鸟上体、头和腰纯玫瑰红色；眼先黑色；其余上体暗灰色，具白色羽干和红色羽缘；两翅和尾黑色，翅上有两道翼斑；下体红色，腹部至尾下覆羽白色。雌鸟粉色为黄棕色所取代。

生态习性 环北极泰加林的鸟类，栖息于针叶林和针阔混交林。

地理分布 共3个亚种，繁殖在北美、欧洲及亚洲的针叶林，冬季南迁。国内有2个亚种，北方亚种 *pacatus* 见于黑龙江北部、内蒙古东北部，嘴形侧扁，上嘴基部不膨大，长达1.5厘米。堪察加亚种 *kamtshatkensis* 见于黑龙江东部和南部、辽宁、吉林，嘴形粗厚，上嘴基部膨大，长度不及1.5厘米。

种群状况 多型种。冬候鸟，夏候鸟。罕见。

松雀

Pine Grosbeak　*Pinicola enucleator*　　体长：19~24 cm　　LC（低度关注）

红眉松雀 \摄影：牛蜀军

红眉松雀 \摄影：赵顺

红眉松雀 \摄影：汪光武

红眉松雀 \摄影：牛蜀军

形态特征 雄鸟前额、眉纹、颏、喉深红色，头顶至背包括翅上覆羽红褐色，腰和尾上覆羽橙红色，下体灰色。雌鸟额、眉纹、喉、胸为橙黄色，背部也沾黄色。

生态习性 栖息于2000~5000米的高山针叶林和针阔混交林及其森林上缘的灌丛、草地。

地理分布 分布于喜马拉雅山脉，从尼泊尔中部至青藏高原东南部。国内见于西藏南部和东部、云南西部和北部、重庆、四川。

种群状况 单型种。留鸟。不常见。

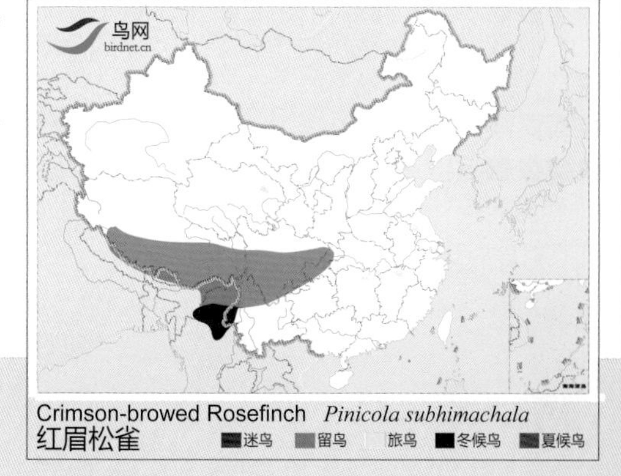

红眉松雀

Crimson-browed Rosefinch *Pinicola subhimachala* 体长：16~21 cm LC(低度关注)

赤朱雀 \摄影：梁长久

赤朱雀 \摄影：高正华

赤朱雀 \摄影：唐军

赤朱雀 \摄影：高正华

形态特征 雄鸟体多绯红色；无眉纹；两翅和尾偏褐色，具两道红色的翼斑；头顶、上背或胸上无纵纹，下腹部至尾下覆羽红色较少。雌鸟为单一暖灰褐色，腰和尾上覆羽带粉色，下体无纵纹。与所有其他朱雀的区别在本种的下体无纵纹。

生态习性 栖息于高山针叶林、河滩、路边灌丛、草地等。

地理分布 分布于喜马拉雅山脉。国内见于陕西南部、甘肃南部、西藏南部和东部、云南西北部、四川、重庆。

种群状况 单型种。留鸟。不常见。

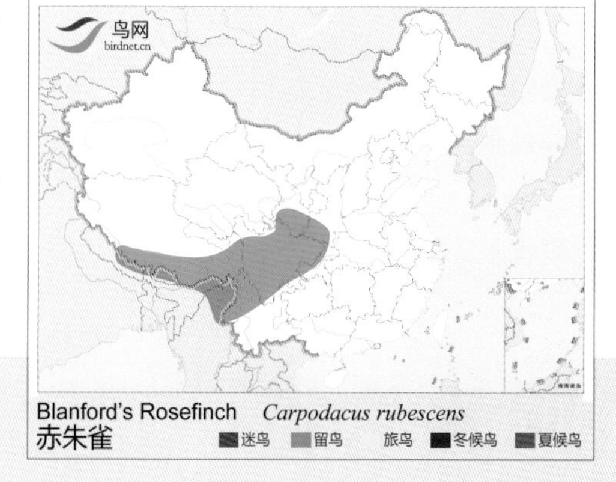

赤朱雀

Blanford's Rosefinch　*Carpodacus rubescens*　体长：14~15 cm　LC（低度关注）

暗胸朱雀 \摄影：陈久桐

暗胸朱雀 \摄影：徐明

暗胸朱雀（雌）\摄影：关克

形态特征 雄鸟额、眉纹、颊粉红色，过眼纹黑褐色，胸紫栗色，腹部粉红色，背黑褐色。雌鸟为单一的灰褐色，具有两道浅色翼斑。

生态习性 与其他朱雀相似。

地理分布 共3个亚种，分布于喜马拉雅山脉、缅甸北部、越南西北部。国内有1个亚种，指名亚种 *nipalensis* 见于甘肃东南部、西藏南部和东部、云南西北部和东南部、四川、重庆。

种群状况 多型种。留鸟。不常见。

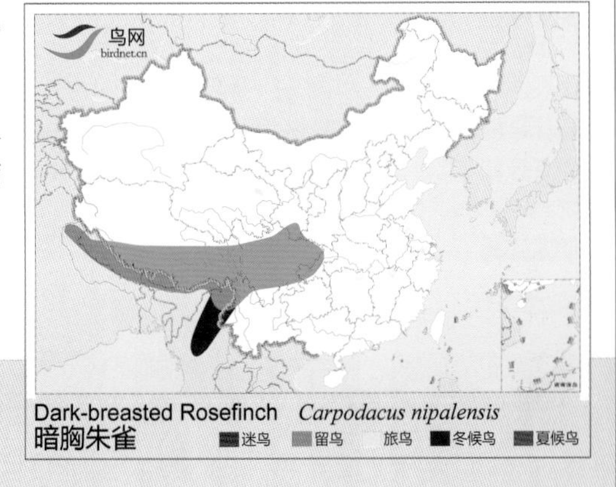

暗胸朱雀

Dark-breasted Rosefinch *Carpodacus nipalensis* 体长：14~15 cm LC（低度关注）

普通亚种 *roseatus* \摄影：雷洪

东北亚种 *grebnitskii* \摄影：魏东

普通亚种 *roseatus* \摄影：王尧天

普通亚种 *roseatus* \摄影：王尧天

形态特征 雄鸟头、胸、腰和翼斑鲜红色；无眉纹；两翅和尾黑褐色；羽缘沾红色，腹白色，雌鸟无粉色，上体灰褐色，具暗色纵纹；下体皮黄白色，具黑褐色纵纹。

生态习性 与其他朱雀相似。

地理分布 共5个亚种，繁殖于欧亚区北部及中亚的高山、喜马拉雅山脉，越冬于印度、中南半岛北部。国内有2个亚种，普通亚种 *roseatus* 广泛分布于新疆西北部及西部，整个青藏高原及其东部外缘至宁夏、湖北及云南北部。越冬在中国西南的热带山地。雄鸟体羽洋红色较深，雌鸟羽色较暗橄榄褐色。东北亚种 *grebnitskii* 繁殖于中国东北呼伦池及大兴安岭，经中国东部至沿海省份及南方低地越冬，雄鸟体色洋红，雌鸟羽色较淡。

种群状况 多型种。夏候鸟，冬候鸟，旅鸟。常见。

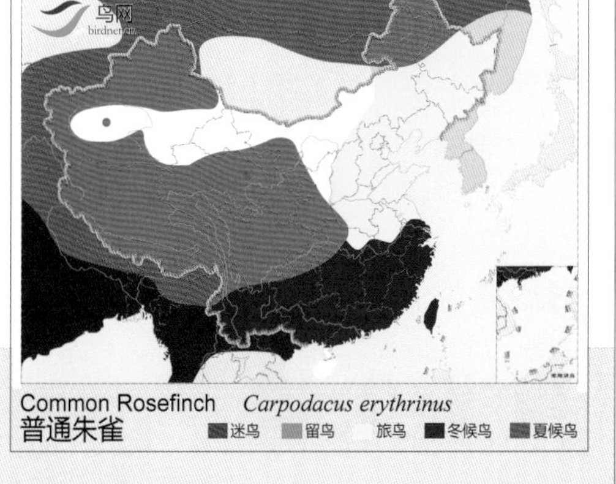

普通朱雀

Common Rosefinch　　*Carpodacus erythrinus*　　体长：13~16 cm　　LC（低度关注）

藏南亚种 *waltoni* \摄影：李涛

藏南亚种 *waltoni* \摄影：王尧天

指名亚种 *pulcherrimus*（喜山红眉朱雀）\摄影：张新

青藏亚种 *argyrophrys* \摄影：关克

形态特征 雄鸟额、眉纹、耳羽、颊、胸、腹和腰玫瑰红色，头顶和上体灰褐具粗黑褐色纵纹；两翅和尾黑褐色，臀近白色。雌鸟上体灰褐色，下体灰白色，都具褐色纵纹。

生态习性 栖息于海拔1200~4000米的高山、灌丛及草地等。

地理分布 共4个亚种，分布于喜马拉雅山脉和蒙古。国内有4个亚种，指名亚种 *pulcherrimus* 见于西藏东南部，雄鸟上体黑纹较浓著；下体为葡萄红色。藏南亚种 *waltoni* 见于西藏南部及东部，雄鸟上体与指名亚种相似；下体为玫瑰红色。青藏亚种 *argyrophrys* 见于西藏东部和南部、青海南部、甘肃西北部、宁夏、四川西部、云南西北部，雄鸟上体色较淡，黑纹较细，下体呈辉葡萄红色。华北亚种 *davidianus* 见于内蒙古、陕西、河北北部、北京、天津、山西、甘肃南部，两性羽色均与青藏亚种相似，但雄鸟背上黑纹较粗，雌鸟羽色较淡，较多灰白色而少棕色；嘴较以上各亚种稍粗健。

种群状况 多型种。留鸟。常见。

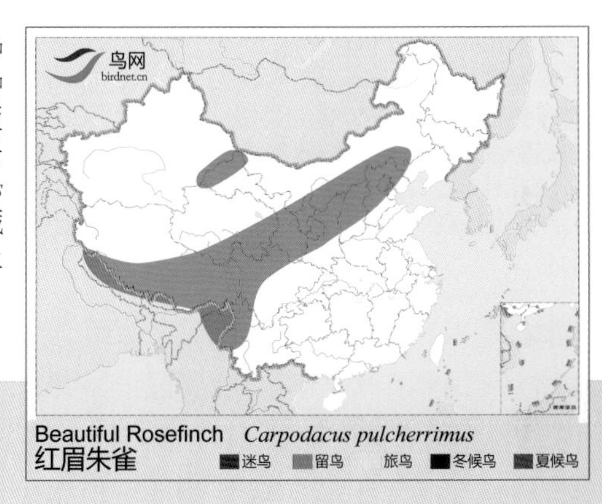

红眉朱雀

Beautiful Rosefinch *Carpodacus pulcherrimus* 体长：14~15 cm LC（低度关注）

曙红朱雀 \摄影：张守玉

雌鸟 \摄影：冯立国

曙红朱雀 \摄影：王尧天

曙红朱雀 \摄影：冯立国

形态特征 甚似红眉朱雀但本种的体型较小，上体淡红褐色，嘴细，尾短，无红眉朱雀的皮黄褐色两胁。额不及玫红眉朱雀鲜艳，腰更为淡粉。雌鸟体羽无粉色，羽色似玫红眉朱雀。

生态习性 与红眉朱雀相似。

地理分布 中国鸟类特有种。分布于西藏东部和东南部、青海、云南西北部，四川西部。

种群状况 单型种。留鸟，冬候鸟。不常见。

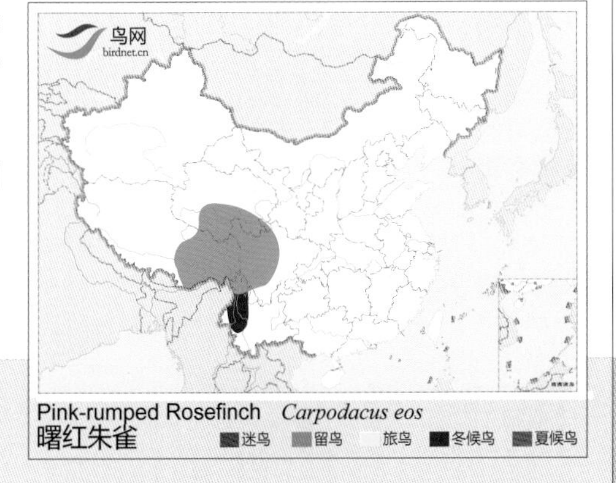

曙红朱雀

Pink-rumped Rosefinch　*Carpodacus eos*　体长：13~15 cm　LC（低度关注）

粉眉朱雀 \摄影：张永

粉眉朱雀 \摄影：陶秀忠

粉眉朱雀 \摄影：张永

形态特征 雄鸟前额和眉纹玫瑰红色，过眼纹深色；背红棕褐色，具褐色纵纹；腰玫瑰粉色，两翅和尾暗褐色，羽缘色淡；颊、头侧、颏、喉和下体玫瑰粉红色。雌鸟上体橄榄褐色，具黑褐色纵纹，眉纹淡皮黄色；下体皮黄色，具黑褐色纵纹。

生态习性 栖息于高山和高原。

地理分布 分布于喜马拉雅山脉。国内见于西藏南部、云南西北部。

种群状况 单型种。留鸟。罕见。

鸟网 birdnet.cn

Pink-browed Rosefinch *Carpodacus rodochroa*
粉眉朱雀 迷鸟 留鸟 旅鸟 冬候鸟 夏候鸟

粉眉朱雀

Pink–browed Rosefinch *Carpodacus rodochroa* 体长：12~14 cm LC（低度关注）

台湾亚种 *formosana* \摄影：刘马力

指名亚种 *vinaceus* \摄影：牛蜀军

指名亚种 *vinaceus*（雌）\摄影：童光琦

形态特征 雄鸟通体绯红色，眉纹粉白色，两翅和尾灰褐色，内侧两枚三级飞羽具粉白色先端。翼合拢后可见两个白点。雌鸟上体棕色，具深色纵纹，翼合拢后也有两个白点。

生态习性 与其他朱雀相似。

地理分布 共2个亚种，分布于喜马拉雅山脉。国内有2个亚种，指名亚种 *vinaceus* 见于陕西南部、宁夏、甘肃南部、云南、四川、重庆、贵州、湖北西部、湖南，体色较淡。台湾亚种 *formosana* 见于台湾，体色较暗，雄鸟更暗发紫，特别是腰部。

种群状况 多型种。留鸟。不常见。

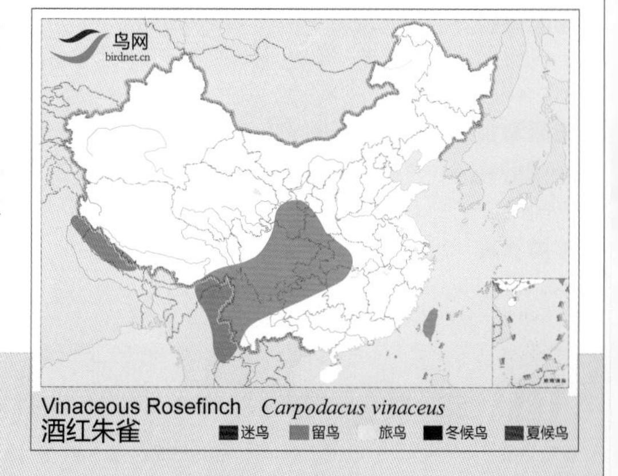

酒红朱雀

Vinaceous Rosefinch *Carpodacus vinaceus* 体长：13~15 cm LC（低度关注）

酒红朱雀指名亚种 *vinaceus* \摄影：关克

酒红朱雀台湾亚种 *formosana* \摄影：简廷谋

指名亚种 *edwardsii* \摄影：非阳

藏南亚种 *rubicunda* \摄影：邢睿

藏南亚种 *rubicunda*（雌）\摄影：邢睿

指名亚种 *edwardsii* \摄影：胡健一

形态特征 雄鸟眉纹淡玫瑰红色，贯眼纹褐色，其余头部包括喉和后颈栗红色，背和下体棕褐色。雌鸟上体深褐色，下体皮黄色，密布深色纵纹，眉纹皮黄色。

生态习性 与其他朱雀相似。

地理分布 共2个亚种，分布于喜马拉雅山脉。国内有2个亚种，藏南亚种 *rubicunda* 见于西藏南部，体色较暗；雄鸟通体较红，翕上纵纹较少，腹部较少褐色；雌鸟通体较褐，纵纹亦较多。指名亚种 *edwardsii* 见于甘肃南部、云南西部和西北部、四川、重庆，体色较淡；雄鸟红色，翕上纵纹较少，腹部较多褐色；雌鸟通体褐色较淡，纵纹亦较少。

种群状况 多型种。留鸟。罕见或地区性常见。

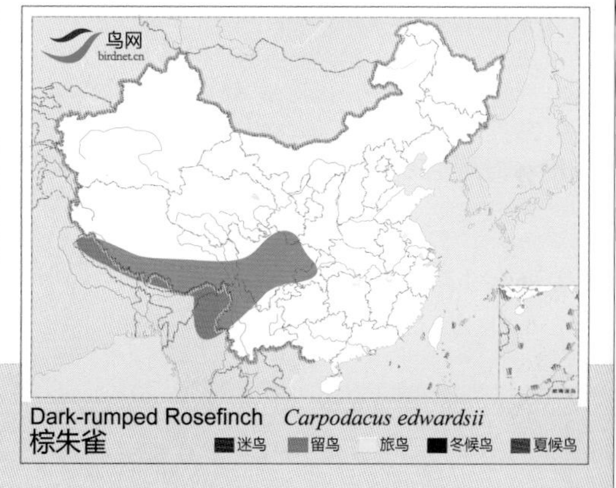

棕朱雀

Dark-rumped Rosefinch *Carpodacus edwardsii* 体长：14~17 cm LC（低度关注）

沙色朱雀 \摄影：邢睿

沙色朱雀（雌）\摄影：赵军

沙色朱雀 \摄影：赵军

沙色朱雀 \摄影：赵军

形态特征 雄鸟上体沙褐色，额、颊、耳羽、颏、喉、胸、腰和尾上覆羽粉红色，头部红色更浓，其余下体近白色。雌鸟通体沙褐色，无粉色。本种是朱雀中羽色最淡的一种。

生态习性 干旱荒漠鸟类，栖息于海拔2000~4000米的干旱岩石荒漠、沟谷和山坡上。

地理分布 共4个亚种，分布于中东内盖夫及西奈沙漠、阿富汗东北部。国内有2个亚种。新疆亚种 *stoliczkae* 见于青海东南部、新疆西部，体色甚苍淡，较近沙色。青海亚种 *beicki* 见于甘肃南部、青海东部，体色较暗，较多褐色。

种群状况 多型种。留鸟，夏候鸟。地区性常见。

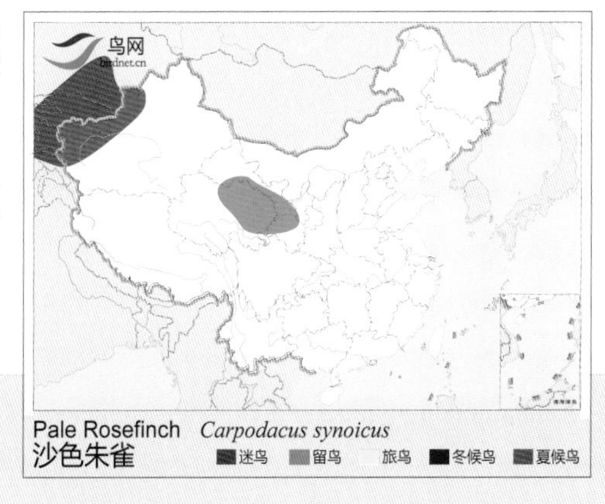

沙色朱雀

Pale Rosefinch　*Carpodacus synoicus*　　体长：14~15 cm　　LC（低度关注）

北朱雀 \ 摄影：马群

北朱雀 \ 摄影：李全民

北朱雀 \ 摄影：孙晓明

北朱雀 \ 摄影：陈永江

形态特征 雄鸟头、上背及下体绯红色，额、颏和喉银白色，腰和尾上覆羽粉红色，翅上有两道粉白翼斑。雌鸟体羽色暗，具深色纵纹，额及腰粉色，喉、胸沾粉色。

生态习性 与栖息于森林中的其他朱雀相似。

地理分布 共2个亚种，分布于西伯利亚中部及东部至蒙古北部。冬季迁至日本、朝鲜半岛及哈萨克斯坦东北部。国内有1个亚种，指名亚种 *roseus* 见于华中、华北和东北地区。

种群状况 多型种。冬候鸟。不常见。

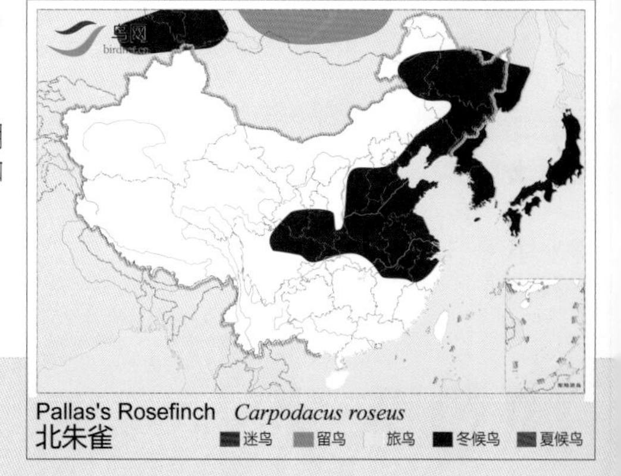

北朱雀

Pallas's Rosefinch *Carpodacus roseus* 体长：15~17 cm LC（低度关注）

斑翅朱雀 \ 摄影：罗永川

斑翅朱雀 \ 摄影：陈久桐

斑翅朱雀 \ 摄影：杜雄

斑翅朱雀 \ 摄影：杜雄

形态特征 雄鸟头顶至上背、胸、腹、腰绯红色，额、眼周、颏喉白色，两翅和尾黑色，翅上有两道显著的浅色翼斑，肩有一大块白斑；下腹部和两胁白色。雌鸟粉色替为黄色，但不及雄鸟的多。

生态习性 与其他朱雀相似。

地理分布 国外分布于不丹、印度。国内分布于陕西南部、甘肃东南部、西藏东部、云南西北部、四川。

种群状况 单型种。留鸟，冬候鸟。稀少，冬季为地区性常见。

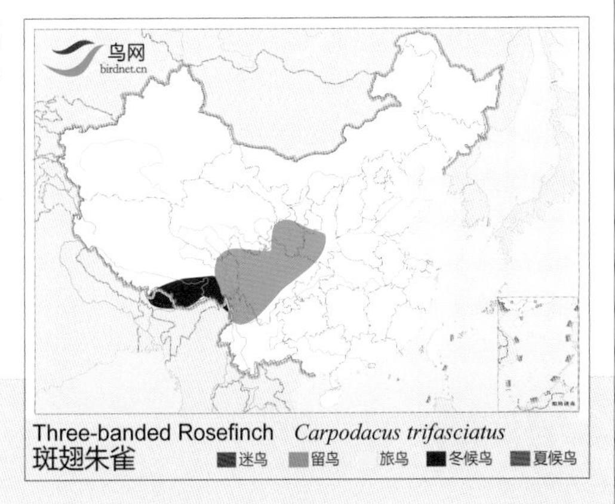

斑翅朱雀

Three-banded Rosefinch　*Carpodacus trifasciatus*　　体长：17~20 cm　　LC（低度关注）

西南亚种 *verreauxii* \摄影：段文举

西南亚种 *verreauxii* \摄影：何楠

指名亚种 *rhodopeplus*(喜山点翅朱雀)\摄影：邢睿

指名亚种 *rhodopeplus*(喜山点翅朱雀)\摄影：邢睿

形态特征 繁殖期雄鸟具浅宽的粉色长眉纹，喉、胸、腰及下体暗粉色，中覆羽、大覆羽及三级飞羽具浅粉色点斑。雌鸟无粉色且纵纹密布，下体淡皮黄色，眉纹长而色浅。

生态习性 与其他朱雀相似，栖息海拔高度3000~4500米。

地理分布 共2个亚种，分布于喜马拉雅山脉、缅甸东北部。国内有2个亚种，指名亚种 *rhodopeplus* 见于西藏南部，雄鸟具宽大的淡红色眉纹，腰羽淡红色。西南亚种 *verreauxii* 见于云南西北部、四川，雄鸟具宽大的红色眉纹，腰羽玫瑰粉色。

种群状况 多型种。留鸟。罕见。

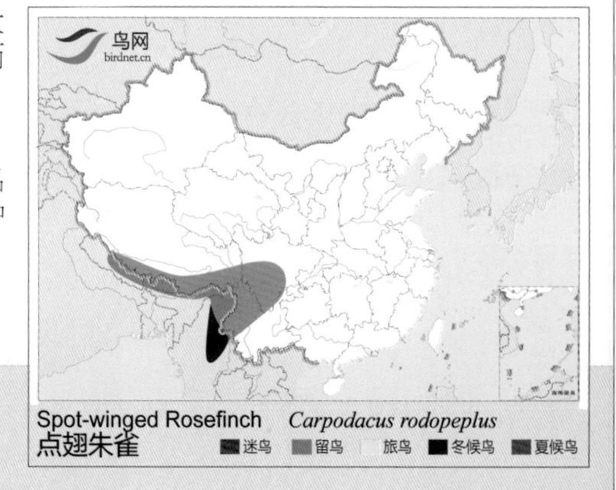

Spot-winged Rosefinch *Carpodacus rodopeplus*
点翅朱雀

点翅朱雀

Spot-winged Rosefinch *Carpodacus rodopeplus* 体长：13~14 cm LC(低度关注)

西南亚种 *femininus* \摄影：关克

西南亚种 *femininus* \摄影：王尧天

西南亚种 *femininus* \摄影：王尧天

指名亚种 *thura*（喜山白眉朱雀）\摄影：童晓燕

指名亚种 *thura*（喜山白眉朱雀）\摄影：童晓燕

甘肃亚种 *dubius* \摄影：关克

形态特征 雄鸟额基、眼先、嘴基深红色；眉纹浅粉色，在额部相连，后部白色；过眼纹黑色；胸、腹、腰浅粉色，背深褐色。雌鸟无红色，胸和腰棕黄色，眉纹后端白色。

生态习性 高山鸟类。习性与其他朱雀相似。

地理分布 共5个亚种，分布于阿富汗东北部、喜马拉雅山脉、青藏高原东部。国内有4个亚种，指名亚种 *thura* 见于西藏南部和东南部；上体与西南亚种相似，黑纹较多较宽；粉褐色耳羽与眼后纹间有一宽阔褐纹隔开；翅长与甘肃亚种相似。西南亚种 *femininus* 见于西藏南部及东南部、青海东南部、四川北部、云南西北部；上体深棕褐色，具宽阔纵纹；粉红色耳羽与眼后纹间无明显褐纹，二者几相并连；翅长与甘肃亚种相似。青海亚种 *deserticolor* 见于青海东部和南部，上体较甘肃亚种更淡。甘肃亚种 *dubius* 见于青海东北部、甘肃、宁夏、西藏东部、内蒙古西部、四川北部，上体淡棕褐色，具宽阔纵纹；粉红色耳羽与眼后纹完全并连。

种群状况 多型种。留鸟。常见。

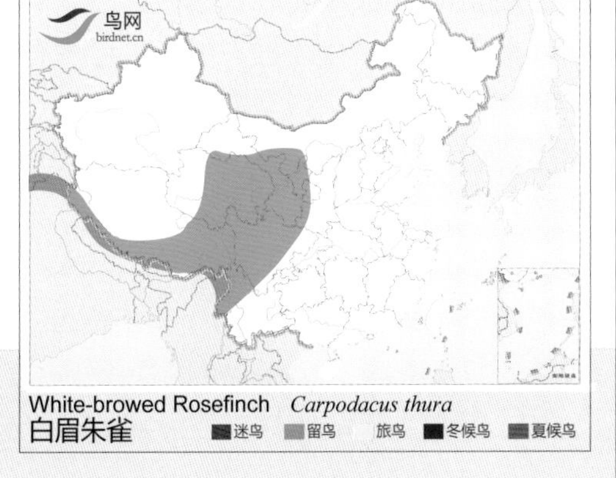

白眉朱雀

White-browed Rosefinch　*Carpodacus thura*　体长：15~17 cm　LC（低度关注）

红腰朱雀 \ 摄影：周奇志

雌鸟 \ 摄影：雷洪

红腰朱雀 \ 摄影：周奇志

形态特征 雄鸟通体粉红色，眉纹和颊、喉发白，顶纹和过眼纹色深。雌鸟浅灰褐具深色纵纹，无明显眉纹，体羽无粉色。雄鸟与玫红眉朱雀相似，但本种的体型较大，嘴较厚重，下体粉色较重。

生态习性 与其他朱雀相似。

地理分布 分布于中亚、阿富汗、印度西北部及蒙古。国内见于新疆西北部。

种群状况 单型种。留鸟。罕见。

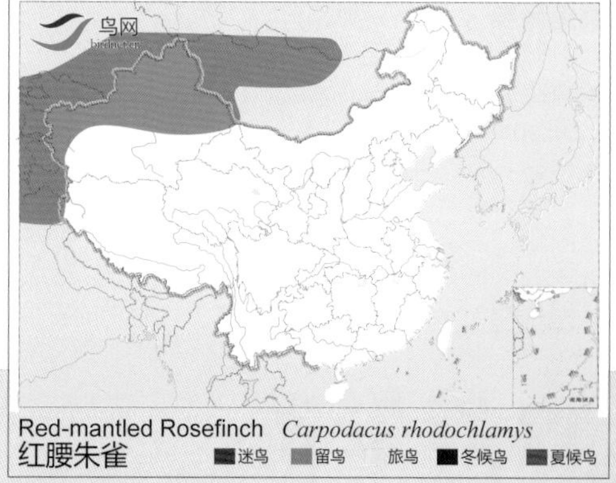

红腰朱雀

Red-mantled Rosefinch *Carpodacus rhodochlamys* 体长：17~20 cm **LC（低度关注）**

指名亚种 *rubicilloides* \ 摄影：贺跃进

指名亚种 *rubicilloides* \ 摄影：王尧天

藏南亚种 *lucifer* \ 摄影：黄成林

指名亚种 *rubicilloides* \ 摄影：王尧天

形态特征 体大，喙强。雄鸟额、脸、下体血红色，头、胸和腹部沾有白色，形成纵纹，后颈和背部色淡具褐色纵纹，腰粉色，尾稍凹。雌鸟灰褐色具深色纵纹。

生态习性 与其他朱雀相似。

地理分布 共2个亚种，分布于喜马拉雅山脉。国内有2个亚种，藏南亚种 *lucifer* 见于西藏南部，背上黑褐色纵纹较细，羽缘粉红色较显。指名亚种 *rubicilloides* 见于内蒙古西部、甘肃、新疆西北部、西藏、青海、云南西北部、四川西部和北部，背上黑褐色纵纹粗著，羽缘灰褐色而有粉红色渲染。

种群状况 多型种。留鸟，冬候鸟。稀少，冬季为地区性常见。

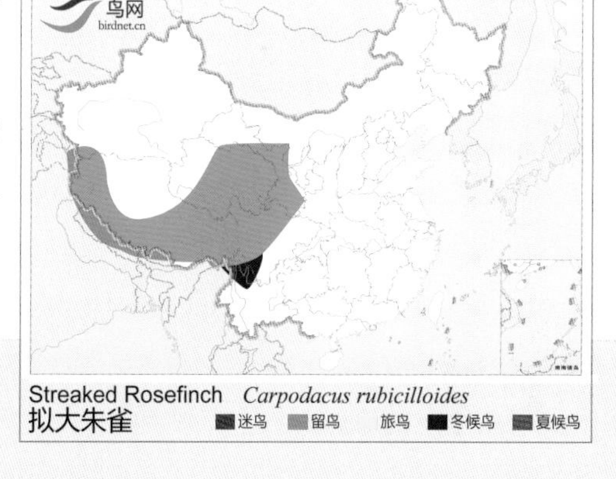

拟大朱雀

Streaked Rosefinch　　*Carpodacus rubicilloides*　　体长：17~20 cm　　LC（低度关注）

新疆亚种 *kobdensis* \摄影：王尧天

青藏亚种 *severtzovi* \摄影：张岩

青藏亚种 *severtzovi* \摄影：张岩

新疆亚种 *kobdensis* \摄影：王尧天

形态特征 雄鸟通体玫瑰红色，头部颜色更深，两翅和尾红色少而呈灰褐色，头、胸、腹带白点。雌鸟无粉色，下体具浓密纵纹，但上背纵纹较细。

生态习性 栖息于林线以上的高山裸岩、岩石荒坡和灌丛草地，可高至海拔5000米。

地理分布 共4个亚种，分布于高加索山脉、中亚、蒙古西部、喜马拉雅山脉。国内有2个亚种，青藏亚种 *severtzovi* 见于甘肃、新疆南部、西藏、青海，体色较浅淡。新疆亚种 *kobdensis* 见于新疆西北部，体色较暗浓。

种群状况 多型种。留鸟。不常见。

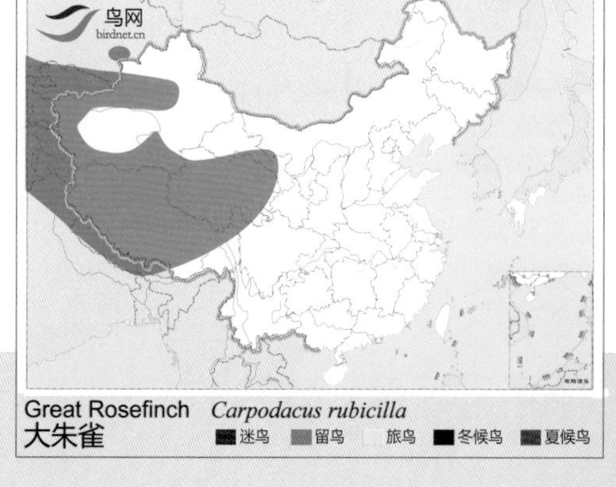

大朱雀

Great Rosefinch *Carpodacus rubicilla* 体长：18~20 cm LC（低度关注）

四川亚种 *szetchuanus* \摄影：关克

疆西亚种 *kilianensis* \摄影：王晓丽

青海亚种 *longirostris* \摄影：邢睿

西南亚种 *sikangensis* \摄影：谢功福

指名亚种 *puniceus* \摄影：刘璐

四川亚种 *szetchuanus* \摄影：关克

形态特征 雄鸟额、眉纹、颊、喉、胸绯红色，腰粉色，其余上下体黑褐色，具纵纹。雌鸟无粉色，通体灰褐色，具暗色纵纹，下体较淡。

生态习性 与其他朱雀相似。

地理分布 共5个亚种，国外分布于中亚、巴基斯坦及印度。国内5个亚种都有分布。指名亚种 *puniceus* 见于西藏南部和东部、四川西北部，体色最暗和纵纹最多的亚种；雄鸟额上红色带斑较狭。疆西亚种 *kilianensis* 见于新疆西南部，体色深浅和纵纹多寡均居中，额上红斑的宽度仅为一半。西南亚种 *sikangensis* 见于四川西部和西南部、云南西北部，体型较指名亚种稍大，体色近似，但本亚种较淡，纵纹较少，额上红斑较宽。四川亚种 *szetchuanus* 见于甘肃东南部、陕西南部、四川北部，体型与青海亚种相似，体色较暗些。青海亚种 *longirostris* 见于青海东北部、甘肃西北部、四川北部和西部，体型最大，体色最淡，额上红斑亦最宽。

种群状况 多型种。留鸟。常见。

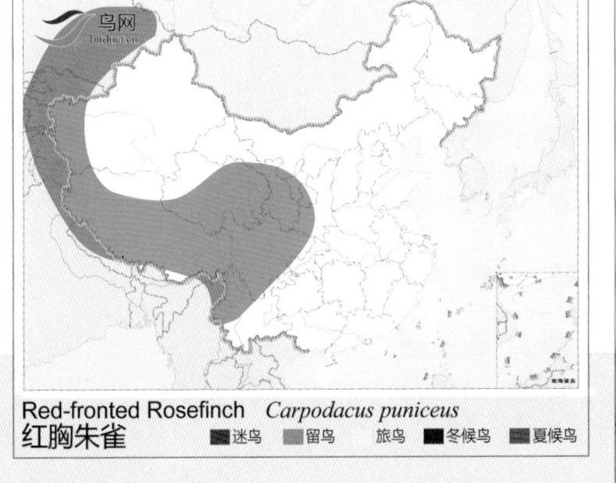

红胸朱雀

Red-fronted Rosefinch　*Carpodacus puniceus*　　体长：19~22 cm　　LC（低度关注）

藏雀 \摄影：张永

藏雀 \摄影：唐军

雌鸟 \摄影：焦庆利

藏雀 \摄影：焦庆利

形态特征 翅长达尾端。雄鸟头黑红色，身体粉红色，喉部有白色点斑。雌鸟皮黄褐色，密布纵纹。

生态习性 高山和高原荒漠鸟类，栖息于海拔4000米以上山地。

地理分布 中国鸟类特有种。分布于青海南部和西藏东北部。

种群状况 单型种。留鸟。罕见。

鸟网 birdnet.cn

Tibetan Rosefinch *Kozlowia roborowskii*
藏雀 迷鸟 留鸟 旅鸟 冬候鸟 夏候鸟

藏雀

Tibetan Rosefinch *Kozlowia roborowskii* 体长：17~18 cm LC（低度关注）

东北亚种 *japonica* \摄影：尹志毅

新疆亚种 *tianschanica* \摄影：邢睿

新疆亚种 *tianschanica* \摄影：邢睿

青藏亚种 *himalayensis* \摄影：夏咏

青藏亚种 *himalayensis* \摄影：关克

青藏亚种 *himalayensis* \摄影：关克

形态特征 上下嘴端交叉。雄鸟通体朱红色，两翅和尾黑色。雌鸟体羽无红色而为橄榄绿色。

生态习性 栖息于山地针叶林和针阔混交林，最高可达海拔5000米。倒悬进食。可用交嘴嗑开松子。

地理分布 共19个亚种，分布于全北界及东南亚的温带针叶林。国内有4个亚种，东北亚种 *japonica* 繁殖于中国东北的至江苏的丘陵地带，越冬于陕西南部、河南、山东及江苏，体色较淡，雄鸟辉红色，雌鸟辉黄色，常不沾黄或绿黄色，雌雄体色较淡和鲜亮；腹部常纯白色。新疆亚种 *tianschanica* 见于新疆西部，体色较淡，雄鸟上下体的红色常杂以黄或绿黄色，雌鸟亦更沾黄色。青藏亚种 *himalayensis* 见于西藏南部青海、云南西北部和东南部、四川，体色较暗。指名亚种 *curvirostra* 于青海，体色较淡，雄鸟辉红色；雌鸟辉黄色，常不沾黄或绿黄色，雌雄体色较暗；腹部非纯白色。

种群状况 多型种。留鸟，冬候鸟，旅鸟。地区性常见。

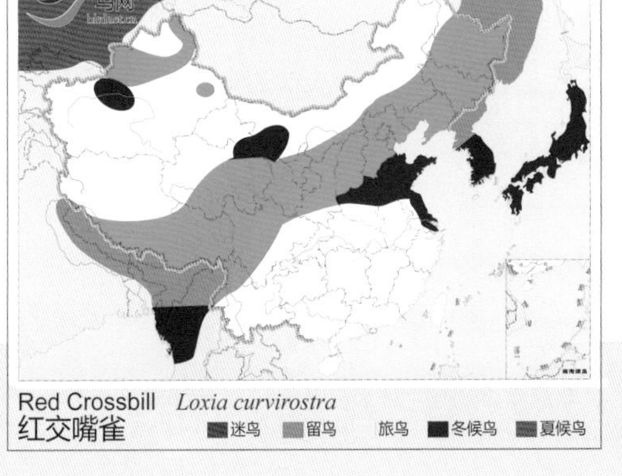

红交嘴雀

Red Crossbill　　*Loxia curvirostra*　　体长：15~17 cm　　LC（低度关注）

白翅交嘴雀 \摄影：孙晓明

白翅交嘴雀（雌）\摄影：陈永江

白翅交嘴雀 \摄影：王景生

白翅交嘴雀 \摄影：陈永江

形态特征 上下嘴端交叉，甚似红交嘴雀但本种的体型较小而细，头较拱圆。具两道醒目的白色翼斑，且三级飞羽羽端白色。雌鸟似雄鸟，但雌鸟体色暗橄榄黄色且腰黄色，翅上似红交嘴雀。

生态习性 与红交嘴雀相似。

地理分布 共2个亚种，分布于北美洲及欧亚大陆的温带森林；越冬于南方。国内有1个亚种，北方亚种 *bifasciata* 见于黑龙江、吉林、辽宁、河北北部、北京、内蒙古东北部。

种群状况 多型种。主要为冬候鸟。罕见。

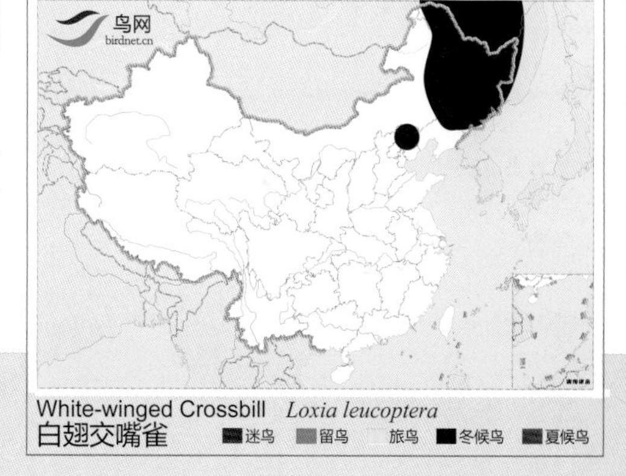

白翅交嘴雀

White-winged Crossbill *Loxia leucoptera* 体长：15~17 cm LC（低度关注）

高山金翅雀 \摄影：徐燕冰

高山金翅雀 \摄影：徐燕冰

高山金翅雀 \摄影：董江天

高山金翅雀 \摄影：徐燕冰

形态特征 下体鲜黄色。头黑色，具黄色图案，背、肩绿褐色，翅上具黄色翼斑。雌鸟色暗多纵纹。

生态习性 高山和亚高山森林鸟类。栖息于海拔2000~4000米的针叶林和林缘，秋冬下到海拔2000米以下。

地理分布 共2个亚种，分布于阿富汗东部、巴基斯坦北部、不丹、印度东北、缅甸西部及北部。国内有1个亚种，指名亚种 *spinoides* 见于西藏南部、云南西部。

种群状况 多型种。留鸟。地区性常见。

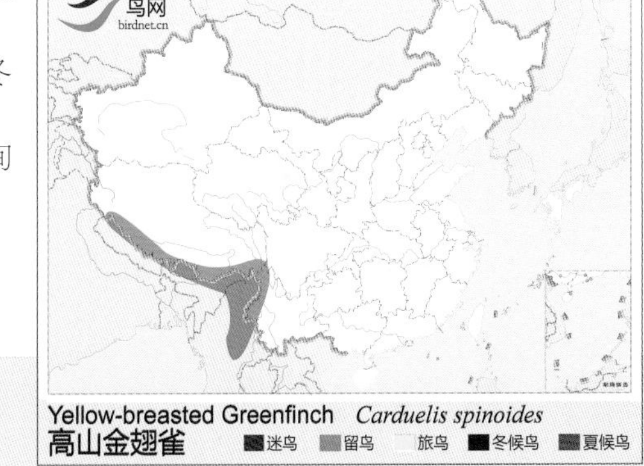

高山金翅雀

Yellow-breasted Greenfinch *Carduelis spinoides* 体长：12~13 cm LC（低度关注）

欧金翅雀 \ 摄影：王尧天

欧金翅雀 \ 摄影：雷洪

欧金翅雀（雌）\ 摄影：李全民

欧金翅雀 \ 摄影：邢睿

形态特征 整个身体灰绿色而沾黄色，腰黄色，两翅灰色，边缘黄色。尾黑色，尾基两侧有黄色斑。

生态习性 主要栖息于低山、河谷和山脚平原地带的树林中。

地理分布 共10个亚种，分布于欧洲、北非、中东及中亚，引种至澳大利亚东南部和新西兰。国内有1个亚种，新疆亚种 *turkestanicus* 见于新疆北部。

种群状况 多型种。留鸟。国内罕见。

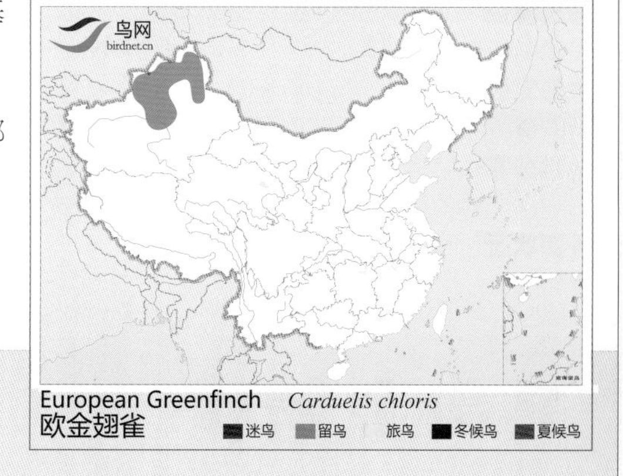

欧金翅雀

European Greenfinch *Carduelis chloris*

体长：14~16 cm

LC（低度关注）

指名亚种 *ambigua* \摄影：罗永川

指名亚种 *ambigua* \摄影：魏占红

西藏亚种 *taylori* \摄影：张永

指名亚种 *ambigua* \摄影：熊林春

形态特征 头黑色。上体橄榄灰褐色，下体橄榄绿色。腰和尾上覆羽较淡和灰；两翅和尾黑褐色，基部黄色，翅上有大块黄斑。

生态习性 主要栖息于海拔1800米以上的高山和亚高山针叶林和林缘。

地理分布 共2个亚种，分布于中南半岛。国内都有分布，西藏亚种 *taylori* 见于西藏南部和东部，体色较淡。指名亚种 *ambigua* 见于青海东北部、云南、四川西部、贵州、广西。体色较暗。

种群状况 多型种。留鸟。地区性常见。

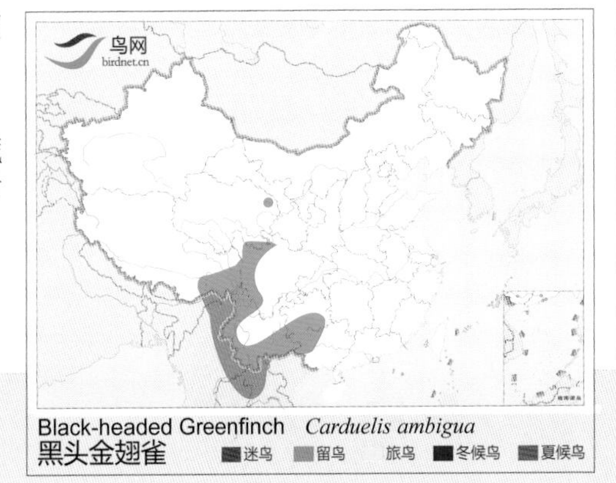

黑头金翅雀

Black-headed Greenfinch　　*Carduelis ambigua*　　体长：12~13 cm　　LC（低度关注）

新疆亚种 *paropansi* \摄影：简廷谋

西藏亚种 *caniceps* \摄影：郭元清

新疆亚种 *paropansi* \摄影：王尧天

新疆亚种 *paropansi* \摄影：王尧天

形态特征 额、脸颊和颏朱红色，眼线和眼周黑色，上体灰褐色，两翅和尾黑色，翅上有黄斑，喉、胸灰褐色，其余下体及尾上覆羽白色。

生态习性 栖息于中高山针叶林和针阔混交林。可高至海拔4500米。

地理分布 共14个亚种，分布于欧洲、北非、中东至中亚，引种至澳大利亚和新西兰。国内有2个亚种，西藏亚种 *caniceps* 见于西藏西部，灰色较轻且头有黑色。新疆亚种 *paropansi* 见于甘肃西北部和新疆，灰色较重且头无黑色。

种群状况 多型种。留鸟。地区性常见。

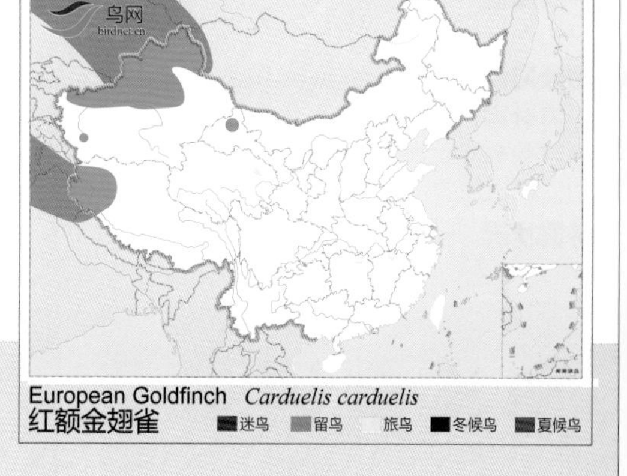

红额金翅雀

European Goldfinch *Carduelis carduelis*

体长：12~14 cm

LC（低度关注）

金翅雀 \摄影：王安青

金翅雀 \摄影：高红英

金翅雀 \摄影：马为民

金翅雀 \摄影：肖显志

形态特征 头顶暗灰色，眼周黑褐色，胸腹红褐色。背深褐色，翅上有大块黄色翼斑，外侧尾羽基部和臀黄色。雌鸟色暗。嘴、脚粉色。

生态习性 主要栖息于海拔1500米以下的低山、丘陵、山脚、平原地带的疏林中，高可至海拔2400米。

地理分布 共6个亚种，分布于西伯利亚东南部、库页岛、蒙古、朝鲜半岛、日本、越南。国内广布于东部及中部及华南地区。

种群状况 多型种。留鸟。常见。

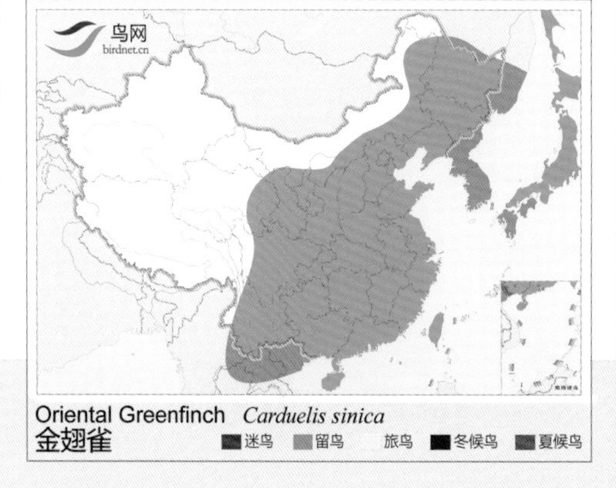

金翅雀

Oriental Greenfinch　*Carduelis sinica*　体长：12~14 cm　LC（低度关注）

白腰朱顶雀 \摄影：金辉

白腰朱顶雀 \摄影：张代富

白腰朱顶雀 \摄影：陈云江

形态特征 雄鸟前额、眼先、颏黑色，头顶朱红色，上体褐色，具黑色纵纹，喉、胸粉色，腹部白色。雌鸟喉、胸无粉色。

生态习性 栖息于环北极开阔的森林和苔原森林灌丛地带。迁徙和越冬于低海拔的森林、农田等。性大胆，不怕人。

地理分布 共2个亚种，分布于全北界的北部，引种至新西兰。国内有1个亚种，指名亚种 *flammea* 见于中国西北部的西天山经内蒙古、东北各地至山东、江苏。

种群状况 多型种。冬候鸟。常见。

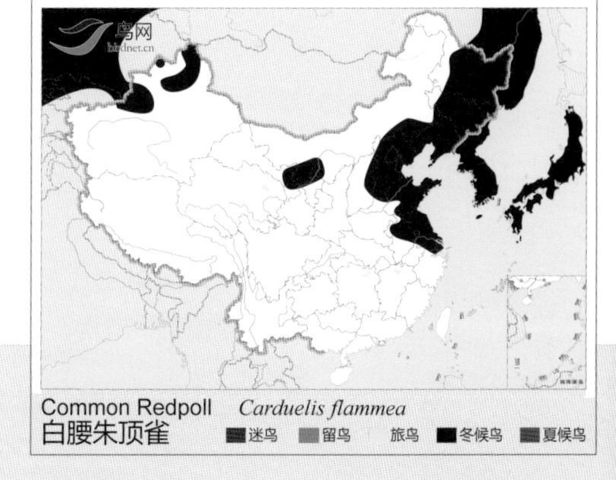

白腰朱顶雀

Common Redpoll *Carduelis flammea* 体长：13~14 cm LC（低度关注）

极北朱顶雀 \摄影：王建森

极北朱顶雀 \摄影：邢睿

极北朱顶雀 \摄影：武刚

形态特征 形、色与白腰朱雀相似，但本种的体色较淡，腰纯白色，无暗色纵纹，头顶红色斑较小，下体白色，胸微沾粉色。

生态习性 繁殖期栖息于北极苔原灌丛地上，非繁殖期栖息于低山丘陵和平原的树林。与白腰朱顶雀相似。

地理分布 共2个亚种，繁殖于全北界的极区苔原冻土带，越冬于南方。国内有1个亚种，西北亚种 *exilipes* 见于宁夏、甘肃西北部、内蒙古东北部、新疆。

种群状况 多型种。冬候鸟。不常见。

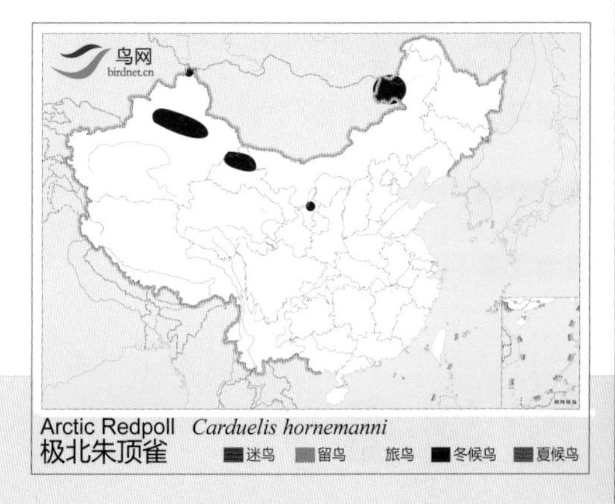

极北朱顶雀

Arctic Redpoll *Carduelis hornemanni* 体长：12~14 cm LC（低度关注）

黄雀 \摄影：孙晓明

黄雀（雌） \摄影：孙晓明

黄雀 \摄影：梁长久

形态特征 雄鸟额至头顶及颏黑色，上体黄绿色，两翅和尾黑色，翼上具醒目的黄色条纹，胸、腰黄色，腹白色。雌鸟上体灰蓝色，具暗色纵纹，头顶和颏无黑色，下体黄白色，具褐色纵纹。

生态习性 繁殖期主要栖息于针叶林、针阔混交林等，成对活动；其他季节结大群，栖息于低山丘陵和山脚平原的树林。

地理分布 不连贯地分布于于欧洲、中东及东亚。除宁夏、西藏和云南外，见于全国各地。

种群状况 单型种。冬候鸟，旅鸟，夏候鸟。常见。

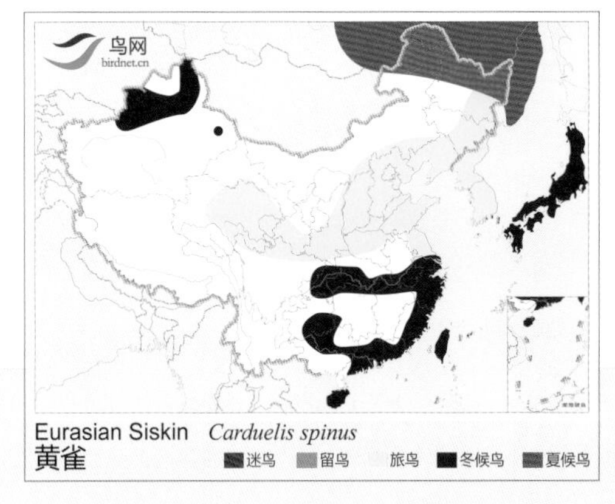

黄雀

Eurasian Siskin　*Carduelis spinus*　体长：11~12 cm　LC（低度关注）

藏黄雀 \摄影：沈强

藏黄雀 \摄影：朱英

藏黄雀 \摄影：梁长久

形态特征 繁殖期雄鸟橄榄绿色，眉纹、腰、腹黄色；尾端黑褐色，分叉状。雌鸟暗绿色，上体不连贯。

生态习性 栖息于高山针叶林及针阔混交林。可高至海拔4000米，冬季下到雪线以下。

地理分布 分布于喜马拉雅山脉东部。国内见于新疆、西藏南部、云南西北部、四川西部。

种群状况 单型种。留鸟，冬候鸟，旅鸟。不常见。

藏黄雀

Tibetan Siskin　*Carduelis thibetana*　体长：10~12 cm　LC（低度关注）

南疆亚种 *montanella* \摄影：王尧天

北疆亚种 *korejevi* \摄影：刘哲青

藏南亚种 *rufostrigat* \摄影：王尧天

青海亚种 *miniakensis* \摄影：邢睿

形态特征 上体褐色，具黑色纵纹。雄鸟腰粉色或近白，两翅和尾褐色，具白色羽缘，喉、胸、腹部皮黄色具褐色，纵纹。与其他朱顶雀的区别在本种的头顶无红色点斑。

生态习性 栖息于海拔3000米以上的高山和高原灌丛，草甸，岩石坡等。冬季下到低海拔地区。

地理分布 共9个亚种，分布于欧洲、中东、中亚、喜马拉雅山脉西部。国内有4个亚种，北疆亚种 *korejevi* 见于新疆北部，上体较多棕色，背与胸的纵纹浓褐，而形亦较粗；腹白色。南疆亚种 *montanella* 见于新疆南部，体色最淡，上体灰棕色，背与胸的黑褐纵纹均较浅，较细，腹白色。藏南亚种 *rufostrigat* 见于西藏，嘴型较粗，嘴基较宽；胸部纵纹沾棕色；体色较暗，呈棕褐色；背与胸的黑褐色纵纹更粗。青海亚种 *miniakensis* 见于内蒙古西部、宁夏、甘肃西北部、新疆、青海、四川西部，与藏南亚种相似，但本亚种的嘴型较狭小。

种群状况 多型种。夏候鸟，留鸟。常见。

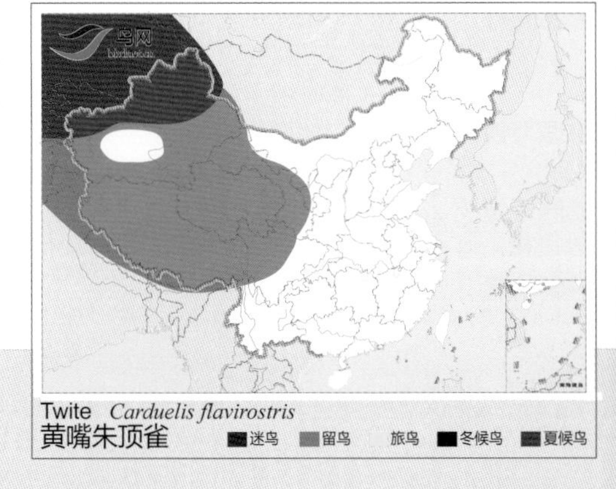

Twite *Carduelis flavirostris*
黄嘴朱顶雀

黄嘴朱顶雀

Twite *Carduelis flavirostris* 体长：12~15 cm LC（低度关注）

赤胸朱顶雀 \摄影：刘哲青

赤胸朱顶雀 \摄影：许传辉

赤胸朱顶雀 \摄影：王尧天

形态特征 额、胸绯红色，其余头部灰色。上体栗色，下体白色。喉具深色纵纹。两翅和尾黑色，外翈羽缘和基部白色。雌性无绯红，色彩较淡。

生态习性 主要栖息于中低山和山脚地带的林缘、灌丛及多岩丘陵山坡等处。

地理分布 共7个亚种，分布于欧洲至北非、中东、中亚及俄罗斯西南部。国内有1个亚种，新疆亚种 *bella* 见于新疆。

种群状况 多型种。不常见。夏候鸟。

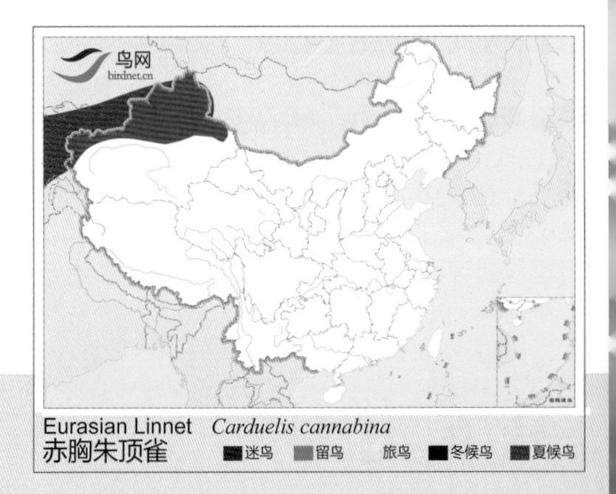

Eurasian Linnet *Carduelis cannabina*
赤胸朱顶雀

赤胸朱顶雀

Eurasian Linnet *Carduelis cannabina* 体长：13~16 cm LC（低度关注）

金额丝雀 \ 摄影：刘哲青

金额丝雀 \ 摄影：杜英

金额丝雀 \ 摄影：王尧天

金额丝雀 \ 摄影：许传辉

形态特征 体羽黑褐色，额鲜红色，头胸黑色，腰黄色；下体暗色，具黑色纵纹。雌雄性同色。

生态习性 栖息于亚高山和山地中上部的森林草原地带。

地理分布 分布于土耳其至高加索山脉南部、中亚、喜马拉雅山脉。国内见于西藏西南部、新疆。

种群状况 单型种。留鸟。不常见。

金额丝雀

Gold-fronted Serin　*Serinus pusillus*　体长：11~13 cm　LC（低度关注）

台湾亚种 *uchidai* \摄影：简廷谋

华南亚种 *ricketti* \摄影：鹊鸲

指名亚种 *nipalensis* \摄影：刘爱华

形态特征 上体灰褐色，下体灰白色。头前部发黑。两翅和尾黑色闪蓝光，肩部边缘白色。腰、尾下覆羽白色。

生态习性 栖息于阔叶林、针阔混交林、林缘及杜鹃灌丛。分布最高海拔4000米。

地理分布 共5个亚种，分布于喜马拉雅山脉至中南半岛北部、马来半岛。国内有3个亚种，指名亚种 *nipalensis* 见于西藏东南部、云南西北部；体色较淡，眼下白斑较大而显著。华南亚种 *ricketti* 见于陕西、云南、江西、福建西北部、广东北部，头顶和枕部灰褐色，下背黑色，体色较暗；眼下白斑较小，甚至缺如。台湾亚种 *uchidai* 见于台湾，头顶和枕部黑色，下背暗褐色；体色较暗；眼下白斑较小，甚至缺如。

种群状况 多型种。留鸟。地区性常见。

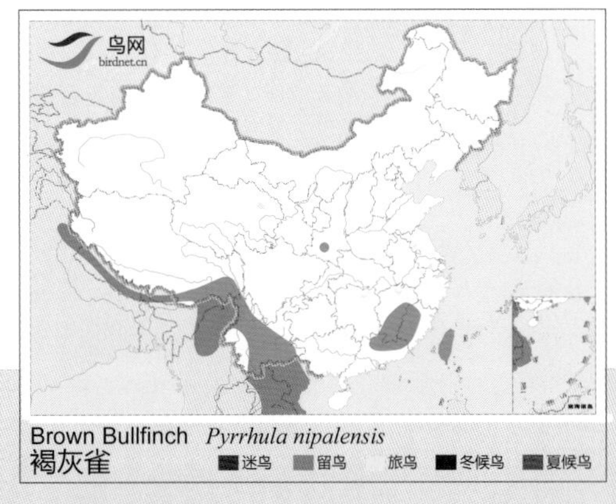

褐灰雀

Brown Bullfinch *Pyrrhula nipalensis* 体长：16~17 cm LC（低度关注）

红头灰雀 \摄影：王进

红头灰雀 \摄影：邢睿

红头灰雀 \摄影：段文举

形态特征 形、色与灰头灰雀相似，但本种的雄鸟头、胸、腹橘黄色；雌鸟比灰头灰雀雌鸟的灰色较重，头顶及颈背黄橄榄色。两种的额、眼先、颏都为黑色。

生态习性 与其他灰雀相似。

地理分布 分布于喜马拉雅山脉。国内见于西藏南部。

种群状况 单型种。留鸟。地区性常见。

鸟网
birdnet.cn
Red-headed Bullfinch *Pyrrhula erythrocephala*
红头灰雀
迷鸟 留鸟 旅鸟 冬候鸟 夏候鸟

红头灰雀

Red-headed Bullfinch *Pyrrhula erythrocephala* 体长：13~16 cm LC（低度关注）

指名亚种 *erythaca* \摄影：关克

台湾亚种 *owstoni* \摄影：邝英洲

指名亚种 *erythaca*（雌）\摄影：关克

指名亚种 *erythaca* \摄影：陈久桐

形态特征 形、色与红头灰雀相似，但本种的雄鸟只有胸腹橘红色，头为灰色；雌鸟下体和上背暖褐色。

生态习性 与其他灰雀相似。

地理分布 共3个亚种，主要分布于喜马拉雅山脉。国内有2个亚种，指名亚种 *erythaca* 见于河北、河南、陕西南部、山西南部、宁夏、甘肃南部、西藏东部、青海东部、云南、四川、重庆、贵州、湖北。上体暗灰色，腋羽不带红色。台湾亚种 *owstoni* 见于台湾。体型较大；上体暗灰色，腋羽带红色。

种群状况 多型种。留鸟。地区性常见。

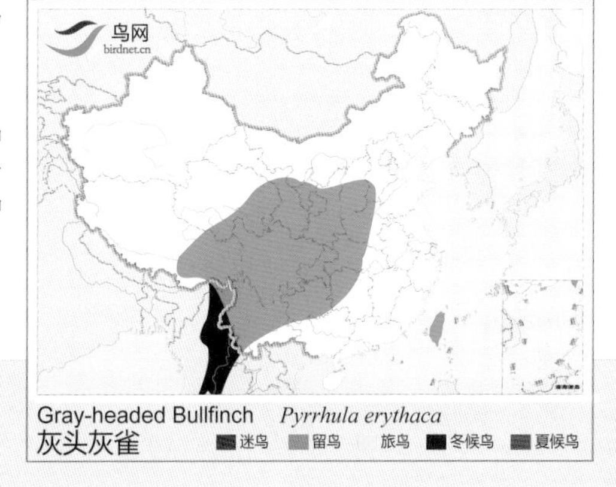

灰头灰雀

Gray-headed Bullfinch　*Pyrrhula erythaca*　体长：14~16 cm　LC（低度关注）

东北亚种 *cassini*（雌）\摄影：孙晓明

东北亚种 *cassini*（雌）\摄影：孙晓明

东北亚种 *cassini* \摄影：尹志毅

指名亚种 *pyrrhula* \摄影：宁博

形态特征 雄鸟顶冠、眼罩、颏辉蓝黑色，脸侧、喉粉红色；胸、腹淡粉色，背灰色；两翅和尾黑色，有大块白色翼斑；腰、腹中央至尾下覆羽白色。雌鸟似雄鸟，但粉色为暖褐色所取代。

生态习性 栖息于针叶林、针阔混交林等，冬季也出现于人工林、公园等地。

地理分布 共7个亚种，分布于欧亚大陆的温带区。国内有2个亚种，东北亚种 *cassini* 见于黑龙江、吉林、辽宁、河北，雄鸟翅上覆羽尖端白色，下体较红。指名亚种 *pyrrhula* 见于黑龙江、吉林、辽宁、内蒙古中部、新疆，雄性翅上覆羽尖端灰白色，下体淡红色。

种群状况 多型种。冬候鸟，留鸟。偶见。

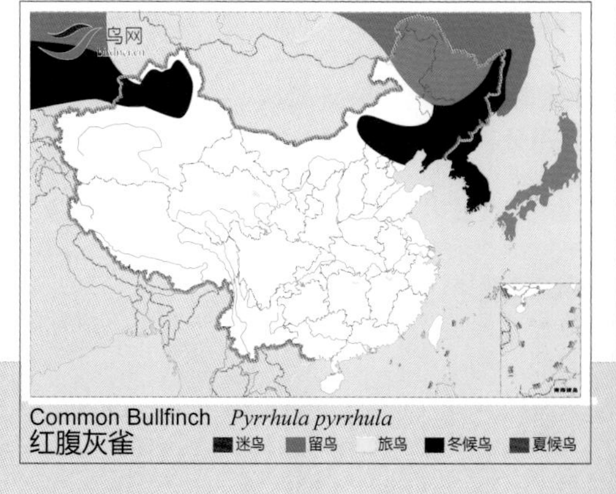

Common Bullfinch *Pyrrhula pyrrhula*
红腹灰雀 迷鸟 留鸟 旅鸟 冬候鸟 夏候鸟

红腹灰雀

Common Bullfinch *Pyrrhula pyrrhula* 体长：15~17 cm LC（低度关注）

指名亚种 *griseiventris* \摄影：宁博

指名亚种 *griseiventris* \摄影：邢睿

指名亚种 *griseiventris* \摄影：黄雅惠

东北亚种 *cineracea* \摄影：流泉

形态特征 形、色与红腹灰雀相似，但本种的身上无粉色，脸侧、喉不为粉红色或仅部分粉红色。

生态习性 与红腹灰雀相似。

地理分布 共2个亚种，分布于哈萨克斯坦东北部、蒙古北部、西伯利亚西部和中南部、俄罗斯远东、萨哈林岛、千岛群岛中部和南部、日本、朝鲜半岛。国内有2个亚种，指名亚种 *griseiventris* 见于黑龙江、吉林、辽宁、河北、新疆，耳羽和喉红色，体上多红辉。东北亚种 *cineracea* 见于黑龙江、吉林、辽宁、内蒙古东北部、新疆，耳羽和喉非红色，体上也无红辉。

种群状况 多型种。留鸟，冬候鸟。偶见。

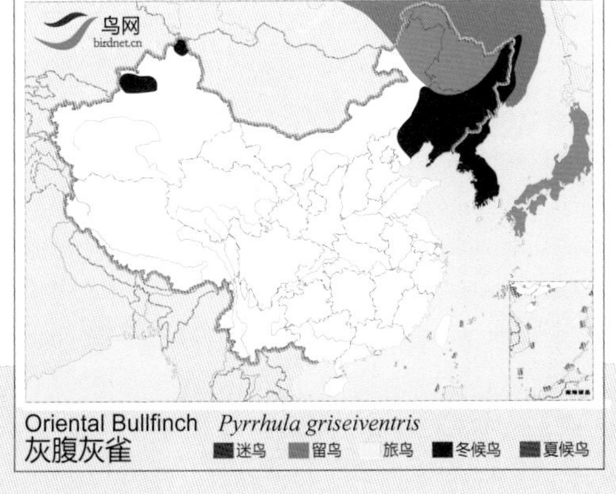

灰腹灰雀

Oriental Bullfinch　*Pyrrhula griseiventris*

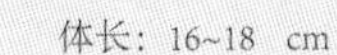

LC（低度关注）

长江亚种 *owerbyi* \摄影：韩传华

长江亚种 *owerbyi* \摄影：王尧天

长江亚种 *owerbyi* \摄影：朱英

指名亚种 *migratoria* \摄影：孙晓明

形态特征 黄色的嘴粗大，端部黑色。雄鸟头辉黑色，背、肩灰褐色，腰和尾上覆羽浅灰色，两翅和尾黑色，初级覆羽和外侧飞羽具白色端斑；颏和上喉黑色；其余下体灰褐色，腰和尾下覆羽白色，两胁棕色。雌鸟似雄鸟，但头部黑色少，飞羽端部黑色。

生态习性 与锡嘴雀相似。从不见于密林。

地理分布 共2个亚种，分布于西伯利亚东部、朝鲜、日本南部。国内有2个亚种，指名亚种 *migratoria* 除宁夏、新疆、西藏、青海、海南外、见于全国各地，上下体较淡；翅较短，嘴较小。长江亚种 *sowerbyi* 见于云南、四川、重庆、贵州、湖北、湖南、江西、福建、广东、香港、广西，上下体均较暗，嘴较大。

种群状况 多型种。夏候鸟，冬候鸟，旅鸟。常见。

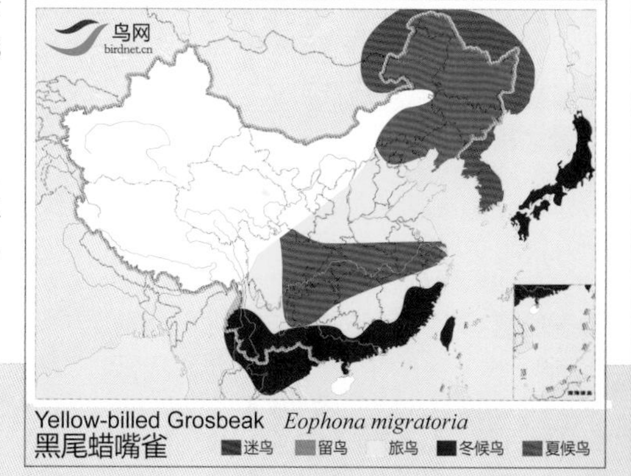

黑尾蜡嘴雀

Yellow-billed Grosbeak　　*Eophona migratoria*　　体长：17~21　cm　　LC（低度关注）

东北亚种 *magnirostris* \摄影：古国强

东北亚种 *magnirostris*（雌）\摄影：山海

东北亚种 *magnirostris* \摄影：王兴娥

形态特征 与黑尾蜡嘴雀相似，但本种的体型较大，头部黑色范围小，飞羽中间有白斑，末端无白斑，嘴端无黑色。

生态习性 与黑尾蜡嘴雀相似，但本种更喜低地。

地理分布 共2个亚种，繁殖于西伯利亚东部、朝鲜及日本，越冬至中国南方。国内有2个亚种，指名亚种 *personata* 见于福建西北部，极少至台湾，体型较小。东北亚种 *magnirostris* 繁殖于东北长白山及小兴安岭，经华东至南方越冬，体型较大。

种群状况 多型种。夏候鸟，冬候鸟，旅鸟。地区性常见。

黑头蜡嘴雀

Japenese Grosbeak　*Eophona personata*　体长：11~12 cm　LC（低度关注）

指名亚种 *coccothraustes* \摄影：沈强

指名亚种 *coccothraustes* \摄影：关克

指名亚种 *coccothraustes* \摄影：刘贺军

日本亚种 *japonicus* \摄影：徐晓东

形态特征 头皮黄色，喉有黑色斑块，背棕褐色，颈部一灰色领环；两翅和尾辉蓝黑色，翅上有大块白斑点；尾上覆羽棕黄色，下体棕褐色。

生态习性 栖息低山、丘陵和平原地带的阔叶林，针阔混交林、次生林。冬季生活于果园、公园。

地理分布 共6个亚种，分布于欧亚大陆的温带区地区。国内有2个亚种，指名亚种 *coccothraustes* 除西藏、云南、海南外，见于全国各地。日本亚种 *japonicus* 见于福建。两个亚种主要区别在于日本亚种羽色较淡，腹部有点白，嘴尖亦有点白，尾平均稍短。

种群状况 多型种。留鸟、冬候鸟、旅鸟。甚常见。

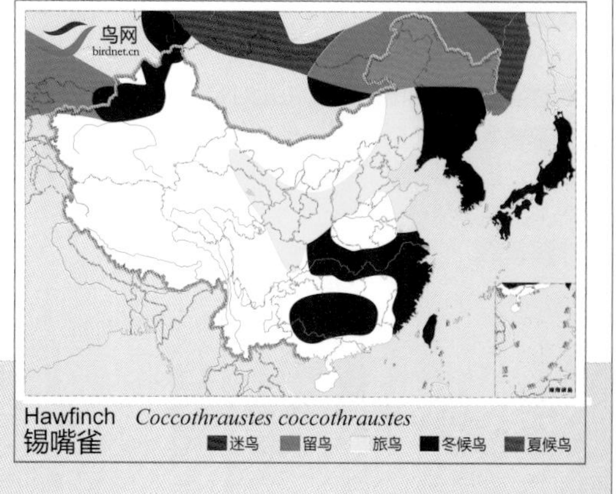

锡嘴雀

Hawfinch *Coccothraustes coccothraustes* 体长：16~18 cm LC（低度关注）

黄颈拟蜡嘴雀 \ 摄影：陈久桐

黄颈拟蜡嘴雀 \ 摄影：陈久桐

黄颈拟蜡嘴雀 \ 摄影：刘爱华

黄颈拟蜡嘴雀 \ 摄影：梁长久

形态特征 雄性头、喉、两翼及尾黑色，其余部位黄色。雌性头及喉灰色，飞羽和尾绿黑色，其余橄榄绿色。

生态习性 栖息于海拔3000米以上的高山针叶林和针阔混交林、杜鹃灌丛等处。

地理分布 分布于喜马拉雅山脉、中南半岛西北部。国内见于甘肃西部和南部、西藏南部、云南西北部、四川。

种群状况 单型种。留鸟，冬候鸟。地区性常见。

黄颈拟蜡嘴雀

Collared Grosbeak　*Mycerobas affinis*　体长：20~22 cm　LC（低度关注）

白点翅拟蜡嘴雀 \ 摄影：赵亮

白点翅拟蜡嘴雀（雌） \ 摄影：肖克坚

白点翅拟蜡嘴雀 \ 摄影：肖克坚

形态特征 嘴非常粗厚，浅蓝色。喉及上体黑色，胸、腹部及臀黄色。三级飞羽、大覆羽及次级飞羽的羽端具明显黄白色点斑。雌鸟头和胸腹部黄色，布满黑色纵纹。

生态习性 栖息于海拔2000~3000米的阔叶林、针阔混交林、次生林和林缘地带。

地理分布 分布于喜马拉雅山脉至中南半岛北部。国内见于甘肃西部、西藏南部、云南和四川西部。

种群状况 单型种。留鸟。不常见。

白点翅拟蜡嘴雀

Spot-winged Grosbeak *Mycerobas melanozanthos* 体长：20~22 cm LC（低度关注）

白斑翅拟蜡嘴雀 \摄影：肖克坚

指名亚种 \摄影：关克

指名亚种 \摄影：李蕾

指名亚种 \摄影：邢睿

形态特征 与白点翅拟蜡嘴雀相似，但本种的胸黑、腰黄，三级飞羽及大覆羽羽端点斑黄色，初级飞羽基部有白色块斑。雌鸟似雄鸟但色浅，灰色取代黑色，脸颊及胸具模糊的浅色纵纹。

生态习性 高山和高原鸟类，栖息于海拔2500~4200米的高山和高原地带，最高可达4900米。甚不惧人。

地理分布 共2个亚种，分布于伊朗东北部、中亚、喜马拉雅山脉。国内有1个亚种，指名亚种 *carnipes* 见于陕西、内蒙古西部、宁夏、甘肃、青海、新疆、西藏、云南西北部、四川、重庆。

种群状况 多型种。留鸟。地区性常见。

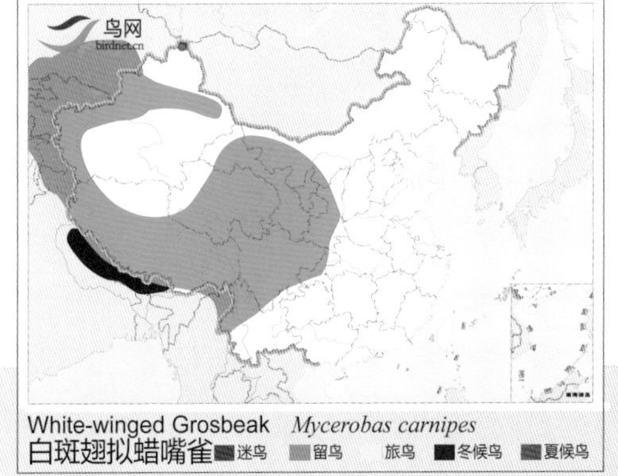

白斑翅拟蜡嘴雀

White-winged Grosbeak　　*Mycerobas carnipes*　　体长：20~23 cm　　LC（低度关注）

金枕黑雀 \摄影：李慰曾

金枕黑雀：肖克坚

金枕黑雀 \摄影：张永

金枕黑雀 \摄影：张永

形态特征 三级飞羽白色，羽缘成细纹。雄性体羽黑色，头顶、颈背和肩部边缘橘红色。雌鸟头、上背橄榄绿和灰色，下背、腰覆羽、下体暖褐色。

生态习性 常于林下或地面活动。

地理分布 主要分布于喜马拉雅山脉。国内见于甘肃西部、西藏南部和西南部、云南西北部、四川西部。

种群状况 单型种。留鸟。不常见。

金枕黑雀

Gold-naped Finch *Pyrrhoplectes epauletta* 体长：15 cm LC（低度关注）

红翅沙雀 \摄影：张新

红翅沙雀 \摄影：Ignacio Yúfera

形态特征 雄鸟头顶黑褐色，眼周、眼先和颊绯红色；背褐色，有深色纵纹，胸腹白色，两侧有褐色斑；飞羽黑色，具绯红色及白色羽缘。雌鸟多呈沙褐色，绯红色较少，头顶不为黑色。

生态习性 栖息于有稀疏植物的岩石荒漠、山顶和山边岩石灌丛。

地理分布 共2个亚种，分布于西班牙、摩洛哥、土耳其、以色列、黎巴嫩、伊朗、中亚。国内有1个亚种，指名亚种 *sanguineus* 见于新疆西部。

种群状况 多型种。留鸟。罕见。

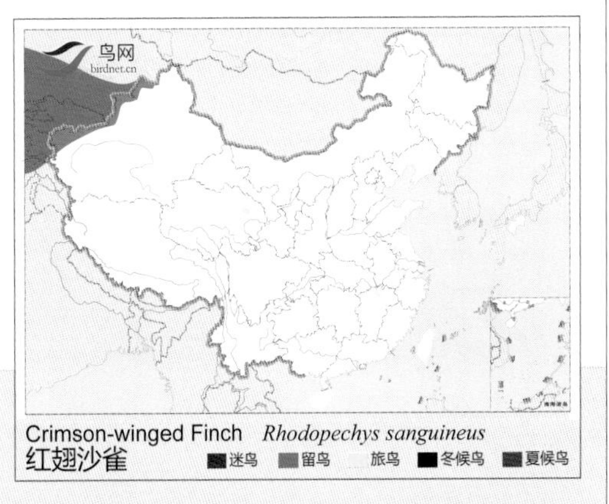

红翅沙雀（赤翅沙雀）

Crimson-winged Finch　　*Rhodopechys sanguineus*　　体长：16~19 cm　　LC（低度关注）

蒙古沙雀 \摄影：王尧天

蒙古沙雀（雌）\摄影：王尧天

蒙古沙雀 \摄影：关克

形态特征 上体沙褐色，肩、背有暗色纵纹。两翅和尾黑色，具棕白色羽缘，大覆羽绯红色。眼周、胸、腰沾粉色。

生态习性 与其他沙雀相似，高可至海拔4200米。

地理分布 分布于土耳其东部、阿富汗至中亚、蒙古中央戈壁。国内见于黑龙江中部、河北北部、内蒙古、宁夏、甘肃、青海、新疆。

种群状况 单型种。留鸟。常见。

蒙古沙雀

Mongolian Finch　　*Rhodopechys mongolicus*　　体长：11~14 cm　　LC（低度关注）

巨嘴沙雀 \ 摄影：刘哲青

巨嘴沙雀 \ 摄影：关克

巨嘴沙雀 \ 摄影：李全民

巨嘴沙雀（亚成体）\ 摄影：王尧天

形态特征 眼先、嘴、嘴基黑色，身体沙褐色，翼及尾羽黑而带白色及粉红色羽缘。雌鸟眼先无黑色。

生态习性 干旱荒漠的鸟类。栖息于有稀疏树木或灌丛的地带，海拔1500米以下。

地理分布 分布于北非、中东至中亚。国内见于陕西北部、内蒙古西部、宁夏、新疆、青海。

种群状况 单型种。留鸟。地区性常见。

巨嘴沙雀

Desert Finch *Rhodospiza obsoleta* 体长：13~16 cm LC（低度关注）

指名亚种 *sibiricus* \摄影：许传辉

指名亚种 *sibiricus*（雌）\摄影：许传辉

西南亚种 *henrici* \摄影：赵顺

秦岭亚种 *lepidus* \摄影：关克

东北亚种 *ussuriensis* \摄影：赵振杰

东北亚种 *ussuriensis* \摄影：王强

形态特征 繁殖期雄鸟脸颊、颏、颈侧深红色，眉纹、眼下有霜白，胸、上腹粉红色，额和颈背苍白色；上背褐色沾粉色，翼上有两道白斑。雌鸟褐色，具深色纵纹，胸及腰棕色。

生态习性 主要栖息于低山丘陵、山谷和溪流岸边的灌丛和小树丛等处，也见于公园、果园。

地理分布 共4个亚种，分布于西伯利亚南部、哈萨克斯坦、朝鲜半岛及日本。国内有4个亚种，指名亚种 *sibiricus* 见于黑龙江北部、陕西、内蒙古东北部、新疆，体色较淡，翅上白斑较大；雄鸟的头顶全部成沙褐色或银白色，并沾带些玫瑰红色。东北亚种 *ussuriensis* 见于东北地区以南，体色较暗，雄鸟暗红，雌鸟较多纵纹，翅上白斑较小，雄鸟的头顶全部成沙褐色或银白色，并沾带些玫瑰红色。秦岭亚种 *lepidus* 见于陕西南部、山西西南部、甘肃南部、西藏东部、青海东部，雄鸟头顶前部呈银白色，并沾玫瑰红，喉部栗红；尾较翅长；最外侧3对尾羽均为白色。西南亚种 *henrici* 见于西藏东部、四川、云南西北部、重庆，尾较翅短，尾上的白色仅限于最外侧的2对尾羽。

种群状况 多型种。留鸟，冬候鸟，夏候鸟。地区性常见。

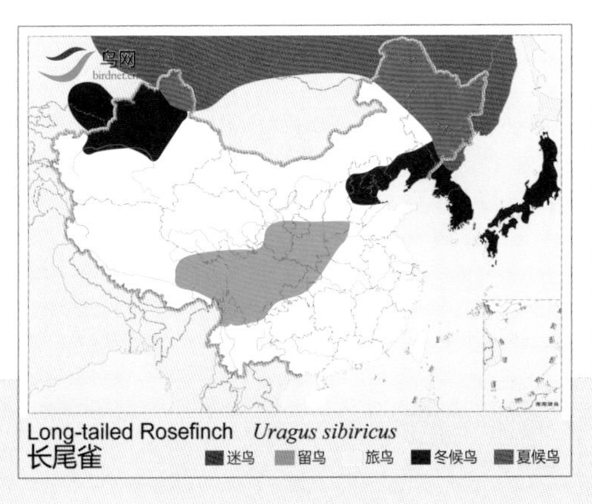

长尾雀

Long-tailed Rosefinch　*Uragus sibiricus*　体长：16~18 cm　LC（低度关注）

血雀 \摄影：向军

血雀（雌）\摄影：向军

血雀 \摄影：王跃江

血雀 \摄影：东曼伟

形态特征 雄性通体血红色，飞羽、尾羽偏黑而羽缘红色。雌鸟上体橄榄褐色，下体灰色具有深色杂斑，腰黄色。

生态习性 栖息于海拔2000米的山地针叶林和针阔混交林中，可高至海拔3000米。

地理分布 分布于喜马拉雅山脉、中南半岛北部。国内见于西藏南部、云南西部。

种群状况 单型种。留鸟。不常见。

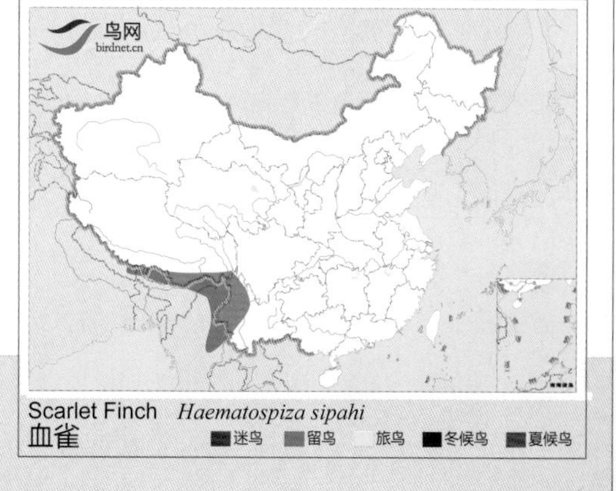

血雀

Scarlet Finch *Haematospiza sipahi*

体长：17~19 cm

LC（低度关注）

鹀科

Emberizidae
(Buntings)

本科鸟类形似麻雀，均为小型食虫鸟类。羽色变化较大，上体多有纵纹，外侧尾羽大多白色，尾羽12枚。翅较尖长，初级飞羽10枚，有的第一枚初级飞羽退化或缺失。嘴呈圆锥状，切缘微向内曲，当嘴闭合时，上下嘴切缘彼此不紧贴着，中间有缝隙，上嘴切缘上凹，形成锐角。爪弯曲，后爪短于后趾。

主要栖息于森林、灌丛、草地、沼泽、山地和平原等各类生境，营巢于灌丛或草丛中。以草籽或谷物为食，繁殖期间则多以昆虫为食。

本科鸟类全世界计有70属554种，除大洋洲及太平洋中一些小岛外，广布于世界各地。中国有6属33种，全国各地皆有分布。

朱鹀（雌）\摄影：陈洁

朱鹀 \ 摄影：陈洁

朱鹀 \ 摄影：黄小安

朱鹀 \ 摄影：黄小安

朱鹀（雌） \ 摄影：陈洁

形态特征 嘴细，尾长而呈凸形，外侧尾羽粉红色；雄鸟眼先、眉纹、喉和胸部玫瑰红色，背部沙褐色，具黑色纵纹，其余下体粉红色。雌鸟下体皮黄色具暗色纵纹，尾基部浅粉橙色。

生态习性 高山和高原鸟类。栖息于海拔2300~4500米的高山和高原地带，在山边、林缘、河谷灌丛和高原活动。

地理分布 中国鸟类特有种。分布于甘肃西北部、青海、四川北部、重庆。

种群状况 单型种。留鸟。分布区域狭窄，种群数量少。不常见。

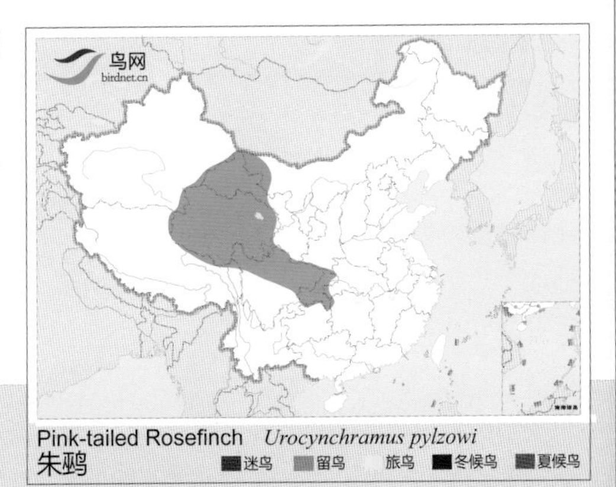

朱鹀

Pink-tailed Rosefinch *Urocynchramus pylzowi* 体长：14~17 cm LC（低度关注）

凤头鹀 \摄影：陈东明

凤头鹀 \摄影：陈峰

凤头鹀 \摄影：陈峰

凤头鹀 \摄影：唐承贵

形态特征 头具细长羽冠。雄鸟体羽黑色，具金属光泽，两翅和尾栗红色。雌鸟羽冠较短，上体暗褐色，两翅具栗色羽缘，尾暗褐色，下体污皮黄色。

生态习性 栖息于低山丘陵、山脚平原等开阔地带和海拔2000~2500米的中高山地区，常出现在亚热带常绿阔叶林和松树林的林缘地带。

地理分布 分布于印度、喜马拉雅山脉、中南半岛北部。在中国分布于陕南、藏东、云南、四川、重庆及长江中下游地区及东南沿海。

种群状况 单型种。留鸟。数量较多，常见。

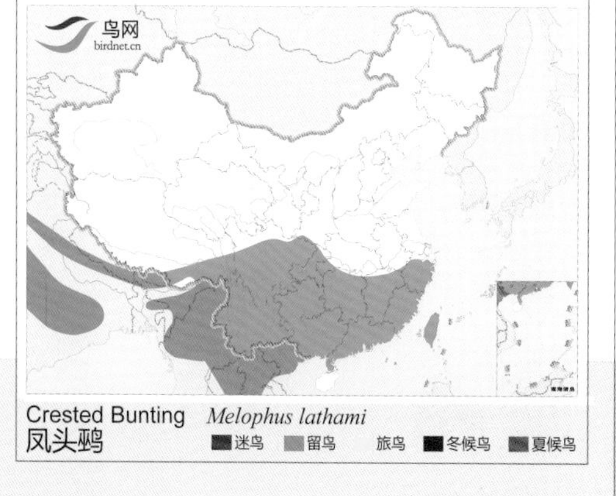

凤头鹀

Crested Bunting　*Melophus lathami*

体长：14~16 cm

LC(低度关注)

蓝鹀 \摄影：关克

蓝鹀（雌）\摄影：罗永川

蓝鹀 \摄影：罗永川

形态特征 雄鸟体羽石蓝灰色，腹至尾下覆羽白色，尾外缘色白，三级飞羽近黑色。雌鸟头、颈、背、喉、胸为棕褐色，腰至尾上覆羽石板灰色，腹至尾下覆羽白色，具两道锈色翼斑。

生态习性 栖息于海拔2000米以下的山地阔叶林和竹林、针阔叶混交林和人工针叶林，非繁殖期见于山麓平坝、沟谷和林缘地带。

地理分布 中国鸟类特有种。分布于陕西南部、甘肃南部、四川、重庆、贵州、安徽、湖南、湖北、浙江、福建、广东、广西。

种群状况 单型种。留鸟，夏候鸟，冬候鸟。不常见。

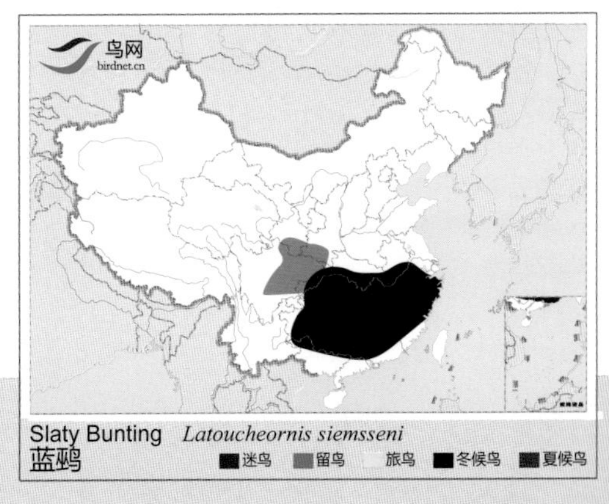

蓝鹀

Slaty Bunting *Latoucheornis siemsseni* 体长：12~14 cm LC（低度关注）

黄鹀（与白头鹀杂交）\摄影：童光琦

黄鹀（雌）\摄影：周奇志

黄鹀（雄）\摄影：周奇志

形态特征 雄鸟头、眉纹、喉、胸、腹皆为黄色；头顶具灰绿色条纹，髭纹栗色；胸侧的栗色杂斑成胸带，两胁有深色纵纹，腰棕色；上体棕褐色斑驳，羽轴色深而成纵纹，且多数羽有黄色羽缘；两翅和尾黑褐色。雌鸟与雄鸟相似，但多具暗色纵纹且较少黄色。

生态习性 栖息于稀疏树林的山地和平原地带的疏林中，尤喜林缘、林间空地和采伐迹地，也出现在果园、路边、耕地、灌丛和人类住宅附近。

地理分布 共3个亚种，分布于欧洲至西伯利亚及蒙古北部，越冬在其分布区的南部。国内有1个亚种，北方亚种 *erythrogenys* 在中国黑龙江、河北、北京、新疆北部有分布。

种群状况 多型种。中国偶见冬候鸟或迷鸟。数量稀少，不常见。

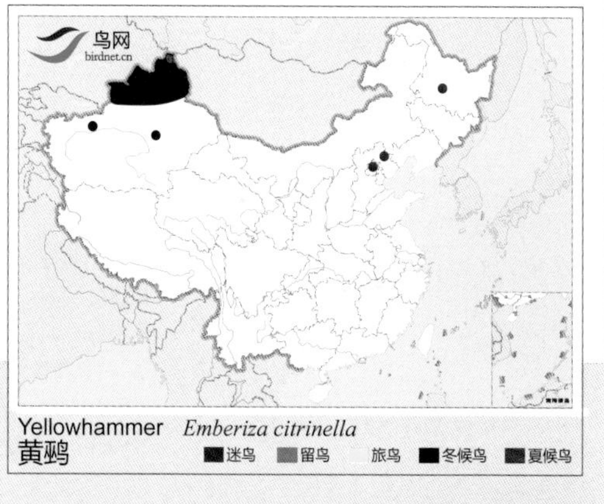

Yellowhammer *Emberiza citrinella*
黄鹀
迷鸟 留鸟 旅鸟 冬候鸟 夏候鸟

黄鹀

Yellowhammer *Emberiza citronella*　体长：17~18 cm　LC（低度关注）

青海亚种 *fronto* \摄影：刘宗新

指名亚种 *leucocephala*（雌）\摄影：潘明桥

指名亚种 *leucocephala* \摄影：王尧天

形态特征 雄鸟前额和头顶两侧黑色，有白色顶冠纹，具独特的头部图纹和小型羽冠，头余部及喉栗色而与白色的胸带成对比；背、肩红褐色，具黑褐色纵纹，胸和两胁栗红色，其余下体白色。雌鸟色淡，胸具暗栗色斑点，两胁具栗色纵纹，其余似雄鸟。

生态习性 栖息于低山和山脚平原等开阔地区，常见在林间空地、灌丛、山边稀树草坡、果园、农田地边觅食。

地理分布 共2个亚种，主要分布于西伯利亚的泰加林。国内2个亚种均有分布。指名亚种 *leucocephalos* 分布于东北、华北、西北，湖南、江苏、台湾。头顶上黑带较狭；栗色较淡，青海亚种 *fronto* 见于甘肃、青海。头顶黑带较宽，尤其是在额上，栗色较暗浓。

种群状况 多型种。留鸟，冬候鸟，夏候鸟。较常见。

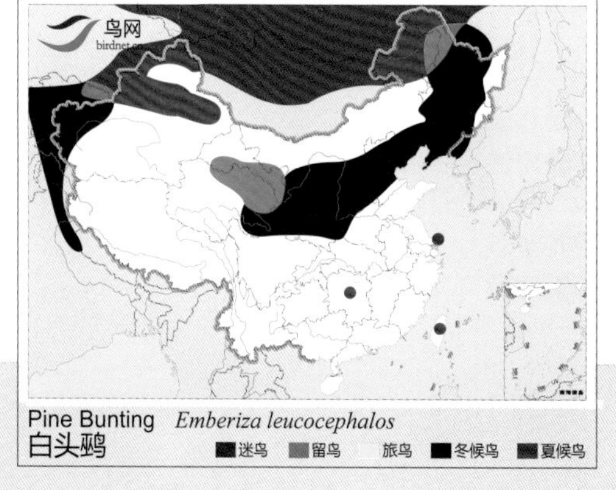

Pine Bunting *Emberiza leucocephalos*
白头鹀
迷鸟 留鸟 旅鸟 冬候鸟 夏候鸟

白头鹀

Pine Bunting *Emberiza leucocephalos*　体长：16~18 cm　LC（低度关注）

藏鹀 \ 摄影：游洲

藏鹀 \ 摄影：黄小安

藏鹀 \ 摄影：黄小安

藏鹀 \ 摄影：唐军

形态特征 雄鸟头黑色，白色眉纹长，从鼻孔延至颈背；喉白色，胸至后颈灰色，具白色的胸兜及黑色的项纹；背、肩红栗色，腰至尾上覆羽蓝灰色；下体灰色臀近白色。雌鸟及非繁殖期雄鸟羽色似繁殖期雄鸟，但颜色较暗且无黑色项纹，背栗色而具黑色纵纹，喉褐色，具纵纹。

生态习性 栖息于海拔3500米以上的山柳灌丛和草地上，也出现于农田和寺庙附近的稀树灌丛草坡。

地理分布 中国鸟类特有种。分布于西藏东部、青海。

种群状况 单型种。留鸟。数量少，罕见。

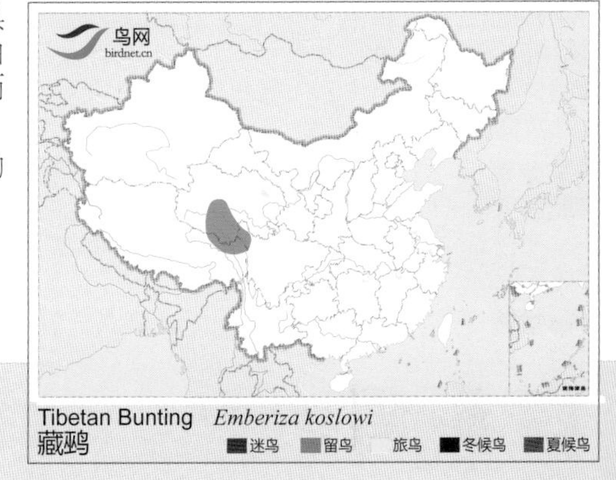

藏鹀

Tibetan Bunting *Emberiza koslowi* 体长：17~19 cm NT（近危）

北疆亚种 *par* \摄影：刘哲青

北疆亚种 *par* \摄影：王尧天

北疆亚种 *par* \摄影：邢睿

北疆亚种 *par* \摄影：王尧天

形态特征 头、枕、喉和上胸蓝灰色，眉纹、颊、耳覆羽蓝灰色或白色，贯眼纹和侧贯纹黑色。背红褐色，具黑色中央纹，腰和尾上覆羽栗色；下胸和腹部粉红栗色。雌鸟似雄鸟但色暗。本种与灰眉岩鹀(戈氏岩鹀)的区别在头部条纹黑色而非褐色，且头部的灰色甚显白。

生态习性 栖息于裸露的低山丘陵、高山和高原等开阔地带的岩石荒坡、草地和灌丛中，也出现于林缘、河谷、农田、路边及村旁树上和灌木上。

地理分布 共6个亚种，分布于西北非、南欧至中亚和喜马拉雅山脉。国内有2个亚种，北疆亚种 *par* 分布于新疆西部和北部。阿里亚种 *stracheyi* 见于西藏西部，下体色深，腰棕色较深。

种群状况 多型种。留鸟。地区性常见。

Rock Bunting　*Emberiza cia*
淡灰眉岩鹀　迷鸟　留鸟　旅鸟　冬候鸟　夏候鸟

淡灰眉岩鹀

Rock Bunting　*Emberiza cia*　　体长：15~17 cm　　LC（低度关注）

新疆亚种 *decolorata* \摄影：王尧天

新疆亚种 *decolorata* \摄影：周奇志

青藏亚种 *khamensis* \摄影：王尧天

西南亚种 *yunnanensis* \摄影：时间

华北亚种 *omissa* \摄影：孙晓明

甘青亚种 *godlewskii* \摄影：关克

形态特征 似淡灰眉岩鹀，但本种的头部灰色较重，贯眼纹和侧贯纹棕褐色。与三道眉草鹀的区别在本种的顶冠纹灰色。雌鸟似雄鸟但色淡。各亚种有异。西南亚种与指名亚种相比色深且多棕色，新疆亚种则颜色最淡。

生态习性 与淡灰眉岩鹀相似。

地理分布 共5个亚种，分布于俄罗斯的外贝加尔、蒙古、印度东北部；越冬在缅甸东北部。国内有5个亚种，指名亚种 *godlewskii* 分布于青海西部、甘肃、宁夏及内蒙古西部，头顶栗红色，头顶栗色纵纹，上下体的棕色与灰色均较新疆亚种为深；背上黑纹较粗些。新疆亚种 *decolorata* 分布于新疆，头顶的栗红色，具栗色纵纹，上体棕色，胸部的灰色及腹部的棕色均最浅淡；背部黑纹稍细些。青藏亚种 *khamensis* 分布于西藏东南部、青海南部及四川西部，腹部肉桂红色稍淡，背上纵纹稍粗些；头顶的栗红色，上下体的棕色与灰色均较指名亚种为深；背上黑纹亦较粗著。西南亚种 *yunnanensis* 分布于云南北部、西藏东南部至四川中部，头顶栗红色，上下体的棕色与灰色均较深，背上黑纹亦较粗著；体形与指名亚种相似；腹部深栗红色；背部纵纹亦与青藏亚种相同，但底色却为深栗红色。华北亚种 *omissa* 分布于四川北部、东部直至黑龙江南部，头顶栗红色，上下体的棕色与灰色均较指名亚种为深；背上黑纹亦较粗著；腹部肉瑰红色。

种群状况 多型种。留鸟，冬候鸟。数量多，常见。

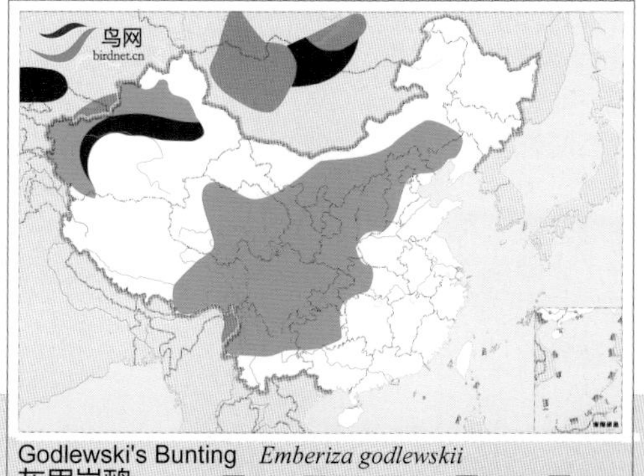

Godlewski's Bunting *Emberiza godlewskii*
灰眉岩鹀 迷鸟 留鸟 旅鸟 冬候鸟 夏候鸟

灰眉岩鹀（戈氏岩鹀）

Godlewski's Bunting *Emberiza godlewskii* 体长：15~17 cm LC（低度关注）

东北亚种 *weigoldi* \摄影：段文科

天山亚种 *tanbagataica* \摄影：邢睿

普通亚种 *castaneiceps* \摄影：王尧天

指名亚种 *cioides* \摄影：安绍冀

形态特征 具醒目的黑白色头部图纹，头顶、后颈和耳羽栗色，眉纹白色，眼先黑色；背、肩栗红色，具黑色纵纹；两翅和尾黑褐色；喉白色，胸棕色，两胁棕红色，下体皮黄白色。雌鸟羽色较淡，眉线及下颊纹皮黄，胸浓皮黄色。

生态习性 栖息于低山丘陵和平原地带的次生阔叶林和疏林灌丛中，尤喜林缘疏林、山坡幼林及农田，也出现在有稀疏树木的岩石荒山、旷野和干旱平原。

地理分布 共5个亚种，分布于西伯利亚南部、蒙古，东至日本。国内有4个亚种，指名亚种 *cioides* 分布于西北阿尔泰山及青海东部，上体羽色最淡，黑褐纵纹粗著，羽缘浅棕褐；内侧飞羽的外缘浅棕或棕白；腹白色。天山亚种 *tanbagataica* 分布于天山，色彩最淡，腰棕色较少，胸带较窄。东北亚种 *weigoldi* 分布于东北大部，较指名亚种鲜艳且栗色较重。普通亚种 *castaneiceps* 分布于华中及华东，冬季有时远及台湾及南部沿海，色彩最深，上体较少纵纹。

种群状况 多型种。留鸟，冬候鸟。数量多，较常见。

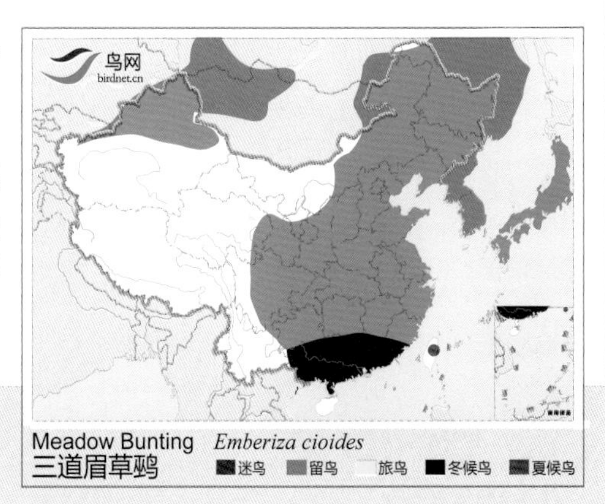

Meadow Bunting *Emberiza cioides*
三道眉草鹀 ■迷鸟 ■留鸟 □旅鸟 ■冬候鸟 ■夏候鸟

三道眉草鹀

Meadow Bunting　*Emberiza cioides*　　体长：15~18 cm　　LC（低度关注）

栗斑腹鹀 \ 摄影：段文科

栗斑腹鹀 \ 摄影：段文科

栗斑腹鹀 \ 摄影：翟铁民

栗斑腹鹀 \ 摄影：李强

形态特征 头顶至背棕色，具白色眉纹和深褐色的下髭纹，眼先和颧纹黑褐色，背、肩具黑色纵纹，腰至尾上覆羽砖红色，两翅和尾黑褐色；下体灰白色，胸中央浅灰色，下腹中央有深栗色斑。雌鸟羽色较暗淡，颈侧灰色，上胸具灰色斑点。与本种相似的种三道眉草鹀胸棕红色，腹无栗色斑。

生态习性 栖息于山脚和开阔平原地带的疏林灌丛和草丛，尤喜干旱草原和荒漠沙地上的次生山杏灌丛。

地理分布 分布于朝鲜、西伯利亚东南部。中国分布于黑龙江南部、吉林、辽宁、河北东北部、内蒙古东南部。

种群状况 单型种。夏候鸟，冬候鸟。数量少，罕见。

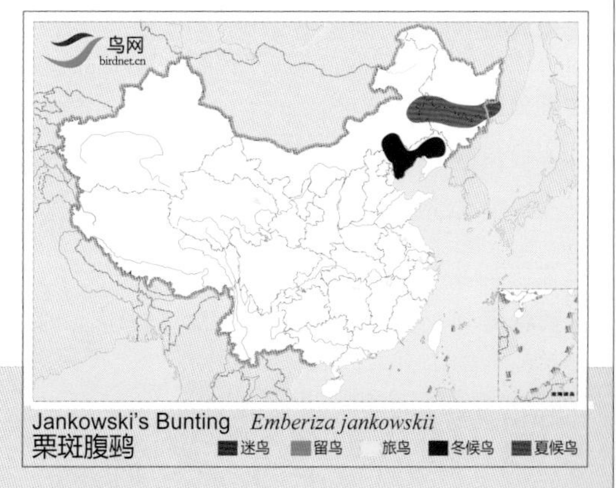

栗斑腹鹀

Jankowski's Bunting *Emberiza jankowskii* 体长：15~17 cm EN（濒危）

灰颈鹀 \ 摄影：王尧天

灰颈鹀 \ 摄影：田穗兴

灰颈鹀 \ 摄影：邢睿

形态特征 头、颈灰色，眼周白色，下髭纹近黄色。背灰褐色，具细的黑褐色纵纹。下体偏粉色，胸和两胁淡红褐色。两翅和尾黑褐色。与圃鹀的区别在本种的胸腹间无明显分界，且头蓝灰而非绿灰。

生态习性 栖息于裸露的荒山、岩坡、长有稀疏灌木和植物的干旱荒漠和岩石地上。迁徙期间和冬季也下到平原和耕地。

地理分布 共3个亚种，分布于土耳其、伊朗、中亚山区及蒙古西部；越冬于巴基斯坦及印度西部。国内有1个亚种，新疆亚种 *neobscura* 分布于新疆。

种群状况 多型种。夏候鸟。不常见。

Grey-necked Bunting *Emberiza buchanani*
灰颈鹀　迷鸟　留鸟　旅鸟　冬候鸟　夏候鸟

灰颈鹀

Gray-necked Bunting　*Emberiza buchanani*　体长：15~17 cm　LC（低度关注）

圃鹀 \ 摄影：杜英

圃鹀 \ 摄影：童光琦

圃鹀 \ 摄影：陈树森

形态特征 雄鸟头顶及胸亮灰褐色，眼圈黄色，黄色的髭下纹及喉部成特殊图纹；背棕褐色，具黑褐色纵纹；两翅褐色，羽缘红褐色，尾黑褐色；腹部和尾下覆羽粉红皮黄色。雌鸟头和上体较暗，胸微具纵纹。

生态习性 栖息于稀疏树木的低山和平原等开阔地区，尤喜林缘溪流和山边旷野等地的灌丛，也多出现于果园、人工林及有稀疏灌木或树木的半荒漠地区。

地理分布 分布于西欧及中欧、中亚至蒙古西部；迁徙至非洲越冬。国内分布于新疆西部天山、喀什等地。

种群状况 单型种。夏候鸟。数量不多，不常见。

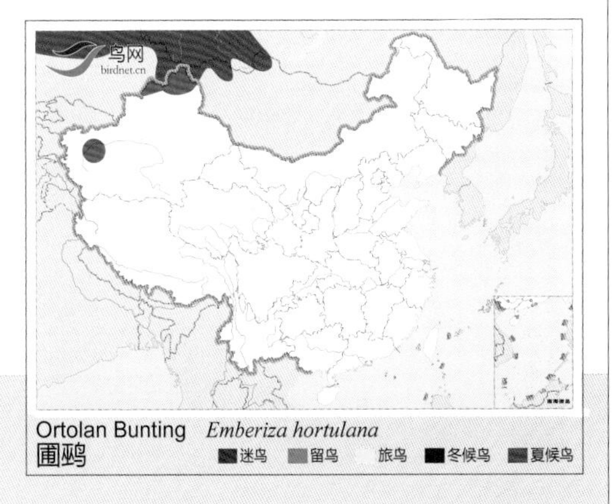

Ortolan Bunting *Emberiza hortulana*
圃鹀　迷鸟　留鸟　旅鸟　冬候鸟　夏候鸟

圃鹀

Ortolan Bunting　*Emberiza hortulana*　体长：15~17 cm　LC（低度关注）

红颈苇鹀 \ 摄影：李宗丰

红颈苇鹀 \ 摄影：桑新华

红颈苇鹀 \ 摄影：李宗丰

红颈苇鹀 \ 摄影：桑新华

形态特征 喙黑色。雄鸟头、喉黑色，上体栗色，具黑色纵纹，腹皮黄色。

生态习性 栖息于沼泽灌丛、草甸。

地理分布 共2个亚种，分布于东北亚。国内有1个亚种，普通亚种 *continentalis* 见于黑龙江南部、吉林、辽宁、河北、北京、天津、山东、内蒙古中部、江苏、上海、浙江、福建、广东及香港。

种群状况 多型种。夏候鸟，旅鸟，冬候鸟。常见。

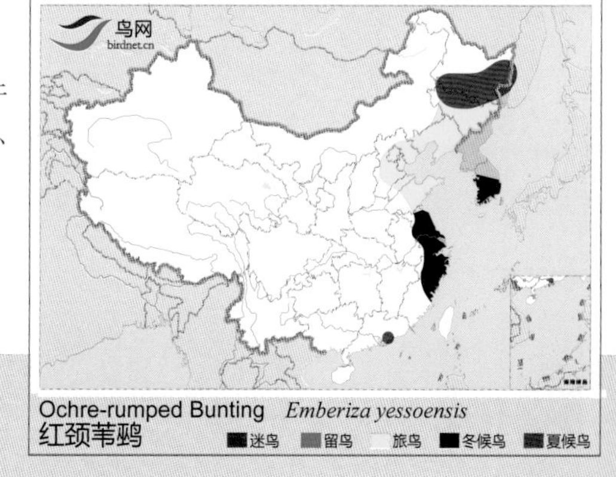

红颈苇鹀

Ochre-rumped Bunting *Emberiza yessoensis* 体长：15 cm NT（近危）

白眉鹀 \摄影：周树森

白眉鹀 \摄影：张代富

白眉鹀 \摄影：马海生

白眉鹀 \摄影：马海生

形态特征 雄鸟头黑色，具白色的中央冠纹、眉纹和颚纹；背、肩褐色，具黑色纵纹；腰和尾上覆羽栗红色，无纹；胸栗色，下体白色，两胁具栗色纵纹。雌鸟与雄鸟相似，但头为褐色，颚纹黑色。

生态习性 栖息于海拔700~1100米的低山针阔叶混交林、针叶林和阔叶林，尤喜林下植被发达的针阔叶混交林，不喜无林的开阔地带。

地理分布 分布于西伯利亚的邻近地区，偶尔在缅甸北部及越南北部有见。在中国除宁夏、新疆、西藏、青海、海南外，见于全国各地。越冬至南方。

种群状况 单型种。夏候鸟，冬候鸟，旅鸟。数量较多，常见。

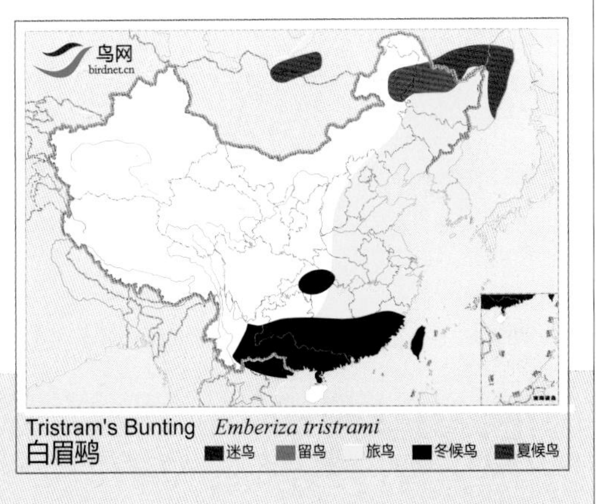

白眉鹀

Tristram's Bunting　*Emberiza tristrami*　　体长：13~15 cm　　LC（低度关注）

指名亚种 *fucata* \摄影：王强

指名亚种 fucata（雌）\摄影：王强

西南亚种 *arcuata* \摄影：邓嗣光

挂墩亚种 *kuatunensis* \摄影：胡伟宁

挂墩亚种 *kuatunensis* \摄影：李伟

西南亚种 *arcuata* \摄影：关克

形态特征 头顶至后颈灰色，颊和耳羽栗色，形成一个斑块；背栗色，具黑色纵纹；喉、胸白色；颈部图纹独特，为黑色下颊纹下延至胸部与黑色纵纹形成的项纹相接，其下有栗色胸带；腹部皮黄色。雌鸟与非繁殖期雄鸟相似，但色彩较淡而少特征。

生态习性 栖息于低山、丘陵、平原、河谷、沼泽等开阔地带，尤喜长有稀疏灌木的林缘沼泽草地、溪边和林间路边灌木，也出现在田边、地头和居民点附近的草地灌丛。

地理分布 共3个亚种，分布于喜马拉雅山脉西段、蒙古东部及西伯利亚东部，越冬至朝鲜、日本南部及中南半岛北部。国内有3个亚种。指名亚种 *fucata* 见于东北，上体棕色较淡，背部黑纹较粗著；胸部栗色横带较狭；两胁的棕色甚浅，而杂以黑褐色细纹。西南亚种 *arcuata* 分布于华中、西南及西藏东南部；雄鸟较指名亚种色深而多彩，且项纹黑色重，上背黑色纵纹较少，棕色胸带较宽。挂墩亚种 *kuatunensis* 分布于福建西北部、广东和台湾。与西南亚种相似，色深且上体较红，具狭窄的胸带。

种群状况 多型种。冬候鸟、夏候鸟，旅鸟。数量多，常见。

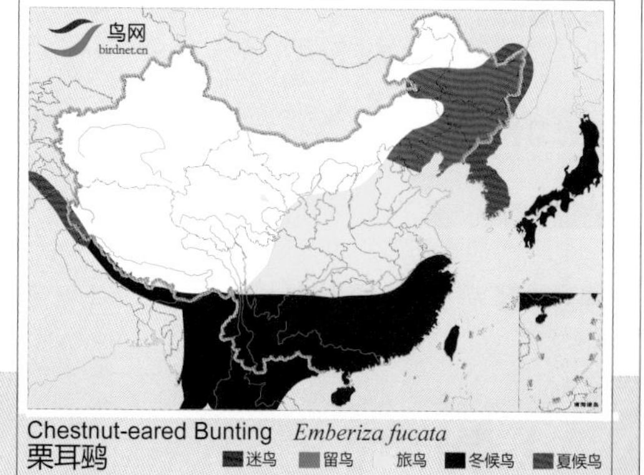

Chestnut-eared Bunting *Emberiza fucata*
栗耳鹀
迷鸟 留鸟 旅鸟 冬候鸟 夏候鸟

栗耳鹀

Chestnut-eared Bunting *Emberiza fucata* 体长：15~16 cm LC（低度关注）

小鹀 \摄影：关克

小鹀 \摄影：张伟良

小鹀 \摄影：王尧天

小鹀 \摄影：关克

形态特征 头顶中央栗色，两侧具黑色侧冠纹，眼圈色淡，颊和耳羽栗色，在头侧形成栗色斑，其余上体褐色，具黑色纵纹。两翅和尾黑褐色；下体白色，两胁具黑色纵纹。雌鸟羽色较淡。

生态习性 繁殖期栖息于泰加林北部开阔的苔原和森林地带，迁徙季节和冬季栖息于低山、丘陵和山脚平原地带的灌丛、草地和小树丛中。

地理分布 繁殖于欧洲极北部及亚洲北部；冬季南迁至印度东北部及东南亚。在中国除西藏外，见于全国各地。

种群状况 单型种。夏候鸟，冬候鸟，旅鸟。数量丰富，常见。

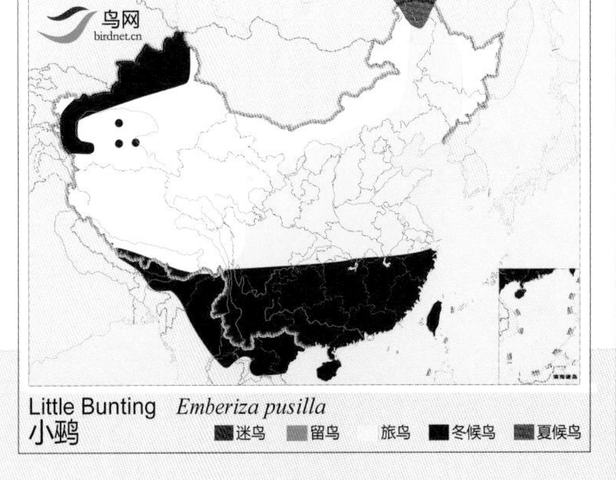

Little Bunting　*Emberiza pusilla*　　体长：12~14 cm　　LC（低度关注）

黄眉鹀 \ 摄影：孙晓明

黄眉鹀 \ 摄影：桑新华

黄眉鹀 \ 摄影：陈云江

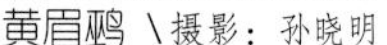

形态特征 头顶和头侧黑色，有白色中央冠纹。眉纹淡黄色，从眼后变为白色。背棕褐色，具宽的黑色中央纹。腰和尾上覆羽栗色。两翅和尾黑褐色，翅上有两道白色翅斑。下体白色，喉具黑褐色条纹，胸和两胁具暗色纵纹。

生态习性 栖息于林缘灌丛及有低矮植被的开阔地带。

地理分布 繁殖于俄罗斯贝加尔湖以北。在中国分布范围广，从东北、华北、西至四川东部和贵州东部，南至广东、福建和台湾。

种群状况 单型种。旅鸟，冬候鸟。常见。

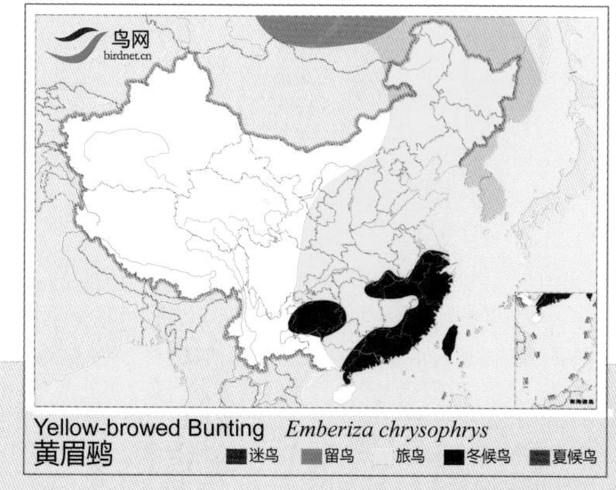

Yellow-browed Bunting *Emberiza chrysophrys*
黄眉鹀 迷鸟 留鸟 旅鸟 冬候鸟 夏候鸟

黄眉鹀

Yellow-browed Bunting *Emberiza chrysophrys* 体长：14~16 cm LC（低度关注）

田鹀 \ 摄影：简廷谋

田鹀 \ 摄影：王兴娥

田鹀 \ 摄影：孙晓明

形态特征 雄鸟繁殖羽额、头顶、枕、后颈黑色，眉纹、颊纹白色，黑白相衬极为醒目；上体栗红色，背羽具黑褐色纵纹，两翅和尾黑褐色；下体白色，胸具宽的栗色横带，两胁栗色。雌鸟与非繁殖期雄鸟相似但白色部位色暗，头顶变为沙褐色，染皮黄色的脸颊后方通常具一近白色点斑。

生态习性 栖息于低山、丘陵和山脚平原等开阔地带的灌丛和草丛中。繁殖期间栖息于针叶林林缘疏林灌丛和落叶林林缘地带。

地理分布 共2个亚种，繁殖于欧亚大陆北部的泰加林。国内有1个亚种，指名亚种 *rustica* 分布于东北、华北、西北、西南及长江中下游地区和东南沿海。

种群状况 多型种。冬候鸟，旅鸟。常见。

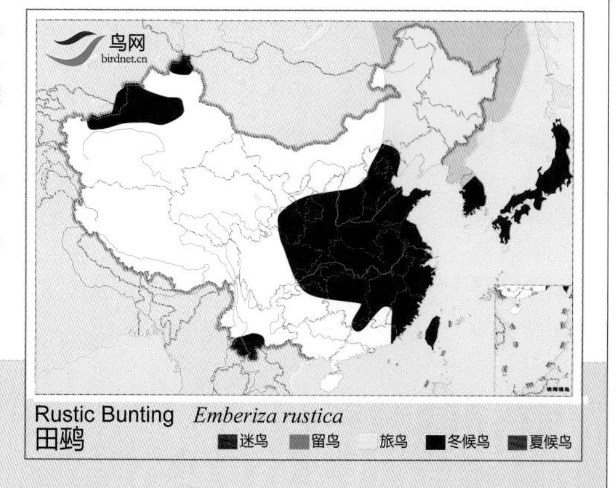

Rustic Bunting *Emberiza rustica*
田鹀 迷鸟 留鸟 旅鸟 冬候鸟 夏候鸟

田鹀

Rustic Bunting *Emberiza rustica* 体长：15~17 cm LC（低度关注）

西南亚种 *elegantula* \摄影：关克

指名亚种 *elegans* \摄影：彭沪生

东北亚种 *ticehursti*（雌）\摄影：毛建国

东北亚种 *ticehursti* \摄影：桑新华

形态特征 雄鸟具短而竖直的黑色羽冠。眉纹自额至枕侧长而宽阔，前段位黄白色，后段为鲜黄色；背绣红色，具黑色羽干纹；两翅和尾黑褐色，有两道白色翅斑；喉黄色，胸有半月形黑斑，其余下体白色，两肋具栗色纵纹。雌鸟羽色较淡，头部褐色，胸前半月形斑不明显。

生态习性 与栗鹀相似。繁殖期间成对或单独活动，非繁殖期集小群活动。

地理分布 共3个亚种，分布于朝鲜及西伯利亚东南部。国内有3个亚种，指名亚种 *elegans* 见于四川中部、福建、台湾，羽色介于东北亚种和西南亚种之间；背上黑纹较宽，棕色羽缘较狭；后颈与腰灰色稍深；两肋纵纹呈栗褐与黑褐相杂之色。东北亚种 *ticehursti* 分布于东北、华北、西北、西南、长江中下游和东南沿海各地，羽色最淡，背上黑纹较狭，棕色羽缘较宽；后颈和腰灰色亦淡；两肋纵纹较少，呈绿褐色。西南亚种 *elegantula* 见于河北南部，陕西南部、西南地区、湖北湖南，羽色最暗，背上黑纹最宽，羽缘栗色较狭；后颈和腰灰色较深；两肋纵纹较多，呈黑褐色。

种群状况 多型种。留鸟，夏候鸟，冬候鸟，旅鸟。数量较多，常见。

鸟网
birdnet.cn

Yellow-throated Bunting *Emberiza elegans*
黄喉鹀
迷鸟 留鸟 旅鸟 冬候鸟 夏候鸟

黄喉鹀

Yellow-throated Bunting　　*Emberiza elegans*　　体长：14~15 cm　　LC（低度关注）

指名亚种 *aureola* \ 摄影：邢睿

东北亚种 *ornata* \ 摄影：孙晓明

指名亚种 *aureola* \ 摄影：邢睿

东北亚种 *ornata*（雌）\ 摄影：雷魁

形态特征 雄鸟额、脸、喉黑色，头顶和上体栗色，黄色的领环，胸部有栗色横带，下体鲜黄色；尾和两翅黑褐色，翅上具窄的白色横纹和宽的白色翅斑；非繁殖期的雄鸟色彩淡许多，颏及喉黄色，仅耳羽黑而具杂斑。雌鸟上体棕褐色，具粗的黑褐色中央纵纹，腰和尾上覆羽栗红色，眉纹皮黄白色；下体淡黄色，胸无横带。

生态习性 栖息于低山丘陵和开阔平原地带的灌丛、草甸、草地和林缘地带，尤喜溪流、湖泊和沼泽附近的灌丛、草地等。

地理分布 共2个亚种，繁殖于西伯利亚，越冬至东南亚。中国均有分布，指名亚种 *aureola* 除西藏、海南外，见于全国各地，上体栗褐色，头顶黑色部分较小，背上黑纹较少；下体黄色较淡，而有辉亮。东北亚种 *ornata* 除新疆、西藏、青海、云南外，见于全国各地。上体栗褐色较暗，头顶黑色部分较大，几乎占头顶之半；背上黑纹较多；下体黄色沾绿色。

种群状况 多型种。夏候鸟，旅鸟，冬候鸟。曾经数量庞大，因大量捕食而导致数量急剧下降，目前已经被列为濒危物种。

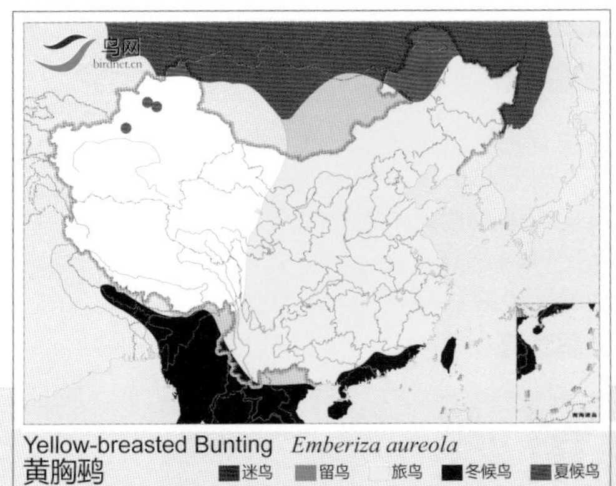

Yellow-breasted Bunting *Emberiza aureola*
黄胸鹀 迷鸟 留鸟 旅鸟 冬候鸟 夏候鸟

黄胸鹀

Yellow-breasted Bunting *Emberiza aureola* 体长：14~15 cm EN（濒危）
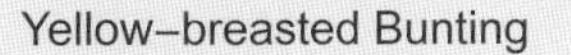

栗鹀 \ 摄影：谷国强

栗鹀 \ 摄影：陈云江

栗鹀（雌）\ 摄影：毛建国

栗鹀 \ 摄影：孙晓明

形态特征 雄鸟头部、上体和胸部栗红色，下体黄色；两翅和尾黑褐色，翅上覆羽和三级飞羽具灰白色羽缘。雌鸟顶冠、上背、胸及两肋具深色纵纹，有淡色眉纹；下体黄白色，具暗色纵纹。

生态习性 栖息于开阔的稀疏森林中，尤喜河流、湖泊、沼泽和林缘地带的次生杨树林、桦树林等疏林和灌丛，也出现于林缘和农田边的灌丛草地。迁徙期间多见于低山和山脚地带。

地理分布 繁殖于西伯利亚南部及外贝加尔泰加林的南部，东南亚。在中国除新疆、西藏、青海、海南外，见于全国各地。越冬在中国南方。

种群状况 单型种。夏候鸟、旅鸟、冬候鸟。常见。

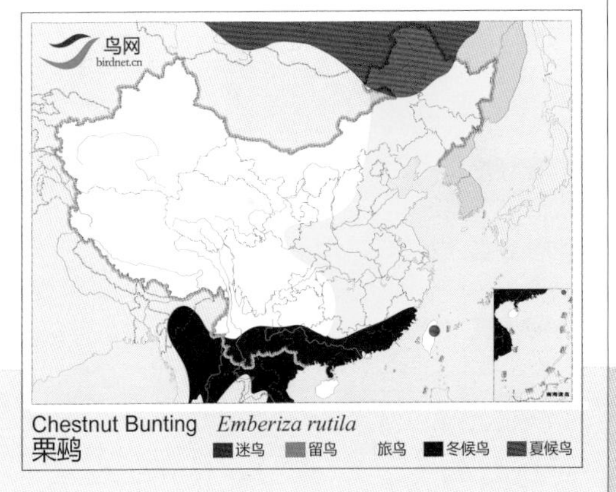

栗鹀

Chestnut Bunting　　*Emberiza rutila*　　体长：14~15 cm　　LC（低度关注）

黑头鹀 \摄影：Manfred Pfefferle

黑头鹀（雌）\摄影：田穗兴

黑头鹀 \摄影：容榕

黑头鹀（雌）\摄影：田穗兴

形态特征 雄鸟头黑，背、腰棕色，后颈和下体黄色，在领部形成明显领环，两翅和尾黑褐色，翅上有两道白色翅斑。雌鸟上体灰黄褐色，具黑褐色纵纹，下体污黄色。本种的相似种褐头鹀，雌鸟腰和尾上覆羽均为黄色，而本种雌鸟的腰和尾上覆羽为棕色。

生态习性 栖息于山脚和平原等开阔地带的树丛和灌丛中，也出现在路边、旷野、果园和农田地区。

地理分布 繁殖于地中海东部至中亚，越冬在印度；迷鸟至泰国、日本及婆罗洲等地。国内在中国新疆西部和东南部、福建东部、台湾均有记录。

种群状况 单型种。在中国为偶见冬候鸟或迷鸟。数量稀少，不常见。

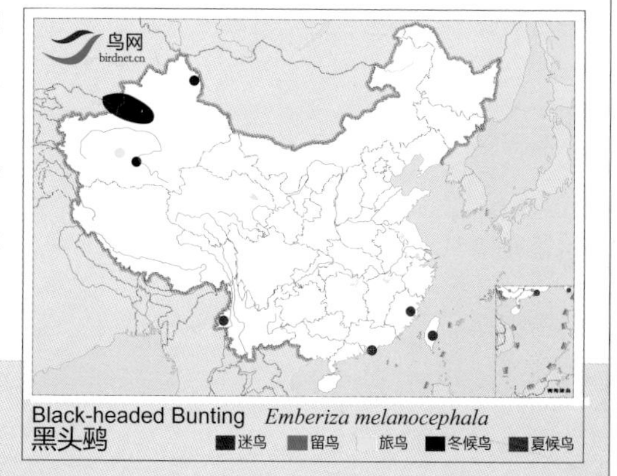

黑头鹀

Black-headed Bunting *Emberiza melanocephala* 体长：16~18 cm LC（低度关注）

褐头鹀 \ 摄影：王尧天

褐头鹀 \ 摄影：王尧天

褐头鹀 \ 摄影：顾云芳

褐头鹀 \ 摄影：刘哲青

形态特征 头、喉部和上胸栗红色，背灰黄色，具暗褐色纵纹，腰亮黄色，翅和尾暗褐色，具窄的黄色羽缘；下体亮黄色。雌鸟上体灰褐色，具暗色纵纹，腰淡黄色；下体皮黄白色。

生态习性 栖息于低山丘陵和开阔平原地带的各种灌丛和草丛，尤喜栖息于无树或有稀疏灌木的干旱平原，也栖息于半荒漠、荒漠和沙漠中的绿洲的裸岩荒山。

地理分布 分布于中亚，越冬至印度。国内分布于新疆，偶见于北京、香港。

种群状况 单型种。夏候鸟。地区性常见。

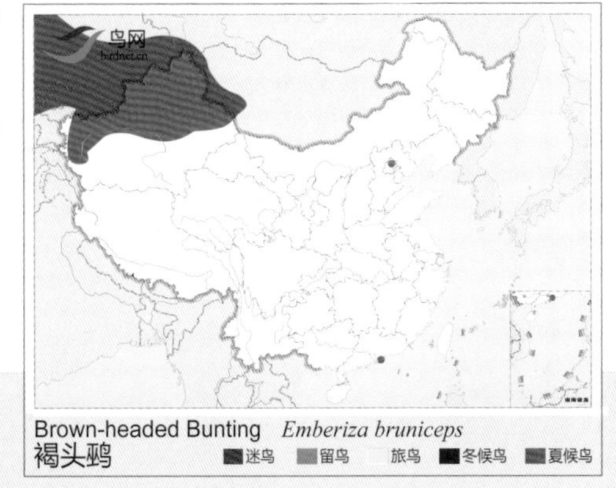

褐头鹀

Brown-headed Bunting　*Emberiza bruniceps*　体长：16~18 cm　LC（低度关注）

硫黄鹀 \摄影：简廷谋

硫黄鹀 \摄影：谢金平

硫黄鹀 \摄影：毛建国

形态特征 上体灰绿色，具黑色纵纹，眼先和嘴基黑色，白色眼圈显著；两翅和尾黑色，翅上具两道白色翼斑。下体黄色，两肋具暗色纵纹。雌鸟嘴基无黑色，羽色较淡。与本种相似的灰头鹀雄鸟喉和上胸部绿灰色，无白色眼圈，雌鸟的下体有纵纹。

生态习性 栖息于低山阔叶林和针阔叶混交林林缘地带，尤喜林缘次生林和疏林灌丛，也多出现于果园、路边和耕地附近的小树丛和灌丛中。

地理分布 繁殖于日本，越冬于菲律宾。在中国江浙、福建、广东、香港和台湾有分布。越冬在中国南方。

种群状况 单型种。旅鸟，冬候鸟。数量少，不常见。

鸟网 birdnet.cn

Yellow Bunting *Emberiza sulphurata*
硫黄鹀
迷鸟 留鸟 旅鸟 冬候鸟 夏候鸟

硫黄鹀

Yellow Bunting *Emberiza sulphurata* 体长：14 cm LC（低度关注）

灰鹀 \摄影：Koji Tagi

灰鹀 \摄影：Koji Tagi

形态特征 雄鸟繁殖期通体青石灰色，背具黑色纵纹，肩角处有一排外缘浅灰色的黑色点斑；冬羽上体、喉部和胸部羽缘红褐色，腹部羽缘白色。雌鸟上体锈褐色，具黑色和皮黄色，头顶中央具淡色冠带，眉纹淡色，喉部白色；下体淡色，具黑色纵纹。

生态习性 繁殖期间栖息于山地针叶林、针阔叶混交林和林缘灌丛，冬季多栖息于竹林、灌丛和亚热带常绿落叶林。

地理分布 繁殖于日本北部及堪察加南部，越冬至日本南部及琉球群岛。在国内分布于内蒙古西部、宁夏、江苏、上海、台湾。

种群状况 单型种。旅鸟，迷鸟。罕见。

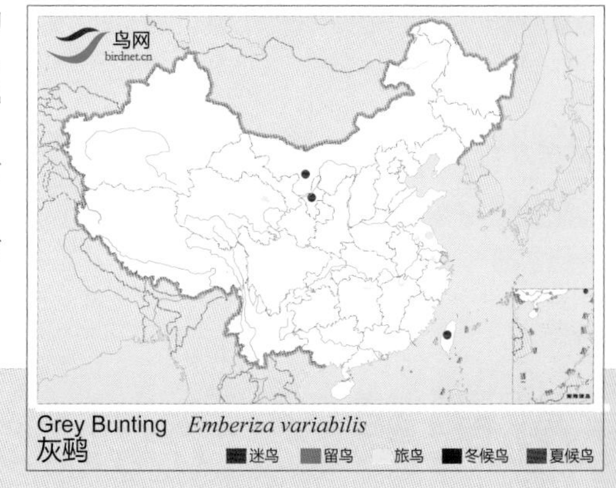

Grey Bunting *Emberiza variabilis*
灰鹀
迷鸟 留鸟 旅鸟 冬候鸟 夏候鸟

灰鹀

Gray Bunting *Emberiza variabilis* 体长：14~17 cm LC（低度关注）

指名亚种 *spodocephala* \摄影：孙晓明

西北亚种 *sordida* \摄影：关克

西北亚种 *sordida* \摄影：简廷谋

日本亚种 *personata* \摄影：高希有

形态特征 雄鸟眼先、颊黑色，头、颈背、喉和上胸均为灰色而沾黄绿色，上体余部浓栗色而具明显的黑色纵纹；下体浅黄或近白色，肩部具一白斑。尾色深而带白色边缘。雌鸟头和上体灰红褐色，具黑色纵纹，过眼纹及耳覆羽下的月牙形斑纹黄色。冬季本种的雄鸟与硫黄鹀的区别在无黑色眼先。

生态习性 栖息于林缘落叶林、灌丛和草坡，尤喜沿林间公路和河谷两侧的次生林和灌丛活动。

地理分布 共3个亚种，繁殖于西伯利亚、日本。国内均有分布。指名亚种 *spodocephala* 除新疆、西藏外见于全国各地，头和胸绿灰色，喉无黄色，腹白沾黄色。日本亚种 *personata* 偶见越冬于华东及华南沿海附近，头上绿色较显著，喉和胸绿色，黄色。西北亚种 *sordida* 见于西北、西南、长江中下游及东南沿海各地区，头和胸橄榄绿色，喉无黄色，腹黄色，体形与西北亚种相似。

种群状况 多型种。夏候鸟，冬候鸟，旅鸟。数量多，常见。

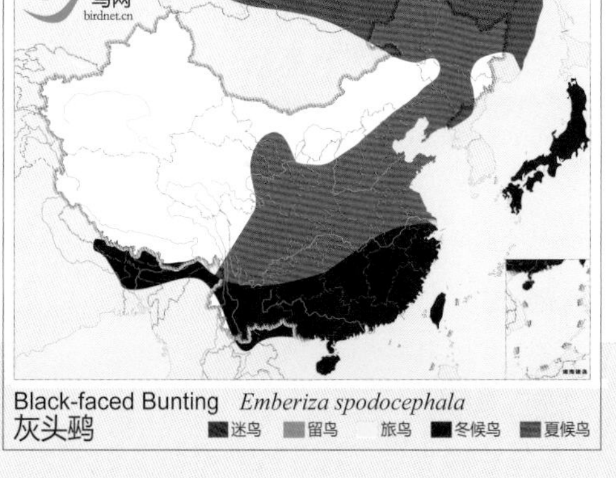

灰头鹀

Black-faced Bunting　*Emberiza spodocephala*　体长：14~15 cm　LC（低度关注）

东北亚种 *polaris* \摄影：段文科

指名亚种 *pallasi* \摄影：关克

东北亚种 *polaris*（繁殖羽）\摄影：桑新华

指名亚种 *pallasi* \摄影：王尧天

形态特征 头、喉直到上胸中央为黑色，其余下体乳白色；白色的下髭纹与黑色的头及喉成对比，具宽的白色颈环；上体具灰色及黑色的横斑。雌鸟非繁殖期、雄鸟及各阶段的幼鸟体羽均为浅沙皮黄色，且头顶、上背、胸及两胁具深色纵纹。本种与芦鹀非常相似，但芦鹀体型较大，翅上小覆羽棕色而本种为灰色。

生态习性 繁殖期栖息于西伯利亚冻原地带的树林和灌丛中，或栖息于森林上缘亚高山苔原上。迁徙季节栖息于平原和山脚地带的灌丛、草地、芦苇沼泽和农田地区。

地理分布 共3个亚种，北方的高山繁殖区位于俄罗斯及西伯利亚苔原冻土带，南方繁殖区见于西伯利亚南部及蒙古北部的干旱平原(指名亚种)，冬季南迁。国内有2个亚种。指名亚种 *pallasi* 分布于宁夏、甘肃西北、内蒙古西部、新疆，背部羽色较淡，纵纹较少。东北亚种 *polaris* 分布于东北、华北、西北、长江中下游地区及东南沿海区域，背部羽色较暗，纵纹较多。

种群状况 多型种。夏候鸟，冬候鸟，旅鸟。数量丰富，常见。

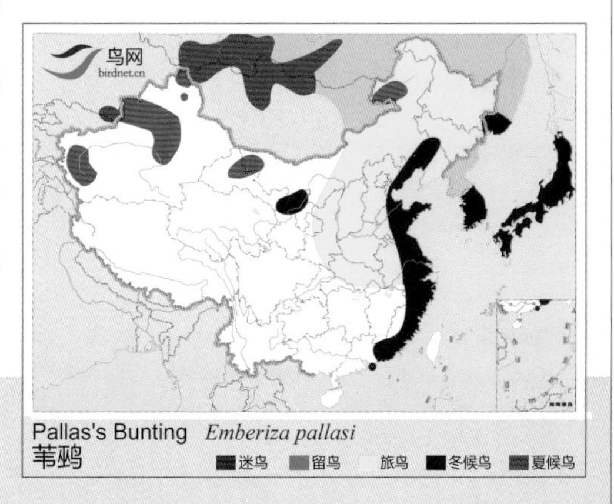

苇鹀

Pallas's Bunting *Emberiza pallasi* 体长：13~14 cm LC（低度关注）

北方亚种 *parvirostris* \摄影：郭元清

新疆亚种 *pyrrhuloides* \摄影：雷洪

新疆亚种 *pyrrhuloides* \摄影：王尧天

东北亚种 *minor* \摄影：孙晓明

东北亚种 *minor*（繁殖羽）\摄影：桑新华

疆西亚种 *pallidior* \摄影：王慧敏

青海亚种 *zaidamensis* \摄影：刘哲青

形态特征 头、喉和上胸中央黑色，具显著的白色下髭纹；后颈有宽的白色翎环；背、肩红褐色或皮黄色，具宽的黑色纵纹；翅和尾黑褐色，翅上小覆羽栗色，下体白色。繁殖期雄鸟似苇鹀但上体多棕色。雌鸟及非繁殖期雄鸟头部的黑色多褪去，头顶及耳羽具杂斑，眉线皮黄色。与苇鹀的区别还在于本种的小覆羽棕色而非灰色，且上嘴圆凸形。

生态习性 栖息于低山丘陵和平原地区的河流、湖泊、草地、沼泽和芦苇塘等开阔地带的灌丛和芦苇丛，迁徙期间和冬季也出入于农田和牧场。

地理分布 共15个亚种，分布于古北界。国内有7个亚种。极北亚种 *passerina* 见于新疆东部和中部，体色较深，胁部纵纹浓著；翕部纵纹较多而浓著；嘴型较细而直。北方亚种 *parvirostris* 分布于新疆东部、青海北部，体色较淡，胁部纵纹不太浓著；翕部纵纹较多而浓著；嘴型较细而直。疆西亚种 *pallidior* 见于西北、长江中下游地区和东南沿海，翕部纵纹较多而浓著，嘴型较细而直。新疆亚种 *pyrrhuloides* 分布于宁夏、甘肃西北部、新疆、青海，体色最淡，下嘴较宽，翕部纵纹较少而色淡；嘴型较粗而曲。青海亚种 *zaidamensis* 见于新疆南部、青海西部，下嘴不宽，体色较淡，羽色鲜亮，更富于牛皮黄色。西方亚种 *incognita* 见于新疆，较新疆亚种和青海亚种暗，但较其余亚种色浅、嘴较长而粗厚。东北亚种 *minor* 见于黑龙江西南部、吉林、辽宁、华北地区、内蒙古东北部、江苏，体型较大，下嘴不宽；体色较淡，羽色暗淡，牛皮黄色淡。

种群状况 多型种。在中国部分为留鸟，部分为夏候鸟和冬候鸟。常见。

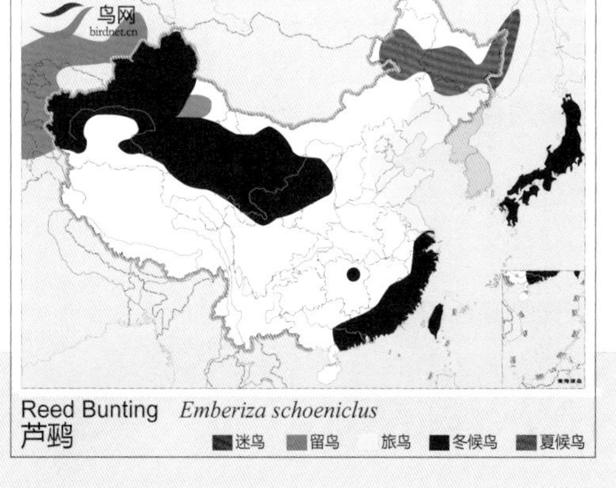

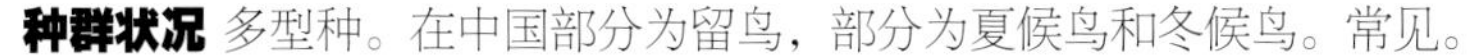

芦鹀

Reed Bunting　*Emberiza schoeniclus*　　体长：15~17 cm　　LC（低度关注）

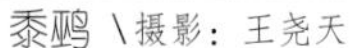
黍鹀 \摄影：王尧天

黍鹀 \摄影：文志敏

黍鹀 \摄影：高正华

形态特征 上体灰褐色，具黑色纵纹，下体皮黄色，具暗色纵纹。雄雌同色，外形圆胖，嘴厚。

生态习性 栖息于开阔的低山和平原地区，尤喜无树或有稀疏树木的山边和山脚平原地带的灌丛和草丛，也出现于林缘、果园、旷野和农田地区。

地理分布 共3个亚种，分布于地中海的温带区、古北界西部至乌克兰及里海。东方种群分布于阿富汗北部至哈萨克斯坦南部。国内见于新疆的喀什、天山等地。

种群状况 多型种。留鸟，冬候鸟。在中国罕见。

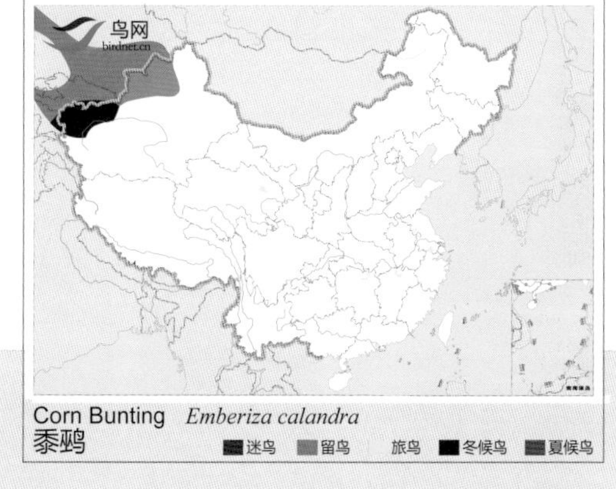

黍鹀

Corn Bunting *Emberiza calandra* 体长：18~19 cm LC（低度关注）

铁爪鹀 \摄影：牛蜀军

铁爪鹀 \摄影：高宏颖

铁爪鹀 \摄影：东木

形态特征 头大，尾短；后趾及爪甚长。雄鸟头、脸、喉、胸黑色，头侧具白色“之”形图纹，后颈有栗红色翎环，背棕色，具宽黑色纵纹，下体白色。繁殖期雌鸟特点不显著，颈背及大覆羽边缘棕色，侧冠纹略黑，眉线及耳羽中心部位色浅。

生态习性 繁殖期间栖息于开阔的北极苔原，冬季和迁徙期间栖息于开阔的平原草地、沼泽、农田和旷野等开阔地带。

地理分布 共3个亚种，繁殖于北极区的苔原冻土带，越冬至南方的草地及沿海地区。国内有1个亚种，普通亚种 *coloratus* 分布于东北、华北、西北及四川、湖南、湖北、江苏、上海、台湾。

种群状况 多型种。冬候鸟，迷鸟。较常见。

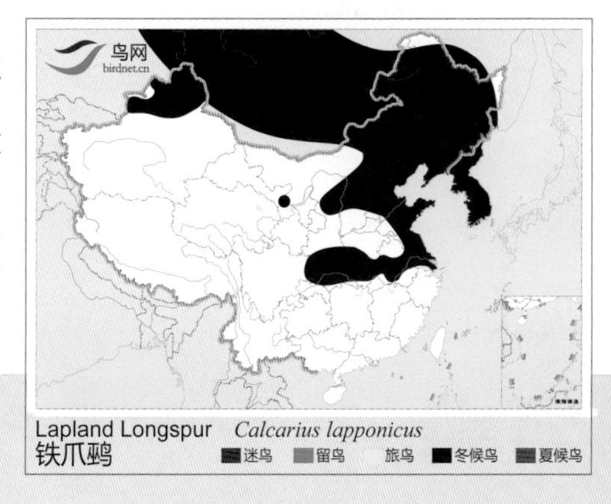

铁爪鹀

Lapland Longspur *Calcarius lapponicus* 体长：14~17 cm LC（低度关注）

雪鹀 \ 摄影：张永

雪鹀 \ 摄影：东木

雪鹀 \ 摄影：东木

雪鹀 \ 摄影：东木

形态特征 雄鸟繁殖羽背部、翅尖、三级飞羽和中央尾羽黑色，其余白色，对比鲜明；冬羽头顶、耳缘、胸侧为栗黄色，背、肩黑色，羽缘灰黄色，常形成黑色纵纹，腰和下体白色。雌鸟羽色对比不强烈，头顶、脸颊及颈背具近灰色的纵纹，胸具橙褐色纵纹；嘴夏季黑色，冬季嘴黄色，尖端黑色，脚黑色。

生态习性 栖息于海岸、河岸、山边悬崖、苔原和岩石地上等开阔的地带和裸露的高山、河谷，迁徙期间和冬季栖息于低山丘陵和山脚平原地带的灌丛草地。

地理分布 共4个亚种，繁殖于北极苔原冻土带及海岸陡崖，越冬南迁至大约北纬50° 地区。国内有1个亚种，北方亚种 *vlasowae* 分布于黑龙江、吉林、河北、内蒙古、新疆、台湾。

种群状况 多型种。冬候鸟。不常见。

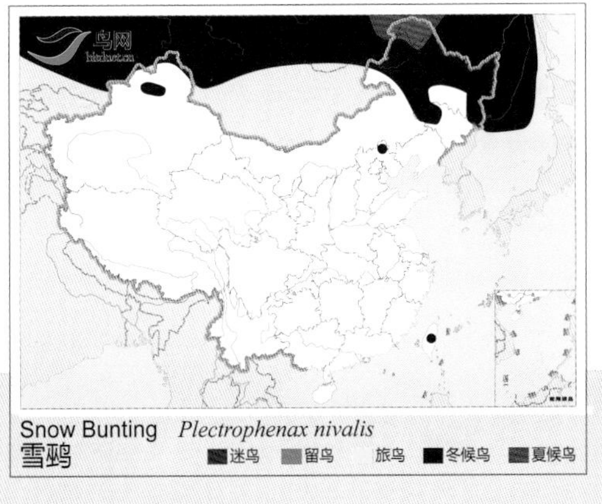

Snow Bunting　　*Plectrophenax nivalis*　　体长：15~18 cm　　LC（低度关注）

白顶鹀 \摄影：郭宏

白顶鹀 \摄影：丁进清

白顶鹀 \摄影：郭宏

形态特征 喙深灰色，短小，圆锥形，上下喙边缘微向内弯。贯眼纹和喉部黑色，头顶部苍灰泛白。胸部深栗红色延至背部和腰部。

生态习性 栖息于旱石地峡谷林地灌丛。常集小群活动。

地理分布 分布于中亚到印度。中国见于新疆喀什。2013年中国鸟类新记录。

种群状况 单型种。迷鸟。罕见。

鸟网 birdnet.cn

White-capped Bunting *Emberiza stewarti*
白顶鹀 迷鸟 留鸟 旅鸟 冬候鸟 夏候鸟

白顶鹀

White-capped Bunting *Emberiza stewarti* 体长：15 cm LC（低度关注）

白冠带鹀 \摄影：东木

白冠带鹀 \摄影：东木

白冠带鹀 \摄影：任世君

形态特征 喙小，黄色或粉色，尖端黑色。头顶具宽白色带，两条侧冠纹黑色，细黑色过眼纹，头、胸、腹部灰色，背部浅褐色，具两条白色翅斑。

生态习性 栖息于林缘草地。常成对或成小群活动。

地理分布 共5个亚种，分布于北美洲大陆。国内有1个亚种，内蒙亚种 *gambelii* 见于内蒙古东北部。2012年中国鸟类新记录。

种群状况 多型种。迷鸟。罕见。

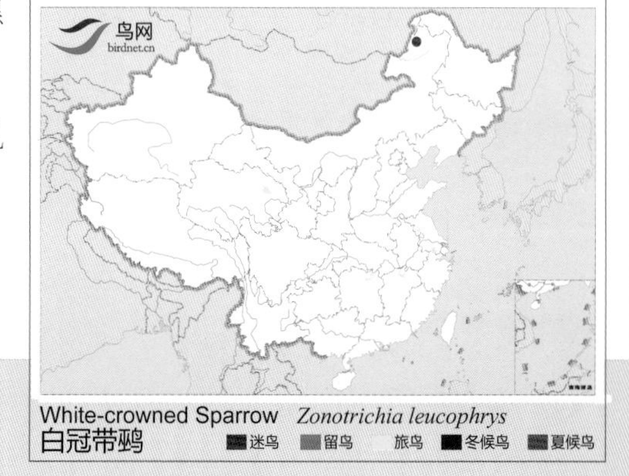

白冠带鹀

White-crowned Sparrow *Zonotrichia leucophrys* 体长：17 cm LC（低度关注）

雀形目英文名索引

D

E

F

G

H

I

J

K

L

M

N

O

P

R

S

T

U

V

W

X

Y

Z

雀形目拉丁名索引

A

B

C

M

N

O

P

R

S

T

U

X

Y

Z

上下卷中文名索引

A

B

C

D

E

F

G

H

J

K

L

M

N

O

P

Q

R

S

T

W

X

Y

参考文献

REFERENCES

蔡其侃 . 1987. 北京鸟类志 [M]. 北京：北京出版社 .

陈服官，罗时有，郑光美，等 . 1998. 中国动物志·鸟纲：第九卷 雀形目 太平鸟科—岩鹨科 [M]. 北京：科学出版社 .

丁进清，马鸣 . 2012. 中国鸟类鸻科新记录种——白尾麦鸡 [J]. 动物学研究，33 (6)：545-546.

樊龙锁 . 2008. 山西鸟类 [M]. 北京：中国林业出版社 .

傅桐生，宋瑜钧，高玮，等 . 1997. 中国动物志 · 鸟纲：第十四卷 雀形目 文鸟科—雀科 [M]. 北京：科学出版社 .

高玮 . 2002. 中国隼形目鸟类生态学 [M]. 北京：科学出版社 .

韩联宪 . 2000. 中国鸟类种的新记录——长嘴鹩鹛 (*Rimator malacoptilus*)[J]. 动物学研究，21：154.

黄族豪，柯坫华，陈秀红，等 . 2010. 江西省鸟类多样性研究 [J]. 井冈山大学学报：自然科学版，31(2)：100-107.

蒋爱伍，王绍能，栗通萍，等 . 2010. 广西柳莺科鸟类一新记录 [J]. 广西科学，17(2)：168-169.

焦盛武，张亚飞，郭玉民 . 2010. 黑龙江省 3 种鸟类新记录 [J]. 四川动物，29(3)：491.

雷富民，卢汰春 . 2006. 中国鸟类特有种 [M]. 北京：科学出版社 .

李桂垣，郑宝赉，刘光佐 . 1982. 中国动物志 · 鸟纲：第十三卷 雀形目 山雀科—绣眼鸟科 [M]. 北京：科学出版社 .

李桂垣 . 1995. 四川鸟类原色图鉴 [M]. 北京：中国林业出版社 .

梁伟，卢刚，杨灿朝，等 . 2006. 海南省 12 种鸟类新记录 [J]. 海南师范学院学报：自然科学版，19(3)：267-268.

梁伟，卢刚 . 2009. 海南岛鸟类两新记录种——蓝歌鸲和灰雁 [J]. 海南师范大学学报：自然科学版，22(2)：200.

刘小如，丁宗苏，方伟宏，等 . 2012. 台湾鸟类志(第二版)[M]. “台湾行政院农业委员会林务局”，台湾 .

刘阳，张洁，雷进宇，等 . 2006. 白喉林鹟在河南的新分布及鸣声分析 [J]. 北京师范大学学报：自然科学版，42 (1)：87-89.

刘阳，危骞，董路，等 . 2013. 近年来中国鸟类野外新记录的解析 [J]. 动物学杂志，48(5)：750-758.

马鸣 . 2001. 新疆鸟类名录 [M]. 北京：科学出版社 .

曲利明 . 2014. 中国鸟类图鉴(便携版) [M]. 福州：海峡书局 .

谭耀匡，关贯勋 . 2003. 中国动物志 · 鸟纲：第七卷 夜鹰目 雨燕目 咬鹃目 佛法僧目 鴷形目 [M]. 北京：科学出版社 .

唐蟾珠 . 1996. 横断山区鸟类 [M]. 北京：科学出版社 .

王岐山，马鸣，高育仁，等 . 2006. 中国动物志 · 鸟纲：第八卷 鹤形目 鸻形目 阔嘴鸟科—鸫科 [M]. 北京：科学出版社 .

王香亭 . 1991. 甘肃脊椎动物志 [M]. 兰州：甘肃科学技术出版社 .
王香亭 . 1990. 宁夏脊椎动物志 [M]. 银川：宁夏人民出版社 .
王英永，雷进宇，刘阳 . 2008. 广西鸟类新记录——黄纹拟啄木鸟 [J]. 动物学杂志，43(2) ：56.
王勇，张正旺，郑光美，等 . 2002. 鸟类学研究：过去二十年的回顾和对中国未来发展的建议 [J]. 生物多样性，20 (2) ：119-137.
吴飞，廖晓东，刘鲁明，等 . 2010. 中国鸟类种的新记录 [J] . 动物学研究，31 (1) ：108-109.
吴志康 . 1986. 贵州鸟类志 [M]. 贵阳：贵州人民出版社 .
夏灿玮，杨灿朝，蔡燕，等 . 2010. 贵州鸟类科的新记录——岩鹨科 (棕胸岩鹨)[J] . 动物学杂志，45 (1) ：163-164.
颜重威，赵正阶，郑光美，等 . 1996. 中国野鸟图鉴 [M]. 台北：台湾翠鸟文化事业有限公司 .
杨岚，杨晓君，等 . 2004. 云南鸟类志 [M]. 昆明：云南科学技术出版社 .
杨岚 . 1995. 云南鸟类志 [M]. 昆明：云南科学技术出版社 .
约翰·马敬能，卡·菲利普斯，何芬奇 . 2000. 中国鸟类野外手册 [M]. 长沙：湖南教育出版社 .
张荣祖 . 1999. 中国动物地理 [M]. 北京：科学出版社 .
张雁云 . 2004. 中国特有鸟类 [J]. 生物学通报，39:22-25.
张正旺，丁长青，丁平，等 . 2003. 中国鸡形目鸟类的现状与保护对策 [J]. 生物多样性，11 (5): 414-421.
赵正阶 . 1985. 长白山鸟类志 [M]. 长春：吉林科学技术出版社 .
赵正阶 . 2001. 中国鸟类志 [M]. 长春：吉林科学技术出版社 .
郑宝赉，杨岚，杨德华，等 . 1985. 中国动物志·鸟纲：第八卷 雀形目 阔嘴鸟科—和平鸟科 [M]. 北京：科学出版社 .
郑光美，王岐山 . 1998. 中国濒危动物红皮书 (鸟类)[M]. 北京：科学出版社 .
郑光美 . 2002. 世界鸟类分类与分布名录 [M]. 北京：科学出版社 .
郑光美 . 2011. 中国鸟类分类与分布名录(第二版) [M]. 北京：科学出版社 .
郑作新，李德浩，王祖祥，等 . 1983. 西藏鸟类志 [M]. 北京：科学出版社 .
郑作新，龙泽虞，卢汰春 . 1995. 中国动物志 · 鸟纲：第十卷 雀形目 鹟科 鸫亚科 [M]. 北京：科学出版社 .
郑作新，龙泽虞，郑宝赉 . 1987. 中国动物志· 鸟纲：第十一卷 雀形目 鹟科 画眉亚科 [M]. 北京：科学出版社 .
郑作新，卢太春，杨岚 . 2010. 中国动物志 · 鸟纲：第十二卷 雀形目 鹟科 莺亚科 鹟亚科 [M]. 北京：科学出版社 .
郑作新，钱燕文，谭耀匡，等 . 1973. 秦岭鸟类志 [M]. 北京：科学出版社 .
郑作新，谭耀匡，卢太春，等 . 1978. 中国动物志· 鸟纲 第四卷 鸡形目 [M]. 北京：科学出版社 .
郑作新，冼耀华，关贯勋 . 1991. 中国动物志 · 鸟纲：第六卷 鸽形目—鸮形目 [M]. 北京：科学出版社 .
郑作新，张荫荪，冼耀华，等 . 1979. 中国动物志·鸟纲：第二卷 雁形目 [M]. 北京：科学出版社 .
郑作新，郑光美，张孚允，等 . 1997. 中国动物志 · 鸟纲：第一卷 潜鸟目—鹳形目 [M]. 北京：科学出版社 .
郑作新 . 2002. 中国鸟类系统检索 (第三版)[M]. 北京：科学出版社 .
郑作新 . 2000. 中国鸟类种和亚种分类名录大全 (第二版)[M]. 北京：科学出版社 .
郑作新 . 1984. 中国鸟类种和亚种分类名录大全 [M]. 北京：科学出版社 .

周放，蒋爱武 . 2008. 白眉山鹧鸪一新亚种 [J]. 动物分类学报，33(4)：802-806.

周放 . 2010. 中国红树林区鸟类 [M]. 北京：科学出版社 .

朱雷，崔月，洪宛萍，等 . 2011. 北京四种鸟类分布新记录 [J]. 动物学杂志，46(2)：146-147.

诸葛阳 . 1990. 浙江动物志·鸟类 [M]. 杭州：浙江科学技术出版社 .

邹发生，张强，黄俊辉，等 . 2008. 广东鸟类一新记录——褐胸噪鹛 [J]. 四川动物，27(4)：660-661.

Alström P, Davidson P, Duckworth JW, et al. 2009. Description of a new species of *Phylloscopus* warbler from Vietnam and Laos[J]. Ibis, 152:145-168.

Alström P, Ericson PG, Olsson U, et al. 2006. Phylogeny and classification of the avian superfamily Sylvioidea[J]. Mol Phylogenet Evol, 38: 381-397.

Alström P, Olsson U, Lei F. 2013. A review of the recent advances in the systematics of the avian superfamily Sylvioidea[J]. Chinese Birds, 4:99-131.

Alström P, Xia C, Rasmussen PC, et al. 2015. Integrative taxonomy of the Russet Bush Warbler *Locustella mandelli* complex reveals a new species from central China[J]. Avian Research, 6:9. doi:10.1186/ s40657-015-0016-z.

BirdLife International. 2001.Threatened Birds of Asia: The BirdLife International Red Data Book[M]. Cambridge: BirdLife International.

Carey G J, Chalmers M L, Diskin D A, et al. 2001. The Avifauna of Hong Kong[M]. Hong Kong: Hong Kong Bird Watching Society.

Chen D, Liu Y, Davision G, et al. 2015. Rivial of the genus *Tropicoperdix* Blyth 1859(Phasianidae, Aves)using multilocus seguence data[J].Zoological Journal of the Linnean Society,175:429-438.

del Hoyo J, Elliot A. Sargatal J. 1992. Handbook of the Birds of the World: Vol.1. Ostrich to Ducks[M]. Barcelona: Lynx Editions.

del Hoyo J, Elliot A, Sargatal J. 1994. Handbook of the Birds of the World: Vol.2. New World Vultures to Guineafowl[M]. Barcelona: Lynx Editions.

del Hoyo J, Elliot A, Sargatal J. 1996. Handbook of the Birds of the World: Vol.3. Hoatzin to Auks[M]. Barcelona: Lynx Editions.

del Hoyo J, Elliot A, Sargatal J. 1997. Handbook of the Birds of the World: Vol.4. Sandgrouse to Cuckoos[M]. Barcelona: Lynx Editions.

del Hoyo J, Elliot A, Sargatal J. 1999. Handbook of the Birds of the World: Vol.5. Barn Owls to Hummingbirds[M]. Barcelona: Lynx Editions.

del Hoyo J, Elliot A, Sargatal J. 2001. Handbook of the Birds of the World: Vol.6. Mousebirds to Hornbills[M]. Barcelona: Lynx Editions.

del Hoyo J, Elliot A. Sargatal J. 2002. Handbook of the Birds of the World: Vol.7. Jacamars to Woodpeckers[M]. Barcelona: Lynx Editions.

del Hoyo J, Elliott A, Christie DA. 2003. Handbook of the Birds of the World: Vol.8. Broadbills to Tapaculos[M]. Barcelona: Lynx Editions.

del Hoyo J, Elliott A, Christie DA. 2004. Handbook of the Birds of the World: Vol.9. Cotingas to Pipits and Wagtails[M]. Barcelona: Lynx Editions.

del Hoyo J, Elliott A, Christie DA. 2005. Handbook of the Birds of the World: Vol.10. Cuckoo-shrikes to Thrushes[M]. Barcelona: Lynx Editions.

del Hoyo J, Elliott A, Christie DA. 2006. Handbook of the Birds of the World: Vol.11. Old World Flycatchers to Old World Warblers[M]. Barcelona: Lynx Editions.

del Hoyo J, Elliott A, Christie DA. 2007. Handbook of the Birds of the World: Vol.12. Picathartes to Tits and Chickadees[M]. Barcelona: Lynx Editions.

del Hoyo J, Elliott A, Christie DA. 2008. Handbook of the Birds of the World: Vol.13. Penduline-tits to Shrikes[M]. Barcelona: Lynx Editions.

del Hoyo J, Elliott A, Christie DA. 2009. Handbook of the Birds of the World: Vol.14. Bush-shrikes to Old World Sparrows[M]. Barcelona: Lynx Editions.

del Hoyo J, Elliott A, Christie DA. 2010. Handbook of the Birds of the World: Vol.15. Weavers to New World Warblers[M]. Barcelona: Lynx Editions.

Feinstein J, Yang X J, Li S H. 2008. Molecular systematics and historical biogeography of the lackbrowed Barbet species complex (Megalaima oorti) [J]. Ibis, 150: 40-49.

Fu Yi-Qiang, Simon D. Dowell, Zhengwang Zhang. 2011. Breeding ecology of the Emeishan Liocichla: Liocichla omeiensis [J]. Wilson Journal of Ornithology, 123(4): 748-754.

IUCN. 2015. The IUCN Red List of Threatened Species. Version[DB/OL]. [2015-01]. http://www.iucnredlist.org.

Lei F M, Qu Y H, Lu J L, et al. 2003. Conservation on diversity and distribution patterns of endemic birds in China[J]. Biodiversity and Conservation, 12: 239-254.

Li S H, Li J W, Han L X, et al. 2006. Species delimitation in Hwamei garrulax canorus[J]. Ibis, 148: 698-706.

Päckert M, Martens J, Sun Y. 2011. Phylogeny of long-tailed tits and allies inferred from mitochondrial and nuclear markers: Aves Passeriformes, Aegithalidae [J]. Mol Phylogenet Evol, 55: 952-967.

后 记

鸟网创建于2005年，是中国目前最大的以野生鸟类摄影为主的生态类门户网站。2012年初，当国内外会员在鸟网所发表的野生鸟类图片涵盖了中国90%以上鸟种，甚至达到全球近1/3鸟种的时候，鸟网管理团队开始筹划编辑出版《中国鸟类图志》，目标是收集齐全中国目前已知所有鸟类物种的图片资料，这是一项前所未有的宏大工程。

感谢国内外800多位鸟网会员的通力协作，使这个宏伟目标得以顺利实现；感谢中国野生动物保护协会、中国动物学会鸟类学分会等有关方面的大力支持，使图书编撰工作得以顺利开展；感谢中国林业出版社的积极努力，使本书纳入到"十二五"国家重点图书出版规划项目。一些知名鸟类学者提供了宝贵的技术支持，加之鸟网专家团队的精诚协作，在较短时间内完成了图片征集、文字编写以及全新中国鸟类分布图的绘制任务，在此一并表示感谢。

本书采用国内权威专家、中国科学院院士、北京师范大学教授郑光美先生的鸟类分类系统，力求将鸟类学研究最新进展及最新研究成果融入其中。在全面展示现阶段中国所有已知鸟类物种的同时，部分鸟类亚种图片和文字信息的增加，成为本书一大特色。书中共收集605个亚种，占中国鸟类亚种总数50%左右。近年来，国际鸟类分类学研究工作不断取得新进展，陆续有一些鸟类亚种从传统分类系统中分化为独立的新物种，而中国又处在这种分化的热点地区。许多鸟类亚种的珍贵图片在本书中首次得到展示，这对推动和促进中国鸟类学研究工作具有一定借鉴意义。

绘制全新的中国鸟类分布图，是本书另一大特色。比照目前国内广泛沿用的分布图，有些鸟种分布范围已经发生了非常显著的变化，展现各个鸟类物种在中国的最新分布状况，对广大鸟类学爱好者来说无疑是一大福音。

本书中还适当搜集了一些鸟类白化现象的图片，比如白化的台湾蓝鹊、麻雀、凤头鹏鹛，甚至还有白化的乌鸦等。

整理出目前中国已知鸟种全部照片，是我们编辑出版本书的最初动因。为完成这项艰巨任务，我们采用了一些在国外拍摄的鸟类图片。由于工作量大，个别图片暂时联系不上作者本人，可能在标注中会有一些不准确的地方，希望以后有机会加以弥补。

出于种种原因，本书在图片和文字方面可能会存在一些欠缺，争取在今后修订工作中得到进一步完善。

编者

2016年6月

Postscript

After all, how many bird species are there in China? There are some birds that we only heard of their names but hardly see. What do they look like? As bird watching and photographing activities have gradually risen in China, more and more people are asking these questions. For the first question, *Preface* of this book gives an answer; for the second question, the answer can be found in this book.

To clear up all pictures of currently-known birds in China was the initial motivation for us to compile and publish this book. To complete this difficult task, we had to use a few pictures taken abroad. Due to the heavy workload, we failed to get contact with some photographers. Therefore some annotations might not be accurate. But we hope we could improve it in future.

Redrawing the distribution map of birds in China is also a very significant course. Compared with the currently-used distribution map in China, the distribution range of some birds has changed a lot in reality. This book presents a new set of distribution maps, trying to demonstrate the latest distribution conditions of all bird species in China visually.

To detail polytypic species of birds to the level of subspecies was what we try to achieve during the compiling process. Although this is very difficult, it is still worthy of our best efforts. This book totally collected 605 subspecies, approximately accounting for one half of all subspecies of birds in China. In recent years, new progress has been achieved constantly in international ornithological taxonomy research. Some bird subspecies have been successively differentiated from the traditional taxonomic system to become independent new species. China is a hot spot for this kind of differentiation. Some different subspecies are presented in this book for the first time in the form of pictures. We believe it has certain reference significance for both ornithological research and interest expanding of many bird watching and photographing enthusiasts.

We appreciate strong support from relevant parties, including China Wildlife Conservation Association, Ornithology Division of China Zoological Society and China Forestry Publishing House. We also appreciate the cooperation and help from famous ornithologists in China and the expert team of birdnet.cn. They helped us complete compiling of this encyclopedia smoothly.

We would also like to extend our gratitude to the 823 photographers for providing pictures for this book, and many unknown members of birdnet.cn for supporting our work. By virtue of publication of this book, we witnessed the tough and proud development history of birdnet.cn during the past ten years.

This book also appropriately collected some pictures about albinism of birds, such as albinistic *Urocissa caerulea*, *Passer montanus*, *Podiceps cristatus*, and even albinistic crow.

Due to various reasons, this book will inevitably have some deficiencies in terms of pictures and texts. But we will strive to further perfect it during the future revision.

Editors
June, 2016